자동차기능사
Craftsman Motor Vehicles Maintenance
답안지작성법

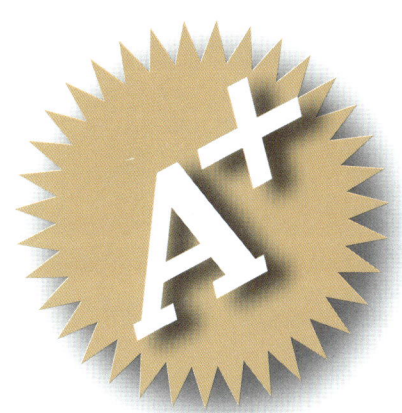

머리말 p·r·e·f·a·c·e

작년부터 시험문제가 또 바뀌었다.

정비기능사와 검사기능사를 합하여 「자동차정비기능사」로 통합되었다. 이에 문항수가 3문항(엔진-1, 섀시-1, 전기-1) 늘어났으며 이는 모두 검사항목이다. 시험시간은 4시간으로 그대로이므로 좀 빠르게 진행하여야 할 것으로 예상된다. 일부 문항이 옮겨지기는 하였으나 그 틀에는 별반 차이가 없다. 그동안의 정비기능사 문제에 검사기능사에 있던 문제가 추가 되었다고 생각하면 정확한 진단일 것이다.

이론시험을 합격하고 나면 실기시험을 준비하는 수험생에게는 실기시험방법도 공부해야 하지만 답안지에 정답을 확실히 기록할 수 있는 연습을 하여야 하는데 그동안 "자동차기능사 실기 답안지 작성법"이 많은 수검자들에게 사랑을 받아 왔으며, 자동차 정비기능사 자격증 취득에도 필수 수험서가 되었다. 지금 생각하니 좁은 지면에 정비·검사기능사 답안을 모두 넣으려니 예시문항을 하나밖에 넣지 못하여 수험생들의 답답한 마음을 후련하게 풀어주지 못했음을 솔직히 고백한다. 처음부터 예시를 많이 넣으려고 하였지만 지면이 늘어나면 책값 상승으로 인해 수험생들의 부담이 될 것 같아서 부득이 한 가지만을 넣을 수밖에 없었다. 그러나 지금은 검사기능사가 없으므로 예시문을 여러 고장상태에서 일어날 수 있는 것을 추가하여 수험생들이 어떠한 고장상태가 주어지더라도 정확한 답을 작성할 수 있도록 하였다.

바로 「자동차기능사 실기 답안지작성법」이다. 그 동안 답안지 작성법으로 많은 수험생들에게 사랑을 받았던 만큼 새로운 이 책이 더욱 사랑 받고 수험생에게 많은 도움이 되었으면 한다.

이 책의 특징을 살펴보면 다음과 같다.

1. 시험문제를 **안별**로 **정리**하여 신속하게 찾아볼 수 있도록 하였다.
2. 답안지 작성 **문제만**을 **일목요연**하게 정리하였다.
3. 답안지 작성방법을 여러 **고장별**로 **예시문**을 만들어 어떤 고장상태에서도 답안작성을 정확하게 작성할 수 있도록 하였다.
4. **고장 진단 분석법, 점검 분석법** 등을 예로 들어 어떠한 고장이더라도 답안지 작성에 어려움이 없도록 하였다.
5. 똑같은 문제라도 **차종별**로, **제작사별**로 **규정값**을 나누어서 정리 하였으며 시험장에서 어느 차량이 나와도 해결할 수 있도록 하였다.
6. 수검자들의 요구에 따라 시험장의 광경을 서술적으로 표현하여 **시험장의 모습**을 알고 수검에 임하도록 하였다. 수검자들이 안정된 마음으로 시험을 볼 수 있으리라 생각된다.
7. 검사 항목에서는 환경부의 **운행차 정기검사기준**과 **성능기준 및 자동차 검사기준과 방법**에 따라 답안지 작성에 어려움이 없도록 하였다.
8. 시험장 **현장 사진**을 추가하여 더욱 시험장 분위기에 적응할 수 있도록 하였다.

끝으로 이 책으로 실기시험을 대비하는 수험생들에게 영광스런 합격이 있기를 바라며 곳곳에 미흡한 점이 많이 있으리라 생각된다. 차후에 계속 보완하여 나갈 것이며 이 책을 만들기 까지 물심양면으로 도와주신 김범준 사장님과 직원 여러분에게 진심으로 감사드린다.

저자 일동

c·o·n·t·e·n·t·s 차례

안별 답안지 작성요령

자동차기능사 01 안

1. 노즐의 분사개시 압력, 후적 점검 ········· 10
2. 엔진 센서 점검(자기진단) ················ 12
3. 디젤 매연 측정 ·························· 14
4. 캐스터각, 캠버각 점검 ···················· 18
5. 인히비터 스위치와 선택레버 위치 점검 ··· 20
6. 제동력 측정 ······························ 22
7. 크랭킹 전류소모, 전압강하 점검 ·········· 24
8. 미등 및 번호등 회로 점검 ················ 26
9. 전조등 측정 ······························ 28

자동차기능사 02 안

1. 밸브 스프링 장력 점검 ··················· 30
2. 엔진 센서 점검(자기진단) ················ 32
3. 가솔린 배기가스 측정 ···················· 34
4. 캐스터각, 캠버각 점검 ···················· 37
5. 자동변속기 자기진단 ····················· 39
6. 최소회전 반경 측정 ······················· 41
7. 점화코일 1, 2차 저항 점검 ··············· 43
8. 전조등 회로 점검 ························· 45
9. 경음기 음량 측정 ························· 47

자동차기능사 03 안

1. 디젤 엔진 워터펌프/라디에이터 캡 점검 ·· 49
2. 엔진 센서 점검(자기진단) ················ 51
3. 디젤 매연 측정 ·························· 53
4. 수동변속기 입력축 엔드 플레이 점검 ····· 57
5. 전자제어 자세제어장치(VDC, ECS, TCS 등) 59
6. 제동력 측정 ······························ 61
7. 발전기 충전전류, 충전전압 점검 ·········· 63
8. 와이퍼 회로 점검 ························· 65
9. 전조등 광도 측정 ························· 67

자동차기능사 04 안

1. 캠 축의 캠 높이 점검 ····················· 69
2. 엔진 센서 점검(자기진단) ················ 71
3. 가솔린 배기가스 측정 ···················· 73
4. 캐스터각, 캠버각 점검 ···················· 76
5. 전자제어 제동장치(ABS) 자기진단 ······· 78
6. 최소회전 반경 측정 ······················· 80
7. 메인 컨트롤 릴레이 점검 ················· 82
8. 방향지시등 회로 점검 ···················· 84
9. 경음기 음량 측정 ························· 86

자동차기능사 05 안

1. 크랭크축의 휨 점검 ······················· 88
2. 엔진 센서 점검(자기진단) ················ 90
3. 디젤 매연 측정 ·························· 92
4. 타이어 휠 밸런스 점검 ···················· 95
5. 자동변속기 자기진단 ····················· 97
6. 제동력 측정 ······························ 99
7. ISC밸브 듀티값 점검 ···················· 101
8. 경음기 회로 점검 ························ 103
9. 전조등 광도 측정 ························ 105

자동차기능사 06 안

1. 크랭크축의 마멸량 점검 ·················· 107
2. 엔진 센서 점검(자기진단) ················ 109
3. 가솔린 배기가스 측정 ···················· 111
4. 주차 레버 클릭 수 점검 ·················· 113
5. 자동변속기 자기진단 ····················· 115
6. 최소 회전 반경 측정 ····················· 117
7. 축전지 비중, 전압 점검 ·················· 119
8. 기동 및 점화 회로 점검 ·················· 121
9. 경음기 음량 측정 ························ 123

자동차기능사 07 안

1. 실린더 헤드 변형도 점검 ·············· 125
2. 엔진 센서 점검(자기진단) ·············· 127
3. 디젤 매연 측정 ·············· 129
4. 디스크 두께, 흔들림(런아웃) 점검 ······ 132
5. 자동변속기 오일 압력 점검 ·············· 134
6. 제동력 측정 ·············· 136
7. 에어컨 라인 압력 점검 ·············· 138
8. 전동 팬 회로 점검 ·············· 140
9. 전조등 광도 측정 ·············· 142

자동차기능사 08 안

1. 가솔린 엔진 압축압력 점검 ·············· 144
2. 엔진 센서 점검(자기진단) ·············· 146
3. 가솔린 배기가스 측정 ·············· 148
4. 자동변속기 오일량, 오일상태 점검 ······ 150
5. 자동변속기 선택레버 위치 점검 ·········· 152
6. 최소 회전 반경 측정 ·············· 154
7. 축전지 비중, 전압 점검 ·············· 156
8. 충전 회로 점검 ·············· 158
9. 경음기 음량 측정 ·············· 160

자동차기능사 09 안

1. 크랭크 축방향 유격 점검 ·············· 162
2. 엔진 센서 점검(자기진단) ·············· 164
3. 디젤 매연 측정 ·············· 166
4. 종감속 기어 백래시 점검 ·············· 168
5. 전자제어 제동장치(ABS) 자기진단 ······· 170
6. 제동력 측정 ·············· 172
7. 발전기 충전 전류, 충전전압 점검 ······ 174
8. 에어컨 회로 점검 ·············· 176
9. 경음기 음량 측정 ·············· 178

자동차기능사 10 안

1. 크랭크축 오일 간극 점검 ·············· 180
2. 엔진센서 점검(자기진단) ·············· 182
3. 가솔린 배기가스 측정 ·············· 184
4. 브레이크 페달 유격, 작동거리 점검 ······ 186
5. 전자제어 자세제어장치(VDC, ECS, TCS 등) 188
6. 최소 회전 반경 측정 ·············· 190
7. 인젝터 코일 저항 점검 ·············· 192
8. 점화 회로 점검 ·············· 194
9. 전조등 광도 측정 ·············· 196

자동차기능사 11 안

1. 캠축의 휨 점검 ·············· 198
2. 엔진 센서 점검(자기진단) ·············· 200
3. 디젤 매연 측정 ·············· 202
4. 토(Toe) 점검 ·············· 205
5. 자동변속기 자기진단 ·············· 207
6. 제동력 측정 ·············· 209
7. 크랭킹 전류소모, 전압강하 점검 ········· 211
8. 제동등 및 미등 회로 점검 ·············· 213
9. 전조등 광도 측정 ·············· 215

자동차기능사 12 안

1. 플라이 휠 런아웃 점검 ·············· 217
2. 엔진 센서 점검(자기진단) ·············· 219
3. 가솔린 배기가스 측정 ·············· 221
4. 클러치 페달 유격 점검 ·············· 223
5. 전자제어 제동장치(ABS)자기진단 ······· 225
6. 최소 회전 반경 측정 ·············· 227
7. 스텝 모터(공회전 조절서보) 저항 점검 ·· 229
8. 실내등 및 열선 회로 점검 ·············· 231
9. 경음기 음량 측정 ·············· 233

자동차기능사 13 안

1. 예열 플러그 저항 점검 ·············· 235
2. 엔진 센서 점검(자기진단) ·············· 237
3. 디젤 매연 측정 ·············· 239
4. 사이드 슬립 점검 ·············· 242
5. 자동변속기 오일 압력 점검 ·············· 244
6. 제동력 측정 ·············· 246
7. 스텝 모터(공회전 조절서보) 저항 점검 ·· 248
8. 방향지시등 회로 점검 ·············· 250
9. 전조등 광도 측정 ·············· 252

자동차기능사 14안

1. 실린더 간극 점검 ---------------------------- 254
2. 엔진 센서 점검(자기진단) --------------- 256
3. 가솔린 배기가스 측정 ------------------ 258
4. ABS 톤 휠 간극 점검 -------------------- 260
5. 자동변속기 자기진단 -------------------- 262
6. 최소 회전 반경 측정 --------------------- 264
7. 메인 컨트롤 릴레이 점검 --------------- 266
8. 와이퍼 회로 점검 ------------------------ 268
9. 경음기 음량 측정 ------------------------ 270

자동차기능사 15안

1. 피스톤링 이음간극 점검 ---------------- 272
2. 엔진 센서 점검(자기진단) --------------- 274
3. 디젤 매연 측정 --------------------------- 276
4. 자동변속기 오일량 점검 ---------------- 278
5. 전자제어 자세제어장치(VDC, ECS, TCS 등) 280
6. 제동력 측정 ------------------------------ 282
7. 점화코일 1, 2차 저항 점검 -------------- 284
8. 파워 윈도우 회로 점검 ------------------ 286
9. 전조등 광도 측정 ------------------------ 288

자동차정비기능사 실기공개문제

제1안~제15안 ------------------------------------ 2

자동차정비기능사 실기시험문제 (1~8안)

과목		안	1안	2안	3안	4안	5안	6안	7안	8안
기관	①	탈거/조립, 기록표 기록	디젤 엔진 실린더 헤드/노즐	가솔린 엔진 실린더 헤드/밸브스프링	디젤 엔진 워터펌프/라디에이터 캡	DOHC 가솔린 엔진 타이밍 벨트/캠축	디젤 크랭크축	가솔린 크랭크축	DOHC 가솔린 엔진 실린더 헤드	가솔린 엔진 에어클리너/점화 플러그
			분사 노즐 압력/후적 점검	밸브스프링 장력 점검	압력식 캡 테이터 점검	캠 높이 점검	크랭크축 휨 점검	크랭크축 마모량 점검	실린더 헤드 변형도 점검	압축압력 점검
	②	점검/시동	점화회로	연료장치 회로	크랭킹 회로	점화회로	연료장치 회로	크랭킹 회로	점화회로	연료장치 회로
			ISC 서보 어셈블리	인젝터 1개	공기유량센서	CRDI 연료압력 조절밸브	CRDI 예열 플러그	스로틀 보디	LPG엔진 점화 플러그/배선	LPG 엔진 점화코일
	③	자기진단	자기진단-현대 (TPS)	자기진단-현대 (WTS)	자기진단-현대 (TPS)	자기진단-현대 (#1 TDC 센서)	자기진단-현대 (CAS)	자기진단-현대 (BPS)	자기진단-대우 (TPS)	자기진단-대우 (ATS)
	④	검사항목	디젤매연 측정	가솔린 배기가스 측정	디젤매연 측정	가솔린 배기가스 측정	디젤매연 측정	가솔린 배기가스 측정	디젤매연 측정	가솔린 배기가스 측정
섀시	①	탈거/조립	앞 숙업소버 스프링	앞 허브브 너클	리에서 타이어	로어 암	앞 등속축(drive shaft)	앞 또는 뒤 범퍼	수동 변속기 후진 아이들 기어	후륜구동 액슬축
	②	점검/기록표 기록	캐스터 각과 캠버각 점검	캐스터 각과 캠버각 점검	수동 변속기 입력축 엔드 플레이 점검	캐스터 각과 캠버각 점검	타이어 휠 밸런스	주차레버 클릭수 점검	디스크의 두께/흔들림(런아웃) 점검	자동변속기 오일량/오일상태 점검
	③	탈거/조립/작동상태 확인	ABS 차량 브레이크 패드/브레이크 작동상태	브레이크 라이닝(슈)/브레이크 작동상태	클러치릴리스 실린더/클러치 작동상태	브레이크 캘리퍼/공기빼기/브레이크 작동상태	타이로드 엔드/핸들 직진상태	파워 스티어링 오일 펌프/공기빼기/스티어링 작동상태	타이로드 엔드/핸들 직진상태	브레이크 캘리퍼/공기빼기/작동상태 확인
	④	점검/기록	자동 변속기 선택레버 위치 점검	자동 변속기 자기진단 점검	전자제어 자세제어장치 (VDC, ECS, TCS 등)	ABS 자기진단 점검	자동변속기 자기진단 점검	자동변속기 자기진단 점검	자동변속기 오일 압력 점검	자동 변속기 인히비터 스위치와 선택레버 위치 점검
	⑤	검사항목	제동력 측정	최소회전 반경 측정	제동력 측정	최소회전반경 측정	제동력 측정	최소회전반경 측정	제동력 측정	최소회전반경 측정
전기	①	탈거/부착/작동확인	윈드실드 와이퍼 모터/와이퍼 브러시	발전기/벨트장력 확인	DOHC 점화플러그 및 케이블/시동	기동모터/크랭킹	에어컨냉매(R-134a)회수/재충전/작동확인	다기통스위치(콤비네이션 S/W)/작동확인	경음기/릴레이/작동확인	윈도우 레귤레이터/작동확인
	②	점검/기록표 기록	크랭킹 전류 소모 점검	점화 코일 1, 2차 저항 점검	발전기 충전전류·전압 점검	메인 컨트롤 릴레이 점검	ISC 밸브 듀티값 점검	축전지 비중 및 전압 점검	에어컨 라인 압력 점검	축전지 급속충전/비중과 전압 점검
	③	회로점검/기록표기록	미등 및 번호등 회로 점검	전조등 회로 점검	와이퍼 회로 점검	방향지시등 회로 점검	경음기 회로 점검	기등 및 점화회로 점검	전동 팬 회로 점검	충전회로 점검
	④	검사항목	전조등 광도 측정	경음기 음량 측정	전조등 광도 측정	경음기 음량 측정	전조등 광도 측정	경음기 음량 측정	전조등 광도 측정	경음기 음량 측정

※ 표시된 부분은 답안지 작성 항목

자동차정비기능사 실기시험문제 (9~15안)

과목		안	9 안	10 안	11 안	12 안	13 안	14 안	15 안
기	①	탈거/조립	가솔린 엔진 크랭크축	가솔린 엔진 크랭크축/메인베어링	DOHC 가솔린 엔진 실린더 헤드/캠축	디젤 엔진 크랭크축	CRDI엔진 인젝터 1개/예열플러그 1개	DOHC 실린더 헤드/피스톤 1개	가솔린 엔진 실린더 헤드/피스톤
		점검/기록표 기록	크랭크축 방향 유격 점검	크랭크축 메인 베어링 오일간극 점검	캠축 휠 런아웃 점검	플라이 휠 런아웃 점검	예열 플러그 저항 점검	피스톤과 실린더 간극 점검	피스톤링 이음 간극 점검
	②	점검/시동	크랭킹 회로	점화장치 회로	전자제어 엔진에서 시동에 필요한 관련부(시동회로, 점화회로, 연료장치 각 17개소 점검 및 수리/시동				
		탈거/조립	LPG 엔진 맵센서	연료 펌프	연료 펌프	연료 펌프	공기유량센서/에어필터	공기유량센서/에어필터	공기유량센서/에어필터
관	③	자기진단	자기진단-기아(WTS)	자기진단-현대(AFS)	자기진단-대우(WTS)	자기진단-현대(TPS)	자기진단-현대(ATS)	자기진단-기아(MAP 센서)	자기진단-삼성, 쌍용(TPS)
	④	검사항목	디젤매연 측정	가솔린 배기가스 측정	디젤매연 측정	가솔린 배기가스 측정	디젤매연 측정	가솔린 배기가스 측정	디젤매연 측정
섀	①	탈거/조립	뒷 숙엄소바/허브고프링	자동변속기 오일 필터/오일센서	후륜구동(FR 형식)추진축	후륜구동(FR형식)자동기어	자동변속기 오일펌프	수동변속기 1단 기어	자동변속기 벨브 보디
	②	점검/기록표 기록	종감속기어 장치 백래시	브레이크 페달 유격/작동거리	토(toe)	클러치 페달유격	사이드슬립	ABS 톤 휠 간극	자동변속기 오일량/오일상태
	③	탈거/조립/작동상태 확인	브레이크 휠 실린더/공기빼기/브레이크 작동상태	파워 스티어링 오일펌프/공기빼기/스티어링 작동상태	브레이크 마스터 실린더/공기빼기/브레이크 작동 상태	브레이크 라이닝/브레이크 작동상태 확인	ABS 브레이크 패드/브레이크 작동상태	휠 실린더/공기빼기/브레이크 작동상태	클러치 릴리스 실린더/공기빼기/작동 상태
시	④	점검/기록표 기록	ABS 자기진단	전자제어 자세제어장치(VDC, ECS, TCS 등)	자동 변속기 자기진단	ABS 자기진단	자동변속기 오일 압력	자동 변속기 자기진단	전자제어 자세제어장치(VDC, ECS, TCS 등)
	⑤	검사항목	제동력 측정	최소회전 반경	제동력 측정	최소회전 반경	제동력 측정	최소회전 반경	제동력 측정
전	①	탈거/부착/작동확인	전조등/조사방향 검사(육안검사)/작동확인	에어컨 필터/블로워 작동확인	전동팬/전동팬 작동 확인	발전기 탈거/충전전압 확인	히터 블로어 모터/블로어 모터 작동 확인	에어컨 벨트/벨트 장력 점검/점프레서 작동 확인	계기판/작동 상태 확인
	②	점검/기록표 기록	발전기 충전 전류의 전압 점검	인젝터 코일저항 점검	크랭킹 전압 강하 점검	스텝 모터(공회전 속도 조절 서보) 저항 점검	스텝 모터(공회전 속도 조절 서보) 저항 점검	메인 컨트롤 릴레이 점검	점화코일 1, 2차저항 점검
	③	회로점검/기록표 기록	에어컨 회로 점검	점화 회로 점검	제동 및 미등회로 점검	실내등 및 열선회로 점검	방향지시등 회로 점검	와이퍼 회로 점검	파워 윈도 회로 점검
기	④	검사항목	경음기 음량 측정	전조등 광도 측정	전조등 광도 측정	경음기 음량 측정	전조등 광도 측정	경음기 음량 측정	전조등 광도 측정

※ 표시된 부분은 답안지 작성 항목

자동차기능사실기

I 안별답안지 작성요령

1안 엔진 1 : 노즐의 분사개시 압력, 후적 점검

주어진 디젤 엔진에서 실린더 헤드와 분사 노즐(1개)을 탈거한 후 (감독위원에게 확인하고) 감독위원의 지시에 따라 기록표의 내용대로 기록·판정한 후 다시 조립하시오.

1. 답안지 작성 방법 (분사 개시 압력이 정상일 때)

엔진 1 : 시험 결과 기록표
엔진 번호 : ⓗ

항 목	① 측정(또는 점검)		② 판정 및 정비(또는 조치)사항		Ⓖ 득점
	Ⓒ 측정값	Ⓓ 규정(정비한계)값	Ⓔ 판정(□에 '✓'표)	Ⓕ 정비 및 조치할 사항	
분사 개시 압력	120kgf/cm²	120~130kgf/cm²	✓ 양 호 □ 불 량	정비 및 조치할 사항 없음	

(상단: Ⓐ 비번호 / Ⓑ 감독위원 확 인)

※ 단위가 누락되거나 틀린 경우는 오답으로 채점함

1) **비번호** : Ⓐ 비번호는 공단직원이 주는 등번호를 수검자가 기록한다.
2) **감독위원 확인** : Ⓑ 감독위원 확인란은 감독위원이 채점한 후에 확인 도장을 찍는 부분으로 수검자는 기록하지 않는다.
3) **① 측정(또는 점검)** : Ⓒ 측정값은 수검자가 분사 개시 압력을 측정한 값인 "120kgf/cm²"을 기록한다.
   Ⓓ 규정(정비한계)값은 감독위원이 주어진 값이나 또는 정비지침서 규정값 "120~130kgf/cm²"를 기록한다. (반드시 단위를 기입한다)
   ㉮ 측정값 : 120kgf/cm²
   ㉯ 규정(정비한계)값 : 120~130kgf/cm²

【차종별 분사 개시 압력(kgf/cm²)】

차 종	분사 개시 압력		비 고
포터(D 2.5 TCI)-2004	150		
프레지오(D 3.0 JT)-2001	135		
에어로 타운(D6DA)-2005	1차 개변압	160	
	2차 개변압	220	
그레이스	120		
스포티지(D 2.0 SOHC)-2001	135		

4) **② 판정 및 정비(또는 조치)사항** : Ⓔ 판정은 수검자가 측정한 값과 규정(정비한계)값을 비교하여 범위 내에 있으면 양호, 벗어나면 불량에 ✓표시를 하며, Ⓕ 정비 및 조치할 사항 란에는 고장부품의 정비방법을 기록한다.
   ㉮ 판정 : • 양호 : ·분사 개시 압력 – 규정(정비한계)값의 범위에 있을 때
           • 불량 : ·분사 개시 압력 – 규정(정비한계)값을 벗어났을 때
   ㉯ 정비 및 조치할 사항 : 정비 및 조치할 사항 없음
5) **득점** : Ⓖ 득점은 감독위원이 채점을 하고 점수를 기록하는 부분으로 수검자는 기록하지 않는다.
6) **엔진 번호** : ⓗ 측정하는 엔진 번호를 수검자가 기록한다.

2. 시험장에서는 ……

① **디젤 실린더 헤드와 노즐 탈거·조립** : 작업대 위나 엔진 스탠드 시험은 오전반 오후반 나누어서 보게 되는데 산업인력공단직원이 출석을 확인하고 시험에 대한 주의사항과 본인 여부 등을 확인한 다음에 감독위원 4명이 각자 자기시험에서 주의할 사항을 전달한다. 수검자는 주의 깊게 들어서 시험에 착오가 없도록 하여야 한다. 분해 조립용 디젤 엔진은 무거워서 대부분 스탠드에 놓여 있다. 헤드 볼트가 약 20개 내외가 되므로 달팽이 모양으로 돌리면서 탈거(밖에서 안으로), 조립(안에서 밖으로) 한다. 헤드는 무게가 무거우므로 안전에 각별히 유의한다. 노즐의 분해는 공급파이프와 리턴 파이프를 분리 후 롱 소켓을 이용하여 분리한다.

② **분사 개시 압력과 후적의 점검** : 측정용 분사 노즐이 따로 있어서 분해 조립이 끝나면 노즐 테스터에 감독위원이 지정하여 주는 분사 노즐을 설치하고 분사 압력과 후적의 유·무를 점검한다. 일부이긴 하나 분사 노즐 테스터기에 설치되어 있는 것을 그대로 측정하기도 한다. 모든 작업에서 장갑은 절대 착용이 안 됨을 명심하기 바란다.

3. 답안지 작성 방법 (분사 압력이 규정값 이하일 때)

엔진 1 : 시험 결과 기록표 엔진 번호 : ⓗ		Ⓐ비번호		Ⓑ 감독위원 확　인	
항　목	① 측정(또는 점검)		② 판정 및 정비(또는 조치)사항		Ⓖ 득점
	Ⓒ 측정값	Ⓓ 규정(정비한계)값	Ⓔ판정(□에 'ⓥ'표)	Ⓕ 정비 및 조치할 사항	
분사 개시 압력	100kgf/cm²	120~130kgf/cm²	□ 양　호 ☑ 불　량	• 노즐에서 분사 압력 조정 나사를 오른쪽으로 돌려서 120 kgf/cm²가 되도록 조정 후 재점검	

※ 단위가 누락되거나 틀린 경우는 오답으로 채점함

1) ① 측정(또는 점검) : Ⓒ 측정값은 수검자가 분사 노즐 테스터를 이용하여 측정한 분사 개시 압력값 "100kgf/cm²"을 Ⓓ 규정값은 감독위원이 주어진 분사개시 압력값 "120~130kgf/cm²"을 기록한다.
2) ② 판정 및 정비(또는 조치)사항 : Ⓔ 판정은 분사개시 압력이 규정값 이하이므로 "불량"에 ✔ 표시를 하며, Ⓕ정비 및 조치할 사항은 "노즐에서 분사압력 조정나사를 오늘쪽으로 돌려서 120kgf/cm²가 되도록 조정 후 재점검"을 기록한다.
　㉮ 분사 개시 압력이 낮은 원인 : 분사 노즐의 압력 스프링 장력이 약하기 때문이다.
　㉯ 분사 개시 압력의 조정 방법
　　• 조정 스크루식 : 조정 스크루를 조이면 압력 스프링이 압축되어 장력이 증대되기 때문에 분사 개시 압력은 높아지고 조정 스크루를 풀면 압력 스프링이 팽창되어 장력이 감소되므로 분사 개시 압력은 낮아진다.
　　• 심식 : 노즐 홀더의 캡을 빼내고 압력 스프링과 시트 사이에 심을 증가시키거나(압력상승) 감소시켜 연료의 분사 개시 압력을 조정한다.

4. 답안지 작성 방법 (분사 개시 압력이 정상이나 분무 상태가 불량 일 때)

엔진 1 : 시험 결과 기록표 엔진 번호 : ⓗ		Ⓐ비번호		Ⓑ 감독위원 확　인	
항　목	① 측정(또는 점검)		② 판정 및 정비(또는 조치)사항		Ⓖ 득점
	Ⓒ 측정값	Ⓓ 규정(정비한계)값	Ⓔ판정(□에 'ⓥ'표)	Ⓕ 정비 및 조치할 사항	
분사 개시 압력	125kgf/cm²	120~130kgf/cm²	□ 양　호 ☑ 불　량	• 분사노즐 불량-교환	

※ 단위가 누락되거나 틀린 경우는 오답으로 채점함

1) ① 측정(또는 점검) : Ⓒ 측정값은 수검자가 분사 노즐 테스터를 이용하여 측정한 분사 개시 압력 값 "125kgf/cm²"를 기록하며, Ⓓ 규정값은 감독위원이 주어진 분사 개시 압력값 "120~130kgf/cm²" 기록한다.
2) ② 판정 및 정비(또는 조치)사항 : Ⓔ 판정은 분사 개시 압력은 규정값 범위에 있으나 분무 상태가 불량이므로 "불량"에 ✔ 표시를 하며, Ⓕ 정비 및 조치할 사항은 "분사노즐 불량-교환"을 기록한다.

5. 답안지 작성 방법 (분사 개시 압력이 규정값 이상일 때)

엔진 1 : 시험 결과 기록표 엔진 번호 : ⓗ		Ⓐ비번호		Ⓑ 감독위원 확　인	
항　목	① 측정(또는 점검)		② 판정 및 정비(또는 조치)사항		Ⓖ 득점
	Ⓒ 측정값	Ⓓ 규정(정비한계)값	Ⓔ판정(□에 'ⓥ'표)	Ⓕ 정비 및 조치할 사항	
분사 개시 압력	150kgf/cm²	120~130kgf/cm²	□ 양　호 ☑ 불　량	• 노즐에 조정 심을 빼내어 120kgf/cm²가 되도록 조정후 재점검	

※ 단위가 누락되거나 틀린 경우는 오답으로 채점함

1) ① 측정(또는 점검) : Ⓒ 측정값은 수검자가 분사 노즐 테스터를 이용하여 측정한 분사 개시 압력 값 "150 kgf/cm²"를 기록하며, Ⓓ 규정값은 감독위원이 주어진 분사 개시 압력값 "120~130kgf/cm²"를 기록한다.
2) ② 판정 및 정비(또는 조치)사항 : Ⓔ 판정은 분사개시 압력이 규정값 이상이므로 "불량"에 ✔ 표시를 하며, Ⓕ정비 및 조치할 사항은 "노즐에서 조정 심을 빼내어 120kgf/cm²가 되도록 조정 후 재점검"을 기록한다.

1안 엔진 3 엔진 센서(액추에이터) 점검(자기진단)

주어진 자동차의 전자제어 가솔린 엔진의 공회전 조절장치를 탈거(감독위원에게 확인)한 후 다시 조립하고 감독위원의 지시에 따라 진단기(스캐너)를 사용하여 엔진의 각종 센서(액추에이터)를 점검 후 고장부분을 기록하시오.

1. 답안지 작성 방법(MAP 센서 커넥터가 탈거일 때 – 각도로 표시될 경우)

엔진 3 : 시험 결과 기록표 자동차 번호 : Ⓘ				Ⓐ 비번호		Ⓑ 감독위원 확 인	
항 목	① 측정(또는 점검)			② 고장 및 정비(또는 조치) 사항		Ⓗ 득 점
	Ⓒ 고장부위	Ⓓ 측정값	Ⓔ 규정값	Ⓕ 고장 내용	Ⓖ 정비 및 조치 사항	
센서 (액추에이터) 점검	TPS	-30°	5°~15°/ON	커넥터 탈거	커넥터 연결, 기억소거 후 재점검	

※ 단위가 누락되거나 틀린 경우는 오답으로 채점함

1) **비번호** : Ⓐ 비번호는 공단직원이 주는 등번호를 수검자가 기록한다.
2) **감독위원 확인** : Ⓑ 감독위원 확인란은 감독위원이 채점한 후에 도장을 찍는 부분으로 수검자는 기록하지 않는다.
3) **① 측정(또는 점검)** : Ⓒ 고장부위는 수검자가 스캐너로 자기진단 화면 창에 나타난 "TPS"를 기록하고, Ⓓ 측정값은 센서 출력 화면에서 측정한 값 "-30°"을 기록한다.(TPS가 불량일 때는 정상적인 아이들 상태의 유지가 안됨에 유의할 것) Ⓔ 규정(정비한계)값은 스캐너 정보 창에서 얻어 "5°~15°/ON"을 기록한다.
    ㉮ 고장부위 : TPS
    ㉯ 측 정 값 : -30°
    ㉰ 규 정 값 : 5°~15°/ON
4) **② 고장 및 정비(또는 조치)사항** : Ⓕ 고장 내용에는 수검자가 점검한 내용 "커넥터 탈거"를 기록한다.
    Ⓖ 정비 및 조치사항에는 "커넥터 연결, 기억소거 후 재점검"을 기록한다.
    ㉮ 고장 내용 : 커넥터 탈거
    ㉯ 정비 및 조치 사항 : ·커넥터 연결, 기억소거 후 재점검

【 차종별 TPS의 규정값 】

항 목	아반떼 XD	EF 쏘나타	베르나
스로틀 포지션 센서(TPS)	• 0.25~0.5V/700±100rpm • 4.25~4.9V/WOT	• 0.63±0.3V/ 800±100rpm	0.25~0.5V/700±100rpm
	K5-G 2.0 DOHC		NF 쏘나타-G 2.0 DOHC
	TPS 1	TPS 2	
	• CT : 0.3~0.7V/620±100rpm • WOT : 4.45~4.85V	• CT : 4.3~4.7V/620±100rpm • WOT : 0.15~0.55V	• CT : 0.2~0.325V/ 620±100rpm • WOT : 4.7V/ 620±100rpm

5) **득점** : Ⓗ 득점은 감독위원이 채점을 하고 점수를 기록하는 부분으로 수검자는 기록하지 않는다.
6) **자동차 번호** : Ⓘ 측정하는 자동차 번호를 수검자가 기록한다.

2. 시험장에서는 ……

분해 조립용 엔진과 측정용 차량(또는 엔진 튠업)이 따로 있어서 분해 조립이 끝나면 감독위원으로부터 답안지를 받고 전자제어 진단기(스캐너)를 측정용 차량에 설치하고 전자제어 엔진의 고장부분을 점검한 후 답안지를 작성하여 감독위원에게 제출한다. 일부이긴 하나 전자제어 차량에 진단기(스캐너)가 설치되어 있는 것을 그대로

측정하기도 한다. 시험장이나 시험일에 따라 Hi-scan pro, Hi-DS scaner 등이 설치되어 있다. 사용법이 약간에 차이는 있으나 한 가지만 능수능란하게 다룰 수 있는 능력만 있다면 응용이 가능하다.

3. 답안지 작성 방법 (TPS 센서가 과거 기억소거 불량일 때)

엔진 3 : 시험 결과 기록표
자동차 번호 : **❶**

항 목	① 측정(또는 점검)			② 고장 및 정비(또는 조치) 사항		**❽** 득 점
	❸ 고장부위	**❹** 측정값	**❺** 규정값	**❻** 고장 내용	**❼** 정비 및 조치 사항	
센서 (액추에이터) 점검	TPS	5°	5°~15°	과거 기억소거 불량	기억소거 후 재점검	

❹ 비번호　　**❺** 감독위원 확 인

※ 단위가 누락되거나 틀린 경우는 오답으로 채점함

1) ① 측정(또는 점검) : **❸** 고장부위는 수검자가 스캐너로 자기진단 화면 창에 나타난 "TPS"를 기록하고, **❹** 측정값은 센서 출력 화면에서 측정한 "5°"를 기록한다. **❺** 규정값은 스캐너 정보 창에서 얻어 "5°~15°"을 기록한다.
2) ② 고장 및 정비(또는 조치)사항 : **❻** 고장 내용에는 수검자가 점검한 내용으로 "과거 기억소거 불량"을 기록한다.(자기진단 창에 TPS가 고장으로 나오고 측정값이 정상이라면 센서는 이상 없고 ECU에 과거에 고장기억이 남아있는 경우다) **❼** 정비 및 조치 사항에는 "기억소거 후 재점검"을 기록한다.

4. 답안지 작성 방법 (TPS 센서가 불량일 때)

엔진 3 : 시험 결과 기록표
자동차 번호 : **❶**

항 목	① 측정(또는 점검)			② 고장 및 정비(또는 조치) 사항		**❽** 득 점
	❸ 고장부위	**❹** 측정값	**❺** 규정값	**❻** 고장 내용	**❼** 정비 및 조치 사항	
센서 (액추에이터) 점검	TPS	0°	5°~15°	센서 불량	센서 교환 기억소거 후 재점검	

❹ 비번호　　**❺** 감독위원 확 인

※ 단위가 누락되거나 틀린 경우는 오답으로 채점함

1) ① 측정(또는 점검) : **❸** 고장부위는 수검자가 스캐너로 자기진단 화면 창에 나타난 "TPS"를 기록하고, **❹** 측정값은 센서 출력 화면에서 측정한 "0°"를 기록한다.(TPS가 불량일 때는 정상적인 아이들 상태의 유지가 안됨에 유의할 것). **❺** 규정값은 스캐너 정보 창에서 얻어 "5°~15°"을 기록한다.
2) ② 고장 및 정비(또는 조치)사항 : **❻** 고장 내용에는 수검자가 점검한 내용으로 "센서 불량"을 기록한다. **❼** 조치사항에는 "센서 교환, 기억소거 후 재점검"을 기록한다.

5. 답안지 작성 방법 (TPS 센서가 전압값 불량일 때)

엔진 3 : 시험 결과 기록표
자동차 번호 : **❶**

항 목	① 측정(또는 점검)			② 고장 및 정비(또는 조치) 사항		**❽** 득 점
	❸ 고장부위	**❹** 측정값	**❺** 규정값	**❻** 고장 내용	**❼** 정비 및 조치 사항	
센서 (액추에이터) 점검	TPS	1.2V	0.2~0.325V/ 620±100rpm	커넥터 탈거	커넥터 연결, 기억소거 후 재점검	

❹ 비번호　　**❺** 감독위원 확 인

※ 단위가 누락되거나 틀린 경우는 오답으로 채점함

1) ① 측정(또는 점검) : **❸** 고장부위는 수검자가 스캐너로 자기진단 화면 창에 나타난 "TPS"를 기록하고, **❹** 측정값은 센서 출력 화면에서 측정한 "1.2V"를 기록한다.(TPS가 불량일 때는 정상적인 아이들 상태의 유지가 안됨에 유의할 것). **❺** 규정값은 스캐너 정보 창에서 얻어 "0.2~0.325V/ 620±100rpm"을 기록한다.
2) ② 고장 및 정비(또는 조치)사항 : **❻** 고장 내용에는 수검자가 점검한 내용으로 "커넥터 탈거"를 기록한다. **❼** 조치사항에는 "커넥터 연결, 기억소거 후 재점검"을 기록한다.

1안 엔진 4 디젤 매연 측정

주어진 자동차에서 기록표에 제시된 내용을 측정하고 기록·판정하시오.

1. 답안지 작성 방법

엔진 4 : 시험 결과 기록표
자동차 번호 : **Ⓚ**

					❶비 번호		❷감독위원 확 인	
① 측정(또는 점검)					② 판정			❿득 점
❸차종	❹연식	❺기준값	❻측정값	❼측정	❽산출근거(계산)기록	❾판정(□에 '✔' 표)		
화물 자동차	2016년	20% 이하	50%	1회 : 52% 2회 : 50% 3회 : 49%	$\frac{52+50+40}{3}=50.3\%$	□ 양 호 ☑ 불 량		

※ 감독위원이 제시한 자동차등록증(또는 차대번호)을 활용하여 차종 및 연식을 적용합니다.
※ 매연 농도를 산술 평균하여 소수점 이하는 버림 값으로 기입합니다.
※ 자동차 검사기준 및 방법에 의하여 기록, 판정합니다.   ※ 측정 및 판정은 무부하 조건으로 합니다.

1) 비번호 : ❶ 비번호는 공단직원이 주는 등번호를 수검자가 기록한다.
2) 감독위원 확인 : ❷ 감독위원 확인란은 감독위원이 채점한 후에 도장을 찍는 부분으로 수검자는 기록하지 않는다.
3) ① 측정(또는 점검) : ❸와 ❹ 차종과 연식란은 주어진 자동차 등록증을 보고 수검자가 기록하며, ❺ 기준값은 수검자가 등록증의 "차대번호 10번째 자리"의 연식을 보고 운행 차량의 "배출 허용 기준값"을 기록한다. ❻ 측정값은 수검자가 3회 측정한 값의 "평균값에서 소수점 이하 버리고" 기입한다. ❼ 측정란은 수검자가 3회 측정한 값을 기록한다.
   ㉮ 차종 : 화물 자동차   ㉯ 연식 : 2004년   ㉰ 기준값 : 20% 이하   ㉱ 측정값 : 50%
   ㉲ 측정 – 1회 : 52%, 2회 : 50%, 3회 : 49%
4) ② 판정 : ❽ 산출근거(계산)기록은 수검자가 3회 측정하여 평균값을 산출한 계산식 "소숫점 첫째자리까지" 기록하며, ❾ 판정은 수검자가 측정한 값과 기준값을 비교하여 범위 내에 있으면 양호, 벗어나면 불량에 ✔ 표시를 한다.
   ㉮ 산출근거(계산)기록 : $\frac{52+50+49}{3}=50\%$
   ㉯ 판정 : ·양호 – 기준값의 범위에 있을 때   ·불량 – 기준값을 벗어났을 때

【 차종별 / 연도별 매연 허용 기준값 】

차 종			제작일자		매연(원격 측정기)
경자동차 및 승용자동차			1995년 12월 31일 이전		60% 이하
			1996년 1월 1일부터 2000년 12월 31일까지		55% 이하
			2001년 1월 1일부터 2003년 12월 31일까지		45% 이하
			2004년 1월 1일부터 2007년 12월 31일까지		40% 이하
			2008년 1월 1일 이후		20% 이하
승합· 화물· 특수 자동차	소형		1995년 12월 31일 이전		60% 이하
			1996년 1월 1일부터 2000년 12월 31일까지		55% 이하
			2001년 1월 1일부터 2003년 12월 31일까지		45% 이하
			2004년 1월 1일부터 2007년 12월 31일까지		40% 이하
			2008년 1월 1일 이후		20% 이하
	중· 대형		1992년 12월 31일 이전		60% 이하
			1993년 1월 1일부터 1995년 12월 31일까지		55% 이하
			1996년 1월 1일부터 1997년 12월 31일까지		45% 이하
			1998년 1월 1일부터 2000년 12월 31일까지	시내버스	40% 이하
				시내버스 외	45% 이하
			2001년 1월 1일부터 2004년 9월 30일까지		45% 이하
			2004년 10월 1일부터 2007년 12월 31일까지		40% 이하
			2008년 1월 1일 이후		20% 이하

비고 1. 휘발유사용자동차는 휘발유·알코올 및 가스(천연가스를 포함한다)를 혼합하여 사용하는 자동차를 포함한다.
    2. 알코올만을 사용하는 자동차는 위 표의 배엔진 탄화수소 기준을 적용하지 아니한다.
    3. 경유사용 자동차는 경유와 가스를 혼합하여 사용하거나 병용하는 자동차를 포함한다.
    4. 적용기간은 자동차의 제작일자(수입자동차의 경우에는 통관일자를 말한다)를 기준으로 한다.
    5. 휘발유 또는 가스를 연료로 사용하는 다목적형 승용차 및 8인승 이하의 승합차는 소형화물차의 기준을 적용한다.
    6. 매연란 중 ( )안의 기준은 제87조 제1항 단서의 규정에 의하여 비디오카메라를 사용하여 점검할 때 적용한다.

5) **득점** : ❽ 득점은 감독위원이 채점을 하고 점수를 기록하는 부분으로 수검자는 기록하지 않는다.
6) **자동차 번호** : ❾ 측정하는 자동차 번호를 수검자가 기록한다.

2. 시험장에서는 ……

매연을 측정하는 곳에 오면 디젤 엔진이 "웅웅" 거리면서 돌아가고 테스터기가 앞에 놓여 있을 것이다. 겨울에도 이 시험장에서는 출입문을 열어 놓아서 매연이 실습장 안에 고이지 않도록 하여야 하니 감독위원이나 수검자는 고생이 많은 곳이다. 먼저 감독위원과 상견례를 하여야 하니 "안녕하십니까?" 크게 인사를 하고 답안지를 받아서 책상 위에 놓고 테스터기를 연결한다. 순서에 맞추어서 측정한 후 답안지를 작성하는데 아마 자동차의 연식이 주어져 있으며, 기준값은 검사기준이라 본인이 꼭 외워야 한다. 일부 검사장에서는 측정한 검출지를 답안지에 첨부하여야 한다.

3. 매연 측정 현장사진(석영 SY-OM 501)

1. 전면 모습

본체는 포터블식이며, 전면에 작동키와 측면에 케이블 연결부가 있음.

2. 기본 액세서리 부품
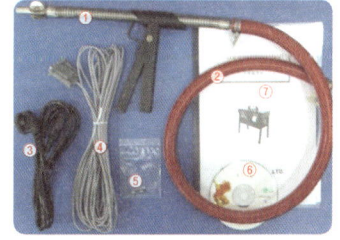
① 프로브, ② 프로브 호스,
③ 파워 케이블, ④ RS 232 케이블,
⑤ 퓨즈, ⑥ 사용 설명서, ⑦ 소프트웨어

3. 옵션 부품
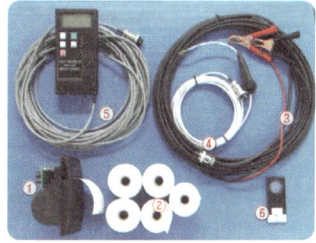
① 내장 프린터, ② 프린터 종이,
③ RPM 센서, ④ 오일 온도 센서,
⑤ 휴대용 단말기, ⑥ 기본 필터

4. 측면부 연결단자 모습
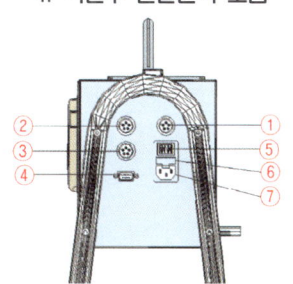
① 휴대용 단말기, ② RPM,
③ 오일 온도 센서, ④ RS 232 케이블,
⑤ 스위치, ⑥ 퓨즈, ⑦ 전원 케이블

5. 연결 단자 연결 모습

모든 케이블을 본체의 측면 연결 포트에 연결한다.

6. 프로브 연결 모습

뒤쪽에 있는 프로브 호스를 배기가스 배출구에 끼워 넣는다.

※ 제작사별 차대번호 표기방식

① 현대 자동차 제작사별 차대번호의 표기 부호(포터2-2016)

※ 차대번호 형식(VIN : Vehicle Identification Number - 현대 화물차)

K	M	F	Z	C	Z	7	K	B	**G**	U	1	2	3	4	5	6
①	②	③	④	⑤	⑥	⑦	⑧	⑨	⑩	⑪	⑫	⑬	⑭	⑮	⑯	⑰
제작 회사군			자동차 특성군						제작 일련 번호군							

① **K** : 국제배정 국적표시 - •K : 한국, •J : 일본, •1 : 미국,
② **M** : 제작사를 나타내는 표시 - •M : 현대, •L : 대우, •N : 기아, •P : 쌍용 자동차
③ **F** : 자동차 종별 표시 - •H : 승용차, •F : 화물트럭, •J : 승합차량
④ **Z** : 차종 - •Z : 포터-2
⑤ **C** : 세부차종 - •A : 장축 저상, •B : 장축 고상, •C : 초장축 저상, •D : 초장축 고상
⑥ **Z** : 차체/캡 형상 - •X : 일반 캡/ 세미 본넷, •Y : 더블캡/ 보넷, •Z : 슈퍼 캡/ 박스
⑦ **7** : 안전장치 - 7 : 유압식 제동장치, 8 : 공기식 제동장치, 9 : 혼합식 제동장치
⑧ **K** : 엔진형식 - •K : 디젤엔진 2.5(A-Ⅱ)
⑨ **B** : 운전석 방향 및 변속기 - •A : LHD & MT, •B : LHD & AT, •C : LHD &MT+Transfer, •D : LHD & AT+Transfer, •E : LHD & CVT
⑩ **G** : 제작년도 - 알파벳 I, O, Q,U, Z와 숫자 0을 제외한 ABCDEFGHJKLMNPRSTVWXY와 123456789를 순서로 사용한다. 1 : 2001, 2 : 2002, 3 : 2003, 4 : 2004, 5 : 2005 …… A : 2010, B : 2011, C : 2012, D : 2013, E : 2014, F : 2015, G : 2016, H : 2017, J : 2018, K : 2019, L : 2020, M : 2021, N :2022, P : 2023……
⑪ **U** : 공장 기호 - C : 전주 공장, U : 울산 공장, M : 인도 공장, Z : 터키 공장
⑫~⑰ **123456** : 차량 생산 일련 번호

② 기아 자동차 제작사별 차대번호의 표기 부호(쏘렌토-2002)

K	N	A	J	C	5	2	1	8	**2**	A	0	5	4	1	5	8
①	②	③	④	⑤	⑥	⑦	⑧	⑨	⑩	⑪	⑫	⑬	⑭	⑮	⑯	⑰
제작 회사군			자동차 특성군						제작 일련 번호군							

① **K** : 국제배정 국적표시 - K : 한국, J : 일본, 1 : 미국,
② **N** : 제작사를 나타내는 표시 - M : 현대, L : 대우, N : 기아, P : 쌍용 자동차
③ **A** : 자동차 종별 표시 - A : 승용차, C : 화물차, E : 전차종(유럽수출)
④⑤ **JC** : 차종 - JC : (쏘렌토), FE : 세라토, MA : 카니발, GD : 옵티마, FC : 카렌스
⑥⑦ **52** : 차체형상 - 52 : 5도어 스테이션 웨곤, 22 : 4도어 세단, 24 : 5도어 해치백, 62 : 5도어 밴
⑧ **1** : 엔진 형식 - 1 : 쏘렌토 2500cc 커먼레일 엔진
⑨ **8** : 확인란 - 8 : A/T+4륜 구동, 1 : 4단 구동, 2 : 5단 수동, 3 : A/T, 4 : 4단 수동+4륜 구동, 5 : 5단 수동+4륜 구동, 6 : 4단 수동+서브 T/M, 7 : 5단 수동+서브T/M, 9 : CVT
⑩ **2** : 제작년도 - 알파벳 I, O, Q,U, Z와 숫자 0을 제외한 ABCDEFGHJKLMNPRSTVWXY와 123456789를 순서로 사용한다. 1 : 2001, 2 : 2002, 3 : 2003, 4 : 2004, 5 : 2005 …… A : 2010, B : 2011, C : 2012, D : 2013, E : 2014, F : 2015, G : 2016, H : 2017, J : 2018, K : 2019, L : 2020, M : 2021, N :2022, P : 2023……
⑪ **A** : 공장 기호 - 아산(내수), S : 소하리(내수), K : 광주(내수), 6 : 소하리(수출), 5 : 화성(수출), 7 : 광주(수출)
⑫~⑰ **054158** : 차량 생산 일련 번호

자동차등록증

제2016-000135호 　　　　　　　　　　　　　　　　　　최초 등록일 : 2016년 03월 19일

① 자동차 등록 번호	92어 3859	② 차　　종	화물 소형	③용도	자가용
④ 차　　　명	포터 Ⅱ(POTER Ⅱ)	⑤ 형식 및 년식	HR-J3SSG2GJKLM6-1		2016
⑥ 차 대 번 호	KMFZCZ7KBGU123456	⑦ 원동기 형식	D4CB		
⑧ 사 용 본 거 지	경기도 양주시 부흥로 1901 신도 8차 아파트***동 ***호				

소유자	⑨ 성명(명칭)	김광수	⑩ 주민(사업자) 등록번호	***117-*******
	⑪ 주　　　소	경기도 양주시 부흥로 1901 신도 8차 아파트***동 -***호		

자동차 관리법 제8조등의 규정에 의하여 위와 같이 등록하였음을 증명합니다.

2016 년 03 월 19 일

양 주 시 장

이것만은 꼭!!(※뒷면유의사항 필독)
- 법인 주소지(사용본거지), 상호변경 15일이내(최고 30만원)
- 정기검사:만료일 전·후 30일 이내(최고 30만원)
- 의무보험:만료이전가입(최고 10만원~100만원)
- 말소등록:폐차일로부터 1월이내(최고 50만원)
　위 사항을 위반시 과태료가 부과 되오니 주의바랍니다.

---

1. 제원

⑫형식 승인번호	1-01061-0033-0000		
⑬길　　　이	5120mm	⑭너　　　비	1740mm
⑮높　　　이	1965mm	⑯총 중 량	1707kgf
⑰배 기 량	2476cc	⑱정 격 출 력	97/3800 ps
⑲승 차 정 원	3 명	⑳최대적재량	1000kgf
㉑기 통 수	4기통	㉒연료의 종류	경유 (연비 10.0km/L)

2. 등록 번호판 교부 및 봉인

㉓구 분	㉔번호판교부일	㉕봉인일	㉖교부대행자확인
신규	2013-03-19	2013-03-19	

2. 저당권 등록

㉗구분(설정 또는 말소)	㉘일　　자

※기타 저당권 등록의 내용은 자동차 등록원부를 열람확인 하시기 바랍니다.
※ 비고

4. 검사 유효기간

㉙연 월 일 부터	㉚연 월 일 까지	㉛검 사 시행장소	㉜주행 거리	㉝검사 책임자확인
2015-03-19	2016-03-18			
2016-03-19	2017-03-18			
2017-03-19	2018-03-18			
2018-03-19	2019-03-18			
2019-03-19	2020-03-18			
2020-03-19	2021-03-18			
2021-03-19	2022-03-18			
2022-03-19	2023-03-18			
2023-03-19	2024-03-18			

※주의사항 : ㉙항 첫째란에는 신규 등록일을 기재합니다.

1안 섀시 2 캐스터각, 캠버각 점검

주어진 자동차에서 감독위원의 지시에 따라 휠 얼라인먼트 시험기를 사용하여 캐스터 각과 캠버 각을 점검하고 기록·판정하시오.

1. 답안지 작성 방법 (캐스터 각과 캠버 각이 정상일 때)

섀시 2 : 시험 결과 기록표
자동차 번호 : ⓗ

항목	① 측정(또는 점검)		② 판정 및 정비(또는 조치)사항		Ⓖ 득 점
	Ⓒ 측 정 값	Ⓓ 규정(정비한계)값	Ⓔ 판정(□에 '✔' 표)	Ⓕ 정비 및 조치할 사항	
캐스터 각	2°	2±0.5°	☑ 양 호 □ 불 량	정비 및 조치할 사항 없음	
캠버 각	1°	0.5±0.5°			

Ⓐ 비번호   Ⓑ 감독위원 확 인

※ 단위가 누락되거나 틀린 경우는 오답으로 채점함.

1) **비번호** : Ⓐ 비번호는 공단직원이 주는 등번호를 수검자가 기록한다.
2) **감독위원 확인** : Ⓑ 감독위원 확인란은 감독위원이 채점한 후에 도장을 찍는 부분으로 수검자는 기록하지 않는다.
3) **① 측정(또는 점검)** : Ⓒ 측정값은 수검자가측정한 캐스터 각 "2°", 캠버 각 "1°"를 기록하고, Ⓓ 규정(정비한계)값은 감독위원이 주어진 값이나 또는 정비지침서를 캐스터 각 "2±0.5°", 캠버 각 "0.5±0.5°"를 기록한다.(반드시 단위를 기록한다)
   ㉮ 측정값 : ·캐스터 각 : 2°   ·캠버 각 : 1°
   ㉯ 규정(정비한계)값 : ·캐스터 각 : 2±0.5°   ·캠버 각 : 0.5±0.5°

【 차종별 캐스터 및 캠버각의 규정값(°)-전륜 기준 】

차종		캐스터	캠버
싼타페	D2.0(2012)	4.5 ± 0.5	−0.5± 0.5
	D2.2(2012)		
	G 2.4 MPI		
	L 2.7 LPI		
그랜저 TG	G2.4 DOHC(2010)	4.83 ± 1	0 ± 0.5
	G2.7 DOHC(2010)		
	G3.3 DOHC(2010)		
	L2.7 DOHC(2010)		
아반떼 XD	G1.6 DOHC(2006)	2.49 ± 0.5	0 ± 0.5
	G2.0 DOHC(2006)		
	D 1.5 TCI-U(2006)		
NF 소나타	G2.0 DOHC(2010)	4.8 ± 4.75	0 ± 0.5
	G2.4 DOHC(2010)		
	L2.0 DOHC(2010)		
	D 2.0 TCI-D(2010)		
K5	G2.0 DOHC(2011)	4.8 ± 4.75	0 ± 0.5
	G2.4 GDI(2011)	4.44 ± 0.5	−0.5 ± 0.5
	L2.0 DOHC(2011)		

4) **② 판정 및 정비(또는 조치)사항** : Ⓔ 판정은 수검자가 측정한 값과 규정(정비한계)값을 비교하여 범위 내에 있으면 양호, 벗어나면 불량에 ✔표시를 하며, Ⓕ 정비 및 조치할 사항 란에는 교환, 조정과 정비할 사항을 기록한다.
   ㉮ 판정 : ·양호 : 규정(정비한계)값 이내에 있을 때
         ·불량 : 규정(정비한계)값을 벗어났을 때
   ㉯ 정비 및 조치할 사항 : 양호하면 정비 및 조치할 사항 없음으로, 불량일 경우 고장원인과 정비방법을 기록한다.
5) **득점** : Ⓖ 득점은 감독위원이 채점을 하고 점수를 기록하는 부분으로 수검자는 기록하지 않는다.

6) **자동차 번호** : ❶란은 측정하는 자동차 번호를 수검자가 기록한다.

2. 시험장에서는 ……

엔진이나 전기 항목의 시험을 다본 후에 섀시에 오면 감독위원은 섀시 4개 항목 중 자리가 빈곳에 먼저 들어가 시험을 보도록 한다. 감독위원으로부터 답안지를 받아 측정용 차량에 캠버 캐스터 게이지를 설치하여 측정한 후 답안지를 작성한다. 규정값은 감독위원이 주거나 정비 지침서를 준비한 곳도 있다. 캠버 캐스터 게이지를 설치할 때 설치 면을 걸레로 깨끗이 닦는 것을 잊어서는 안 된다. 만약 설치 면에 이물질이 묻어 있으면 측정값이 정확하지 않다. 측정값이 틀리면 나머지가 맞아도 모두 틀린 것이다.

3. 답안지 작성 방법 (캐스터 각, 캠버 각이 클 때)

섀시 2 : 시험 결과 기록표 자동차 번호 : ❶		Ⓐ 비번호			Ⓑ 감독위원 확 인	
항 목	① 측정(또는 점검)		② 판정 및 정비(또는 조치)사항			Ⓖ 득 점
	Ⓒ 측 정 값	Ⓓ 규정(정비한계)값	Ⓔ 판정(□에 '✔' 표)		Ⓕ 정비 및 조치할 사항	
캐스터 각	5°	2±0.5°	□ 양 호 ☑ 불 량		스트럿 교환 후 재점검	
캠버 각	6°	0.5±0.5°				

※ 단위가 누락되거나 틀린 경우는 오답으로 채점함.

1) **① 측정(또는 점검)** : Ⓒ 측정값은 수검자가 캐스터 각과 캠버 각을 측정한 값 캐스터 각 "5°"와, 캠버 각 "6°"를 기록하며, Ⓓ 규정(정비한계)값은 감독위원이 주어진 값 캐스터 각 "2±0.5°"와 캠버 각 "0.5±0.5°"를 기록한다.

2) **② 판정 및 정비(또는 조치)사항** : Ⓔ 판정은 수검자가 측정한 값이 규정(정비한계)값보다 크므로 판정에는 "불량"에 ✔ 표시를 하며, Ⓕ 정비 및 조치할 사항 란에는 캐스터 각과 캠버 각이 크게 나온 이유인 스트럿 불량이므로 "스트럿 교환 후 재점검"으로 기록하고 그 외 고장은 아래 내용 중에 하나일 것이다.

   ◆ 캐스터 각과 캠버 각이 크게 나온 이유
   - 로워 암 불량 – 로워암 교환
   - 스트럿 불량 – 스트럿 교환
   - 스핀들의 휨 – 조향 너클 교환
   - 차대의 휨 – 차대의 정렬

4. 답안지 작성 방법 (캐스터 각, 캠버 각이 작을 때)

섀시 2 : 시험 결과 기록표 자동차 번호 : ❶		Ⓐ 비번호			Ⓑ 감독위원 확 인	
항 목	① 측정(또는 점검)		② 판정 및 정비(또는 조치)사항			Ⓖ 득 점
	Ⓒ 측 정 값	Ⓓ 규정(정비한계)값	Ⓔ 판정(□에 '✔' 표)		Ⓕ 정비 및 조치할 사항	
캐스터 각	1°	2±0.5°	□ 양 호 ☑ 불 량		로워암 교환 후 재점검	
캠버 각	0°	0.5±0.5°				

※ 단위가 누락되거나 틀린 경우는 오답으로 채점함.

1) **① 측정(또는 점검)** : Ⓒ 측정값은 수검자가 캐스터 각과 캠버 각을 측정한 값 캐스터 각 "1°"와 캠버 각 "0°"를 기록하며, Ⓓ 규정(정비한계)값은 감독위원이 주어진 값 캐스터 각 "2±0.5°"와 캠버 각 "0.5±0.5°"를 기록한다.

2) **② 판정 및 정비(또는 조치)사항** : Ⓔ 판정은 수검자가 측정한 값이 규정(정비한계)값보다 작으므로 판정에는 "불량"에 ✔ 표시를 하며, Ⓕ 정비 및 조치할 사항 란에는 캐스터 각과 캠버 각이 작게 나온 이유인 로워암 불량이므로 "로워암 교환 후 재점검"으로 기록하고 그 외 고장은 아래 내용 중에 하나일 것이다.

   ◆ 캐스터 각과 캠버 각이 작게 나온 이유
   - 로워 암 불량 – 로워암 교환
   - 스트럿 불량 – 스트럿 교환
   - 스핀들의 휨 – 조향 너클 교환
   - 차대의 휨 – 차대의 정렬

섀시 4 인히비터 스위치와 변속선택레버 위치 점검

주어진 자동차에서 감독위원의 지시에 따라 인히비터 스위치와 변속 선택 레버 위치를 점검하고 기록·판정하시오.

1. 답안지 작성 방법(인히비터 스위치 N일 때 선택레버 위치의 설정이 N 위치로 정상일 때)

섀시 4 : 시험 결과 기록표 자동차 번호 : ⓗ			Ⓐ 비번호		Ⓑ 감독위원 확 인	
항 목	① 측정(또는 점검)		② 판정 및 정비(또는 조치)사항			Ⓖ 득 점
	Ⓒ 점검 위치	Ⓓ 내용 및 상태	Ⓔ 판정(□에 '✔' 표)		Ⓕ 정비 및 조치할 사항	
변속 선택 레버	N 위치	인히비터 스위치 N 위치일 때 변속 선택 레버 N 위치가 일치 함	✔ 양 호 □ 불 량		정비 및 조치사항 없음	
인히비터 스위치	N 위치					

1) 비번호 : Ⓐ 비번호는 공단직원이 주는 등번호를 수검자가 기록한다.
2) 감독위원 확인 : Ⓑ 감독위원 확인란은 감독위원이 채점한 후에 도장을 찍는 부분으로 수검자는 기록하지 않는다.
3) ① 측정(또는 점검) : Ⓒ 점검 위치 란에는 수검자가 변속 선택 레버를 "N 위치"로 하고 인히비터 스위치의 위치를 점검하여 "N 위치"로 기록하고, Ⓓ 내용 및 상태는 수검자가 점검한 "인히비터 스위치 N 위치일 때 변속 선택 레버 N 위치가 일치함"를 기록한다.
㉮ 점검 위치 : ·변속 선택 레버 – N 위치,　　·인히비터 스위치 – N 위치
㉯ 내용 및 상태 : 인히비터 스위치 N 위치일 때 변속 선택 레버 N 위치가 일치함
4) ② 판정 및 정비(또는 조치)사항 : Ⓔ 판정은 수검자가 변속 선택 레버 위치와 인히비터 스위치의 위치를 점검하여 일치하면 양호에, 일치하지 않으면 불량에 ✔표시를 하며, Ⓕ 정비 및 조치할 사항 란에는 고장 부품과 조치할 사항을 기록한다.
㉮ 판정 : ·양호 – 위치 설정에 이상이 없을 때　　·불량 : 위치 설정에 이상이 있을 때
㉯ 정비 및 조치할 사항 : 정비 및 조치사항 없음

※ 인히비터 스위치와 컨트롤 케이블의 조정 방법
① 변속 선택 레버를 N레 인지로 선정한다.
② 결합 부위의 너트를 풀고 컨트롤 케이블과 레버를 분리한 후 매뉴얼 컨트롤 레버를 중립 위치로 한다.
③ 매뉴얼 컨트롤 레버의 선단(그림에서 단면 A–A)과 인히비터 스위치 보디 플랜지부의 구멍이 일치하도록 인히비터 스위치 보디를 회전시켜 조정한다.

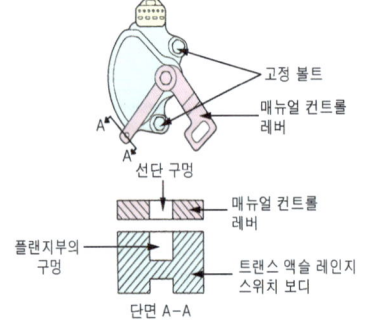

인히비터 스위치 조정

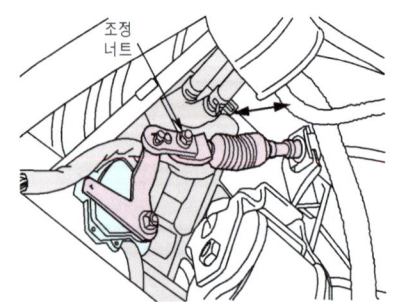

컨트롤 레버와 케이블의 조정

④ 인히비터 스위치 보디의 체결 볼트를 규정토크(1.0~1.2 kgf·m)로 조인다. 이때 스위치 보디가 비뚤어지지 않도록 주의한다.
⑤ 컨트롤 레버와 케이블의 조정 그림과 같이 너트를 풀고 트랜스 액슬 컨트롤 케이블의 선단을 화살표 방향으로 가볍게 당긴다.

⑥ 너트를 규정토크(1.2 kgf·m)로 조인다.
⑦ 변속레버가 N 레인지로 되어 있는가를 확인한다.
⑧ 변속레버의 각 레인지에 상응하며 트랜스 액슬측의 각 레인지가 확실히 작동하는가를 확인한다.
5) **득점** : ❻ 득점은 감독위원이 채점을 하고 점수를 기록하는 부분으로 수검자는 기록하지 않는다.
6) **자동차 번호** : ❽ 측정하는 자동차 번호를 수검자가 기록한다.

2. 시험장에서는 ……

문제가 인히비터 스위치와 선택레버 위치 점검이므로 실제 차량에서 실시하여야 한다. 하지만 시험장에 따라서 시뮬레이터를 이용하는 경우도 있다. 문제 그대로 선택레버를 P-R-N-D-2-L 위치로 할 때 인히비터 스위치도 P-R-N-D-2-L위치에 있어야 한다는 것이다. 즉 선택레버가 N 위치면 인히비터 스위치도 N 위치에 있어야 한다. 트랜스 액슬 컨트롤 케이블을 잘못 조정하면 R 위치로 갈수도 있고 D 위치로 갈수도 있다. 아마 시험장에서 보는 시험용 차량이나 시뮬레이터는 많이 연습하였기에 나사나 선택레버가 반들반들 할 것이다. 운전석에 컨트롤 레버를 N 위치로 하고 자동변속기 매뉴얼 컨트롤 레버를 N 위치로 하여 컨트롤 케이블 조정 나사로 조정한다.

3. 답안지 작성 방법 (변속 선택 레버 N 위치 일 때 인히비터 스위치 R로 위치 설정이 불량일 때)

섀시 4 : 시험 결과 기록표 자동차 번호 : ❽			❶ 비번호		❷ 감독위원 확　인	
항 목	① 측정(또는 점검)		② 판정 및 정비(또는 조치)사항		❻ 득 점	
	❸ 점검 위치	❹ 내용 및 상태	❺ 판정(□에 '✔' 표)	❻ 정비 및 조치할 사항		
변속 선택 레버	N 위치	인히비터 스위치 위치 설정 불량	□ 양　호 ☑ 불　량	변속 선택 레버 N 위치일 때 인히비터 스위치 N 위치로 케이블로 조정 후 재점검		
인히비터 스위치	R 위치					

1) ① **측정(또는 점검)** : ❸ 점검 위치 란은 수검자가 점검한 변속 선택 레버 "N 위치", 인히비터 스위치 "R 위치"를 기록하고, ❹ 내용 및 상태는 수검자가 점검한 이상 부위 상태인 "인히비터 스위치 위치 설정 불량"을 기록한다.
2) ② **판정 및 정비(또는 조치)사항** : ❺ 판정은 수검자가 점검한 인히비터 스위치의 위치 설정이 정상이 아니므로 "불량"에 ✔ 표시를 하며, ❻ 정비 및 조치할 사항 란에는 고장원인과 정비할 사항으로 "변속 선택 레버 N 위치일 때 인히비터 스위치 N 위치로 케이블로 조정 후 재점검"을 기록한다.

4. 답안지 작성 방법 (변속 선택 레버 N 위치 일 때 인히비터 스위치 P로 위치 설정이 불량일 때)

섀시 4 : 시험 결과 기록표 자동차 번호 : ❽			❶ 비번호		❷ 감독위원 확　인	
항 목	① 측정(또는 점검)		② 판정 및 정비(또는 조치)사항		❻ 득 점	
	❸ 점검 위치	❹ 내용 및 상태	❺ 판정(□에 '✔' 표)	❻ 정비 및 조치할 사항		
변속 선택 레버	N 위치	인히비터 스위치 위치 설정 불량	□ 양　호 ☑ 불　량	변속 선택 레버 N 위치일 때 인히비터 스위치 N 위치로 케이블로 조정 후 재점검		
인히비터 스위치	P 위치					

1) ① **측정(또는 점검)** : ❸ 점검 위치 란에는 수검자가 점검한 변속 선택 레버 "N 위치", 인히비터 스위치 "P 위치"를 기록하고, ❹ 내용 및 상태는 수검자가 점검한 이상부위의 상태인 "인히비터 스위치 위치 설정 불량"을 기록한다.
2) ② **판정 및 정비(또는 조치)사항** : ❺란 판정은 수검자가 점검한 인히비터 스위치의 위치 설정이 정상이 아니므로 "불량"에 ✔ 표시를 하며, ❻ 정비 및 조치할 사항 란에는 고장원인과 정비할 사항으로 "변속 선택 레버 N 위치일 때 인히비터 스위치 N 위치로 케이블로 조정 후 재점검"을 기록한다.

섀시 5 제동력 측정

주어진 자동차에서 감독위원의 지시에 따라 제동력을 측정하여 기록·판정하시오.

1. 답안지 작성 방법 (제동력이 좌우 편차와 합이 정상일 때)

섀시 5 : 시험 결과 기록표 자동차 번호 : ❶					Ⓐ비 번호			Ⓑ감독위원 확 인	
① 측정(또는 점검)					② 판정 및 조치사항				
Ⓒ항 목	구분	Ⓓ측정값	Ⓔ기준값		Ⓕ산출근거 및 제동력		Ⓖ판 정 (□에 '✔' 표)		Ⓗ득 점
			편차	합	편차(%)	합(%)			
제동력 위치 (□에 '✔' 표) □ 앞 ☑ 뒤	좌	180kgf	8.0% 이내	20% 이상	편차 = $\frac{180-170}{432}\times 100$ = 2.31%	합 = $\frac{180+170}{432}\times 100$ = 81.01%	☑ 양 호 □ 불 량		
	우	170kgf							

※ 측정 위치는 감독위원의 지정하는 위치에 □에 '✔' 표시합니다.
※ 측정값의 단위는 시험장비 기준으로 작성합니다.
※ 자동차검사기준 및 방법에 의하여 기록, 판정합니다.
※ 산출근거에는 단위를 기록하지 않아도 됩니다.

1) **비번호** : Ⓐ 비번호는 공단직원이 주는 등번호를 수검자가 기록한다.
2) **감독위원 확인** : Ⓑ 감독위원 확인란은 감독위원이 채점한 후에 도장을 찍는 부분으로 수검자는 기록하지 않는다.
3) **① 측정(또는 점검)** : Ⓒ 항목의 제동력 위치 란에는 감독위원이 지정하는 축인 "뒤"에 ✔ 표시를 하고, Ⓓ 측정값 란은 수검자가 제동력을 측정한 값인 좌는 "180kgf"를, 우는 "170kgf"을 기록하며, Ⓔ 기준값은 제동력 편차인 "8.0% 이내"를, 합인 "20% 이상"을 기록한다.
㉮ 측정값 : ·좌 – 180kgf ·우 – 170kgf ㉯ 기준값 편차 : 8.0% 이내 ㉰ 기준값 합 : 20% 이상

【 차종별 중량 기준값 (현대) 】

항목 \ 차종	NEW CLICK					NEW EF SONATA				
	1.4 DOHC	1.5 VGT	1.6DOHC			1.8 DOHC	2.0 GVS	2.0 GOLD	2.0 CVT	2.5 V6
배기량(CC)	1,399	1,399	1,493	1,599	1,599	1,795	1,795	1,997	1,997	2,493
공차중량(kgf)	1,046	1,080	1,493	1,046	1,080	1,427	1,445	1,445	1,458	1,470	1,487
변속방식	M/T	A/T	M/T	M/T	A/T	M/T	A/T	M/T	A/T	CVT	A/T
연비(km/L)	15.6	13.5	20.1	15.3	13.0	11.8	10.0	11.1	9.4	10.1	8.5
에너지 등급	2	4	1	2	4	3	5	3	4	4	3

4) **② 판정 및 조치사항** : Ⓕ 산출근거 및 제동력은 공식에 대입하여 산출하는 계산식인 편차 "편차 = $\frac{180-170}{432}\times 100 = 2.31\%$"을, 합 "합 = $\frac{180+170}{432}\times 100 = 81.01\%$" 기록하며, Ⓖ 판정은 측정한 값과 기준값을 비교하여 범위를 벗어나므로 "불량"에 ✔ 표를 한다. (후축중은 뉴 클릭 1.6 DOHC A/T 40% 인 1,080×0.4=432kgf 으로 임의 설정함)
㉮ 편차 : $\frac{좌,우제동력의 편차}{해당 축중}\times 100 = \frac{180-170}{432}\times 100 = 2.31\%$ ㉯ 합 : $\frac{좌,우제동력의 합}{해당 축중}\times 100 = \frac{180+170}{432}\times 100 = 81.01\%$
㉰ 판정 : 제동력의 차와 제동력의 합이 기준값 범위에 있으므로 "양호"에 ✔ 표시를 한다.

5) **득점** : Ⓗ 득점은 감독위원이 채점을 하고 점수를 기록하는 부분으로 수검자는 기록하지 않는다.
6) **자동차 번호** : ❶ 측정하는 자동차 번호를 수검자가 기록한다.

2. 시험장에서는 ……

제동력 테스터기는 구형인 지침식을 보유하고 있는 시험장과 신형인 ABS COMBI를 보유하고 있는 곳이 있으나 수검자는 어느 것이나 측정할 수 있는 능력을 보유하여야 한다. 보유하고 있는 테스터기로 측정법을 숙지하는 것은 물론 다른 테스터기의 사용법도 책 등을 이용하여 습득하여야 한다. 감독위원으로부터 답안지를 받고 제동력 테스터기 앞에 서면 보조원이 기다리고 있다. 보조원은 대부분 그곳의 학생으로 자격증 취득자이거나 테스터기를 능수능란하게 다룰 수 있는 학생이다. 보조원은 운전석에 앉아서 수검자가 지시를 내려 주기만을 기다리고 있다. 수검자는 테스터기를 세팅하고 보조원에게 차량을 진입하도록 지시하고 리프트를 하강시키면 롤러가 회전한다. 보조원에게 "브레이크 밟으세요." 하고 지침이 최대로 올랐을 때 푸시 버튼을 눌러 눈금을 읽는다. 주어진 축중과

좌우 측정값을 기록하고 리프트를 올린 후 계산하여 답안지를 작성 제출한다.

3. 답안지 작성 방법 (제동력의 좌우 편차가 기준값을 넘었을 때)

섀시 5 : 시험 결과 기록표
자동차 번호 : ①

ⓒ항 목	구분	ⓓ측정값	ⓔ기준값		ⓕ산출근거		ⓖ판 정 (□에 '✔' 표)	ⓗ득 점
			편차	합	편차(%)	합(%)		
제동력 위치 (□에 '✔' 표) □ 앞 ☑ 뒤	좌	180kgf	8.0% 이내	20% 이상	편차 = $\frac{180-140}{432} \times 100$ = 9.25%	합 = $\frac{180+140}{432} \times 100$ = 74.07%	□ 양 호 ☑ 불 량	
	우	140kgf						

ⓐ비 번호   ⓑ감독위원 확 인

※ 측정 위치는 감독위원의 지정하는 위치에 □에 '✔' 표시합니다.
※ 측정값의 단위는 시험장비 기준으로 작성합니다.
※ 자동차검사기준 및 방법에 의하여 기록, 판정합니다.
※ 산출근거에는 단위를 기록하지 않아도 됩니다.

1) ① 측정(또는 점검) : ⓒ 항목의 제동력 위치 란은 감독위원이 지정하는 축인 "뒤"에 ✔ 표시를 한다. ⓓ 측정값은 수검자가 제동력을 측정한 값인 좌는 "180kgf"을, 우는 "140kgf"을 기록하며, ⓔ 기준값의 제동력 편차인 "8.0% 이내"를 합인 "20% 이상"을 기록한다.
   ㉮ 측정값 : · 좌 - 180kgf   · 우 - 140kgf   ㉯ 제동력 편차 : 8.0% 이내   ㉰ 제동력 합 : 20% 이상

2) ② 판정 및 조치사항 : ⓕ 산출근거는 공식에 대입하여 산출하는 계산식인 편차 "편차 = $\frac{180-140}{432} \times 100 = 9.25\%$"을, 합 "합 = $\frac{180+140}{432} \times 100 = 74.07\%$"을 기록하며, ⓖ 판정은 측정한 값과 기준값을 비교하여 편차가 크므로 "불량"에 ✔ 표시를 한다. (후축중은 뉴 클릭 1.6 DOHC A/T 40% 인 1,080×0.4=432kgf 으로 임의 설정함)
   ㉮ 편차 : $\frac{좌, 우제동력의 편차}{해당 축중} \times 100 = \frac{180-140}{432} \times 100 = 9.25\%$
   ㉯ 합 : $\frac{좌, 우제동력의 합}{해당 축중} \times 100 = \frac{180+140}{432} \times 100 = 74.07\%$
   ㉰ 판정 : 제동력의 편차가 기준값을 초과하므로 "불량"에 ✔ 표시를 한다.

4. 답안지 작성 방법 (제동력의 좌우 편차와 합이 기준값 이하일 때)

섀시 5 : 시험 결과 기록표
자동차 번호 : ①

ⓒ항 목	구분	ⓓ측정값	ⓔ기준값 (□에 '✔' 표)		ⓕ산출근거		ⓖ판 정 (□에 '✔' 표)	ⓗ득 점
			편차	합	편차	합(%)		
제동력 위치 (□에 '✔' 표) ☑ 앞 □ 뒤	좌	180kgf	8.0% 이내	50% 이상	편차 = $\frac{180-112}{648} \times 100$ = 10.49%	합 = $\frac{180+112}{648} \times 100$ = 45.06%	□ 양 호 ☑ 불 량	
	우	112kgf						

ⓐ비 번호   ⓑ감독위원 확 인

※ 측정 위치는 감독위원의 지정하는 위치에 □에 '✔' 표시합니다.
※ 측정값의 단위는 시험장비 기준으로 작성합니다.
※ 자동차검사기준 및 방법에 의하여 기록, 판정합니다.
※ 산출근거에는 단위를 기록하지 않아도 됩니다.

1) ① 측정(또는 점검) : ⓒ 항목의 제동력 위치 란은 감독위원이 지정하는 축인 "앞"에 ✔ 표시를 한다. ⓓ 측정값은 수검자가 제동력을 측정한 값인 좌 "180kgf"을, 우 "112kgf"를 기록하며, ⓔ 기준값은 제동력 편차인 "8.0% 이내"를 합인 "20% 이상"을 기록한다.
   ㉮ 측정값 : · 좌 - 180kgf   · 우 - 112kgf   ㉯ 제동력 편차 : 8.0% 이내   ㉰ 제동력 합 : 50% 이상

2) ② 판정 및 조치사항 : ⓕ 산출근거는 공식에 대입하여 제동력 편차 "편차 = $\frac{180-112}{648} \times 100 = 10.49\%$"를, 합 "합 = $\frac{180+112}{648} \times 100 = 45.06\%$"을 기록하며, ⓖ 판정은 측정한 값과 기준값을 비교하여 범위를 벗어나므로 "불량"에 ✔ 표시를 한다. (전축중은 뉴 클릭 1.6 DOHC A/T 60% 인 1,080×0.6 = 648 kgf으로 임의 설정함)
   ㉮ 편차 : $\frac{좌, 우제동력의 편차}{해당 축중} \times 100 = \frac{180-112}{648} \times 100 = 10.49\%$
   ㉯ 합 : $\frac{좌, 우제동력의 합}{해당 축중} \times 100 = \frac{180+112}{648} \times 100 = 45.06\%$
   ㉰ 판정 : 제동력의 편차와 합이 기준값을 벗어나므로 "불량"에 ✔ 표시를 한다.

1안 전기 2 크랭킹 전류 소모 점검

주어진 자동차에서 시동 모터의 크랭킹 부하시험을 하여 고장부분을 점검한 후 기록·판정하시오.

1. 답안지 작성 방법 (크랭킹 전류 소모가 정상일 때)

전기 2 : 시험 결과 기록표
자동차 번호 : ⓗ

항 목	① 측정(또는 점검)		② 판정 및 정비(또는 조치)사항		Ⓖ 득 점
	Ⓒ 측 정 값	Ⓓ 규정(정비한계)값	Ⓔ 판정(□에 '✔' 표)	Ⓕ 정비 및 조치할 사항	
전류 소모	90A	90~135A	☑ 양 호 □ 불 량	정비 및 조치할 사항 없음	

상단: Ⓐ 비번호 / Ⓑ 감독위원 확인

※ 단위가 누락되거나 틀린 경우는 오답으로 채점함.

1) **비번호** : Ⓐ 비번호는 공단직원이 주는 등번호를 수검자가 기록한다.
2) **감독위원 확인** : Ⓑ 감독위원 확인란은 감독위원이 채점한 후에 도장을 찍는 부분으로 수검자는 기록하지 않는다.
3) **① 측정(또는 점검)** : Ⓒ 측정값은 수검자가 전류소모를 측정한 값인 "90A"를 기록하고 Ⓓ 규정(정비한계)값은 감독위원이 주어진 값이나 정비 지침서의 규정값 "90~135A"를 기록한다.
   ㉮ 측정값 : 전류소모 : 90A
   ㉯ 규정(정비한계)값 : 전류소모 : 90~135A

【 크랭킹 전압강하 및 소모전류 규정값 】

항 목	전압강하(V)	소모전류(A)
일반적인 규정값	축전지 전압의 20%까지	축전지 용량의 3배 이하
예(12V -45AH)	9.6V 이상	135A

4) **② 판정 및 정비(또는 조치)사항** : Ⓔ 판정은 수검자가 측정한 값과 규정(정비한계)값을 비교하여 범위 내에 있으면 양호, 벗어나면 불량에 ✔ 표시를 하며, Ⓕ 정비 및 조치할 사항 란에는 양호하면 "정비 및 조치할 사항 없음"으로 불량일 경우 고장원인과 정비방법을 기록한다.
   ㉮ 판정
   • 양호 : 전류소모 : 규정(정비한계)값의 범위에 있을 때
   • 불량 : 전류소모 : 규정(정비한계)값의 범위를 벗어났을 때
   ㉯ 정비 및 조치할 사항 : 정비 및 조치할 사항 없음을 기록한다.
5) **득점** : Ⓖ 득점은 감독위원이 채점을 하고 점수를 기록하는 부분으로 수검자는 기록하지 않는다.
6) **자동차 번호** : ⓗ 측정하는 자동차의 번호를 수검자가 기록한다.

2. 시험장에서는 ……

감독위원이 수검자의 비번호를 부른 후 답안지를 주며, 크랭킹 부하시험을 몇 번 차량에서 측정하라고 지시할 것이다. 측정용 차량에는 전압계와 전류계(또는 훅 메터, Hi-DS)가 준비되어 있다. 테스터를 설치하고 크랭킹을 하면서 계기값을 읽는다. 이때 크랭킹은 시험장의 보조원이 할 것이며, 수검자는 보조원에게 "크랭킹을 해 주세요" 하고 측정이 끝나면 "됐습니다." 하여 정지토록 한다. 그리고 답안지를 작성하여 감독위원에게 제출한다. 요즘은 대부분 훅 메터를 이용하여 측정하고 있다. 훅 메터가 교류와 직류의 전류를 함께 측정할 수 있으므로 선택 스위치를 반드시 직류 전류 위치로 하고 측정한다.

3. 답안지 작성 방법 (크랭킹 전류 소모가 규정값 보다 작을 때)

전기 2 : 시험 결과 기록표 자동차 번호 : ⓗ			Ⓐ 비번호		Ⓑ 감독위원 확 인	
항 목	① 측정(또는 점검)		② 판정 및 정비(또는 조치)사항			Ⓖ 득 점
	Ⓒ 측정값	Ⓓ 규정(정비한계)값	Ⓔ 판정(□에 '✔'표)	Ⓕ 정비 및 조치할 사항		
전류 소모	20A	90~135A	□ 양 호 ☑ 불 량	배터리 충전 후 재점검		

※ 단위가 누락되거나 틀린 경우는 오답으로 채점함.

1) ① **측정(또는 점검)** : Ⓒ 측정값은 수검자가 훅 메터를 이용하여 측정한 값 전류소모 "20A"를 기록하며, Ⓓ 규정(정비한계)값은 감독위원이 주어진 값 전류소모 "90~135A"를 기록한다.
2) ② **판정 및 정비(또는 조치)사항** : Ⓔ 판정은 측정값이 규정(정비한계)값보다 낮으므로 "불량"에 ✔ 표시를 하며, Ⓕ 정비 및 조치할 사항은 "배터리 충전 후 재점검"을 기록하고 그 외 고장은 아래 내용 중에 하나일 것이다.
   ◆ 크랭킹 전류소모가 규정값 보다 작고, 전압강하가 큰 원인
   · 배터리 불량 – 충전 후 재점검 · 배터리 터미널 열결 상태 불량 – 배터리 터미널 체결 볼트 꼭 조임.
   · 기동 전동기 불량(링기어가 안물림 회전, 브러시 마모량 과다, 오버러닝 클러치 불량, 브러시 스프링 장력 감소 등)
     – 기동 전동기 수리 및 교환

4. 답안지 작성 방법 (크랭킹 전류 소모가 규정값보다 클 때)

전기 2 : 시험 결과 기록표 자동차 번호 : ⓗ			Ⓐ 비번호		Ⓑ감독위원 확 인	
항 목	① 측정(또는 점검)		② 판정 및 정비(또는 조치)사항			Ⓖ 득 점
	Ⓒ 측정값	Ⓓ 규정(정비한계)값	Ⓔ 판정(□에 '✔'표)	Ⓕ 정비 및 조치할 사항		
전류 소모	150A	90~135A	□ 양 호 ☑ 불 량	기동 전동기 교환 후 재점검		

※ 단위가 누락되거나 틀린 경우는 오답으로 채점함.

1) ① **측정(또는 점검)** : Ⓒ 측정값은 수검자가 훅 메터를 이용하여 측정한 값인 전류소모 "150A"를 기록하며, Ⓓ 규정(정비한계)값은 감독위원이 주어진 값 전류소모 "90~135A"를 기록한다.
2) ② **판정 및 정비(또는 조치)사항** : Ⓔ 판정은 측정값이 규정(정비한계)값보다 높으므로 "불량"에 ✔ 표시를 하며, Ⓕ 정비 및 조치할 사항은 아래 내용 중에 하나일 것이나 세부 점검은 어려우니 "기동전동기 어셈블리 교환 후 재점검"을 기록하고 그 외 고장은 아래 내용 중에 하나일 것이다.
   ◆ 크랭킹 전류소모가 규정값 보다 크고, 전압강하가 큰 원인
   · 전기자 코일 단락 – 전기자 코일 교환,   · 계자 코일의 단락 – 계자 코일 교환
   · 전기자 축 휨 – 전기자 코일 교환   · 전기자 축 베어링 파손 – 베어링 교환
   · 엔진 본체의 고장(크랭크축 베어링의 윤활부족 및 소착, 피스톤과 실린더 간극의 마찰저항 증가, 밸브장치의 고장 등)
     – 정비

5. 크랭킹 부하(소모 전류 & 전압 강하) 시험 현장사진

1. 측정 준비된 시험장 모습

시험장의 여건에 따라 준비가 다르지만 이곳은 훅 메터와 디지털 멀티가 준비되어 있다.

2. 전압강하를 멀티로 측정한 모습

크랭킹을 시키면서 멀티 테스터의 (+) 테스트 리드를 (+)터미널, (-) 테스터 리드는 (-)터미널에 연결하여 측정한다.

3. 훅 메터를 B 단자에 클램핑 모습

훅 메터를 기동 전동기로 가는 B 단자 케이블에 화살표 방향이 전류의 흐름 방향으로 걸어서 측정한다.

전기 3 미등 및 번호등 회로 점검

1안

주어진 자동차에서 미등 및 번호등 회로의 고장부분을 점검한 후 기록·판정하시오.

1. 답안지 작성 방법 (미등 모두가 작동하지 않을 때)

전기 3 : 시험 결과 기록표 자동차 번호 : ❽			Ⓐ 비번호		Ⓑ 감독위원 확 인	
항 목	① 측정(또는 점검)		② 판정 및 정비(또는 조치)사항			Ⓖ 득 점
	Ⓒ이상 부위	Ⓓ내용 및 상태	Ⓔ판정(□에 '✔'표)	Ⓕ정비 및 조치할 사항		
미등 및 번호등 회로	콤비네이션 스위치 커넥터	탈거	□ 양 호 ☑ 불 량	콤비네이션 스위치 커넥터 장착 후 재점검		

1) **비번호** : Ⓐ 비번호는 공단직원이 주는 자기 등번호를 수검자가 기록한다.
2) **감독위원 확인** : Ⓑ 감독위원 확인란은 감독위원이 채점한 후에 도장을 찍는 부분으로 수검자는 기록하지 않는다.
3) **① 측정(또는 점검)** : Ⓒ 이상 부위는 수검자가 미등이 작동되지 않는 이유 중 고장 난 부품의 명칭인 "콤비네이션 스위치"를 기록하고, Ⓓ 내용 및 상태는 이상 부위의 상태인 "탈거"를 서술한다.
4) **② 판정 및 정비(또는 조치)사항** : Ⓔ 판정은 "불량"에 ✔ 표시를 하고 Ⓕ 정비 및 조치할 사항 란에는 "콤비네이션 스위치 커넥터 장착 후 재점검"을 기록하고 그 외 고장은 아래 내용 중에 하나일 것이다.
   ◆ 미등과 번호등이 모두 작동하지 않는 원인
   - 배터리 불량 – 배터리 교환
   - 배터리 터미널 연결 상태 불량 – 배터리 터미널 재 장착
   - 미등 퓨즈의 탈거 – 미등 퓨즈 장착
   - 미등 퓨즈의 단선 – 미등 퓨즈 교환
   - 미등 릴레이 탈거 – 미등 릴레이 장착
   - 미등 릴레이 불량 – 미등 릴레이 교환
   - 미등 릴레이 핀 부러짐 – 미등 릴레이 교환
   - 미등 전구 탈거 – 미등 전구 장착
   - 미등 전구 단선 – 미등 전구 교환
   - 콤비네이션 스위치 불량 – 콤비네이션 스위치 교환
   - 콤비네이션 스위치 커넥터 탈거 – 콤비네이션 스위치 커넥터 장착
   - 미등 라인 단선 – 미등 라인 연결
   - 콤비네이션 스위치 커넥터 불량 – 콤비네이션 스위치 커넥터 교환
5) **득점** : Ⓖ 득점은 감독위원이 채점을 하고 점수를 기록하는 부분으로 수검자는 기록하지 않는다.
6) **자동차 번호** : ❽ 측정하는 자동차 번호를 수검자가 기록한다.

2. 답안지 작성 방법 (미등 일부가 작동하지 않을 때)

전기 3 : 시험 결과 기록표 자동차 번호 : ❽			Ⓐ 비번호		Ⓑ감독위원 확 인	
항 목	① 측정(또는 점검)		② 판정 및 정비(또는 조치)사항			Ⓖ 득 점
	Ⓒ이상 부위	Ⓓ내용 및 상태	Ⓔ판정(□에 '✔'표)	Ⓕ정비 및 조치할 사항		
미등 및 번호등 회로	앞 우측 미등 전구	단선	□ 양 호 ☑ 불 량	앞 우측 미등 전구 교환 후 재점검		

1) **① 측정(또는 점검)** : Ⓒ 이상 부위는 수검자가 미등 일부가 작동되지 않는 이유 중 고장 난 부품 명칭인 "앞 우측 미등전구"를 기록하고, Ⓓ 내용 및 상태는 이상 부위의 상태인 "단선"을 서술한다.
2) **② 판정 및 정비(또는 조치)사항** : Ⓔ 판정은 "불량"에 ✔ 표시를 하고 Ⓕ 정비 및 조치할 사항 란에는 "앞 우측 미등 전구 교환 후 재점검"으로 기록하고 그 외 고장은 아래 내용 중에 하나일 것이다.
   ◆ 미등 일부가 작동하지 않는 원인
   - 미등 연결 커넥터 불량 – 미등 커넥터 교환
   - 미등 전구 녹으로 접지 불량 – 미등 전구 교환
   - 미등 전구 탈거 – 미등 전구 장착
   - 미등 전구 단선 – 미등 전구 교환
   - 미등 전구 연결 커넥터 탈거 – 미등 연결 커넥터 장착.
   - 콤비네이션 스위치 불량 – 콤비네이션 스위치 교환
   - 미등 라인 단선 – 미등 라인 연결

3. 답안지 작성 방법 (미등은 작동하나 번호등이 작동하지 않을 때)

전기 3 : 시험 결과 기록표 자동차 번호 : ⓗ			ⓐ 비번호		ⓑ 감독위원 확 인	
항 목	① 측정(또는 점검)		② 판정 및 정비(또는 조치)사항			ⓖ 득 점
	ⓒ 이상 부위	ⓓ 내용 및 상태	ⓔ 판정(□에 '✔' 표)	ⓕ 정비 및 조치할 사항		
미등 및 번호등 회로	번호등 전구	단선	□ 양 호 ✔ 불 량	번호등 전구 교환 후 재점검		

1) ① 측정(또는 점검) : ⓒ 이상 부위는 수검자가 번호등이 작동되지 않는 이유 중 고장난 부품 명칭인 "번호등 전구"을 기록하고, ⓓ 내용 및 상태는 이상 부위의 상태인 "단선"을 서술한다.
2) ② 판정 및 정비(또는 조치)사항 : ⓔ 판정은 "불량"에 ✔ 표시를 하고 ⓕ 정비 및 조치할 사항 란에는 "번호등 전구 교환 후 재점검"으로 기록하고 그 외 고장은 아래 내용 중에 하나일 것이다.
   ◈ 번호등이 작동하지 않는 원인 : ・번호등 전구 녹으로 접지 불량 – 번호등 전구 교환
   ・번호등 연결 커넥터 불량 – 번호등 커넥터 교환 ・번호등 전구 단선 또는 탈거 – 번호등 전구 교환 또는 장착
   ・번호등 전구 연결 커넥터 탈거 – 번호등 연결 커넥터 장착
   ・번호등 전구 연결 커넥터 불량 – 번호등 연결 커넥터 교환
   ・번호등 라인 단선 – 번호등 라인 연결   ・콤비네이션 스위치 불량 – 콤비네이션 스위치 교환

4. 답안지 작성 방법 (미등은 일부, 번호등이 작동하지 않을 때)

전기 3 : 시험 결과 기록표 자동차 번호 : ⓗ			ⓐ 비번호		ⓑ 감독위원 확 인	
항 목	① 측정(또는 점검)		② 판정 및 정비(또는 조치)사항			ⓖ 득 점
	ⓒ 이상 부위	ⓓ 내용 및 상태	ⓔ 판정(□에 '✔' 표)	ⓕ 정비 및 조치할 사항		
미등 및 번호등 회로	미등 퓨즈	단선	□ 양 호 ✔ 불 량	미등 퓨즈 교환 후 재점검		

1) ① 측정(또는 점검) : ⓒ 고장부위는 수검자가 미등 일부와 번호등이 작동되지 않는 이유 중 고장 난 부품 명칭인 "미등 퓨즈"를 기록하고, ⓓ 내용 및 상태는 고장 부위의 상태인 "단선"을 기록한다.
2) ② 판정 및 정비(또는 조치)사항 : ⓔ 판정은 "불량"에 ✔ 표시를 하고 ⓕ 정비 및 조치 사항 란에는 "미등 퓨즈 교환 후 재점검"으로 기록하고 그 외 고장은 아래 내용 중에 하나일 것이다.
   ◈ 미등 일부와 번호등이 작동하지 않는 원인 ・미등 전구 단선 또는 탈거 – 미등 전구 교환 또는 장착
   ・미등 연결 커넥터 불량 – 미등 커넥터 교환   ・미등 전구 녹으로 접지 불량 – 미등 전구 교환
   ・미등 전구 연결 커넥터 탈거 및 불량 – 미등 연결 커넥터 장착 및 교환
   ・콤비네이션 스위치 불량 – 콤비네이션 스위치 교환
   ・미등 / 번호등 라인 단선 – 미등 / 번호등 라인 연결
   ・번호등 전구 연결 커넥터 탈거 및 불량 – 번호등 연결 커넥터 장착 및 교환
   ・번호등 연결 커넥터 불량 – 번호등 커넥터 교환 ・번호등 전구 녹으로 접지 불량 – 번호등 전구 교환
   ・번호등 전구 단선 또는 탈거 – 번호등 전구 교환 또는 장착
   ・콤비네이션 스위치 불량 – 콤비네이션 스위치 교환

5. 미등 및 번호등 회로 점검 현장사진

1. 실내 릴레이 박스 모습

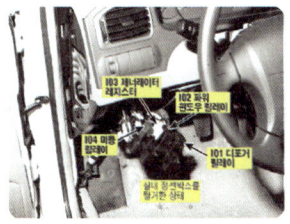

2. 핀이 하나 부러진 릴레이 모습

3. 핀이 하나 부러진 퓨즈 모습

전기 4 전조등 광도측정

1안

주어진 자동차에서 좌 또는 우측의 전조등 광도를 측정하고 기록·판정하시오.

1. 답안지 작성 방법(좌측 광도가 정상일 때)

전기 4 : 시험 결과 기록표
자동차 번호 : ❶   ❹ 비번호   ❻ 감독위원 확인

❸ 구분	① 측정(또는 점검)			② 판정	❼ 득점
	❹ 측정 항목	❺ 측정값	❻ 기준값	판정(□에 '✔'표)	
□에 '✔' 표 위치 : ☑ 좌 □ 우	광 도	18,000cd	3,000cd 이상	☑ 양 호 □ 불 량	

※ 측정 위치는 감독위원의 지정하는 위치에 □에 '✔' 표시함   ※ 자동차검사기준 및 방법에 의하여 기록, 판정한다.

1) **비번호** : ❹ 비번호는 공단직원이 주는 등번호를 수검자가 기록한다.
2) **감독위원 확인** : ❻ 감독위원 확인란은 감독위원이 채점한 후에 도장을 찍는 부분으로 수검자는 기록하지 않는다.
3) **① 측정(또는 점검)** : ❸ 구분란은 감독위원이 지정한 위치인 "좌"에 ✔ 표시를 한다. ❹ 측정항목은 감독위원이 지정한 "광도"를 기록한다. ❺ 측정값은 수검자가 측정 한 광도인 "18,000cd"를 기록하며, ❻ 기준값은 수검자가 검사 기준값인 "3,000cd 이상"을 기록한다.(반드시 단위를 기입한다)
   ㉮ 구 분 : ·위치 - ☑ 좌   □ 우   ㉯ 측정값 : ·측정 광도 - 18,000cd
   ㉰ 기준값 : ·3,000cd 이상
   [전조등 광도 기준]   · 변환빔의 광도는 3,000cd 이상일 것
4) **② 판정 및 정비(또는 조치)사항** : ❺ 판정은 수검자가 측정한 값과 규정(정비한계)값을 비교하여 범위 내에 있으면 양호, 벗어나면 불량에 ✔ 표시를 한다.
   ㉮ 판정 : ·양호 : 기준값의 범위에 있을 때 ·불량 : 기준값의 범위를 벗어났을 때
5) **득점** : ❼ 득점은 감독위원이 채점을 하고 점수를 기록하는 부분으로 수검자는 기록하지 않는다.
6) **자동차 번호** : ❶ 측정하는 자동차 번호를 수검자가 기록한다.

2. 시험장에서는 ……

헤드라이트의 광도와 광축 측정은 엔진의 시동을 걸고 측정하여야 옳으나 시험장에서는 안전을 위하여 엔진이 정지된 상태에서 측정하는 경우가 많다. 감독위원이 좌측이나 우측을 지정하여 주는 곳을 측정하는데 좌, 우는 운전석에 앉아서 좌측과 우측임을 잊지 말아야 한다. 측정하기 전에 조건이(타이어의 공기압, 배터리 성능, 바닥의 수평 상태 등) 맞았는지 확인하고 헤드라이트의 유리를 깨끗한 걸레로 닦아서 측정값이 정확하게 나오도록 하여야 한다. 측정은 상향등 상태에서 측정하여야 하며, 차량은 공회전(단, 광도 측정시 2,000rpm), 공차 상태, 운전자 1인 승차하여 측정하여야 한다. 보조원이 운전석에 앉아서 라이트를 조작하여 주는 경우도 있으나 대부분은 운전자가 탑승하지 않은 상태에서 측정한다. 근래에 생산된 차량은 헤드라이트 조작이 키 스위치를 넣어야지만 가능하도록 되어 있으므로 참고 하기 바란다.

3. 답안지 작성 방법(좌측 광도가 낮아 불량일 때)

전기 4 : 시험 결과 기록표
자동차 번호 : ❶   ❹비 번호   ❻감독위원 확인

❸구분	① 측정(또는 점검)			② 판정	❼득 점
	❹측정 항목	❺측정값	❻기준값	❼판정(□에 '✔'표)	
□에 '✔' 표 위치 : ☑ 좌 □ 우	광 도	2,500cd	3,000cd 이상	□ 양 호 ☑ 불 량	

1) ① **측정(또는 점검)** : ⓒ 구분란은 감독위원이 지정한 위치인 "좌"에 ✔ 표시를 한다. ⓓ 측정항목은 감독위원이 지정한 "광도"를 기록하며, ⓔ 측정값은 수검자가 측정한 광도 "2,500cd"를 기록한다. ⓕ 기준값은 수검자가 검사 기준값인 "3,000cd 이상"을 기록한다.(반드시 단위를 기입한다)
   - ㉮ 구 분 : ·위치 – ☑ 좌 □ 우
   - ㉯ 측정값 : 측정 광도 – 2,500cd
   - ㉰ 기준값 : 3,000cd 이상

2) ② **판정** : ⓖ 판정은 수검자가 측정한 값과 기준값을 비교하여 범위를 벗어났으므로 "불량"에 ✔ 표시를 한다.
   - ㉮ 판정 : ·양호 : 기준값의 범위(3,000cd 이상)에 있을 때
     ·불량 : 기준값의 범위(3,000cd 미만)를 벗어났을 때
   - ◈ 헤드라이트 광도 낮은 원인 :
     · 헤드라이트 반사경의 불량 – 헤드라이트 어셈블리 교환
     · 헤드라이트 전구의 불량 – 교환
     · 배터리의 방전 – 충전 또는 교환

4. 답안지 작성 방법 (우측 광도가 낮아 불량일 때)

전기 4 : 시험 결과 기록표
자동차 번호 : ⓘ

Ⓐ비 번호		Ⓑ감독위원 확 인	

① 측정(또는 점검)				② 판정	Ⓗ득 점
Ⓒ구분	Ⓓ측정 항목	Ⓔ측정값	Ⓕ기준값	Ⓖ판정(□에 '✔' 표)	
□에 '✔' 표 위치 : □ 좌 ☑ 우	광 도	1,200cd	3,000cd 이상	□ 양 호 ☑ 불 량	

※ 측정 위치는 감독위원의 지정하는 위치에 □에 '✔' 표시함
※ 자동차검사기준 및 방법에 의하여 기록, 판정한다.

1) ① **측정(또는 점검)** : ⓒ 구분란은 감독위원이 지정한 위치인 "우"에 ✔ 표시를 한다. ⓓ 측정항목은 감독위원이 지정한 "광도"를 기록하며, ⓔ 측정값은 수검자가 측정한 광도 "1,200cd"를 기록한다. ⓕ 기준값은 수검자가 검사 기준값인 "3,000cd 이상"을 기록한다.(반드시 단위를 기입한다)
   - ㉮ 구 분 : ·위치 – ☑ 좌 □ 우
   - ㉯ 측정값 : 측정 광도 – 2,500cd
   - ㉰ 기준값 : 3,000cd 이상

2) ② **판정** : ⓖ 판정은 수검자가 측정한 값과 기준값을 비교하여 범위를 벗어났으므로 "불량"에 ✔ 표시를 한다.
   - ㉮ 판정 : ·양호 : 기준값의 범위(3,000cd 이상)에 있을 때
     ·불량 : 기준값의 범위(3,000cd 미만)를 벗어났을 때

5. 전조등 점검 현장 사진

1. 시뮬레이터로 측정 준비된 모습

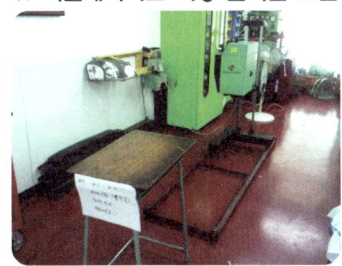

실제 차량으로 전조등 시험을 하는 경우도 있지만 시뮬레이터를 이용한 방법도 있다.

2. 헤드라이트 탈거 모습

헤드라이트 탈거 모습이다. 모닝 차량이며 T렌치를 사용하고 있다.

3. 광축 조정 나사 모습

탈착된 헤드라이트에서 ①번은 상하 조정나사 ②번은 좌우 조정나사이다.

2안 엔진 1 밸브 스프링 장력 점검

주어진 가솔린 엔진에서 실린더 헤드와 밸브 스프링(1개)을 탈거(감독위원에게 확인)하고 감독위원의 지시에 따라 기록표의 내용대로 기록·판정한 후 다시 조립하시오.

1. 답안지 작성 방법 (장력이 정상일 때)

엔진 1 : 시험 결과 기록표
엔진 번호 : ⓗ

항 목	① 측정(또는 점검)		② 판정 및 정비(또는 조치)사항		Ⓖ 득 점
	Ⓒ 측 정 값	Ⓓ 규정(정비한계)값	Ⓔ 판정 (□에 '✔'표)	Ⓕ 정비 및 조치할 사항	
밸브 스프링 장력	21.6kgf/35.0mm	21.6kgf/35.0mm	✔ 양 호 □ 불 량	정비 및 조치할 사항 없음	

비번호 : Ⓐ   감독위원 확인 : Ⓑ

※ 단위가 누락되거나 틀린 경우는 오답으로 채점함

1) **비번호** : Ⓐ 비번호는 공단직원이 주는 등번호를 수검자가 기록한다.
2) **감독위원 확인** : Ⓑ 감독위원 확인란은 감독위원이 채점한 후에 도장을 찍는 부분으로 수검자는 기록하지 않는다.
3) **① 측정(또는 점검)** : Ⓒ 측정값은 수검자가 밸브 스프링 장력을 측정한 값인 "21.6kgf/35.0mm"를 기록하고, Ⓓ 규정(정비한계)값은 감독위원이 주어진 값이나 또는 정비지침서 규정값 "21.6kgf/35.0mm"를 기록한다.(반드시 단위를 기입한다)
   ㉮ 측정값 : 21.6kgf/35.0mm,   ㉯ 규정(정비한계)값 : 21.6kgf/35.0mm,

참고 밸브 스프링 장력 점검 방법
(1) 밸브 스프링 테스터 위에 밸브 스프링을 올려놓은 후 장력 게이지의 0점을 조정한다.
(2) 레버를 눌러 눈금자를 보면서 설치 상태의 길이가 되도록 스프링을 가압한다.
(3) 밸브 스프링의 장력 게이지 눈금을 판독한다.
(4) 스프링 장력 = $\dfrac{표준\ 장력 - 측정\ 장력}{표준\ 장력} \times 100$

【 차종별 밸브 스프링 장력 규정값 】

차 종	자유 높이(한계값)	직각도(한계값)	장력 규정값		장력 한계값
베르나	42.03(-0.1)mm	1.5°이하(3°)	24.7kgf/34.5mm,	54.6kgf/25.9mm,	규정값의 -15% 이내
아반떼 XD	44.0(-1.0)mm	1.5°이하(4°)	21.6kgf/35.0mm,	45.1kgf/27.2mm,	
투스카니	48.86(-1.0)mm	1.5°이하(3°)	18.3kgf/39.0mm,	40.0kgf/30.5mm,	
프라이드			21.5kgf/35.5mm		
EF 쏘나타	45.82(-1.0)mm	1.5°이하(4°)	25.3kgf/40.0mm,		
레간자			27.5kgf/31.5mm		

4) **② 판정 및 정비(또는 조치)사항** : Ⓔ 판정은 수검자가 측정한 값과 규정(정비한계)값을 비교하여 범위 내에 있으면 양호, 벗어나면 불량에 ✔표시를 하며, Ⓕ 정비 및 조치할 사항 란에는 고장부품과 정비할 사항을 기록한다.(만약 주어진 값이 규정값이면 규정값의 15%를 계산하여 판정한다)
   ㉮ 판정 : · 양호 : 규정(정비한계)값의 범위에 있을 때   · 불량 : 규정(정비한계)값을 벗어났을 때
   ㉯ 정비 및 조치할 사항 : 양호하면 정비 및 조치할 사항 없음으로, 불량일 경우 고장원인과 정비방법을 기록한다.
5) **득점** : Ⓖ 득점은 감독위원이 채점을 하고 점수를 기록하는 부분으로 수검자는 기록하지 않는다.
6) **엔진 번호** : Ⓗ 측정하는 엔진 번호를 수검자가 기록한다.

2. 시험장에서는 ……

① **실린더 헤드와 밸브 스프링 탈거, 조립** : 분해 조립용 가솔린 엔진이 작업대에 있을 것이며 감독위원의 지시에 의해 지정하는 가솔린 엔진 앞에 서서 가지고간 수건이나 걸레로 작업대를 깨끗이 닦은 후 스탠드 바닥에 깔아서 필요한 공구를 올려놓고 감독위원에게 "준비 되었습니다"라고 하면 감독위원이 "시작 하세요" 하면

탈거한다. 이때 분해된 부품은 부품대에 아래층부터 올려놓도록 한다(단, 고장난 부품이라도 여기서는 실차를 정비하는 것과 같이 하여야 한다. 함부로 다루면 안전을 생각하지 않는 것으로 채점에 영향을 줄 수가 있다. 심하면 실격 처리가 된다) 밸브 스프링 탈거는 좀 혼자 작업하기가 어려움이 있다. 하지만 연습을 충분히 하여 습득하도록 한다. 그리스가 옆에 놓여 있는 경우가 있는데 이는 리테이너 록이 잘 튕겨나가기 때문에 조립할 때 발라서 이탈되지 않도록 한다.

② 밸브 스프링 장력 점검 : 밸브 스프링을 테스터기 앤빌 위에 올려놓고 플랜지가 밸브 스프링에 가볍게 접촉되도록 하고 눈금자에서 자유고를 판독한다.

3. 답안지 작성 방법 [밸브 스프링 장력이 클 때]

엔진 1 : 시험 결과 기록표 엔진 번호 : ⓗ			ⓐ 비번호		ⓑ 감독위원 확 인	
항 목	① 측정(또는 점검)		② 판정 및 정비(또는 조치)사항			ⓖ 득 점
	ⓒ 측 정 값	ⓓ 규정(정비한계)값	ⓔ 판정(□에 '✔'표)	ⓕ 정비 및 조치할 사항		
밸브 스프링 장력	30.6kgf/35.0mm	21.6kgf/35.0mm	□ 양 호 ☑ 불 량	밸브 스프링 교환 후 재점검		

※ 단위가 누락되거나 틀린 경우는 오답으로 채점함

1) ① 측정(또는 점검) : ⓒ 측정값은 수검자가 밸브 스프링 테스터기를 이용하여 측정한 값 "30.6kgf/35.0mm"를 기록하며, ⓓ 규정(정비한계)값은 감독위원이 주어진 "21.6kgf/35.0mm"를 기록한다.

2) ② 판정 및 정비(또는 조치)사항 : ⓔ 판정은 측정값이 장력구하는 공식에 계산하여 한계값 보다 크므로 "불량"에 ✔ 표시를 하며, ⓕ 정비 및 조치할 사항에는 조정이 불가 하므로 "밸브 스프링 교환 후 재점검"으로 기록한다.

- 스프링 장력 = $\dfrac{\text{표준 장력} - \text{측정 장력}}{\text{표준 장력}} \times 100 = \dfrac{21.6\text{kgf} - 30.6\text{kgf}}{21.6\text{kgf}} = 29.6\%$

4. 답안지 작성 방법 [밸브 스프링 장력이 약할 때]

엔진 1 : 시험 결과 기록표 엔진 번호 : ⓗ			ⓐ 비번호		ⓑ 감독위원 확 인	
항 목	① 측정(또는 점검)		② 판정 및 정비(또는 조치)사항			ⓖ 득 점
	ⓒ 측 정 값	ⓓ 규정(정비한계)값	ⓔ 판정(□에 '✔'표)	ⓕ 정비 및 조치할 사항		
밸브 스프링 장 력	10.6kgf/35.0mm	21.6kgf/35.0mm	□ 양 호 ☑ 불 량	밸브 스프링 교환 후 재점검		

※ 단위가 누락되거나 틀린 경우는 오답으로 채점함

1) ① 측정(또는 점검) : ⓒ 측정값은 수검자가 측정한 값인 "10.6kgf/35.0mm"를 기록하며, ⓓ 규정(정비한계)값은 감독위원이 주어진 규정값인 "21.6kgf/35.0mm"을 기록한다.

2) ② 판정 및 정비(또는 조치)사항 : ⓔ 판정은 측정값이 장력구하는 공식에 계산하여 한계값 보다 크므로 "불량"에 ✔ 표시를 하며, ⓕ 정비 및 조치할 사항에는 조정이 불가 하므로 "밸브 스프링 교환 후 재점검"으로 기록한다.

- 스프링 장력 = $\dfrac{\text{표준 장력} - \text{측정 장력}}{\text{표준 장력}} \times 100 = \dfrac{21..6\text{kgf} - 10.6\text{kgf}}{21.6\text{kgf}} = 46.2\%$

5. 밸브 스프링 장력 점검 현장사진

1. 밸브 스프링 장력 측정 준비 모습

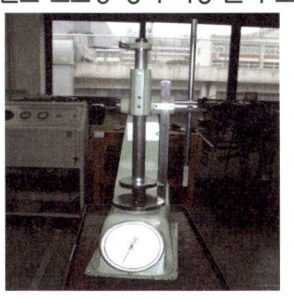

2. 스프링을 장력 판독 모습

3. 버니어 캘리퍼스 자유고 측정 모습

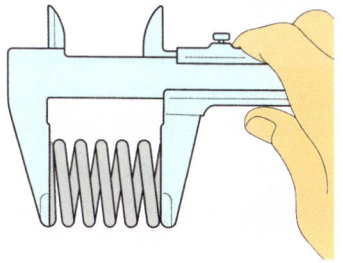

2안 엔진 3   엔진 센서(액추에이터) 점검(자기진단)

주어진 자동차에서 전자제어 가솔린 엔진의 인젝터 1개를 탈거(감독위원에게 확인)한 후 다시 조립하고 감독위원의 지시에 따라 진단기(스캐너)를 사용하여 엔진의 각종 센서(액추에이터) 점검 후 고장부분을 기록하시오.

1. 답안지 작성 방법(WTS의 커넥터가 탈거일 때 – 온도로 표시될 경우)

엔진 3 : 시험 결과 기록표
자동차 번호 : ❶

항목	① 측정(또는 점검)			② 규정값 및 정비(또는 조치) 사항		❽ 득 점
	❸ 고장부위	❹ 측정값	❺ 규정값	❻ 고장 내용	❼ 정비 및 조치사항	
센서 (액추에이터) 점검	WTS	−40℃	20℃	커넥터 탈거	커넥터 연결, 기억소거 후 재점검	

※ 단위가 누락되거나 틀린 경우는 오답으로 채점함

1) **비번호** : ❷ 비번호는 공단직원이 주는 등번호를 수검자가 기록한다.
2) **감독위원 확인** : ❸ 감독위원 확인란은 감독위원이 채점한 후에 도장을 찍는 부분으로 수검자는 기록하지 않는다.
3) **① 측정(또는 점검)** : ❸ 고장부위는 수검자가 스캐너로 자기진단 화면 창에 나타난 "WTS"를 기록하고, ❹ 측정값은 센서 출력 화면에서 측정한 값 "−40℃"를 기록한다. ❺ 규정값은 스캐너 정보 창에서 얻어 "20℃"를 기록한다.
   ㉮ 고장부위 : WTS   ㉯ 측 정 값 : −40℃   ㉰ 규정값 : 20℃
4) **② 고장 및 정비(또는 조치)사항** : ❻ 고장 내용에는 수검자가 점검한 내용으로 "커넥터 탈거"를 기록한다.
   ❼ 정비 및 조치사항에는 "커넥터 연결. 기억소거 후 재점검"을 기록한다.
   ㉮ 고장내용 : 커넥터 탈거   ㉯ 정비 및 조치할 사항 : 커넥터 연결. 기억소거 후 재점검

【 차종별 WTS 규정값 】

항 목	아반떼 XD	EF 쏘나타	베르나
냉각수온 센서 (WTS)	• 3.44±0.3V/20℃ • 2.70±0.3V/40℃ • 1.25±0.3V/80℃	• 2.5kΩ / 20℃ • 0.2kΩ / 90℃	• 1.0~4.0/40℃ • 0.24~0.40/80℃

5) **득점** : ❽ 득점은 감독위원이 채점을 하고 점수를 기록하는 부분으로 수검자는 기록하지 않는다.
6) **자동차 번호** : ❶ 측정하는 자동차 번호를 수검자가 기록한다.

2. 시험장에서는 ……

분해 조립용 엔진과 측정용 차량(또는 엔진 튠업)이 따로 있어서 분해 조립이 끝나면 감독위원으로부터 답안지를 받고 전자제어 엔진의 고장부분을 점검한 후 답안지를 작성하여 감독위원에게 제출한다. 일부이긴 하나 전자제어 차량에 진단기가 설치되어 있는 것을 그대로 측정하기도 한다.

여기서 테스터기 연결 불량으로 답을 작성하지 못하는데 측정은 반드시 키가 "ON 또는 시동"상태에서만 가능하다는 것이다. 답안지 항목에서 ❸, ❹, ❺ 스캐너에서 측정 및 찾아서 기입하지만, ❻ 수검자가 측정 차량을 눈으로 보고 기록하며, ❼ 정비방법을 서술한다.

3. 답안지 작성 방법 [WTS가 커넥터 탈거일 때(전압으로 표시될 경우)]

엔진 3 : 시험 결과 기록표 자동차 번호 : ❶			Ⓐ 비번호		Ⓑ 감독위원 확인	
항 목	① 측정(또는 점검)			② 규정값 및 정비(또는 조치) 사항		Ⓗ 득 점
	Ⓒ 고장부위	Ⓓ 측정값	Ⓔ 규정값	Ⓕ 고장 내용	Ⓖ 정비 및 조치사항	
센서 (액추에이터) 점검	WTS	0V/20℃	3.44±0.3V/20℃	커넥터 탈거	커넥터 연결, 기억소거 후 재점검	

※ 단위가 누락되거나 틀린 경우는 오답으로 채점함

1) ① **측정(또는 점검)** : Ⓒ 고장부위는 수검자가 스캐너로 자기진단 화면 창에 나타난 "WTS"를 기록하고, Ⓓ 측정값은 센서 출력 화면에서 측정한 WTS 값인 "0V/20℃"를 기록한다. Ⓔ 규정값은 스캐너 정보 창에서 얻은 "3.44±0.3V/20℃"를 기록한다.

2) ② **고장 및 정비(또는 조치)사항** : Ⓕ 고장 내용에는 수검자가 점검한 내용인 "커넥터 탈거"를 기록한다. Ⓖ 정비 및 조치사항에는 "커넥터 연결, 기억소거 후 재점검"을 기록한다.

4. 답안지 작성 방법 (WTS가 과거 기억소거 불량일 때)

엔진 3 : 시험 결과 기록표 자동차 번호 : ❶			Ⓐ 비번호		Ⓑ 감독위원 확인	
항 목	① 측정(또는 점검)			② 규정값 및 정비(또는 조치) 사항		Ⓗ 득 점
	Ⓒ 고장부위	Ⓓ 측정값	Ⓔ 규정값	Ⓕ 고장 내용	Ⓖ 정비 및 조치사항	
센서 (액추에이터) 점검	WTS	3.44V/20℃	3.44±0.3V/20℃	센서 불량	센서 교환 후 재점검	

※ 단위가 누락되거나 틀린 경우는 오답으로 채점함

1) ① **측정(또는 점검)** : Ⓒ 고장부위는 수검자가 스캐너로 자기진단 화면 창에 나타난 "WTS"를 기록하고, Ⓓ 측정값은 센서 출력 화면에서 측정한 "3.44V/20℃"를 기록한다. Ⓔ 규정값은 스캐너 정보 창에서 얻어 "3.44±0.3V/20℃"를 기록한다.

2) ② **고장 및 정비(또는 조치)사항** : Ⓕ 고장 내용은 수검자가 점검한 내용인 "과거 기억소거 불량"을 기록한다. Ⓖ 정비 및 조치사항에는 "기억소거 후 재점검"을 기록한다.

5. 답안지 작성 방법 (WTS가 불량일 때)

엔진 3 : 시험 결과 기록표 자동차 번호 : ❶			Ⓐ 비번호		Ⓑ 감독위원 확인	
항 목	① 측정(또는 점검)			② 규정값 및 정비(또는 조치) 사항		Ⓗ 득 점
	Ⓒ 고장부위	Ⓓ 측정값	Ⓔ 규정값	Ⓕ 고장 내용	Ⓖ 정비 및 조치사항	
센서 (액추에이터) 점검	WTS	5.0V/20℃	3.44±0.3V/20℃	센서 불량	센서 교환 후 재점검	

※ 단위가 누락되거나 틀린 경우는 오답으로 채점함

1) ① **측정(또는 점검)** : Ⓒ 고장부위는 수검자가 스캐너로 자기진단 화면 창에 나타난 "WTS"를 기록하고, Ⓓ 측정값은 센서 출력 화면에서 측정한 "5.0V/20℃"를 기록한다. Ⓔ 규정값은 스캐너 정보 창에서 얻어 "3.44±0.3V/20℃"를 기록한다.

2) ② **고장 및 정비(또는 조치)사항** : Ⓕ 고장 내용은 수검자가 점검한 내용인 "센서불량"을 기록한다.(이때 센서 저항값을 점검한다) Ⓖ 정비 및 조치사항에는 "기억소거 후 재점검"을 기록한다.

2안 엔진 4 가솔린 배기가스 측정

주어진 자동차에서 기록표에 제시된 내용을 측정하고 기록·판정하시오.

1. 답안지 작성 방법 (배기가스 배출량이 작아 정상일 때)

엔진 5 : 시험 결과 기록표
자동차 번호 : ⓖ

항 목	① 측정(또는 점검)		Ⓐ 비번호	Ⓑ 감독위원 확 인	
	Ⓒ 측 정 값	Ⓓ 기 준 값	Ⓔ ② 판정(□에 '✔' 표)		Ⓕ 득 점
CO	0.8%	1.2% 이하	☑ 양 호 □ 불 량		
HC	100ppm	220ppm 이하			

※ 감독위원이 제시한 자동차등록증(또는 차대번호)을 활용하여 차종 및 연식을 적용한다. 자동차검사기준 및 방법에 의하여 기록, 판정한다. CO 측정값은 소수점 둘째자리 이하는 버림으로 기입한다. HC 측정값은 소수점 첫째자리 이하는 버림하여 기입한다.

1) **비번호** : Ⓐ 비번호는 공단직원이 주는 등번호를 수검자가 기록한다.
2) **감독위원 확인** : Ⓑ 감독위원 확인란은 감독위원이 채점한 후에 도장을 찍는 부분으로 수검자는 기록하지 않는다.
3) **① 측정(또는 점검)** : Ⓒ 측정값은 수검자가 배기가스를 측정한 값인 CO는 "0.8%", HC는 "100ppm"을 기록하고 Ⓓ 기준값은 운행 차량의 배출허용 기준값인 CO는 1.2%, HC는 220ppm을 기록한다.
    ㉮ 측정값 : ·CO − 0.8%, · HC − 100ppm
    ㉯ 기준값 : ·CO − 1.2% 이하 · HC − 220ppm 이하 (2002년 7월 1일 등록)

【 운행차 수시점검 및 정기점검 배출 허용기준 】

차 종		제작일자	일산화탄소	탄화수소	공기과잉율
경자동차		1997년 12월 31일 이전	4.5% 이하	1,200ppm 이하	1±0.1 이내 다만, 기화기식연료공급장치 부착 자동차는 1±0.15이내 촉매 미부착 자동차는 1±0.20 이내
		1998년 1월 1일부터 2000년 12월 31일까지	2.5% 이하	400ppm 이하	
		2001년 1월 1일부터 2003년 12월 31일까지	1.2% 이하	220ppm 이하	
		2004년 1월 1일 이후	1.0% 이하	150ppm 이하	
승용 자동차		1987년 12월 31일 이전	4.5% 이하	1,200ppm 이하	
		1988년 1월 1일부터 2000년 12월 31일까지	1.2% 이하	220ppm 이하(휘발유·알코올자동차) 400ppm 이하(가스자동차)	
		2001년 1월 1일부터 2005년 12월 31일까지	1.2% 이하	220ppm 이하	
		2006년 1월 1일 이후	1.0% 이하	120ppm 이하	
승합·화물·특수 자동차	소형	1989년 12월 31일 이전	4.5% 이하	1,200ppm 이하	
		1990년 1월 1일부터 2003년 12월 31일까지	2.5% 이하	400ppm 이하	
		2004년 1월 1일 이후	1.2% 이하	220ppm 이하	
	중형·대형	2003년 12월 31일 이전	4.5% 이하	1200ppm 이하	
		2004년 1월 1일 이후	2.5% 이하	400ppm 이하	

4) **② 판정** : Ⓔ 판정은 수검자가 측정값과 기준값을 비교하여 범위 내에 있으면 양호, 벗어나면 불량에 ✔표시를 한다.
    ㉮ 판정 : ·양호 − 기준값의 범위에 있을 때 · 불량 − 기준값을 벗어났을 때
5) **득점** : Ⓕ 득점은 감독위원이 채점을 하고 점수를 기록하는 부분으로 수검자는 기록하지 않는다.
6) **자동차 번호** : ⓖ 측정하는 자동차의 번호를 수검자가 기록한다.

2. 시험장에서는 ……

이 시험은 시동을 걸어서 측정하여야 하므로 추운 겨울에는 수검자나 감독위원이나 고생하는 항목이다. 감독위원이 답안지를 주면 수험번호와 자동차 번호를 적고 배기가스 테스터기를 연결한 후 시동을 걸어서 측정을 한 다음 기록표를 기록하는데 이 항목은 검사기준이기 때문에 규정값이 주어지지 않는다. 반드시 규정값을 암기하고

있어야 한다. 배기가스 측정은 엔진의 상태에 따라 측정값이 많이 변하기 때문에 감독위원이 바로 옆에서 보면서 채점을 하거나 아니면 측정 방법만을 확인하고 테스터기 바늘을 고정시켜 놓고 측정값을 기록하도록 하는 경우도 있다. 일부 수검자는 감독위원이 점수를 깎기 위해 잘못한 것만 찾고 있는 사람으로 생각하는 부정적인 생각을 갖고 있는 수검자가 많은데 좀 더 긍정적인 방향으로 생각한다면 내가 잘하는 것을 보고 점수를 주기 위해 있다고 생각을 할 수 있는 것이다. 감독위원에게 내 실력을 보여주기 위해서는 능력을 길러야 하지 않을까?

※ 제작사별 차대번호 표기방식

① 현대 자동차 차대번호의 표기 부호(승용자동차)

※ 차대번호 형식(VIN : Vehicle Identification Number – 아반떼 XD 2003)

K	M	H	D	N	4	1	A	P	3	U	6	6	0	6	2	0
①	②	③	④	⑤	⑥	⑦	⑧	⑨	⑩	⑪	⑫	⑬	⑭	⑮	⑯	⑰

제작 회사군 / 자동차 특성군 / 제작 일련 번호군

① **K** : 국제배정 국적표시 – K : 한국, J : 일본, 1 : 미국,
② **M** : 제작사를 나타내는 표시 – M : 현대, L : 대우, N : 기아, P : 쌍용 자동차
③ **H** : 자동차 종별 표시 – H : 승용차, F : 화물트럭, J : 승합차량
④ **D** : 차종 – J : 엘란트라, E : 쏘나타3, F : 마이티, D : 아반떼 XD
⑤ **N** : 세부차종 및 등급 L : 스탠다드(STANDARD, L), M : 디럭스(DELUXE, GL),
　　　　　　　　　　　　　　N : 슈퍼 디럭스(SUPER DELUXE, GLS)
⑥ **4** : 차체형상 – 4도어 세단(4DR SEDAN)
⑦ **1** : 안전장치
　　1 : 액티브 벨트 (운전석 + 조수석), 2 : 패시브 벨트 (운전석 + 조수석)
　　3 : 운전석 – 액티브 벨트 +에어백
　　4 : 운전석과 조수석 – 액티브 벨트 + 에어백, 조수석 – 액티브 벨트 또는 패시브 벨트
⑧ **A** : 엔진형식 – N : 1500cc 가솔린 차량, D : 2000cc 가솔린 차량
⑨ **P** : 운전석 – L : 왼쪽 운전석, R : 오른쪽 운전석
⑩ **3** : 제작년도 – 알파벳 I, O, Q, U, Z와 숫자 0을 제외한 ABCDEFGHJKLMNPRSTVWXY와 123456789를 순서로 사용한다. 1 : 2001, 2 : 2002, 3 : 2003, 4 : 2004, 5 : 2005 …… A : 2010, B : 2011, C : 2012, D : 2013, E : 2014, F : 2015, G : 2016, H : 2017, J : 2018, K : 2019, L : 2020, M : 2021, N : 2022, P : 2023……
⑪ **U** : 공장 기호 – C : 전주공장, U : 울산공장, M : 인도공장, Z : 터키공장
⑫~⑰ **660620** : 차량 생산 일련 번호

② 기아 자동차 차대번호의 표기 부호(쏘렌토 2002)

K	N	A	J	C	5	2	1	8	2	A	0	5	4	1	5	8
①	②	③	④	⑤	⑥	⑦	⑧	⑨	⑩	⑪	⑫	⑬	⑭	⑮	⑯	⑰

제작 회사군 / 자동차 특성군 / 제작 일련 번호군

① **K** : 국제배정 국적표시 – K : 한국, J : 일본, 1 : 미국,
② **N** : 제작사를 나타내는 표시 – M : 현대, L : 대우, N : 기아, P : 쌍용 자동차
③ **A** : 자동차 종별 표시 – A : 승용차, C : 화물차, E : 전차종(유럽수출)
④⑤ **JC** : 차종 – JC : (쏘렌토), FE : 세라토, MA : 카니발, GD : 옵티마, FC : 카렌스
⑥⑦ **52** : 차체형상 – 52 : 5도어 스테이션 웨곤, 22 : 4도어 세단, 24 : 5도어 해치백, 62 : 5도어 밴
⑧ **1** : 엔진 형식 – 1 : 쏘렌토 2500cc 커먼레일 엔진
⑨ **8** : 확인란 – 8 : A/T+4륜 구동, 1 : 4단구동, 2 : 5단 수동, 3 : A/T, 4 : 4단 수동+4륜 구동,
　　　　　　　5 : 5단 수동+4륜 구동, 6 : 4단 수동+서브 T/M, 7 : 5단 수동+서브T/M, 9 : CVT
⑩ **2** : 제작년도 – 알파벳 I, O, Q, U, Z와 숫자 0을 제외한 ABCDEFGHJKLMNPRSTVWXY와 123456789를 순서로 사용한다. 1 : 2001, 2 : 2002, 3 : 2003, 4 : 2004, 5 : 2005 …… A : 2010, B : 2011, C : 2012, D : 2013, E : 2014, F : 2015, G : 2016, H : 2017, J : 2018, K : 2019, L : 2020, M : 2021, N : 2022, P : 2023……
　　　Y : 2000, 1 : 2001, 2 : 2002, 3 : 2003, 4 : 2004, 5 : 2005 …… A : 2010, B : 2011 ……
⑪ **A** : 공장 기호 – 화성(내수), S : 소하리(내수), K : 광주(내수), 6 : 소하리(수출), 5 : 화성(수출),
　　　　　　　　7 : 광 주(수출)
⑫~⑰ **054158** : 차량 생산 일련 번호

③ 대우 자동차 차대번호의 표기 부호(누비라 1997)

K	L	A	J	F	6	9	V	D	V	K	0	9	1	4	3	5
①	②	③	④	⑤	⑥	⑦	⑧	⑨	⑩	⑪	⑫	⑬	⑭	⑮	⑯	⑰

제작 회사군 | 자동차 특성군 | 제작 일련 번호군

① **K** : 국제배정 국적표시 – K : 한국, J : 일본, 1 : 미국
② **L** : 제작사를 나타내는 표시 – M : 현대, L : 대우, N : 기아, P : 쌍용 자동차
③ **A** : 자동차 종별 표시 – A : 승용차 내수용
④ **J** : 차종 – J : 누비라, V : 레간자, T : 라노스
⑤ **F** : 변속기 형식 – F : 전륜구동·수동 변속기, A : 전륜 구동·자동 변속기
⑥⑦ **69** : 차체 형상 – 69 : 4도어 노치백, 35 : 웨건, 48 : 4도어 해치백
⑧ **V** : 원동기 형식 – Y : 1.5 SOHC·MPFI·FAN I, V : 1.5 DOHC·MPFI·FAN I, 3 : 1.8 DOHC·MPFI·FAN II
⑨ **D** : 용도구분 – D : 내수용
⑩ **V** : 제작년도 – 알파벳 I, O, Q, U, Z와 숫자 0을 제외한 ABCDEFGHJKLMNPRSTVWXY와 123456789를 순서로 사용한다. 1 : 2001, 2 : 2002, 3 : 2003, 4 : 2004, 5 : 2005 …… A : 2010, B : 2011, C : 2012, D : 2013, E : 2014, F : 2015, G : 2016, H : 2017, J : 2018, K : 2019, L : 2020, M : 2021, N : 2022, P : 2023……
⑪ **K** : 공장 기호 – K : 군산 공장, B : 부평공장
⑫~⑰ **091435** : 차량 생산 일련 번호

④ 쌍용 자동차 차대번호의 표기 부호(체어맨 2002)

K	P	B	N	E	2	A	9	1	2	P	0	3	1	2	9	9
①	②	③	④	⑤	⑥	⑦	⑧	⑨	⑩	⑪	⑫	⑬	⑭	⑮	⑯	⑰

제작 회사군 | 자동차 특성군 | 제작 일련 번호군

① **K** : 국제배정 국적표시 – K : 한국, J : 일본, 1 : 미국
② **P** : 제작사를 나타내는 표시 – M : 현대, L : 대우, N : 기아, P : 쌍용 자동차
③ **B** : 자동차 종별 표시 – A : 소형 승용, B : 대형 승용, F : 중형승용, K : 소형승합, J : 중형 승합, H : 소형 화물, G : 중형 화물, C : 대형 화물
④ **N** : 차량 기본 형식
⑤ **E** : 차체형상 – C : 캡 오버, B : 본닛, S : 세미 트레일러, E : 기타형상, M : 단체구조, F : 프레임 구조
⑥ **2** : 세부 차종 – 2 : 승용
⑦ **A** : 기타 특성 – A : 일반, B : 승용겸 화물, C : 지프, E : 기타, G : qos, F : 덤프, K : 견인, J : 구난
⑧ **9** : 원동기 구분 – 엔진 배기량으로 영문 및 아라비아 숫자로 표기
⑨ **1** : 대조 번호 – 1 : 미정정
⑩ **2** : 제작년도 – 알파벳 I, O, Q, U, Z와 숫자 0을 제외한 ABCDEFGHJKLMNPRSTVWXY와 123456789를 순서로 사용한다. 1 : 2001, 2 : 2002, 3 : 2003, 4 : 2004, 5 : 2005 …… A : 2010, B : 2011, C : 2012, D : 2013, E : 2014, F : 2015, G : 2016, H : 2017, J : 2018, K : 2019, L : 2020, M : 2021, N : 2022, P : 2023……
⑪ **P** : 공장 기호 – P : 평택
⑫~⑰ **031299** : 차량 생산 일련 번호

3. 가솔린 배기가스 측정 현장사진

1. 배기가스 측정 준비된 모습

2. 3개 항목 측정화면 모습

3. 6개 항목 측정화면 모습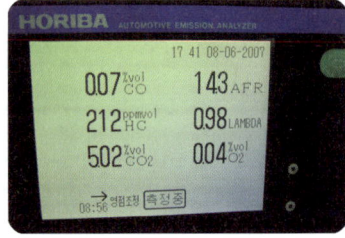

시험 준비를 수검자가 하여야 한다. 때에 따라서는 준비되어 있다.

M 키를 누르면 측정이 되며 화면에 일산화탄소, 탄화수소, 이산화탄소 측정값이 뜬다.

화면 변환키를 누르면 측정이 되면서 6개 항목의 측정값이 뜬다.

섀시 2 캐스터각, 캠버각 점검

주어진 자동차에서 감독위원의 지시에 따라 휠 얼라인먼트 시험기를 사용하여 캐스터 각과 캠버 각을 점검하여 기록·판정하시오.

1. 답안지 작성 방법 (캐스터 각과 캠버 각이 정상일 때)

섀시 2 : 시험 결과 기록표
자동차 번호 : ⓗ   Ⓐ 비번호   Ⓑ 감독위원 확 인

항 목	① 측정(또는 점검)		② 판정 및 정비(또는 조치)사항		Ⓖ 득 점
	Ⓒ 측 정 값	Ⓓ 규정(정비한계)값	Ⓔ 판정(□에 '✔'표)	Ⓕ 정비 및 조치할 사항	
캐스터 각	2.5°	3±0.75°	✔ 양 호 □ 불 량	정비 및 조치할 사항 없음	
캠버 각	0.5°	(−)0.25±0.75°			

※ 단위가 누락되거나 틀린 경우는 오답으로 채점함.

1) 비번호 : Ⓐ 비번호는 공단직원이 주는 등번호를 수검자가 기록한다.
2) 감독위원 확인 : Ⓑ 감독위원 확인란은 감독위원이 채점한 후에 도장을 찍는 부분으로 수검자는 기록하지 않는다.
3) ① 측정(또는 점검) : Ⓒ 측정값은 수검자가 측정한 캐스터 각 "2.5°", 캠버 각 "0.5°"을 기록하고, Ⓓ 규정(정비한계)값은 감독위원이 주어진 값이나 또는 정비지침서를 보고 캐스터 각 "3±0.75°", 캠버 각 "(−)0.25±0.75°"을 기록한다.(반드시 단위를 기록한다)
   ㉮ 측정값 : ·캐스터 각 : 2.5°   ·캠버 각 : 0.5°
   ㉯ 규정(정비한계)값 : ·캐스터 각 : 3±0.75°   ·캠버 각 : (−)0.25±0.75°

【 대우 차종별 캐스터 각 및 캠버 각 규정값(°) 】

차종	캐스터(도)	캠버	차종	캐스터(도)	캠버
누비라	3 ± 0.75	(−)0.25 ± 0.75	로얄 프린스	2.0 ± 0.5	(−)0.41 ± 0.5
NEW 마티즈	3.8 ± 1	0.5 ± 0.75	로얄 DUKE	2.0 ± 0.5	(−)0.41 ± 0.5
뉴프린스, 브로엄	4.25 ± 1	(−)0.17 ± 0.75	로얄 XQ	2.0 ± 0.5	(−)0.41 ± 0.5
라노스(M/S)	1.5 ± 1	(−)0.42 ± 0.5	르망, 씨에로	1.75 ± 1	(−)0.42 ± 0.75
라노스(P/S)	2 ± 1.75	(−)0.42 ± 0.5	마티즈	2.8 ± 0.5	0.5 ± 0.5
라보, 다마스	5 ± 1	1 ± 1	매그너스	3 ± 1	(−)0.5 ± 1
라세티	4 ± 0.75	(−)0.28 ± 0.7	맵시	5.1 ± 1.25	0.5 ± 0.5
레간자	3 ± 1	(−)0.2 ± 1	슈퍼살롱	2.0 ± 0.5	(−)0.41 ± 0.5
레조	3 ± 0.5	(−)0.3 ± 0.75	씨에로	1.75 ± 1	(−)0.42 ± 0.75
로얄살롱	2.0 ± 0.5	(−)0.41 ± 0.5	아카디아	3.75 ± 1	0 ± 1
에스페로	1.45 ± 0.5	(−)0.25 ± 0.5	토스카	2.9 ± 1	(−)0.3 ± 1.0
임페리얼	2.0 ± 0.5	(−)0.41 ± 0.5	티코	3.35 ± 1	0.5 ± 1
젠트라	2.5 ± 0.75	(−)0.4 ± 0.75	티코(94.10)	3.6 ± 1	0.5 ± 1
칼로스	2.50 ± 1	0.75 ± 1	프린스('91)	1.7 ± 0.5	(−)0.1 ± 0.5
누비라Ⅱ	3 ± 0.75	(−)0.4 ± 0.75			

【 쌍용, 삼성 차종별 캐스터 각 및 캠버 각 규정값(°) 】

차종	캐스터(도)	캠버	차종	캐스터(도)	캠버
뉴코란도	2.5 ± 0.5	0 ± 0.5	코란도훼미리	0.5 ± 0.75	0.58 ± 0.75
뉴훼미리	2.25 ± 0.5	0.35 ± 0.5	액티언SPORT	4.4 ± 0.5	(−)0.19 ± 0.3
렉스턴,뉴렉스턴	2.75 ± 0.5	0 ± 0.5	New 체어맨(EAS)	10.75 ± 0.5	0.98 ± 0.15
렉스턴Ⅱ	좌 : 4.28 ± 0.4 우 : 4.38 ± 0.4	좌 : 0.12 ± 0.25 우 : 0.0 ± 0.25	야무진	1 ± 0.5	0.08 ± 0.5
			이스타나	2 ± 0.25	0.8 ± 0.5
로디우스	4.5 ± 0.5	0 ± 0.5	체어맨	10.35 + 0.6	−0.38 ± 0.22
무쏘	2.5 ± 0.5	0 ± 0.5	SM3	1.42 ± 0.75	(−)0.33 ± 0.75
코란도, 무쏘/SUT	2.50 ± 0.5	0.0 ± 0.5	SM5	2.75 ± 0.75	0 ± 0.5
액티언, 카이런	4.4 ± 0.4	(−)0.19 ± 0.25	SM7	2.83 ± 0.75	(−)0.25 ± 0.75

4) ② 판정 및 정비(또는 조치)사항 : Ⓔ 판정은 수검자가 측정한 값과 규정(정비한계)값을 비교하여 범위 내에 있으면 양호, 벗어나면 불량에 ✔표시를 하며, Ⓕ 정비 및 조치할 사항 란에는 교환&조정할 사항을 기록한다.
   ㉮ 판정 : ·양호 : 규정(정비한계)값 이내에 있을 때   ·불량 : 규정(정비한계)값을 벗어났을 때
   ㉯ 정비 및 조치할 사항 : 정비 및 조치사항 없음을 기록한다.

5) **득점** : ⓖ 득점은 감독위원이 채점을 하고 점수를 기록하는 부분으로 수검자는 기록하지 않는다.
6) **자동차 번호** : ⓗ 측정하는 자동차 번호를 수검자가 기록한다.

2. 시험장에서는 ……

엔진이나 전기 항목의 시험을 다본 후에 섀시에 오면 감독위원은 섀시 4개 항목 중 자리가 빈곳에 먼저 들어가 시험을 보도록 한다. 감독위원으로부터 답안지를 받아 측정용 차량에 캠버 캐스터 게이지를 설치하여 측정한 후 답안지를 작성한다. 규정값은 감독위원이 주거나 정비 지침서를 준비한 곳도 있다. 캠버 캐스터 게이지를 설치할 때 설치 면을 걸레로 깨끗이 닦는 것을 잊어서는 안 된다. 만약 설치 면에 이물질이 묻어 있으면 측정값이 정확하지 않다. 측정값이 틀리면 나머지가 맞아도 모두 틀린 것이다.

3. 답안지 작성 방법 (캐스터 각, 캠버 각이 클 때)

섀시 2 : 시험 결과 기록표
자동차 번호 : ⓗ

항목	① 측정(또는 점검)		② 판정 및 정비(또는 조치)사항		ⓖ 득 점
	ⓒ 측 정 값	ⓓ 규정(정비한계)값	ⓔ 판정(□에 '✔' 표)	ⓕ 정비 및 조치할 사항	
캐스터 각	6°	3±0.5°	□ 양 호 ✔ 불 량	스트럿 불량 – 스트럿 교환	
캠버 각	2°	(–)0.25±0.75°			

ⓐ 비번호 / ⓑ 감독위원 확인

※ 단위가 누락되거나 틀린 경우는 오답으로 채점함.

1) **① 측정(또는 점검)** : ⓒ 측정값은 수검자가 측정한 값 캐스터 각 "6°"와, 캠버 각 "2°"를 기록하며, ⓓ 규정(정비한계)값은 감독위원이 주어진 값 캐스터 각 "3±0.5°"와 캠버 각 "(–)0.25±0.75°"를 기록한다.
2) **② 판정 및 정비(또는 조치)사항** : ⓔ 판정은 수검자가 측정한 값이 규정(정비한계)값보다 크므로 판정에는 "불량"에 ✔ 표시를 하며, ⓕ 정비 및 조치할 사항 란에는 캐스터 각과 캠버 각이 크게 나온 이유인 스트럿 불량이므로 "스트럿 교환 후 재점검"을 기록하고 그 외 고장은 아래 내용 중에 하나일 것이다.
   ◈ 캐스터 각과 캠버 각이 크게 나온 이유
   · 로워 암 불량 – 로워암 교환   · 스트럿 불량 – 스트럿 교환
   · 스핀들의 휨 – 조향 너클 교환   · 차대의 휨 – 차대의 정렬

4. 답안지 작성 방법 (캐스터 각, 캠버 각이 작을 때)

섀시 2 : 시험 결과 기록표
자동차 번호 : ⓗ

항목	① 측정(또는 점검)		② 판정 및 정비(또는 조치)사항		ⓖ 득 점
	ⓒ 측 정 값	ⓓ 규정(정비한계)값	ⓔ 판정(□에 '✔' 표)	ⓕ 정비 및 조치할 사항	
캐스터 각	1°	3±0.75°	□ 양 호 ✔ 불 량	로워암 불량 – 로워암 교환	
캠버 각	(–)2.0°	(–)0.25±0.75°			

ⓐ 비번호 / ⓑ 감독위원 확인

※ 단위가 누락되거나 틀린 경우는 오답으로 채점함.

1) **① 측정(또는 점검)** : ⓒ 측정값은 수검자가 측정한 값 캐스터 각 "1°"와 캠버 각 "(–)2.0°"를 기록하며, ⓓ 규정(정비한계)값은 감독위원이 주어진 값 캐스터 각 "3±0.75°"와 캠버 각 "(–)0.25±0.75°"을 기록한다.
2) **② 판정 및 정비(또는 조치)사항** : ⓔ 판정은 수검자가 측정한 값이 규정(정비한계)값보다 작으므로 판정에는 "불량"에 ✔ 표시를 하며, ⓕ 정비 및 조치할 사항 란에는 캐스터 각과 캠버 각이 작게 나온 이유인 로워암 불량이므로 "로워암 교환 후 재점검"을 기록하고 그 외 고장은 아래 내용 중에 하나일 것이다.
   ◈ 캐스터 각과 캠버 각이 작게 나온 이유
   · 로워 암 불량 – 로워암 교환   · 스트럿 불량 – 스트럿 교환
   · 스핀들의 휨 – 조향 너클 교환   · 차대의 휨 – 차대의 정렬

섀시 4 자동변속기 자기진단

2안 주어진 자동차에서 감독위원의 지시에 따라 진단기(스캐너)로 자동변속기를 점검하고 기록·판정하시오.

1. 답안지 작성 방법 (압력조절 솔레노이드 밸브(PCSV) 커넥터가 탈거일 때)

섀시 4 : 시험 결과 기록표 자동차 번호 : ❽			Ⓐ 비번호		Ⓑ 감독위원 확 인	
항 목	① 측정(또는 점검)		② 판정 및 정비(또는 조치)사항			Ⓖ 득 점
	Ⓒ 이상 부위	Ⓓ 내용 및 상태	Ⓔ 판정(□에 '✔'표)	Ⓕ 정비 및 조치할 사항		
변속기 자기진단	압력조절솔레노이드 밸브(PCSV)	커넥터 탈거	□ 양 호 ✔ 불 량	커넥터 연결, 과거기억 소거 후 재점검		

1) **비번호** : Ⓐ 비번호는 공단직원이 주는 등번호를 수검자가 기록한다.
2) **감독위원 확인** : Ⓑ 감독위원 확인란은 감독위원이 채점한 후에 도장을 찍는 부분으로 수검자는 기록하지 않는다.
3) **① 측정(또는 점검)** : Ⓒ 이상부위 란에는 수검자가 스캐너의 자기진단 화면 창에 나타난 이상 부위인 "압력조절 솔레노이드 밸브(PCSV)"를 기록하고, Ⓓ 내용 및 상태 란에는 수검자가 점검한 이상 부위의 내용인 "커넥터 탈거"를 기록한다.
   ㉮ 이상 부위 : 압력 조절 솔레노이드 밸브(PCSV)
   ㉯ 내용 및 상태 : 커넥터 탈거
4) **② 판정 및 정비(또는 조치)사항** : Ⓔ 판정은 수검자가 자기진단에서 정상이 아니면 "불량"에 ✔ 표시를 하며, Ⓕ 정비 및 조치할 사항 란에는 고장부품과 정비할 내용을 기록한다.
   ㉮ 판정 : ·양호 – 자기진단에서 이상이 없을 때
           ·불량 : 자기진단에서 이상이 있을 때
   ㉯ 정비 및 조치할 사항 : 커넥터 연결, 과거 기억소거 후 재점검을 기록한다.
5) **득점** : Ⓖ 득점은 감독위원이 채점을 하고 점수를 기록하는 부분으로 수검자는 기록하지 않는다.
6) **자동차 번호** : ❽란은 측정하는 자동차 번호를 수검자가 기록한다.

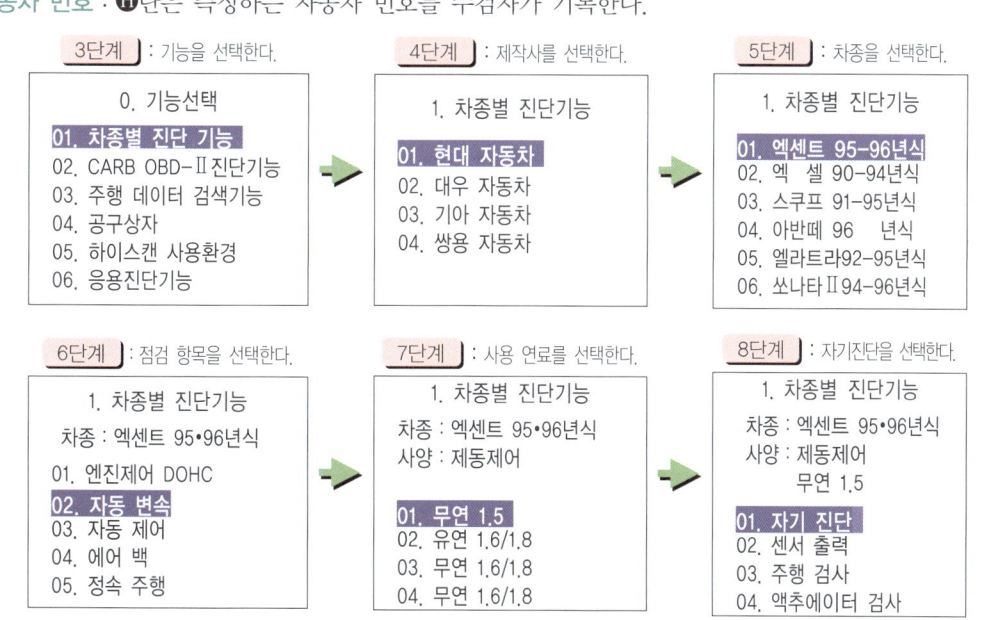

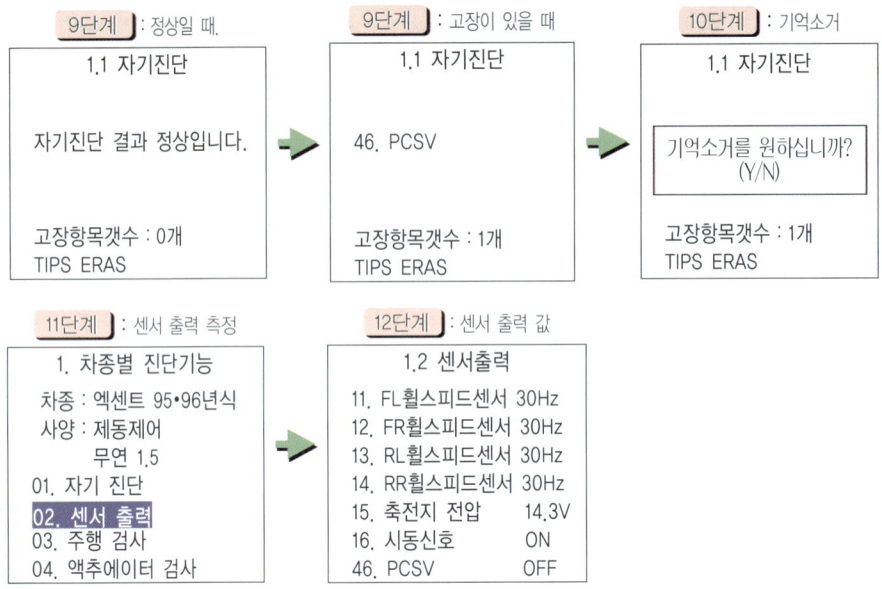

2. 시험장에서는 ……

감독위원으로부터 답안지를 받은 후 측정용 차량에 진단기(스캐너)를 설치하고 점검을 한다. 물론 테스터기는 여러 가지가 있으며 시험장이나 감독위원의 의지에 따라 선택될 수가 있다. 그러나 수검자는 어떤 것을 사용해도 측정할 수 있는 능력을 책을 봐서라도 알아야 한다. 만약 이 테스터기는 "처음 보는 것인데요?" 하는 수검자가 있는데 합격권하고는 멀어지는 것이 아닌가 싶다.

3. 답안지 작성 방법 (압력조절 솔레노이드 밸브(PCSV)가 불량일 때)

섀시 4 : 시험 결과 기록표 자동차 번호 : ❶			Ⓐ 비번호		❷ 감독위원 확 인	
항 목	① 측정(또는 점검)		② 판정 및 정비(또는 조치)사항			❼ 득 점
	❸ 이상부위	❹ 내용 및 상태	❺ 판정(□에 '✔'표)	❻ 정비 및 조치할 사항		
변속기 자기진단	압력조절솔레노이드 밸브(PCSV)	단선	□ 양 호 ☑ 불 량	압력조절 솔레노이드 밸브(PCSV) 교환, 과거 기억 소거 후 재점검.		

1) ① 측정(또는 점검) : ❸ 이상 부위 란에는 수검자가 스캐너의 자기진단 화면 창에 나타난 이상부위인 "압력조절 솔레노이드 밸브(PCSV)"를 기록하고, ❹ 내용 및 상태는 PCSV가 단선이므로 "단선"을 기록한다.
2) ② 판정 및 정비(또는 조치)사항 : ❺ 판정은 수검자가 자기진단에서 정상이 아니므로 "불량"에 ✔ 표시를 하며, ❻ 정비 및 조치할 사항 란에는 "압력조절 솔레노이드 밸브(PCSV) 교환, 과거 기억소거 후 재점검"을 기록한다.

4. 자동변속기 자기진단 현장사진

1. 자동변속 선택 모습

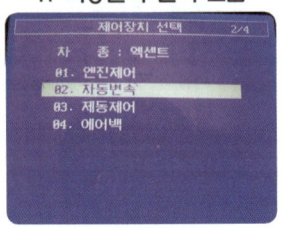

2. 자기진단 선택 모습

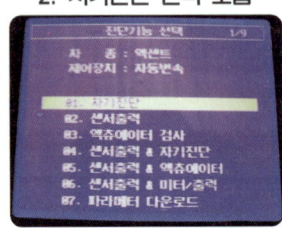

3. 자기진단 결과 모습

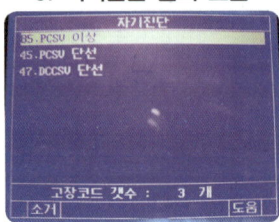

섀시 5 · 최소회전 반지름 측정

2안 주어진 자동차에서 감독위원의 지시에 따라 좌 또는 우회전시 최소회전 반경을 측정하여 기록·판정하시오.

1. 답안지 작성 방법 (우회전 최소회전 반경이 정상일 때)

섀시 5 : 시험 결과 기록표 자동차 번호 : ⓚ

					Ⓐ 비번호		Ⓑ 감독위원 확 인	

Ⓒ 항 목	① 측정(또는 점검)				② 판정 및 정비(또는 조치)사항		Ⓙ 득점
	Ⓓ 좌측바퀴	Ⓔ 우측바퀴	Ⓕ 기 준 값 (최소회전반경)	Ⓖ 측 정 값 (최소회전반경)	Ⓗ 산출근거	Ⓘ 판정 (□에 '✔'표)	
회전방향 (□에 '✔'표) □ 좌 ✔ 우	30°	34°	12m 이하	5,500mm	$R = \dfrac{2,700}{\sin 30°} + 100$ $= \dfrac{2,700}{0.5} + 100 = 5,500mm$	✔ 양 호 □ 불 량	

※ 회전 방향은 감독위원이 지정하는 위치에 □에 '✔' 표시합니다.
※ 축거 및 바퀴의 접지면 중심과 킹핀과의 거리(r)는 감독위원이 제시합니다.
※ 자동차검사기준 및 방법에 의하여 기록, 판정합니다.
※ 산출근거에는 단위를 기록하지 않아도 됩니다.

1) **비번호** : Ⓐ 비번호는 공단직원이 주는 등번호를 수검자가 기록한다.
2) **감독위원 확인** : Ⓑ 감독위원 확인란은 감독위원이 채점한 후에 도장을 찍는 부분으로 수검자는 기록하지 않는다.
3) **항목** : Ⓒ 회전방향 란에는 감독위원이 지정하는 회전방향 "우"에 ✔ 표시를 한다.
4) ① **측정(또는 점검)** : 수검자가 회전방향의 바깥쪽 바퀴(Ⓓ 좌측 바퀴)에 최대 조향각을 턴테이블에서 읽은값 "30°"를 기록하고, 안쪽 바퀴(Ⓔ 우측바퀴) 측정값 "34°"를 기록한다. Ⓕ 기준값은 검사 기준값인 "12m 이하"를 기록하며, Ⓖ 측정값은 수검자가 최소회전 반경을 측정한 값 "5,500mm"를 기록한다.(r 값은 감독위원이 주어진다.)

㉮ 좌측바퀴 : 30°   ㉯ 우측바퀴 : 34°   ㉰ 기준값 : 12m 이하   ㉱ 측정값 : 5,100mm

• ※ $R = \dfrac{L}{\sin \alpha} + r$ ∴ $R = \dfrac{2,700}{\sin 30°} + 100 = \dfrac{2,700}{0.5} + 100 = 5,500mm$

· R : 최소회전반경(m)   · sinα : 바깥쪽 앞바퀴의 조향각(sin30°= 0.5)-이값은 감독위원이 주어지기도 한다.
· r : 바퀴 접지면 중심과 킹핀 중심과의 거리(100mm)-감독위원이 주어짐.

【 차종별 축간거리 및 조향각 기준값 】

차종	축거 (mm)	조향각		회전반경 (mm)	차종	축거 (mm)	조향각		회전반경 (mm)
		내측	외측				내측	외측	
아토스	2,380	40.45°	34.06°	4,470	K7-2015	2,855	39.9±1.5°	32.90°	–
K5-2015	2,850	40.04°±1.5°	32.96°	–	쏘나타Ⅲ	2,700	39.67°	32.21°	–
모닝-2015	2,400	39.9°±1.5°	31°	–	그랜저	2,745	37°	30.30°	5,700
EF쏘나타	2,700	39.70°±2°	32.40°±2°	5,000	아반떼XD	2,610	40.1° ±2°	32.45°	4,550
베르나	2,440	33.37°±1°30′	35.51°	4,900	NF 소나타	2,730	39.17±2°	31.56°	

5) ② **판정 및 정비(또는 조치)사항** : Ⓗ 산출근거는 수검자가 측정한 값과 최소 회전 반경 공식에 대입하여 계산한 공식 $R = \dfrac{2,700}{\sin 30°} + 100 = \dfrac{2,700}{0.5} + 100 = 5,500mm$을 기입한다. Ⓘ 판정은 검사 기준 값과 비교하여 범위 안에 들면 양호에, 범위를 벗어나면 불량에 ✔ 표시를 하는데 여기서는 12m 안에 들어오므로 "양호"에 ✔ 표시를 한다.

㉮ 산출 근거 : $R = \dfrac{2,700}{\sin 30°} + 100 = \dfrac{2,700}{0.5} + 100 = 5,500mm$

㉯ 판정 : · 양호 : 측정값이 성능기준 값의 범위에 있을 때
　　　　　· 불량 : 측정값이 성능기준 값의 범위를 벗어났을 때

6) **득점** : Ⓙ 득점은 감독위원이 채점을 하고 점수를 기록하는 부분으로 수검자는 기록하지 않는다.
7) **자동차 번호** : Ⓚ 측정하는 자동차 번호를 수검자가 기록한다.

2. 시험장에서는 ……

사실상 검사장에서는 시험 항목에 최소회전 반경이 있지만 측정하지는 않는다. 시험문제가 만들어지면서 최소회전 반경을 측정하는 방식이 정립되었다 하여도 과언은 아니다. 감독위원으로부터 답안지를 받아들고 측정차량에 가면 보조원이 기다리고 있을 것이다. 왜냐하면 혼자서 최소회전반경 공식에 대입하기 위한 축거나 조향각을 측정하기는 어렵기 때문이다. 먼저 줄자를 보조원에게 뒤차축의 중심에 대도록 하고 수검자는 앞차축의 중심에 대어 축거를 측정하고, 보조원을 운전석에서 핸들을 좌, 또는 우측으로 끝까지 돌리도록 하고 바깥쪽 바퀴의 조향각을 측정하여 기록하고 계산식에 넣어 산출한 후 답안을 작성한다. r값은 감독위원이 주어진다.

3. 답안지 작성 방법 (좌회전이며 최소회전 반경이 검사기준 안에 들 때)

샤시 5 : 시험 결과 기록표 자동차 번호 : Ⓚ

Ⓒ항 목	① 측정(또는 점검)				② 판정 및 정비(또는 조치)사항		Ⓙ득점
	Ⓓ좌측바퀴	Ⓔ우측바퀴	Ⓕ기 준 값 (최소회전반경)	Ⓖ측 정 값 (최소회전반경)	Ⓗ 산출근거	Ⓘ판정 (□에 '✔'표)	
회전방향 (□에 '✔' 표) ✔ 좌 □ 우	34°	30°	12m 이하	4,900mm	$R = \dfrac{2,400}{\sin 30°} + 100$ $= \dfrac{2,400}{0.5} + 0 = 4,900mm$	✔ 양 호 □ 불 량	

(Ⓐ 비번호, Ⓑ 감독위원 확인)

1) 항목 : Ⓒ 회전방향 란에는 감독위원이 지정한 방향 "좌"에 ✔ 표시를 한다.
2) ① 측정(또는 점검) : 수검자가 회전방향의 안쪽 바퀴(Ⓓ 좌측 바퀴)에 최대 조향각을 턴테이블에서 읽은값 "34°"를 기록하고, 바깥쪽 바퀴(Ⓔ 우측바퀴) 측정값 "30°"를 기록한다. Ⓕ 기준값은 검사 기준값을 "12m 이하"를 기록하며, Ⓖ 측정값은 수검자가 최소회전 반경을 측정한 값 "5,700mm"를 기록한다.(r 값 0은 감독위원이 주어진다.)

  ㉮ 좌측바퀴 : 34°   ㉯ 우측바퀴 : 30°   ㉰ 기준값 : 12m 이하   ㉱ 측정값 : 4,900mm

  ※ $R = \dfrac{L}{\sin \alpha} + r$ ∴ $R = \dfrac{2,400}{\sin 30°} + 100 = \dfrac{2,400}{0.5} + 100 = 4,900mm$

3) ② 판정 및 정비(또는 조치)사항 : Ⓗ 산출근거는 수검자가 측정한 값과 최소 회전 반경 공식에 대입하여 계산한 공식 $R = \dfrac{2,400}{\sin 30°} + 100 = \dfrac{2,400}{0.5} + 100 = 4,900mm$ 을 기입한다. Ⓘ 판정은 검사 기준 값과 비교하여 범위 안에 들면 양호에, 범위를 벗어나면 불량에 ✔ 표시를 하는데 여기서는 12m 안에 들어오므로 "양호"에 ✔ 표시를 한다.

4. 답안지 작성 방법 (좌회전이며 r값이 0으로 주어질때)

샤시 5 : 시험 결과 기록표 자동차 번호 : Ⓚ

Ⓒ항 목	① 측정(또는 점검)				② 판정 및 정비(또는 조치)사항		Ⓙ득점
	Ⓓ좌측바퀴	Ⓔ우측바퀴	Ⓕ기 준 값 (최소회전반경)	Ⓖ측 정 값 (최소회전반경)	Ⓗ 산출근거	Ⓘ판정 (□에 '✔'표)	
회전방향 (□에 '✔' 표) ✔ 좌 □ 우	33°	30°	12m 이하	5,700mm	$R = \dfrac{2,850}{\sin 30°} + 0$ $= \dfrac{2,850}{0.5} + 0 = 5,700mm$	✔ 양 호 □ 불 량	

(Ⓐ 비번호, Ⓑ 감독위원 확인)

1) 항목 : Ⓘ 회전방향 란에는 감독위원이 지정한 방향 "좌"에 ✔ 표시를 한다.
2) ① 측정(또는 점검) : 수검자가 회전방향의 안쪽 바퀴(Ⓓ 좌측 바퀴)에 최대 조향각을 턴테이블에서 읽은값 "33°"를 기록하고, 바깥쪽 바퀴(Ⓔ 우측바퀴) 측정값 "30°"를 기록한다. Ⓕ 기준값은 검사 기준값을 "12m 이하"를 기록하며, Ⓖ 측정값은 수검자가 최소회전 반경을 측정한 값 "5,700mm"를 기록한다.(r 값 0은 감독위원이 주어진다.)

  ㉮ 좌측바퀴 : 33°   ㉯ 우측바퀴 : 30°   ㉰ 기준값 : 12m 이하   ㉱ 측정값 : 5,700mm

3) ② 판정 및 정비(또는 조치)사항 : Ⓗ 산출근거는 수검자가 측정한 값과 최소 회전 반경 공식에 대입하여 계산한 공식 $R = \dfrac{2,850}{\sin 30°} + 0 = \dfrac{2,850}{0.5} + 0 = 5,700mm$ 을 기입한다. Ⓘ 판정은 검사 기준 값과 비교하여 범위 안에 들면 양호에, 범위를 벗어나면 불량에 ✔ 표시를 하는데 여기서는 12m 안에 들어오므로 "양호"에 ✔ 표시를 한다.

전기 2 | 점화코일 1, 2차 저항 점검

2안

주어진 자동차에서 점화코일의 1차, 2차 저항을 측정하고 코일의 고장 유무를 확인하여 기록·판정하시오.

1. 답안지 작성 방법 (점화코일 1, 2차 저항이 정상일 때)

전기 2 : 시험 결과 기록표
자동차 번호 : ⓗ   Ⓐ 비번호   Ⓑ 감독위원 확 인

항 목	① 측정(또는 점검)		② 판정 및 정비(또는 조치)사항		Ⓖ 득 점
	Ⓒ 측 정 값	Ⓓ 규정(정비한계)값	Ⓔ 판정(□에 '✔'표)	Ⓕ 정비 및 조치할 사항	
1차 저항	0.51Ω/20℃	0.5±0.05Ω / 20℃	☑ 양 호 □ 불 량	정비 및 조치사항 없음	
2차 저항	12.50kΩ/20℃	12.1±1.8kΩ / 20℃	☑ 양 호 □ 불 량		

※ 단위가 누락되거나 틀린 경우는 오답으로 채점함.

1) **비번호** : Ⓐ 비번호는 공단직원이 주는 등번호를 수검자가 기록한다.
2) **감독위원 확인** : Ⓑ 감독위원 확인란은 감독위원이 채점한 후에 도장을 찍는 부분으로 수검자는 기록하지 않는다.
3) **① 측정(또는 점검)** : Ⓒ 측정값은 수검자가 멀티 테스터기를 이용하여 측정한 1차 저항 "0.51Ω/20℃", 2차 저항 "12.50kΩ/20℃"을 기록하고 Ⓓ 규정(정비한계)값은 감독위원이 주어진 1차 저항 "0.5±0.05Ω / 20℃", 2차 저항 "12.1±1.8kΩ / 20℃"을 기록함.
   ㉮ 측정값 : · 1차 저항 : 0.51Ω / 20℃,   · 2차 저항 : 12.50kΩ/ 20℃
   ㉯ 규정(정비한계)값 : · 1차 저항 : 0.5±0.05Ω / 20℃,   · 2차 저항 : 12.1±1.8kΩ/ 20℃

【 차종별 점화코일 1차, 2차 저항값(20℃) 】

차 종	1차 저항(Ω)	2차 저항(kΩ)	차 종	1차 저항(Ω)	2차 저항(kΩ)
EF 쏘나타(2.0)	0.78	20	아반떼 AD	0.5±0.05	12.1±1.8
베르나	0.5±0.05	12.1±1.8	그랜저3.5	0.74±0.07	13.3±1.9
아반떼 XD	0.5±0.05	12.1±1.8	크레도스(D)	0.45~0.55	13~15
프라이드	1.15±0.015	6~30	EF쏘나타 2.5	0.67~0.81	11.3~15.3
NF 소나타-2010	0.62±10%	7.0±15%	K3-2015	0.75±10%	5.9±15%
투스카니 2.0	0.5±10%	12.1±15%	마티즈	1.20±10%	12.1±15%
K5-2012	0.62±10%	7.0±15%	모닝-2010	0.87±10%	13.0±15%

4) **② 판정 및 정비(또는 조치)사항** : Ⓔ 판정은 수검자가 측정한 값과 규정(정비한계)값을 비교하여 범위 내에 있으니 "양호"에 ✔표시를 하며, Ⓕ 정비 및 조치할 사항 란에는 양호하면 정비 및 조치할 사항 없음으로, 불량일때 고장부품과 정비방법을 기록한다.
   ㉮ 판정 : · 양호 – 규정(정비한계)값의 범위에 있을 때 · 불량 – 규정(정비한계)값의 범위를 벗어났을 때
   ㉯ 정비 및 조치할 사항 : 정비 및 조치사항 없음을 기록한다.
5) **득점** : Ⓖ 득점은 감독위원이 채점을 하고 점수를 기록하는 부분으로 수검자는 기록하지 않는다.
6) **자동차 번호** : ⓗ 측정하는 자동차의 번호를 수검자가 기록한다.

2. 시험장에서는 ……

감독위원에게 공구통을 들고 "시험 보러 왔습니다." 라고 하면 감독위원은 "이쪽으로 앉으세요." 하며 잠시 대기시킬 것이다. 이때 긴장된 마음도 심호흡으로 날려 보내고 이곳에서 어떤 것이 시험 항목인지, 측정 방법은 무엇이 있는지 등을 생각하고 기다린다. 마음이 차분하면 자기의 능력을 충분히 발휘할 수 있을 것이다. 그러나 일부 수검자들은 대기 중에 앞에서 본 시험이 만족하지 않았던지 혼자 궁시렁 거리면서 인상을 찌푸리고 의욕마저 상실하게 되는데 잘못한 것은 빨리 잊어버리는 것이 합격에 한발 더 다가선 것이다.

한 두 가지 잘못하였다고 불합격 되는 것은 아니다. 여기서는 측정기를 수검자의 것을 써야 하지만 시험장에서 내놓은 측정기를 사용한다. 이유는 각각 자기 측정기를 쓰면 오차의 범위가 크기 때문이다. 측정을 하고 난 후 측정기를 가지런히 정리하는 것 잊지 말아야 한다.

3. 답안지 작성 방법 (점화코일 1차 코일의 저항이 낮고, 2차 코일 저항이 정상일 때)

전기 2 : 시험 결과 기록표 자동차 번호 : ⓗ			Ⓐ 비번호		Ⓑ 감독위원 확 인	
항 목	① 측정(또는 점검)		② 판정 및 정비(또는 조치)사항			Ⓖ 득 점
	Ⓒ 측 정 값	Ⓓ 규정(정비한계)값	Ⓔ 판정(□에 '✔'표)	Ⓕ 정비 및 조치할 사항		
1차 저항	0Ω/20℃	0.5 ± 0.05Ω / 20℃	□ 양 호 ✔ 불 량	점화코일 교환 후 재점검		
2차 저항	12.50kΩ/20℃	12.1 ± 1.8kΩ / 20℃	✔ 양 호 □ 불 량			

※ 단위가 누락되거나 틀린 경우는 오답으로 채점함.

1) ① 측정(또는 점검) : Ⓒ 측정값은 수검자가 멀티 테스터기를 이용하여 측정한 1차 저항 "0Ω/20℃", 2차 저항 "12.50kΩ/20℃"을 기록하고 Ⓓ 규정(정비한계)값은 감독위원이 주어진 1차 저항 "0.5 ± 0.05Ω / 20℃", 2차 저항 "12.1 ± 1.8kΩ / 20℃"을 기록함.
   ㉮ 측정값 : • 1차 저항 : 0Ω/20℃, • 2차 저항 : 12.50kΩ/ 20℃
   ㉯ 규정(정비한계)값 : • 1차 저항 : 0.5±0.05Ω / 20℃, • 2차 저항 : 12.1±1.8kΩ/ 20℃

2) ② 판정 및 정비(또는 조치)사항 : Ⓔ 판정은 1차 코일의 측정값이 규정(정비한계)값보다 낮으므로 "불량", 2차 코일은 규정값 범위에 있으므로 "양호"에 ✔ 표시하며, Ⓕ 정비 및 조치할 사항은 "점화 코일 교환 후 재점검"으로 기록한다.

4. 답안지 작성 방법 (점화코일 1차, 2차 코일 저항이 ∞ 일 때)

전기 2 : 시험 결과 기록표 자동차 번호 : ⓗ			Ⓐ 비번호		Ⓑ 감독위원 확 인	
항 목	① 측정(또는 점검)		② 판정 및 정비(또는 조치)사항			Ⓖ 득 점
	Ⓒ 측 정 값	Ⓓ 규정(정비한계)값	Ⓔ 판정(□에 '✔'표)	Ⓕ 정비 및 조치할 사항		
1차 저항	∞Ω/20℃	0.5 ± 0.05Ω / 20℃	□ 양 호 ✔ 불 량	점화코일 교환 후 재점검		
2차 저항	∞kΩ/20℃	12.1 ± 1.8kΩ / 20℃	□ 양 호 ✔ 불 량			

※ 단위가 누락되거나 틀린 경우는 오답으로 채점함.

1) ① 측정(또는 점검) : Ⓒ 측정값은 수검자가 멀티 테스터기를 이용하여 측정한 1차 저항 "∞Ω/20℃", 2차 저항 "∞kΩ/20℃"을 기록하고 Ⓓ 규정(정비한계)값은 감독위원이 주어진 1차 저항 "0.5±0.05Ω / 20℃", 2차 저항 "12.1 ± 1.8kΩ / 20℃"을 기록함.
   ㉮ 측정값 : • 1차 저항 : ∞Ω/20℃, • 2차 저항 : ∞ kΩ/20℃
   ㉯ 규정(정비한계)값 : • 1차 저항 : 0.5±0.05Ω / 20℃, • 2차 저항 : 12.1±1.8kΩ/ 20℃

2) ② 판정 및 정비(또는 조치)사항 : Ⓔ 판정은 1차 코일과 2차 코일의 측정값이 규정(정비한계)값 보다 낮으므로 "불량"에 ✔ 표시를 하며, Ⓕ 정비 및 조치사항은 "점화코일 교환 후 재점검"으로 기록한다.

5. 점화 1차, 2차 코일 저항시험 현장사진

1. 각종 점화 코일 모습

DLI 방식의 점화 코일 모습이다. 차종마다 코일 모양은 다르지만 안에 1, 2차 코일이 내장되어 있다.

2. 1차 코일 저항 측정

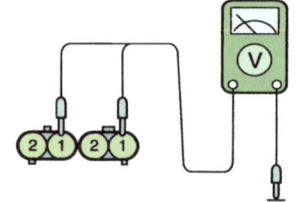

멀티 테스터를 이용하여 1차 코일의 저항을 측정하고 있는 모습이다. 저항 측정에서는 테스트 리드 ⊕와 ⊖구분이 없다.

3. 2차 코일 저항 측정

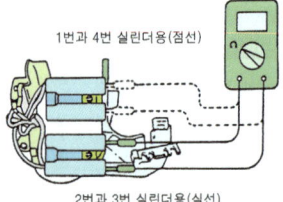

멀티 테스터를 이용하여 2차 코일 저항을 측정하고 있는 모습이다. 저항 측정에서는 테스트 리드 ⊕와 ⊖구분이 없다.

전기 3 전조등 회로 점검

2안

주어진 자동차에서 전조등 회로의 고장부분을 점검한 후 기록·판정하시오.

1. 답안지 작성 방법 (전조등 모두가 작동하지 않을 때)

전기 3 : 시험 결과 기록표
자동차 번호 : ❽

항 목	① 측정(또는 점검)		② 판정 및 정비(또는 조치)사항		❼ 득 점
	❸ 이상 부위	❹ 내용 및 상태	❺ 판정(□에 '✔' 표)	❻ 정비 및 조치할 사항	
전조등 회로	전조등 릴레이	탈거	□ 양 호 ✔ 불 량	전조등 릴레이 교환 후 재점검	

(❶ 비번호 / ❷ 감독위원 확인)

1) 비번호 : ❶ 비번호는 공단직원이 주는 자기 등번호를 수검자가 기록한다.
2) 감독위원 확인 : ❷ 감독위원 확인란은 감독위원이 채점한 후에 도장을 찍는 부분으로 수검자는 기록하지 않는다.
3) ① 측정(또는 점검) : ❸ 이상 부위는 수검자가 전조등이 작동되지 않는 이유 중 고장 난 부품 명칭인 "전조등 릴레이"를 기록하고, ❹ 내용 및 상태는 탈거된 상태이므로 "탈거"를 기록한다.
4) ② 판정 및 정비(또는 조치)사항 : ❺ 판정은 "불량"에 ✔ 표시를 하고 ❻ 정비 및 조치할 사항 란에는 "전조등 릴레이 교환 후 재점검"으로 기록하고 그 외에 고장내용은 아래 내용 중에 하나일 것이다.

◆ 전조등이 모두 작동하지 않는 원인
- 배터리 불량 – 배터리 교환
- 배터리 터미널 연결 상태 불량 – 배터리 터미널 재 장착
- 전조등 퓨즈의 탈거 – 전조등 퓨즈 장착
- 전조등 퓨즈의 단선 – 전조등 퓨즈 교환
- 전조등 릴레이 탈거 – 전조등 릴레이 장착
- 전조등 릴레이 불량 – 전조등 릴레이 교환
- 전조등 릴레이 핀 부러심 – 선소능 릴레이 교환
- 전조등 전구 탈거 – 전조등 전구 장착
- 전조등 전구 단선 – 전조등 전구 교환
- 콤비네이션 스위치 불량 – 콤비네이션 스위치 교환
- 콤비네이션 스위치 커넥터 탈거 – 콤비네이션 스위치 커넥터 장착
- 전조등 라인 단선 – 전조등 라인 연결
- 콤비네이션 스위치 커넥터 불량 – 콤비네이션 스위치 커넥터 교환

5) 득점 : ❼ 득점은 감독위원이 채점을 하고 점수를 기록하는 부분으로 수검자는 기록하지 않는다.
6) 자동차 번호 : ❽ 측정하는 자동차 번호를 수검자가 기록한다.

2. 답안지 작성 방법 (전조등 일부가 작동하지 않을 때)

전기 3 : 시험 결과 기록표
자동차 번호 : ❽

항 목	① 측정(또는 점검)		② 판정 및 정비(또는 조치)사항		❼ 득 점
	❸ 이상 부위	❹ 내용 및 상태	❺ 판정(□에 '✔' 표)	❻ 정비 및 조치할 사항	
전조등 회로	우 전조등 퓨즈	퓨즈 끊어짐	□ 양 호 ✔ 불 량	우 전조등 퓨즈 교환 후 재점검	

(❶ 비번호 / ❷ 감독위원 확인)

1) ① 측정(또는 점검) : ❸ 이상 부위는 수검자가 전조등의 일부가 작동되지 않는 이유 중 고장 난 부품 명칭인 "우 전조등 퓨즈"를 기록하고, ❹ 내용 및 상태는 끊어진 상태이므로 "퓨즈 끊어짐"을 기록한다.
2) ② 판정 및 정비(또는 조치)사항 : ❺ 판정은 "불량"에 ✔ 표시를 하고 ❻ 정비 및 조치할 사항 란에는 "우 전조등 퓨즈 교환 후 재점검"으로 기록하고 그 외에 고장내용은 아래 내용 중에 하나일 것이다.

◆ 전조등 일부가 작동하지 않는 원인
- 전조등 연결 커넥터 불량 – 전조등 커넥터 교환
- 전조등 전구 녹으로 접지 불량 – 전조등 전구 교환
- 전조등 전구 탈거 – 전조등 전구 장착
- 전조등 전구 단선 – 전조등 전구 교환
- 전조등 전구 연결 커넥터 탈거 – 전조등 연결 커넥터 장착
- 우 전조등 라인 단선 – 전조등 라인 연결
- 우 전조등 퓨즈 탈거 – 우 전조등 퓨즈 장착
- 우 전조등 퓨즈 단선 – 우 전조등 퓨즈 교환

3. 시험장에서는 ……

실제 차량을 사용할 때도 있고 시뮬레이터를 사용할 경우도 있지만 모든 시험 문제가 그렇듯이 실제 차량 위주로 시험을 보는 추세이다. 측정 차량 옆에나 앞 유리에 "전조등 회로 점검"이라는 글씨가 보일 것이다. 시동을 걸어놓고 점검을 하여야 하나 안전상 시동을 꺼 놓고 점검한다. 예전 차량은 키 스위치를 작동시키지 않고도 전조등의 점등이 가능하였으나 요즘 차량은 키를 넣지 않으면 전조등의 점등이 불가능하다. 라이트를 켠 상태로 주차시켰을 때 배터리의 방전을 방지하기 위함이다. 전조등 스위치를 작동시켰을 때 당연히 램프가 점등되지 않을 것이다. 전조등이 점등되지 않는 원인을 찾아야 한다. "배터리는 정상이며, 터미널 커넥터는 정확하게 연결되어 있는지?", "전조등 퓨즈는 정상인가?", "릴레이는 정상인가?", "다기능 스위치 커넥터는 빠져 있지 않나?", "전조등에 커넥터는 제대로 연결되어 있나?", "전조등 전구는 고장이 아닌가?" 등을 점검하다 보면 분명히 감독위원이 고장을 내놓은 곳을 찾을 수 있을 것이다. 정상으로 고쳐 놓고 감독위원에게 확인을 받는다.

4. 전조등 회로 점검 현장사진

1. 엔진룸 퓨즈 / 릴레이 박스

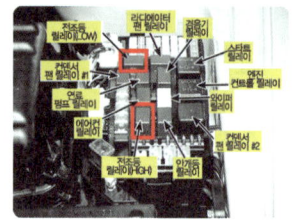

엔진룸 퓨즈 / 릴레이 박스에서 릴레이와 퓨즈를 점검한다.

2. 단선된 퓨즈 모습

일부 시험장에서는 단선된 퓨즈를 설치하여 놓은 곳도 있다.

3. 단선된 퓨즈 모습

일부 시험장에서는 핀이 하나 부러진 퓨즈를 설치하여 놓은 곳도 있다.

4. 좌측 전조등의 점검 모습

좌측 전조등에서의 커넥터 연결 상태 / 접지상태 / 전구의 불량 등을 점검한다.

5. 우측 전조등의 점검 모습

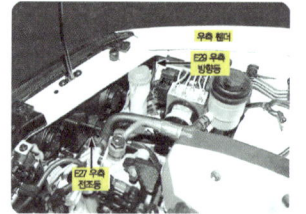

우측 전조등에서의 커넥터 연결 상태 / 접지상태 / 전구의 불량 등을 점검한다.

6. 전조등 부착 후 작동 점검 모습

조립 후 전조등을 작동시킨 모습. 우측 퓨즈나 전구, 연결 상태 불량으로 추정된다.

7. 전조등 고정 볼트 분리 모습

고정 볼트를 드라이버 또는 옵셋 복스 렌치로 분리한다.

8. 커넥터 탈거 모습

전조등과 미등으로 들어가는 커넥터를 분리한다.

9. 전조등 어셈블리 탈거 모습

전조등 어셈블리를 앞으로 조심스럽게 당겨서 탈거한다.

10. 더스트 커버 탈거 모습

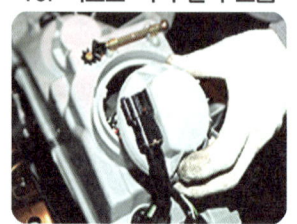

더스트 커버를 분리한다. 왼나사 방향으로 약 30~50도 정도 돌리면 분리된다.

11. 고정 스프링 탈거 모습

전조등 전구 고정 스프링을 누르면서 살짝 올려서 분리한다.

12. 전구 교환 모습

전구를 분리한다. 전구가 완전히 식었을 때 만진다.

전기 4 경음기 음량 측정

주어진 자동차에서 경음기 음량을 측정하여 기록·판정하시오.

1. 답안지 작성 방법(경음기 음량이 정상일 때)

전기 4 : 시험 결과 기록표
자동차 번호 : ⓖ

항 목	① 측정(또는 점검)		② 판정 및 정비(또는 조치) 사항	Ⓕ득 점
	Ⓒ측정값	Ⓓ기준값	Ⓔ판정(□에 '✔'표)	
경음기 음량	105dB	90 dB 이상 110dB 이하	☑ 양 호 □ 불 량	

Ⓐ 비 번호   Ⓑ감독위원 확 인

※ 감독위원이 제시한 자동차등록증(또는 차대번호)을 활용하여 차종 및 연식을 적용합니다.
※ 자동차검사기준 및 방법에 의하여 기록, 판정합니다.   ※ 암소음은 무시합니다.

1) **비번호** : Ⓐ 비번호는 공단직원이 주는 등번호를 수검자가 기록한다.
2) **감독위원 확인** : Ⓑ 감독위원 확인란은 감독위원이 채점한 후에 도장 찍는 부분으로 수검자는 기록하지 않는다.
3) **① 측정(또는 점검)** : Ⓒ 측정값은 수검자가 측정한 음량인 "105dB"을 기록하고, Ⓓ 기준값은 운행차 검사기준을 수검자가 암기하여 "90dB 이상 110dB이하"를 기록한다.(반드시 단위를 기입한다)
   ㉮ 측정값 : 105dB   ㉯ 기준값 : 90이상, 110dB 이하 (2002년 2월 14일 등록-아반떼 XD)

【 경음기 음량 기준값(2006년 1월 1일 이후) 】

자동차 종류	소음항목	경적소음(dB(C))
경자동차		110 이하
승용 자동차	소형, 중형	110 이하
	중대형, 대형	112 이하
화물 자동차	소형, 중형	110 이하
	대형	112 이하

【 경음기 음량 기준값(2000년 1월 1일 이후) 】

차량 종류	소음 항목	경적 소음(dB(C))	비고
경 자동차		110 이하	이륜 자동차 110 이하
승용 자동차	승용 1, 2	110 이하	
	승용 3, 4	112 이하	
화물 자동차	화물 1, 2	110 이하	
	화물 3	112 이하	

4) **② 판정 및 정비(또는 조치)사항** : Ⓔ 판정은 수검자가 측정한 값과 기준값을 비교하여 기준값 범위 내에 있으면 양호, 벗어나면 불량에 ✔표시를 한다.
   ㉮ 판정 : ·양호 - 기준값의 범위에 있을 때   ·불량 - 기준값의 범위를 벗어났을 때
5) **득점** : Ⓕ 득점은 감독위원이 채점을 하고 점수를 기록하는 부분으로 수검자는 기록하지 않는다.
6) **자동차 번호** : Ⓖ 측정하는 자동차 번호를 수검자가 기록한다.

2. 시험장에서는 ......

답안지를 받고 경음기 음량을 측정하는 차량에 가면 음량계가 함께 놓여 있을 것이다. 또한 보조원이 경음기를 울려 주기 위해 운전석에서 앉아 기다리고 있을 것이다. 줄자로 차량의 맨 앞부분에서 2m 전방위치에 1.2±0.05m 인 위치를 재서 음량계를 놓고 기능선택 스위치를 C로, 동특성 스위치는 FAST로, 측정 최고 소음 정비 스위치는 Inst 위치로 하고 보조원에게 경음기 스위치를 눌러 줄 것을 주문하고 최고값을 답안지에 기입한다. 암소음을 측정하여 보정을 하여야 하나 암소음은 무시하라는 조건이 있으므로 측정한 값만 기록한다. 책상위에 놓여 있는 음량계를 움직이지 말고 그 상태에서 측정하라고 한다. 그 이유는 측정기 위치가 달라짐에 따라 측정값이 변하기 때문이다. 음량값 기준값을 확인하기 위하여 옆에는 자동차 등록증이 복사되어 있을 것이다. 10번째 자리로 연식을 나타내므로 이것 또한 숙지하고 있어야 한다.

3. 답안지 작성 방법(경음기 음량이 낮을 때)

전기 4 : 시험 결과 기록표
자동차 번호 : **G**

항 목	① 측정(또는 점검)		② 판정 및 정비(또는 조치) 사항	**F**득 점
	C측정값	**D**기준값	**E**판정(□에 '✔' 표)	
경음기 음량	20dB	90 dB 이상 110dB 이하	□ 양 호 ☑ 불 량	

A 비 번호 **B** 감독위원 확 인

※ 감독위원이 제시한 자동차등록증(또는 차대번호)을 활용하여 차종 및 연식을 적용합니다.
※ 자동차검사기준 및 방법에 의하여 기록, 판정합니다. ※ 암소음은 무시합니다.

1) ① 측정(또는 점검) : **C** 측정값은 수검자가 측정한 음량인 "20dB"을 기록하고, **D** 기준값은 운행차 검사기준을 수검자가 암기하여 "90dB 이상 110dB이하"를 기록한다.(반드시 단위를 기입한다)
   ㉮ 측정값 : 105dB   ㉯ 기준값 : 90이상, 110dB 이하 (소형 및 중형 승용자동차 기준)
2) ② 판정 및 정비(또는 조치)사항 : **E** 판정은 수검자가 측정한 값과 기준값을 비교하여 기준값 범위보다 낮으므로 불량에 ✔ 표시를 하며, 그 외에는 아래 내용 중 하나일 것이다.

◆ 경음기 음량이 낮게 나오는 원인
- 경음기 음량 조정 불량 – 음량 조정 나사로 조정
- 배터리 터미널 연결 상태 불량 – 배터리 터미널 재장착
- 경음기 접지 불량 – 접지부 확실히 장착
- 배터리 불량 – 배터리 교환
- 경음기 연결 커넥터 접촉 불량 – 연결부 확실히 장착
- 경음기 고장 – 경음기 교환

4. 답안지 작성 방법(경음기 음량이 높을 때)

전기 4 : 시험 결과 기록표
자동차 번호 : **G**

항 목	① 측정(또는 점검)		② 판정 및 정비(또는 조치) 사항	**F**득 점
	C측정값	**D**기준값	**E**판정(□에 '✔' 표)	
경음기 음량	135dB	90 dB 이상 110dB 이하	□ 양 호 ☑ 불 량	

A 비 번호 **B** 감독위원 확 인

※ 감독위원이 제시한 자동차등록증(또는 차대번호)을 활용하여 차종 및 연식을 적용합니다.
※ 자동차검사기준 및 방법에 의하여 기록, 판정합니다. ※ 암소음은 무시합니다.

1) ① 측정(또는 점검) : **C** 측정값은 수검자가 측정한 음량인 "135dB"을 기록하고, **D** 기준값은 운행차 검사기준을 수검자가 암기하여 "90dB 이상 110dB이하"를 기록한다.(반드시 단위를 기입한다)
   ㉮ 측정값 : 105dB   ㉯ 기준값 : 90이상, 110dB 이하 (소형 및 중형 승용자동차 기준)
2) ② 판정 및 정비(또는 조치)사항 : **E** 판정은 수검자가 측정한 값과 기준값을 비교하여 기준값 범위보다 높으므로 "불량"에 ✔ 표시를 하며, 그 외에는 아래 내용 중 하나일 것이다.

◆ 경음기 음량이 높게 나오는 원인
- 경음기 규격품외 사용 – 규격품으로 교환
- 경음기 추가 설치 – 추가된 경음기 탈거
- 경음기 음량 조정 불량 – 음량 조정 나사로 조정

5. 경음기 음량 점검 현장사진

1. 측정 준비된 모습

실차에서 측정도 하지만 때에 따라서는 시뮬레이터를 이용하여 측정도 한다.

2. 측정 준비된 모습

음량계 옆에는 자동차 등록증을 두어서 이 차량의 연식을 보고 규정값을 기록한다.

3. 암소음을 측정 준비된 시험장 모습

암소음을 측정하기 위한 위치도 고정되어 있다. 반드시 지정된 곳에서 측정한다.

엔진 1 : 디젤 엔진 워터펌프/라디에이터 캡

주어진 디젤엔진에서 워터펌프와 라디에이터 압력식 캡을 탈거 후 (감독위원에게 확인)하고 감독위원의 지시에 따라 기록표의 내용대로 기록·판정한 후 다시 조립하시오.

1. 답안지 작성 방법 (정상일 때)

엔진 1 : 시험 결과 기록표
엔진 번호 : ⓗ

항목	① 측정(또는 점검)		② 판정 및 정비(또는 조치)사항		Ⓖ 득점
	Ⓒ 측정값	Ⓓ 규정(정비한계)값	Ⓔ 판정(□에 '✔'표)	Ⓕ 정비 및 조치할 사항	
압력식 캡	0.95~1.25/ 압력 유지	0.95~1.25/ 압력 유지	☑ 양 호 □ 불 량	정비 및 조치할 사항 없음	

Ⓐ 비번호   Ⓑ 감독위원 확 인

※ 단위가 누락되거나 틀린 경우는 오답으로 채점함.

1) **비번호** : Ⓐ 비번호는 공단직원이 주는 등번호를 수검자가 기록한다.
2) **감독위원 확인** : Ⓑ 감독위원 확인란은 감독위원이 채점한 후에 도장을 찍는 부분으로 수검자는 기록하지 않는다.
3) **① 측정(또는 점검)** : Ⓒ 측정값은 수검자가 라디에이터 캡 압력을 측정한 값인 "0.83kgf/cm² – 10초간 유지함"을 기록하고, Ⓓ 규정(정비한계)값은 감독위원이 주어진 값이나 또는 정비지침서의 "0.83kgf/cm² – 10초간 유지될 것"을 보고 기록함.(반드시 단위를 기입한다)
   ㉮ 측정값 : 0.83kgf/cm² – 10초간 유지함
   ㉯ 규정(정비한계)값 : 0.83kgf/cm² – 10초간 유지될 것

【 차종별 라디에이터 압력 및 캡 압력 규정값(kgf/cm²) 】

차 종	압력식 캡		비고
	고압 밸브 개방 압력	진공 밸브 개방 압력	
스포티지 D 2.0(2010)	107.9±14.7kpa	83.4kpa	
싼타페 D 2.0(2010)	0.95~1.25/ 압력 유지	0.07 이하	
모닝(2012)	0.95~1.25/ 압력 유지	0.01~0.05	
아반떼 XD(2005)	0.83~1.10/ 압력 유지	0.07 이하	1kpa=0.010197kgf/cm²)
아반떼 HD(2010)	0.95~1.25/ 압력 유지	0.07 이하	
NF소나타(2010)	0.95~1.25/ 압력 유지	0.07 이하	
K5(2011)	0.95~1.25/ 압력 유지	0.07 이하	

4) **② 판정 및 정비(또는 조치)사항** : Ⓔ 판정은 수검자가 측정한 값과 규정(정비한계)값을 비교하여 범위 내에 있으면 양호, 벗어나면 불량에 ✔표시를 하며, Ⓕ 정비 및 조치할 사항 란에는 고장부품의 정비할 사항을 기록한다.
   ㉮ 판정 : ·양호 – 규정(정비한계)값의 범위에 있을 때   ·불량 – 규정(정비한계)값을 벗어났을 때
   ㉯ 정비 및 조치할 사항 : 양호하면 정비 및 조치할 사항 없음으로, 불량일 경우 고장부품의 정비방법을 기록한다.
5) **득점** : Ⓖ 득점은 감독위원이 채점을 하고 점수를 기록하는 부분으로 수검자는 기록하지 않는다.
6) **엔진 번호** : ⓗ 측정하는 엔진 번호를 수검자가 기록한다.

2. 시험장에서는 ……

라디에이터 캡의 개방 압력 점검은 라디에이터 캡 압력 스프링의 이상 유·무를 알아보기 위한 점검이다. 라디에이터 캡 압력 테스터기를 이용하여 측정하며, 라디에이터 캡을 측정 하는 경우 시간이 많이 걸려 따로 따로 준비하여 놓는 경우가 대부분이다. 하지만 처음부터 수검자가 준비하는 경우를 대비하여 테스터기 장착 및 탈착에 대한 것을 확실히 알아두어야 한다.

시험을 보는 자동차의 원래 규정값이 감독위원이 준 것과 다르더라도 규정(정비한계)값 란에는 감독위원이 주어진 값을 기록하여야 한다. 감독위원으로부터 답안지를 받은 후 측정하여 이상 유·무를 기록하여 제출한다.

시험장에서는 실습복과 편안한 신발을 신어야 한다. 그리고 시계를 차거나 반지를 끼지 않는다. 일부이긴 하나 수검자로는 도저히 복장이 준비가 안 된 사람이 있어서 안전사고의 위험성이 걱정될 때도 있다.

3. 답안지 작성 방법 (캡의 압력이 유지되지 못할 때)

엔진 1 : 시험 결과 기록표 자동차 번호 : Ⓗ			Ⓐ 비번호		Ⓑ 감독위원 확 인	
항 목	① 측정(또는 점검)		② 판정 및 정비(또는 조치)사항			Ⓖ 득 점
	Ⓒ 측 정 값	Ⓓ 규정(정비한계)값	Ⓔ 판정(□에 'ⓥ'표)	Ⓕ 정비 및 조치할 사항		
압력식 캡	0.83~1.10/kgf /cm² 압력 유지 못함	0.83~1.10/kgf/ cm² 압력 유지	□ 양 호 ☑ 불 량	라디에이터 캡 교환 후 재점검		

※ 단위가 누락되거나 틀린 경우는 오답으로 채점함.

1) ① 측정(또는 점검) : Ⓒ 측정값은 수검자가 라디에이터 캡 압력 테스터를 이용하여 측정한 값 "0.83~1.10/kgf/cm² 압력 유지 못함"을 기록하며, Ⓓ 규정(정비한계)값은 감독위원이 주어진 값 "0.83~1.10/kgf/cm² 압력 유지"를 기록한다.
2) ② 판정 및 정비(또는 조치)사항 : Ⓔ 판정은 측정한 값이 규정(정비한계)값을 유지하지 못했으므로 "불량"에 ✔ 표시를 하며, Ⓕ 정비 및 조치할 사항에는 조정이 불가능하므로 "라디에이터 캡 교환 후 재점검"으로 기록하고 그 외에 고장은 아래 내용 중에 하나일 것이다.
   ◈ 캡의 압력이 유지되지 못하는 이유
   ・라디에이터 캡의 손상 – 라디에이터 캡 교환
   ・라디에이터 캡의 균열 – 라디에이터 캡 교환
   ・라디에이터 캡의 변형 – 라디에이터 캡 교환
   ・라디에이터 캡 압력 스프링 불량 – 라디에이터 캡 교환
   ・라디에이터 캡 실링 불량 – 라디에이터 캡 교환

4. 답안지 작성 방법 (캡의 압력이 올라가지 못할 때)

엔진 1 : 시험 결과 기록표 자동차 번호 : Ⓗ			Ⓐ 비번호		Ⓑ 감독위원 확 인	
항 목	① 측정(또는 점검)		② 판정 및 정비(또는 조치)사항			Ⓖ 득 점
	Ⓒ 측 정 값	Ⓓ 규정(정비한계)값	Ⓔ 판정(□에 'ⓥ'표)	Ⓕ 정비 및 조치할 사항		
압력식 캡	0.83~1.10/kgf/ cm² 압력 상승 안됨	0.83~1.10/kgf/ cm² 압력 유지	□ 양 호 ☑ 불 량	라디에이터 캡 교환 후 재점검		

※ 단위가 누락되거나 틀린 경우는 오답으로 채점함.

1) ① 측정(또는 점검) : Ⓒ 측정값은 수검자가 라디에이터 압력 캡 테스터를 이용하여 측정한 값 "0.83~ 1.10/kgf/cm² 압력 상승 안됨"으로 기록하며, Ⓓ 규정(정비한계)값은 감독위원이 주어진 값 "0.83~1.10/kgf/cm² 압력 유지"를 기록한다.
2) ② 판정 및 정비(또는 조치)사항 : Ⓔ 판정은 측정값이 규정(정비한계)값을 유지하지 못하므로 "불량"에 ✔ 표시를 하며, Ⓕ 정비 및 조치할 사항은 조정이 불가능하므로 "라디에이터 캡 교환 후 재점검"으로 기록한다.

5. 라디에이터 캡 압력 점검 현장사진

1. 라디에이터 캡 압력 확인 모습

2. 어댑터에 캡을 설치하는 모습

3. 규정 압력으로 가압한 모습

엔진 3 — 엔진 센서(액추에이터) 점검(자기진단)

주어진 자동차에서 전자제어 가솔린 엔진의 흡입공기 유량센서를 탈거(감독위원에게 확인)한 후 다시 조립하고 감독위원의 지시에 따라 진단기(스캐너)를 사용하여 엔진의 각종 센서(액추에이터) 점검 후 고장부분을 기록하시오.

1. 답안지 작성 방법 (TPS의 커넥터가 탈거일 때)

엔진 3 : 시험 결과 기록표 자동차 번호 : ❶				Ⓐ 비번호		Ⓑ 감독위원 확 인	
항 목	① 측정(또는 점검)			② 고장 및 정비(또는 조치) 사항		Ⓗ 득 점
	Ⓒ 고장부위	Ⓓ 측정값	Ⓔ 규정값	Ⓕ 고장 내용	Ⓖ 정비 및 조치사항	
센서(액추에이터) 점검	TPS	0V/ (20℃일 때)	3.44±0.3V/ (20℃일 때)	커넥터 탈거	커넥터 연결, 기억소거 후 재점검	

※ 단위가 누락되거나 틀린 경우는 오답으로 채점함

1) **비번호** : Ⓐ 비번호는 공단직원이 주는 등번호를 수검자가 기록한다.
2) **감독위원 확인** : Ⓑ 감독위원 확인란은 감독위원이 채점한 후에 도장을 찍는 부분으로 수검자는 기록하지 않는다.
3) **① 측정(또는 점검)** : Ⓒ 고장 부위는 수검자가 스캐너로 자기진단 화면 창에 나타난 "TPS"를 기록하고, Ⓓ 측정값은 센서 출력 화면에서 측정한 값 "0V/(20℃일 때)"을 기록한다. Ⓔ 규정값은 스캐너 정보화면에서 얻어 "3.44±0.3V/(20℃일 때)"를 기록한다.
   ㉮ 고장부위 : TPS
   ㉯ 측정값 : 0V/(20℃일 때)
   ㉰ 규정값 : 3.44±0.3V/(20℃일 때)
4) **② 고장 및 정비(또는 조치)사항** : Ⓕ 고장 내용에는 수검자가 점검한 내용으로 "커넥터 탈거"를 기록한다.
   Ⓖ 정비 및 조치사항에는 "커넥터 연결 기억소거 후 재점검"을 기록한다.
   ㉮ 고장 내용 : 커넥터 탈거
   ㉯ 정비 및 조치 사항 : 커넥터 연결, 기억소거 후 재점검

【 차종별 TPS 규정값 】

항 목	아반떼 XD(2006)	NF 소나타	K5(2012)	모닝(2012)
스로틀 포지션 센서(TPS)	•3.44±0.3V/(20℃일 때) •2.70±0.3V/(40℃일 때)	•2.3~2.6kΩ/20℃ •1.2kΩ/40℃	•2.31~2.59kΩ/20℃ •1.15kΩ/40℃ •6V/공급전압	•2.31~2.59kΩ/20℃ •1.15kΩ/40℃ •0.07V/정상 작동온도

5) **득점** : Ⓗ 득점은 감독위원이 채점을 하고 점수를 기록하는 부분으로 수검자는 기록하지 않는다.
6) **자동차 번호** : ❶ 측정하는 자동차 번호를 수검자가 기록한다.

2. 시험장에서는 ……

분해 조립용 엔진과 측정용 차량(또는 엔진 튠업)이 따로 있어서 분해 조립이 끝나면 감독위원으로부터 답안지를 받고 전자제어 엔진의 고장부분을 점검한 후 답안지를 작성하여 감독위원에게 제출한다. 일부이긴 하나 전자제어 차량에 진단기가 설치되어 있는 것을 그대로 측정하기도 한다. 여기서 테스터기 연결 불량으로 답을 작성하지 못하는데 측정은 반드시 키가 "ON 또는 시동" 상태에서만 가능하다는 것이다. 답안지 항목에서 Ⓒ, Ⓓ, Ⓔ란은 스캐너에서 측정 및 찾아서 기입하지만, Ⓕ란은 수검자가 측정 차량을 눈으로 보고 기록하며, Ⓖ란은 정비방법을 서술한다.

3. 답안지 작성 방법 (TPS가 불량일 때)

항목	① 측정(또는 점검)			② 고장 및 정비(또는 조치) 사항		ⓗ 득 점
	ⓒ 고장부위	ⓓ 측정값	ⓔ 규정값	ⓕ 고장 내용	ⓖ 정비 및 조치사항	
센서(액추에 이터) 점검	TPS	6V/ (20℃일 때)	3.44±0.3V/ (20℃일 때)	센서 불량	센서 교환, 기억소거 후 재점검	

엔진 3 : 시험 결과 기록표
자동차 번호 : ⓘ
ⓐ 비번호 ⓑ 감독위원 확인

※ 단위가 누락되거나 틀린 경우는 오답으로 채점함

1) ① **측정(또는 점검)** : ⓒ 고장부위는 수검자가 스캐너로 자기진단 화면 창에 나타난 "TPS"를 기록하고, ⓓ 측정값은 센서 출력 화면에서 측정한 값인 "6V/(20℃일 때)"를 기록한다. ⓔ 규정값은 스캐너 정보화면에서 얻어 "3.44±0.3V/(20℃일 때)"를 기록한다.

2) ② **고장 및 정비(또는 조치)사항** : ⓕ 고장 내용에는 수검자가 점검한 내용으로 "센서 불량"을 기록한다. ⓖ 정비 및 조치사항에는 "센서 교환 기억소거 후 재점검"을 기록한다.

4. 답안지 작성 방법 (TPS 과거기억 소거 불량일 때)

항목	① 측정(또는 점검)			② 고장 및 정비(또는 조치) 사항		ⓗ 득 점
	ⓒ 고장부위	ⓓ 측정값	ⓔ 규정값	ⓕ 고장 내용	ⓖ 정비 및 조치사항	
센서(액추에 이터) 점검	TPS	3.44V/ (20℃일 때)	3.44±0.3V/ (20℃일 때)	과거 기억소거 불량	기억소거 후 재점검	

엔진 3 : 시험 결과 기록표
자동차 번호 : ⓘ
ⓐ 비번호 ⓑ 감독위원 확인

※ 단위가 누락되거나 틀린 경우는 오답으로 채점함

1) ① **측정(또는 점검)** : ⓒ 고장 부위는 수검자가 스캐너로 자기진단 화면 창에서 "TPS"를 기록하고, ⓓ 측정값은 센서출력 화면에서 측정한 값 "3.44V/(20℃일 때)"를 기록한다. ⓔ 규정값은 스캐너 정보창에서 얻어 "3.44±0.3V/(20℃일 때)"를 기록한다.

2) ② **고장 및 정비(또는 조치)사항** : ⓕ 고장 내용에는 수검자가 점검한 내용으로 "과거 기억소거 불량"을 기록한다. ⓖ 정비 및 조치사항에는 "기억소거 후 재점검"을 기록한다.

5. 답안지 작성 방법 (TPS값이 저항값으로 주어질 때)

항목	① 측정(또는 점검)			② 고장 및 정비(또는 조치) 사항		ⓗ 득 점
	ⓒ 고장부위	ⓓ 측정값	ⓔ 규정값	ⓕ 고장 내용	ⓖ 정비 및 조치사항	
센서(액추에 이터) 점검	TPS	∞kΩ/20℃	2.3~2.6kΩ/20℃	센서 불량	센서 교환, 기억소거 후 재점검	

엔진 3 : 시험 결과 기록표
자동차 번호 : ⓘ
ⓐ 비번호 ⓑ 감독위원 확인

※ 단위가 누락되거나 틀린 경우는 오답으로 채점함

1) ① **측정(또는 점검)** : ⓒ 고장 부위는 수검자가 스캐너로 자기진단 화면 창에서 "TPS"를 기록하고, ⓓ 측정값은 멀티 테스터로 측정한 값 "∞kΩ/20℃"를 기록한다. ⓔ 규정값은 스캐너 정보창에서 얻어 "2.3~2.6kΩ/20℃"를 기록한다.

2) ② **고장 및 정비(또는 조치)사항** : ⓕ 고장 내용에는 수검자가 점검한 내용으로 "센서 불량"을 기록한다. ⓖ 정비 및 조치사항에는 "센서 교환 후 재점검"을 기록한다.

엔진 4 디젤 매연 측정

주어진 자동차에서 기록표에 제시된 내용을 측정하고 기록·판정하시오.

1. 답안지 작성 방법 (매연 배출량이 작아 정상일 때)

엔진 4 : 시험 결과 기록표
자동차 번호 : **K**

Ⓒ차종	**Ⓓ**연식	**Ⓔ**기준값	**Ⓕ**측정값	**Ⓖ**측정	**Ⓗ**산출근거(계산)기록	**Ⓘ**판정(□에 '✔'표)	**Ⓙ**득 점
화물 자동차	2018년	20% 이하	13%	1회 : 13% 2회 : 15% 3회 : 11%	$\dfrac{13+15+11}{3}=13\%$	☑ 양 호 ☐ 불 량	

위 표 상단: **Ⓐ**비 번 호 / **Ⓑ**감독위원 확 인
① 측정(또는 점검)   ② 판정

※ 감독위원이 제시한 자동차등록증(또는 차대번호)을 활용하여 차종 및 연식을 적용합니다.
※ 매연 농도를 산술 평균하여 소수점 이하는 버림 값으로 기입합니다.
※ 자동차 검사기준 및 방법에 의하여 기록, 판정합니다.   ※ 측정 및 판정은 무부하 조건으로 합니다.

1) **비번호** : **Ⓐ** 비번호는 공단직원이 주는 등번호를 수검자가 기록한다.
2) **감독위원 확인** : **Ⓑ** 감독위원 확인란은 감독위원이 채점한 후에 도장을 찍는 부분으로 수검자는 기록하지 않는다.
3) **① 측정(또는 점검)** : **Ⓒ**와 **Ⓓ** 차종과 연식란은 주어진 "자동차 등록증"을 보고 수검자가 기록하며, **Ⓔ** 기준값은 수검자가 등록증의 "차대번호 10번째 자리"의 연식을 보고 운행 차량의 "배출 허용 기준값"을 기록한다. **Ⓕ** 측정값은 수검자가 3회 측정한 값의 "평균값에서 소수점이하 버리고" 기입한다. **Ⓖ** 측정란은 수검자가 3회 측정한 값을 기록한다.
   ㉮ 차종 : 화물 자동차   ㉯ 연식 : 2018년   ㉰ 기준값 : 20% 이하   ㉱ 측정값 : 13%
   ㉲ 측정 – 1회 : 13%, 2회 : 15%, 3회 : 11%

4) **② 판정** : **Ⓗ** 산출근거(계산)기록은 수검자가 3회 측정하여 평균값을 산출한 계산식 "소숫점 첫째자리까지" 기록하며, **Ⓘ** 판정은 수검자가 측정한 값과 기준값을 비교하여 범위 내에 있으면 양호, 벗어나면 불량에 ✔ 표시를 한다.
   ㉮ 산출근거(계산)기록 : $\dfrac{13+15+11}{3}=13\%$
   ㉯ 판정 : ·양호 – 기준값의 범위에 있을 때   ·불량 – 기준값을 벗어났을 때

【 차종별 / 연도별 매연 허용 기준값 】

차 종		제작일자		매 연
승합·화물·특수 자동차	소형	1995년 12월 31일 이전		60% 이하
		1996년 1월 1일부터 2000년 12월 31일까지		55% 이하
		2001년 1월 1일부터 2003년 12월 31일까지		45% 이하
		2004년 1월 1일부터 2007년 12월 31일까지		40% 이하
		2008년 1월 1일 이후		20% 이하
	중·대형	1992년 12월 31일 이전		60% 이하
		1993년 1월 1일부터 1995년 12월 31일까지		55% 이하
		1996년 1월 1일부터 1997년 12월 31일까지		45% 이하
		1998년 1월 1일부터 2000년 12월 31일까지	시내버스	40% 이하
			시내버스 외	45% 이하
		2001년 1월 1일부터 2004년 9월 30일까지		45% 이하
		2004년 10월 1일부터 2007년 12월 31일까지		40% 이하
		2008년 1월 1일 이후		20% 이하

비고 1. 휘발유사용자동차는 휘발유·알코올 및 가스(천연가스를 포함한다)를 혼합하여 사용하는 자동차를 포함한다.
2. 알코올만을 사용하는 자동차는 위 표의 배엔진 탄화수소 기준을 적용하지 아니한다.
3. 경유사용 자동차는 경유와 가스를 혼합하여 사용하거나 병용하는 자동차를 포함한다.
4. 적용기간은 자동차의 제작일자(수입자동차의 경우에는 통관일자를 말한다)를 기준으로 한다.
5. 휘발유 또는 가스를 연료로 사용하는 다목적형 승용차 및 8인승 이하의 승합차는 소형화물차의 기준을 적용한다.
6. 매연란 중 (   )안의 기준은 제87조 제1항 단서의 규정에 의하여 비디오카메라를 사용하여 점검할 때 적용한다.

5) **득점** : ⓖ 득점은 감독위원이 채점을 하고 점수를 기록하는 부분으로 수검자는 기록하지 않는다.
6) **자동차 번호** : ⓗ 측정하는 자동차 번호를 수검자가 기록한다.

2. 답안지 작성 방법 (매연 배출량이 많아 불량일 때)

엔진 4 : 시험 결과 기록표
자동차 번호 : ⓚ

① 측정(또는 점검)					② 판정		Ⓐ비 번호	Ⓑ감독위원 확 인
Ⓒ차종	Ⓓ연식	Ⓔ기준값	Ⓕ측정값	Ⓖ측정	Ⓗ산출근거(계산)기록	Ⓘ판정(□에 '✔' 표)		Ⓙ득 점
화물 자동차	2008년	20% 이하	44%	1회 : 46% 2회 : 45% 3회 : 43%	$\dfrac{46+45+43}{3}=44.6\%$	□ 양 호 ☑ 불 량		

※ 감독위원이 제시한 자동차등록증(또는 차대번호)을 활용하여 차종 및 연식을 적용합니다.
※ 매연 농도를 산술 평균하여 소수점 이하는 버림 값으로 기입합니다.
※ 자동차 검사기준 및 방법에 의하여 기록, 판정합니다.
※ 측정 및 판정은 무부하 조건으로 합니다.

1) ① **측정(또는 점검)** : Ⓒ 측정값은 수검자가 3회 측정한 값의 평균값 "**44%**"를 기록하며, Ⓓ 기준값은 수검자가 등록증에서 차대번호의 연식을 보고 운행 차량의 배출 허용 기준값 "**20% 이하**"(소형화물(2008.10.1))를 기록하고 Ⓔ 수검자가 3회 측정한 "**46%, 45%, 43%**"를 기록한다.(반드시 단위를 기록한다)

2) ② **판정** : Ⓕ 산출근거(계산)기록은 검자가 3회 측정하여 평균값을 산출한 계산식 "$\dfrac{46+45+43}{3}=44.6\%$"를 기록하며, Ⓖ 판정은 측정값이 기준값 이상이므로 "**불량**"에 ✔ 표시를 한다.

3. 시험장에서는 ……

매연을 측정하는 곳에 오면 디젤 엔진이 "웅웅" 거리면서 돌아가고 테스터기가 앞에 놓여 있을 것이다. 겨울에도 이 시험장에서는 출입문을 열어 놓아서 매연이 실습장 안에 고이지 않도록 하여야 하니 감독위원이나 수검자는 고생이 많은 곳이다. 먼저 감독위원과 상견례를 하여야 하니 "안녕하십니까? 크게 인사를 하고 답안지를 받아서 책상 위에 놓고 테스터기를 연결한다. 순서에 맞추어서 측정한 후 답안지를 작성하는데 아마 자동차의 연식이 주어져 있으며, 규정값과 한계값은 검사기준이라 본인이 꼭 외워야 한다. 일부 검사장에서는 측정한 검출지를 답안지에 첨부하여야 한다.

4. 매연 측정 현장사진 (석영 SY-OM 501)

1. 디스플레이 및 기능 키 구조 모습

① DISPLAY : 표시 화면 선택
② ACCEL : 무부하 가속시험
③ HOLD : 디스플레이 화면 유지
 • HOLD : HOLD 키를 누르면 표시된 화면이 유지. 한 번 더 누르면 보류가 해제된다.
 • PEAK HOLD : HOLD 키를 누르면 측정값의 가장 높은 값이 화면에 표시되고 유지된다. 한 번 더 설정 모드.
④ SET : 측정 모드에서 설정 모드로 이동.
⑤ PRINT : 인쇄
⑥ ESC : 측정 모드에서 자유 가속 시험을 측정 모드로 옮긴다.
⑦ SELECT : 셋업 모드에서 다른 셋업 모드로 이동.
⑧ ▲ : 설정 값 변경.
⑨ SAVE : 각 설정 값을 저장한다.
⑩ SHIFT : 설정 값 변경.

※ 제작사별 차대번호 표기방식

① 현대 자동차 차대번호의 표기 부호(승용자동차)

※ 차대번호 형식(VIN : Vehicle Identification Number – 싼타페 2010)

K	M	H	S	J	8	1	X	B	A	U	1	2	3	4	5	6
①	②	③	④	⑤	⑥	⑦	⑧	⑨	⑩	⑪	⑫	⑬	⑭	⑮	⑯	⑰

제작 회사군 / 자동차 특성군 / 제작 일련 번호군

① **K** : 국제배정 국적표시 – K : 한국, J : 일본, 1 : 미국,
② **M** : 제작사를 나타내는 표시 – M : 현대, L : 대우, N : 기아, P : 쌍용 자동차
③ **H** : 자동차 종별 표시 – H : 승용 다목적, F : 화물9밴, J : 승합차량, C : 특장 – 승합, 화물
④ **S** : 차종 – S : 싼타페
⑤ **J** : 세부차종 및 등급 F : Low 급(L), G : Middle Low 급(GL), H : Middle 급(GLS, JSL, TAX)
 J : Middle High 급(HGS), K : High 급(TOP)
⑥ **8** : 차체/캡 형상 – 1 : 리무진, 2 : 세단 – 2도어, 3 : 세단 – 3도어, 4 : 세단 – 4도어, 5 : 세단 – 5도어
 6 : 쿠페, 7 : 컨버터블, 8 : 왜곤, 9 : 화물(밴), 0 : 픽업
⑦ **1** : 안전벨트 – KMH 0 : 운전석/동승석 – 미적용, 1 : 운전석/동승석 – 액티브(Active) 시트벨트,
 2 : 운전석/동승석 – 패시브(Passive) 시트벨트
⑧ **X** : 동력장치 – B : 가솔린 엔진 2.4, N : LPI 엔진 2.7, U : 디젤 엔진 2.0, X : 디젤 엔진 2.2
⑨ **B** : 운전석 방향 및 변속기 – A : LHD & MT, B : LHD & AT, C : LHD & MT + Transfer,
 D : LHD & AT + Transfer, E : LHD & CVT
⑩ **A** : 제작년도 – 알파벳 I, O, Q, U, Z와 숫자 0을 제외한 ABCDEFGHJKLMNPRSTVWXY와 123456789를 순서로 사용한다. 1 : 2001, 2 : 2002, 3 : 2003, 4 : 2004, 5 : 2005 ······ A : 2010, B : 2011, C : 2012, D : 2013, E : 2014, F : 2015, G : 2016, H : 2017, J : 2018, K : 2019, L : 2020, M : 2021, N :2022, P : 2023······
⑪ **U** : 공장 기호 – C : 전주공장, U : 울산공장, M : 인도공장, Z : 터키공장
⑫~⑰ **123456** : 차량 생산 일련 번호

② 기아 자동차 차대번호의 표기 부호-봉고 Ⅲ 1톤(2008)

K	N	C	S	E	0	1	4	2	8	K	1	2	3	4	5	6
①	②	③	④	⑤	⑥	⑦	⑧	⑨	⑩	⑪	⑫	⑬	⑭	⑮	⑯	⑰

제작 회사군 / 자동차 특성군 / 제작 일련 번호군

① **K** : 국제배정 국적표시 – K : 한국, J : 일본, 1 : 미국,
② **N** : 제작사를 나타내는 표시 – M : 현대, L : 대우, N : 기아, P : 쌍용 자동차
③ **C** : 자동차 종별 표시 – A : 승용차, C : 화물차, E : 전차종(유럽수출)
④ **S** : 자동차 등급 – S : 소형급, W : 중량급
⑤ **E** : 차종 – E : PU(1톤), F : PU(1.2톤)
⑥⑦ **01** : 바디타입 – •91 : 장축, 저상, 복륜, 싱글 캡, •93 : 장축, 저상, 복륜, 킹 캡, •96 : 장축, 저상, 복륜, 더블 캡, •01 : 초장축, 저상, 복륜, 싱글 캡, •03 : 초장축, 저상, 복륜, 킹 캡,
 •06 : 초장축, 저상, 복륜, 더블 캡, •21 : 초장축, 고상, 단륜, 싱글 캡, •23 : 초장축, 고상, 단륜, 킹 캡,
 •26 : 초장축, 고상, 단륜, 더블 캡, •24 : 초장축, 고상, 단륜, 3밴(판넬 밴), •25 : 초장축, 고상, 단륜, 3밴(글라스 밴), •28 : 초장축, 고상, 단륜, 6밴(판넬 밴), •29 : 초장축, 고상, 단륜, 6밴(글라스 밴),
⑧ **4** : 엔진 형식 – 4 : 디젤 J3(2.9)
⑨ **2** : 변속기 구분 – 2 : 수동변속기, 3 : 자동변속기, 5 : 수동(4륜구동)
⑩ **8** : 제작년도 – 알파벳 I, O, Q, U, Z와 숫자 0을 제외한 ABCDEFGHJKLMNPRSTVWXY와 123456789를 순서로 사용한다. 1 : 2001, 2 : 2002, 3 : 2003, 4 : 2004, 5 : 2005 ······ A : 2010, B : 2011, C : 2012, D : 2013, E : 2014, F : 2015, G : 2016, H : 2017, J : 2018, K : 2019, L : 2020, M : 2021, N :2022, P : 2023······
⑪ **K** : 공장 기호 – A : 화성(내수), S : 소하리(내수), K : 광주(내수), 6 : 소하리(수출)
⑫~⑰ **123456** : 차량 생산 일련 번호

자 동 차 등 록 증

제1996-000135호　　　　　　　　　　　　　　　　　　　　최초 등록일 : 2008년 11월 01일

① 자동차 등록 번호	92어 3859	② 차　　　종	소형화물자동차	③ 용도	자가용
④ 차　　　명	봉고 Ⅲ 1톤	⑤ 형식 및 년식	SEL 12F-HG7		2008
⑥ 차 대 번 호	KNCSE01428K123456	⑦ 원동기 형식	J3		
⑧ 사 용 본 거 지	경기도 양주시 광사동 313-4 신도 8차 아파트***동 ***호				
소유자 ⑨ 성명(명칭)	김광수	⑩ 주민(사업자) 등록번호	***117-*******		
소유자 ⑪ 주　　　소	경기도 양주시 광사동 313-4 신도 8차 아파트***동 -***호				

자동차 관리법 제8조등의 규정에 의하여 위와 같이 등록하였음을 증명합니다.

이것만은 꼭!!(※뒷면유의사항 필독)
- 법인 주소지(사용본거지), 상호변경 15일이내(최고 30만원)
- 정기검사:만료일 전·후 30일 이내(최고 30만원)
- 의무보험:만료이전가입(최고 10만원~100만원)
- 말소등록:폐차일로부터 1월이내(최고 50만원)
  위 사항을 위반시 과태료가 부과 되오니 주의바랍니다.

2008 년　11 월　01 일

양 주 시 장

---

1. 제원

⑫형식 승인번호	A01-1-00031-0775-3106		
⑬길　　이	5110mm	⑭너　　비	1740mm
⑮높　　이	1995mm	⑯총 중 량	2945kgf
⑰배 기 량	2902cc	⑱정 격 출 력	123/3800 ps
⑲승 차 정 원	3 명	⑳최대적재량	1000 kgf
㉑기 통 수	4기통	㉒연료의 종류	경유 (연비 10.5km/L)

2. 등록 번호판 교부 및 봉인

㉓구　분	㉔번호판교부일	㉕봉인일	㉖교부대행자확인
이전	2008-11-01	2008-11-01	

2. 저당권 등록

㉗구분(설정 또는 말소)	㉘일　　　자

※기타 저당권 등록의 내용은 자동차 등록원부를 열람확인 하시기 바랍니다.
※ 비고

4. 검사 유효기간

㉙연 월 일 부 터	㉚연 월 일 까 지	㉛검 사 시행장소	㉜주행 거리	㉝검사 책임자확인
2008-11-01	2009-10-31			
2009-11-01	2010-10-31			
중략				
2014-11-01	2015-10-31			
2015-11-01	2016-10-31			
2016-11-01	2017-10-31			
2017-11-01	2018-10-31			
2018-11-01	2019-10-31			
2019-11-01	2020-10-31			
2020-11-01	2021-10-31			
2021-11-01	2022-10-31			
2022-11-01	2023-10-31			

※주의사항: ㉙항 첫째란에는 신규 등록일을 기재합니다.

33331-00211비　　　　　　　　　　　210mm×297mm
96. 10. 4. 승인　　　　　　　　　　　(보존용지(1종) 120g/㎡)

3안 — 섀시 2: 수동변속기 입력축 엔드 플레이 점검

주어진 수동변속기에서 감독위원의 지시에 따라 입력축 엔드 플레이를 점검하여 기록·판정하시오.

1. 답안지 작성 방법 (입력축 엔드 플레이가 정상일 때)

섀시 2 : 시험 결과 기록표
자동차 번호 : ❽

Ⓐ 비번호 　　　Ⓑ 감독위원 확인

항목	① 측정(또는 점검)		② 판정 및 정비(또는 조치)사항		Ⓖ 득점
	Ⓒ 측정값	Ⓓ 규정(정비한계)값	Ⓔ 판정(□에 '✔' 표)	Ⓕ 정비 및 조치할 사항	
엔드 플레이	0.01mm	0.01~0.05mm	☑ 양호 □ 불량	정비 및 조치할 사항 없음	

※ 단위가 누락되거나 틀린 경우는 오답으로 채점함.

1) 비번호 : Ⓐ 비번호는 공단직원이 주는 등번호를 수검자가 기록한다.
2) 감독위원 확인 : Ⓑ 감독위원 확인란은 감독위원이 채점한 후에 도장을 찍는 부분으로 수검자는 기록하지 않는다.
3) ① 측정(또는 점검) : Ⓒ 측정값은 수검자가 입력축 엔드 플레이를 측정한 값 "0.01mm"를 기록하고, Ⓓ 규정(정비한계)값은 감독위원이 주어진 값이나 또는 정비지침서를 보고 "(0.01~0.05mm)"을 기록한다.(반드시 단위를 기록한다)
　㉮ 측정값 : 0.01mm 　㉯ 규정(정비한계)값 : 0.01~0.05mm

【 차종별 변속기 입력축 엔드 플레이 규정값(mm) 】

차 종	프런트 베어링 엔드 플레이	리어 베어링 엔드 플레이	엔드 플레이	비고
아반떼 XD(2005)-F4A42-1	0.01~0.12	0.01~0.09	0.01~0.05	
아반떼 HD(2010)-M5CF1	0~0.05L	0~0.05L	–	L : LOOSE FITTING
NF 소나타(2010)-M6GF2	–	–	0~0.05T	
모닝(2010)-M5EF2	–	–	0.05~0.17L	T : TIGHT FITTING
K5(2010)-M6GF2	–	–	0~0.05T	

4) ② 판정 및 정비(또는 조치)사항 : Ⓔ 판정은 수검자가 측정한 값과 규정(정비한계)값을 비교하여 범위 내에 있으면 양호, 벗어나면 불량에 ✔표시를 하며, Ⓕ 정비 및 조치할 사항 란에는 고장원인과 정비할 사항을 기록한다.
　㉮ 판정 : ·양호 – 규정(정비한계)값 범위 내에 있을 때　·불량 : 규정(정비한계)값을 벗어났을 때
　㉯ 정비 및 조치할 사항 : 양호하면 정비 및 조치할 사항 없음으로, 불량일 경우 교환&조정 부품과 정비방법을 기록한다.
5) 득점 : Ⓖ 득점은 감독위원이 채점을 하고 점수를 기록하는 부분으로 수검자는 기록하지 않는다.
6) 자동차 번호 : Ⓗ 측정하는 자동차 번호를 수검자가 기록한다.

2. 시험장에서는 ……

다이얼 게이지를 변속기 입력축에 평행하게 설치하여야 하며 일부이긴 하나 아주 설치를 하여 놓은 경우도 있다. 이것은 미숙련자가 잘못하여 게이지를 떨어트려 고장이 날 경우 시험 진행에 어려움을 사전에 방지하기 위함이다. 어느 시험장의 경우 플라스틱 게이지나 납을 준비하여 놓은 곳도 있다. 납은 플라스틱 게이지가 워낙 가격이 높아서 대용으로 쓰기 위함이다. 플라스틱 게이지는 넓어진 폭을 측정지에 대어 보면 간극을 알 수 있다. 납으로 측정하는 경우는 마이크로 메타로 납작해진 두께를 측정하면 된다.

3. 답안지 작성 방법 (변속기 입력축 유격이 많을 때)

섀시 2 : 시험 결과 기록표 자동차 번호 : ⓗ			Ⓐ 비번호		Ⓑ 감독위원 확 인	
항 목	① 측정(또는 점검)		② 판정 및 정비(또는 조치)사항		Ⓖ 득 점	
	Ⓒ 측 정 값	Ⓓ 규정(정비한계)값	Ⓔ 판정(□에 '✔' 표)	Ⓕ 정비 및 조치할 사항		
엔드 플레이	0.3mm	0.01~0.05mm	□ 양 호 ☑ 불 량	스페이서 두꺼운 것으로 교환 후 재 점검		

※ 단위가 누락되거나 틀린 경우는 오답으로 채점함.

1) ① 측정(또는 점검) : Ⓒ 측정값은 수검자가 입력축 엔드 플레이를 측정한 값 "0.3mm"를 기록하며, Ⓓ 규정(정비한계)값은 감독위원이 주어진 값 "0.01~0.05mm"를 기록한다.
2) ② 판정 및 정비(또는 조치)사항 : Ⓔ 판정은 수검자가 측정한 값이 규정(정비한계)값을 넘었으므로 판정에는 "불량"에 ✔ 표시를 하며, Ⓕ 정비 및 조치할 사항 란에는 스페이서가 마모된 것이므로 "스페이서 두꺼운 것으로 교환 후 재점검"을 기록하고 그 외 아래 내용 중에 하나일 것이다.
   ㉮ 입력축 엔드 플레이가 큰 원인
   • 스페이서 마모 – 스페이서 교환   • 볼 베어링의 마모 – 볼 베어링 교환

【 스페이서 규격(mm) 】

차 종	두께	식별 표시	차 종	두께	식별 표시
아반떼 XD(2005)-F4A42-1	2.15	주황	NF 소나타(2010)-M6GF2	2.15	15
	2.23	–		2.25	26
	2.31	황색		2.30	30
	2.39	적색		2.40	40

4. 답안지 작성 방법 (변속기 입력축 유격이 없을 때)

섀시 2 : 시험 결과 기록표 자동차 번호 : ⓗ			Ⓐ 비번호		Ⓑ 감독위원 확 인	
항 목	① 측정(또는 점검)		② 판정 및 정비(또는 조치)사항		Ⓖ 득 점	
	Ⓒ 측 정 값	Ⓓ 규정(정비한계)값	Ⓔ 판정(□에 '✔' 표)	Ⓕ 정비 및 조치할 사항		
엔드 플레이	0mm	0.01~0.05mm	□ 양 호 ☑ 불 량	스페이서 얇은 것으로 교환 후 재점검		

※ 단위가 누락되거나 틀린 경우는 오답으로 채점함.

1) ① 측정(또는 점검) : Ⓒ 측정값은 수검자가 입력축 엔드 플레이 측정한 값 "0mm"를 기록하며, Ⓓ 규정(정비한계)값은 감독위원이 주어진 값 "0.01~0.05mm"를 기록한다.
2) ② 판정 및 정비(또는 조치)사항 : Ⓔ 판정은 수검자가 측정한 값이 규정(정비한계)값보다 작으므로 판정에는 "불량"에 ✔ 표시를 하며, Ⓕ 정비 및 조치할 사항 란에는 "스페이서 얇은 것으로 교환 후 재점검"으로 기록한다.

5. 변속기 입력축 엔드 플레이 점검 그림

1. 트랜스 액슬 하우징 분리 모습

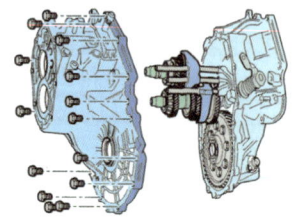

트랜스 액슬 하우징을 분해하여 입력축 어셈블리를 분해한다.

2. 베어링 레이스에 납 올려 논 모습

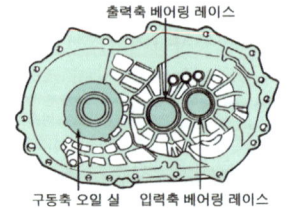

입력축 베어링 레이스에 납편을 올려놓고 다시 조립한다.

3. 분해 후 납편의 두께 측정 모습

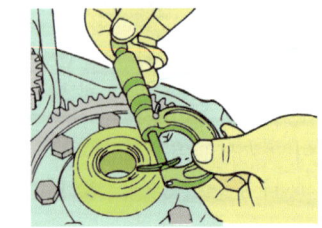

다시 분해, 입력축 어셈블리를 들어내고 납편의 두께를 측정한다.

섀시 4 전자제어 자세제어장치(VDC, ECS, TCS 등)자기진단

주어진 자동차에서 감독위원의 지시에 따라 진단기(스캐너)로 자세저어 장치(VDC, ECS, TCS 등)를 점검하고 기록·판정하시오.

1. 답안지 작성 방법 [차속 센서(VSS) 커넥터 탈거일 때]

섀시 4 : 시험 결과 기록표 자동차 번호 : Ⓗ			Ⓐ 비번호		Ⓑ 감독위원 확　인	
항　목	① 측정(또는 점검)		② 판정 및 정비(또는 조치)사항			Ⓖ 득　점
	Ⓒ 이상부위	Ⓓ 내용 및 상태	Ⓔ 판정(□에 '✔' 표)	Ⓕ 정비 및 조치할 사항		
전자제어 자세제어장치 자기진단	차속 센서(VSS)	커넥터 탈거	□ 양　호 ☑ 불　량	커넥터 연결, 과거기억 소거 후 재점검		

1) **비번호** : Ⓐ 비번호는 공단직원이 주는 등번호를 수검자가 기록한다.
2) **감독위원 확인** : Ⓑ 감독위원 확인란은 감독위원이 채점한 후에 도장을 찍는 부분으로 수검자는 기록하지 않는다.
3) **① 측정(또는 점검)** : Ⓒ 이상부위 란에는 수검자가 스캐너의 자기진단 화면 창에 나타난 이상부위인 "차속센서(VSS)"를 기록하고, Ⓓ 내용 및 상태 란에는 수검자가 점검한 이상 부위인 "커넥터 탈거"를 기록한다.
   ㉮ 이상 부위 : 차속센서(VSS)　　㉯ 내용 및 상태 : 커넥터 탈거
4) **② 판정 및 정비(또는 조치)사항** : Ⓔ 판정은 수검자가 자기진단에서 정상이 아니면 "불량"에 ✔ 표시를 하며, Ⓕ 정비 및 조치할 사항 란에는 "커넥터 연결, 과거기억 소거 후 재점검"을 기록한다.
   ㉮ 판정 : · 양호 : 자기진단에서 이상이 없을 때
   　　　　 · 불량 : 자기진단에서 이상이 있을 때
   ㉯ 정비 및 조치할 사항 : 고장부품과 조치할 사항으로 "커넥터 연결, 과거기억 소거 후 재점검"을 기록한다.
5) **득점** : Ⓖ 득점은 감독위원이 채점을 하고 점수를 기록하는 부분으로 수검자는 기록하지 않는다.
6) **자동차 번호** : Ⓗ란은 측정하는 자동차 번호를 수검자가 기록한다.

2. 시험장에서는 ……

　감독위원으로부터 답안지를 받은 후 측정용 차량에 진단기(스캐너)를 설치하고 점검을 한다. 역시 측정에서는 점화 스위치가 "ON" 상태이어야 하므로 계기판의 경고등(충전경고등, 오일 압력 경고등 등)에 불이 들어온 상태에서 측정을 한다. 물론 테스터기는 여러 가지가 있으며 시험장이나 감독위원의 의지에 따라 선택될 수가 있다. 그러나 수검자는 어떤 것을 사용해도 측정할 수 있는 능력을 책을 봐서라도 알아야 한다. 만약 "이 테스터기는 처음 보는 것인데요?" 하는 수검자가 있는데 합격권에서 멀어지는 것이 아닌가 싶다.

3. 답안지 작성 방법 (차속 센서(VSS) 과거기억 소거 불량 일 때)

샤시 4 : 시험 결과 기록표 자동차 번호 : ❶			Ⓐ 비번호		Ⓑ 감독위원 확　인	
항　목	① 측정(또는 점검)		② 판정 및 정비(또는 조치)사항			Ⓖ 득　점
	Ⓒ 이상부위	Ⓓ 내용 및 상태	Ⓔ 판정(□에 '✔'표)	Ⓕ 정비 및 조치할 사항		
전자제어 자세제어장치 자기진단	차속 센서(VSS)	과거기억 미소거	□ 양　호 ☑ 불　량	과거 기억소거 후 재점검		

1) ① 측정(또는 점검) : Ⓒ 이상부위 란에는 수검자가 스캐너의 자기진단 화면 창에 나타난 이상부위 "**차속센서 (VSS)**"를 기록하고, Ⓓ 내용 및 상태는 수검자가 점검한 이상부위인 "**과거기억 미소거**"를 기록한다.
2) ② 판정 및 정비(또는 조치)사항 : Ⓔ 판정은 수검자가 자기진단에서 정상이 아니므로 "**불량**"에 ✔ 표시를 하며, Ⓕ 정비 및 조치할 사항 란에는 "**과거 기억소거 후 재점검**"을 기록한다.

4. ECS 자기진단 그림

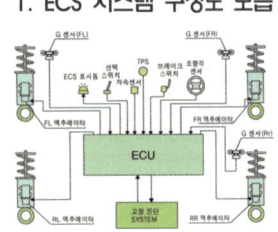

1. ECS 시스템 구성도 모습

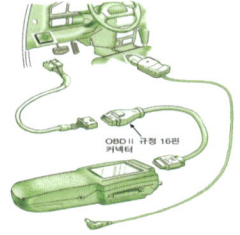

2. 자기진단기 설치 모습

3. ECS 경고등 모습

섀시 5 - 제동력 측정

주어진 자동차에서 감독위원의 지시에 따라 제동력을 측정하여 기록·판정하시오.

1. 답안지 작성 방법 (제동력이 정상일 때)

섀시 5 : 시험 결과 기록표
자동차 번호 : ❶

Ⓐ비 번호							Ⓑ감독위원 확 인	

① 측정(또는 점검)					② 판정 및 조치사항			Ⓗ득 점
Ⓒ항 목	구분	Ⓓ측정값	Ⓔ기준값		Ⓕ산출근거		Ⓖ판 정 (□에 '✔' 표)	
			편차	합	편차(%)	합(%)		
제동력 위치 (□에 '✔' 표) ☑ 앞 □ 뒤	좌	400kgf	8.0% 이내	50% 이상	편차 = $\dfrac{400-400}{1,113} \times 100$ = 0%	합 = $\dfrac{400+400}{1,113} \times 100$ = 71.87%	☑ 양 호 □ 불 량	
	우	400kgf						

※ 측정 위치는 감독위원의 지정하는 위치에 □에 '✔' 표시합니다.
※ 측정값의 단위는 시험장비 기준으로 작성합니다.
※ 자동차검사기준 및 방법에 의하여 기록, 판정합니다.
※ 산출근거에는 단위를 기록하지 않아도 됩니다.

1) **비번호** : Ⓐ 비번호는 공단직원이 주는 등번호를 수검자가 기록한다.
2) **감독위원 확인** : Ⓑ 감독위원 확인란은 감독위원이 채점한 후에 도장을 찍는 부분으로 수검자는 기록하지 않는다.
3) **① 측정(또는 점검)** : Ⓒ 항목의 제동력 위치 란에는 감독위원이 지정하는 축인 "앞"에 ✔ 표시를 하고, Ⓓ 측정 값 란은 수검자가 제동력을 측정한 값인 좌는 "400kgf", 우는 "400kgf"을 기록하며, Ⓔ 기준값의 제동력 편차인 "8.0% 이내"를, 합인 "50% 이상"을 기록한다.
   - ㉮ 측정값 : ·좌 - 400kgf ·우 - 400kgf   ㉯ 제동력 편차 : 8.0% 이내   ㉰ 제동력 합 : 50% 이상

【 차종별 중량 기준값 (기아) 】

차종 항목	OPTIMA REGAL			CREDOS				OPIRUS			
	2.0 LPG	2.0 DOHC	2.5 DOHC	1.8 DOHC		2.0 DOHC		2.7 V6	2.7 V6 LPI	3.3 V6	3.8 V6
배기량(CC)	1,975	1997	2,493	1,793	1,793	1,998	1,998	2,656	2,656	3,342	3,778
공차중량(kgf)	1,425	1,485	1,495	1,230	1,230	1,270	1,270	1,855	1,705	1,695	1,700
변속방식	M/T	A/T	A/T	M/T	A/T	M/T	A/T	A/T 6	A/T 6	A/T 6	A/T 6
연비(km/L)	9.2	9.4	8.8	12.8	12.8	12.6	12.6	10.6	8.4	10.1	9.6
에너지 등급	4	4	3	2	2	2	2	3	4	4	4

4) **② 판정 및 조치사항** : Ⓕ 산출근거 및 제동력은 공식에 대입하여 산출하는 계산식인 편차 "편차 = $\dfrac{400-400}{1,113} \times 100 = 0\%$"을, 합 "합 = $\dfrac{400+400}{1,113} \times 100 = 71.87\%$" 기록하며, Ⓖ 판정은 측정한 값과 기준값을 비교하여 범위안에 있으므로 "양호"에 ✔ 표시를 한다. (전축중은 오피러스 2.7 V6 60% 인 1,855×0.6=1,113kgf 으로 임의 설정함)

㉮ 편차 : $\dfrac{\text{좌·우제동력의 편차}}{\text{해당 축중}} \times 100 = \dfrac{400-400}{1,113} \times 100 = 0\%$

㉯ 합 : $\dfrac{\text{좌·우제동력의 합}}{\text{해당 축중}} \times 100 = \dfrac{400+400}{1,113} \times 100 = 71.87\%$

㉰ 판정 : 제동력의 차와 제동력의 합이 기준값 범위에 있으므로 "양호"에 ✔ 표시를 한다.

5) **득점** : Ⓗ 득점은 감독위원이 채점을 하고 점수를 기록하는 부분으로 수검자는 기록하지 않는다.
6) **자동차 번호** : ❶ 측정하는 자동차 번호를 수검자가 기록한다.

2. 시험장에서는 ……

제동력 테스터기는 구형인 지침식을 보유하고 있는 시험장과 신형인 ABS COMBI를 보유하고 있는 곳이 있으나 수검자는 어느 것이나 측정할 수 있는 능력을 보유하여야 한다. 보유하고 있는 테스터기로 측정법을 숙지하는 것은 물론 다른 테스터기의 사용법도 책 등을 이용하여 습득하여야 한다. 감독위원으로부터 답안지를 받고 제동력 테스터기 앞에 서면 보조원이 기다리고 있다. 보조원은 대부분 그곳의 학생으로 자격증 취득자이거나 테스터기를 능수능란하게 다룰 수 있는 학생이다. 보조원은 운전석에 앉아서 수검자가 지시를 내려 주기만을 기다리고 있다.

수검자는 테스터기를 세팅하고 보조원에게 차량을 진입하도록 지시하고 리프트를 하강시키면 롤러가 회전한다. 보조원에게 "브레이크 밟으세요." 하고 지침이 최대로 올랐을 때 푸시 버튼을 눌러 눈금을 읽는다. 주어진 축중과 좌우 측정값을 기록하고 리프트를 올린 후 계산하여 답안지를 작성하여 제출한다.

3. 답안지 작성 방법 (제동력의 편차는 정상이나 합이 기준값에 미달일 때)

섀시 5 : 시험 결과 기록표
자동차 번호 : ❶ | Ⓐ비 번호 | | Ⓑ감독위원 확인 |

Ⓒ항 목	구분	Ⓓ측정값	Ⓔ기준값		Ⓕ산출근거		Ⓖ판 정 (□에 '✔' 표)	Ⓗ득 점
			편차	합	편차(%)	합(%)		
제동력 위치 (□에 '✔' 표) ☑ 앞 □ 뒤	좌	230kg	8.0% 이내	50% 이상	편차 = $\frac{230-160}{1,113} \times 100$ = 6.28%	합 = $\frac{230+160}{1,113} \times 100$ = 35.04%	□ 양 호 ☑ 불 량	
	우	160kgf						

1) ① 측정(또는 점검) : Ⓒ 항목의 제동력 위치 란에는 감독위원이 지정하는 축인 "앞"에 ✔ 표시를 하고, Ⓓ 측정값 란은 수검자가 제동력을 측정한 값이 좌는 "230kgf"를, 우는 "160kgf"을 기록하며, Ⓔ 기준값은 제동력 편차인 "8.0% 이내"를, 합인 "50% 이상"을 기록한다.
    ㉮ 측정값 : ・좌 – 230kgf ・우 – 160kgf   ㉯ 제동력 편차 : 8.0% 이내   ㉰ 제동력 합 : 50% 이상

2) ② 판정 및 조치사항 : Ⓕ 산출근거 및 제동력은 공식에 대입하여 산출하는 계산식인 편차 "편차 = $\frac{230-160}{1,113} \times 100 = 6.28\%$"을, 합 "합 = $\frac{230+160}{1,113} \times 100 = 35.04\%$" 기록하며, Ⓖ 판정은 측정한 값과 기준값을 비교하여 편차는 범위 안에 있으나 합이 미달이므로 "불량"에 ✔ 표시를 한다. (전축중은 오피러스 2.7 V6 60%인 1,855×0.6=1,113kgf 으로 임의 설정함)
    ㉮ 편차 : $\frac{좌, 우제동력의 편차}{해당 축중} \times 100 = \frac{230-160}{1,113} \times 100 = 6.28\%$ ㉯ 합 : $\frac{좌, 우제동력의 합}{해당 축중} \times 100 = \frac{230+160}{1,113} \times 100 = 35.04\%$
    ㉰ 판정 : 제동력의 편차는 기준값 범위에 있으나 제동력의 합이 벗어나므로 "불량"에 ✔ 표시를 한다.

4. 답안지 작성 방법 (제동력의 합은 정상이나 와 편차가 기준값 미달일 때)

섀시 5 : 시험 결과 기록표
자동차 번호 : ❶ | Ⓐ비 번호 | | Ⓑ감독위원 확인 |

Ⓒ항 목	구분	Ⓓ측정값	Ⓔ기준값		Ⓕ산출근거		Ⓖ판 정 (□에 '✔' 표)	Ⓗ득 점
			편차	합	편차(%)	합(%)		
제동력 위치 (□에 '✔' 표) ☑ 앞 □ 뒤	좌	280kg	8.0% 이내	50% 이상	편차 = $\frac{420-280}{1,113} \times 100$ = 12.57%	합 = $\frac{420+280}{1,113} \times 100$ = 62.89%	□ 양 호 ☑ 불 량	
	우	440kgf						

1) Ⓒ 항목의 제동력 위치 란에는 감독위원이 지정하는 축인 "앞"에 ✔ 표시를 하고, Ⓓ 측정값 란은 수검자가 제동력을 측정한 값인 좌는 "280kgf"를, 우는 "440kgf"을 기록하며, Ⓔ 기준값은 제동력 편차인 "8.0% 이내"를, 합인 "50% 이상"을 기록한다.
    ㉮ 측정값 : ・좌 – 280kgf ・우 – 440kgf   ㉯ 제동력 편차 : 8.0% 이내   ㉰ 제동력 합 : 50% 이상

2) ② 판정 및 조치사항 : Ⓕ 산출근거 및 제동력은 공식에 대입하여 산출하는 계산식인 편차 "편차 = $\frac{420-280}{1,113} \times 100 = 12.57\%$"을, 합 "합 = $\frac{420+280}{1,113} \times 100 = 62.89\%$" 기록하며, Ⓖ 판정은 측정한 값과 기준값을 비교하여 합은 범위 안에 있으나 편차가 미달이므로 "불량"에 ✔ 표시를 한다. (전축중은 오피러스 2.7 V6 60%인 1,855×0.6=1,113kgf 으로 임의 설정함)
    ㉮ 편차 : $\frac{좌, 우제동력의 편차}{해당 축중} \times 100 = \frac{420-280}{1,113} \times 100 = 12.57\%$
    ㉯ 합 : $\frac{좌, 우제동력의 합}{해당 축중} \times 100 = \frac{420+280}{1,113} \times 100 = 62.89\%$
    ㉰ 판정 : 제동력의 합은 기준값 범위에 있으나 편차가 기준값을 벗어나므로 "불량"에 ✔ 표시를 한다.

전기 2 발전기 충전전류, 충전전압 점검

주어진 자동차의 발전기에서 감독위원의 지시에 따라 충전되는 전류와 전압을 점검하여 확인사항을 기록·판정하시오.

1. 답안지 작성 방법 (발전기 충전 전압과 충전 전류가 정상일 때)

전기 2 : 시험 결과 기록표
자동차 번호 : ❶

항 목	① 측정(또는 점검)		② 판정 및 정비(또는 조치)사항		❻ 득 점
	❸ 측 정 값	❹ 규정(정비한계)값	❺ 판정(□에 '✔'표)	❻ 정비 및 조치할 사항	
			❷ 비번호		
			❸ 감독위원 확 인		
충전 전류	20A		✔ 양 호 □ 불 량	정비 및 조치할 사항 없음	
충전 전압	13.9V	13.8~14.8V			

※ 측정(조건)은 감독위원의 지시에 따라 측정함
※ 단위가 누락되거나 틀린 경우는 오답으로 채점함.

1) **비번호** : ❷ 비번호는 공단직원이 주는 등번호를 수검자가 기록한다.
2) **감독위원 확인** : ❸ 감독위원 확인란은 감독위원이 채점한 후에 도장을 찍는 부분으로 수검자는 기록하지 않는다.
3) **① 측정(또는 점검)** : ❸ 측정값은 수검자가 측정한 충전전류 "20A", 충전전압 "13.9V" 측정한 값을 기록하고 ❹ 규정(정비한계)값은 감독위원이 주어진 충전 "13.8~14.9V"을 기록한다.
   - ㉮ 측정값 : ·충전 전류 - 20A   ·충전 전압 - 13.9V
   - ㉯ 규정(정비한계)값 : 충전 전압 : 13.8~14.8V

【 차종별 정격전류, 정격 출력 규정값 (정격 전류의 70% 이상이면 정상이다.) 】

차 종	정격전류	정격출력	회전수(rpm)	차 종	정격전류	전격출력	회전수(rpm)
아반떼XD(2006)	90A	13.5V	6,000	K5(2011)	110A	13.5V	1,000~18,000
아반떼HD(2010)	90A	13.5V	1,000~18,000	모닝(2010)	70A	13.5V	1,000~18,000
NF 소나타(2010)	110A	13.5V	1,000~18,000	K3(2013)	110A	13.5V	1,000~18,000
EF 소나타	95A	13.5V	1,000~18,000	스포티지(2010)	120A	12V	5,900~12,000
그랜저TG(2010)	110A	12V	1,000~18,000	싼타페(2012)	150A	13.5V	1,000~18,000

※ 참고 : • 완전 충전된 배터리일 경우 충전전류는 사용하는 전류값이 발생되므로 약 20A 내외가 발생된다.
• 규정상 2,500rpm에서 측정 하여야 하나 안전을 위하여 아이들 상태에서 측정할 경우가 많다.

4) **② 판정 및 정비(또는 조치)사항** : ❺ 판정은 수검자가 측정한 값이 규정(정비한계)값을 비교하여 범위 내에 있으니 "양호"에 ✔표시를 하며, ❻ 정비 및 조치할 사항 란에는 양호하면 정비 및 조치할 사항 없음으로, 불량일 때는 고장부품의 정비 방법을 기록한다.
   - ㉮ 판정 : • 양호 : 충전 전압 - 규정(정비한계)값의 범위에 있을 때
     - • 불량 : 충전 전압 - 규정(정비한계)값의 범위를 벗어났을 때
   - ㉯ 정비 및 조치할 사항 : 정비 및 조치할 사항 없음을 기록한다.
5) **득점** : ❻ 득점은 감독위원이 채점을 하고 점수를 기록하는 부분으로 수검자는 기록하지 않는다.
6) **자동차 번호** : ❶ 측정하는 자동차의 번호를 수검자가 기록한다.

2. 시험장에서는 ……

그동안에는 벤치 테스터를 이용한 시뮬레이터 측정이 주류를 이루고 있었으나 근래에는 클램프 미터를 이용하여 측정하는 것이 더욱 정확하고 안전하기 때문에 실차를 이용하고 있는 시험장이 증가하고 있다. 또한 산업기사 이상에서는 종합 테스터기인 Hi-DS로 측정하는 빈도가 많아지고 있다. 클램프 미터를 발전기 출력단자("B"단자)에 연결된 배선에 훅을 걸어 측정을 한다. 답안지 작성시에는 신품 용량값을 발전기 보디에 부착되어 있는 규정값을 기입한다. 일부 시험장에서는 그 옆에 발전기를 별도로 배치하여 놓은 곳도 있다. 설치되어 있는 발전기의 규격을 찾아보기 어렵기 때문이다. 충전 전류는 배터리가 완전히 방전된 상태에서 정격 충전 전류가 나오고 충전된 상태에서는 현재 사용하고 있는 전기량만큼 전류가 흐르므로 아주 작은 값이다(약 20~30A 정도).

3. 답안지 작성 방법 (발전기 충전 전압이 규정값 이하일 때)

전기 2 : 시험 결과 기록표
자동차 번호 : ⓗ

항 목	① 측정(또는 점검)		② 판정 및 정비(또는 조치)사항		Ⓖ 득 점
	Ⓒ 측 정 값	Ⓓ 규정(정비한계)값	Ⓔ 판정(□에 '✔'표)	Ⓕ 정비 및 조치할 사항	
충전 전류	5A		□ 양 호 ☑ 불 량	발전기 교환 후 재점검	
충전 전압	7.6V	13.9~14.9V			

Ⓐ 비번호 　　　Ⓑ 감독위원 확 인

※ 측정(조건)은 감독위원의 지시에 따라 측정함
※ 단위가 누락되거나 틀린 경우는 오답으로 채점함.

1) ① **측정(또는 점검)** : Ⓒ 측정값은 수검자가 멀티&훅 메터를 이용하여 측정한 값인 충전 전류 "5A"을, 충전 전압 "7.6V"를 기록하며, Ⓓ 규정(정비한계)값은 감독위원이 주어진 충전 전압 "13.9~14.9V"을 기록한다.
2) ② **판정 및 정비(또는 조치)사항** : Ⓔ 판정은 측정값이 규정(정비한계)값보다 낮으므로 "불량"에 ✔ 표시를 하며, Ⓕ 정비 및 조치할 사항은 "발전기 교환 후 재점검"으로 기록하고 그 외 고장은 아래 중에 하나일 것이다.
   ◆ 충전전류와 충전전압이 규정값 보다 작은 원인 : ·와이어링 접속부의 느슨해짐 – 느슨해진 부분 재조임
   ·팬벨트가 느슨하거나 헐거움 – 팬벨트의 장력조정　　·슬립링과 브러시의 접촉 불량 – 브러시 교환
   ·배터리 수명이 다됨 – 배터리 교환　　　　　　　　·스테이터 코일의 단락 – 스테이터 코일 교환
   ·로터 코일의 단락 – 로터 코일 교환　　　　　　　　·전압 레귤레이터 불량 – 전압 레귤레이터 교환
   ·정류기 불량 – 정류기 교환

4. 답안지 작성 방법 (발전기 충전 전압과 충전 전류가 없을 때)

전기 2 : 시험 결과 기록표
자동차 번호 : ⓗ

항 목	① 측정(또는 점검)		② 판정 및 정비(또는 조치)사항		Ⓖ 득 점
	Ⓒ 측 정 값	Ⓓ 규정(정비한계)값	Ⓔ 판정(□에 '✔'표)	Ⓕ 정비 및 조치할 사항	
충전 전류	0A		□ 양 호 ☑ 불 량	발전기 교환 후 재점검	
충전 전압	0V	13.8~14.8V			

Ⓐ 비번호 　　　Ⓑ 감독위원 확 인

※ 측정(조건)은 감독위원의 지시에 따라 측정함
※ 단위가 누락되거나 틀린 경우는 오답으로 채점함.

1) ① **측정(또는 점검)** : Ⓒ 측정값은 수검자가 머리&훅 메터를 이용하여 측정한 값인 충전 전류 "0A"을, 충전 전압 "0V"를 기록하며, Ⓓ 규정(정비한계)값은 감독위원이 주어진 충전 전압 "13.8~14.8V"를 기록한다.
2) ② **판정 및 정비(또는 조치)사항** : Ⓔ 판정은 측정한 값이 규정(정비한계)값보다 낮으므로 "불량"에 ✔ 표시를 하며, Ⓕ 정비 및 조치할 사항은 "발전기 교환 후 재점검"으로 기록하고 그 외 고장은 아래 중에 하나일 것이다.
   ◆ 충전전류와 충전전압이 안나오는 원인 : ·발전기 B 단자 단락 – 절연체 교환
   ·팬벨트의 단선 – 팬벨트 장착　　　　　　　　·퓨즈블 링크의 단선 – 퓨즈블 링크 교환
   ·커넥터 연결부의 탈거(R,L) – 커넥터 연결　　·스테이터 코일의 단선 – 발전기 교환
   ·로터 코일의 단선 – 발전기 교환　　　　　　·전압 레귤레이터 불량 – 발전기 교환
   ·로터 코일의 단락 – 발전기 교환　　·퓨즈의 단선 – 퓨즈 교환　　·다이오드의 단락 – 다이오드 교환

5. 충전 전류, 충전 전압 점검 현장사진

1. 멀티메타 & 훅 메터 준비된 모습　　2. 훅 메터로 전류 측정 모습　　3. 전압 테스트 리드를 B 단자에 댄 모습

전기 3 와이퍼 회로 점검

주어진 자동차에서 와이퍼 회로의 고장부분을 점검한 후 기록·판정하시오.

1. 답안지 작성 방법 (와이퍼가 작동하지 않을 때)

전기 3 : 시험 결과 기록표 자동차 번호 : ⓗ		Ⓐ 비번호		Ⓑ 감독위원 확 인	
항 목	① 측정(또는 점검)		② 판정 및 정비(또는 조치)사항		Ⓖ 득 점
	Ⓒ 이상 부위	Ⓓ 내용 및 상태	Ⓔ 판정(□에 '✔'표)	Ⓕ 정비 및 조치할 사항	
와이퍼 회로	와이퍼 퓨즈	단선	□ 양 호 ✔ 불 량	와이퍼 퓨즈 교환 후 재점검	

1) **비번호** : Ⓐ 비번호는 공단직원이 주는 자기 등번호를 수검자가 기록한다.
2) **감독위원 확인** : Ⓑ 감독위원 확인란은 감독위원이 채점한 후에 도장을 찍는 부분으로 수검자는 기록하지 않는다.
3) **① 측정(또는 점검)** : Ⓒ 이상 부위는 수검자가 와이퍼가 작동되지 않는 이유 중 고장 난 부품 명칭인 "와이퍼 퓨즈"를 기록하고, Ⓓ 내용 및 상태는 이상인 "단선"을 기록한다.
4) **② 판정 및 정비(또는 조치)사항** : Ⓔ 판정은 "불량"에 ✔ 표시를 하고 Ⓕ 정비 및 조치할 사항 란에는 "와이퍼 퓨즈 교환 후 재점검"으로 기록하고 그 외 고장은 아래 중에 하나일 것이다.
   ◆ 와이퍼가 작동하지 않는 원인
   · 배터리 불량 – 배터리 교환   · 배터리 터미널 연결 상태 불량 – 배터리 터미널 재장착
   · 와이퍼 퓨즈의 탈거 – 와이퍼 퓨즈 장착   · 와이퍼 퓨즈의 단선 – 와이퍼 퓨즈 교환
   · 와이퍼 릴레이 탈거 – 와이퍼 릴레이 장착   · 와이퍼 릴레이 **불량** – 와이퍼 릴레이 교환
   · 와이퍼 릴레이 핀 부러짐 – 와이퍼 릴레이 교환   · 와이퍼 모터 불량 – 와이퍼 모터 교환
   · 와이퍼 모터 커넥터 탈거 – 와이퍼 모터 커넥터 장착   · 와이퍼 스위치 불량 – 와이퍼 스위치 교환
   · 와이퍼 스위치 커넥터 탈거 – 와이퍼 스위치 커넥터 장착
   · 와이퍼 모터 커넥터 불량 – 와이퍼 모터 커넥터 불량
   · 와이퍼 스위치 커넥터 불량 – 와이퍼 스위치 커넥터 교환
5) **득점** : Ⓖ 득점은 감독위원이 채점을 하고 점수를 기록하는 부분으로 수검자는 기록하지 않는다.
6) **자동차 번호** : ⓗ 측정하는 자동차 번호를 수검자가 기록한다.

2. 답안지 작성 방법 (와이퍼 모터는 회전하나 블레이드가 작동하지 않을 때)

전기 3 : 시험 결과 기록표 자동차 번호 : ⓗ		Ⓐ 비번호		Ⓑ 감독위원 확 인	
항 목	① 측정(또는 점검)		② 판정 및 정비(또는 조치)사항		Ⓖ 득 점
	Ⓒ 이상 부위	Ⓓ 내용 및 상태	Ⓔ 판정(□에 '✔'표)	Ⓕ 정비 및 조치할 사항	
와이퍼 회로	와이퍼 모터 링키지	링키지 이탈	□ 양 호 ✔ 불 량	와이퍼 모터 링키지 장착 후 재점검	

1) **① 측정(또는 점검)** : Ⓒ 이상 부위는 수검자가 모터는 회전하나 블레이드만 작동되지 않는 이유 중 고장 난 부품 명칭인 "와이퍼 모터 링키지"을 기록하고, Ⓓ 내용 및 상태는 이상 상태인 "링키지 이탈"을 서술한다.
2) **② 판정 및 정비(또는 조치)사항** : Ⓔ 판정은 "불량"에 ✔ 표시를 하고 Ⓕ 정비 및 조치할 사항 란에는 "와이퍼 모터 링키지 장착 후 재점검"으로 기록하고 그 외 고장은 아래 중에 하나일 것이다.
   ◆ 와이퍼 모터는 회전하나 블레이드가 작동하지 않는 원인
   · 와이퍼 모터 링키지 이탈 – 와이퍼 모터 링키지 장착   · 와이퍼 모터 링키지 절손 – 와이퍼 모터 링키지 교환
   · 와이퍼 암 설치 볼트 이완 – 와이퍼 암 설치볼트 재장착   · 와이퍼 암 세레이션 마모 – 와이퍼 암 교환
   · 와이퍼 링키지 어셈블리 암 설치부 세레이션 마모 – 와이퍼 링키지 어셈블리 교환

3. 답안지 작성 방법 (와이퍼 스위치를 OFF 시켜도 작동이 멈추지 않을 때)

전기 3 : 시험 결과 기록표
자동차 번호 : ⓗ   ⓐ 비번호   ⓑ 감독위원 확 인

항 목	① 측정(또는 점검)		② 판정 및 정비(또는 조치)사항		ⓖ 득 점
	ⓒ 이상 부위	ⓓ 내용 및 상태	ⓔ 판정(□에 '✔'표)	ⓕ 정비 및 조치할 사항	
와이퍼 회로	와이퍼 모터	불량	□ 양 호 ☑ 불 량	와이퍼 모터 교환 후 재점검	

1) ① 측정(또는 점검) : ⓒ 이상 부위는 수검자가 와이퍼 작동이 중지되지 않는 이유 중 고장 난 부품 명칭인 "와이퍼 모터"을 기록하고, ⓓ 내용 및 상태는 고장 내용인 "불량"을 기록한다.
2) ② 판정 및 정비(또는 조치)사항 : ⓔ 판정은 "불량"에 ✔ 표시를 하고 ⓕ 정비 및 조치할 사항 란에는 "와이퍼 모터 교환 후 재점검"으로 기록하고 그 외 고장은 아래 중에 하나일 것이다.
   ◆ 와이퍼 스위치 OFF 상태에서 작동이 정지하지 않는 원인
   ・와이퍼 스위치 불량 – 와이퍼 스위치 교환   ・와이퍼 모터 불량 – 와이퍼 모터 교환
   ・와이퍼 관련 ETACS 불량 – ETACS ECU 교환   ・와이퍼 릴레이 불량 – 와이퍼 릴레이 교환

4. 답안지 작성 방법 (와이퍼 블레이드는 작동하여도 와셔가 분출되지 않을 때)

전기 3 : 시험 결과 기록표
자동차 번호 : ⓗ   ⓐ 비번호   ⓑ 감독위원 확 인

항 목	① 측정(또는 점검)		② 판정 및 정비(또는 조치)사항		ⓖ 득 점
	ⓒ 이상 부위	ⓓ 내용 및 상태	ⓔ 판정(□에 '✔'표)	ⓕ 정비 및 조치할 사항	
와이퍼 회로	와셔 모터 커넥터	탈거	□ 양 호 ☑ 불 량	와셔 모터 커넥터 연결 후 재점검	

1) ① 측정(또는 점검) : ⓒ 이상 부위는 수검자가 와셔가 분출되지 않는 이유 중 고장 난 부품 명칭인 "와셔 모터 커넥터"를 기록하고, ⓓ 내용 및 상태는 고장 내용인 "탈거"를 기록한다.
2) ② 판정 및 정비(또는 조치)사항 : ⓔ 판정은 "불량"에 ✔ 표시를 하고 ⓕ 정비 및 조치할 사항 란에는 "와셔 모터 커넥터 연결 후 재점검"으로 기록하고 그 외 고장은 아래 중에 하나일 것이다.
   ◆ 와이퍼 블레이드는 작동하나 와셔가 분출되지 않는 원인 :   ・와셔 노즐 막힘 – 와셔 노즐 청소
   ・와셔 퓨즈의 단선 – 와셔 퓨즈 교환   ・와셔 모터 불량 – 와셔 모터 교환
   ・와셔 모터 커넥터 탈거 – 와셔 모터 커넥터 장착   ・와셔 액 호스의 이탈 – 와셔 액 호스 장착

5. 시험장에서는 ……

실제 차량을 사용할 때도 있고 시뮬레이터를 사용할 경우도 있지만 모든 시험 문제가 그렇듯이 실제 차량 위주로 시험을 보는 추세이다. 측정 차량 옆에나 앞 유리에 "와이퍼 회로 점검"이라는 글씨가 보인다. 운전석에서 와이퍼 스위치를 작동시켜 보면 당연히 작동이 되지 않을 것이다.

전면 유리에 물이 묻어 있으면 와이퍼의 작동이 원활하나 메마른 상태에서 와이퍼를 움직이면 블레이드에서 "드르륵"거리는 소리가 나고 블레이드 및 링키지 등이 고장 날수 있다. 이 때문에 시험장에서는 와이퍼를 들어 올려놓고 작동 점검을 하도록 하고 있다.

작동이 되지 않는 원인을 찾아야 한다. "배터리는 정상이며, 터미널 커넥터의 연결은 확실하게 되었는지?", "와이퍼 퓨즈는 정상인가?", "릴레이는 정상인가?", "다기능 스위치 커넥터는 빠져 있지 않나?", "와이퍼 모터에 커넥터는 정상적으로 연결되어 있나?", "와이퍼 모터의 고장이 아닌가?" 등을 점검하다 보면 분명히 감독위원이 고장을 내놓은 곳을 찾을 수 있을 것이다. 정상으로 수리하여 와이퍼 모터를 작동시켜 놓고 감독 위원에게 확인을 받는다.

 **전기 4 전조등 광도측정**

주어진 자동차에서 좌 또는 우측의 전조등 광도를 측정하고 기록·판정하시오.

1. 답안지 작성 방법 (광도가 정상일 때)

전기 4 : 시험 결과 기록표

자동차 번호 : ⓗ   Ⓐ 비번호 :   Ⓑ 감독위원 확인 :

Ⓒ 구분	측정 항목	Ⓓ 측정값	Ⓔ 기준값	Ⓕ 판정(□에 '✔'표)	Ⓖ 득점
□에 '✔' 표 위치: □ 좌 ☑ 우	광 도	16,000cd	3,000cd 이상	☑ 양 호 □ 불 량	

※ 측정 위치는 감독위원의 지정하는 위치에 □에 '✔' 표시함
※ 자동차검사기준 및 방법에 의하여 기록, 판정한다.

1) 비번호 : Ⓐ 비번호는 공단직원이 주는 등번호를 수검자가 기록한다.
2) 감독위원 확인 : Ⓑ 감독위원 확인란은 감독위원이 채점한 후에 도장을 찍는 부분으로 수검자는 기록하지 않는다.
3) ① 측정(또는 점검) : Ⓒ 구분란은 감독위원이 지정한 위치인 "우"에 ✔ 표시를 한다. Ⓓ 측정항목은 감독위원이 지정한 "광도"를 기록하며, Ⓔ 측정값은 수검자가 측정한 광도 "16,000cd"를 기록하며, Ⓕ기준값은 수검자가 검사 기준값인 "3,000cd 이상"을 기록한다. (반드시 단위를 기입한다)
    ㉮ 구 분 : ·위치 – □ 좌 ☑ 우
    ㉯ 측정값 : 측정 광도 – 16,000cd
    ㉰ 기준값 : ·3,000cd 이상
    [전조등 광도 기준값]
    • 변환빔의 광도는 3,000cd 이상일 것

4) ② 판정 : Ⓖ 판정은 수검자가 측정한 값과 기준값을 비교하여 범위 내에 있으면 양호, 벗어나면 불량에 ✔ 표시를 한다.
    ㉮ 판정 : ·양호 : 기준값의 범위(3,000cd 이상)에 있을 때
           ·불량 : 기준값의 범위(3,000cd 미만)를 벗어났을 때
5) 득점 : ⓗ 득점은 감독위원이 채점을 하고 점수를 기록하는 부분으로 수검자는 기록하지 않는다.
6) 자동차 번호 : Ⓘ 측정하는 자동차 번호를 수검자가 기록한다.

2. 시험장에서는 ……

헤드라이트의 광도와 광축 측정은 엔진의 시동을 걸고 측정하여야 옳으나 시험장에서는 안전을 위하여 엔진이 정지된 상태에서 측정하는 경우가 많다. 감독위원이 좌측이나 우측을 지정하여 주는 곳을 측정하는데 좌, 우는 운전석에 앉아서 좌측과 우측임을 잊지 말아야 한다. 측정하기 전에 조건이(타이어의 공기압, 배터리 성능, 바닥의 수평 상태 등) 맞는지 확인하고 헤드라이트의 유리를 깨끗한 걸레로 닦아서 측정값이 정확하게 나오도록 하여야 한다. 측정은 상향등 상태에서 측정하여야 하며, 차량은 공회전(단, 광도 측정시 2,000rpm), 공차 상태, 운전자 1인 승차하여 측정하여야 한다. 보조원이 운전석에 앉아서 라이트를 조작하여 주는 경우도 있으나 대부분은 운전자가 탑승하지 않은 상태에서 측정한다. 근래에 생산된 차량은 헤드라이트 조작이 키 스위치를 넣어야지만 가능하도록 되어 있으므로 참고 하기 바란다.

3. 답안지 작성 방법 (광도가 불량일 때)

전기 4 : 시험 결과 기록표
자동차 번호 : ❶

Ⓐ비 번호		Ⓑ감독위원 확 인	

① 측정(또는 점검)				② 판정	Ⓗ득 점
Ⓒ구분	Ⓓ측정 항목	Ⓔ측정값	Ⓕ 기준값	Ⓖ판정(□에 '✔' 표)	
□에 '✔' 표 위치 : □ 좌 ☑ 우	광 도	2,000cd	3,000cd 이상	□ 양 호 ☑ 불 량	

※ 측정 위치는 감독위원의 지정하는 위치에 □에 '✔' 표시함.
※ 자동차검사기준 및 방법에 의하여 기록, 판정한다.

1) ① 측정(또는 점검) : Ⓒ 구분란은 감독위원이 지정한 위치인 "우"에 ✔ 표시를 한다. Ⓓ 측정항목은 감독위원이 지정한 "광도"를 기록하며, Ⓔ 측정값은 수검자가 측정한 광도 "2,000cd"를 기록하며, Ⓕ기준값은 수검자가 검사 기준값인 "3,000cd 이상"을 기록한다.(반드시 단위를 기입한다)
   ㉮ 구 분 : · 위치 – □ 좌 ☑ 우
   ㉯ 측정값 : 측정 광도 – 2,000cd
   ㉰ 기준값 : 3,000cd 이상

2) ② 판정 : Ⓖ 판정은 수검자가 측정한 값과 기준값을 비교하여 범위 내에 있으면 양호, 벗어나면 불량에 ✔ 표시를 한다.
   ㉮ 판정 : · 양호 : 기준값의 범위(3,000cd 이상)에 있을 때
            · 불량 : 기준값의 범위(3,000cd 미만)를 벗어났을 때
   ◆ 헤드라이트 광도 낮은 원인 :
     · 헤드라이트 반사경의 불량 – 헤드라이트 어셈블리 교환
     · 헤드라이트 전구의 불량 – 교환
     · 배터리의 방전 – 충전 또는 교환

4. 전조등 점검 현장 사진

1. 시뮬레이터로 측정 준비된 모습

실제 차량으로 전조등 시험을 하는 경우도 있지만 시뮬레이터를 이용한 방법도 있다.

2. 집광식 테스터기 설치 모습

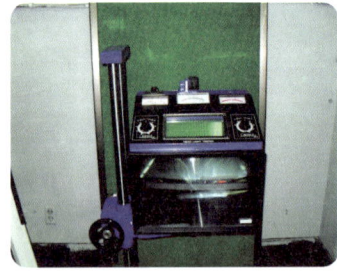

집광식 헤드라이트 테스터기 설치모습 이다.

3. 헤드라이트 높이 측정 눈금 모습

기둥에 옆면에 높이를 표시하는 눈금이 있어서 헤드라이트의 높이를 측정한다.

엔진 1 캠축의 캠 높이 점검

주어진 DOHC 가솔린 엔진에서 캠축과 타이밍 벨트를 탈거(감독위원에게 확인)하고 감독위원의 지시에 따라 기록표의 내용대로 기록·판정한 후 다시 조립하시오.

1. 답안지 작성 방법 (캠 높이 기준 정상일 때)

엔진 1 : 시험 결과 기록표   엔진 번호 : ⓗ

항 목	① 측정(또는 점검)		② 판정 및 정비(또는 조치)사항		Ⓖ 득 점
	Ⓒ 측 정 값	Ⓓ 규정(정비한계)값	Ⓔ 판정(□에 '✔'표)	Ⓕ 정비 및 조치할 사항	
캠 높이	43.65mm	43.85(43.35)mm	☑ 양 호 □ 불 량	정비 및 조치할 사항 없음	

Ⓐ 비번호   Ⓑ 감독위원 확인

※ 단위가 누락되거나 틀린 경우는 오답으로 채점함.

1) **비번호** : Ⓐ 비번호는 공단직원이 주는 등번호를 수검자가 기록한다.
2) **감독위원 확인** : Ⓑ 감독위원 확인란은 감독위원이 채점한 후에 도장을 찍는 부분으로 수검자는 기록하지 않는다.
3) **① 측정(또는 점검)** : Ⓒ 측정값은 수검자가 캠의 높이를 측정한 값인 "43.65mm"를 기록하고, Ⓓ 규정(정비한계)값은 감독위원이 주어진 값이나 또는 정비지침서 규정값 "43.85(43.35)mm"를 기록한다. (반드시 단위를 기입한다)
    ㉮ 측정값 : 43.65mm
    ㉯ 규정(정비한계)값 : 43.85(43.35)mm

【 차종별 캠의 높이(양정) 규정값(mm) 】

차 종			흡기		배기	
			규정값	한계값	규정값	한계값
아반떼 XD(2006)	G 1.6 DOHC		43.85	43.35	44.25	43.75
	G 2.0 DOHC		44.52	44.42	44.62	44.52
	D 1.5 TCI-U	LH	35.452~35.652	–	35.700~35.900	–
		RH	35.357~35.737	–	35.452~35.652	–
아반떼 HD(2010)	G 1.6 DOHC		43.85	–	42.85	–
	G 2.0 DOHC		44.518~44.718		44.418~44.618	
	D 1.6 TCI-U	LH	35.452~35.652		35.700~35.900	
		RH	35.537~35.737		35.452~35.652	
NF 쏘나타	G 2.0 DOHC		44.20		45.00	
	G 2.4 DOHC		44.20		45.00	
	L 2.0 DOHC		43.80		45.00	
	D 2.0 TCI-D		34.697	34.197	34.570	34.070
K5(2011)	G 2.0 DOHC		44.20		45.00	
	G 2.4 GDI		44.20		45.40	
	L 2.0 DOHC		44.20		43.3489	
모닝(2011)	G 1.0 SOHC		33.941~34.141		34.055~34.255	
	L 1.0 SOHC		34.205~34.405	–	34.260~34.460	–

4) **② 판정 및 정비(또는 조치)사항** : Ⓔ 판정은 수검자가 측정한 값과 규정(정비한계)값을 비교하여 범위 내에 있으면 양호, 벗어나면 불량에 ✔ 표시를 하며, Ⓕ 정비 및 조치할 사항 란에는 고장부품과 정비할 사항을 기록한다.
    ㉮ 판정 : · 양호 : 규정(정비한계)값 이내에 있을 때 · 불량 : 규정(정비한계)값을 벗어났을 때
    ㉯ 정비 및 조치할 사항 : 정비 및 조치할 사항 없음.
5) **득점** : Ⓖ 득점은 감독위원이 채점을 하고 점수를 기록하는 부분으로 수검자는 기록하지 않는다.
6) **엔진 번호** : ⓗ 측정하는 엔진 번호를 수검자가 기록한다.

2. 시험장에서는 ……

① **캠축과 타이밍 벨트 탈거·조립** : 타이밍 벨트 탈거 전에 화살표 표시를 꼭 해주어서 조립할 때 방향이 바뀌지 않도록 한다. 벨트를 감독위원에게 가지고 가서 새것으로 교환한다. 캠축은 흡기와 배기가 표시되어 있어서 바뀌지 않도록 조립하며 캠축 베어링 캡도 흡기 표시(IN-1…IN-5), 배기 표시(EX-1…EX-5)가 있으니 바뀌지 않도록 한다.

② **캠의 높이 점검** : 캠의 높이 점검은 외경 마이크로미터를 이용하여 가장 높은 부분을 측정한다. 이때 감독위원이 지정하는 실린더의 캠을 측정하여야 하므로 차량의 흡기 배기 위치를 확실히 알고 있어야 한다.

3. 답안지 작성 방법 [캠의 높이가 낮을 때(캠 높이를 기준)]

엔진 1 : 시험 결과 기록표 엔진 번호 : ⓗ			Ⓐ 비번호		Ⓑ 감독위원 확 인	
항 목	① 측정(또는 점검)		② 판정 및 정비(또는 조치)사항		Ⓖ 득 점	
	Ⓒ 측 정 값	Ⓓ 규정(정비한계)값	Ⓔ 판정(□에 '✔'표)	Ⓕ 정비 및 조치할 사항	
캠 높이	43.00mm	43.85(43.35)mm	□ 양 호 ☑ 불 량	캠축 교환 후 재점검	

※ 단위가 누락되거나 틀린 경우는 오답으로 채점함.

1) ① 측정(또는 점검) : Ⓒ 측정값은 감독위원이 지정하는 캠의 높이를 수검자가 측정한 값 "43.00mm"를 기록하며, Ⓓ 규정(정비한계)값은 감독위원이 주어진 값 "43.85(43.35)mm"을 기록한다.
2) ② 판정 및 정비(또는 조치)사항 : Ⓔ 판정은 측정값이 규정값 보다 낮으므로 판정에는 "불량"에 ✔ 표시를 하며, Ⓕ 정비 및 조치할 사항 란에는 수정이 불가능 하므로 "캠축 교환 후 재점검"으로 기록한다.

4. 답안지 작성 방법 [캠의 높이가 낮을 때(캠 양정을 기준)]

엔진 1 : 시험 결과 기록표 엔진 번호 : ⓗ			Ⓐ 비번호		Ⓑ 감독위원 확 인	
항 목	① 측정(또는 점검)		② 판정 및 정비(또는 조치)사항		Ⓖ 득 점	
	Ⓒ 측 정 값	Ⓓ 규정(정비한계)값	Ⓔ 판정(□에 '✔'표)	Ⓕ 정비 및 조치할 사항	
캠 높이	4.40mm	5.60(5.00)mm	□ 양 호 ☑ 불 량	캠축 교환 후 재점검	

※ 단위가 누락되거나 틀린 경우는 오답으로 채점함.

1) ① 측정(또는 점검) : Ⓒ 측정값은 감독위원이 지정하는 캠의 양정값을 수검자가 측정한 값 "4.40mm"를 기록하며, Ⓓ 규정(정비한계)값은 감독위원이 주어진 값 "5.60(5.00)mm"을 기록한다.
2) ② 판정 및 정비(또는 조치)사항 : Ⓔ 판정은 측정값이 규정값 보다 낮으므로 "불량"에 ✔ 표시를 하며, Ⓕ 정비 및 조치할 사항 란에는 수정이 불가능 하므로 "캠축 교환 후 재점검"으로 기록한다.

5. 캠의 높이 점검 현장사진

1. 다이얼 게이지로 양정 측정 모습　　2. 마이크로미터로 노즈 부분 측정모습　　3. 마이크로미터로 기초원 측정모습

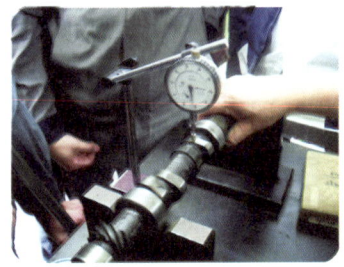  

엔진 3 엔진 센서(액추에이터) 점검(자기진단)

4안

주어진 자동차에서 전자제어 디젤(CRDI) 엔진의 연료 압력 조절 밸브를 탈거(감독위원에게 확인)한 후 다시 조립하고 감독위원의 지시에 따라 진단기(스캐너)를 사용하여 엔진의 각종 센서(액추에이터)를 점검 후 고장부분을 기록하시오.

1. 답안지 작성 방법 (맵 센서가 커넥터 탈거일 때)

엔진 3 : 시험 결과 기록표
자동차 번호 : ❶   　❹ 비번호　　❺ 감독위원 확인

항 목	① 측정(또는 점검)			② 고장 및 정비(또는 조치) 사항		❽ 득 점
	❻ 고장부위	❼ 측정값	❽ 규정값	❻ 고장 내용	❼ 정비 및 조치사항	
센서(액추에이터) 점검	맵센서(MAP)	2.1V/공회전	0.8~1.1V/공회전	커넥터 탈거	커넥터 연결, 기억소거 후 재점검	

※ 단위가 누락되거나 틀린 경우는 오답으로 채점함

1) **비번호** : ❹ 비번호는 공단직원이 주는 등번호를 수검자가 기록한다.
2) **감독위원 확인** : ❺ 감독위원 확인란은 감독위원이 채점한 후에 도장을 찍는 부분으로 수검자는 기록하지 않는다.
3) ① **측정(또는 점검)** : ❻ 고장 부위는 수검자가 스캐너로 자기진단 화면 창에 나타난 "맵센서"를 기록하고, ❼ 측정값은 센서 출력 화면에서 측정한 값 "2.1V / 공회전"을 기록한다. ❽ 규정값은 스캐너 정보 창에서 얻어 "0.8~1.1V / 공회전"을 기록한다.(감독위원이 주는 경우도 있다)
   - ㉮ 고장부위 : 맵(MAP)센서　㉯ 측정값 : 2.1V / 크랭킹　㉰ 규정값 : 0.8~1.1V / 공회전
4) ② **고장 및 정비(또는 조치)사항** : ❻ 고장 내용에는 수검지기 점검된 내용으로 "커넥터 탈거"를 기록한다. ❼ 조치사항에는 "커넥터 연결, 기억소거 후 재점검"을 기록한다.
   - ㉮ 고장 내용 : ・커넥터 탈거
   - ㉯ 조치 사항 : ・커넥터 연결, 기억소거 후 재점검

【 차종별 맵센서(공기유량 센서*) 규정값(mm) 】

차 종		압력(kpa)			비고
		20	46.66	101.32	
아반떼 XD(2006)	G 1.6 DOHC	0.8~1.1V(공회전시)			
	G 2.0 DOHC				
	D 1.5 TCI-U	*1.19~1.20(공기량 8kg/h)	*1.25~1.27(공기량 10kg/h)		
아반떼 HD(2010)	G 1.6 DOHC	0.79	1.84	4.0	
	G 2.0 DOHC	*0.7V(공기량 4.9kg/h)	*1.18V(공기량 12.2kg/h)	*4.6V(공기량 603.25kg/h)	
	D 1.6 TCI-U	*1.19~1.20(공기량 8kg/h)	*1.25~1.27(공기량 10kg/h)		
NF 쏘나타	G 2.0 DOHC	0.79	1.84	4.0	-
	G 2.4 DOHC				
	L 2.0 DOHC				
	D 2.0 TCI-D	*1.94~1.96(공기량 8kg/h)	*1.98~1.99(공기량 10kg/h)		
K5(2011)	G 2.0 DOHC	0.79	1.84	4.0	-
	G 2.4 GDI				
	L 2.0 DOHC				
모닝(2011)	G 1.0 SOHC	0.79	1.84	4.0	
	L 1.0 SOHC				

5) **득점** : ❽ 득점은 감독위원이 채점을 하고 점수를 기록하는 부분으로 수검자는 기록하지 않는다.
6) **자동차 번호** : ❶ 측정하는 자동차 번호를 수검자가 기록한다.

2. 시험장에서는 ……

센서 점검용 차량(또는 엔진 튠업)이 따로 있다. 감독위원으로부터 답안지를 받아 전자제어 엔진의 고장부분을 점검한 후 기록표를 작성하여 제출한다. 일부이긴 하나 차량에 진단기(스캐너)가 설치되어 있는 경우도 있다. 고장 부위를 진단기(스캐너)로 측정한 후 엔진룸에서 고장 부위의 상태를 확인하여 답안지에 기록한다. #1 TDC 센서는 반드시 크랭킹이나 아이들링 상태에서 측정이 가능하므로 크랭킹을 시키면서 측정한다.

답안지 항목에서 ❸, ❹, ❺란은 스캐너에서 측정 및 찾아서 기입하지만, ❻란은 수검자가 측정 차량을 눈으로 보고 기록하고, ❼란은 정비방법을 서술한다.

3. 답안지 작성 방법(맵 센서가 과거 기억소거 불량일 때)

엔진 3 : 시험 결과 기록표 자동차 번호 : ❶				❷ 비번호		❸ 감독위원 확 인	
항 목	① 측정(또는 점검)			② 고장 및 정비(또는 조치) 사항		❽ 득 점
	❸ 고장부위	❹ 측정값	❺ 규정값	❻ 고장 내용	❼ 정비 및 조치사항	
센서(액추에이터) 점검	맵센서 (MAP)	1.0V/공회전	0.8~1.1V/공회전	과거 기억소거 불량	기억소거 후 재점검	

※ 단위가 누락되거나 틀린 경우는 오답으로 채점함

1) ① 측정(또는 점검) : ❸ 고장부위는 수검자가 스캐너로 자기진단 화면 창에서 "맵센서(MAP)"를 기록하고, ❹ 측정값은 센서 출력 화면에서 측정한 "1.0V/공회전"을 기록한다. ❺ 규정값은 스캐너 정보창에서 얻어 "0.8~1.1V / 공회전"을 기록한다.(감독위원이 주는 경우도 있다)

2) ② 고장 및 정비(또는 조치)사항 : ❻ 고장 내용에는 수검자가 점검한 내용으로 "과거 기억소거 불량"을 기록한다. ❼ 조치사항에는 "기억소거 후 재점검"으로 기록한다.

4. 답안지 작성 방법(맵센서 센서가 불량일 때)

엔진 3 : 시험 결과 기록표 자동차 번호 : ❶				❷ 비번호		❸ 감독위원 확 인	
항 목	① 측정(또는 점검)			② 고장 및 정비(또는 조치) 사항		❽ 득 점
	❸ 고장부위	❹ 측정값	❺ 규정값	❻ 고장 내용	❼ 정비 및 조치사항	
센서(액추에이터) 점검	맵센서 (MAP)	1.0V/공회전	0.8~1.1V/공회전	센서 불량	센서 교환, 기억소거 후 재점검	

※ 단위가 누락되거나 틀린 경우는 오답으로 채점함

1) ① 측정(또는 점검) : ❸ 고장부위는 수검자가 스캐너로 자기진단 화면 창에서 "맵센서(MAP)"를 기록하고, ❹ 측정값은 센서 출력 화면에서 측정한 "0V/공회전"을 기록한다. ❺ 규정값은 스캐너 정보창에서 얻어 "0.8~1.1V / 공회전"을 기록한다.(감독위원이 주는 경우도 있다)

2) ② 고장 및 정비(또는 조치)사항 : ❻ 고장 내용에는 수검자가 점검한 내용으로 "센서 불량"을 기입한다. ❼ 조치사항에는 "센서 교환, 기억소거 후 재점검"을 기록한다.

엔진 4 가솔린 배기가스 측정

주어진 자동차에서 기록표에 제시된 내용을 측정하고 기록·판정하시오.

1. 답안지 작성 방법 (배기가스 배출량이 작아 정상일 때)

엔진 5 : 시험 결과 기록표
자동차 번호 : ❽

항 목	① 측정(또는 점검)		Ⓔ② 판정 (□에 '✔' 표)	Ⓕ 득 점
	Ⓒ 측 정 값	Ⓓ 기준값		
CO	1.0%	1.2% 이하	✔ 양 호 □ 불 량	
HC	120ppm	220ppm 이하		

Ⓐ 비번호 / Ⓑ 감독위원 확인

※ 감독위원이 제시한 자동차등록증(또는 차대번호)을 활용하여 차종 및 연식을 적용한다. 자동차검사기준 및 방법에 의하여 기록, 판정한다. CO 측정값은 소수점 둘째자리 이하는 버림으로 기입한다. HC 측정값은 소수점 첫째자리 이하는 버림하여 기입한다.

1) **비번호** : Ⓐ 비번호는 공단직원이 주는 등번호를 수검자가 기록한다.
2) **감독위원 확인** : Ⓑ 감독위원 확인란은 감독위원이 채점한 후에 도장을 찍는 부분으로 수검자는 기록하지 않는다.
3) **① 측정(또는 점검)** : Ⓒ 측정값은 수검자가 배기가스의 측정한 값인 CO는 "1.0%", HC는 "120ppm"을 기록하고 Ⓓ 기준값은 운행 차량의 배출 허용 기준값인 CO는 "1.2% 이하", HC는 "220ppm 이하"를 기록한다.
    - ㉮ 측정값 : ·CO − 1.0%,   ·HC − 120ppm
    - ㉯ 기준값 : ·CO − 1.2% 이하   ·HC − 220ppm 이하(2010년 11월 08일 등록)

【 운행차 수시점검 및 정기점검 배출 허용기준 】

차 종		제작일자	일산화탄소	탄화수소	공기과잉율
경자동차		1997년 12월 31일 이전	4.5% 이하	1,200ppm 이하	1±0.1 이내 다만, 기화기식연료공급장치 부착 자동차는 1±0.15이내 촉매 미부착 자동차는 1±0.20 이내
		1998년 1월 1일부터 2000년 12월 31일까지	2.5% 이하	400ppm 이하	
		2001년 1월 1일부터 2003년 12월 31일까지	1.2% 이하	220ppm 이하	
		2004년 1월 1일 이후	1.0% 이하	150ppm 이하	
승용 자동차		1987년 12월 31일 이전	4.5% 이하	1,200ppm 이하	
		1988년 1월 1일부터 2000년 12월 31일까지	1.2% 이하	220ppm 이하(휘발유·알코올자동차) 400ppm 이하(가스자동차)	
		2001년 1월 1일부터 2005년 12월 31일까지	1.2% 이하	220ppm 이하	
		2006년 1월 1일 이후	1.0% 이하	120ppm 이하	
승합· 화물· 특수 자동차	소형	1989년 12월 31일 이전	4.5% 이하	1,200ppm 이하	
		1990년 1월 1일부터 2003년 12월 31일까지	2.5% 이하	400ppm 이하	
		2004년 1월 1일 이후	1.2% 이하	220ppm 이하	
	중형· 대형	2003년 12월 31일 이전	4.5% 이하	1200ppm 이하	
		2004년 1월 1일 이후	2.5% 이하	400ppm 이하	

4) **② 판정** : Ⓔ 판정은 수검자가 측정값과 기준값을 비교하여 범위 내에 있으면 양호, 벗어나면 불량에 ✔표시를 한다.   ㉮ 판정 : ·양호 − 기준값의 범위에 있을 때   ·불량 − 기준값을 벗어났을 때
5) **득점** : Ⓕ 득점은 감독위원이 채점을 하고 점수를 기록하는 부분으로 수검자는 기록하지 않는다.
6) **자동차 번호** : Ⓗ 측정하는 자동차의 번호를 수검자가 기록한다.

2. 시험장에서는 ……

이 시험은 시동을 걸어서 측정하여야 하므로 추운 겨울에는 수검자나 감독위원이나 고생하는 항목이다. 감독위원이 답안지를 주면 수험번호와 자동차 번호를 적고 배기가스 테스터기를 연결한 후 시동을 걸어서 측정을 한

다음 기록표를 기록하는데 이 항목은 검사기준이기 때문에 규정값이 주어지지 않는다. 반드시 규정값을 암기하고 있어야 한다. 배기가스 측정은 엔진의 상태에 따라 측정값이 많이 변하기 때문에 감독위원이 바로 옆에서 보면서 채점을 하거나 아니면 측정 방법만 확인하고 테스터기 바늘을 고정시켜 놓고 측정값을 기록하도록 하는 경우도 있다. 일부 수검자는 감독위원이 점수를 깎기 위해 잘못한 것만 찾고 있는 사람으로 생각하는 부정적인 생각을 갖고 있는 수검자가 많은데 좀 더 긍정적인 방향으로 생각한다면 내가 잘하는 것을 보고 점수를 주기 위해 있다고 생각을 할 수 있는 것이다. 감독위원에게 내 실력을 보여주기 위해서는 능력을 길러야 하지 않을까?

※ 제작사별 차대번호 표기방식

① 현대 자동차 차대번호의 표기 부호(NF 쏘나타-2010)

※ 차대번호 형식(VIN : Vehicle Identification Number)

K	M	H	E	T	4	1	B	P	A	A	1	2	3	4	5	6
①	②	③	④	⑤	⑥	⑦	⑧	⑨	⑩	⑪	⑫	⑬	⑭	⑮	⑯	⑰
제작 회사군			자동차 특성군						제작 일련 번호군							

① **K** : 국제배정 국적표시 – K : 한국, J : 일본, 1 : 미국.
② **M** : 제작사를 나타내는 표시 – M : 현대, L : 대우, N : 기아, P : 쌍용 자동차
③ **H** : 자동차 종별 표시 – H : 승용차, F : 화물트럭, J : 승합차량
④ **E** : 차종 – E : NF 쏘나타.
⑤ **T** : 세부차종 및 등급   L : 스탠다드(STANDARD, L), T : 디럭스(DELUXE, GL), V : 그랜드 사롱(GDS)
         U : 슈퍼 디럭스(SUPER DELUXE, GLS), W : 슈퍼 그랜드 사롱(HGS)
⑥ **4** : 차체형상 – 세단 4도어
⑦ **1** : 안전장치
    1 : 액티브 벨트 (운전석 + 조수석), 2 : 패시브 벨트 (운전석 + 조수석) 3 : 운전석 – 액티브 벨트 +에어백
    4 : 운전석과 조수석 – 액티브 벨트 + 에어백, 조수석 – 액티브 벨트 또는 패시브 벨트
⑧ **B** : 엔진형식 – B : 2.0 가솔린, C : 2.4 가솔린
⑨ **P** : 운전석 – P : LHD(왼쪽 운전석), R : RHD(오른쪽 운전석)
⑩ **5** : 제작년도 – 알파벳 I, O, Q, U, Z와 숫자 0을 제외한 ABCDEFGHJKLMNPRSTVWXY와 123456789를 순서로 사용한다. 1 : 2001, 2 : 2002, 3 : 2003, 4 : 2004, 5 : 2005 …… A : 2010, B : 2011, C : 2012, D : 2013, E : 2014, F : 2015, G : 2016, H : 2017, J : 2018, K : 2019, L : 2020, M : 2021, N :2022, P : 2023……
⑪ **A** : 공장 기호 – C : 전주공장, U : 울산공장, M : 인도공장, Z : 터키공장, A : 아산공장
⑫~⑰ **123456** : 차량 생산 일련 번호

② 기아자동차 차대번호의 표기부호(VIN : Vehicle Identification Number 포르테 -2010)

K	N	A	F	L	4	1	1	A	A	A	1	2	3	4	5	6
①	②	③	④	⑤	⑥	⑦	⑧	⑨	⑩	⑪	⑫	⑬	⑭	⑮	⑯	⑰
제작 회사군			자동차 특성군						제작 일련 번호군							

① **K** : 국제배정 국적표시 – K : 한국, J : 일본, 1 : 미국.
② **N** : 제작사를 나타내는 표시 – M : 현대, L : 대우, N : 기아, P : 쌍용 자동차
③ **A** : 자동차 종별 표시 – A : 승용·다목적용, C : 화물차, E : 전차종(유럽수출)
④ **F** : 차종 – F : FORTE
⑤ **L** : 세부차종 및 등급 – S : Low 급(L), T : Middle Low 급(GL), U : Middle 급(GLS, JSL, TAX)
         V : Middle High 급(HGS), W : High 급(TOP).
⑥ **4** : 차체형상 –1 : 리무진, 2 : 세단-2도어, 3 : 세단-3도어, 4 : 세단-4도어, 5 : 세단-5도어.
         6 : 쿠페, 7 : 컨버터블, 8 : 왜곤, 9 : 화물(밴), 0 : 픽업.
⑦ **1** : 안전장치 또는 브레이크 – 0 : 운전석/ 동승석-미적용, 1 : 운전석/ 동승석-액티브(Active) 시트벨트,
                    2 : 운전석/ 동승석-패시브.(Passive) 시트벨트.
⑧ **1** : 동력장치 – 1 : 가솔린 엔진 1.6, 2 : 가솔린 엔진 2.0, 4 : 디젤엔진 1.6.
⑨ **A** : 운전석 방향 및 변속기 – A : LHD & MT, B : LHD & AT, C : LHD & MT+Transfer,
                    D : LHD & AT+Transfer, E : LHD & CVT
⑩ **A** : 제작년도 – 알파벳 I, O, Q, U, Z와 숫자 0을 제외한 ABCDEFGHJKLMNPRSTVWXY와 123456789를 순서로 사용한다. 1 : 2001, 2 : 2002, 3 : 2003, 4 : 2004, 5 : 2005 …… A : 2010, B : 2011, C : 2012, D : 2013, E : 2014, F : 2015, G : 2016, H : 2017, J : 2018, K : 2019, L : 2020, M : 2021, N :2022, P : 2023……
⑪ **A** : 공장 기호 – •A : 화성, •S : 소하리, •K : 광주, •6 : 소하리, •T : 서산
⑫~⑰ **123456** : 차량 생산 일련 번호

③ 자동차 등록증(쏘나타 NF -2010)

자동차등록증

제2010-006260호   최초 등록일 : 2010년 11월 08일

① 자동차 등록 번호	02소 2885	② 차 종	중형승용	③ 용도	자가용
④ 차 명	NF소나타(SONSTA)	⑤ 형식 및 년식	NF-20GL-A1		2010
⑥ 차 대 번 호	KMHET41BPAA123456	⑦ 원동기 형식	G4KA		
⑧ 사용 본거지	경기도 양주시 광사동 313-4 신도 8차 아파트***동 ***호				
소유자 ⑨ 성명(명칭)	김광수	⑩ 주민(사업자) 등록번호	***117-*******		
⑪ 주 소	경기도 양주시 광사동 313-4 신도 8차 아파트***동 -***호				

자동차 관리법 제8조등의 규정에 의하여 위와 같이 등록하였음을 증명합니다.

이것만은 꼭!!(※뒷면유의사항 필독)

- 법인 주소지(사용본거지), 상호변경 15일이내(최고 30만원)
- 정기검사:만료일 전·후 30일 이내(최고 30만원)
- 의무보험:만료이전가입(최고 10만원~100만원)
- 말소등록:폐차일로부터 1월이내(최고 50만원)
  위 사항을 위반시 과태료가 부과 되오니 주의바랍니다.

2010 년 11 월 08 일

양주시장

1. 제원

⑫형식 승인번호	1-00748-0057-0004		
⑬길 이	4800mm	⑭너 비	1830mm
⑮높 이	1475mm	⑯총 중 량	1601kgf
⑰배 기 량	1991cc	⑱정 격 출 력	144/6000 ps
⑲승 차 정 원	5 명	⑳최대적재량	1000 kgf
㉑기 통 수	4기통	㉒연료의 종류	휘발유 (연비 10.7km/L)

2. 등록 번호판 교부 및 봉인

㉓구 분	㉔번호판교부일	㉕봉인일	㉖교부대행자확인
이전	2010-11-08	2010-11-08	

2. 저당권 등록

㉗구분(설정 또는 말소)	㉘ 일 자

※기타 저당권 등록의 내용은 자동차 등록원부를 열람확인 하시기 바랍니다.

※ 비고

4. 검사 유효기간

㉙연 월 일 부 터	㉚연 월 일 까 지	㉛검 사 시행장소	㉜주행 거리	㉝검사 책임자확인
2010-11-08	2014-11-07			
2014-11-08	2016-11-07			
2016-11-08	2018-11-07			
2018-11-08	2020-11-07			
2020-11-08	2022-11-07			
2022-11-08	2024-11-07			

※주의사항 : ㉙항 첫째란에는 신규 등록일을 기재합니다.

섀시 2 캐스터각, 캠버각 점검

주어진 자동차에서 감독위원의 지시에 따라 휠 얼라인먼트 시험기를 사용하여 캐스터 각과 캠버 각을 점검하여 기록·판정하시오.

1. 답안지 작성 방법 (캐스터 각과 캠버 각이 정상일 때)

섀시 2 : 시험 결과 기록표 자동차 번호 : ⓗ		Ⓐ 비번호		Ⓑ 감독위원 확 인	
항 목	① 측정(또는 점검)		② 판정 및 정비(또는 조치)사항		Ⓖ 득 점
	Ⓒ 측 정 값	Ⓓ 규정(정비한계)값	Ⓔ 판정(□에 '✔' 표)	Ⓕ 정비 및 조치할 사항	
캐스터 각	2°	2.49±0.5°	☑ 양 호 □ 불 량	정비 및 조치할 사항 없음	
캠버 각	0.5°	0±0.5°			

※ 단위가 누락되거나 틀린 경우는 오답으로 채점함.

1) **비번호** : Ⓐ 비번호는 공단직원이 주는 등번호를 수검자가 기록한다.
2) **감독위원 확인** : Ⓑ 감독위원 확인란은 감독위원이 채점한 후에 도장을 찍는 부분으로 수검자는 기록하지 않는다.
3) **① 측정(또는 점검)** : Ⓒ 측정값은 수검자가 측정한 캐스터 각 "2°", 캠버 각 "0.5°"를 으로 기록하고, Ⓓ 규정(정비한계)값은 감독위원이 주어진 값이나 또는 정비지침서를 보고 캐스터 각 "2.49±0.5°", 캠버 각 "0±0.5°" 기록한다.(반드시 단위를 기록한다)
   ㉮ 측정값 : ·캐스터 각 : 2°　　　　　　　　·캠버 각 : 0.5°
   ㉯ 규정(정비한계)값 : ·캐스터 각 : 2.49±0.5°　·캠버 각 : 0±0.5°

【 차종별 캐스터, 캠버 규정값(°) 】

차 종		캐스터	캠버	비고
아반떼 XD(2006)	G 1.6 DOHC	2.49±0.5°	0±0.5°	
	G 2.0 DOHC			
	D 1.5 TCI-U			
아반떼 HD(2010)	G 1.6 DOHC	4.32±0.5°	-0.6±0.5°	
	G 2.0 DOHC			
	D 1.6 TCI-U			
NF 쏘나타	G 2.0 DOHC	4.8±4.75°	0±0.5°	
	G 2.4 DOHC			
	L 2.0 DOHC			
	D 2.0 TCI-D			
K5(2011)	G 2.0 DOHC	4.44±0.5°	-0.5±0.5°	
	G 2.4 GDI			
	L 2.0 DOHC			
모닝(2011)	G 1.0 SOHC	2.72±0.5°	0±0.5°	
	L 1.0 SOHC			

4) **② 판정 및 정비(또는 조치)사항** : Ⓔ 판정은 수검자가 측정한 값과 규정(정비한계)값을 비교하여 범위 내에 있으면 양호, 벗어나면 불량에 ✔표시를 하며, Ⓕ 정비 및 조치할 사항 란에는 교환, 조정할 사항을 기록한다.
   ㉮ 판정 : ·양호 : 규정(정비한계)값 이내에 있을 때
   　　　　　·불량 : 규정(정비한계)값을 벗어났을 때
   ㉯ 정비 및 조치할 사항 : 정비 및 조치할 사항 없음
5) **득점** : Ⓖ 득점은 감독위원이 채점을 하고 점수를 기록하는 부분으로 수검자는 기록하지 않는다.
6) **자동차 번호** : ⓗ란은 측정하는 자동차 번호를 수검자가 기록한다.

2. 시험장에서는 ……

엔진이나 전기 항목의 시험을 다본 후에 섀시에 오면 감독위원은 섀시 4개 항목 중 자리가 빈곳에 먼저 들어가 시험을 보도록 한다. 감독위원으로부터 답안지를 받아 측정용 차량에 캠버 캐스터 게이지를 설치하여 측정한 후 답안지를 작성한다. 규정값은 감독위원이 주거나 정비 지침서를 준비한 곳도 있다. 캠버 캐스터 게이지를 설치할 때 설치 면을 걸레로 깨끗이 닦는 것을 잊어서는 안 된다. 만약 설치 면에 이물질이 묻어 있으면 측정값이 정확하지 않다. 측정값이 틀리면 나머지가 맞아도 모두 틀린 것이다.

3. 답안지 작성 방법 (캐스터 각, 캠버 각이 클 때)

섀시 2 : 시험 결과 기록표
자동차 번호 : Ⓗ

항 목	① 측정(또는 점검)		② 판정 및 정비(또는 조치)사항		Ⓖ 득 점
	Ⓒ 측 정 값	Ⓓ 규정(정비한계)값	Ⓔ 판정(□에 '✔' 표)	Ⓕ 정비 및 조치할 사항	
캐스터 각	5°	2.49±0.5°	□ 양 호 ✔ 불 량	스트럿 교환 후 재점검	
캠버 각	3°	0±0.5°			

Ⓐ 비번호　　Ⓑ 감독위원 확 인

※ 단위가 누락되거나 틀린 경우는 오답으로 채점함.

1) ① **측정(또는 점검)** : Ⓒ 측정값은 수검자가 측정한 값 캐스터 각 "5°", 캠버 각 "3°"를 기록하며, Ⓓ 규정(정비한계)값은 감독위원이 주어진 값이나 정비 지침서를 보고 캐스터 각 "2.49±0.5°", 캠버 각 "0±0.5°"를 기록한다.
2) ② **판정 및 정비(또는 조치)사항** : Ⓔ 판정은 수검자가 측정한 값이 규정(정비한계)값보다 크므로 판정에는 "불량"에 ✔ 표시를 하며, Ⓕ 정비 및 조칠할 사항 란에는 캐스터 각과 캠버 각이 크게 나온 이유인 스트럿 불량이므로 "스트럿 교환 후 재점검"을 기록하고 그 외 고장은 아래 내용 중에 하나일 것이다.

◈ 캐스터 각과 캠버 각이 크게 나온 이유
- 로워 암 불량 – 로워암 교환
- 스트럿 불량 – 스트럿 교환
- 스핀들의 휨 – 조향 너클 교환
- 차대의 휨 – 차대의 정렬

4. 답안지 작성 방법 (캐스터 각, 캠버 각이 작을 때)

섀시 2 : 시험 결과 기록표
자동차 번호 : Ⓗ

항 목	① 측정(또는 점검)		② 판정 및 정비(또는 조치)사항		Ⓖ 득 점
	Ⓒ 측 정 값	Ⓓ 규정(정비한계)값	Ⓔ 판정(□에 '✔' 표)	Ⓕ 정비 및 조치할 사항	
캐스터 각	1°	2.49±0.5°	□ 양 호 ✔ 불 량	로워암 교환 후 재점검	
캠버 각	-2°	0±0.5°			

Ⓐ 비번호　　Ⓑ 감독위원 확 인

※ 단위가 누락되거나 틀린 경우는 오답으로 채점함.

1) ① **측정(또는 점검)** : Ⓒ 측정값은 수검자가 측정한 캐스터 각 "1°", 캠버 각 "-2°"를 기록하며, Ⓓ 규정(정비한계)값은 감독위원이 주어진 값이나 정비 지침서를 보고 캐스터 각 "2.49±0.5°", 캠버 각 "0±0.5°"를 기록한다.
2) ② **판정 및 정비(또는 조치)사항** : Ⓔ 판정은 수검자가 측정한 값이 규정(정비한계)값보다 작으므로 판정에는 "**불량**"에 ✔ 표시를 하며, Ⓕ 정비 및 조치할 사항 란에는 캐스터 각과 캠버 각이 작게 나온 이유인 로워암이 불량 이므로 "**로워암 교환 후 재점검**"을 기록하고 그 외 고장은 아래 내용 중에 하나일 것이다.

◈ 캐스터 각과 캠버 각이 작게 나온 이유
- 로워 암 불량 – 로워암 교환
- 스트럿 불량 – 스트럿 교환
- 스핀들의 휨 – 조향 너클 교환
- 차대의 휨 – 차대의 정렬

섀시 4 - 전자제어 제동장치(ABS) 자기진단

주어진 자동차에서 감독위원의 지시에 따라 진단기(스캐너)로 전자제어 제동장치(ABS)를 점검하고 기록·판정하시오.

1. 답안지 작성 방법 (우측 뒤·휠 스피드 센서 과거 기억소거가 불량일 때)

섀시 4 : 시험 결과 기록표 자동차 번호 : ⓗ			Ⓐ 비번호		Ⓑ 감독위원 확 인	
항 목	① 측정(또는 점검)		② 판정 및 정비(또는 조치)사항			Ⓖ 득 점
	Ⓒ 이상 부위	Ⓓ 내용 및 상태	Ⓔ 판정(□에 '✔'표)	Ⓕ 정비 및 조치할 사항		
ABS 자기진단	우측 뒤 휠 스피드 센서	과거 기억소거 불량	□ 양 호 ☑ 불 량	과거 기억소거 후 재점검		

1) 비번호 : Ⓐ 비번호는 공단직원이 주는 등번호를 수검자가 기록한다.
2) 감독위원 확인 : Ⓑ 감독위원 확인란은 감독위원이 채점한 후에 도장을 찍는 부분으로 수검자는 기록하지 않는다.
3) ① 측정(또는 점검) : Ⓒ 이상부위 란에는 수검자가 스캐너의 자기진단 화면 창에 나타난 이상부위인 "우측 뒤 휠 스피드 센서"를 기록하고, Ⓓ 내용 및 상태 란에는 수검자가 점검한 이상 부위인 "과거 기억소거 불량"을 기록한다.
   ㉮ 이상 부위 : 우측 뒤 휠 스피드 센서
   ㉯ 내용 및 상태 : 과거 기억소거 불량
4) ② 판정 및 정비(또는 조치)사항 : Ⓔ 판정은 수검자가 자기진단에서 정상이 아니면 "불량"에 ✔ 표시를 하며, Ⓕ 정비 및 조치할 사항 란에는 고장부품과 조치할 사항인 "과거 기억 후 재점검"을 기록한다.
   ㉮ 판정 : ·양호 – 자기진단에서 이상이 없을 때
         ·불량 – 자기진단에서 이상이 있을 때
   ㉯ 정비 및 조치할 사항 : 과거 기억 소거 후 재점검
5) 득점 : Ⓖ 득점은 감독위원이 채점을 하고 점수를 기록하는 부분으로 수검자는 기록하지 않는다.
6) 자동차 번호 : ⓗ 란은 측정하는 자동차 번호를 수검자가 기록한다.

2. 시험장에서는 ……

아마 시험장에서 제일 좋은 차량이 아닐까 싶다. 차 옆에는 테스터기가 학생의 책상 위에 놓여 있고, 차량에는 키가 놓여져 있다. 테스터기를 먼저 설치하고 키를 넣어서 "ON" 위치로 한다. 그 상태에서 진단기(스캐너)로 측정하면 친절하게 고장난 부품들의 명칭을 화면에 나타내 줄 것이다. 그리고 고장의 이유는 직접 그 위치에서 확인하여야 한다. 만약 눈으로 확인이 안 되면 단품 점검으로 들어가서 단품에 문제가 있는지 아니면 선로에 문제가 있는지를 점검하여야 한다. 시험이 끝나고 나면 모든 것을 원위치로 한다. 이때 감독위원이 그대로 두고 가라고 하면 더 이상 만지지 말고 답안지를 작성하여 제출한다. 모든 답안지를 제출할 때도 마찬가지이지만 다시 한 번 기록사항을 확인한다. 비 번호는 기록하였는지, 빈공간은 없는지…….

3. 답안지 작성 방법 (우측 뒤 휠 스피드 센서 커넥터가 탈거일 때)

섀시 4 : 시험 결과 기록표 자동차 번호 : ⓗ			ⓐ 비번호		ⓑ 감독위원 확 인	
항 목	① 측정(또는 점검)		② 판정 및 정비(또는 조치)사항			ⓖ 득 점
	ⓒ 이상 부위	ⓓ 내용 및 상태	ⓔ 판정(□에 'ⓥ'표)	ⓕ 정비 및 조치할 사항		
ABS 자기진단	앞쪽 좌측 휠 스피드 센서	커넥터 탈거	□ 양 호 ☑ 불 량	커넥터 연결, 과거 기억소거 후 재점검		

1) ① 측정(또는 점검) : ⓒ 이상 부위 란에는 수검자가 스캐너의 자기진단 화면 창에 나타난 이상부위인 "앞쪽 좌측 휠스피드 센서"를 기록하고, ⓓ 내용 및 상태는 수검자가 점검한 이상부위 "커넥터 탈거"를 기록한다.
2) ② 판정 및 정비(또는 조치)사항 : ⓔ 판정은 수검자가 자기진단에서 정상이 아니므로 "불량"에 ✓ 표시를 하며, ⓕ 정비 및 조치할 사항 란에는 "커넥터 연결, 과거 기억소거 후 재점검"을 기록한다.

4. ABS 시스템 그림

1. ABS 시스템 구성도 모습

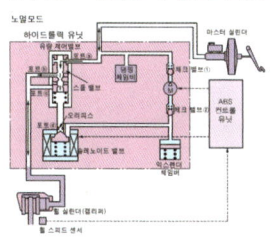

2. 리어 휠 스피드 센서 모습

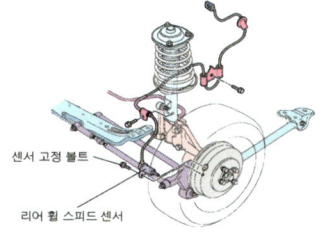

3. 리어 휠 스피드 센서 커넥터 모습

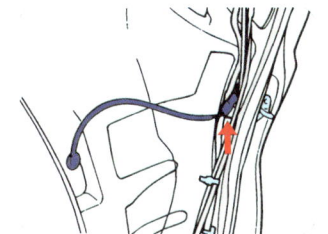

4안 │ 섀시 5 │ 최소회전 반지름 측정

주어진 자동차에서 감독위원의 지시에 따라 좌 또는 우회전시 최소회전 반경을 측정하여 기록·판정하시오.

1. 답안지 작성 방법 (최소회전 반경이 정상일 때)

섀시 5 : 시험 결과 기록표   자동차 번호 : ⓚ

Ⓒ 항 목	① 측정(또는 점검)				② 판정 및 정비(또는 조치)사항		Ⓙ 득점
	Ⓓ 좌측바퀴	Ⓔ 우측바퀴	Ⓕ 기 준 값 (최소회전반경)	Ⓖ 측 정 값 (최소회전반경)	Ⓗ 산출근거	Ⓘ 판정 (□에 '✔'표)	

Ⓐ 비번호 / Ⓑ 감독위원 확 인

| 회전방향 (□에 '✔' 표) ✔ 좌 □ 우 | 34° | 30° | 12m 이하 | 4.90m | $R = \dfrac{2,400}{\sin 30°} + 100$ $= \dfrac{2,400}{0.5} + 100 = 4,900mm$ | ✔ 양 호 □ 불 량 | |

※※ 회전 방향은 감독위원이 지정하는 위치에 □에 '✔' 표시합니다.
※ 축거 및 바퀴의 접지면 중심과 킹핀과의 거리(r)는 감독위원이 제시합니다.
※ 자동차검사기준 및 방법에 의하여 기록, 판정합니다. ※ 산출근거에는 단위를 기록하지 않아도 됩니다.

1) **비번호** : Ⓐ 비번호는 공단직원이 주는 등번호를 수검자가 기록한다.
2) **감독위원 확인** : Ⓑ 감독위원 확인란은 감독위원이 채점한 후에 도장을 찍는 부분으로 수검자는 기록하지 않는다.
3) **항목** : Ⓘ 회전방향 란에는 감독위원이 지정하는 회전방향 "좌"에 ✔ 표시를 한다.
4) **① 측정(또는 점검)** : 수검자가 회전방향의 안쪽 바퀴(Ⓓ 좌측 바퀴)에 최대 조향각을 턴테이블에서 읽은값 "34°"를 기록하고, 바깥쪽 바퀴(Ⓔ 우측바퀴) 측정값 "30°"를 기록한다. Ⓕ 기준값은 검사 기준인 "12m 이하"를 기록하며, Ⓖ 측정값은 수검자가 최소회전 반경을 측정한 값 "4,900mm"를 기록한다.(r 값은 감독위원이 주어진다.)

㉮ 좌측 바퀴 : 34° ㉯ 우측 바퀴 : 30° ㉰ 기준값 : 12m 이하 ㉱ 측정값 : 4,470mm

※ $R = \dfrac{L}{\sin \alpha} + r$ ∴ $R = \dfrac{2,400}{0.5} + 100 = 4,900mm$

· R : 최소회전반경(m) · sinα : 바깥쪽 바퀴의 조향각(sin30°= 0.5)−이값은 감독위원이 주기도 한다.
· r : 바퀴 접지면 중심과 킹핀 중심과의 거리(100mm)−감독위원이 주어짐

【 차종별 축간거리 및 조향각 기준값 】

차종	축거 (mm)	조향각 내측	조향각 외측	회전반경 (mm)	차종	축거 (mm)	조향각 내측	조향각 외측	회전반경 (mm)
아토스	2,380	40.45°	34.06°	4,470	K7-2015	2,855	39.9±1.5°	32.90°	−
K5-2015	2,850	40.04°±1.5°	32.96°	−	쏘나타Ⅲ	2,700	39.67°	32.21°	−
모닝-2015	2,400	39.9°±1.5°	31°	−	그랜저	2,745	37°	30.30°	5,700
EF쏘나타	2,700	39.70°±2°	32.40°±2°	5,000	아반떼XD	2,610	40.1° ±2°	32.45°	4,550
베르나	2,440	33.37°±1°30′	35.51°	4,900	NF 소나타	2,730	39.17±2°	31.56°	

5) **② 판정 및 정비(또는 조치)사항** : Ⓗ 산출근거는 수검자가 측정한 값과 최소 회전 반경 공식에 대입하여 계산한 공식 "$R = \dfrac{2,400}{\sin 30°} + 100 = \dfrac{2,400}{0.5} + 100 = 4,900mm$"을 기입한다. Ⓘ 판정은 검사 기준 값과 비교하여 범위 안에 들면 양호에, 범위를 벗어나면 불량에 ✔ 표시를 하는데 여기서는 12m 안에 들어오므로 "양호"에 ✔ 표시를 한다.

㉮ 산출 근거 : $R = \dfrac{2,400}{\sin 30°} + 100 = \dfrac{2,400}{0.5} + 100 = 4,900mm$

㉯ 판정 : · 양호 : 측정값이 성능기준 값의 범위에 있을 때
　　　　　· 불량 : 측정값이 성능기준 값의 범위를 벗어났을 때

6) **득점** : Ⓙ 득점은 감독위원이 채점을 하고 점수를 기록하는 부분으로 수검자는 기록하지 않는다.
7) **자동차 번호** : Ⓚ 측정하는 자동차 번호를 수검자가 기록한다.

2. 시험장에서는 ……

사실상 검사장에서는 시험 항목에 최소회전 반경이 있지만 측정하지는 않는다. 시험문제가 만들어지면서 최소회전 반경을 측정하는 방식이 정립되었다 하여도 과언은 아니다. 감독위원으로부터 답안지를 받아들고 측정차량에 가면 보조원이 기다리고 있을 것이다. 왜냐하면 혼자서 최소회전반경 공식에 대입하기 위한 축거나 조향각을 측정하기는 어렵기 때문이다. 먼저 줄자를 보조원에게 뒤차축의 중심에 대도록 하고 수검자는 앞차축의 중심에 대어 축거를 측정하고, 보조원을 운전석에서 핸들을 좌, 또는 우측으로 끝까지 돌리도록 하고 바깥쪽 바퀴의 조향각을 측정하여 기록하고 계산식에 넣어 산출한 후 답안을 작성한다. r값은 감독위원이 주어진다.

3. 답안지 작성 방법(회전방향이 우회전 이며 최소회전 반경이 성능기준 안에 들 때)

섀시 5 : 시험 결과 기록표 자동차 번호 : **K**   **Ⓐ** 비번호   **Ⓑ** 감독위원 확 인

Ⓒ 항 목	① 측정(또는 점검)				② 판정 및 정비(또는 조치)사항		
	Ⓓ 좌측바퀴	**Ⓔ** 우측바퀴	**Ⓕ** 기 준 값 (최소회전반경)	**Ⓖ** 측 정 값 (최소회전반경)	**Ⓗ** 산출근거	**Ⓘ** 판정 (□에 '✔'표)	**Ⓙ** 득점
회전방향 (□에 '✔' 표) □ 좌 ✔ 우	30°	37°	12m 이하	5.56m	$R = \frac{2{,}730}{\sin 30°} + 100$ $= \frac{2{,}730}{0.5} + 100 = 5{,}560mm$	✔ 양 호 □ 불 량	

1) **항목** : **Ⓘ** 회전방향 란에는 감독위원이 지정한 방향 "우"에 ✔ 표시를 한다.
2) **① 측정(또는 점검)** : 수검자가 회전방향의 바깥쪽 바퀴(**Ⓓ** 좌측 바퀴)에 최대 조향각을 턴테이블에서 읽은값 "30°"를 기록하고, 안쪽 바퀴(**Ⓔ** 우측바퀴) 측정값 "37°"를 기록 한다. **Ⓕ** 기준값은 검사 기준인 "12m 이하"를 기록하며, **Ⓖ** 측정값은 수검자가 최소회전 반경을 측정한 값 "5,560mm"를 기록한다.(r 값은 감독위원이 주어진다.)

※ $R = \dfrac{L}{\sin\alpha} + r$ ∴ $R = \dfrac{2{,}730}{0.50} + 100 = 5{,}560mm$

· R : 최소회전반경(m) · sinα : 바깥쪽 바퀴의 조향각(sin30°= 0.5)–이값은 감독위원이 주기도 한다.
· 축거 : 2,730mm · r : 바퀴 접지면 중심과 킹핀 중심과의 거리(100mm)–감독위원이 주어짐

3) **② 판정 및 정비(또는 조치)사항** : **Ⓗ** 산출근거는 수검자가 측정한 값과 최소 회전 반경 공식에 대입하여 계산한 공식 "$R = \dfrac{2{,}730}{\sin 30°} + 100\ R = \dfrac{2{,}730}{0.50} + 100 = 5{,}560mm$"을 기입한다. **Ⓘ** 판정은 검사 기준 값과 비교하여 범위 안에 들면 양호에, 범위를 벗어나면 불량에 ✔ 표시를 하는데 여기서는 12m 안에 들어오므로 "**양호**"에 ✔ 표시를 한다.

4. 답안지 작성 방법(회전방향이 좌회전 이며 최소회전 반경이 성능기준 안에 들 때)

섀시 5 : 시험 결과 기록표 자동차 번호 : **K**   **Ⓐ** 비번호   **Ⓑ** 감독위원 확 인

Ⓒ 항 목	① 측정(또는 점검)				② 판정 및 정비(또는 조치)사항		
	Ⓓ 좌측바퀴	**Ⓔ** 우측바퀴	**Ⓕ** 기 준 값 (최소회전반경)	**Ⓖ** 측 정 값 (최소회전반경)	**Ⓗ** 산출근거	**Ⓘ** 판정 (□에 '✔'표)	**Ⓙ** 득점
회전방향 (□에 '✔' 표) ✔ 좌 □ 우	39°	32°	12m 이하	5.15m	$R = \frac{2{,}730}{\sin 32°} + 100$ $= \frac{2{,}730}{0.53} + 100 = 5{,}150mm$	✔ 양 호 □ 불 량	

1) **항목** : **Ⓘ** 회전방향 란에는 감독위원이 지정한 방향 "좌"에 ✔ 표시를 한다.
2) **① 측정(또는 점검)** : 수검자가 회전방향의 안쪽 바퀴(**Ⓓ** 좌측 바퀴)에 최대 조향각을 턴테이블에서 읽은값 "39°"를 기록하고, 바깥쪽 바퀴(**Ⓔ** 우측바퀴) 측정값 "32°"를 기록한다. **Ⓕ** 기준값은 검사 기준값인 "12m 이하"를 기록하며, **Ⓖ** 측정값은 수검자가 최소회전 반경을 측정한 값 "5,150mm"를 기록한다.
3) **② 판정 및 정비(또는 조치)사항** : **Ⓗ** 산출근거는 수검자가 측정한 값과 최소 회전 반경 공식에 대입하여 계산한 공식 "$R = \dfrac{2{,}730}{\sin 32°} + 100\ R = \dfrac{2{,}730}{0.53} + 100 = 5{,}150mm$"을 기입한다. **Ⓘ** 판정은 검사 기준값과 비교하여 범위 안에 들면 양호에, 범위를 벗어나면 불량에 ✔ 표시를 하는데 여기서는 12m 안에 들어오므로 "**양호**"에 ✔표시를 한다.

전기 2 메인 컨트롤 릴레이 점검

주어진 자동차에서 감독위원의 지시에 따라 메인 컨트롤 릴레이의 고장부분을 점검한 후 기록표에 기록·판정하시오.

1. 답안지 작성 방법 (메인 컨트롤 릴레이가 정상일 때)

전기 2 : 시험 결과 기록표 자동차 번호 : **G**		Ⓐ 비번호		Ⓑ 감독위원 확　인	
항　목	Ⓒ ① 측정(또는 점검)	② 판정 및 정비(또는 조치) 사항			Ⓕ 득　점
		Ⓓ 판정(□에 '✔'표)	Ⓔ 정비 및 조치할 사항		
코일이 여자 되었을 때	☑ 양　호 □ 불　량	☑ 양　호 □ 불　량	정비 및 조치사항 없음		
코일이 여자 안 되었을 때	☑ 양　호 □ 불　량				

1) **비번호** : Ⓐ 비번호는 공단직원이 주는 등번호를 수검자가 기록한다.
2) **감독위원 확인** : Ⓑ 감독위원 확인란은 감독위원이 채점한 후에 도장을 찍는 부분으로 수검자는 기록하지 않는다.
3) **① 측정(또는 점검)** : Ⓒ 측정(또는 점검)란은 수검자가 회로도를 보고 컨트롤 릴레이를 작동 시키면서 측정하고 규정값이 나오면 양호에, 안 나오던가 높으면 불량에 ✔ 표시를 한다.

【 컨트롤 릴레이 단자간 저항 규정값 】

상　태	측정 단자	저항값
여자가 안됨	1과 7	∞Ω
	2와 5(L₂) 2와 3(L₂)	약 95Ω
	6과 4(L₁)	약 35Ω
여자가 됨	1과 7	0Ω
여자가 안됨	3과 7	∞Ω
	4→8	∞Ω
	4←8(L₃)	약 140Ω
여자가 됨	3과 7	0Ω

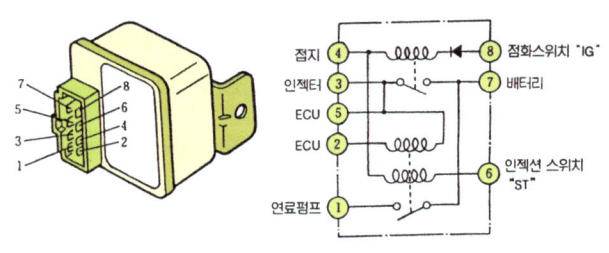

4) **② 판정 및 정비(또는 조치)사항** : Ⓓ 판정은 수검자가 측정하여 모두 양호하면 양호에, 하나라도 불량이면 불량에 ✔ 표시를 하며, Ⓔ 정비 및 조치할 사항 란에는 고장 부품 정비방법을 기록한다.
   ㉮ 판정 : · 양호 – 모두 양호할 때
              · 불량 – 하나 이상 불량일 때
   ㉯ 정비 및 조치할 사항 : 정비 및 조치사항 없음
5) **득점** : Ⓕ 득점은 감독위원이 채점을 하고 점수를 기록하는 부분으로 수검자는 기록하지 않는다.
6) **자동차 번호** : Ⓖ 측정하는 자동차의 번호를 수검자가 기록한다.

2. 시험장에서는 ……

스탠드 위에 놓여 있는 컨트롤 릴레이를 멀티 테스터기로 측정한다. 테스터기가 정확하여야 하기 때문에 측정기기의 준비는 정도가 맞는 것으로 준비하여야 한다. 그래서 시험장에서는 측정용 기기를 시험장의 것을 사용하도록 하고 있다. 감독위원이 실습장에 있는 테스터를 이용하라고 하면 자기가 사용하던 것과 다르더라도 감독위원의 지시를 따르는 것이 정확한 값을 측정할 수 있다. 여기서도 감독위원이 정비지침서나 규정값이 주어질 것이다. 이 문제에서는 컨트롤 릴레이가 여러 종류가 있으므로 외워서 측정을 할 수는 없다. 이해를 하여야 어떤 컨트롤 릴레이가 나오더라도 측정할 수가 있다.

3. 답안지 작성 방법(L_1 코일이 단선일 때)

전기 2 : 시험 결과 기록표
자동차 번호 : ⓖ

항 목	ⓒ ① 측정(또는 점검)	② 판정 및 정비(또는 조치) 사항		ⓕ 득 점
		ⓓ 판정(□에 '✔'표)	ⓔ 정비 및 조치할 사항	
코일이 여자 되었을 때	□ 양 호 ☑ 불 량	□ 양 호 ☑ 불 량	컨트롤 릴레이 교환 후 재점검	
코일이 여자 안 되었을 때	□ 양 호 ☑ 불 량			

ⓐ 비번호   ⓑ 감독위원 확 인

1) ① **측정(또는 점검)** : ⓒ 측정(또는 점검)은 수검자가 회로도를 보고 컨트롤 릴레이를 작동 시키면서 측정하고 규정값이 나오면 양호에, 안 나오던가 높으면 불량에 ✔ 표시를 한다.
2) ② **판정 및 정비(또는 조치)사항** : ⓓ 판정은 수검자가 측정한 L_1 코일이 단선이므로 "**불량**"에 ✔ 표시를 하며, ⓔ 정비 및 조치할 사항 란에는 "**컨트롤 릴레이 교환 후 재점검**"으로 기록한다.

4. 답안지 작성 방법(L_2 코일이 단선일 때)

전기 2 : 시험 결과 기록표
자동차 번호 : ⓖ

항 목	ⓒ ① 측정(또는 점검)	② 판정 및 정비(또는 조치) 사항		ⓕ 득 점
		ⓓ 판정(□에 '✔'표)	ⓔ 정비 및 조치할 사항	
코일이 여자 되었을 때	□ 양 호 ☑ 불 량	□ 양 호 ☑ 불 량	컨트롤 릴레이 교환 후 재점검	
코일이 여자 안 되었을 때	□ 양 호 ☑ 불 량			

ⓐ 비번호   ⓑ 감독위원 확 인

1) ① **측정(또는 점검)** : ⓒ 측정(또는 점검)은 수검자가 회로도를 보고 컨트롤 릴레이를 작동 시키면서 측정하고 규정값이 나오면 양호에, 안 나오던가 높으면 불량에 ✔ 표시를 한다.
2) ② **판정 및 정비(또는 조치)사항** : ⓓ 판정은 수검자가 측정한 L_2 코일이 단선이므로 "**불량**"에 ✔ 표시를 하며, ⓔ 정비 및 조치할 사항 란에는 "**컨트롤 릴레이 교환 후 재점검**"으로 기록한다.

5. 답안지 작성 방법(L_3 코일이 단선일 때)

전기 2 : 시험 결과 기록표
자동차 번호 : ⓖ

항 목	ⓒ ① 측정(또는 점검)	② 판정 및 정비(또는 조치) 사항		ⓕ 득 점
		ⓓ 판정(□에 '✔'표)	ⓔ 정비 및 조치할 사항	
코일이 여자 되었을 때	□ 양 호 ☑ 불 량	□ 양 호 ☑ 불 량	컨트롤 릴레이 교환 후 재점검	
코일이 여자 안 되었을 때	□ 양 호 ☑ 불 량			

ⓐ 비번호   ⓑ 감독위원 확 인

1) ① **측정(또는 점검)** : ⓒ 측정(또는 점검)은 수검자가 회로도를 보고 컨트롤 릴레이를 작동 시키면서 측정하고 규정값이 나오면 양호에, 안 나오던가 높으면 불량에 ✔ 표시를 한다.
2) ② **판정 및 정비(또는 조치)사항** : ⓓ 판정은 수검자가 측정한 L_3 코일이 단선이므로 "**불량**"에 ✔ 표시를 하며, ⓔ 정비 및 조치할 사항 란에는 "**컨트롤 릴레이 교환 후 재점검**"으로 기록한다.

전기 3 방향지시등 회로 점검

4안

주어진 자동차에서 방향지시등 회로의 고장부분을 점검한 후 기록표에 기록·판정하시오.

1. 답안지 작성 방법 (방향지시등 모두가 작동하지 않을 때)

전기 3 : 시험 결과 기록표
자동차 번호 : ⓗ

항 목	① 측정(또는 점검)		② 판정 및 정비(또는 조치)사항		ⓖ 득 점
	ⓒ 이상 부위	ⓓ 내용 및 상태	ⓔ 판정(□에 '✔'표)	ⓕ 정비 및 조치할 사항	
방향지시등 회로	플래셔 유닛	탈 거	□ 양 호 ☑ 불 량	플래셔 유닛 장착 후 재점검	

ⓐ 비번호 / ⓑ 감독위원 확인

1) **비번호** : ⓐ 비번호는 공단직원이 주는 등번호를 수검자가 기록한다.
2) **감독위원 확인** : ⓑ 감독위원 확인란은 감독위원이 채점한 후에 도장을 찍는 부분으로 수검자는 기록하지 않는다.
3) **① 측정(또는 점검)** : ⓒ 이상 부위는 수검자가 방향지시등이 작동되지 않는 이유 중 고장 난 부품 명칭인 "플래셔 유닛"을 기록하고, ⓓ 내용 및 상태는 이상 부위의 상태 "탈거"를 기록한다.
4) **② 판정 및 정비(또는 조치)사항** : ⓔ 판정은 "불량"에 ✔ 표시를 하고 ⓕ 정비 및 조치할 사항 란에는 작동 불량의 이유인 플래셔 탈거 이므로 "플래셔 유닛 장착 후 재점검"을 기록하고 그 외 고장은 아래 내용 중에 하나일 것이다.

   ◈ 방향지시등이 모두 작동하지 않는 원인
   - 배터리 불량 – 배터리 교환
   - 배터리 터미널 연결 상태 불량 – 배터리 터미널 재장착
   - 방향지시등 퓨즈의 탈거 – 방향지시등 퓨즈 장착
   - 방향지시등 퓨즈의 단선 – 방향지시등 퓨즈 교환
   - 플래셔 유닛 탈거 – 플래셔 유닛 장착
   - 플래셔 유닛 불량 – 플래셔 유닛 교환
   - 방향지시등 전구 탈거 – 방향지시등 전구 장착
   - 방향지시등 퓨즈 핀 부러짐 – 방향지시등 퓨즈 교환
   - 방향지시등 전구 단선 – 방향지시등 전구 교환
   - 콤비네이션 스위치 불량 – 콤비네이션 스위치 교환
   - 콤비네이션 스위치 커넥터 탈거 – 콤비네이션 스위치 커넥터 장착
   - 방향지시등 라인 단선 – 방향지시등 라인 연결
   - 콤비네이션 스위치 커넥터 불량 – 콤비네이션 스위치 커넥터 교환

5) **득점** : ⓖ 득점은 감독위원이 채점을 하고 점수를 기록하는 부분으로 수검자는 기록하지 않는다.
6) **자동차 번호** : ⓗ 측정하는 자동차 번호를 수검자가 기록한다.

2. 답안지 작성 방법 (방향지시등 일부가 작동하지 않을 때)

전기 3 : 시험 결과 기록표
자동차 번호 : ⓗ

항 목	① 측정(또는 점검)		② 판정 및 정비(또는 조치)사항		ⓖ 득 점
	ⓒ 이상 부위	ⓓ 내용 및 상태	ⓔ 판정(□에 '✔'표)	ⓕ 정비 및 조치할 사항	
방향지시등 회로	방향지시등 퓨즈	탈거	□ 양 호 ☑ 불 량	방향지시등 퓨즈 장착 후 재점검	

ⓐ 비번호 / ⓑ 감독위원 확인

1) **① 측정(또는 점검)** : ⓒ 이상 부위는 수검자가 방향지시등이 작동되지 않는 이유 중 고장 난 부품 명칭인 "방향지시등 퓨즈"를 기록하고, ⓓ 내용 및 상태는 이상 부위의 상태 "탈거"를 기록한다.
2) **② 판정 및 정비(또는 조치)사항** : ⓔ 판정은 "불량"에 ✔ 표시를 하고 ⓕ 정비 및 조치할 사항 란에는 작동 불량의 이유인 퓨즈 탈거 이므로 "방향 지시등 퓨즈 장착 후 재점검"을 기록하고 그 외 고장은 아래 내용 중에 하나일 것이다.

   ◈ 방향지시등 일부가 작동하지 않는 원인
   - 방향지시등 연결 커넥터 불량 – 방향지시등 커넥터 교환
   - 방향지시등 전구 녹으로 접지 불량 – 방향지시등 전구 교환
   - 방향지시등 전구 탈거 – 방향지시등 전구 장착

- 방향지시등 전구 단선 – 방향지시등 전구 교환
- 방향지시등 전구 연결 커넥터 탈거 – 방향지시등 연결 커넥터 장착.
- 방향지시등 라인 단선 – 방향지시등 라인 연결

◈ 방향지시등 점멸이 느린 원인 : 법규상 매분 60~120회
- 방향지시등 전구 용량 크다 – 방향지시등 전구 교환
- 방향지시등 전구 녹으로 접지 불량 – 방향지시등 전구 교환
- 방향지시등 플래셔 유닛 불량 – 방향지시등 플래셔 유닛 교환
- 방향지시등 전구 손상 – 방향지시등 전구 교환
- 방향지시등 전구 연결 커넥터 연결 상태 불량 – 방향지시등 연결 커넥터 장착.
- 배터리 불량 – 배터리 교환
- 배터리 터미널 연결 상태 불량 – 배터리 터미널 재장착

【 등화장치의 종류와 전구용량 】

등화의 종류		전구 용량	등화의 종류	전구 용량	등화의 종류	전구 용량
전조등 (상향/하향)		55 W / 55W	전방 방향지시등/차폭등	28W / 8W	하이 마운트 스톱 램프	27W
리어 콤비네이션 램프	정지/미등	28W / 8W	안개등	27W	실내등/ 맵 램프	10W
	후진등	27W	번호판등	5W	도어 커터시 램프	5W
	방향지시등	27W	화물등	5W	사이드 리피트 램프	5W

3. 시험장에서는 ……

 실제 차량을 사용할 때도 있고 시뮬레이터를 사용할 경우도 있지만 모든 시험 문제가 그렇듯이 실제 차량 위주로 시험을 보는 추세이다. 측정 차량 옆에나 앞 유리에 "방향지시등 회로 점검"이라는 글씨가 보일 것이다. 시동을 걸어놓고 점검을 하여야 하나 안전상 시동을 꺼 놓고 점검한다. 반드시 키 스위치를 ON 상태로 놓고 측정한다. 방향지시등 스위치를 작동시켰을 때 당연히 램프가 점등되지 않을 것이다. 방향지시등이 점등되지 않는 원인을 찾아야 한다. "배터리는 정상이며, 터미널 커넥터는 정확하게 연결되어 있는지?", "방향지시등 퓨즈는 정상인가?", "플래셔 유닛은 정상인가?", "다기능 스위치 커넥터는 빠져 있지 않나?", "방향지시등에 커넥터는 제대로 연결되어 있나?", "방향지시등 전구는 고장이 아닌가?" 등을 점검하다 보면 분명히 감독위원이 고장을 내놓은 곳을 찾을 수 있을 것이다. 정상으로 고쳐 놓고 감독위원에게 확인을 받는다.

4. 방향 지시등 회로 점검 현장사진

1. 단선된 퓨즈 모습

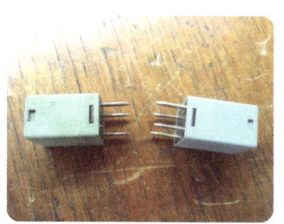

일부 시험장에서는 핀이 하나 부러진 퓨즈를 설치하여 놓은 곳도 있다.

2. 실차량에서의 방향지시등 작동 모습

실내 릴레이 박스에서 릴레이를 점검한다.

3. 실내 플래셔 유닛 설치 모습

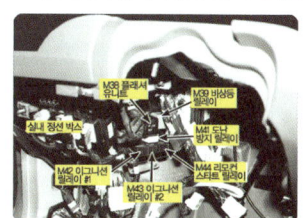

일부 시험장에서는 핀이 하나 부러진 릴레이를 설치하여 놓은 곳도 있다.

4. 앞 좌에서의 방향지시등 모습

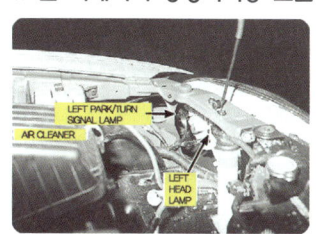

5. 앞 좌에서의 방향지시등 모습

6. 뒤 좌에서의 방향지시등 모습

전기 4 경음기 음량 측정

주어진 자동차에서 경음기 음량을 측정하여 기록표에 기록·판정하시오.

1. 답안지 작성 방법 (경음기 음량이 정상일 때)

전기 4 : 시험 결과 기록표
자동차 번호 : **G**

항목	① 측정(또는 점검)		② 판정 및 정비(또는 조치) 사항	**F**득 점
	C측정값	**D**기준값	**E**판정(□에 '✔' 표)	
경음기 음량	105dB	90 dB 이상 110dB 이하	✔ 양 호 □ 불 량	

A비 번호 　　**B**감독위원 확 인

※ 감독위원이 제시한 자동차등록증(또는 차대번호)을 활용하여 차종 및 연식을 적용합니다.
※ 자동차검사기준 및 방법에 의하여 기록, 판정합니다.　　※ 암소음은 무시합니다.

1) **비번호** : **A** 비번호는 공단직원이 주는 등번호를 수검자가 기록한다.
2) **감독위원 확인** : **B** 감독위원 확인란은 감독위원이 채점한 후에 도장 찍는 부분으로 수검자는 기록하지 않는다.
3) **① 측정(또는 점검)** : **C** 측정값은 수검자가 측정한 음량인 "105dB"을 기록하고, **D** 기준값은 운행차 검사기준을 수검자가 암기하여 "90 dB 이상 110dB이하"를 기록한다.(반드시 단위를 기입한다)
   ㉮ 측정값 : 105dB　　㉯ 기준값 : 90이상, 110dB 이하 (2014년 11월 08일 등록-쏘나타 NF)

【경음기 음량 규정값(2006년 1월 1일 이후)】

자동차 종류	소음항목	경적소음(dB(C))
경자동차		110 이하
승용 자동차	소형, 중형	110 이하
	중대형, 대형	112 이하
화물 자동차	소형, 중형	110 이하
	대형	112 이하

【경음기 음량 규정값(2000년 1월 1일 이후)】

차량 종류	소음 항목	경적 소음(dB(C))	비고
경 자동차		110 이하	이륜 자동차 110 이하
승용 자동차	승용 1, 2	110 이하	
	승용 3, 4	112 이하	
화물 자동차	화물 1, 2	110 이하	
	화물 3	112 이하	

제53조(경음기) 자동차의 경음기는 다음 각 호의 기준에 적합해야 한다.(자동차 및 자동차부품의 성능과 기준에 관한 규칙)
1. 일정한 크기의 경적음을 동일한 음색으로 연속하여 낼 것
2. 자동차 전방으로 2미터 떨어진 지점으로서 지상높이가 1.2±0.05미터인 지점에서 측정한 경적음의 최소크기가 최소 90데시벨(C) 이상일 것

4) **② 판정 및 정비(또는 조치)사항** : **E** 판정은 수검자가 측정한 값과 기준값을 비교하여 기준값 범위 내에 있으면 양호, 벗어나면 불량에 ✔표시를 한다.
   ㉮ 판정 : ·양호 - 기준값의 범위에 있을 때　　·불량 - 기준값의 범위를 벗어났을 때
5) **득점** : **F** 득점은 감독위원이 채점을 하고 점수를 기록하는 부분으로 수검자는 기록하지 않는다.
6) **자동차 번호** : **G** 측정하는 자동차 번호를 수검자가 기록한다.

2. 시험장에서는 ……

답안지를 받고 경음기 음량을 측정하는 차량에 가면 음량계가 함께 놓여 있을 것이다. 또한 보조원이 경음기를 울려 주기 위해 운전석에서 앉아 기다리고 있을 것이다. 줄자로 차량의 맨 앞부분에서 2m 전방위치에 1.2±0.05m인 위치를 재서 음량계를 놓고 기능선택 스위치를 C로, 동특성 스위치는 FAST로, 측정 최고 소음 정비 스위치는 Inst 위치로 하고 보조원에게 경음기 스위치를 눌러 줄 것을 주문하고 최고값을 답안지에 기입한다. 암소음을 측정하여 보정을 하여야 하나 암소음은 무시하라는 조건이 있으므로 측정한 값만 기록한다.

책상 위에 놓여 있는 음량계를 움직이지 말고 그 상태에서 측정하라고 한다. 그 이유는 측정기 위치가 달라짐에 따라 측정값이 변하기 때문이다. 음량값 규정값을 확인하기 위하여 옆에는 자동차 등록증이 복사되어 있을 것이다. 10번째 자리로 연식을 나타내므로 이것 또한 숙지하고 있어야 한다.

3. 답안지 작성 방법 (경음기 음량이 낮을 때)

전기 4 : 시험 결과 기록표
자동차 번호 : ❼

항 목	① 측(또는 점검)		② 판정 및 정비(또는 조치) 사항	❻득 점
	❸측정값	❹기준값	❺판정(□에 '✔' 표)	
경음기 음량	20dB	90dB 이상 110dB 이하	□ 양 호 ✔ 불 량	

❶비 번호　❷감독위원 확 인

1) ① 측정(또는 점검) : ❸ 측정값은 수검자가 측정한 음량인 "20dB"을 기록하고, ❹ 기준값은 운행차 검사기준을 수검자가 암기하여 "90dB 이상 110dB이하"를 기록한다.(반드시 단위를 기입한다)
2) ② 판정 및 정비(또는 조치)사항 : ❺ 판정은 수검자가 측정한 값과 기준값을 비교하여 기준값 범위 내에 있으면 양호, 벗어나면 불량에 ✔표시를 한다.
　㉮ 판정 : ·양호 – 기준값의 범위에 있을 때　·불량 – 기준값의 범위를 벗어났을 때

◆ 경음기 음량이 낮게 나오는 원인
・경음기 음량 조정 불량 – 음량 조정 나사로 조정　・경음기 연결 커넥터 접촉 불량 – 연결부 확실히 장착
・배터리 불량 – 배터리 교환　・배터리 터미널 연결 상태 불량 – 배터리 터미널 재장착
・경음기 접지 불량 – 접지부 확실히 장착　・경음기 고장 – 경음기 교환

4. 답안지 작성 방법 (경음기 음량이 높을 때)

전기 4 : 시험 결과 기록표
자동차 번호 : ❼

항 목	① 측정(또는 점검)		② 판정 및 정비(또는 조치) 사항	❻득 점
	❸측정값	❹기준값	❺판정(□에 '✔' 표)	
경음기 음량	135dB	90 dB 이상 110dB 이하	□ 양 호 ✔ 불 량	

❶비 번호　❷감독위원 확 인

1) ① 측정(또는 점검) : ❸ 측정값은 수검자가 측정한 음량인 "135dB"을 기록하고, ❹ 기준값은 운행차 검사기준을 수검자가 암기하여 "90dB 이상 110dB이하"를 기록한다.(반드시 단위를 기입한다)
2) ② 판정 및 정비(또는 조치)사항 : ❺ 판정은 수검자가 측정한 값과 기준값을 비교하여 기준값 범위 내에 있으면 양호, 벗어나면 불량에 ✔표시를 한다.
　㉮ 판정 : ·양호 – 기준값의 범위에 있을 때　·불량 – 기준값의 범위를 벗어났을 때

◆ 경음기 음량이 높게 나오는 원인
・경음기 규격품외 사용 – 규격품으로 교환　・경음기 추가 설치 – 추가된 경음기 탈거
・경음기 음량 조정 불량 – 음량 조정 나사로 조정

5. 경음기 음량 점검 현장사진

1. 측정 준비된 모습

실차에서 측정도 하지만 때에 따라서는 시뮬레이터를 이용하여 측정도 한다.

2. 측정 준비된 모습

음량계 옆에는 자동차 등록증을 두어서 이 차량의 연식을 보고 규정값을 기록한다.

3. 암소음을 측정 준비된 시험장 모습

암소음을 측정하기 위한 위치도 고정되어 있다. 반드시 지정된 곳에서 측정한다.

엔진 1 크랭크축의 휨 점검

5안 주어진 디젤 엔진에서 크랭크축을 탈거(감독위원에게 확인)하고 감독위원의 지시에 따라 기록표의 내용대로 기록·판정한 후 다시 조립하시오.

1. 답안지 작성방법 (크랭크축 휨이 정상일 때)

엔진 1 : 시험 결과 기록표
엔진 번호 : ⓗ

항 목	① 측정(또는 점검)		② 판정 및 정비(또는 조치)사항		ⓖ 득 점
	ⓒ 측 정 값	ⓓ 규정(정비한계)값	ⓔ 판정(□에 '✔'표)	ⓕ 정비 및 조치할 사항	
크랭크 축 휨	0.01mm	0.03mm 이내	✔ 양 호 □ 불 량	정비 및 조치사항 없음	

ⓐ 비번호 ⓑ 감독위원 확 인

※ 단위가 누락되거나 틀린 경우는 오답으로 채점함

1) **비번호** : ⓐ 비번호는 공단직원이 주는 등번호를 수검자가 기록한다.
2) **감독위원 확인** : ⓑ 감독위원 확인란은 감독위원이 채점한 후에 도장을 찍는 부분으로 수검자는 기록하지 않는다.
3) **① 측정(또는 점검)** : ⓒ 측정값은 수검자가 크랭크축의 휨을 측정한 값인 "0.01mm"를 기록하고, ⓓ 규정(정비한계)값은 감독위원이 주어진 값이나 또는 정비지침서를 보고 "0.03mm 이내"를 기록한다.(반드시 단위를 기입한다)
   ㉮ 측정값 : 0.01mm   ㉯ 규정(정비한계)값 : 0.03mm 이내

■ 차종별 크랭크축의 휨 규정값

차 종	규 정 값	비 고
엑셀, 스쿠프, 아반떼	0.03mm 이내	
엘란트라, 쏘나모, 티뷰론	0.03mm 이내	
소나타	0.03mm 이내	
르망	0.03mm 이내	
프라이드	0.04mm 이내	
라노스	진원이탈도 0.004mm	
누비라	진원이탈도 0.003mm	
세피아	0.04mm	

4) **② 판정 및 정비(또는 조치)사항** : ⓔ 판정은 수검자가 측정한 값과 규정(정비한계)값을 비교하여 범위 내에 있으면 양호, 벗어나면 불량에 ✔표시를 하며, ⓕ 정비 및 조치할 사항 란에는 고장부품과 정비할 사항을 기록한다.
   ㉮ 판정 : ·양호 – 규정(정비한계)값 이내에 있을 때   ·불량 – 규정(정비한계)값을 벗어났을 때
   ㉯ 정비 및 조치할 사항 : 정비 및 조치할 사항 없음
5) **득점** : ⓖ 득점은 감독위원이 채점을 하고 점수를 기록하는 부분으로 수검자는 기록하지 않는다.
6) **엔진 번호** : ⓗ 측정하는 엔진 번호를 수검자가 기록한다.

2. 시험장에서는 ……

① **크랭크축 탈거·조립** : 분해 조립용 디젤 엔진이 작업대에 있을 것이며 감독위원의 지시에 의해 지정하는 디젤 엔진 앞에 서서 가지고간 수건이나 걸레로 작업대를 깨끗이 닦은 후 스탠드 바닥에 깔아서 필요한 공구를 올려놓고 감독위원에게 "준비 되었습니다"하고 감독위원이 "시작하세요"하면 시작한다. 가솔린 엔진과 별반 차이는 없으나 무게가 무거우므로 안전에 각별히 유의한다. 메인 베어링 캡에 번호와 화살표가 있다. 앞쪽부터 1번이고 화살표는 앞 방향으로 가도록 조립한다. 설치 볼트를 조립할 때는 스피드 핸들로 3~4번 나누어서 조립한다. 윤활부에 오일 건을 이용하여 오일을 발라 주는 것도 잊지 말아야 한다.

② **크랭크축의 휨 측정** : 스탠드에 크랭크축과 V-블록, 다이얼 게이지와 마그네틱 베이스가 올려져 있다. 크랭크축과 스탠드를 깨끗이 닦고 측정을 한다. 일부에서는 설치가 되어 측정만 하게 한곳도 있다. 특히 측정기기를 조심하게 다루어야 한다.

3. 답안지 작성 방법 (크랭크축의 휨량이 많을 때)

엔진 1 : 시험 결과 기록표 엔진 번호 : Ⓗ				Ⓐ 비번호		Ⓑ 감독위원 확 인	
항 목	① 측정(또는 점검)		② 판정 및 정비(또는 조치)사항		Ⓖ 득 점
	Ⓒ 측 정 값	Ⓓ 규정(정비한계)값	Ⓔ 판정(□에 'ü'표)	Ⓕ 정비 및 조치할 사항	
크랭크 축 휨	0.2mm	0.03mm 이내	□ 양 호 ✔ 불 량	크랭크축 교환 후 재점검	

※ 단위가 누락되거나 틀린 경우는 오답으로 채점함

1) ① 측정(또는 점검) : Ⓒ 측정값은 수검자가 측정한 값 "0.2mm"를 기록하며, Ⓓ 규정(정비한계)값은 감독위원이 주어진 값이나 정비 지침서 규정값 "0.03mm 이내"를 기록한다.
2) ② 판정 및 정비(또는 조치)사항 : Ⓔ 판정은 측정값이 0.03mm 이내를 벗어났으므로 "불량"에 ✔ 표시를 하며, Ⓕ 정비 및 조치할 사항 란에는 "크랭크축 교환 후 재점검"으로 기록한다.

4. 답안지 작성 방법 (크랭크축의 휨량이 없을 때)

엔진 1 : 시험 결과 기록표 엔진 번호 : Ⓗ				Ⓐ 비번호		Ⓑ 감독위원 확 인	
항 목	① 측정(또는 점검)		② 판정 및 정비(또는 조치)사항		Ⓖ 득 점
	Ⓒ 측 정 값	Ⓓ 규정(정비한계)값	Ⓔ 판정(□에 'ü'표)	Ⓕ 정비 및 조치할 사항	
크랭크 축 휨	0mm	0.03mm 이내	✔ 양 호 □ 불 량	정비 및 조치할 사항 없음	

※ 단위가 누락되거나 틀린 경우는 오답으로 채점함

1) ① 측정(또는 점검) : Ⓒ 측정값은 수검자가 측정한 값인 "0mm"를 기록하며, Ⓓ 규정(정비한계)값은 감독위원이 주어진 값이나 정비 지침서 규정값 "0.03mm 이내"를 기록한다.
2) ② 판정 및 정비(또는 조치)사항 : Ⓔ 판정은 측정값이 0.03mm 이내이므로 "양호"에 ✔ 표시를 하며, Ⓕ 정비 및 조치할 사항 란에는 수정할 필요가 없으므로 "정비 및 조치할 사항은 없음"으로 기록한다.

5. 답안지 작성 방법 (크랭크축의 휨량이 많을 때)

엔진 1 : 시험 결과 기록표 엔진 번호 : Ⓗ				Ⓐ 비번호		Ⓑ 감독위원 확 인	
항 목	① 측정(또는 점검)		② 판정 및 정비(또는 조치)사항		Ⓖ 득 점
	Ⓒ 측 정 값	Ⓓ 규정(정비한계)값	Ⓔ 판정(□에 'ü'표)	Ⓕ 정비 및 조치할 사항	
크랭크 축 휨	0.05mm	0.03mm 이내	□ 양 호 ✔ 불 량	크랭크축 교환 후 재점검	

※ 단위가 누락되거나 틀린 경우는 오답으로 채점함

1) ① 측정(또는 점검) : Ⓒ 측정값은 수검자가 측정한 값인 "0.05mm"를 기록하며, Ⓓ 규정(정비한계)값은 감독위원이 주어진 값이나 정비 지침서 규정값 "0.03mm 이내"를 기록한다.
2) ② 판정 및 정비(또는 조치)사항 : Ⓔ 판정은 측정값이 0.03mm 이내를 벗어났으므로 "불량"에 ✔ 표시를 하며, Ⓕ 정비 및 조치할 사항 란에는 수정이 불가능 하므로 "크랭크축 교환 후 재점검"으로 기록한다.

6. 크랭크축 휨 점검 현장사진

1. 크랭크축 휨 측정 모습
2. 크랭크축 휨 측정 모습
3. 크랭크축 휨 측정 모습

엔진 3 엔진 센서(액추에이터) 점검(자기진단)

5안 주어진 자동차에서 전자제어 디젤(CRDI) 엔진의 예열 플러그(예열장치) 1개를 탈거(감독위원에게 확인)한 후 다시 조립하고 감독위원의 지시에 따라 진단기(스캐너)를 사용하여 엔진의 각종 센서(액추에이터) 점검 후 고장부분을 기록하시오.

1. 답안지 작성 방법 (CAS의 커넥터가 탈거일 때)

엔진 3 : 시험 결과 기록표
자동차 번호 : ❶

항 목	① 측정(또는 점검)			② 고장 및 정비(또는 조치) 사항		❽득 점
	❸ 고장부위	❹ 측정값	❺ 규정값	❻ 고장 내용	❼ 정비 및 조치사항	
센서(액추에이터) 점검	CAS	0V/아이들	1.8~2.5V/아이들	커넥터 탈거	커넥터 연결, 기억소거 후 재점검	

❷ 비번호   ❸ 감독위원 확 인

※ 단위가 누락되거나 틀린 경우는 오답으로 채점함

1) 비번호 : ❷ 비번호는 공단직원이 주는 등번호를 수검자가 기록한다.
2) 감독위원 확인 : ❸ 감독위원 확인란은 감독위원이 채점한 후에 감독위원 도장을 찍는 부분으로 수검자는 기록하지 않는다.
3) ① 측정(또는 점검) : ❹ 고장부위는 수검자가 스캐너로 자기진단 화면 창에 나타난 CAS를 기록하고,
   ❺ 측정값은 센서 출력 화면에서 측정한 값 0V / 아이들을 기록한다.
   ❻ 규정값은 스캐너의 정보화면에서 얻어 1.8~2.5V / 아이들을 기록한다.
   ㉮ 고장부위 : · CAS
   ㉯ 측정값 : · 0V / 아이들
   ㉰ 규정값 : · 1.8~2.5V / 아이들

4) ② 고장 및 정비(또는 조치)사항 : ❻ 고장 내용에는 수검자가 점검한 내용으로 커넥터 탈거를 기입한다.
   ❼ 조치사항에는 커넥터 연결 기억소거 후 재점검을 기록한다.
   ㉮ 고장 내용 : · O_2 센서 – 커넥터 탈거
              · CAS – 커넥터 탈거
   ㉯ 조치 사항 : · O_2 센서 – 커넥터 연결, 기억소거 후 재점검
              · CAS – 커넥터 연결, 기억소거 후 재점검

【 차종별 CAS의 규정값 】

항 목	엑 셀	쏘나타Ⅲ(SOHC)
#1 TDC 센서	1.8~2.5V/크랭킹	1.8~2.5V/크랭킹

5) 득점 : ❽ 득점은 감독위원이 채점을 하고 점수를 기록하는 부분으로 수검자는 기록하지 않는다.
6) 자동차 번호 : ❶ 측정하는 자동차 번호를 수검자가 기록한다.

2. 시험장에서는 ……

분해 조립용 엔진과 측정용 차량(또는 엔진 튠업)이 따로 있어서 분해 조립이 끝나면 감독위원으로부터 답안지를 받고 전자제어 엔진의 고장부분을 점검한 후 답안지를 작성하여 감독위원에게 제출한다. 일부이긴 하나 전자제어 차량에 진단기가 설치되어 있는 것을 그대로 측정하기도 한다. 여기서 테스터기 연결 불량으로 답을 작성하지 못하는데 측정은 반드시 키가 "ON 또는 시동" 상태에서만 가능하다는 것이다. 답안지 항목에서 ⓒ, ⓓ, ⓔ란은 스캐너에서 측정 및 찾아서 기입하지만, ⓕ란은 수검자가 측정 차량을 눈으로 보고 기록하고, ⓖ란은 정비방법을 서술한다.

3. 답안지 작성 방법 (CAS가 과거 기억소거 불량일 때)

엔진 3 : 시험 결과 기록표 자동차 번호 : ⓘ				Ⓐ 비번호		Ⓑ 감독위원 확　인	
항 목	① 측정(또는 점검)			② 고장 및 정비(또는 조치) 사항		Ⓗ 득 점	
	Ⓒ 고장부위	Ⓓ 측정값	Ⓔ 규정값	Ⓕ 고장내용	Ⓖ 정비 및 조치사항	
센서(액추에이터) 점검	CAS	1.5V/아이들	1.8~2.5V/아이들	과거 기억소거 불량	과거 기억소거 후 재점검	

※ 단위가 누락되거나 틀린 경우는 오답으로 채점함

1) ① **측정(또는 점검)** : Ⓒ 고장부위는 수검자가 스캐너로 자기진단 화면 창에 나타난 CAS를 기록하고, Ⓓ 측정값은 센서 출력 화면에서 측정한 1.5V / 아이들을 기록한다. Ⓔ 규정값은 스캐너의 정보화면에서 얻어 1.8~2.5V / 아이들을 기록한다.

2) ② **고장 및 정비(또는 조치)사항** : Ⓕ 고장 내용에는 수검자가 점검한 내용으로 과거 기억소거 불량을 기록한다. Ⓖ 조치사항에는 과거 기억소기 후 재점검을 기록한다.

4. 답안지 작성 방법 (CAS가 불량일 때)

엔진 3 : 시험 결과 기록표 자동차 번호 : ⓘ				Ⓐ 비번호		Ⓑ 감독위원 확　인	
항목	① 측정(또는 점검)			② 고장 및 정비(또는 조치) 사항		Ⓗ 득 점	
	Ⓒ 고장부위	Ⓓ 측정값	Ⓔ 규정값	Ⓕ 고장내용	Ⓖ 정비 및 조치사항	
센서(액추에이터) 점검	CAS	1.2V/아이들	1.8~2.5V/아이들	센서 불량	센서 교환 기억소거 후 재점검	

※ 단위가 누락되거나 틀린 경우는 오답으로 채점함

1) ① **측정(또는 점검)** : Ⓒ 고장부위는 수검자가 스캐너로 자기진단 화면 창에 나타난 CAS를 기록하고, Ⓓ 측정값은 센서 출력 화면에서 측정한 1.2V / 아이들을 기록한다. Ⓔ 규정값은 스캐너의 정보화면에서 얻어 1.8~2.5V / 아이들을 기록한다.

2) ② **고장 및 정비(또는 조치)사항** : Ⓕ 고장 내용에는 수검자가 점검한 내용으로 센서 불량을 기록한다. Ⓖ 조치사항에는 센서 교환, 기억소거 후 재점검을 기록한다.

엔진 4 디젤 매연 측정

주어진 자동차에서 기록표에 제시된 내용을 측정하고 기록·판정하시오.

1. 답안지 작성 방법

엔진 4 : 시험 결과 기록표
자동차 번호 : Ⓚ

Ⓐ비 번호		Ⓑ감독위원 확인		Ⓙ득 점

① 측정(또는 점검)					② 판정		
Ⓒ차종	Ⓓ연식	Ⓔ기준값	Ⓕ측정값	Ⓖ측정	Ⓗ산출근거(계산)기록	Ⓘ판정(□에 '✔' 표)	
승합 자동차	2011년	20% 이하	54%	1회 : 57% 2회 : 55% 3회 : 52%	$\dfrac{57+55+52}{3}=54.5\%$	□ 양 호 ☑ 불 량	

※ 감독위원이 제시한 자동차등록증(또는 차대번호)을 활용하여 차종 및 연식을 적용합니다.
※ 매연 농도를 산술 평균하여 소수점 이하는 버림 값으로 기입합니다.
※ 자동차 검사기준 및 방법에 의하여 기록, 판정합니다. ※ 측정 및 판정은 무부하 조건으로 합니다.

1) **비번호** : Ⓐ 비번호는 공단직원이 주는 등번호를 수검자가 기록한다.
2) **감독위원 확인** : Ⓑ 감독위원 확인란은 감독위원이 채점한 후에 도장을 찍는 부분으로 수검자는 기록하지 않는다.
3) **① 측정(또는 점검)** : Ⓒ와 Ⓓ 차종과 연식란은 주어진 자동차 등록증을 보고 수검자가 기록하며, Ⓔ 기준값은 수검자가 등록증의 "차대번호 10번째 자리"를 보고 운행 차량의 "배출 허용 기준값"을 기록한다 Ⓕ 측정값은 수검자가 3회 측정한 값의 "평균값에서 소수점 이하를 버리고" 기록하며, Ⓖ 측정란은 수검자가 3회 측정한 값을 기록한다.
   ㉮ 차종 : 승합 자동차   ㉯ 연식 : 2011년   ㉰ 기준값 : 20% 이하   ㉱ 측정값 : 54%
   ㉲ 측정 - 1회 : 57%, 2회 : 55%, 3회 : 52%
4) **② 판정** : Ⓗ 산출근거(계산)기록은 수검자가 3회 측정하여 평균값을 산출한 계산식 "소수점 첫째자리" 기록하며, Ⓘ 판정은 수검자가 측정한 값과 기준값을 비교하여 범위 내에 있으면 양호, 벗어나면 불량에 ✔ 표시를 한다.
   ㉮ 산출근거(계산)기록 : $\dfrac{57+55+52}{3}=54.5\%$
   ㉯ 판정 : ·양호 : 기준값의 범위에 있을 때   ·불량 : 기준값을 벗어났을 때

【 차종별 / 연도별 매연 허용 기준값 】

차 종			제작일자		매연
경자동차 및 승용자동차			1995년 12월 31일 이전		60% 이하
			1996년 1월 1일부터 2000년 12월 31일까지		55% 이하
			2001년 1월 1일부터 2003년 12월 31일까지		45% 이하
			2004년 1월 1일부터 2007년 12월 31일까지		40% 이하
			2008년 1월 1일 이후		20% 이하
승합·화물·특수 자동차	소형		1995년 12월 31일 이전		60% 이하
			1996년 1월 1일부터 2000년 12월 31일까지		55% 이하
			2001년 1월 1일부터 2003년 12월 31일까지		45% 이하
			2004년 1월 1일부터 2007년 12월 31일까지		40% 이하
			2008년 1월 1일 이후		20% 이하
	중·대형		1992년 12월 31일 이전		60% 이하
			1993년 1월 1일부터 1995년 12월 31일까지		55% 이하
			1996년 1월 1일부터 1997년 12월 31일까지		45% 이하
			1998년 1월 1일부터 2000년 12월 31일까지	시내버스	40% 이하
				시내버스 외	45% 이하
			2001년 1월 1일부터 2004년 9월 30일까지		45% 이하
			2004년 10월 1일부터 2007년 12월 31일까지		40% 이하
			2008년 1월 1일 이후		20% 이하

비고 1. 휘발유사용자동차는 휘발유·알코올 및 가스(천연가스를 포함한다)를 혼합하여 사용하는 자동차를 포함한다.
2. 알코올만을 사용하는 자동차는 위 표의 배엔진 탄화수소 기준을 적용하지 아니한다.
3. 경유사용 자동차는 경유와 가스를 혼합하여 사용하거나 병용하는 자동차를 포함한다.
4. 적용기간은 자동차의 제작일자(수입자동차의 경우에는 통관일자를 말한다)를 기준으로 한다.
5. 휘발유 또는 가스를 연료로 사용하는 다목적형 승용차 및 8인승 이하의 승합차는 소형화물차의 기준을 적용한다.
6. 매연란 중 ( )안의 기준은 제87조 제항 단서의 규정에 의하여 비디오카메라를 사용하여 점검할 때 적용한다.

5) **득점** : ❽ 득점은 감독위원이 채점을 하고 점수를 기록하는 부분으로 수검자는 기록하지 않는다.
6) **자동차 번호** : ❾ 측정하는 자동차 번호를 수검자가 기록한다.

2. 시험장에서는 ……

매연을 측정하는 곳에 오면 디젤 엔진이 "웅웅" 거리면서 돌아가고 테스터기가 앞에 놓여 있을 것이다. 겨울에도 이 시험장에서는 출입문을 열어 놓아서 매연이 실습장 안에 고이지 않도록 하여야 하니 감독위원이나 수검자는 고생이 많은 곳이다. 먼저 감독위원과 상견례를 하여야 하니 "안녕하십니까? 크게 인사를 하고 답안지를 받아서 책상 위에 놓고 테스터기를 연결한다. 순서에 맞추어서 측정한 후 답안지를 작성하는데 아마 자동차의 연식이 주어져 있으며, 규정값과 한계값은 검사기준이라 본인이 꼭 외워야 한다. 일부 검사장에서는 측정한 검출지를 답안지에 첨부하여야 한다.

3. 매연 측정 현장사진(석영 SY-OM 501)

1. 워밍업 모습

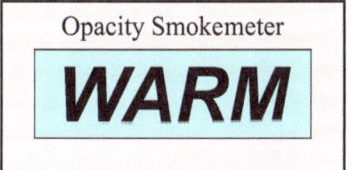

전원을 켜면 약 10 초 동안 초기화 프로세스를 수행한다. 3~6분 동안 예열이 수행된다.

2. 초기 보정 모습

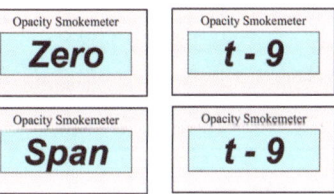

예열이 끝나면 초기 보정이 자동으로 수행된다.

3. 초기 보정 완료 모습

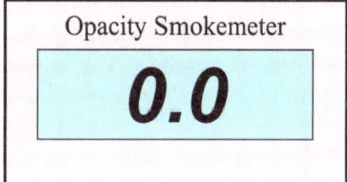

초기 교정이 완료되면 측정 준비 상태에 있음을 디스플레이에 위와 같이 표시한다.

4. 측정 준비 모습

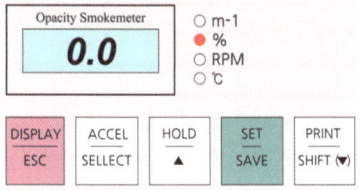

DISPLAY 키 누르면 Smoke (%) → K (m–1)→ RPM → ℃가 순차적 진행됨.

5. 측정 준비 프린트 모습

```
        Dust meter
-----------------------------
   2009-2-10 17:17:39
 k    Peak       : 2.85
 Opacity Peak    : 70.7 %
 RPM Peak        : 970
 Oil Temp Peak   : 21℃
```

검출한 측정지를 검출대에 넣고 측정버튼을 눌러서 측정한다.

6. 무부하 가속 시험 (검사 모드) 모습

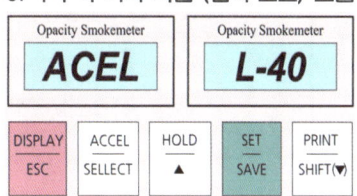

디스플레이에 "ACCEL"이 표시되면 ACCEL 키를 누른다.

① 현대 자동차 차대번호의 표기 부호(승합자동차) 그레이스 -2001

(VIN : Vehicle Identification Number)

K	M	J	F	1	D	1	B	P	B	U	1	2	3	4	5	6
①	②	③	④	⑤	⑥	⑦	⑧	⑨	⑩	⑪	⑫	⑬	⑭	⑮	⑯	⑰
제작 회사군			자동차 특성군						제작 일련 번호군							

① **K** : 국제배정 국적표시 – K : 한국, J : 일본, 1 : 미국.
② **M** : 제작사를 나타내는 표시 – M : 현대, L : 대우, N : 기아, P : 쌍용 자동차.
③ **J** : 자동차 종별 표시 – H : 승용, 다목적용, F : 화물9밴, J : 승합, C : 특장–승합, 화물.
④ **F** : 차종 – F, G, H, R : 그레이스 & 포터.
⑤ **1** : 차체형상 – 1 : Standard(승용, 미니버스), 2 : Deluxe(승용, 미니버스), 3 : Super Deluxe(승용, 미니버스).
⑥ **D** : 세부차종 – A : 카고, D : 웨곤 & 밴, E : 더블캡.
⑦ **1** : 안전벨트/ 안전장치 – 1 : 운전석/ 동승석–액티브(Active) 시트벨트, 2 : 운전석/ 동승석–페시브. (Passive) 시트벨트, 7 : 유압브, 레이크, 8 : 공기 브레이크, 9 : 혼합 브레이크.
⑧ **B** : 엔진형식 – B : 2.6 N/A 디젤차량, F : 2.5 TC 디젤차량, L : 2.4 LPG 차량.
⑨ **P** : 운전석 방향 및 변속기 – P : 왼쪽 운전석, R : 오른쪽 운전석(미국 및 캐나다 수출 차량).
⑩ **1** : 제작년도 – 알파벳 I, O, Q,U, Z와 숫자 0을 제외한 ABCDEFGHJKLMNPRSTVWXY와 123456789를 순서로 사용한다. 1 : 2001, 2 : 2002, 3 : 2003, 4 : 2004, 5 : 2005 …… A : 2010, B : 2011, C : 2012, D : 2013, E : 2014, F : 2015, G : 2016, H : 2017, J : 2018, K : 2019, L : 2020, M : 2021, N :2022, P : 2023……
⑪ **U** : 공장 기호 – C : 전주공장, U : 울산공장, M : 인도공장, Z : 터키공장.
⑫~⑰ **123456** : 차량 생산 일련 번호.

자 동 차 등 록 증

제2011-000426호 최초 등록일 : 2011년 03월 01일

① 자동차 등록 번호	경기 5크 1429	② 차 종	승합	③용도	자가용
④ 차 명	그레이스	⑤ 형식 및 년식	HR-J3SSG2GJKLM6-1		2011
⑥ 차 대 번 호	KMJF1D1BPBU123456	⑦ 원동기 형식	D4BA		
⑧ 사 용 본 거 지	경기도 양주시 부흥로 1901 신도 8차 아파트***동 ***호				
소유자	⑨ 성명(명칭)	김광수	⑩ 주민(사업자) 등록번호	***117-*******	
	⑪ 주 소	경기도 양주시 부흥로 1901 신도 8차 아파트***동 -***호			

자동차 관리법 제8조등의 규정에 의하여 위와 같이 등록하였음을 증명합니다.

2011 년 03 월 01 일

이것만은 꼭!!(※뒷면유의사항 필독)
- 법인 주소지(사용본거지), 상호변경 15일이내(최고 30만원)
- 정기검사만료일 전·후 30일 이내(최고 30만원)
- 의무보험:만료이전가입(최고 10만원~100만원)
- 말소등록:폐차일로부터 1월이내(최고 50만원)
  위 사항을 위반시 과태료가 부과 되오니 주의바랍니다.

양 주 시 장

섀시 2 — 타이어 휠 밸런스 점검

주어진 자동차에서 감독위원의 지시에 따라 1개의 휠을 탈거하여 휠 밸런스 상태를 점검하여 기록·판정하시오.

1. 답안지 작성 방법(휠 밸런스가 정상일 때 답안지)

섀시 2 : 시험 결과 기록표 자동차 번호 : ❽			❶ 비번호		❷ 감독위원 확 인	
항 목	① 측정(또는 점검)		② 판정 및 정비(또는 조치)사항			❼ 득 점
	❸ 측정값	❹ 규정(정비한계)값	❺ 판정(□에 '✔' 표)	❻ 정비 및 조치할 사항		
타이어 밸런스	IN : 0g OUT : 0g	IN : 0g OUT : 0g	☑ 양 호 □ 불 량	정비 및 조치할 사항 없음		

※ 단위가 누락되거나 틀린 경우는 오답으로 채점함.

1) **비번호** : ❶ 비번호는 공단직원이 주는 등번호를 수검자가 기록한다.
2) **감독위원 확인** : ❷ 감독위원 확인란은 감독위원이 채점한 후에 도장을 찍는 부분으로 수검자는 기록하지 않는다.
3) **① 측정(또는 점검)** : ❸ 측정값은 수검자가 측정한 밸런스 값인 "IN : 0g", "OUT : 0g"을 기록하고, ❹ 규정(정비한계)값은 감독위원이 주어진 값이나 또는 정비지침서를 보고 "IN : 0g", "OUT : 0g"기록한다.(반드시 단위를 기록한다)
   ㉮ 측정값 : ・IN − 0g   ・OUT − 0g   ㉯ 규정(정비한계)값 : ・IN − 0g   ・OUT − 0g

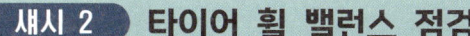

① 거리 조절 버튼   ② 폭 조절 버튼
③ 직경 조절 버튼   ④ 잔량 확인 버튼
⑤ STATIC, ALU1, ALU2, ALU3 또는 DYNAMIC 기능선택 버튼
⑥ 자기교정을 수행하는 버튼
⑦ 측정회전을 시작하는 버튼
⑧ 비상정지를 시키는 버튼
⑨ 측정한 불균형 값 중 휠의 안쪽
⑩ 측정한 불균형 값 중 휠의 바깥쪽

4) **② 판정 및 정비(또는 조치)사항** : ❺ 판정은 수검자가 타이어 휠 밸런스를 측정한 값과 규정(정비한계)값을 비교하여 범위 내에 있으면 양호, 벗어나면 불량에 ✔ 표시를 하며, ❻란 정비 및 조치할 사항 란에는 고장원인과 정비할 사항을 기록한다.
   ㉮ 판정 : ・양호 − 규정(정비한계)값 이내에 있을 때   ・불량 : 규정(정비한계)값을 벗어났을 때
   ㉯ 정비 및 조치할 사항 : 양호하면 정비 및 조치할 사항 없음으로, 불량일 경우 고장원인과 정비방법을 기록한다.
5) **득점** : ❼ 득점은 감독위원이 채점을 하고 점수를 기록하는 부분으로 수검자는 기록하지 않는다.
6) **자동차 번호** : ❽ 측정하는 자동차 번호를 수검자가 기록한다.

2. 타이어 휠 밸런스 점검 현장사진

1. IN 위치에 5g 불량 모습

2. IN 10g, OUT 44g 불량 모습

3. 밸런스 웨이트 장착 후 조정된 모습

3. 답안지 작성 방법 (밸런스 값이 OUT은 정상이나 IN으로 많을 때)

섀시 2 : 시험 결과 기록표 자동차 번호 : ❶			Ⓐ 비번호		Ⓑ 감독위원 확　인	
항　목	① 측정(또는 점검)		② 판정 및 정비(또는 조치)사항			Ⓖ 득 점
	Ⓒ 측정값	Ⓓ 규정(정비한계)값	Ⓔ 판정(□에 '✔' 표)	Ⓕ 정비 및 조치할 사항		
타이어 밸런스	IN : 50g	IN : 0g	□ 양　호 ☑ 불　량	안쪽에 50g 밸런스 웨이트를 지정위치에 장착 후 재점검		
	OUT : 0g	OUT : 0g				

※ 단위가 누락되거나 틀린 경우는 오답으로 채점함.

1) ① 측정(또는 점검) : Ⓒ 측정값은 수검자가 타이어 휠 밸런스를 측정한 값 "IN : 50g", "OUT – 0g"을 기록하며, Ⓓ 규정(정비한계)값은 감독위원이 주어진 값 "IN – 0g", "OUT – 0g"을 기록한다.
2) ② 판정 및 정비(또는 조치)사항 : Ⓔ 판정은 수검자가 측정한 값이 규정(정비한계)값을 넘었으므로 판정에는 "불량"에 ✔ 표시를 하며, Ⓕ 정비 및 조치할 사항 란에는 "안쪽에 50g 밸런스 웨이트를 지정위치에 장착 후 재점검"을 기록한다.

4. 답안지 작성 방법 (밸런스 값이 IN은 정상이나 OUT이 많을 때)

섀시 2 : 시험 결과 기록표 자동차 번호 : ❶			Ⓐ 비번호		Ⓑ 감독위원 확　인	
항　목	① 측정(또는 점검)		② 판정 및 정비(또는 조치)사항			Ⓖ 득 점
	Ⓒ 측정값	Ⓓ 규정(정비한계)값	Ⓔ 판정(□에 '✔' 표)	Ⓕ 정비 및 조치할 사항		
타이어 밸런스	IN : 0g	IN : 0g	□ 양　호 ☑ 불　량	바깥쪽에 40g 밸런스 웨이트를 지정위치에 장착 후 재점검		
	OUT : 40g	OUT : 0g				

※ 단위가 누락되거나 틀린 경우는 오답으로 채점함.

1) ① 측정(또는 점검) : Ⓒ 측정값은 수검자가 타이어 휠 밸런스를 측정한 값 "IN – 0g", "OUT – 40g"을 기록하며, Ⓓ 규정(정비한계)값은 감독위원이 주어진 값 "IN – 0g", "OUT – 0g"을 기록한다.
2) ② 판정 및 정비(또는 조치)사항 : Ⓔ 판정은 수검자가 측정한 값이 규정(정비한계)값을 넘었으므로 판정에는 "불량"에 ✔ 표시를 하며, Ⓕ 정비 및 조치할 사항 란에는 "바깥쪽에 40g 밸런스 웨이트를 지정위치에 장착 후 재점검"을 기록한다.

5. 답안지 작성 방법 (밸런스 값이 IN과 OUT 모두 많을 때)

섀시 2 : 시험 결과 기록표 자동차 번호 : ❶			Ⓐ 비번호		Ⓑ 감독위원 확　인	
항　목	① 측정(또는 점검)		② 판정 및 정비(또는 조치)사항			Ⓖ 득 점
	Ⓒ 측정값	Ⓓ 규정(정비한계)값	Ⓔ 판정(□에 '✔' 표)	Ⓕ 정비 및 조치할 사항		
타이어 밸런스	IN : 20g	IN : 0g	□ 양　호 ☑ 불　량	안쪽으로 20g, 바깥쪽에 30g 밸런스 웨이트를 지정위치에 장착 후 재점검		
	OUT : 30g	OUT : 0g				

※ 단위가 누락되거나 틀린 경우는 오답으로 채점함.

1) ① 측정(또는 점검) : Ⓒ 측정값은 수검자가 타이어 휠 밸런스를 측정한 값 "IN – 20g", "OUT – 30g"을 기록하며, Ⓓ 규정(정비한계)값은 감독위원이 주어진 값 "IN – 0g", "OUT – 0g"을 기록한다.
2) ② 판정 및 정비(또는 조치)사항 : Ⓔ 판정은 수검자가 측정한 값이 규정(정비한계)값을 넘었으므로 판정에는 "불량"에 ✔ 표시를 하며, Ⓕ 정비 및 조치할 사항 란에는 "안쪽으로 20g, 바깥쪽에 30g 밸런스 웨이트를 지정위치에 장착 후 재점검"을 기록한다.

섀시 4　자동변속기 자기진단

주어진 자동차에서 감독위원의 지시에 따라 진단기(스캐너)로 자동변속기를 점검하고 기록·판정하시오.

1. 답안지 작성 방법 (시프트 컨트롤 솔레노이드 밸브-A(SCSV-A) 과거 기억소거 불량일 때)

섀시 4 : 시험 결과 기록표
자동차 번호 : ⓗ
　　　　　　　　　　　　　　　ⓐ 비번호　　　　　　　ⓑ 감독위원 확 인

항 목	① 측정(또는 점검)		② 판정 및 정비(또는 조치)사항		ⓖ 득 점
	ⓒ 이상 부위	ⓓ 내용 및 상태	ⓔ 판정(□에 '✔'표)	ⓕ 정비 및 조치할 사항	
변속기 자기진단	시프트 컨트롤 솔레노이드 밸브(SCSV-A)	과거 기억소거 불량	□ 양 호 ☑ 불 량	과거기억 소거 후 재점검	

1) **비번호** : ⓐ 비번호는 공단직원이 주는 등번호를 수검자가 기록한다.
2) **감독위원 확인** : ⓑ 감독위원 확인란은 감독위원이 채점한 후에 도장을 찍는 부분으로 수검자는 기록하지 않는다.
3) **① 측정(또는 점검)** : ⓒ 이상 부위 란에는 수검자가 스캐너의 자기진단 화면 창에 나타난 이상부위인 "스프트 컨트롤 솔레노이드 밸브(SCSV-A)"를 기록하고, ⓓ 내용 및 상태 란에는 수검자가 점검한 이상 부위인 "과거기억 소거 불량"을 기록한다.
　㉮ 이상부위 : 시프트 컨트롤 솔레노이드 밸브(SCSV-A)　　㉯ 내용 및 상태 : 과거 기억소거 불량
4) **② 판정 및 정비(또는 조치)사항** : ⓔ 판정은 수검자가 자기진단에서 정상이 아니면 "불량"에 ✔ 표시를 하며, ⓕ 정비 및 조치할 사항 란에는 고장내용인 "과거 기억소거 후 재점검"을 기록한다.
　㉮ 판정 : ·양호 - 자기진단에서 이상이 없을 때　　·불량 : 자기진단에서 이상이 있을 때
　㉯ 정비 및 조치할 사항 : 과거기억 소거 후 재점검
5) **득점** : ⓖ 득점은 감독위원이 채점을 하고 점수를 기록하는 부분으로 수검자는 기록하지 않는다.
6) **자동차 번호** : ⓗ란은 측정하는 자동차 번호를 수검자가 기록한다.

2. 시험장에서는 ······

감독위원으로부터 답안지를 받은 후 측정용 차량에 진단기(스캐너)를 설치하고 점검을 한다. 물론 테스터기는 여러 가지가 있으며 시험장이나 감독위원의 의지에 따라 선택될 수가 있다. 그러나 수검자는 어떤 것을 사용해도 측정할 수 있는 능력을 책을 봐서라도 알아야 한다. 만약 이 테스터기는 "처음 보는 것인데요?" 하는 수검자가 있는데 합격권하고는 멀어지는 것이 아닌가 싶다.

3. 답안지 작성 방법 (시프트 컨트롤 솔레노이드 밸브-A(SCSV-A) 커넥터 탈거 불량일 때)

섀시 4 : 시험 결과 기록표 자동차 번호 : ⓗ			Ⓐ 비번호		Ⓑ 감독위원 확 인	
항 목	① 측정(또는 점검)		② 판정 및 정비(또는 조치)사항			Ⓖ 득 점
	Ⓒ 이상 부위	Ⓓ 내용 및 상태	Ⓔ 판정(□에 '✔'표)	Ⓕ 정비 및 조치할 사항		
변속기 자기진단	시프트 컨트롤 솔레노이드 밸브-A(SCSV-A)	커넥터 탈거	□ 양 호 ☑ 불 량	커넥터 연결, 과거기억 소거 후 재점검		

1) ① 측정(또는 점검) : Ⓒ 이상부위 란에는 수검자가 스캐너의 자기진단 화면 창에 나타난 이상부위인 "시프트 컨트롤 솔레노이드 밸브-A(SCSV-A)"를 기록하고, Ⓓ 내용 및 상태는 수검자가 눈으로 확인한 "커넥터 탈거"를 기록한다.
2) ② 판정 및 정비(또는 조치)사항 : Ⓔ 판정은 수검자가 자기진단에서 정상이 아니므로 "불량"에 ✔ 표시를 하며, Ⓕ 정비 및 조치할 사항 란에는 정비 및 조치할 사항으로 "커넥터 연결, 과거 기억소거 후 재점검"을 기록한다.

4. 자동변속기 자기진단 현장사진

1. 자동변속 선택 모습

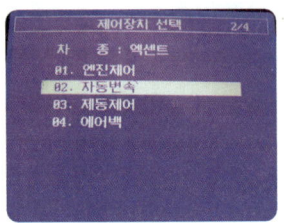

2. 자기진단 선택 모습

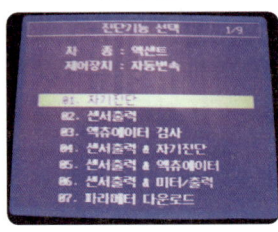

3. 시뮬레이터에 센서 설치 모습

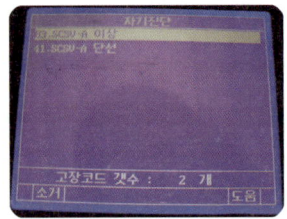

섀시 5 제동력 측정

주어진 자동차에서 기록표에 제시된 내용을 측정하고 기록·판정하시오.

1. 답안지 작성 방법 (제동력이 정상일 때)

섀시 5 : 시험 결과 기록표
자동차 번호 : ❶

Ⓒ항 목	구분	Ⓓ측정값	Ⓔ기준값 편차	Ⓔ기준값 합	Ⓕ산출근거 및 제동력 편차(%)	Ⓕ산출근거 및 제동력 합(%)	Ⓖ판 정 (□에 '✔' 표)	Ⓗ득 점
제동력 위치 (□에 '✔' 표) □앞 ☑뒤	좌	120kgf	8.0% 이내	20% 이상	편차 = $\frac{150-120}{543} \times 100$ = 5.52%	합 = $\frac{150+120}{543} \times 100$ = 49.7%	☑ 양 호 □ 불 량	
	우	150kgf						

Ⓐ비 번호   Ⓑ감독위원 확 인

※ 측정 위치는 감독위원의 지정하는 위치에 □에 '✔' 표시합니다.
※ 측정값의 단위는 시험장비 기준으로 작성합니다.
※ 자동차검사기준 및 방법에 의하여 기록, 판정합니다.
※ 산출근거에는 단위를 기록하지 않아도 됩니다.

1) **비번호** : Ⓐ 비번호는 공단직원이 주는 등번호를 수검자가 기록한다.
2) **감독위원 확인** : Ⓑ 감독위원 확인란은 감독위원이 채점한 후에 도장을 찍는 부분으로 수검자는 기록하지 않는다.
3) **① 측정(또는 점검)** : Ⓒ 항목은 감독위원이 지정하는 축인 "뒤"에 ✔ 표시를 하며, Ⓓ 측정값 란은 수검자가 제동력을 측정한 값인 좌는 "120kgf", 우는 "150kgf"을 기록하며, Ⓔ 기준값은 제동력 편차가 "8.0% 이내", 합인 "20% 이상"을 기록한다.
   - ㉮ 측정값 : ·좌 : 120kgf ·우 : –150kgf ㉯ 제동력 편차 : 8.0% 이내 ㉰ 제동력 합 : 20% 이상

【 차종별 중량 기준값 (쉐보레) 】

차종 항목	트레일블 레이저 1.35 가솔린	트레일블 레이저 1.35AWD	크루즈 1.8 가솔린	크루즈 1.4 가솔린 터보	크루즈 1.6 디젤
배기량(CC)	1,341	1,341	1,796	1,362	1,598
엔진 마력(HP)	156	156	142	140	134
공차중량(kgf)	1,345	1,470	1,355	1,360	1,450
변속방식	CVT	자동 9단	토크컨버터6단	토크컨버터6단	토크컨버터6단
연비(km/L)	12.6~12.9	11.6	11.3	12.6	15.0
가격	2,589~2,791	2,797~2,999	1,750~2,074	1,750~2,325	2,205~2,325

4) **② 판정 및 조치사항** : Ⓕ 산출근거 및 제동력은 공식에 대입하여 산출하는 계산식인 편차 "편차 = $\frac{150-120}{543} \times 100 = 5.52\%$"을, 합 "합 = $\frac{150+120}{543} \times 100 = 49.7\%$" 기록하며, Ⓖ 판정은 측정한 값과 기준값을 비교하여 범위를 벗어나므로 "**불량**"에 ✔ 표시를 한다. (후 축중은 크루즈1.8 가솔린 차량의 40%인 1,355×0.4=543kgf으로 임의 설정함)
   - ㉮ 편차 : 편차 = $\frac{150-120}{543} \times 100 = 5.52\%$
   - ㉯ 합 : $\frac{좌,우제동력의 합}{해당 축중} \times 100 = \frac{150+120}{543} \times 100 = 49.7\%$
   - ㉰ 판정 : 제동력의 차와 제동력의 합이 기준값 범위에 있으므로 "양호"에 ✔ 표시를 한다.
   - ㉰ 판정 : 제동력의 차와 제동력의 합이 기준값 범위에 있으므로 양호에 ✔ 표시를 한다.

5) **득점** : Ⓗ 득점은 감독위원이 채점을 하고 점수를 기록하는 부분으로 수검자는 기록하지 않는다.
6) **자동차 번호** : ❶ 측정하는 자동차 번호를 수검자가 기록한다.

2. 시험장에서는 ……

제동력 테스터기는 구형인 지침식을 보유하고 있는 시험장과 신형인 ABS COMBI를 보유하고 있는 곳이 있으나 수검자는 어느 것이나 측정할 수 있는 능력을 보유하여야 한다. 보유하고 있는 테스터기로 측정법을 숙지하는

것은 물론 다른 테스터기의 사용법도 책 등을 이용하여 습득하여야 한다. 감독위원으로부터 답안지를 받고 제동력 테스터기 앞에 서면 보조원이 기다리고 있다. 보조원은 대부분 그곳의 학생으로 자격증 취득자이거나 테스터기를 능수능란하게 다룰 수 있는 학생이다. 보조원은 운전석에 앉아서 수검자가 지시를 내려 주기만을 기다리고 있다. 수검자는 테스터기를 세팅하고 보조원에게 차량을 진입하도록 지시하고 리프트를 하강시키면 롤러가 회전한다. 보조원에게 "브레이크 밟으세요." 하고 지침이 최대로 올랐을 때 푸시 버튼을 눌러 눈금을 읽는다. 주어진 축중과 좌우 측정값을 기록하고 리프트를 올린 후 계산하여 답안지를 작성하여 제출한다.

3. 답안지 작성 방법 (제동력의 합은 정상이나 편차가 기준값을 넘었을 때)

섀시 5 : 시험 결과 기록표 자동차 번호 : ❶			Ⓐ비 번호				Ⓑ감독위원 확 인	
① 측정(또는 점검)				② 판정 및 조치사항				
Ⓒ항 목	구분	Ⓓ측정값	Ⓔ기준값		Ⓕ산출근거 및 제동력		Ⓖ판 정 (□에 '✔' 표)	Ⓗ득점
			편차	합	편차(%)	합(%)		
제동력 위치 (□에 '✔' 표) □ 앞 ✔ 뒤	좌	120kgf	8.0% 이내	20% 이상	편차 = $\frac{180-120}{543} \times 100$ = 11.0%	합 = $\frac{180+120}{543} \times 100$ = 55.24%	□ 양 호 ✔ 불 량	
	우	180kgf						

※ 측정 위치는 감독위원의 지정하는 위치에 □에 '✔' 표시합니다.   ※ 자동차검사기준 및 방법에 의하여 기록, 판정합니다.
※ 측정값의 단위는 시험장비 기준으로 작성합니다.   ※ 산출근거에는 단위를 기록하지 않아도 됩니다.

1) ① **측정(또는 점검)** : Ⓒ 항목의 제동력 위치 란은 감독위원이 지정하는 축인 "뒤"에 ✔ 표시를 한다. Ⓓ 측정값은 수검자가 제동력을 측정한 값이 좌는 "120kgf"을, 우는 "180kgf"을 기록하며, Ⓔ 기준값의 제동력 편차인 "8.0% 이내"를 합인 "20% 이상"을 기록한다.
   ㉮ 측정값 : ·좌 – 120kgf   ·우 – 180kgf   ㉯ 제동력 편차 : 8.0% 이내   ㉰ 제동력 합 : 20% 이상

2) ② **판정 및 조치사항** : Ⓕ 산출근거는 공식에 대입하여 산출하는 계산식인 편차 "편차 = $\frac{180-120}{432} \times 100 = 11.0\%$"을, 합 "합 = $\frac{180+120}{432} \times 100 = 55.24\%$"을 기록하며, Ⓖ 판정은 측정한 값과 기준값을 비교하여 편차가 크므로 "불량"에 ✔ 표시를 한다. (후 축중은 크루즈1.8 가솔린 차량의 40% 인 1,355×0.4=543kgf 으로 임의 설정함)

4. 답안지 작성 방법 (제동력의 좌우 편차가 기준값 이내이나 합이 기준값 이하일 때)

섀시 5 : 시험 결과 기록표 자동차 번호 : ❶			Ⓐ비 번호				Ⓑ감독위원 확 인	
① 측정(또는 점검)				② 판정 및 조치사항				
Ⓒ항 목	구분	Ⓓ측정값	Ⓔ기준값		Ⓕ산출근거 및 제동력		Ⓖ판 정 (□에 '✔' 표)	Ⓗ득점
			편차	합	편차(%)	합(%)		
제동력 위치 (□에 '✔' 표) ✔ 앞 □ 뒤	좌	220kgf	8.0% 이내	50% 이상	편차 = $\frac{220-200}{813} \times 100$ = 2.4%	합 = $\frac{220+200}{813} \times 100$ = 51.6%	□ 양 호 ✔ 불 량	
	우	200kgf						

※ 측정 위치는 감독위원의 지정하는 위치에 □에 '✔' 표시합니다.   ※ 자동차검사기준 및 방법에 의하여 기록, 판정합니다.
※ 측정값의 단위는 시험장비 기준으로 작성합니다.   ※ 산출근거에는 단위를 기록하지 않아도 됩니다.

1) ① **측정(또는 점검)** : Ⓒ 항목의 제동력 위치 란은 감독위원이 지정하는 축인 "앞"에 ✔ 표시를 한다. Ⓓ 측정값은 수검자가 제동력을 측정한 값인 좌는 "220kgf"을, 우는 "120kgf"을 기록하며, Ⓔ 기준값의 제동력 편차인 "8.0% 이내"를 합인 "50% 이상"을 기록한다.
   ㉮ 측정값 : ·좌 – 220kgf   ·우 – 200kgf   ㉯ 제동력 편차 : 8.0% 이내   ㉰ 제동력 합 : 50% 이상

2) ② **판정 및 조치사항** : Ⓕ 산출근거는 공식에 대입하여 산출하는 계산식인 편차 "편차 = $\frac{220-200}{813} \times 100 = 2.4\%$"을, 합 "합 = $\frac{220+200}{813} \times 100 = 51.6\%$"을 기록하며, Ⓖ 판정은 측정한 값과 기준값을 비교하여 편차가 크므로 "불량"에 ✔ 표시를 한다. (전 축중은 크루즈 1.8 가솔린 차량의 60% 인 1,355×0.4=813kgf으로 임의 설정함)

전기 2 · ISC밸브 듀티값 점검

주어진 자동차에서 ISC 밸브 듀티 값을 측정하여 ISC 밸브의 이상 유무를 확인하여 기록표에 기록·판정하시오.(측정 조건 : 무부하 공회전시)

1. 답안지 작성 방법 (ISC 듀티값이 정상일 때)

전기 2 : 시험 결과 기록표
자동차 번호 : ⓗ

Ⓐ 비번호		Ⓑ 감독위원 확 인	

항 목	① 측정(또는 점검)		② 판정 및 정비(또는 조치)사항		Ⓖ 득 점
	Ⓒ 측 정 값	Ⓓ 규정(정비한계)값	Ⓔ 판정(□에 '✔'표)	Ⓕ 정비 및 조치할 사항	
밸브 듀티 (열림 코일)	32%/ 아이들	30~35%/ 아이들	☑ 양 호 □ 불 량	정비 및 조치사항 없음	

※ 단위가 누락되거나 틀린 경우는 오답으로 채점함.

1) **비번호** : Ⓐ 비번호는 공단직원이 주는 등번호를 수검자가 기록한다.
2) **감독위원 확인** : Ⓑ 감독위원 확인란은 감독위원이 채점한 후에 도장을 찍는 부분으로 수검자는 기록하지 않는다.
3) ① **측정(또는 점검)** : Ⓒ 측정값은 수검자가 측정한 공전 조절 서보(ISC 서보 : Idle speed control servo) 듀티값이 "32% / 아이들"을 기록하고 Ⓓ 규정(정비한계)값은 감독위원이 주어진 값이나 또는 정비 지침서에서 찾아 "30~35% / 아이들"을 기록함.
   ㉮ 측정값 : 32% / 아이들,   ㉯ 규정(정비한계)값 : 30~35% / 아이들

【 차종별 ISC 밸브 듀티 규정값 】

차 종		고장 판정 영역		코일 저항(Ω)-20℃	
		전압(V)	듀티(%)	열림 코일	닫힘 코일
아반떼 XD(2006)	G 1.6 DOHC	10<정상값<16	• 20<정상값<80 • 열림 코일 : 31 • 닫힘 코일 : 65	14.9~16.1	17.0~18.2
	G 2.0 DOHC				
	D 1.5 TCI-U	–	–	–	–
아반떼 HD(2010)	G 1.6 DOHC	• 1.3~1.7(열림) • 1.7~2.1(닫힘)	• 15(0.5~1.5㎥/h) • 35(5.5~9.3㎥/h) • 70(28.5~36.5㎥/h) • 96(39.0~48.0㎥/h)	15.4±0.8	11.9±0.8
	G 2.0 DOHC				
	D 1.6 TCI-U	–	–	–	–
NF 쏘나타	G 2.0 DOHC	10<정상값<16	• 15(1.0~2.3㎥/h) • 35(7.5~12.7㎥/h) • 70(43.0~55.0㎥/h) • 96(63.0~71.0㎥/h)	11.1~12.7	14.6~16.2
	G 2.4 DOHC	생략	생략	생략	생략
	L 2.0 DOHC				
	D 2.0 TCI-D				
K5(2011)	G 2.0 DOHC	ETS:11<정상값<16	–	–	–
	G 2.4 GDI				
	L 2.0 DOHC				
모닝(2011)	G 1.0 SOHC	• 2.0(열림) • 1.3(닫힘)	• 20<정상값<80 • 열림 코일 : 34.3 • 닫힘 코일 : 65	14.5~16.5	16.6~18.6
	L 1.0 SOHC				

4) ② **판정 및 정비(또는 조치)사항** : Ⓔ 판정은 수검자가 측정값과 규정(정비한계)값을 비교하여 범위 내에 있으면 양호, 벗어나면 불량에 ✔ 표시를 하며, Ⓕ 정비 및 조치할 사항 란에는 고장부품의 정비방법을 기록한다.
   ㉮ 판정 : ·양호 – 규정(정비한계)값의 범위에 있을 때 ·불량 – 규정(정비한계)값의 범위를 벗어났을 때
   ㉯ 정비 및 조치할 사항 : 정비 및 조치할 사항 없음
5) **득점** : Ⓖ 득점은 감독위원이 채점을 하고 점수를 기록하는 부분으로 수검자는 기록하지 않는다.
6) **엔진 번호** : ⓗ 측정하는 자동차의 번호를 수검자가 기록한다.

2. 시험장에서는 ……

듀티값은 아이들밸브의 열림과 닫힘의 비율을 나타내야 하기에 반드시 엔진은 시동이 걸린 상태에서 측정하여야 한다. 그리고 테스터기는 스캐너나 Hi-DS를 이용하여야 하며, 기능사에서는 스캐너를 이용한 측정을 하고 있다.

3. 답안지 작성 방법 (ISC 밸브 듀티값이 높을 때)

전기 2 : 시험 결과 기록표
자동차 번호 : ⓗ   Ⓐ 비번호   Ⓑ 감독위원 확인

항 목	① 측정(또는 점검)		② 판정 및 정비(또는 조치)사항		Ⓖ 득 점
	Ⓒ 측 정 값	Ⓓ 규정(정비한계)값	Ⓔ 판정(□에 '✔' 표)	Ⓕ 정비 및 조치할 사항	
밸브 듀티 (열림 코일)	85%/ 아이들	30~35%/ 아이들	□ 양 호 ☑ 불 량	ISC 교환 후 재점검	

※ 단위가 누락되거나 틀린 경우는 오답으로 채점함.

1) ① 측정(또는 점검) : Ⓒ 측정값은 수검자가 스캐너를 이용하여 측정한 값 "85% / 아이들"을 기록하며, Ⓓ 규정(정비한계)값은 감독위원이 주어지거나 정비지침서에서 "30~35% / 아이들"을 기록한다.

2) ② 판정 및 정비(또는 조치)사항 : Ⓔ 판정은 측정한 값이 규정(정비한계)값보다 높으므로 "불량"에 ✔ 표시를 하며, Ⓕ 정비 및 조치할 사항 란에는 "ISC 교환 후 재점검"을 기록하고 그 외 고장 내용은 아래 내용 중에 하나일 것이다.

◆ 듀티값이 높게 나오는 원인
- ISC 밸브 고장 – ISC 밸브 교환
- ISC 회로 단락 – ISC 회로 단락 부분 수리
- 엔진 ECU 불량 – 엔진 ECU 교환

4. 답안지 작성 방법 (ISC 밸브 듀티값이 낮을 때)

전기 2 : 시험 결과 기록표
자동차 번호 : ⓗ   Ⓐ 비번호   Ⓑ 감독위원 확인

항 목	① 측정(또는 점검)		② 판정 및 정비(또는 조치)사항		Ⓖ 득 점
	Ⓒ 측 정 값	Ⓓ 규정(정비한계)값	Ⓔ 판정(□에 '✔' 표)	Ⓕ 정비 및 조치할 사항	
밸브 듀티 (열림 코일)	12%/ 아이들	30~35%/ 아이들	□ 양 호 ☑ 불 량	ISC 교환 후 재점검	

※ 단위가 누락되거나 틀린 경우는 오답으로 채점함.

1) ① 측정(또는 점검) : Ⓒ 측정값은 수검자가 스캐너를 이용하여 측정한 값 "12% / 아이들"을 기록하며, Ⓓ 규정(정비한계)값은 감독위원이 주어지거나 정비지침서에서 "30~35% / 아이들"을 기록한다.

2) ② 판정 및 정비(또는 조치)사항 : Ⓔ 판정은 측정값이 규정(정비한계)값보다 낮으므로 "불량"에 ✔ 표시를 하며, Ⓕ 정비 및 조치할 사항 란에는 "ISC 교환 후 재점검"을 기록하고 그 외 고장 내용은 아래 내용 중에 하나일 것이다.

◆ 듀티값이 낮게 나오는 원인
- ISC 밸브 고장 – ISC 밸브 교환
- ISC 회로 단락 – ISC 회로 단락 부분 수리
- 엔진 ECU 불량 – 엔진 ECU 교환
- ISC 회로 단선 – ISC 밸브 교환

5. Hi-DS 스캐너로 듀티값 출력 모습

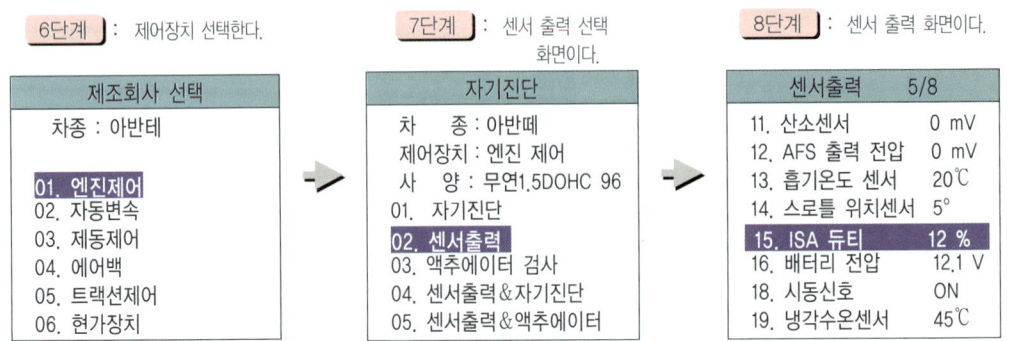

전기 3 경음기 회로 점검

주어진 자동차에서 경음기(horn) 회로의 고장부분을 점검한 후 기록표에 기록·판정하시오.

1. 답안지 작성 방법 (경음기가 작동하지 않을 때)

전기 3 : 시험 결과 기록표 자동차 번호 : ⓗ			Ⓐ 비번호		Ⓑ 감독위원 확　인	
점검항목	① 측정(또는 점검)		② 판정 및 정비(또는 조치)사항			Ⓖ 득 점
	Ⓒ 이상 부위	Ⓓ 내용 및 상태	Ⓔ 판정(□에 '✔'표)	Ⓕ 정비 및 조치할 사항		
경음기(혼) 회로	혼 릴레이	탈거	□ 양　호 ✔ 불　량	혼 릴레이 장착 후 재점검		

1) **비번호** : Ⓐ 비번호는 공단직원이 주는 등번호를 수검자가 기록한다.
2) **감독위원 확인** : Ⓑ 감독위원 확인란은 감독위원이 채점한 후에 도장을 찍는 부분으로 수검자는 기록하지 않는다.
3) **측정(또는 점검)** : Ⓒ 이상 부위는 수검자가 경음기가 작동되지 않는 이유 중 고장 난 부품 명칭인 "**혼 릴레이**"를 기록하고, Ⓓ 내용 및 상태는 탈거된 상태이므로 "**탈거**"를 기록한다.
4) **판정 및 정비(또는 조치)사항** : Ⓔ 판정은 "**불량**"에 ✔ 표시를 하고 Ⓕ 정비 및 조치할 사항 란에는 "**혼 릴레이 장착 후 재점검**"을 기록하고 그 외 고장 내용은 아래 내용 중에 하나일 것이다.

    ◈ 경음기가 작동하지 않는 원인
    - 배터리 불량 – 배터리 교환
    - 배터리 터미널 연결 상태 불량 – 배터리 터미널 재장착
    - 경음기 퓨즈의 탈거 – 경음기 퓨즈 장착
    - 경음기 퓨즈의 단선 – 경음기 퓨즈 교환
    - 경음기 릴레이 탈거 – 경음기 릴레이 장착
    - 경음기 릴레이 불량 – 경음기 릴레이 교환
    - 경음기 릴레이 핀 부러짐 – 경음기 릴레이 교환
    - 경음기 커넥터 탈거 – 경음기 커넥터 장착
    - 콤비네이션 스위치 커넥터 탈거 – 콤비네이션 스위치 커넥터 장착
    - 경음기 스위치 불량 – 경음기 스위치 교환
    - 콤비네이션 스위치 커넥터 불량 – 콤비네이션 스위치 커넥터 교환
    - 경음기 라인 단선 – 경음기 라인 연결

5) **득점** : Ⓖ 득점은 감독위원이 채점을 하고 점수를 기록하는 부분으로 수검자는 기록하지 않는다.
6) **자동차 번호** : ⓗ 측정하는 자동차 번호를 수검자가 기록한다.

2. 답안지 작성 방법 (경음기 혼소리가 작을 때)

전기 3 : 시험 결과 기록표 자동차 번호 : ⓗ			Ⓐ 비번호		Ⓑ 감독위원 확　인	
항　목	① 측정(또는 점검)		② 판정 및 정비(또는 조치)사항			Ⓖ 득 점
	Ⓒ 이상 부위	Ⓓ 내용 및 상태	Ⓔ 판정(□에 '✔'표)	Ⓕ 정비 및 조치할 사항		
경음기(혼) 회로	경음기	진동판 불량	□ 양　호 ✔ 불　량	경음기 교환 후 재점검		

1) **측정(또는 점검)** : Ⓒ 이상 부위는 수검자가 경음기 혼 소리가 작은 이유 중 고장난 부품 명칭인 "**경음기**"를 기록하고, Ⓓ 내용 및 상태는 이상 부위인 "**진동판 불량**"을 기록한다.
2) **판정 및 정비(또는 조치)사항** : Ⓔ 판정은 "**불량**"에 ✔ 표시를 하고 Ⓕ 정비 및 조치할 사항 란에는 "**경음기 교환 후 혼 릴레이 장착 후 재점검**"을 기록하고 그 외 고장 내용은 아래 내용 중에 하나일 것이다.

    ◈ 경음기 혼 소리가 작은 원인
    - 경음기 연결 커넥터 불량 – 경음기 커넥터 교환
    - 경음기 녹으로 접지 불량 – 접촉부 청소 및 재장착
    - 배터리 불량 – 배터리 교환
    - 배터리 터미널 연결 상태 불량 – 배터리 터미널 재장착
    - 경음기 진동판 불량 – 경음기 교환
    - 경음기 접점 접촉 불량 – 경음기 조정나사 조정

3. 시험장에서는 ……

실제 차량을 사용할 때도 있고 시뮬레이터를 사용할 경우도 있지만 모든 시험 문제가 그렇듯이 실제 차량 위주로 시험을 보는 추세이다. 차량 옆에나 측정 차량 유리에 "경음기 회로 점검"이라는 글씨가 보일 것이다. 운전석에서 혼을 눌러 보면 당연히 소리가 나질 않을 것이다. 혼이 울리지 않는 원인을 찾아야 한다. "배터리는 정상인지?", "혼 퓨즈는 정상인가?", "릴레이는 정상인가?", "다기능 스위치 커넥터는 빠져 있지 않나?", "혼에 커넥터는 제대로 연결되어 있나?", "혼은 고장이 아닌가?" 등을 점검하다 보면 분명히 감독위원이 고장을 내놓은 곳을 찾을 수 있을 것이다. 정상으로 고쳐 놓고 혼을 눌러서 "빵" 하는 소리가 나면 좋은 점수를 받고 기분도 상쾌해질 것이다.

4. 혼 회로 점검 현장사진

1. 엔진룸 퓨즈/ 릴레이 박스

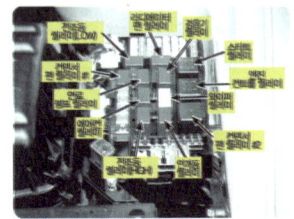

엔진룸 퓨즈/ 릴레이 박스에서 릴레이와 퓨즈를 점검한다.

2. 핀이 부러진 퓨즈/ 릴레이 모습

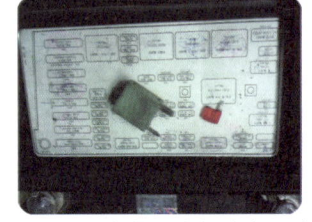

일부 시험장에서는 핀이 하나 부러진 릴레이와 퓨즈를 설치하여 놓은 곳도 있다.

3. 핀이 하나 부러진 퓨즈 모습

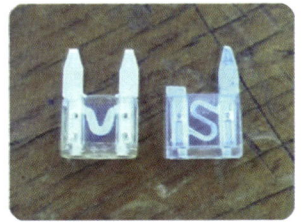

일부 시험장에서는 핀이 하나 부러진 퓨즈를 설치하여 놓은 곳도 있다.

5. 경음기 설치 모습

옛날 차량은 헤드라이트 아래 부분 범퍼 안쪽으로 설치되었으나 요즘은 라디에이터 앞에 설치되어 있다.

5. 아반떼 XD 경음기 설치 모습

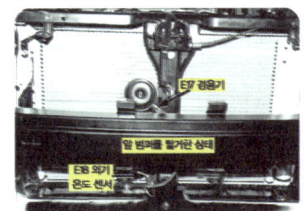

옛날 차량은 헤드라이트 아래 부분 범퍼 안쪽으로 설치되었으나 요즘은 라디에이터 앞에 설치되어 있다.

6. EF 소나타 경음기 설치 모습

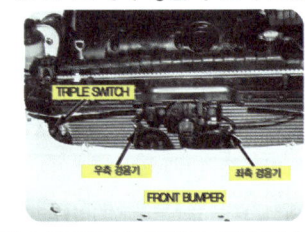

옛날 차량은 헤드라이트 아래 부분 범퍼 안쪽으로 설치되었으나 요즘은 라디에이터 앞에 설치되어 있다.

7. 경음기 릴레이 내부 회로 모습

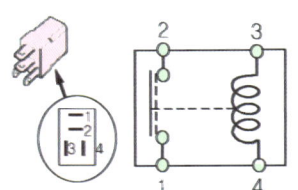

3번과 4번 회로는 경음기 스위치와 연결되고 1번과 2번은 경음기에 연결된다.

8. 경음기 릴레이 점검회로 모습

상태 \ 터미널	B	S_2	L	S_1
전원 공급 안 됨		○――――○		
전원 공급됨		⊕		⊖

○――○ : 터미널간의 통전을 나타낸다.
⊕――⊖ : 전원공급 단자를 나타낸다.

전원 공급이 안 되어도 3-4번 통전, 전원이 공급되면 1-2번 통전된다.

9. 경음기 음 조정 모습

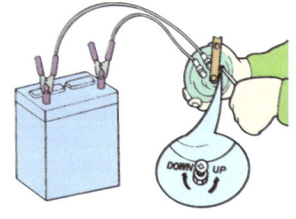

조정 나사를 시계 방향으로 돌리면 음이 작아지고 반시계 방향으로 돌리면 커진다.

10. 경음기 릴레이와 퓨즈 설치된 퓨즈 박스 모습

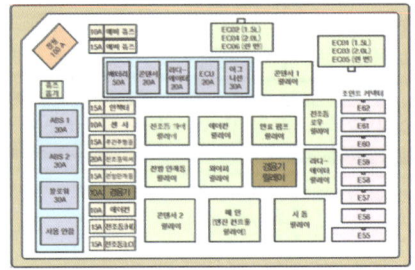

전기 4   전조등 광도측정

주어진 자동차에서 좌 또는 우측의 전조등 광도를 측정하고 기록표에 기록·판정하시오.

1. 답안지 작성 방법 (광도가 정상일 때)

전기 4 : 시험 결과 기록표
자동차 번호 : ①

Ⓐ 비번호		Ⓑ 감독위원 확 인	
① 측정(또는 점검)			② 판정	Ⓖ 득점

Ⓒ 구분	측정 항목	Ⓓ 측정값	Ⓔ 기준값	Ⓕ 판정(□에 '✔'표)	Ⓖ 득점
□에 '✔' 표 위치 : 　□ 좌 　✔ 우	광 도	8,000cd	3,000cd 이상	✔ 양 호 □ 불 량	

※ 측정 위치는 감독위원의 지정하는 위치에 □ 에 '✔' 표시함
※ 자동차검사기준 및 방법에 의하여 기록, 판정한다.

1) 비번호 : Ⓐ 비번호는 공단직원이 주는 등번호를 수검자가 기록한다.
2) 감독위원 확인 : Ⓑ 감독위원 확인란은 감독위원이 채점한 후에 도장을 찍는 부분으로 수검자는 기록하지 않는다.
3) ① 측정(또는 점검) : Ⓒ 구분란은 감독위원이 지정한 위치인 "우"에 ✔ 표시를 한다. Ⓓ 측정항목은 감독위원이 지정한 "광도"를 기록한다. Ⓔ 측정값은 수검자가 측정 한 광도인 "8,000cd"를 기록하며, Ⓕ 기준값은 수검자가 검사 기준값인 "3,000cd 이상"을 기록한다.(반드시 단위를 기입한다)
　㉮ 구 분 : ·위치 – □ 좌 ✔ 우
　㉯ 측정값 : 측정 광도 – 8,000cd
　㉰ 기준값 : ·3,000cd 이상
　[전조등 광도 기준값]
　　· 변환빔의 광도는 3,000cd 이상일 것

4) ② 판정 및 정비(또는 조치)사항 : Ⓔ 판정은 수검자가 측정한 값과 규정(정비한계)값을 비교하여 범위 내에 있으면 양호, 벗어나면 불량에 ✔ 표시를 한다.
　㉮ 판정 : ·양호 : 기준값의 범위(3,000cd 이상)에 있을 때
　　　　　　·불량 : 기준값의 범위(3,000cd 미만)를 벗어났을 때
5) 득점 : Ⓗ 득점은 감독위원이 채점을 하고 점수를 기록하는 부분으로 수검자는 기록하지 않는다.
6) 자동차 번호 : Ⓘ 측정하는 자동차 번호를 수검자가 기록한다.

2. 시험장에서는 ……

　헤드라이트의 광도와 광축 측정은 엔진의 시동을 걸고 측정하여야 옳으나 시험장에서는 안전을 위하여 엔진이 정지된 상태에서 측정하는 경우가 많다. 감독위원이 좌측이나 우측을 지정하여 주는 곳을 측정하는데 좌, 우는 운전석에 앉아서 좌측과 우측임을 잊지 말아야 한다. 측정하기 전에 조건이(타이어의 공기압, 배터리 성능, 바닥의 수평 상태 등) 맞는지 확인하고 헤드라이트의 유리를 깨끗한 걸레로 닦아서 측정값이 정확하게 나오도록 하여야 한다. 측정은 상향등 상태에서 측정하여야 하며, 차량은 공회전(단, 광도 측정시 2,000rpm), 공차 상태, 운전자 1인 승차하여 측정하여야 한다. 보조원이 운전석에 앉아서 라이트를 조작하여 주는 경우도 있으나 대부분은 운전자가 탑승하지 않은 상태에서 측정한다. 근래에 생산된 차량은 헤드라이트 조작이 키 스위치를 넣어야지만 가능하도록 되어 있으므로 참고 하기 바란다.

3. 답안지 작성 방법 (광도가 불량일 때)

전기 4 : 시험 결과 기록표 자동차 번호 : ❶				❹비 번호		❺감독위원 확 인	
① 측정(또는 점검)				② 판정			❽득 점
❸구분	❹측정 항목	❺측정값	❻기준값	❼판정(□에 '✔'표)			
□에 '✔' 표 위치 : □ 좌 ✔ 우	광 도	2,500cd	3,000cd 이상	□ 양 호 ✔ 불 량			

※ 측정 위치는 감독위원의 지정하는 위치에 □에 '✔' 표시함.
※ 자동차검사기준 및 방법에 의하여 기록, 판정한다.

1) ① **측정(또는 점검)** : ❸ 구분란은 감독위원이 지정한 위치인 "우"에 ✔ 표시를 한다. ❹ 측정항목은 감독위원이 지정한 "광도"를 기록한다. ❺ 측정값은 수검자가 측정 한 광도인 "25,00cd"를 기록하며, ❻ 기준값은 수검자가 검사 기준값인 "3,000cd 이상"을 기록한다.(반드시 단위를 기입한다)
   ㉮ 구 분 : ・위치 – □ 좌 ✔ 우
   ㉯ 측정값 : 측정 광도 – 2,500cd
   ㉰ 기준값 : ・3,000cd 이상

2) ② **판정** : ❼ 판정은 수검자가 측정한 값과 기준값을 비교하여 범위를 벗어났으므로 "불량"에 ✔ 표시를 한다.
   ㉮ 판정 : ・양호 : 기준값의 범위(3,000cd 이상)에 있을 때
           ・불량 : 기준값의 범위(3,000cd 미만)를 벗어났을 때
   ◆ 헤드라이트 광도 낮은 원인
      ・헤드라이트 반사경의 불량 – 헤드라이트 어셈블리 교환
      ・헤드라이트 전구의 불량 – 교환
      ・배터리의 방전 – 충전 또는 교환

4. 전조등 점검 현장 사진

1. 시뮬레이터로 측정 준비된 모습

실제 차량으로 전조등 시험을 하는 경우도 있지만 시뮬레이터를 이용한 방법도 있다.

2. 투영식 측정 준비모습

헤드라이트 시험기는 이동식 레일로 만들어서 실습, 시험일 때 적당한 위치로 이동한다.

3. 전면 패널의 계기 및 조정나사 모습

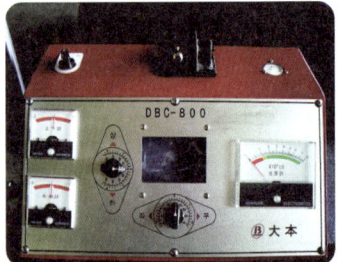

투영식의 전면패널이며, 광도계는 오른쪽에 설치되어 있다.

6안 엔진 1 크랭크축의 마멸량 점검

주어진 가솔린 엔진에서 크랭크축을 탈거(감독위원에게 확인)하고 감독위원의 지시에 따라 기록표의 내용대로 기록·판정한 후 다시 조립하시오.

1. 답안지 작성 방법 (크랭크축이 마모량이 정상일 때 -마멸량 기준)

엔진 1 : 시험 결과 기록표
엔진 번호 : ⓗ

항 목	① 측정(또는 점검)		② 판정 및 정비(또는 조치)사항		Ⓖ 득 점
	Ⓒ 측정값	Ⓓ 규정(정비한계)값	Ⓔ 판정(□에 '✔' 표)	Ⓕ 정비 및 조치할 사항	
( )번 저널 크랭크 축 외경	49.07mm (0.03mm)	50.00mm (0.05mm)	✔ 양 호 □ 불 량	정비 및 조치할 사항 없음	

Ⓐ 비번호 Ⓑ 감독위원 확 인

※ 단위가 누락되거나 틀린 경우는 오답으로 채점함.

1) 비번호 : Ⓐ 비번호는 공단직원이 주는 등번호를 수검자가 기록한다.
2) 감독위원 확인 : Ⓑ 감독위원 확인란은 감독위원이 채점한 후에 도장을 찍는 부분으로 수검자는 기록하지 않는다.
3) ① 측정(또는 점검) : Ⓒ 측정값은 수검자가 크랭크축의 마멸량을 측정한 값인 "49.07mm(0.03mm)"을 기록하고, Ⓓ 규정(정비한계)값은 감독위원이 주어진 값이나 또는 정비지침서를 보고 "50.00mm(0.05mm)"를 기록한다.(반드시 단위를 기입한다)
  ㉮ 측정값 : 49.07mm(0.03mm)
  ㉯ 규정(정비한계)값 : 50.00mm(0.05mm)

【 차종별 메인저널 및 마모량 규정값(mm) 】

차 종		메인 저널 규정값	마모량 기준값
아반떼 XD(2006)	G 1.6 DOHC	50.00	U/S 49.227~49.242(0.75)
	G 2.0 DOHC	57.00	U/S 56.227~56.242(0.75)
	D 1.5 TCI-U	53.972~53.990	A:53.984~53.990, B:53.978~53.984, C:53.972~53.978
아반떼 HD(2010)	G 1.6 DOHC	47.942~47.960	1:47.960~47.954, 2:47.954~47.948, C:47.948~47.942
	G 2.0 DOHC	56.942~56.962	A:59.000~59.006, B:59.006~59.012, C:59.012~59.018
	D 1.6 TCI-U	53.972~53.990	A:53.984~53.990, B:53.978~53.984, C:53.972~53.978
NF 쏘나타	G 2.0 DOHC	51.942~51.960	1:51.954~51.960, 2:51.948~51.954, C:51.942~51.948
	G 2.4 DOHC		
	L 2.0 DOHC		
	D 2.0 TCI-D	60.002~60.020	A:60.014~60.020, B:60.008~60.014, C:60.002~60.008
K5(2011)	G 2.0 DOHC	51.942~51.960	1:51.954~51.960, 2:51.948~51.954, C:51.942~51.948
	G 2.4 GDI		
	L 2.0 DOHC		
모닝(2011)	G 1.0 SOHC	41.982~42.000	Ⅰ:41.994~42.000, Ⅱ:41.988~41.994, Ⅲ:41.982~41.988
	L 1.0 SOHC		

4) ② 판정 및 정비(또는 조치)사항 : Ⓔ 판정은 수검자가 측정한 값과 규정(정비한계)값을 비교하여 범위 내에 있으면 양호, 벗어나면 불량에 ✔표시를 하며, Ⓕ 정비 및 조치할 사항 란에는 고장부품과 정비방법을 기록한다. ㉮ 판정 : ·양호 – 규정(정비한계)값 이내에 있을 때 ·불량 – 규정(정비한계)값을 벗어났을 때
  ㉯ 정비 및 조치할 사항 : 정비 및 조치할 사항 없음
5) 득점 : Ⓖ 득점은 감독위원이 채점을 하고 점수를 기록하는 부분으로 수검자는 기록하지 않는다.
6) 엔진 번호 : ⓗ 측정하는 엔진 번호를 수검자가 기록한다.

2. 시험장에서는 ……

① **크랭크축 탈거·조립** : 메인 베어링 캡에 번호와 화살표가 있다. 앞쪽부터 1번이고 화살표는 앞 방향으로 가도록 조립한다. 설치 볼트를 조립할 때는 스피드 핸들로 3~4번 나누어서 조립한다. 윤활부에 오일 건을 이용하여 오일을 발라 주는 것도 잊지 말아야 한다. 또한 토크 렌치를 이용하여 규정 토크로 조인다.

② **크랭크축의 마모량 측정** : 크랭크축 분해 조립용이 별도로 있고 크랭크축 마모량의 측정 스탠드가 옆에 있다. 감독위원이 답안지를 주고 "몇 번 메인 저널 마모량을 측정하시오" 지시할 것이다. "네 감사 합니다."하고 측정 준비를 한다. 일부 수검자이기는 하나 답안지를 주며 지시를 내렸는데 엉거주춤하고 행동이 자신이 없어 보이는 수검자가 있는데 숙련이 안 된 수검자는 금방 알 수 있다. 받아든 답안지를 수검번호와 엔진 번호를 기입하고 걸레로 측정기와 측정할 곳의 메인 저널 및 작업대를 깨끗이 닦고 측정에 임한다. 측정값이 맞아야 점수가 나온다는 것이다. 측정값이 틀리면 다른 것이 맞아도 "0점"이다. 만약 정정을 할 때는 먼저 답을 옆으로 두 줄을 긋고 아래 부분에 다시 적으면 된다. 정정 부분에는 감독위원이 도장을 찍어야 하는데 이것은 걱정 안 해도 된다. 감독위원이 채점할 때 모두 빠지지 않고 도장을 찍어 줄 것이다. 몇 번을 정정하여도 상관은 없다.

3. 답안지 작성 방법 (크랭크축의 마모량이 많을 때–마멸량 기준)

엔진 1 : 시험 결과 기록표 엔진 번호 : ❽			Ⓐ 비번호		Ⓑ 감독위원 확 인	
항 목	① 측정(또는 점검)		② 판정 및 정비(또는 조치)사항			Ⓖ 득 점
	Ⓒ 측정값	Ⓓ 규정(정비한계)값	Ⓔ 판정(□에 '✔' 표)	Ⓕ 정비 및 조치할 사항		
( )번 저널 크랭크 축 외경	49.40mm (0.60mm)	50.00mm (0.05mm)	□ 양 호 ☑ 불 량	언더 사이즈 가공 후 재점검		

※ 단위가 누락되거나 틀린 경우는 오답으로 채점함.

1) **측정(또는 점검)** : Ⓒ 측정값은 수검자가 감독위원이 지정한 크랭크축 메인저널 마멸량 측정값인 "49.40mm(0.6mm)"를 기록하며, Ⓓ 규정(정비한계)값은 감독위원이 주어진 값이나 또는 정비지침서를 보고 "50.00mm(0.05mm)"를 기록한다.(반드시 단위를 기입한다)

2) **판정 및 정비(또는 조치)사항** : Ⓔ 판정은 수검자가 측정한 마멸량 값이 0.05mm를 넘었으므로 판정에는 "불량"에 ✔ 표시를 하며, Ⓕ 정비 및 조치할 사항 란에는 "언더 사이즈 가공 후 재점검"을 기록한다.

4. 답안지 작성 방법 (크랭크축의 마모량이 많을 때–메인저널 지름 기준)

엔진 1 : 시험 결과 기록표 엔진 번호 : ❽			Ⓐ 비번호		Ⓑ 감독위원 확 인	
항 목	① 측정(또는 점검)		② 판정 및 정비(또는 조치)사항			Ⓖ 득 점
	Ⓒ 측정값	Ⓓ 규정(정비한계)값	Ⓔ 판정(□에 '✔' 표)	Ⓕ 정비 및 조치할 사항		
( )번 저널 크랭크 축 외경	46.40mm (1.6mm)	48.00mm (0.05mm)	□ 양 호 ☑ 불 량	크랭크축 교환 후 재점검		

※ 단위가 누락되거나 틀린 경우는 오답으로 채점함.

1) **측정(또는 점검)** : Ⓒ 측정값은 수검자가 감독위원이 지정한 크랭크축 메인저널 마멸량 측정값인 "46.40mm(1.6mm)"를 기록하며, Ⓓ 규정(정비한계)값은 감독위원이 주어진 값이나 또는 정비지침서를 보고 "48.00mm(0.05mm)"를 기록한다.(반드시 단위를 기입한다)

2) **판정 및 정비(또는 조치)사항** : Ⓔ 판정은 수검자가 측정한 마멸량 값이 0.05mm를 넘었으므로 판정에는 "불량"에 ✔ 표시를 하며, Ⓕ 정비 및 조치할 사항 란에는 마멸량에 0.2를 더한 값이 1.00mm를 넘었으므로 "크랭크축 교환 후 재점검"을 기록한다.

5. 크랭크축 마모량 점검 현장사진

1. 측정하기 위한 준비모습
2. 메인저널 직경 측정 모습
3. 메인저널 측정한 값 모습

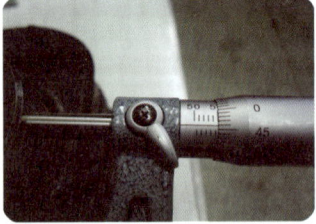

엔진 3 : 엔진 센서(액추에이터) 점검(자기진단)

6안

주어진 자동차에서 전자제어 가솔린 엔진의 스로틀 보디를 탈거(감독위원에게 확인)한 후 다시 조립하고 감독위원의 지시에 따라 진단기(스캐너)를 사용하여 엔진의 각종 센서(액추에이터) 점검 후 고장부분을 기록·판정하시오.

1. 답안지 작성 방법(BPS의 커넥터가 탈거 일 때)

엔진 3 : 시험 결과 기록표 자동차 번호 : ❶				Ⓐ 비번호		Ⓑ 감독위원 확 인	
항 목	① 측정(또는 점검)			② 고장 및 정비(또는 조치) 사항		Ⓗ 득 점	
	Ⓒ 고장 부위	Ⓓ 측정값	Ⓔ 규정값	Ⓕ 고장 내용	Ⓖ 정비 및 조치사항		
센서(액추에이터) 점검	ATS	0V/700rpm	3.8~4.0V/700rpm	커넥터 탈거	커넥터 연결, 기억소거 후 재점검		

※ 단위가 누락되거나 틀린 경우는 오답으로 채점함

1) **비번호** : Ⓐ 비번호는 공단직원이 주는 등번호를 수검자가 기록한다.
2) **감독위원 확인** : Ⓑ 감독위원 확인란은 감독위원이 채점한 후에 도장을 찍는 부분으로 수검자는 기록하지 않는다.
3) **① 측정(또는 점검)** : Ⓒ 고장부위는 수검자가 스캐너로 자기진단 화면 창에 나타난 "ATS"를 기록하고, Ⓓ 측정값은 센서 출력 화면에서 측정한 "0V / 700rpm"을 기록한다. Ⓔ 규정값은 스캐너 정보창이나 감독위원이 주어진 "3.8~4.0V / 700rpm"을 기록한다.
   ㉮ 고장부위 : ATS   ㉯ 측정값 : 0V / 700rpm
   ㉰ 규정값 : 3.8~4.0V / 700rpm
4) **② 고장 및 정비(또는 조치)사항** :
   Ⓕ 고장 내용에는 수검자가 점검한 내용으로 "커넥터 탈거"를 기록한다.
   Ⓖ 조치사항에는 "커넥터 연결, 기억소거 후 재점검"을 기록한다.
   ㉮ 고장 내용 : 커넥터 탈거   ㉯ 조치 사항 : 커넥터 연결, 기억소거 후 재점검

【 차종별 흡입 공기온도센서(IATS) 규정값(mm) 】

차 종		전 압(V)	저 항(kΩ)		
아반떼 XD(2006)	G 1.6 DOHC	6<규정값<16	0℃:2.35~2.51,	20℃:1.11~1.19,	40℃:0.31~0.321
	G 2.0 DOHC				
	D 1.5 TCI-U	112mV~4.9V	0℃:5.38~6.09,	20℃:3.48~3.90,	40℃:1.08~1.21
아반떼 HD(2010)	G 1.6 DOHC	–	0℃:5.38~6.09,	20℃:2.31~2.57,	40℃:1.08~1.21
	G 2.0 DOHC	–			
	D 1.6 TCI-U	73mV~4.886mV	0℃:5.12~5.89,	20℃:2.29~2.55,	40℃:1.10~1.24
NF 쏘나타	G 2.0 DOHC	0.22~4.93	10℃:3.6~3.9,	20℃:2.4~2.5,	30℃:1.6~1.7
	G 2.4 DOHC				
	L 2.0 DOHC	0.24~4.93	10℃:3.6~3.9,	20℃:2.4~2.5,	30℃:1.6~1.7
	D 2.0 TCI-D	73mV~4,887.5mV	0℃:5.12~5.89,	20℃:2.29~2.55,	40℃:1.10~1.24
K5(2011)	G 2.0 DOHC	0.22~4.93	0℃:5.38~6.09,	20℃:2.31~2.57,	40℃:1.08~1.21
	G 2.4 GDI	0.22~4.93	10℃:3.6~3.9,	20℃:2.4~2.5,	30℃:1.6~1.7
	L 2.0 DOHC	0.24~4.93	10℃:3.6~3.9,	20℃:2.4~2.5,	30℃:1.6~1.7
모닝(2011)	G 1.0 SOHC	약 5	0℃:5.38~6.09,	20℃:2.31~2.57,	40℃:1.08~1.21
	L 1.0 SOHC	0.15~4.8			

5) **득점** : Ⓗ 득점은 감독위원이 채점을 하고 점수를 기록하는 부분으로 수검자는 기록하지 않는다.
6) **자동차 번호** : ❶ 측정하는 자동차 번호를 수검자가 기록한다.

2. 시험장에서는 ……

분해 조립용 엔진과 측정용 차량(또는 엔진 튠업)이 따로 있어서 분해 조립이 끝나면 감독위원으로부터 답안지를 받고 전자제어 엔진의 고장부분을 점검한 후 답안지를 작성하여 감독위원에게 제출한다. 일부이긴 하나 전자제어 차량에 진단기가 설치되어 있는 것을 그대로 측정하기도 한다. 여기서 테스터기 연결 불량으로 답을 작성하지 못하는데 측정은 반드시 키가 "ON 또는 시동"상태에서만 가능하다는 것이다. 답안지 항목에서 **C**, **D**, **E**란은 스캐너에서 측정 및 찾아서 기입하지만, **F**란은 수검자가 측정 차량을 눈으로 보고 기록하며, **G**란은 정비방법을 서술한다.

3. 답안지 작성 방법 (BPS가 과거 기억소거 불량일 때)

엔진 3 : 시험 결과 기록표 자동차 번호 : **I**				**A** 비번호		**B** 감독위원 확 인	
항목	① 측정(또는 점검)			② 고장 및 정비(또는 조치) 사항		**H** 득 점	
	C 고장 부위	**D** 측정값	**E** 규정값	**F** 고장 내용	**G** 정비 및 조치사항		
센서(액추에이터) 점검	ATS	3.6V/700rpm	3.8~4.0V/700rpm	과거 기억소거 불량	기억소거 후 재점검		

※ 단위가 누락되거나 틀린 경우는 오답으로 채점함

1) ① **측정(또는 점검)** : **C** 고장부위는 수검자가 스캐너로 자기진단 화면 창에 나타난 "ATS"를 기록하고, **D** 측정값은 센서 출력 화면에서 측정한 "3.6V / 700rpm"을 기록한다. **E** 규정값은 스캐너 정보창이나 감독위원이 주어진 "3.8~4.0V / 700rpm"을 기록한다.
2) ② **고장 및 정비(또는 조치)사항** : **F** 고장 내용에는 수검자가 점검한 내용으로 "과거 기억소거 불량"을 기록한다. **G** 조치사항에는 "기억소거 후 재점검"을 기록한다.

4. 답안지 작성 방법 (BPS가 센서 불량일 때)

엔진 3 : 시험 결과 기록표 자동차 번호 : **I**				**A** 비번호		**B** 감독위원 확 인	
항목	① 측정(또는 점검)			② 고장 및 정비(또는 조치) 사항		**H** 득 점	
	C 고장 부위	**D** 측정값	**E** 규정값	**F** 고장 내용	**G** 정비 및 조치사항		
센서(액추에이터) 점검	BPS	8.4V/700rpm	3.8~4.0V/700rpm	센서 불량	센서 교환 기억소거 후 재점검		

※ 단위가 누락되거나 틀린 경우는 오답으로 채점함

1) ① **측정(또는 점검)** : **C** 고장부위는 수검자가 스캐너로 자기진단 화면 창에 나타난 "ATS"를 기록하고, **D** 측정값은 센서 출력 화면에서 측정한 "8.4V / 700rpm"을 기록한다. **E** 규정값은 스캐너 정보창이나 감독위원이 주어진 "3.8~4.0V / 700rpm"을 기록한다.
2) ② **고장 및 정비(또는 조치)사항** : **F** 고장 내용에는 수검자가 점검한 내용으로 "센서 불량"을 기록한다. **G** 조치사항에는 "센서 교환, 기억소거 후 재점검"을 기록한다.

엔진 4 | 가솔린 배기가스 측정

주어진 자동차에서 기록표에 제시된 내용을 측정하고 기록·판정하시오.

1. 답안지 작성 방법 (배기가스 배출량이 많아 불량일 때)

엔진 5 : 시험 결과 기록표
자동차 번호 : ⓗ

항 목	① 측정(또는 점검)		Ⓔ ② 판정 (□에 '✔' 표)	Ⓕ 득 점
	Ⓒ 측 정 값	Ⓓ 기준값		
CO	24%	1.0% 이하	□ 양 호	
HC	830ppm	220ppm 이하	☑ 불 량	

Ⓐ 비번호		Ⓑ 감독위원 확 인

※ 감독위원이 제시한 자동차등록증(또는 차대번호)을 활용하여 차종 및 연식을 적용한다. 자동차검사기준 및 방법에 의하여 기록, 판정한다. CO 측정값은 소수점 둘째자리 이하는 버림으로 기입한다. HC 측정값은 소수점 첫째자리 이하는 버림하여 기입한다.

1) 비번호 : Ⓐ 비번호는 공단직원이 주는 등번호를 수검자가 기록한다.
2) 감독위원 확인 : Ⓑ 감독위원 확인란은 감독위원이 채점한 후에 도장을 찍는 부분으로 수검자는 기록하지 않는다.
3) ① 측정(또는 점검) : Ⓒ 측정값은 수검자가 배기가스를 측정한 값인 CO는 "24%", HC는 "830ppm"을 기록하고 Ⓓ 기준값은 운행 차량의 배출 허용 기준값인 CO는 "1.0%이하", HC는 "220ppm 이하"를 기록한다.
   ㉮ 측정값 : · CO : 24%, · HC : 830ppm
   ㉯ 기준값 : · CO : 1.0% 이하 · HC : 220ppm 이하(2012년 2월 14일 등록)

【 운행차 수시점검 및 정기점검 배출 허용기준 】

차 종		제작일자	일산화탄소	탄화수소	공기과잉율
경자동차		1997년 12월 31일 이전	4.5% 이하	1,200ppm 이하	1±0.1 이내 다만, 기화기식 연료공급장치 부착 자동차는 1±0.15이내 촉매 미부착 자동차는 1±0.20 이내
		1998년 1월 1일부터 2000년 12월 31일까지	2.5% 이하	400ppm 이하	
		2001년 1월 1일부터 2003년 12월 31일까지	1.2% 이하	220ppm 이하	
		2004년 1월 1일 이후	1.0% 이하	150ppm 이하	
승용 자동차		1987년 12월 31일 이전	4.5% 이하	1,200ppm 이하	
		1988년 1월 1일부터 2000년 12월 31일까지	1.2% 이하	220ppm 이하(휘발유·알코올자동차) 400ppm 이하(가스자동차)	
		2001년 1월 1일부터 2005년 12월 31일까지	1.2% 이하	220ppm 이하	
		2006년 1월 1일 이후	1.0% 이하	120ppm 이하	
승합·화물·특수·자동차	소형	1989년 12월 31일 이전	4.5% 이하	1,200ppm 이하	
		1990년 1월 1일부터 2003년 12월 31일까지	2.5% 이하	400ppm 이하	
		2004년 1월 1일 이후	1.2% 이하	220ppm 이하	
	중형·대형	2003년 12월 31일 이전	4.5% 이하	1200ppm 이하	
		2004년 1월 1일 이후	2.5% 이하	400ppm 이하	

4) ② 판정 : Ⓔ 판정은 수검자가 측정값과 기준값을 비교하여 범위 내에 있으면 양호, 벗어나면 불량에 ✔표시를 한다.
   ㉮ 판정 : · 양호 - 기준값의 범위에 있을 때 · 불량 - 기준값을 벗어났을 때
5) 득점 : Ⓕ 득점은 감독위원이 채점을 하고 점수를 기록하는 부분으로 수검자는 기록하지 않는다.
6) 자동차 번호 : ⓗ 측정하는 자동차의 번호를 수검자가 기록한다.

2. 시험장에서는 ······

이 시험은 시동을 걸어서 측정하여야 하므로 추운 겨울에는 수검자나 감독위원이나 고생하는 항목이다. 감독위원이 답안지를 주면 수험번호와 자동차 번호를 적고 배기가스 테스터기를 연결한 후 시동을 걸어서 측정을 한 다음 기록표를 기록하는데 이 항목은 검사기준이기 때문에 규정값이 주어지지 않는다. 반드시 규정값을 암기하고 있어야 한다. 배기가스 측정은 엔진의 상태에 따라 측정값이 많이 변하기 때문에 감독위원이 바로 옆에서 보면서 채점을 하거나 아니면 측정 방법만을 확인하고 테스터기 바늘을 고정시켜 놓고 측정값을 기록하도록 하는 경우도 있다. 일부 수검자는 감독위원이 점수를 깎기 위해 잘못한 것만 찾고 있는 사람으로 생각하는 부정적인 생각을 갖고 있는 수검자가 많은데 좀 더 긍정적인 방향으로 생각한다면 내가 잘하는 것을 보고 점수를 주기 위해 있다고 생각을 할 수 있는 것이다. 감독위원에게 내 실력을 보여주기 위해서는 능력을 길러야 하지 않을까?

3. 가솔린 배기가스 측정 현장 사진

1. 배기가스 측정 준비된 모습

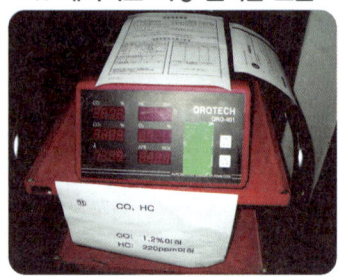

시험 준비를 수검자가 하여야 한다. 때에 따라서는 준비되어 있다.

2. 3개 항목 측정화면 모습

배기 프로브를 배기가스에 약 20cm 정도 밀어 넣는다.

3. 6개 항목 측정화면 모습

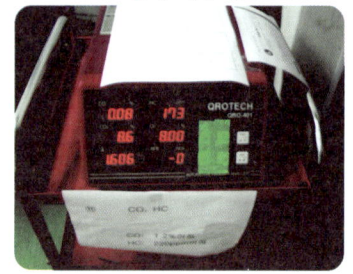

화면에서 CO 8.6% 와 HC 173ppm을 나타내고 있다.

※ 제작사별 차대번호 표기방식

① 현대 자동차 차대번호의 표기 부호 – 엑센트(ACCENT)– 2012

※ 차대번호 형식(VIN : Vehicle Identification Number)

K	M	H	D	N	4	1	A	P	C	U	1	2	3	4	5	6
①	②	③	④	⑤	⑥	⑦	⑧	⑨	⑩	⑪	⑫	⑬	⑭	⑮	⑯	⑰
제작 회사군			자동차 특성군						제작 일련 번호군							

② 자동차 등록증 – 엑센트(ACCENT)–2011

자동차등록증

제2012-000189호   최초 등록일 : 2012년 02월 14일

① 자동차 등록 번호	01머 8325	② 차 종	중형승용	③ 용도	자가용
④ 차 명	엑센트(ACCENT)	⑤ 형식 및 년식	RB-G14GL-M1		2012
⑥ 차 대 번 호	KMHDN41APB2U123456	⑦ 원동기 형식	G4EC		
⑧ 사용 본거지	서울시 노원구 월계동 ***번지				
소유자	⑨ 성명(명칭)	김광수	⑩ 주민(사업자) 등록 번호	***117-*******	
	⑪ 주 소	서울시 노원구 월계동 ***번지			

자동차 관리법 제8조등의 규정에 의하여 위와 같이 등록하였음을 증명합니다.

이것만은 꼭!!(※뒷면유의사항 필독)

2012 년 02 월 14 일

서울특별시 노원구청장

- 법인 주소지(사용본거지), 상호변경 15일이내(최고 30만원)
- 정기검사:만료일 전·후 30일 이내(최고 30만원)
- 의무보험:만료이전가입(최고 10만원~100만원)
- 말소등록:폐차일로부터 1월이내(최고 50만원)
  위 사항을 위반시 과태료가 부과 되오니 주의바랍니다.

섀시 2 주차 브레이크 레버 클릭 수 점검

주어진 자동차에서 감독위원의 지시에 따라 주차 브레이크 레버의 클릭 수(노치)를 점검하여 기록·판정하시오.

1. 답안지 작성 방법(클릭수가 정상일 때 답안지)

섀시 2 : 시험 결과 기록표 자동차 번호 : ⓗ			Ⓐ 비번호		Ⓑ 감독위원 확 인	
항목	① 측정(또는 점검)		② 판정 및 정비(또는 조치)사항			Ⓖ 득 점
	Ⓒ 측정값 (클릭)	Ⓓ 규정(정비한계)값 (클릭)	Ⓔ 판정(□에 '✔'표)	Ⓕ 정비 및 조치할 사항		
주차 레버 클릭수 (노치)	6클릭 / 20kgf	6~8 클릭 / 20kgf	☑ 양 호 □ 불 량	정비 및 조치할 사항 없음		

※ 단위가 누락되거나 틀린 경우는 오답으로 채점함.

1) **비번호** : Ⓐ 비번호는 공단직원이 주는 등번호를 수검자가 기록한다.
2) **감독위원 확인** : Ⓑ 감독위원 확인란은 감독위원이 채점한 후에 도장을 찍는 부분으로 수검자는 기록하지 않는다.
3) **① 측정(또는 점검)** : Ⓒ 측정값은 수검자가 점검한 클릭수 "6클릭 / 20kgf"를 기록하고, Ⓓ 규정(정비한계)값은 감독위원이 주어진 값이나 또는 정비지침서를 보고 "6~8클릭 / 20kgf" 기록한다.(반드시 단위를 기록한다)
   ㉮ 측정값 : 6클릭 / 20kgf
   ㉯ 규정(정비한계)값 : 6~8클릭 / 20kgf

※ 주차 레버 클릭 수 점검
처음 출제되는 문제다. 주차 레버의 클릭 수는 라이닝 간극과 밀접한 관계가 있으며, 점검방법은 다음과 같다.
① 전·후방에 차량이 없는 상태에서 주차 브레이크 레버를 당겨 가파른 언덕길에서 제동이 되는지 점검한다.
② 평탄히고 안전힌 징소에 주차시킨 후, 주차 브레이크가 완전히 해제된 상태에서 주차 브레이크 레버를 20kgf 의 힘으로 당겼을 때 6~8회 정도 "딸깍"거리는지 확인한다.

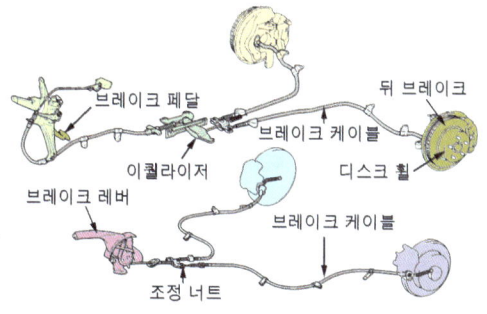

4) **② 판정 및 정비(또는 조치)사항** : Ⓔ 판정은 수검자가 측정한 값과 규정(정비한계)값을 비교하여 범위 내에 있으면 양호, 벗어나면 불량에 ✔ 표시를 하며, Ⓕ 정비 및 조치할 사항 란에는 교환부품과 정비할 사항을 기록한다.
   ㉮ 판정 : 양호 – 규정(정비한계)값 이내에 있을 때 ·불량 – 규정(정비한계)값을 벗어났을 때
   ㉯ 정비 및 조치할 사항 : "정비 및 조치할 사항 없음"으로 기록한다.
5) **득점** : Ⓖ 득점은 감독위원이 채점을 하고 점수를 기록하는 부분으로 수검자는 기록하지 않는다.
6) **자동차 번호** : ⓗ 측정하는 자동차 번호를 수검자가 기록한다.

2. 시험장에서는 ……

아직 시험장에서 시험을 치루지 않았기에 정확한 상태는 알 수 없으나 대략 짐작하건데 실제 차량에서 주차 레버를 당기면서 클릭수를 점검하도록 준비하여 놓고 고장상태를 점검토록 하여 놓을 듯하다.

3. 답안지 작성 방법 (주차 레버 클릭수가 많을 때)

섀시 2 : 시험 결과 기록표 자동차 번호 : ⓗ			Ⓐ 비번호		Ⓑ 감독위원 확 인	
항목	① 측정(또는 점검)		② 판정 및 정비(또는 조치)사항			Ⓖ 득 점
	Ⓒ 측 정 값(클릭)	Ⓓ 규정(정비한계)값 (클릭)	Ⓔ 판정(□에 '✔'표)	Ⓕ 정비 및 조치할 사항		
주차 레버 클릭수 (노치)	14 / 20kgf	6~8 클릭 / 20kgf	□ 양 호 ☑ 불 량	라이닝 간극 조정 후 재점검		

※ 단위가 누락되거나 틀린 경우는 오답으로 채점함.

1) ① **측정(또는 점검)** : Ⓒ 측정값은 수검자가 주차 브레이크 클릭 수를 측정한 값 "14클릭 / 20kgf"을 기록하며, Ⓓ 규정(정비한계)값은 감독위원이 주어진 값이나 또는 정비지침서를 보고 "6~8클릭 / 20kgf" 기록한다.(반드시 단위를 기록한다)

2) ② **판정 및 정비(또는 조치)사항** : Ⓔ 판정은 수검자가 측정한 값이 규정(정비한계)값을 넘었으므로 판정에는 "불량"에 ✔ 표시를 하며, Ⓕ 정비 및 조치할 사항 란에는 "라이닝 간극 조정 후 재점검"을 기록하고 그 외 고장은 아래 내용 중에 하나일 것이다.

◈ 클릭수가 많은 원인
- 주차 브레이크 케이블 조정 불량 – 조정 나사로 조정 • 뒷 브레이크 드럼 마모 – 브레이크 드럼 교환
- 뒷 라이닝과 드럼 간극 자동 조정나사 불량 – 자동 조정 나사 수리 • 뒷 라이닝 마모 – 라이닝 교환

4. 답안지 작성 방법 (주차 레버 클릭수가 적을 때)

섀시 2 : 시험 결과 기록표 자동차 번호 : ⓗ			Ⓐ 비번호		Ⓑ 감독위원 확 인	
항목	① 측정(또는 점검)		② 판정 및 정비(또는 조치)사항			Ⓖ 득 점
	Ⓒ 측 정 값(클릭)	Ⓓ 규정(정비한계)값 (클릭)	Ⓔ 판정(□에 '✔'표)	Ⓕ 정비 및 조치할 사항		
주차 레버 클릭수 (노치)	3클릭 / 20kgf	6~8 클릭 / 20kgf	□ 양 호 ☑ 불 량	주차 브레이크 케이블 조정 후 재점검		

※ 단위가 누락되거나 틀린 경우는 오답으로 채점함.

1) ① **측정(또는 점검)** : Ⓒ 측정값은 수검자가 주차 브레이크 클릭 수를 측정한 값 "3클릭 / 20kgf"을 기록하며, Ⓓ 규정(정비한계)값은 감독위원이 주어진 값이나 또는 정비지침서를 보고 "6~8클릭 / 20kgf" 기록한다.(반드시 단위를 기록한다)

2) ② **판정 및 정비(또는 조치)사항** : Ⓔ 판정은 수검자가 측정한 값이 규정(정비한계)값보다 부족하므로 판정에는 "불량"에 ✔ 표시를 하며, Ⓕ 정비 및 조치할 사항 란에는 "주차 브레이크 케이블 조정 후 재점검"을 기록하고 그 외 고장은 아래 내용 중에 하나일 것이다.

◈ 클릭수가 적은 원인
- 주차 브레이크 케이블 조정 불량 – 조정 나사로 조정
- 뒷 라이닝과 드럼 간극 자동 조정나사 불량 – 자동 조정 나사 수리

5. 주차 레버 클릭수 점검 현장 사진

1. 주차 브레이크 레버 모습

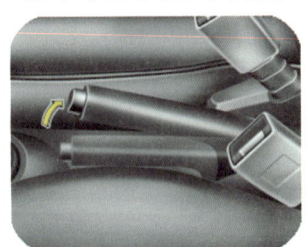

차종마다 좀 다르지만 운전석 옆에 주차 레버를 당기면 따륵 따륵 하면서 당겨진다.

2. 주차 케이블 조정나사 모습

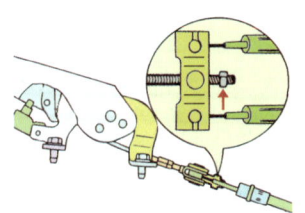

라이닝 간극이 커졌을 때, 마모 되었을 때 조정나사를 조여서 클릭수를 조정한다.

3. 주차 브레이크가 설치된 모습

뒤쪽 라이닝 한곳에만 주차 브레이크 레버와 케이블에 연결되어 있으며 분해는 라이닝을 분해한 후 한다.

섀시 4 자동변속기 자기진단

주어진 자동차에서 감독위원의 지시에 따라 진단기(스캐너)로 자동변속기를 점검하고 기록·판정하시오.

1. 답안지 작성 방법(입력 센서 (펄스 제너레이터-A) 커넥터 탈거일 때)

섀시 4 : 시험 결과 기록표 자동차 번호 : ❽			Ⓐ 비번호		Ⓑ 감독위원 확 인	
항 목	① 측정(또는 점검)		② 판정 및 정비(또는 조치)사항			Ⓖ 득 점
	Ⓒ 이상 부위	Ⓓ 내용 및 상태	Ⓔ 판정(□에 '✔'표)	Ⓕ 정비 및 조치할 사항		
변속기 자기진단	입력센서(펄스 제너레이터-A)	커넥터 탈거	□ 양 호 ☑ 불 량	커넥터 연결, 과거기억 소거 후 재점검		

1) **비번호** : Ⓐ 비번호는 공단직원이 주는 등번호를 수검자가 기록한다.
2) **감독위원 확인** : Ⓑ 감독위원 확인란은 감독위원이 채점한 후에 도장을 찍는 부분으로 수검자는 기록하지 않는다.
3) ① **측정(또는 점검)** : Ⓒ 이상 부위 란에는 수검자가 스캐너의 자기진단 화면 창에 나타난 이상부위인 "입력 센서(펄스 제너레이터-A)"를 기록하고, Ⓓ 내용 및 상태 란에는 수검자가 점검한 이상 부위의 내용인 "커넥터 탈거"를 기록한다.
   ㉮ 이상 부위 : 입력 센서(펄스 제너레이터-A)   ㉯ 내용 및 상태 : 커넥터 탈거
4) ② **판정 및 정비(또는 조치)사항** : Ⓔ 판정은 수검자가 자기진단에서 정상이 아니면 "불량"에 ✔ 표시를 하며, Ⓕ 정비 및 조치할 사항 란에는 "커넥터 연결, 과거 기억소거 후 재점검"을 기록한다.
   ㉮ 판정 : •양호 – 자기진단에서 이상이 없을 때   •불량 – 자기진단에서 이상이 있을 때
   ㉯ 정비 및 조치할 사항 : 커넥터 연결, 과거기어 소거 후 재점검을 기록한다.
5) **득점** : Ⓖ 득점은 감독위원이 채점을 하고 점수를 기록하는 부분으로 수검자는 기록하지 않는다.
6) **자동차 번호** : ❽란은 측정하는 자동차 번호를 수검자가 기록한다.

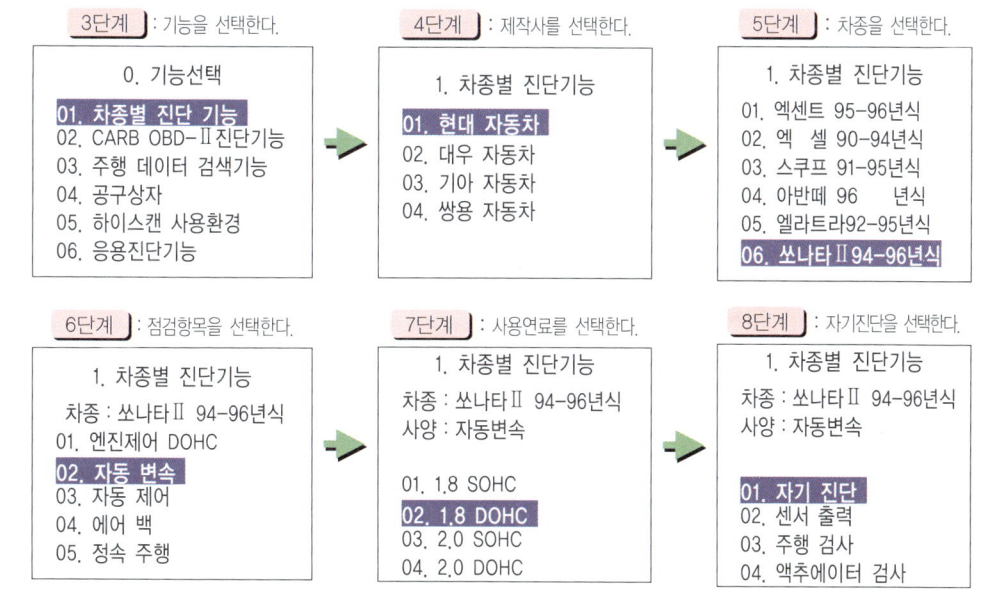

2. 답안지 작성 방법 [입력 센서 (펄스 제너레이터-A) 불량일 때]

섀시 4 : 시험 결과 기록표 자동차 번호 : ⓗ		Ⓐ 비번호		Ⓑ 감독위원 확 인	
항 목	① 측정(또는 점검)		② 판정 및 정비(또는 조치)사항		Ⓖ 득 점
	Ⓒ 이상 부위	Ⓓ 내용 및 상태	Ⓔ 판정(□에 '✔'표)	Ⓕ 정비 및 조치할 사항	
변속기 자기진단	입력 센서(펄스 제너레이터-A)	센서 불량	□ 양 호 ☑ 불 량	입력센서(펄스 제너레이터-A)교환, 과거 기억소거 후 재점검	

1) ① 측정(또는 점검) : Ⓒ 이상부위 란에는 수검자가 스캐너의 자기진단 화면 창에 나타난 이상부위인 "입력 센서(펄스 제너레이터-A)"를 기록하고, Ⓓ 내용 및 상태는 스캐너로 센서 출력을 확인 한 후 "센서 불량"을 기록한다.
2) ② 판정 및 정비(또는 조치)사항 : Ⓔ 판정은 수검자가 자기진단에서 정상이 아니므로 "불량"에 ✔ 표시를 하며, Ⓕ 정비 및 조치할 사항 란에는 "입력 센서(펄스 제너레이터-A)교환, 과거 기억소거 후 재점검"을 기록한다.

3. 자동변속기 자기진단 현장 사진

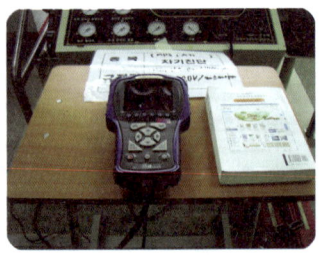

1. 자기진단기 설치 모습

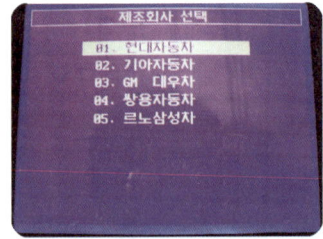

2. 현대 자동차 선택화면 모습

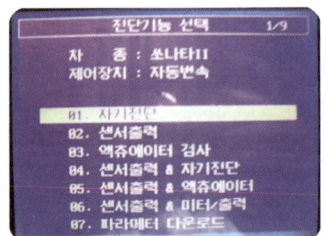

3. 자기진단 선택화면 모습

섀시 5 최소 회전 반지름 측정

주어진 자동차에서 감독위원의 지시에 따라 좌 또는 우회전시 최소회전 반경을 측정하여 기록·판정하시오.

1. 답안지 작성 방법 (최소회전 반경이 정상일 때)

섀시 5 : 시험 결과 기록표   자동차 번호 : ⓚ

				Ⓐ 비번호		Ⓑ 감독위원 확 인	
Ⓒ 항 목	① 측정(또는 점검)			② 판정 및 정비(또는 조치)사항			Ⓙ 득점
	Ⓓ 좌측바퀴	Ⓔ 우측바퀴	Ⓕ 기 준 값 (최소회전반경)	Ⓖ 측 정 값 (최소회전반경)	Ⓗ 산출근거	Ⓘ 판정 (□에 '✔'표)	
회전방향 (□에 '✔' 표) □ 좌 ☑ 우	30°	36°	12m 이하	5,500mm	$R = \dfrac{2,700}{\sin 30°} + 100$ $= \dfrac{2,700}{0.5} + 100 = 5,500mm$	☑ 양 호 □ 불 량	

※ 회전 방향은 감독위원이 지정하는 위치에 □에 '✔' 표시합니다.
※ 축거 및 바퀴의 접지면 중심과 킹핀과의 거리(r)는 감독위원이 제시합니다.
※ 자동차검사기준 및 방법에 의하여 기록, 판정합니다.
※ 산출근거에는 단위를 기록하지 않아도 됩니다.

1) **비번호** : Ⓐ 비번호는 공단직원이 주는 등번호를 수검자가 기록한다.
2) **감독위원 확인** : Ⓑ 감독위원 확인란은 감독위원이 채점한 후에 도장을 찍는 부분으로 수검자는 기록하지 않는다.
3) **항목** : Ⓒ 회전방향 란에는 감독위원이 지정하는 회전방향 "우"에 ✔ 표시를 한다.
4) **① 측정(또는 점검)** : 수검자가 회전방향의 바깥쪽 바퀴(Ⓓ 좌측 바퀴)에 최대 조향각을 턴테이블에서 읽은값 "30°"를 기록하고, 안쪽 바퀴(Ⓔ 우측바퀴) 측정값 "36°"를 기록 한다. Ⓕ 기준값은 검사 기준값인 "12m 이하"를 기록하며, Ⓖ 측정값은 수검자가 최소회전 반경을 측정한 값 "5,500mm"를 기록한다.(r 값은 감독위원이 주어진다.)

㉮ 좌측바퀴 : 30°   ㉯ 우측바퀴 : 36°   ㉰ 기준값 : 12m 이하   ㉱ 측정값 : 5,100mm

• ※ $R = \dfrac{L}{\sin \alpha} + r$ ∴ $R = \dfrac{2,700}{\sin 30°} + 100 = \dfrac{2,700}{0.5} + 100 = 5,500mm$

· R : 최소회전반경(m)   · sinα : 바깥쪽 앞바퀴의 조향각(sin30°= 0.5)-이값은 감독위원이 주어지기도 한다.
· r : 바퀴 접지면 중심과 킹핀 중심과의 거리(100mm)-감독위원이 주어짐.

【 차종별 축간거리 및 조향각 기준값 】

| 차종 | 축거 (mm) | 조향각 | | 회전반경 (mm) | 차종 | 축거 (mm) | 조향각 | | 회전반경 (mm) |
		내측	외측				내측	외측	
말리부	2,830	–	–	–	올란도	2,760	–	–	–
아베오	2,525	–	–	–	크루즈	2,700	–	–	–
매그너스	2,700	–	–	–	캡티바	2,705			

5) **② 판정 및 정비(또는 조치)사항** : Ⓗ 산출근거는 수검자가 측정한 값과 최소 회전 반경 공식에 대입하여 계산한 공식 $R = \dfrac{2,700}{\sin 30°} + 100 = \dfrac{2,700}{0.5} + 100 = 5,500mm$ 을 기입한다. Ⓘ 판정은 검사 기준 값과 비교하여 범위 안에 들면 양호에, 범위를 벗어나면 불량에 ✔ 표시를 하는데 여기서는 12m 안에 들어오므로 "양호"에 ✔ 표시를 한다.

㉮ 산출 근거 : $R = \dfrac{2,700}{\sin 30°} + 100 = \dfrac{2,700}{0.5} + 100 = 5,500mm$
㉯ 판정 : · 양호 : 측정값이 성능기준 값의 범위에 있을 때
          · 불량 : 측정값이 성능기준 값의 범위를 벗어났을 때
㉰ 정비 및 조치할 사항 : 양호하면 정비 및 조치할 사항 없음으로, 불량일 경우 고장원인과 정비방법을 기록한다.

6) **득점** : Ⓖ 득점은 감독위원이 채점을 하고 점수를 기록하는 부분으로 수검자는 기록하지 않는다.
7) **자동차 번호** : Ⓗ란은 측정하는 자동차 번호를 수검자가 기록한다.

2. 시험장에서는 ……

사실상 검사장에서는 시험 항목에 최소회전 반경이 있지만 측정하지는 않는다. 시험문제가 만들어지면서 최소회전 반경을 측정하는 방식이 정립되었다 하여도 과언이 아니다. 감독위원으로부터 답안지를 받아들고 측정차량에 가면 보조원이 기다리고 있을 것이다. 왜냐하면 혼자서 최소회전반경 공식에 대입하기 위한 축거나 조향각을 측정하기는 어렵기 때문이다. 먼저 줄자를 보조원에게 뒤차축의 중심에 대도록 하고 수검자는 앞차축의 중심에 대어 축거를 측정하고, 보조원을 운전석에서 핸들을 좌, 또는 우측으로 끝까지 돌리도록 하고 바깥쪽 바퀴의 조향각을 측정하여 기록하고 계산식에 넣어 산출한 후 답안을 작성한다. r값은 감독위원이 주어진다.

3. 답안지 작성 방법 (회전방향이 우회전 이며 최소회전 반경이 성능기준 안에 들 때)

섀시 5 : 시험 결과 기록표

ⓒ항 목	① 측정(또는 점검)				② 판정 및 정비(또는 조치)사항		ⓙ득점
	ⓓ좌측바퀴	ⓔ우측바퀴	ⓕ기 준 값 (최소회전반경)	ⓖ측 정 값 (최소회전반경)	ⓗ 산출근거	ⓘ 판정 (□에 '✔'표)	
회전방향 (□에 '✔' 표) □ 좌 ✔ 우	30°	34°	12m 이하	5.660m	$R = \dfrac{2,830}{\sin 30°} + 100$ $= \dfrac{2,830}{0.5} + 100 = 5,660mm$	✔ 양 호 □ 불 량	

자동차 번호 : ⓚ / Ⓐ 비번호 / Ⓑ 감독위원 확인

1) 항목 : ⓒ 회전방향 란에는 감독위원이 지정한 방향 "좌"에 ✔ 표시를 한다.
2) ① 측정(또는 점검) : 수검자가 회전방향의 바깥쪽 바퀴(ⓓ 좌측 바퀴)에 최대 조향각을 턴테이블에서 읽은값 "30°"를 기록하고, 안쪽 바퀴(ⓔ 우측바퀴) 측정값 "34°"를 기록 한다. ⓕ 기준값은 검사 기준값을 "12m 이하"를 기록하며, ⓖ 측정값은 수검자가 최소회전 반경을 측정한 값 "5,660mm"를 기록한다.(r 값 100은 감독위원이 주어진다.)

$$※\ R = \dfrac{L}{\sin \alpha} + r \quad \therefore\ R = \dfrac{2,830}{\sin 30°} + 100 = \dfrac{2,830}{0.5} + 100 = 5,660mm$$

3) ② 판정 및 정비(또는 조치)사항 : ⓗ 산출근거는 수검자가 측정한 값과 최소 회전 반경 공식에 대입하여 계산한 공식 $R = \dfrac{2,830}{\sin 30°} + 100 = \dfrac{2,830}{0.5} + 100 = 5,660mm$ 을 기입한다. ⓘ 판정은 검사 기준 값과 비교하여 범위 안에 들면 양호에, 범위를 벗어나면 불량에 ✔ 표시를 하는데 여기서는 12m 안에 들어오므로 "양호"에 ✔ 표시를 한다.

4. 답안지 작성 방법 (회전방향이 좌회전 이며 최소회전 반경이 성능기준 안에 들 때)

섀시 5 : 시험 결과 기록표

ⓒ항 목	① 측정(또는 점검)				② 판정 및 정비(또는 조치)사항		ⓙ득점
	ⓓ좌측바퀴	ⓔ우측바퀴	ⓕ기 준 값 (최소회전반경)	ⓖ측 정 값 (최소회전반경)	ⓗ 산출근거	ⓘ 판정 (□에 '✔'표)	
회전방향 (□에 '✔' 표) ✔ 좌 □ 우	36°	32°	12m 이하	4.873m	$R = \dfrac{2,525}{\sin 32°} + 100$ $= \dfrac{2,525}{0.529} + 100 = 4,873mm$	✔ 양 호 □ 불 량	

자동차 번호 : ⓚ / Ⓐ 비번호 / Ⓑ 감독위원 확인

1) 항 목 : ⓘ 회전방향 란에는 감독위원이 지정한 방향 "좌"에 ✔ 표시를 한다.
2) ① 측정(또는 점검) : 수검자가 회전방향의 안쪽 바퀴(ⓓ 좌측 바퀴)에 최대 조향각을 턴테이블에서 읽은값 "36°"를 기록하고, 바깥쪽 바퀴(ⓔ 우측바퀴) 측정값 "32°"를 기록한다. ⓕ 기준값은 검사 기준값을 "12m 이하"를 기록하며, ⓖ 측정값은 수검자가 최소회전 반경을 측정한 값 "4,873mm"를 기록한다.(r 값 100은 감독위원이 주어진다.)
3) ② 판정 및 정비(또는 조치)사항 : ⓗ 산출근거는 수검자가 측정한 값과 최소 회전 반경 공식에 대입하여 계산한 공식 $R = \dfrac{2,525}{\sin 32°} + 100 = \dfrac{2,525}{0.529} + 100 = 4,873mm$ 을 기입한다. ⓘ 판정은 검사 기준값과 비교하여 범위 안에 들면 양호에, 범위를 벗어나면 불량에 ✔ 표시를 하는데 여기서는 12m 안에 들어오므로 "양호"에 ✔ 표시한다.

6안 전기 2 축전지 비중, 전압 점검

주어진 자동차에서 감독위원의 지시에 따라 축전지의 비중과 축전지 용량시험기를 작동시킨 상태에서 전압을 측정하고 기록표에 기록·판정하시오.

1. 답안지 작성 방법 (축전지 비중 및 전압이 정상일 때)

전기 2 : 시험 결과 기록표

항 목	① 측정(또는 점검)		② 판정 및 정비(또는 조치)사항		Ⓖ 득 점
	Ⓒ 측 정 값	Ⓓ 규정(정비한계)값	Ⓔ 판정(□에 '✔' 표)	Ⓕ 정비 및 조치할 사항	
축전지 전해액 비중	1.250	1.280	☑ 양 호 □ 불 량	정비 및 조치할 사항 없음	
축전지 전압	12.0V	13.8~14.8V			

자동차 번호 : Ⓗ   　　Ⓐ 비번호   　　Ⓑ 감독위원 확 인

※ 단위가 누락되거나 틀린 경우는 오답으로 채점함.

1) **비번호** : Ⓐ 비번호는 공단직원이 주는 등번호를 수검자가 기록한다.
2) **감독위원 확인** : Ⓑ 감독위원 확인란은 감독위원이 채점한 후에 도장을 찍는 부분으로 수검자는 기록하지 않는다.
3) **① 측정(또는 점검)** : Ⓒ 측정값은 수검자가 비중계 및 용량 시험기를 이용하여 비중과 전압을 측정한 축전지 전해액 비중 "1.250", 축전지 전압 "12.0V"를 기록하고 Ⓓ 규정(정비한계)값은 감독위원이 주어진 값이나 또는 감독위원이 주어진 값, 또는 일반적인 규정값 축전지 전해액 비중 "1.280", 축전지 전압 "13.8~14.8V"를 기록한다.
   ㉮ 측정값 : ・축전지 비중 : 1.250,　　・축전지 전압 : 12.0V
   ㉯ 규정(정비한계)값 : ・축전지 비중 : 1.280,　　・축전지 전압 : 13.8~14.8V

【 축전지의 충전상태 】

전체(V) 단자전압	셀당(V) 단자전압	20℃		충전상태		판 정
		A	B			
12.6이상	2.10이상	1.260	1.280	완전충전	100%	정상(사용가)
12.0V	2.0V	1.210	1.230	3/4 충전	75%	양호(사용가)
11.7V	1.95V	1.160	1.180	1/2 충전	50%	불량(충전요)
11.1V	1.85V	1.110	1.130	1/4 충전	25%	불량(충전요)
10.5V	1.75V	1.060	1.080	완전방전	0	불량(교환요)

4) **② 판정 및 정비(또는 조치)사항** : Ⓔ 판정은 수검자가 측정한 값과 규정(정비한계)값을 비교하여 범위 내에 있으면 양호, 벗어나면 불량에 ✔ 표시를 하며, Ⓕ 정비 및 조치할 사항 란에는 고장부품과 정비할 사항을 기록한다.
   ㉮ 판정 : ・양호 – 규정(정비한계)값의 범위에 있을 때
   　　　　・불량 – 규정(정비한계)값의 범위를 벗어났을 때
   ㉯ 정비 및 조치할 사항 : 양호하므로 "정비 및 조치할 사항 없음"으로 기록한다.
5) **득점** : Ⓖ 득점은 감독위원이 채점을 하고 점수를 기록하는 부분으로 수검자는 기록하지 않는다.
6) **자동차 번호** : Ⓗ 측정하는 자동차의 번호를 수검자가 기록한다.

2. 시험장에서는 ……

이 시험 항목은 2가지 방법으로 측정할 수 있다. 흡입식 비중계를 이용하는 방법과 광학식 비중계를 사용하는 방법이 이용되고 있다. 그러나 시험장에서는 대부분 흡입식 비중계를 이용하고 있다. 흡입식 비중계를 사용할 때 안전에 각별히 유의하여야 한다. 전해액이 바닥에 떨어지지 않도록 하여야 하며 측정시에 측정기의 눈금과 눈의 높이를 같게 하여야 정확한 측정값이 될 수 있다.

3. 답안지 작성 방법 (축전지 비중과 전압이 낮을 때)

전기 2 : 시험 결과 기록표 자동차 번호 : Ⓗ			Ⓐ 비번호		Ⓑ 감독위원 확 인	
항 목	① 측정(또는 점검)		② 판정 및 정비(또는 조치)사항			Ⓖ 득 점
	Ⓒ 측 정 값	Ⓓ 규정(정비한계)값	Ⓔ 판정(□에 '✔' 표)	Ⓕ 정비 및 조치할 사항		
축전지 전해액 비중	1.180	1.280	□ 양 호 ☑ 불 량	축전지 충전 후 재점검		
축전지 전압	11.7V	13.8~14.8V				

※ 단위가 누락되거나 틀린 경우는 오답으로 채점함.

1) ① 측정(또는 점검) : Ⓒ 측정값은 수검자가 비중계 및 용량 시험기를 이용하여 측정한 값 축전지 전해액 비중 "1.180", 축전지 전압 "11.7V"를 기록하며, Ⓓ 규정(정비한계)값은 감독위원이 주어진 값이나 또는 감독위원이 주어진 값, 또는 일반적인 규정값 축전지 전해액 비중 "1.280", 축전지 전압 "13.8~14.8V"를 기록한다.
2) ② 판정 및 정비(또는 조치)사항 : Ⓔ 판정은 측정값이 규정(정비한계)값보다 낮으므로 "불량"에 ✔ 표시를 하며, Ⓕ 정비 및 조치할 사항은 충전 불량이므로 "축전지 충전후 재점검"으로 기록한다.

4. 답안지 작성 방법 (축전지 비중과 전압이 아주 낮을 때)

전기 2 : 시험 결과 기록표 자동차 번호 : ⒽⒽ			Ⓐ 비번호		Ⓑ 감독위원 확 인	
항 목	① 측정(또는 점검)		② 판정 및 정비(또는 조치)사항			Ⓖ 득 점
	Ⓒ 측 정 값	Ⓓ 규정(정비한계)값	Ⓔ 판정(□에 '✔' 표)	Ⓕ 정비 및 조치할 사항		
축전지 전해액 비중	1.000	1.280	□ 양 호 ☑ 불 량	축전지 교환 후 재점검		
축전지 전압	5.8V	13.8~14.8V				

※ 단위가 누락되거나 틀린 경우는 오답으로 채점함.

1) ① 측정(또는 점검) : Ⓒ 측정값은 수검자가 비중계 및 용량 시험기를 이용하여 측정한 값 축전지 전해액 비중 "1.000", 축전지 전압 "5.8V"를 기록하며, Ⓓ 규정(정비한계)값은 감독위원이 주어진 값이나 또는 감독위원이 주어진 값, 또는 일반적인 규정값 축전지 전해액 비중 "1.280", 축전지 전압 "13.8~14.8V"를 기록한다.
2) ② 판정 및 정비(또는 조치)사항 : Ⓔ 판정은 측정값이 규정(정비한계)값보다 낮으므로 "불량"에 ✔ 표시를 하며, Ⓕ 정비 및 조치할 사항은 축전지 불량이므로 "축전지 교환 후 재점검"으로 기록한다.

5. 축전지 비중, 전압 점검 현장사진

1. 흡입식 비중계 모습

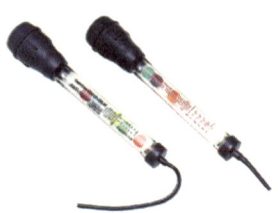

흡입식 비중계가 제작사마다 조금씩 다르기는 하지만 원리는 모두 같은 것이다.

2. 광학식 비중계 모습

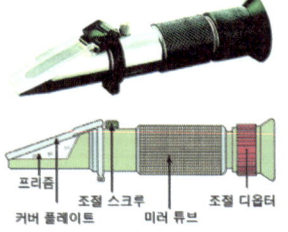

요즘에는 광학식을 많이 사용하고 있으며 배터리와 부동액의 비중을 측정할 수 있다.

3. 광학식 비중계 측정 모습

프리즘에 한 방울을 떨어트리고 프리즘 부분을 햇빛이 있는 곳으로 하고 본다.

전기 3 : 기동 및 점화 회로 점검

주어진 자동차에서 기동 및 점화회로의 고장부분을 점검한 후 기록표에 기록·판정하시오.

1. 답안지 작성 방법 (기동회로가 작동하지 않을 때)

전기 3 : 시험 결과 기록표
자동차 번호 : ❶

항 목	① 측정(또는 점검)		② 판정 및 정비(또는 조치)사항		❼ 득 점
	❸ 이상 부위	❹ 내용 및 상태	❺ 판정(□에 '✔'표)	❻ 정비 및 조치할 사항	
기동 및 점화 회로	키 스위치 커넥터	탈 거	□ 양 호 ✔ 불 량	키 스위치 커넥터 장착 후 재점검	

❶ 비번호 ❷ 감독위원 확 인

1) 비번호 : ❶ 비번호는 공단직원이 주는 등번호를 수검자가 기록한다.
2) 감독위원 확인 : ❷ 감독위원 확인란은 감독위원이 채점한 도장을 찍는 부분으로 수검자는 기록하지 않는다.
3) 측정(또는 점검) : ❸ 이상 부위는 수검자가 기동회로가 작동되지 않는 이유 중 고장 난 부품 명칭인 "키 스위치 커넥터"를 기록하고, ❹ 내용 및 상태는 키 스위치 커넥터가 탈거된 상태이므로 "탈거"를 기록한다.
4) 판정 및 정비(또는 조치)사항 : ❺ 판정은 "불량"에 ✔ 표시를 하고 ❻ 정비 및 조치할 사항 란에는 "키 스위치 커넥터 장착 후 재점검"을 기록하고 그 외에 고장내용은 아래 내용 중에 하나일 것이다.

◈ 기동회로가 작동하지 않는 원인
 · 배터리 불량 – 배터리 교환
 · 배터리 터미널 연결 상태 불량 – 배터리 터미널 재장착
 · 메인 퓨즈의 탈거 – 메인 퓨즈 장착
 · 이그니션 퓨즈의 단선 – 이그니션 퓨즈 교환
 · 시동 릴레이 탈거 – 시동 릴레이 장착
 · 시동 릴레이 불량 – 시동 릴레이 교환
 · 시동 릴레이 핀 부러짐 – 시동 릴레이 교환
 · 스타트 스위치 커넥터 탈거 – 스타트 스위치 커넥터 장착
 · 스타트 스위치 커넥터 불량 – 스타트 스위치 커넥터 교환
 · 점화 스위치 불량 – 점화 스위치 교환
 · 점화 스위치 커넥터 탈거 – 점화 스위치 커넥터 장착
 · 기동 라인 단선 – 기동 라인 연결
 · ST 단자 커넥터 탈거 – ST 단자 커넥터 연결
 · 인히비터 스위치 커넥터 탈거 – 인히비터 스위치 커넥터 연결
 · 인히비터 스위치 커넥터 불량 – 인히비터 스위치 커넥터 교환
 · 컨트롤 릴레이 커넥터 탈거 – 컨트롤 릴레이 커넥터 연결
 · 컨트롤 릴레이 불량 – 컨트롤 릴레이 교환
 · 컨트롤 릴레이 커넥터 불량 – 컨트롤 릴레이 커넥터 교환
 · 솔레노이드 코일 배터리선 장착 불량 – 솔레노이드 코일 배터리선 재장착
 · 기동 전동기 접지 상태 불량 – 기동 전동기 재장착

◈ 기동 전동기의 고장으로 작동하지 않는 원인
 · 솔레노이드 풀인 코일 불량 – 솔레노이드 코일 교환
 · 솔레노이드 홀드인 코일 불량 – 솔레노이드 코일 교환
 · 솔레노이드 코일 접촉판 불량 – 솔레노이드 코일 교환
 · 정류자 편 소손 – 전기자 코일 단선
 · 전기자 코일 단선 – 전기자 코일 교환
 · 계자 코일 단선 – 계자 코일 교환
 · 브러시 접촉 상태 불량 – 브러시 재장착
 · 브러시 마모 – 브러시 교환

2. 시험장에서는 ……

 기동 및 점화 회로를 점검할 때 실제 차량을 사용할 때도 있고 시뮬레이터를 사용할 경우도 있지만 모든 시험 문제가 그렇듯이 실제 차량 위주로 시험을 보는 추세이다. 차량 옆에나 측정 차량 유리에 "**기동 및 점화 회로 점검**"이라는 글씨가 보일 것이다. 운전석에서 키를 꽂고 시동을 걸어서 시동 여부를 확인한다. 분명히 시동이 걸리지 않을 것이다. 배선과 단품의 이상여부를 확인하고 고장일 경우 수리 또는 부품교환을 하고 시동을 걸어 감독위원에게 확인을 시키고 답안지를 작성하여 제출한다. 만약 불량인 부품은 감독위원에게 바꿔 달라고 하여 새것으로 장착한다. 점검하는 순서는 기동회로부터 점검하고 점화 회로를 점검하는 것이 옳은 방법이다.

3. 답안지 작성 방법 (점화 회로가 작동하지 않을 때)

전기 3 : 시험 결과 기록표 자동차 번호 : ❶			Ⓐ 비번호		Ⓑ 감독위원 확 인	
항 목	① 측정(또는 점검)		② 판정 및 정비(또는 조치)사항			Ⓖ 득 점
	Ⓒ 이상 부위	Ⓓ 내용 및 상태	Ⓔ 판정(□에 '✔'표)	Ⓕ 정비 및 조치할 사항		
기동 및 점화 회로	점화코일	1차 코일 단 선	□ 양 호 ✔ 불 량	점화코일 교환 후 재점검		

1) **측정(또는 점검)** : Ⓒ 이상 부위는 수검자가 기동회로가 작동되지 않는 이유 중 고장난 부품 명칭인 "점화코일"을 기록하고, Ⓓ 내용 및 상태는 1차 코일이 단선이므로 "1차 코일 단선"을 기록한다.
2) **판정 및 정비(또는 조치)사항** : Ⓔ 판정은 "불량"에 ✔ 표시를 하고 Ⓕ 정비 및 조치할 사항 란에는 "점화코일 교환 후 재점검"을 기록하고 그 외에 고장내용은 아래 내용 중에 하나일 것이다.

◈ 점화 회로가 작동하지 않는 원인:
- 점화 코일 1차선의 단선 – 점화 코일 교환
- 점화 코일 2차선의 단선 – 점화 코일 교환
- 점화 코일 1차선 커넥터 탈거 – 점화 코일 1차선 커넥터 장착
- 점화 코일 1차선 커넥터 불량 – 점화 코일 1차선 커넥터 교환
- 점화 스위치 불량 – 점화 스위치 교환
- 파워 트랜지스터 불량 – 파워 트랜지스터 교환
- 점화라인 단선 – 점화라인 연결
- 고압 배선 불량 – 고압 배선 교환
- 점화 플러그 불량 – 점화 플러그 교환
- CAS 커넥터 탈거 – CAS 커넥터 장착
- CAS 커넥터 불량 – CAS 커넥터 교환
- CAS 불량 – CAS 교환
- CPS 커넥터 불량 – CPS 커넥터 교환
- CPS 불량 – CVS 교환
- CPS 커넥터 탈거 – CPS 커넥터 장착

4. 기동 및 점화 회로 점검 현장사진

1. 메인 퓨즈 설치 모습

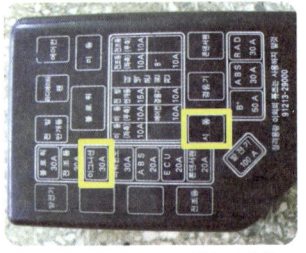

2. 메인 퓨즈 배치도 모습

3. 점화코일 / 케이블 분해상태

4. CKP 커넥터 연결 상태

5. CKP 커넥터 탈거 상태

6. CPS 커넥터 연결 상태

7. CPS 커넥터 탈거 상태

8. ST단자 커넥터 연결 상태

9. ST단자 커넥터 탈거 상태

전기 4 경음기 음량 측정

주어진 자동차에서 경음기 음량을 측정하여 기록표에 기록·판정하시오.

1. 답안지 작성 방법(경음기 음량이 정상일 때)

전기 4 : 시험 결과 기록표
자동차 번호 : ❽

항 목	① 측정(또는 점검)		② 판정 및 정비(또는 조치) 사항	❻득 점
	❸측정값	❹기준값	❺판정(□에 '✔' 표)	
경음기 음량	100dB	90 dB 이상 110dB 이하	☑ 양 호 □ 불 량	

❶비 번호   ❷감독위원 확 인

※ 감독위원이 제시한 자동차등록증(또는 차대번호)을 활용하여 차종 및 연식을 적용합니다.
※ 자동차검사기준 및 방법에 의하여 기록, 판정합니다.
※ 암소음은 무시합니다.

1) **비번호** : ❶ 비번호는 공단직원이 주는 등번호를 수검자가 기록한다.
2) **감독위원 확인** : ❷ 감독위원 확인란은 감독위원이 채점한 후에 도장 찍는 부분으로 수검자는 기록하지 않는다.
3) **① 측정(또는 점검)** : ❸ 측정값은 수검자가 측정한 음량인 "100dB"을 기록하고, ❹ 기준값은 운행차 검사기준을 수검자가 암기하여 "90dB 이상 110dB 이하"를 기록한다.(반드시 단위를 기입한다)- 규정값은 자동차 차대번호 10번째 자리 제작년도를 보고 기입한다.
   ㉮ 측정값 : 100dB   ㉯ 기준값 : 90이상, 110dB 이하 (2012년 2월 14일 등록-아반떼 XD)

【 경음기 음량 규정값(2006년 1월 1일 이후) 】

자동차 종류	소음항목	경적소음(dB(C))
경자동차		110 이하
승용 자동차	소형, 중형	110 이하
	중대형, 대형	112 이하
화물 자동차	소형, 중형	110 이하
	대형	112 이하

【 경음기 음량 규정값(2000년 1월 1일 이후) 】

차량 종류	소음 항목	경적소음(dB(C))	비고
경 자동차		110 이하	이륜 자동차 110 이하
승용 자동차	승용 1, 2	110 이하	
	승용 3, 4	112 이하	
화물 자동차	화물 1, 2	110 이하	
	화물 3	112 이하	

제53조(경음기) 자동차의 경음기는 다음 각 호의 기준에 적합해야 한다.(자동차 및 자동차부품의 성능과 기준에 관한 규칙)
1. 일정한 크기의 경적음을 동일한 음색으로 연속하여 낼 것
2. 자동차 전방으로 2미터 떨어진 지점으로서 지상높이가 1.2±0.05미터인 지점에서 측정한 경적음의 최소크기가 최소 90데시벨(C) 이상일 것

4) **득점** : ❻ 득점은 감독위원이 채점을 하고 점수를 기록하는 부분으로 수검자는 기록하지 않는다.
5) **자동차 번호** : ❽ 측정하는 자동차 번호를 수검자가 기록한다.

2. 시험장에서는 ……

답안지를 받고 경음기 음량을 측정하는 차량에 가면 음량계가 함께 놓여 있을 것이다. 또한 보조원이 경음기를 울려 주기 위해 운전석에서 앉아 기다리고 있을 것이다. 줄자로 차량의 맨 앞부분에서 2m 전방위치에 1.2±0.05m 인 위치를 재서 음량계를 놓고 기능선택 스위치를 C로, 동특성 스위치는 FAST로, 측정 최고 소음 정비 스위치는 Inst 위치로 하고 보조원에게 경음기 스위치를 눌러 줄 것을 주문하고 최고값을 답안지에 기입한다. 암소음을 측정하여 보정을 하여야 하나 암소음은 무시하라는 조건이 있으므로 측정한 값만 기록한다. 책상위에 놓여 있는 음량계를 움직이지 말고 그 상태에서 측정하라고 한다. 그 이유는 측정기 위치가 달라짐에 따라 측정값이 변하기 때문이다. 음량값 규정값을 확인하기 위하여 옆에는 자동차 등록증이 복사되어 있을 것이다. 10번째 자리로 연식을 나타내므로 이것 또한 숙지하고 있어야 한다.

3. 답안지 작성 방법 (경음기 음량이 낮을 때)

전기 4 : 시험 결과 기록표 자동차 번호 : Ⓖ			Ⓐ비 번호		Ⓑ감독위원 확 인	
항 목	① 측정(또는 점검)		② 판정 및 정비(또는 조치) 사항			Ⓕ득 점
	Ⓒ측정값	Ⓓ기준값	Ⓔ판정(□에 '✔' 표)			
경음기 음량	20dB	90 dB 이상 110dB 이하	☑ 양 호 □ 불 량			

※ 감독위원이 제시한 자동차등록증(또는 차대번호)을 활용하여 차종 및 연식을 적용합니다.
※ 자동차검사기준 및 방법에 의하여 기록, 판정합니다.   ※ 암소음은 무시합니다.

1) ① 측정(또는 점검) : Ⓒ 측정값은 수검자가 측정한 음량인 "20dB"을 기록하고, Ⓓ 기준값은 운행차 검사기준을 수검자가 암기하여 "90dB 이상 110dB 이하"를 기록한다. – 규정값은 자동차 차대번호 10번째 자리 제작년도를 보고 기입한다.(2012년 2월 14일 등록 – 아반떼 XD)
2) ② 판정 및 정비(또는 조치)사항 : Ⓔ 판정은 수검자가 측정한 값과 기준값을 비교하여 기준값 범위 내에 있으면 양호, 벗어나면 불량에 ✔표시를 한다.

◆ 경음기 음량이 낮게 나오는 원인

- 경음기 음량 조정 불량 – 음량 조정 나사로 조정   • 경음기 접지 불량 – 접지부 확실히 장착
- 배터리 불량 – 배터리 교환   • 배터리 터미널 연결 상태 불량 – 배터리 터미널 재장착
- 경음기 연결 커넥터 접촉 불량 – 연결부 확실히 장착 • 경음기 고장 – 경음기 교환

4. 답안지 작성 방법 (경음기 음량이 높을 때)

전기 4 : 시험 결과 기록표 자동차 번호 : Ⓖ			Ⓐ비 번호		Ⓑ감독위원 확 인	
항 목	① 측정(또는 점검)		② 판정 및 정비(또는 조치) 사항			Ⓕ득 점
	Ⓒ측정값	Ⓓ기준값	Ⓔ판정(□에 '✔' 표)			
경음기 음량	135dB	90 dB 이상 110dB 이하	☑ 양 호 □ 불 량			

※ 감독위원이 제시한 자동차등록증(또는 차대번호)을 활용하여 차종 및 연식을 적용합니다.
※ 자동차검사기준 및 방법에 의하여 기록, 판정합니다.   ※ 암소음은 무시합니다.

1) Ⓒ 측정값은 수검자가 측정한 음량인 "135dB"을 기록하고, Ⓓ 기준값은 운행차 검사기준을 수검자가 암기하여 "90dB 이상 110dB 이하"를 기록한다. – 규정값은 자동차 차대번호 10번째 자리 제작년도를 보고 기입한다. (2012년 2월 14일 등록 – 아반떼 XD)
2) ② 판정 및 정비(또는 조치)사항 : Ⓔ 판정은 수검자가 측정한 값과 기준값을 비교하여 기준값 범위 내에 있으면 양호, 벗어나면 불량에 ✔표시를 한다.

◆ 경음기 음량이 높게 나오는 원인

- 경음기 규격품외 사용 – 규격품으로 교환   • 경음기 추가 설치 – 추가된 경음기 탈거
- 경음기 음량 조정 불량 – 음량 조정 나사로 조정

5. 경음기 음량 점검 현장사진

1. 측정 준비된 모습

실차에서 측정도 하지만 때에 따라서는 시뮬레이터를 이용하여 측정도 한다.

2. 측정 준비된 모습

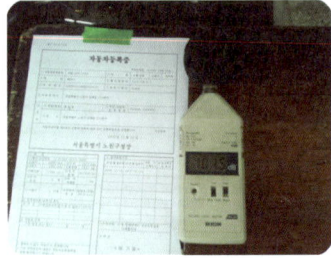

음량계 옆에는 자동차 등록증을 두어서 이 차량의 연식을 보고 규정값을 기록한다.

3. 암소음을 측정 준비된 시험장 모습

암소음을 측정하기 위한 위치도 고정되어 있다. 반드시 지정된 곳에서 측정한다.

엔진 1 : 실린더 헤드 변형도 점검

7안

주어진 DOHC 가솔린 엔진에서 실린더 헤드를 탈거(감독위원에게 확인)하고 감독위원의 지시에 따라 기록표의 내용대로 기록·판정한 후 다시 조립하시오.

1. 답안지 작성 방법 (실린더 헤드 변형도가 정상일 때)

엔진 1 : 시험 결과 기록표 엔진 번호 : ⓗ   Ⓐ 비번호   Ⓑ 감독위원 확 인

항 목	① 측정(또는 점검)		② 판정 및 정비(또는 조치)사항		Ⓖ 득 점
	Ⓒ 측 정 값	Ⓓ 규정(정비한계)값	Ⓔ 판정(□에 '✔'표)	Ⓕ 정비 및 조치할 사항	
실린더 헤드 변형도	0.02mm	0.03mm 이하 (한계0.1mm)	☑ 양 호 □ 불 량	정비 및 조치할 사항 없음	

※ 단위가 누락되거나 틀린 경우는 오답으로 채점함.

1) **비번호** : Ⓐ 비번호는 공단직원이 주는 등번호를 수검자가 기록한다.
2) **감독위원 확인** : Ⓑ 감독위원 확인란은 감독위원이 채점한 후에 도장을 찍는 부분으로 수검자는 기록하지 않는다.
3) **① 측정(또는 점검)** : Ⓒ 측정값은 수검자가 실린더 헤드 변형도 측정한 값인 "0.02mm"를 기록하고, Ⓓ 규정(정비한계)값은 감독위원이 주어진 값이나 또는 정비지침서 규정값 "0.05mm"를 기록한다.(반드시 단위를 기입한다)
   ㉮ 측정값 : 0.02mm   ㉯ 규정(정비한계)값 : 0.03mm 이하(한계 0.1mm)

【 차종별 실린더 헤드 변형도 규정값(mm) 】

차 종		규정값(mm)	한계값(mm)	비고
아반떼 XD(2006)	G 1.6 DOHC	0.03 이하	0.1 이하	
	G 2.0 DOHC	0.03 이하	0.15 이하	
	D 1.5 TCI-U	0.03 이하(폭)	0.09 이하(길이)	
아반떼 HD(2010)	G 1.6 DOHC	0.05 이하	—	
	G 2.0 DOHC	0.03 이하	0.06 이하	
	D 1.6 TCI-U	0.05 이하(전체)	0.03 이하(기통당)	
NF 쏘나타	G 2.0 DOHC	0.05 이하	0.02 이하(100×100	
	G 2.4 DOHC			
	L 2.0 DOHC			
	D 2.0 TCI-D	0.03 이하(폭)	0.09 이하(길이)	
K5(2011)	G 2.0 DOHC	0.05 이하	0.02 이하(100×100	
	G 2.4 GDI			
	L 2.0 DOHC			
모닝(2011)	G 1.0 SOHC	0.03 이하	0.1 이하	
	L 1.0 SOHC			

4) **② 판정 및 정비(또는 조치)사항** : Ⓔ 판정은 수검자가 측정한 값과 규정(정비한계)값을 비교하여 범위 내에 있으면 양호, 벗어나면 불량에 ✔ 표시를 하며, Ⓕ 정비 및 조치할 사항 란에는 고장부품과 정비할 사항을 기록한다.
   ㉮ 판정 : ·양호 – 규정(정비한계)값 이내에 있을 때   ·불량 – 규정(정비한계)값을 벗어났을 때
   ㉯ 정비 및 조치할 사항 : 양호하므로 "정비 및 조치할 사항 없음"으로 기록한다.
5) **득점** : Ⓖ 득점은 감독위원이 채점을 하고 점수를 기록하는 부분으로 수검자는 기록하지 않는다.
6) **엔진 번호** : Ⓗ 측정하는 엔진 번호를 수검자가 기록한다.

2. 시험장에서는 ……

① **실린더 헤드 탈거** : DOHC 엔진 헤드나 SOHC 엔진 헤드나 별반 차이는 없다. 먼저 분해하기 전에 준비하여간 걸레로 작업대와 부속을 놓을 부품대를 깨끗이 닦는다. 그리고 걸레를 작업대 위에 넓게 펴서 깔고 그 위에 분해 조립에 필요한 공구만을 꺼내 놓고, 공구통은 닫아서 한쪽 옆으로 놓는다. 분해순서에 따라 분해한 부품은 부품대 아래 칸부터 가지런히 정리하여 위로 올라온다. 모든 분해 조립이 그렇지만 부품을 떨어트린다든지 공구를 들고 놓는데 소리가 심하게 난다든지 하면 안전관리에 소홀함이 있는 것처럼 보인다. 조일 때는 토크

렌치를 사용하여 규정토크로 조인다.

② **헤드의 변형 검사** : 또 다른 작업대 위에 헤드의 변형도 검사용 헤드와 직정규가 준비되어 있으며, 디크니스 게이지를 함께 준비하여 놓은 곳도 있다. 측정값은 가장 큰 값이 되겠으며 규정값은 감독위원이 주어지거나 정비 지침서에서 찾아 기입한다. 대부분 수검자들이 측정을 할 때나 분해조립을 할 때 감독위원을 등지고 하는 경우가 많은데 이는 자신이 없는 수검자라는 것을 감독위원들은 다 알고 있다. 자신이 있는 항목이라면 감독위원이 보이도록 하여 숙련된 모습을 보여 주는 것이 좋은 점수를 받는 것이 아닌가 싶다.

3. 답안지 작성 방법 (실린더 헤드 변형도가 많을 때)

엔진 1 : 시험 결과 기록표

엔진 번호 : Ⓗ			Ⓐ 비번호		Ⓑ 감독위원 확 인	
항 목	① 측정(또는 점검)		② 판정 및 정비(또는 조치)사항			Ⓖ 득 점
	Ⓒ 측 정 값	Ⓓ 규정(정비한계)값	Ⓔ 판정(□에 '✔'표)	Ⓕ 정비 및 조치 사항		
실린더 헤드 변형도	0.15mm	0.03mm 이하 (한계 0.1mm)	□ 양 호 ✔ 불 량	실린더 헤드면 연마가공 후 재점검		

※ 단위가 누락되거나 틀린 경우는 오답으로 채점함.

1) ① 측정(또는 점검) : Ⓒ 측정값은 실린더 헤드 변형도를 수검자가 측정한 값인 "0.15mm"를 기록하며, 규정(정비한계)값은 감독위원이 주어진 값이나 또는 정비지침서 규정값 "0.05mm 이하(한계 0.1mm)"를 기록한다.(반드시 단위를 기입한다)

2) ② 판정 및 정비(또는 조치)사항 : Ⓔ 판정은 측정값이 한계값을 넘으므로 "불량"에 ✔ 표시를 하며, Ⓕ 정비 및 조치할 사항 란에는 교환할 정도가 아니라면 "실린더 헤드면 연마가공 후 재점검"으로 기록한다.

4. 답안지 작성 방법 (실린더 헤드 변형도가 없을 때)

엔진 1 : 시험 결과 기록표

엔진 번호 : Ⓗ			Ⓐ 비번호		Ⓑ 감독위원 확 인	
항 목	① 측정(또는 점검)		② 판정 및 정비(또는 조치)사항			Ⓖ 득 점
	Ⓒ 측 정 값	Ⓓ 규정(정비한계)값	Ⓔ 판정(□에 '✔'표)	Ⓕ 정비 및 조치할 사항		
실린더 헤드 변형도	0mm	0.05mm 이하 (한계 0.1mm)	✔ 양 호 □ 불 량	정비 및 조치할 사항 없음		

※ 단위가 누락되거나 틀린 경우는 오답으로 채점함.

1) ① 측정(또는 점검) : Ⓒ 측정값은 실린더 헤드 변형도를 수검자가 측정한 값인 "0mm"을 기록하며, Ⓓ 규정(정비한계)값은 감독위원이 주어진 값이나 또는 정비지침서 규정값 "0.05mm 이하(한계 0.1mm)"를 기록한다.

2) ② 판정 및 정비(또는 조치)사항 : Ⓔ 판정은 측정값이 한계값 이하이므로 "양호"에 ✔ 표시를 하며, Ⓕ 정비 및 조치할 사항 란에는 "정비 및 조치할 사항 없음"으로 기록한다.

5. 답안지 작성 방법 (실린더 헤드 변형도가 많을 때)

엔진 1 : 시험 결과 기록표

엔진 번호 : Ⓗ			Ⓐ 비번호		Ⓑ 감독위원 확 인	
항 목	① 측정(또는 점검)		② 판정 및 정비(또는 조치)사항			Ⓖ 득 점
	Ⓒ 측 정 값	Ⓓ 규정(정비한계)값	Ⓔ 판정(□에 '✔'표)	Ⓕ 정비 및 조치할 사항		
실린더 헤드 변형도	1.00mm	0.05mm 이하 (한계 0.1mm)	□ 양 호 ✔ 불 량	실린더 헤드-교환		

※ 단위가 누락되거나 틀린 경우는 오답으로 채점함.

1) ① 측정(또는 점검) : Ⓒ 측정값은 실린더 헤드 변형도를 수검자가 측정한 값인 "1.0mm"을 기록하며, Ⓓ 규정(정비한계)값은 감독위원이 주어진 값이나 또는 정비지침서 규정값 "0.05mm 이하(한계 0.1mm)"를 기록한다.

2) ② 판정 및 정비(또는 조치)사항 : Ⓔ 판정은 측정값이 한계값을 넘으므로 "불량"에 ✔ 표시를 하며, Ⓕ 정비 및 조치할 사항 란에는 변형이 크므로 실린더 헤드 교환 후 재점검으로 기록한다.

6. 실린더 헤드 변형도 점검 현장 사진

1. 직정규의 모습

2. 측정 모습

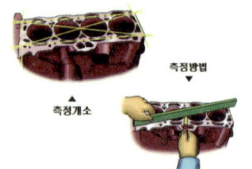

3. 측정 모습

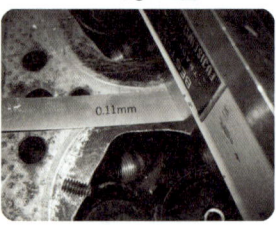

엔진 3 엔진 센서(액추에이터) 점검(자기진단)

7안 주어진 자동차에서 엔진에서 점화 플러그와 배선을 탈거(감독위원에게 확인)한 후 다시 조립하고 감독위원의 지시에 따라 진단기(스캐너)를 사용하여 엔진의 각종 센서(액추에이터) 점검 후 고장부분을 기록하시오.

1. 답안지 작성 방법 (WTS 커넥터 탈거일 경우)

엔진 3 : 시험 결과 기록표
자동차 번호 : ❶

항 목	① 측정(또는 점검)			② 고장 및 정비(또는 조치) 사항		❽ 득 점
	❸ 고장 부위	❹ 측정값	❺ 규정값	❻ 고장 내용	❼ 정비 및 조치사항	
센서(액추에이터) 점검	WTS	0V/ 아이들	1.3~1.6V/40℃	커넥터 탈거	커넥터 연결, 기억소거 후 재점검	

❹ 비번호   ❺ 감독위원 확 인

※ 단위가 누락되거나 틀린 경우는 오답으로 채점함

1) **비번호** : ❹ 비번호는 공단직원이 주는 등번호를 수검자가 기록한다.
2) **감독위원 확인** : ❺ 감독위원 확인란은 감독위원이 채점한 후에 도장을 찍는 부분으로 수검자는 기록하지 않는다.
3) ① **측정(또는 점검)** : ❸ 고장부위는 수검자가 스캐너로 자기진단 화면 창에 나타난 "WTS"를 기록하고, ❹ 측정값은 센서 출력 화면에서 측정한 값 "0V/ 아이들"를 기록한다. ❺ 규정값은 스캐너 정보 창에서 얻은 값이나 또는 감독위원이 주어진 값, 정비지침서 규정값 "1.3~1.6V/40℃"를 기록한다.
   ㉮ 고장부위 : WTS   ㉯ 측 정 값 : 0V/ 아이들   ㉰ 규 정 값 : 1.3~1.6V/40℃
4) ② **고장 및 정비(또는 조치)사항** : ❻ 고장 내용에는 수검자가 점검한 내용으로 "커넥터 탈거"를 기록한다. ❼ 정비 및 조치사항에는 "커넥터 연결, 기억소거 후 재점검"을 기록한다.
   ㉮ 고장 내용 : •커넥터 탈거
   ㉰ 조치 사항 : •커넥터 연결, 기억소거 후 재점검

【 차종별 WTS의 규정값 】

항 목	라노스 1.5D/ 레간자SOHC	레간자 DOHC	누비라 I	누비라 II	매그너스
냉각수 온도 센서 (WTS)	• 2.0~2.4V/20℃ • 1.3~1.6V/40℃ • 3.2~3.5V/60℃ • 2.5~2.8V/80℃	• 2.0~2.4V/20℃ • 1.3~1.6V/40℃ • 3.2~3.5V/60℃ • 2.5~2.8V/80℃	• 2.0~2.4V/20℃ • 1.3~1.6V/40℃ • 3.2~3.5V/60℃ • 2.5~2.8V/80℃	• 2.0~2.4V/20℃ • 1.3~1.6V/40℃ • 3.2~3.5V/60℃ • 2.5~2.8V/80℃	• 2.0~2.4V/20℃ • 1.3~1.6V/40℃ • 3.2~3.5V/60℃ • 2.5~2.8V/80℃

5) **득점** : ❽ 득점은 감독위원이 채점을 하고 점수를 기록하는 부분으로 수검자는 기록하지 않는다.
6) **자동차 번호** : ❶ 측정하는 자동차 번호를 수검자가 기록한다.

2. 시험장에서는 ……

 분해 조립용 엔진과 측정용 차량(또는 엔진 튠업)이 따로 있어서 분해 조립이 끝나면 감독위원으로부터 답안지를 받고 전자제어 엔진의 고장부분을 점검한 후 답안지를 작성하여 감독위원에게 제출한다. 일부이긴 하나 전자제어 차량에 진단기가 설치되어 있는 것을 그대로 측정하기도 한다. 여기서 테스터기 연결 불량으로 답을 작성하지 못하는데 측정은 반드시 키가 "ON 또는 시동" 상태에서만 가능하다는 것이다. 답안지 항목에서 ❸, ❹, ❺란은 스캐너에서 측정 및 찾아서 기입하지만, ❻란은 수검자가 측정차량을 눈으로 보고 기록하고, ❼란은 정비방법을 서술한다.

3. 답안지 작성 방법 (WTS 과거 기억소거 불량일 때)

엔진 3 : 시험 결과 기록표 자동차 번호 : ❶					Ⓐ 비번호		Ⓑ 감독위원 확 인	
항 목	① 측정(또는 점검)			② 고장 및 정비(또는 조치) 사항			Ⓗ 득 점
	Ⓒ 고장 부위	Ⓓ 측정값	Ⓔ 규정값	Ⓕ 고장 내용	Ⓖ 정비 및 조치사항	
센서(액추에이터) 점검	WTS	1.5V/ 40℃	1.3~1.6V/40℃	과거 기억소거 불량	과거 기억소거 후 재점검	

※ 단위가 누락되거나 틀린 경우는 오답으로 채점함

1) **① 측정(또는 점검)** : Ⓒ 고장 부위는 수검자가 스캐너로 자기진단 화면창에 나타난 "WTS"를 기록하고, Ⓓ 측정값은 센서 출력 화면에서 측정한 "1.5V/ 40℃"를 기록한다. Ⓔ 규정값은 스캐너 정보 창에서 얻은 값이나 또는 감독위원이 주어진 값, 정비지침서 규정값 "1.3~1.6V/40℃"를 기록한다.
2) **② 고장 및 정비(또는 조치)사항** : Ⓕ 고장 내용에는 수검자가 점검한 내용으로 "과거 기억소거 불량"을 기록한다. Ⓖ 조치사항에는 "과거 기억소거 후 재점검"을 기한다.

4. 답안지 작성 방법 (WTS 센서 불량일 때)

엔진 3 : 시험 결과 기록표 자동차 번호 : ❶					Ⓐ 비번호		Ⓑ 감독위원 확 인	
항 목	① 측정(또는 점검)			② 고장 및 정비(또는 조치) 사항			Ⓗ 득 점
	Ⓒ 고장 부위	Ⓓ 측정값	Ⓔ 규정값	Ⓕ 고장 내용	Ⓖ 정비 및 조치사항	
센서(액추에이터) 점검	WTS	0V/40℃	1.3~1.6V/40℃	센서 불량	센서 교환 기억소거 후 재점검	

※ 단위가 누락되거나 틀린 경우는 오답으로 채점함

1) **① 측정(또는 점검)** : Ⓒ 고장 부위는 수검자가 스캐너로 자기진단 화면 창에 나타난 "WTS"를 기록하고, Ⓓ 측정값은 센서 출력 화면에서 측정한 "0V/ 40℃"를 기록한다. Ⓔ 규정값은 스캐너 정보 창에서 얻은 값이나 또는 감독위원이 주어진 값, 정비지침서 규정값 "1.3~1.6V/40℃"를 기록한다.
2) **② 고장 및 정비(또는 조치)사항** : Ⓕ 고장 내용에는 수검자가 점검한 내용으로 "센서 불량"을 기록한다. Ⓖ 조치사항에는 "센서교환 기억소거 후 재점검"을 기록한다.

5. 답안지 작성 방법 (WTS 센서 케이블 단선일 때)

엔진 3 : 시험 결과 기록표 자동차 번호 : ❶					Ⓐ 비번호		Ⓑ 감독위원 확 인	
항 목	① 측정(또는 점검)			② 고장 및 정비(또는 조치) 사항			Ⓗ 득 점
	Ⓒ 고장 부위	Ⓓ 측정값	Ⓔ 규정값	Ⓕ 고장 내용	Ⓖ 정비 및 조치사항	
센서(액추에이터) 점검	WTS	0V/40℃	1.3~1.6V/40℃	센서 케이블 단선	센서 케이블 연결, 기억소거 후 재점검	

※ 단위가 누락되거나 틀린 경우는 오답으로 채점함

1) **① 측정(또는 점검)** : Ⓒ 고장 부위는 수검자가 스캐너로 자기진단 화면 창에 나타난 "WTS"를 기록하고, Ⓓ 측정값은 센서 출력 화면에서 측정한 "0V/ 40℃"를 기록한다. Ⓔ 규정값은 스캐너 정보 창에서 얻은 값이나 또는 감독위원이 주어진 값, 정비지침서 규정값 "1.3~1.6V/40℃"를 기록한다.
2) **② 고장 및 정비(또는 조치)사항** : Ⓕ 고장 내용에는 수검자가 점검한 내용으로 "센서 케이블 단선"을 기록한다. Ⓖ 조치사항에는 "센서 케이블 연결, 기억소거 후 재점검"을 기록한다.

엔진 4 디젤 매연 측정

주어진 자동차에서 기록표에 제시된 내용을 측정하고 기록·판정하시오.

1. 답안지 작성 방법

엔진 4 : 시험 결과 기록표
자동차 번호 : Ⓚ

Ⓐ비 번호					Ⓑ감독위원 확 인		
① 측정(또는 점검)					② 판정		Ⓙ득 점
Ⓒ차종	Ⓓ연식	Ⓔ기준값	Ⓕ측정값	Ⓖ 측정	Ⓗ산출근거(계산)기록	Ⓘ판정(□에 '✔' 표)	
승용 자동차	2015년	20% 이하	56%	1회 : 55% 2회 : 57% 3회 : 56%	$\dfrac{55+57+56}{3}=56\%$	□ 양 호 ☑ 불 량	

※ 감독위원이 제시한 자동차등록증(또는 차대번호)을 활용하여 차종 및 연식을 적용합니다.
※ 매연 농도를 산술 평균하여 소수점 이하는 버림 값으로 기입합니다.
※ 자동차 검사기준 및 방법에 의하여 기록, 판정합니다.   ※ 측정 및 판정은 무부하 조건으로 합니다.

1) **비번호** : Ⓐ 비번호는 공단직원이 주는 등번호를 수검자가 기록한다.
2) **감독위원 확인** : Ⓑ 감독위원 확인란은 감독위원이 채점한 후에 도장을 찍는 부분으로 수검자는 기록하지 않는다.
3) **① 측정(또는 점검)** : Ⓒ와 Ⓓ 차종과 연식란은 주어진 "자동차 등록증"을 보고 수검자가 기록하며, Ⓔ 기준값은 수검자가 등록증의 "차대번호 10번째 자리"의 연식을 보고 운행 차량의 "배출 허용 기준값"을 기록한다. Ⓕ 측정값은 수검자가 3회 측정한 값의 "**평균값에서 소수점이하 버리고**" 기입한다. Ⓖ 측정란은 수검자가 3회 측정한 값을 기록한다.
   ㉮ 차종 : 승용 자동차   ㉯ 연식 : 2015년   ㉰ 기준값 : 20% 이하   ㉱ 측정값 : 55%
   ㉲ 측정 – 1회 : 55%, 2회 : 57%, 3회 : 56%
4) **② 판정 및 정비(또는 조치)사항** : Ⓗ Ⓗ 산출근거(계산)기록은 수검자가 3회 측정하여 평균값을 산출한 계산식 "**소숫점 첫째자리까지**" 기록하며, Ⓘ 판정은 수검자가 측정한 값과 기준값을 비교하여 범위 내에 있으면 양호, 벗어나면 불량에 ✔ 표시를 한다.
   ㉮ 산출근거(계산)기록 : $\dfrac{55+57+56}{3}=56\%$
   ㉯ 판정 : ·양호 – 기준값의 범위에 있을 때   ·불량 – 기준값을 벗어났을 때
5) **득점** : Ⓙ 득점은 감독위원이 채점을 하고 점수를 기록하는 부분으로 수검자는 기록하지 않는다.
6) **자동차 번호** : Ⓚ 측정하는 자동차 번호를 수검자가 기록한다.

【 차종별 / 연도별 매연 허용 기준값 】

차 종		제작일자		매연
경자동차 및 승용자동차		1995년 12월 31일 이전		60% 이하
		1996년 1월 1일부터 2000년 12월 31일까지		55% 이하
		2001년 1월 1일부터 2003년 12월 31일까지		45% 이하
		2004년 1월 1일부터 2007년 12월 31일까지		40% 이하
		2008년 1월 1일 이후		20% 이하
승합·화물·특수 자동차	소형	1995년 12월 31일 이전		60% 이하
		1996년 1월 1일부터 2000년 12월 31일까지		55% 이하
		2001년 1월 1일부터 2003년 12월 31일까지		45% 이하
		2004년 1월 1일부터 2007년 12월 31일까지		40% 이하
		2008년 1월 1일 이후		20% 이하
	중·대형	1992년 12월 31일 이전		60% 이하
		1993년 1월 1일부터 1995년 12월 31일까지		55% 이하
		1996년 1월 1일부터 1997년 12월 31일까지		45% 이하
		1998년 1월 1일부터 2000년 12월 31일까지	시내버스	40% 이하
			시내버스 외	45% 이하
		2001년 1월 1일부터 2004년 9월 30일까지		45% 이하
		2004년 10월 1일부터 2007년 12월 31일까지		40% 이하
		2008년 1월 1일 이후		20% 이하

비고 1. 휘발유사용자동차는 휘발유·알코올 및 가스(천연가스를 포함한다)를 혼합하여 사용하는 자동차를 포함한다.
2. 알코올만을 사용하는 자동차는 위 표의 배엔진 탄화수소 기준을 적용하지 아니한다.
3. 경유사용 자동차는 경유와 가스를 혼합하여 사용하거나 병용하는 자동차를 포함한다.
4. 적용기간은 자동차의 제작일자(수입자동차의 경우에는 통관일자를 말한다)를 기준으로 한다.
5. 휘발유 또는 가스를 연료로 사용하는 다목적형 승용차 및 8인승 이하의 승합차는 소형화물차의 기준을 적용한다.
6. 매연란 중 ( )안의 기준은 제87조 제1항 단서의 규정에 의하여 비디오카메라를 사용하여 점검할 때 적용한다.

2. 시험장에서는 ……

매연을 측정하는 곳에 오면 디젤 엔진이 "웅웅" 거리면서 돌아가고 테스터기가 앞에 놓여 있을 것이다. 겨울에도 이 시험장에서는 출입문을 열어 놓아서 매연이 실습장 안에 고이지 않도록 하여야 하니 감독위원이나 수검자는 고생이 많은 곳이다. 먼저 감독위원과 상견례를 하여야 하니 "안녕하십니까? 크게 인사를 하고 답안지를 받아서 책상 위에 놓고 테스터기를 연결한다. 순서에 맞추어서 측정한 후 답안지를 작성하는데 아마 자동차의 연식이 주어져 있으며, 규정값과 한계값은 검사기준이라 본인이 꼭 외워야 한다. 일부 검사장에서는 측정한 검출지를 답안지에 첨부하여야 한다.

3. 매연 측정 현장사진(석영 SY-OM 501)

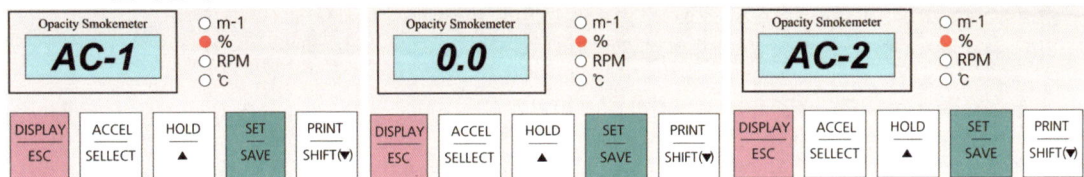

1. SET 키를 누른 후 AC-1 모습

(▲▼) 키 (5 % 변경)를 사용하여 한계를 설정하고 (SET) 키를 누르면 디스플레이에 "AC-1"이 표시되고 4 개의 LED가 깜박거린다.

2. SET 한 번 더 누르면 시험시작 모습

테스트 준비가 되었음을 보여주며, 한 번 더 (SET) 키를 누르면, 하나의 LED가 깜박이고, 열 부저 소리가 나고 첫 번째 시험을 시작한다.

3. SET 키를 누른 후 AC-2 모습

첫 번째 테스트가 끝나면 (SET) 키를 눌러 두 번째 테스트로 이동한다. 디스플레이에 "AC-2"가 표시되고 4개의 LED가 깜박 거린다.

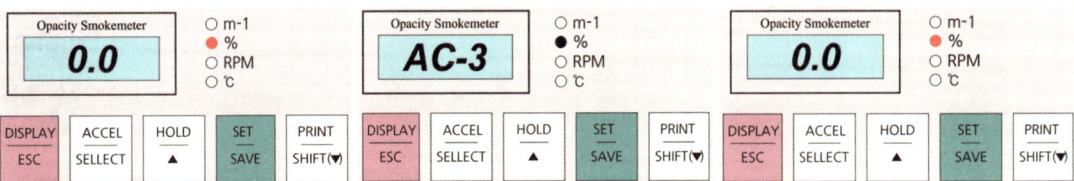

4. SET 한 번 더 눌러 2번째 시험 모습

테스트 준비가 되었음을 보여주며, 한 번 더 (SET) 키를 누르면, 하나의 LED가 깜박이고, 열 부저 소리가 나고 두 번째 시험을 시작한다.

5. SET 키를 누른 후 AC-3 모습

두 번째 테스트가 끝나면 (SET) 키를 눌러 두 번째 테스트로 이동한다. 디스플레이에 "AC-3"가 표시되고 4 개의 LED가 깜박 거린다.

6. 측정한 측정지 모습

테스트 준비가 되었음을 보여주며, 한 번 더 (SET) 키를 누르면, 하나의 LED가 깜박이고, 열 부저 소리가 나고 세 번째 시험을 시작한다.

※ 제작사별 차대번호 표기방식

① 현대 자동차 차대번호의 표기 부호-투싼 2015

※ 차대번호 형식(VIN : Vehicle Identification Number – 승합자동차)

K	M	H	J	1	4	1	A	B	F	A	1	2	3	4	5	6
①	②	③	④	⑤	⑥	⑦	⑧	⑨	⑩	⑪	⑫	⑬	⑭	⑮	⑯	⑰

제작 회사군   자동차 특성군   제작 일련 번호군

- ① **K** : 국제배정 국적표시 – •K : 한국, •J : 일본, •1 : 미국.
- ② **M** : 제작사를 나타내는 표시 – •M : 현대, •L : 대우, •N : 기아, •P : 쌍용 자동차.
- ③ **H** : 자동차 종별 표시 – •C : 특장–승합, 화물, •FY : 화물(밴), •H : 승용 다목적용, •J : 승합
- ④ **J** : 차종 – •J : 투싼(TUCSON).
- ⑤ **1** : 차체형상 구분 – •F : Low 급(L), 2 : Middle Low 급(GL), 3 : Middle 급(GLS, JSL, TAX) 4 : Middle High 급(HGS), 5 : High 급(TOP)
- ⑥ **4** : 세부차종 – •1 : 리무진, •2 : 세단–2도어, •3 : 세단–4도어, •5 : 세단–5도어, •6 : 쿠페, •7 : 컨버터블, •8 : 왜곤, •9 : 화물(밴), •0 : 픽업.
- ⑦ **1** : 안전장치 – •5 : 운전석/ 동승석 – 미적용, •1 : 운전석/ 동승석–액티브(Active) 시트벨트, •2 : 운전석/ 동승석–페시브(Passive) 시트벨트,
- ⑧ **A** : 동력장치 – •5 : 디젤 엔진(U-Ⅱ 1.7 TCI), •A : 디젤엔진(R2.0 TCI)
- ⑨ **B** : 운전석 방향 및 변속기 – •A : LHD & MT, •B : LHD &AT, •C : LHD & MT+Transfer, •D : LHD & MT+Transfer, •E : LHD & CVT, •F : LHD & 감속기, •G : LHD & DCT, •H : LHD & DCT+Transferr
- ⑩ **F** : 제작년도 – 알파벳 I, O, Q,U, Z와 숫자 0을 제외한 ABCDEFGHJKLMNPRSTVWXY와 123456789를 순서로 사용한다. 1 : 2001, 2 : 2002, 3 : 2003, 4 : 2004, 5 : 2005 …… A : 2010, B : 2011, C : 2012, D : 2013, E : 2014, F : 2015, G : 2016, H : 2017, J : 2018, K : 2019, L : 2020, M : 2021, N :2022, P : 2023……
- ⑪ **U** : 공장 기호 – C : 전주공장, U : 울산공장, M : 인도공장, Z : 터키공장
- ⑫~⑰ **123456** : 차량 생산 일련 번호

자동차등록증

제2015-000632호   최초 등록일 : 2015년 10월 15일

① 자동차 등록 번호	33차5362	② 차 종	승합	③ 용도	자가용
④ 차 명	투싼	⑤ 형식 및 년식	HR KLM5 - 1		2015
⑥ 차 대 번 호	MYKPU1XPXU123456	⑦ 원동기 형식	D4FD		
⑧ 사 용 본 거 지	경기도 양주시 부흥로 1901 ** 8차 아파트***동 ***호				

소유자	⑨ 성명(명칭)	김광수	⑩ 주민(사업자) 등록 번호	***117-*******
	⑪ 주 소	경기도 양주시 부흥로 1901 ** 8차 아파트***동 –***호		

자동차 관리법 제8조등의 규정에 의하여 위와 같이 등록하였음을 증명합니다.

이것만은 꼭!!(※뒷면유의사항 필독)   2015 년 10 월 15 일

- 법인 주소지(사용본거지), 상호변경 15일이내(최고 30만원)
- 정기검사:만료일 전·후 30일 이내(최고 30만원)
- 의무보험:만료이전가입(최고 10만원~100만원)
- 말소등록:폐차일로부터 1월이내(최고 50만원)
  위 사항을 위반시 과태료가 부과 되오니 주의바랍니다.

양 주 시 장

섀시 2   디스크 두께, 흔들림(런아웃) 점검

주어진 자동차에서 감독위원의 지시에 따라 한 쪽 브레이크 디스크의 두께 및 흔들림(런아웃)을 점검하여 기록·판정하시오.

1. 답안지 작성 방법 (디스크 두께, 흔들림(런아웃) 정상일 때)

섀시 2 : 시험 결과 기록표

항 목	① 측정(또는 점검)		② 판정 및 정비(또는 조치)사항		Ⓖ 득 점
	Ⓒ 측 정 값	Ⓓ 규정(정비한계)값	Ⓔ 판정(□에 '✔'표)	Ⓕ 정비 및 조치할 사항	
디스크 두께	25mm	26(24)mm	☑ 양 호 □ 불 량	정비 및 조치할 사항 없음	
흔들림(런 아웃)	0mm	0.05mm이하			

자동차 번호 : Ⓗ   Ⓐ 비번호   Ⓑ 감독위원 확 인

※ 단위가 누락되거나 틀린 경우는 오답으로 채점함.

1) **비번호** : Ⓐ 비번호는 공단직원이 주는 등번호를 수검자가 기록한다.
2) **감독위원 확인** : Ⓑ 감독위원 확인란은 감독위원이 채점한 후에 도장을 찍는 부분으로 수검자는 기록하지 않는다.
3) **① 측정(또는 점검)** : Ⓒ 측정값은 수검자가 측정한 디스크 두께 "51mm", 흔들림 "0mm"를 기록하고, Ⓓ 규정(정비한계)값은 감독위원이 주어진 값이나 또는 정비지침서를 보고 디스크 두께 "26mm", 흔들림 "0.05mm이하"를 기록한다.(반드시 단위를 기록한다)
   ㉮ 측정값 : · 디스크 두께 – 25mm   · 흔들림(런 아웃) – 0mm
   ㉯ 규정(정비한계)값 : · 디스크 두께 – 26(24)mm   · 흔들림(런 아웃) – 0.05mm 이하

【 차종별 디스크 마모량 및 런 아웃 (mm) 】

차 종		디스크 마모량		런아웃(mm)
		규정값(mm)	한계값(mm)	
아반떼 XD(2006)	G 1.6 DOHC G 2.0 DOHC D 1.5 TCI-U	24	22.4	0.08 이하
아반떼 HD(2010)	G 1.6 DOHC G 2.0 DOHC D 1.6 TCI-U	26	24	0.05 이하
NF 쏘나타	G 2.0 DOHC G 2.4 DOHC L 2.0 DOHC D 2.0 TCI-D	26	24.4	0.05 이하
K5(2011)	G 2.0 DOHC G 2.4 GDI L 2.0 DOHC	26 28 26	24.4 26.4 24.4	0.04 이하
모닝(2011)	G 1.0 SOHC L 1.0 SOHC	18	16	0.05 이하

4) **② 판정 및 정비(또는 조치)사항** : Ⓔ 판정은 수검자가 측정한 값과 규정(정비한계)값을 비교하여 범위 내에 있으면 양호, 벗어나면 불량에 ✔ 표시를 하며, Ⓕ 정비 및 조치할 사항 란에는 고장부품과 정비할 사항을 기록한다.
   ㉮ 판정 : 양호 – 규정(정비한계)값 이내에 있을 때   · 불량 – 규정(정비한계)값을 벗어났을 때
   ㉯ 정비 및 조치할 사항 : 양호하므로 "정비 및 조치할 사항 없음"으로 기록한다.
5) **득점** : Ⓖ 득점은 감독위원이 채점을 하고 점수를 기록하는 부분으로 수검자는 기록하지 않는다.
6) **자동차 번호** : Ⓗ 측정하는 자동차 번호를 수검자가 기록한다.

2. 시험장에서는 ……

가끔 있는 일이지만 시험을 보러 와서 불쾌한 표정을 짓고 신경질적으로 답안지를 받아가는 수검자가 있다.

나중에 알아보면 이전 시험 항목에서 잘 보지를 못하였던 경우인데 이것은 수검자 본인에게 득이 되질 않는다는 것을 명심하여야 한다. 한두 항목에서 만족하지 못하였다 하여 그것을 시험 끝까지 가지고 있으면 나머지 항목도 능력을 발휘하지 못한다는 것이다. 잊을 것은 잊고 앞으로 볼 항목에 전념하여야 한다. 한두 항목에서 미흡하다고 하여 불합격이 되는 것만은 아니다.

이 항목 역시 측정기를 다루기 때문에 조심하여야 한다. 답안지에 단위가 누락되는 일이 없도록 확인하고 또 확인하여야 한다.

3. 답안지 작성 방법 (마모량과 흔들림이 많을 때)

섀시 2 : 시험 결과 기록표 자동차 번호 : ❶			❶ 비번호		❶ 감독위원 확 인	
항 목	① 측정(또는 점검)		② 판정 및 정비(또는 조치)사항			❶ 득 점
	❶ 측 정 값	❶ 규정(정비한계)값	❶ 판정(□에 '✔'표)	❶ 정비 및 조치할 사항		
디스크 두께	17mm	26(24)mm	□ 양 호	디스크 교환 후 재점검		
흔들림(런 아웃)	0.5mm	0.05mm이하	✔ 불 량			

※ 단위가 누락되거나 틀린 경우는 오답으로 채점함.

1) ① 측정(또는 점검) : ❶ 측정값은 수검자가 측정한 디스크 두께 "17mm", 흔들림 "0.5mm"를 기록하고, ❶ 규정(정비한계)값은 감독위원이 주어진 값이나 또는 정비지침서를 보고 디스크 두께 "26(24)mm", 흔들림 "0.05mm 이하"를 기록한다.(반드시 단위를 기록한다)
2) ② 판정 및 정비(또는 조치)사항 : ❶ 판정은 수검자가 측정한 값이 규정(정비한계)값을 넘었으므로 판정에는 "불량"에 ✔ 표시를 하며, ❶ 정비 및 조치할 사항 란에는 디스크 과다마모 이므로 "디스크 교환 후 재점검"으로 기록한다.

4. 답안지 작성 방법 (마모량이 많고 흔들림이 없을 때)

섀시 2 : 시험 결과 기록표 자동차 번호 : ❶			❶ 비번호		❶ 감독위원 확 인	
항 목	① 측정(또는 점검)		② 판정 및 정비(또는 조치)사항			❶ 득 점
	❶ 측 정 값	❶ 규정(정비한계)값	❶ 판정(□에 '✔'표)	❶ 정비 및 조치할 사항		
디스크 두께	15mm	26(24)mm	□ 양 호	디스크 교환 후 재점검		
흔들림(런 아웃)	0mm	0.05mm이하	✔ 불 량			

※ 단위가 누락되거나 틀린 경우는 오답으로 채점함.

1) ① 측정(또는 점검) : ❶ 측정값은 수검자가 측정한 디스크 두께 "15mm", 흔들림 "0mm"를 기록하고, ❶ 규정(정비한계)값은 감독위원이 주어진 값이나 또는 정비지침서를 보고 디스크 두께 "26(24)mm", 흔들림 "0.05mm이하"를 기록한다.(반드시 단위를 기록한다)
2) ② 판정 및 정비(또는 조치)사항 : ❶ 판정은 수검자가 측정한 값과 규정(정비한계)값을 비교하였을 때 흔들림(런 아웃)은 정상이나 디스크의 마모량이 많기 때문에 판정에는 "불량"에 ✔ 표시를 하며, ❶ 정비 및 조치할 사항 란에는 디스크 과다 마모로 "디스크 교환 후 재점검"으로 기록한다.

5. 답안지 작성 방법 (마모량은 적으나 흔들림이 많을 때)

섀시 2 : 시험 결과 기록표 자동차 번호 : ❶			❶ 비번호		❶ 감독위원 확 인	
항 목	① 측정(또는 점검)		② 판정 및 정비(또는 조치)사항			❶ 득 점
	❶ 측 정 값	❶ 규정(정비한계)값	❶ 판정(□에 '✔'표)	❶ 정비 및 조치할 사항		
디스크 두께	25.5mm	26(24)mm	□ 양 호	디스크 교환 후 재점검		
흔들림(런 아웃)	0.3mm	0.05mm 이하	✔ 불 량			

※ 단위가 누락되거나 틀린 경우는 오답으로 채점함.

1) ① 측정(또는 점검) : ❶ 측정값은 수검자가 측정한 디스크 두께 "25.5mm", 흔들림 "0.3mm"를 기록하고, ❶ 규정(정비한계)값은 감독위원이 주어진 값이나 또는 정비지침서를 보고 디스크 두께 "26(24)mm", 흔들림 "0.05mm이하"를 기록한다.(반드시 단위를 기록한다)
2) ② 판정 및 정비(또는 조치)사항 : ❶ 판정은 수검자가 측정한 값과 규정(정비한계)값을 비교하였을 때 디스크의 두께는 정상이나 흔들림(런 아웃)이 크기 때문에 판정에는 "불량"에 ✔ 표시를 하며, ❶ 정비 및 조치할 사항 란에는 디스크 흔들림(런 아웃) 과다이므로 "디스크 교환 후 재점검"으로 기록한다.

7안 섀시 4 자동변속기 오일 압력 점검

주어진 자동차에서 감독위원의 지시에 따라 자동변속기의 오일 압력을 점검하고 기록·판정하시오.

1. 답안지 작성 방법(언더 드라이브 클러치 압력이 낮을 때)

섀시 4 : 시험 결과 기록표 자동차 번호 : ⓗ			Ⓐ 비번호		Ⓑ 감독위원 확 인	
항 목 Ⓘ	① 측정(또는 점검)		② 판정 및 정비(또는 조치)사항			Ⓖ 득점
	Ⓒ 측정값	Ⓓ 규정값	Ⓔ 판정(□에 '✔' 표)	Ⓕ 정비 및 조치할 사항	
(언더 드라이브 클러치)의 오일 압력	8.7kgf/cm²	10.3~10.7kgf/cm²	□ 양 호 ☑ 불 량	유압제어 시스템을 정밀 진단하여 수리 후 재점검	

1) 비번호 : Ⓐ 비번호는 공단직원이 주는 등번호를 수검자가 기록한다.
2) 감독위원 확인 : Ⓑ 감독위원 확인란은 감독위원이 채점한 후에 도장을 찍는 부분으로 수검자는 기록하지 않는다.
3) 항목 : Ⓘ 감독위원이 지정하여 주는 부품인 "언더 드라이브 클러치"를 기록한다.
4) ① 측정(또는 점검) : Ⓒ 측정값 란에는 수검자가 변속기 유압을 측정한 "8.7kgf/cm²"을 기록하고, Ⓓ 규정값 란에는 감독위원이 주어진 값이나 또는 정비지침서를 보고 "10.3~10.7kgf/cm²"를 기록한다.(반드시 단위를 기입한다) ㉮ 측정값 : 8.7kgf/cm²   ㉯ 규정값 : 10.3~10.7kgf/cm²
4) ② 판정 및 정비(또는 조치)사항 : Ⓔ 판정은 수검자가 압력 점검에서 정상이 아니면 불량에 ✔ 표시를 하며, Ⓕ 정비 및 조치할 사항 란에는 고장부품과 정비할 사항을 기록하여야 하는데 유압제어 장치의 부품인 오일펌프, 압력제어 레귤레이터 밸브, 유압제어 솔레노이드 밸브, 유압제어 밸브, 언더 드라이브 클러치, 밸브 바디 등을 더 정밀진단을 하여야 하므로 "유압제어 시스템을 정밀 진단하여 수리 후 재점검"을 기록한다.
 ㉮ 판정 : ·양호 - 압력이 규정 압력일 때   ·불량 - 압력이 높거나 낮을 때
 ㉯ 정비 및 조치할 사항 : 유압제어 시스템을 정밀 진단하여 수리 후 재점검

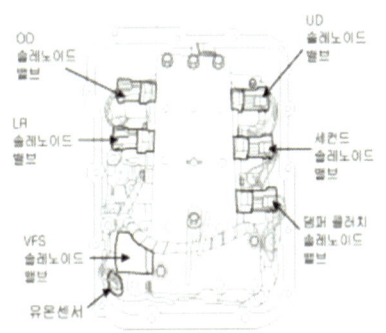

각종 솔레노이드 밸브 위치

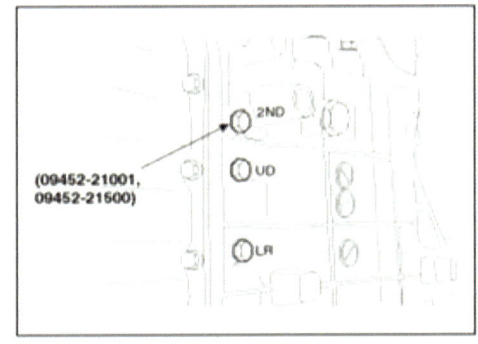

2ND, UD, LR 압력 진단위치

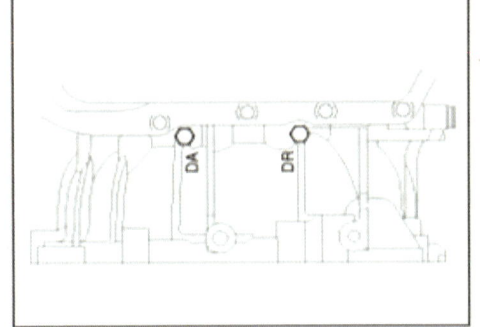

DA, DR 압력 진단 위치

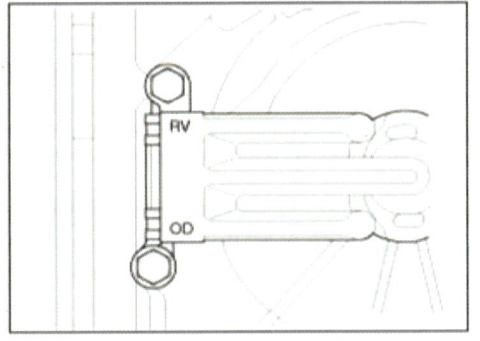

RV, OD 압력 진단 위치

【 오일 압력 규정값 (kgf/cm²)-NF 소나타 2.0 】

측정 조건			규정오일 압력						
선택 레버 위치	변속단 위치	엔진 속도	언더 드라이브 클러치압 (UD)	리버스 클러치 압 (REV)	오버드라이브 클러치압 (OD)	로우&리버스 브레이크압 (LR)	세컨드 브레이크압 (2ND)	댐퍼 클러치압 (DA)	댐퍼 클러치 해방압 (DR)
R	후진	2500	-	13.0~18.0	-	13.0~18.0	-	-	-
D	1속	2500	10.3~10.7	-	-	10.3~10.7	-	-	-
	2속	2500	10.3~10.7	-	-	-	10.3~10.7	-	-
	3속	2500	10.3~10.7	-	10.2~10.6	-	-	9.8~10.6	0~0.1
	4속	2500	-	-	10.2~10.6	-	10.3~10.7	9.8~10.6	0~0.1

5) **득점** : ❼ 득점은 감독위원이 채점을 하고 점수를 기록하는 부분으로 수검자는 기록하지 않는다.
6) **자동차 번호** : ❽ 측정하는 자동차 번호를 수검자가 기록한다.

2. 시험장에서는 ……

이 시험 항목은 대부분 시뮬레이터를 사용한다.
이유는 압력을 측정하기 위하여 압력계를 설치하는데 많은 시간을
필요로 하기 때문이다. 시동을 걸고 각 변속 레버 위치에서 패널에 설치된 압력계를 읽어 규정값과 비교하여 이상 부위를 기록한다. 고장 부위는 다른 변속기에서 분해된 부품을 스탠드에 놓고 점검을 하여 기록하도록 하기도 하지만 점검한 자동 변속기를 분해하여 고장진단 한다는 것은 시간적으로 불가능한 상황이다. 변속기 유압은 차종마다 다르기 때문에 암기할 필요는 없다. 감독위원이 규정값을 복사하여 놓던지, 정비 지침서를 준비하여 놓던지 할 것이다.

3. 답안지 작성 방법 (감압(Reducing pressure)이 불량일 때)

섀시 4 : 시험 결과 기록표 자동차 번호 : ❽			❶ 비번호		❷ 감독위원 확 인	
항 목	① 측정(또는 점검)		② 판정 및 정비(또는 조치)사항			❼ 득점
	❸ 측 정 값	❹ 규 정 값	❺ 판정(□에 '✔' 표)	❻ 정비 및 조치할 사항		
(로우&리버스 브레이크압)의 오일 압력	2.5kgf/cm²	10.3~10.7kgf/cm²	□ 양 호 ☑ 불 량	오일펌프 교환 후 재점검		

1) **① 측정(또는 점검)** : ❸ 측정값 란은 수검자가 변속기 유압을 측정한 "2.5kgf/cm²"를 기록하고, ❹ 규정값 란에는 감독위원이 주어진 값이나 또는 정비지침서를 보고 "10.3~10.7kgf/cm²"를 기록한다. (반드시 단위를 기입한다)
2) **② 판정 및 정비(또는 조치)사항** : ❺ 판정은 수검자가 압력 점검에서 정상이 아니므로 "불량"에 ✔ 표시를 하며, ❻ 정비 및 조치할 사항 란에는 고장부품과 정비 방법 "오일펌프 교환 후 재점검"을 기록한다. (이때는 옆에 고장난 오일펌프를 갖다 놓고 이 변속기의 고장 상황이라고 한 경우이다.)

4. 자동변속기 오일 압력 점검 현장 사진

1. 시뮬레이터 모습
2. 킥다운 브레이크 압력계 모습
3. 변속레버 D 위치 모습

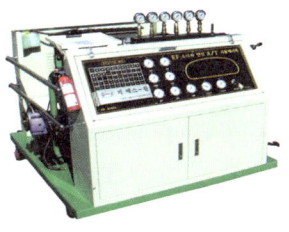  

섀시 5   제동력 측정

주어진 자동차에서 감독위원의 지시에 따라 제동력을 측정하여 기록·판정하시오.

1. 답안지 작성 방법 (제동력이 정상일 때)

섀시 5 : 시험 결과 기록표
자동차 번호 : **Ⓘ**

Ⓒ항 목	구분	**Ⓓ**측정값	**Ⓔ**기준값		**Ⓕ**산출근거 및 제동력		**Ⓖ**판 정 (□에 '✔' 표)	**Ⓗ**득 점
			편차	합	편차(%)	합(%)		
제동력 위치 (□에 '✔' 표) ☑ 앞 □ 뒤	좌	290kgf	8.0% 이내	50% 이상	편차 = $\frac{290-240}{879} \times 100$ = 5.6%	합 = $\frac{290+240}{879} \times 100$ = 60.29%	☑ 양 호 □ 불 량	
	우	240kgf						

Ⓐ비 번호 　　　　**Ⓑ**감독위원 확 인

※ 측정 위치는 감독위원의 지정하는 위치에 □에 '✔' 표시합니다.
※ 측정값의 단위는 시험장비 기준으로 작성합니다.
※ 자동차검사기준 및 방법에 의하여 기록, 판정합니다.
※ 산출근거에는 단위를 기록하지 않아도 됩니다.

1) **비번호** : **Ⓐ** 비번호는 공단직원이 주는 등번호를 수검자가 기록한다.
2) **감독위원 확인** : **Ⓑ** 감독위원 확인란은 감독위원이 채점한 후에 도장을 찍는 부분으로 수검자는 기록하지 않는다.
3) **① 측정(또는 점검)** : **Ⓒ** 항목의 제동력 위치 란에는 감독위원이 지정하는 축인 "앞"에 ✔ 표시를 하고, **Ⓓ** 측정값 란은 수검자가 제동력을 측정한 값이 좌는 "290kgf"를, 우는 "240kgf"을 기록하며, **Ⓔ** 기준값은 제동력 편차인 "8.0% 이내"를, 합인 "50% 이상"을 기록한다.
　㉮ 측정값 : ・좌 – 290kgf   ・우 – 240kgf　　㉯ 제동력 편차 : 8.0% 이내　　㉰ 제동력 합 : 50% 이상

【 차종별 중량 기준값 (현대) 】 879

항목 \ 차종	NF SONATA(2010)			
	N 2.0	N20 VGT	F 24	F 24S
엔진 형식	2.0세타 듀얼VVT	2.0VGT	2.4 세타	2.4 세타
배기량(CC)	1998	1,991cc	2,359cc	2,359cc
출력(HP)	163	151hp	179hp	179hp
공차중량(kgf)	1,465~1,470	1,581~1,601	1,515kg	1,515kg
변속방식	자동 4단	수동6단,자동4단	자동5단	자동5단
연비(km/L)	11.5~12.8	13.4~17.1km/L	11.5km/L	11.5km/L
가격	약1,800~2,500만원	약2,200~2,800만원	약 2,700만원	약 2,700만원

4) **② 판정 및 조치사항** : **Ⓕ** 산출근거 및 제동력은 공식에 대입하여 산출하는 계산식인 편차 "편차 = $\frac{290-240}{879} \times 100 = 5.6\%$"을, 합 "합 = $\frac{290+240}{879} \times 100 = 60.29\%$" 기록하며, **Ⓖ** 판정은 측정한 값과 기준값을 비교하여 범위를 벗어나므로 "불량"에 ✔ 표시를 한다.
(전 축중은 NF 소나타 G 2.0 A/T 60% 인 1,465×0.6=879kgf 으로 임의 설정함)

　㉮. 편차 : $\frac{좌,우제동력의 편차}{해당 축중} \times 100 = \frac{290-240}{879} \times 100 = 5.6\%$

　㉯. 합 : $\frac{좌,우제동력의 합}{해당 축중} \times 100 = \frac{290+240}{879} \times 100 = 60.29\%$

　㉰. 판정 : 제동력의 차와 제동력의 합이 기준값 범위에 있으므로 양호에 ✔ 표시를 한다.

5) **득점** : **Ⓗ** 득점은 감독위원이 채점을 하고 점수를 기록하는 부분으로 수검자는 기록하지 않는다.
6) **자동차 번호** : **Ⓘ** 측정하는 자동차 번호를 수검자가 기록한다.

2. 시험장에서는 ……

제동력 테스터기는 구형인 지침식을 보유하고 있는 시험장과 신형인 ABS COMBI를 보유하고 있는 곳이 있으나 수검자는 어느 것이나 측정할 수 있는 능력을 보유하여야 한다. 보유하고 있는 테스터기로 측정법을 숙지하는

것은 물론 다른 테스터기의 사용법도 책 등을 이용하여 습득하여야 한다. 감독위원으로부터 답안지를 받고 제동력 테스터기 앞에 서면 보조원이 기다리고 있다. 보조원은 대부분 그곳의 학생으로 자격증 취득자이거나 테스터기를 능수능란하게 다룰 수 있는 학생이다. 보조원은 운전석에 앉아서 수검자가 지시를 내려 주기만을 기다리고 있다. 수검자는 테스터기를 세팅하고 보조원에게 차량을 진입하도록 지시하고 리프트를 하강시키면 롤러가 회전한다. 보조원에게 "브레이크 밟으세요." 하고 지침이 최대로 올랐을 때 푸시 버튼을 눌러 눈금을 읽는다. 주어진 축중과 좌우 측정값을 기록하고 리프트를 올린 후 계산하여 답안지를 작성하여 제출한다.

3. 답안지 작성 방법 (제동력의 합은 정상이나 편차가 기준값을 넘었을 때)

섀시 5 : 시험 결과 기록표 자동차 번호 : ❶					Ⓐ비 번호				Ⓑ감독위원 확 인	
① 측정(또는 점검)					② 판정 및 조치사항					
Ⓒ항 목	구분	Ⓓ측정값	Ⓔ기준값		Ⓕ산출근거 및 제동력			Ⓖ판 정 (□에 '✔' 표)	Ⓗ득 점	
			편차	합	편차(%)		합(%)			
제동력 위치 (□에 '✔' 표) ☑ 앞 □ 뒤	좌	290kgf	8.0% 이내	50% 이상	편차 = $\frac{290-200}{879} \times 100$ = 10.23%		합 = $\frac{290+200}{879} \times 100$ = 55.74%		□ 양 호 ☑ 불 량	
	우	200kgf								

1) ① 측정(또는 점검) : Ⓒ 항목의 제동력 위치 란에는 감독위원이 지정하는 축인 "앞"에 ✔ 표시를 하고, Ⓓ 측정값 란은 수검자가 제동력을 측정한 값인 좌는 "290kgf"를, 우는 "200kgf"을 기록하며, Ⓔ 기준값은 제동력 편차인 "8.0% 이내"를, 합인 "50% 이상"을 기록한다.

㉮ 측정값 : • 좌 – 290kgf   • 우 – 200kgf   ㉯ 제동력 편차 : 8.0% 이내   ㉰ 제동력 합 : 50% 이상

2) ② 판정 및 조치사항 : Ⓕ 산출근거 및 제동력은 공식에 대입하여 산출하는 계산식인 편차 "편차 = $\frac{290-200}{879} \times 100 = 10.23\%$"을, 합 "합 = $\frac{290+200}{879} \times 100 = 55.74\%$" 기록하며, Ⓖ 판정은 측정한 값과 기준값을 비교하여 범위이내 이므로 "양호"에 ✔ 표시를 한다.

㉮ 편차 : $\frac{좌, 우제동력의\ 편차}{해당\ 축중} \times 100 = \frac{290-200}{879} \times 100 = 11.23\%$

㉯ 합 : $\frac{좌, 우제동력의\ 합}{해당\ 축중} \times 100 = \frac{290+200}{879} \times 100 = 55.74\%$

㉰ 판정 : 제동력의 합은 기준값 범위에 있으나 제동력의 차가 기준값을 벗어나므로 "불량"에 ✔ 표시를 한다.

4. 답안지 작성 방법 (제동력의 좌우 편차가 기준값 이내이나 합이 기준값 이하일 때)

섀시 5 : 시험 결과 기록표 자동차 번호 : ❶					Ⓐ비 번호				Ⓑ감독위원 확 인	
① 측정(또는 점검)					② 판정 및 조치사항					
Ⓒ항 목	구분	Ⓓ측정값	Ⓔ기준값		Ⓕ산출근거 및 제동력			Ⓖ판 정 (□에 '✔' 표)	Ⓗ득 점	
			편차	합	편차(%)		합(%)			
제동력 위치 (□에 '✔' 표) ☑ 앞 □ 뒤	좌	210kgf	8.0% 이내	50% 이상	편차 = $\frac{200-210}{879} \times 100$ = 1.13%		합 = $\frac{210+200}{879} \times 100$ = 46.64%		☑ 양 호 □ 불 량	
	우	200kgf								

1) ① 측정(또는 점검) : Ⓒ 항목의 제동력 위치 란에는 감독위원이 지정하는 축인 "앞"에 ✔ 표시를 하고, Ⓓ 측정값 란은 수검자가 제동력을 측정한 값인 좌는 "210kgf"를, 우는 "200kgf"을 기록하며, Ⓔ 기준값은 제동력 편차인 "8.0% 이내"를, 합인 "50% 이상"을 기록한다.

㉮ 측정값 : • 좌 – 210kgf   • 우 – 200kgf   ㉯ 제동력 편차 : 8.0% 이내 ㉰ 제동력 합 : 50% 이상

2) ② 판정 및 조치사항 : Ⓕ 산출근거 및 제동력은 공식에 대입하여 산출하는 계산식인 편차 "편차 = $\frac{200-210}{879} \times 100 = 1.13\%$"을, 합 "합 = $\frac{210+200}{879} \times 100 = 46.64\%$" 기록하며, Ⓖ 판정은 측정한 값과 기준값을 비교하니 제동력 합이 미달이므로 "불량"에 ✔ 표시를 한다.

㉮ 편차 : $\frac{좌, 우제동력의\ 편차}{해당\ 축중} \times 100 = \frac{210-200}{879} \times 100 = 1.13\%$

㉯ 합 : $\frac{좌, 우제동력의\ 합}{해당\ 축중} \times 100 = \frac{210+200}{879} \times 100 = 46.64\%$

㉰ 판정 : 제동력의 편차는 기준값 범위에 있으나 제동력의 합이 기준값을 벗어나므로 불량에 ✔ 표시를 한다.

7안 전기 2 : 에어컨 라인 압력 점검

주어진 자동차의 에어컨 시스템에서 감독위원의 지시에 따라 에어컨 라인의 압력을 점검하여 에어컨 작동상태의 이상 유무를 확인하여 기록표에 기록·판정하시오.

1. 답안지 작성 방법(에어컨 라인 압력이 정상일 때)

전기 2 : 시험 결과 기록표
자동차 번호 : ❶

항 목	① 측정(또는 점검)		② 판정 및 정비(또는 조치)사항		❻ 득 점
	❸ 측 정 값	❹ 규정(정비한계)값	❺ 판정(□에 '✔'표)	❻ 정비 및 조치할 사항	
저압	2.8kgf/cm²/ 아이들	2~4kgf/cm²/ 아이들	✔ 양 호 □ 불 량	정비 및 조치할 사항 없음	
고압	16kgf/cm²/ 아이들	15~18kgf/cm²/ 아이들			

❷ 비번호　❸ 감독위원 확 인

※ 단위가 누락되거나 틀린 경우는 오답으로 채점함.

1) **비번호** : ❷ 비번호는 공단직원이 주는 등번호를 수검자가 기록한다.
2) **감독위원 확인** : ❸ 감독위원 확인란은 감독위원이 채점한 후에 도장을 찍는 부분으로 수검자는 기록하지 않는다.
3) **① 측정(또는 점검)** : ❸ 측정값은 수검자가 에어컨 충전기(또는 매니폴드 게이지)를 이용하여 측정한 값인 저압 "2.8kgf/cm²/ 아이들", 고압 "16kgf/cm²/ 아이들"을 기록하고 ❹ 규정(정비한계)값은 감독위원이 주어진 값이나 또는 정비지침서를 보고 저압 "2~4kgf/cm²/ 아이들", 고압 "15~18kgf/cm²/ 아이들"을 일반적인 규정값을 기록한다.
   - ㉮ 측정값 : ·저압 : 2.8kgf/cm²/ 아이들　　·고압 : 16kgf/cm²/ 아이들
   - ㉯ 규정(정비한계)값 : ·저압 : 2~4kgf/cm²/ 아이들　　·고압 : 15~18kgf/cm²/ 아이들

【 에어컨 라인 압력 규정값(kgf/cm²) 】

차 종		저압	고압	비고
아반떼 XD(2006)	G 1.6 DOHC	트리플S/W ON:2.3+0.25/−0.29, OFF:2.0±0.2	트리플S/W ON:32±2, OFF:26±2	압력 단위 환산 1kgf/cm²=14.22psi =0.098066MPa
	G 2.0 DOHC			
	D 1.5 TCI-U			
아반떼 HD(2010)	G 1.6 DOHC	2.0	15.7	
	G 2.0 DOHC			
	D 1.6 TCI-U			
NF 쏘나타	G 2.0 DOHC	1.5~2.5(21.8~36.3psi/ 0.15~0.25MPa)	14~18(200~228psi/ 1.37~1.57MPa)	
	G 2.4 DOHC			
	L 2.0 DOHC			
	D 2.0 TCI-D			
일반적인 규정값 (엔진 회전수)	공전시	30~45 psi	170~250 psi	
	1,500~2,000 RPM	21~28 psi	200~213 psi	
	2,500RPM	20~25 psi	250~300 psi	
일반적인 규정값 (대기 온도)	20℃	12~27 psi	133~199 psi	
	30℃	16~37 psi	179~268 psi	
	40℃	21~49 psi	236~354 psi	

4) **② 판정 및 정비(또는 조치)사항** : ❺ 판정은 수검자가 측정한 값과 규정(정비한계)값을 비교하여 범위 내에 있으면 양호, 벗어나면 불량에 ✔ 표시를 하며, ❻ 정비 및 조치할 사항 란에는 고장부품과 정비할 사항을 기록한다.
   - ㉮ 판정 : ·양호 - 규정(정비한계)값의 범위에 있을 때　·불량 - 규정(정비한계)값의 범위를 벗어났을 때
   - ㉯ 정비 및 조치할 사항 : 규정값 안에 들어 양호하므로 "정비 및 조치할 사항 없음"을 기록한다.
5) **득점** : ❻ 득점은 감독위원이 채점을 하고 점수를 기록하는 부분으로 수검자는 기록하지 않는다.
6) **자동차 번호** : ❶ 측정하는 자동차의 번호를 수검자가 기록한다.

2. 시험장에서는 ……

이 시험 항목은 엔진의 시동을 걸고 하여야 하기 때문에 안전에 각별히 유의하여야 한다. 시동을 걸기 전에 게이지를 설치한다. 저압에 파란색, 고압에 붉은색 호스이다. 시동을 걸기 전에는 "반드시 기어는 중립으로 되어 있는가?", "사이드 브레이크는 당겨져 있는가?", "구동 바퀴는 지면에서 들려져 있는가?" 등을 확인하고 시동키를 돌려서 시동을 건다. 그리고 아이들상태에서 게이지의 눈금을 읽으면 측정값이다. 규정값은 감독위원이 주어지거나 정비 지침서를 이용한다. 일부이긴 하나 숙련되지 않은 수검자로 인하여 안전사고를 방지하기 위하여 보조원이 시동을 걸어 주는 경우도 있다.

3. 답안지 작성 방법 (고압과 저압이 모두 낮을 때)

전기 2 : 시험 결과 기록표
자동차 번호 : ⓗ ⓐ 비번호 ⓑ 감독위원 확 인

항 목	① 측정(또는 점검)		② 판정 및 정비(또는 조치)사항		ⓖ 득 점
	ⓒ 측 정 값	ⓓ 규정(정비한계)값	ⓔ 판정(□에 '✔'표)	ⓕ 정비 및 조치할 사항	
저압	0.8kgf/cm²/ 아이들	2~4kgf/cm²/ 아이들	□ 양 호 ☑ 불 량	냉매보충 후 재점검	
고압	6.0kgf/cm²/ 아이들	15~18kgf/cm²/ 아이들			

※ 단위가 누락되거나 틀린 경우는 오답으로 채점함.

1) ① **측정(또는 점검)** : ⓒ 측정값은 수검자가 에어컨 충전기(또는 매니폴드 게이지)를 이용하여 측정한 값인 저압 "0.8kgf/cm²/ 아이들", 고압 "6.0kgf/cm²/ 아이들"을 기록하고 ⓓ 규정(정비한계)값은 감독위원이 주어진 값이나 또는 정비지침서를 보고 저압 "2~4kgf/cm²/ 아이들", 고압 "15~18kgf/cm²/ 아이들"을 일반적인 규정값을 기록한다.

2) ② **판정 및 정비(또는 조치)사항** : ⓔ 판정은 측정값이 규정(정비한계)값보다 낮으므로 "불량"에 ✔ 표시를 하며, ⓕ 정비 및 조치할 사항 란에는 냉매가 부족하므로 "냉매 보충 후 재점검"을 기록한다.

4. 답안지 작성 방법 (고압과 저압이 모두 높을 때)

전기 2 : 시험 결과 기록표
자동차 번호 : ⓗ ⓐ 비번호 ⓑ 감독위원 확 인

항 목	① 측정(또는 점검)		② 판정 및 정비(또는 조치)사항		ⓖ 득 점
	ⓒ 측 정 값	ⓓ 규정(정비한계)값	ⓔ 판정(□에 '✔'표)	ⓕ 정비 및 조치할 사항	
저압	6kgf/cm²/ 아이들	2~4kgf/cm²/ 아이들	□ 양 호 ☑ 불 량	냉매 규정량에 맞게 배출 후 재점검	
고압	22kgf/cm²/ 아이들	15~18kgf/cm²/ 아이들			

※ 단위가 누락되거나 틀린 경우는 오답으로 채점함.

1) ① **측정(또는 점검)** : ⓒ 측정값은 수검자가 에어컨 충전기(또는 매니폴드 게이지)를 이용하여 측정한 값인 저압 "6kgf/cm²/ 아이들", 고압 "22kgf/cm²/ 아이들"을 기록하고 ⓓ 규정(정비한계)값은 감독위원이 주어진 값이나 또는 정비지침서를 보고 저압 "2~4kgf/cm²/ 아이들", 고압 "15~18kgf/cm²/ 아이들"을 일반적인 규정값을 기록한다.

2) ② **판정 및 정비(또는 조치)사항** : ⓔ 판정은 측정값이 규정(정비한계)값 보다 높으므로 "불량"에 ✔ 표시를 하며, ⓕ 정비 및 조치할 사항 란에는 냉매 과충전이므로 "냉매 규정량에 맞게 배출 후 재점검"을 기록하고 그 외 아래 내용 중 하나일 것이다.

◆ 고압과 저압이 높게 나오는 원인
- 에어컨 라인에 과다 냉매 - 냉매 배출
- 에어컨 라인 압력 스위치 불량 - 압력 스위치 교환
- 콘덴서 냉각 불량 - 콘덴서 청소
- 팽창 밸브가 막힘 - 얼어서 막힘 잠시 후 재점검
- 에어컨 벨트의 슬립 - 장력 조정
- 공기 유입(저압 배관 차가움이 없다) 및 오일 오염 - 재충전 및 오일교환

7안 전기 3 전동 팬 회로 점검

주어진 자동차에서 라디에이터 전동 팬 회로의 고장부분을 점검한 후 기록표에 기록·판정하시오.

1. 답안지 작성 방법 (전동 팬이 작동하지 않을 때)

전기 3 : 시험 결과 기록표 자동차 번호 : ⓗ			Ⓐ 비번호		Ⓑ 감독위원 확 인	
항 목	① 측정(또는 점검)		② 판정 및 정비(또는 조치)사항			Ⓖ 득 점
	Ⓒ 이상 부위	Ⓓ 내용 및 상태	Ⓔ 판정(□에 '✔'표)	Ⓕ 정비 및 조치할 사항		
전동 팬 회로	전동 팬 모터 릴레이	탈거	□ 양 호 ☑ 불 량	전동 팬 모터 릴레이 장착 후 재점검		

1) **비번호** : Ⓐ 비번호는 공단직원이 주는 등번호를 수검자가 기록한다.
2) **감독위원 확인** : Ⓑ 감독위원 확인란은 감독위원이 채점한 후에 도장을 찍는 부분으로 수검자는 기록하지 않는다.
3) **측정(또는 점검)** : Ⓒ 이상 부위는 수검자가 냉각 팬이 작동되지 않는 이유 중 고장 난 부품 명칭인 "전동 팬 모터 릴레이"를 기록하고, Ⓓ 내용 및 상태는 탈거된 상태이므로 "탈거"를 기록한다.
4) **판정 및 정비(또는 조치)사항** : Ⓔ 판정은 "불량"에 ✔ 표시를 하고 Ⓕ 정비 및 조치할 사항 란에는 "전동팬 릴레이 장착 후 재점검"을 기록하고 그 외 고장 내용은 아래 내용 중에 하나일 것이다.

  ◆ 전동 팬이 작동하지 않는 원인
  - 배터리 불량 – 배터리 교환
  - 배터리 터미널 연결 상태 불량 – 배터리 터미널 재장착
  - 전동 팬 퓨즈의 탈거 – 전동 팬 퓨즈 장착
  - 전동 팬 퓨즈의 단선 – 전동 팬 퓨즈 교환
  - 전동 팬 릴레이 탈거 – 전동 팬 릴레이 장착
  - 전동 팬 릴레이 불량 – 전동 팬 릴레이 교환
  - 전동 팬 릴레이 핀 부러짐 – 전동 팬 릴레이 교환
  - 전동 팬 모터 커넥터 탈거 – 전동 팬 모터 커넥터 장착
  - 미전동팬 모터 커넥터 불량 – 전동 팬 모터 커넥터 교환
  - 전동 팬 모터 불량 – 전동 팬 모터 교환
  - 서모 스위치 불량 – 서모 스위치 교환
  - 전동 팬 모터 라인 단선 – 전동 팬 모터 라인 연결
  - 서모 스위치 커넥터 탈거 – 서모 스위치 커넥터 장착
  - 서모 스위치 커넥터 불량 – 서모 스위치 커넥터 교환

5) **득점** : Ⓖ 득점은 감독위원이 채점을 하고 점수를 기록하는 부분으로 수검자는 기록하지 않는다.
6) **자동차 번호** : ⓗ 측정하는 자동차 번호를 수검자가 기록한다.

2. 시험장에서는 ……

전동 팬 회로를 점검할 때 실제 차량을 사용할 때도 있고 시뮬레이터를 사용할 경우도 있지만 모든 시험 문제가 그렇듯이 실제 차량 위주로 시험을 보는 추세이다. 차량 옆에나 측정 차량 유리에 "전동 팬 회로 점검"이라는 글씨가 보일 것이다. 이 시험은 전동 팬의 작동 여부가 엔진의 온도가 95℃ 이상 올라가야 측정이 되기 때문에 시간이 많이 걸린다. 그래서 일부에서는 각 단품을 작업대에 놓고 점검을 하여 고장 여부를 확인하기도 하지만 수검자는 어떻게 문제가 나오더라도 정확한 진단과 정비를 할 줄 알아야 한다. 연습에서 땀을 흘린 만큼 자격증 취득에도 도움이 될 뿐만 아니라 현장에서도 자신 있는 고장진단 및 정비를 할 수 있을 것이다. 물론 고객에게도 능력 있는 정비사로 고객 자동차의 주치의(?)로 인정받게 되지 않을까?

3. 답안지 작성 방법 (전동 팬이 작동하지 않을 때)

전기 3 : 시험 결과 기록표 자동차 번호 : ⓗ			Ⓐ 비번호		Ⓑ 감독위원 확 인	
항 목	① 측정(또는 점검)		② 판정 및 정비(또는 조치)사항			Ⓖ 득 점
	Ⓒ 이상 부위	Ⓓ 내용 및 상태	Ⓔ 판정(□에 '✔'표)	Ⓕ 정비 및 조치할 사항		
전동 팬 회로	전동 팬 모터 커넥터	탈거	□ 양 호 ☑ 불 량	전동 팬 모터 커넥터 장착 후 재점검		

3) **측정(또는 점검)** : Ⓒ 이상 부위는 수검자가 냉각 팬이 작동되지 않는 이유 중 고장 난 부품 명칭인 "전동 팬 모터 커넥터"를 기록하고, Ⓓ 내용 및 상태는 탈거된 상태이므로 "탈거"를 기록한다.
4) **판정 및 정비(또는 조치)사항** : Ⓔ 판정은 "불량"에 ✔ 표시를 하고 Ⓕ 정비 및 조치할 사항 란에는 "전동 팬 커넥터 장착 후 재점검"을 기록한다.

4. 답안지 작성 방법 (전동 팬이 작동하지 않을 때)

전기 3 : 시험 결과 기록표 자동차 번호 : ❽			Ⓐ 비번호		Ⓑ 감독위원 확 인	
항 목	① 측정(또는 점검)		② 판정 및 정비(또는 조치)사항			Ⓖ 득 점
	Ⓒ 이상 부위	Ⓓ 내용 및 상태	Ⓔ 판정(□에 '✔'표)	Ⓕ 정비 및 조치할 사항		
전동 팬 회로	배터리	방전	□ 양 호 ☑ 불 량	배터리 충전 후 재점검		

1) 측정(또는 점검) : Ⓒ 이상 부위는 수검자가 냉각 팬이 작동되지 않는 이유 중 고장 난 부품 명칭인 "배터리"를 기록하고, Ⓓ 내용 및 상태는 방전된 상태이므로 "방전"을 기록한다.
2) 판정 및 정비(또는 조치)사항 : Ⓔ 판정은 "불량"에 ✔ 표시를 하고 Ⓕ 정비 및 조치할 사항 란에는 "배터리 충전 후 재점검"을 기록한다.

5. 답안지 작성 방법 (전동 팬이 작동하지 않을 때)

전기 3 : 시험 결과 기록표 자동차 번호 : ❽			Ⓐ 비번호		Ⓑ 감독위원 확 인	
항 목	① 측정(또는 점검)		② 판정 및 정비(또는 조치)사항			Ⓖ 득 점
	Ⓒ 이상 부위	Ⓓ 내용 및 상태	Ⓔ 판정(□에 '✔'표)	Ⓕ 정비 및 조치할 사항		
전동 팬 회로	전동 팬 퓨즈	탈거	□ 양 호 ☑ 불 량	전동 팬 퓨즈 장착 후 재점검		

1) 측정(또는 점검) : Ⓒ 이상 부위는 수검자가 냉각 팬이 작동되지 않는 이유 중 고장 난 부품 명칭인 "전동팬 퓨즈"를 기록하고, Ⓓ 내용 및 상태는 방전된 상태이므로 "탈거"를 기록한다.
2) 판정 및 정비(또는 조치)사항 : Ⓔ 판정은 "불량"에 ✔ 표시를 하고 Ⓕ 정비 및 조치할 사항 란에는 "전동팬 퓨즈 장착 후 재점검"을 기록한다.

6. 답안지 작성 방법 (전동 팬이 작동하지 않을 때)

전기 3 : 시험 결과 기록표 자동차 번호 : ❽			Ⓐ 비번호		Ⓑ 감독위원 확 인	
항 목	① 측정(또는 점검)		② 판정 및 정비(또는 조치)사항			Ⓖ 득 점
	Ⓒ 이상 부위	Ⓓ 내용 및 상태	Ⓔ 판정(□에 '✔'표)	Ⓕ 정비 및 조치할 사항		
전동 팬 회로	전동 팬 퓨즈	단선	□ 양 호 ☑ 불 량	전동 팬 퓨즈 교환 후 재점검		

1) 측정(또는 점검) : Ⓒ 이상 부위는 수검자가 냉각 팬이 작동되지 않는 이유 중 고장 난 부품 명칭인 "전동팬 퓨즈"를 기록하고, Ⓓ 내용 및 상태는 방전된 상태이므로 "단선"을 기록한다.
2) 판정 및 정비(또는 조치)사항 : Ⓔ 판정은 "불량"에 ✔ 표시를 하고 Ⓕ 정비 및 조치할 사항 란에는 "전동팬 퓨즈 교환 후 재점검"을 기록한다.

7. 전동 팬 회로 점검 현장사진

1. 엔진룸 퓨즈, 릴레이 박스 모습
2. 핀이 하나 부러진 릴레이 모습
3. 라디에이터 팬 모터 커넥터 모습

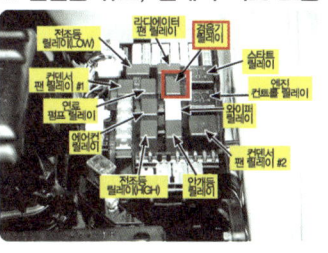

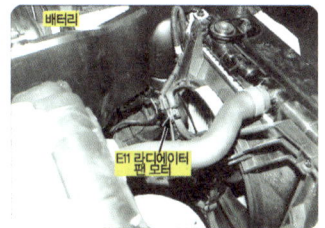

 **전기 4** **전조등 광도측정**

주어진 자동차에서 좌 또는 우측의 전조등 광도를 측정하고 기록표에 기록·판정하시오.

1. 답안지 작성 방법 (광도가 정상일 때)

전기 4 : 시험 결과 기록표
자동차 번호 : ❶

		Ⓐ 비번호		Ⓑ 감독위원 확인	
① 측정(또는 점검)				② 판정	Ⓗ 득점
Ⓒ 구분	Ⓓ 측정 항목	Ⓔ 측정값	Ⓕ 기준값	Ⓖ 판정(□에 '✔'표)	
□에 '✔' 표 위치 : ☑ 좌 □ 우	광 도	28,000cd	3,000cd 이상	☑ 양 호 □ 불 량	

※ 측정 위치는 감독위원의 지정하는 위치에 □에 '✔' 표시함
※ 자동차검사기준 및 방법에 의하여 기록, 판정한다.

1) **비번호** : Ⓐ 비번호는 공단직원이 주는 등번호를 수검자가 기록한다.
2) **감독위원 확인** : Ⓑ 감독위원 확인란은 감독위원이 채점한 후에 도장을 찍는 부분으로 수검자는 기록하지 않는다.
3) **① 측정(또는 점검)** : Ⓒ 구분란은 감독위원이 지정한 위치인 "좌"에 ✔ 표시를 한다. Ⓓ 측정항목은 감독위원이 지정한 "광도"를 기록한다. Ⓔ 측정값은 수검자가 측정 한 광도인 "28,000cd"를 기록하며, Ⓕ 기준값은 수검자가 검사 기준값인 "3,000cd 이상"을 기록한다.(반드시 단위를 기입한다)
   ㉮ 구 분 : ·위치 - ☑ 좌 □ 우   ㉯ 측정값 : 측정 광도 - 28,000cd
   ㉰ 기준값 : ·3,000cd 이상
   [전조등 광도 기준값]
   • 변환빔의 광도는 3,000cd 이상일 것

자동차 관리법 시행규칙의 등화장치(별표 15)

18) 등화장치	가) 변환빔의 광도는 3천 칸델라 이상일 것	좌·우측 전조등(변환빔)의 광도와 광도점을 전조등시험기로 측정하여 광도점의 광도 확인

4) **② 판정** : Ⓖ 판정은 수검자가 측정한 값과 기준값을 비교하여 범위 내에 있으면 양호, 벗어나면 불량에 ✔ 표시를 한다.
   ㉮ 판정 : ·양호 : 기준값의 범위(3,000cd 이상)에 있을 때
        ·불량 : 기준값의 범위(3,000cd 미만)를 벗어났을 때
5) **득점** : Ⓗ 득점은 감독위원이 채점을 하고 점수를 기록하는 부분으로 수검자는 기록하지 않는다.
6) **자동차 번호** : ❶ 측정하는 자동차 번호를 수검자가 기록한다.

2. 시험장에서는 ......

헤드라이트의 광도와 광축 측정은 엔진의 시동을 걸고 측정하여야 옳으나 시험장에서는 안전을 위하여 엔진이 정지된 상태에서 측정하는 경우가 많다. 감독위원이 좌측이나 우측을 지정하여 주는 곳을 측정하는데 좌, 우는 운전석에 앉아서 좌측과 우측임을 잊지 말아야 한다. 측정하기 전에 조건이(타이어의 공기압, 배터리 성능, 바닥의 수평 상태 등) 맞았는지 확인하고 헤드라이트의 유리를 깨끗한 걸레로 닦아서 측정값이 정확하게 나오도록 하여야 한다. 측정은 상향등 상태에서 측정하여야 하며, 차량은 공회전(단, 광도 측정시 2,000rpm), 공차 상태, 운전자 1인 승차하여 측정하여야 한다. 보조원이 운전석에 앉아서 라이트를 조작하여 주는 경우도 있으나 대부분은 운전자가 탑승하지 않은 상태에서 측정한다. 근래에 생산된 차량은 헤드라이트 조작이 키 스위치를 넣어야지만 가능하도록 되어 있으므로 참고 하기 바란다.

3. 답안지 작성 방법 (광도가 불량일 때)

전기 4 : 시험 결과 기록표
자동차 번호 : ❶

| Ⓐ비 번호 | | Ⓑ감독위원 확 인 | |

Ⓒ구분	① 측정(또는 점검)			② 판정	Ⓗ득 점
	Ⓓ측정 항목	Ⓔ측정값	Ⓕ 기준값	Ⓖ판정(□에 '✔' 표)	
□에 '✔' 표 위치 : ☑ 좌 □ 우	광 도	600cd	3,000cd 이상	□ 양 호 ☑ 불 량	

※ 측정 위치는 감독위원의 지정하는 위치에 □ 에 '✔' 표시함.
※ 자동차검사기준 및 방법에 의하여 기록, 판정한다.

1) Ⓒ 구분란은 감독위원이 지정한 위치인 "좌"에 ✔ 표시를 한다. Ⓓ 측정항목은 감독위원이 지정한 "광도"를 기록한다. Ⓔ 측정값은 수검자가 측정 한 광도인 "600cd"를 기록하며, Ⓕ 기준값은 수검자가 검사 기준값인 "3,000cd 이상"을 기록한다.(반드시 단위를 기입한다)

2) ② 판정 : Ⓖ 판정은 수검자가 측정한 값과 기준값을 비교하여 범위에 미달하므로 "불량"에 ✔ 표시를 한다.

4. 답안지 작성 방법 (광도가 불량일 때)

전기 4 : 시험 결과 기록표
자동차 번호 : ❶

| Ⓐ비 번호 | | Ⓑ감독위원 확 인 | |

Ⓒ구분	① 측정(또는 점검)			② 판정	Ⓗ득 점
	Ⓓ측정 항목	Ⓔ측정값	Ⓕ 기준값	Ⓖ판정(□에 '✔' 표)	
□에 '✔' 표 위치 : ☑ 좌 □ 우	광 도	2,200cd	3,000cd 이상	□ 양 호 ☑ 불 량	

※ 측정 위치는 감독위원의 지정하는 위치에 □ 에 '✔' 표시함.
※ 자동차검사기준 및 방법에 의하여 기록, 판정한다.

1) Ⓒ 구분란은 감독위원이 지정한 위치인 "좌"에 ✔ 표시를 한다. Ⓓ 측정항목은 감독위원이 지정한 "광도"를 기록한다. Ⓔ 측정값은 수검자가 측정 한 광도인 "2,200cd"를 기록하며, Ⓕ 기준값은 수검자가 검사 기준값인 "3,000cd 이상"을 기록한다.(반드시 단위를 기입한다)

2) ② 판정 : Ⓖ 판정은 수검자가 측정한 값과 기준값을 비교하여 범위에 미달하므로 "불량"에 ✔ 표시를 한다.

5. 전조등 점검 현장 사진

1. 시뮬레이터로 측정 준비된 모습

실제 차량으로 전조등 시험을 하는 경우도 있지만 시뮬레이터를 이용한 방법도 있다.

2. 집광식 테스터기 설치 모습

집광식 헤드라이트 테스터기 설치모습이다.

3. 헤드라이트 높이 측정 눈금 모습

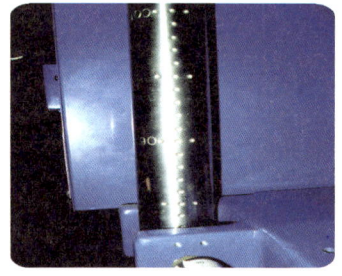

기둥에 옆면에 높이를 표시하는 눈금이 있어서 헤드라이트의 높이를 측정한다.

엔진 1 가솔린 엔진 압축압력 점검

주어진 가솔린 엔진에서 에어 클리너(어셈블리)와 점화 플러그를 모두 탈거(감독위원에게 확인)하고 감독위원의 지시에 따라 기록표의 내용대로 기록·판정한 후 다시 조립하시오.

1. 답안지 작성 방법 (압축압력이 정상일 때)

엔진 4 : 시험 결과 기록표
엔진 번호 : ⓗ

항 목	① 측정(또는 점검)		② 판정 및 정비(또는 조치)사항		Ⓖ 득점
	Ⓒ 측 정 값	Ⓓ 규정(정비한계)값	Ⓔ 판정(□에 '✔'표)	Ⓕ 정비 및 조치할 사항	
(1)번 실린더 압축압력	12.8kgf/cm²	13.0(11.5)kgf/cm²	☑ 양 호 □ 불 량	정비 및 조치할 사항 없음	

Ⓐ 비번호   Ⓑ 감독위원 확 인

※ 감독위원의 지시에 따라 한 개의 실린더만 측정함.   ※ 단위가 누락되거나 틀린 경우는 오답으로 채점함.

1) 비번호 : Ⓐ 비번호는 공단직원이 주는 등번호를 수검자가 기록한다.
2) 감독위원 확인 : Ⓑ 감독위원 확인란은 감독위원이 채점한 후에 도장을 찍는 부분으로 수검자는 기록하지 않는다.
3) ① 측정(또는 점검) : Ⓒ 측정값은 수검자가 압축압력을 측정한 값인 "12.8kgf/cm²"으로 기록하고, Ⓓ 규정(정비한계)값은 감독위원이 주어진 값이나 또는 정비지침서를 보고 "13.0(11.5)kgf/cm²"기록한다. (반드시 단위를 기입한다)
   ㉮ 측정값 : 12.8kgf/cm²
   ㉯ 규정(정비한계)값 : 13.0(11.5)kgf/cm²

【 차종별 압축압력 기준값(kgf/cm²) 】

차 종		기준값	한계값	실린더간 차	비고
아반떼 XD(2006)	G 1.6 DOHC	15(250~400rpm)	14	1 이하	※ 일반적인 규정값 • 규정압력의 70~110% 사이에 있으며, • 실린더 간 압력차가 10% 이내일 때 • 압축압력이 규정보다 높게 나올 수 있는 것은 연소실에 카본 부착으로 체적이 줄어서 압축비도 높게 나온다. ※ 압력의 단위 환산 • 1kgf/cm² =0.980665bar
	G 2.0 DOHC				
	D 1.5 TCI-U	24(260rpm)	21	3 이하	
아반떼 HD(2010)	G 1.6 DOHC	12.5(250~400rpm)	11	1 이하	
	G 2.0 DOHC	14.5(250rpm)	13	1 이하	
	D 1.6 TCI-U	22(260rpm)	19	3 이하	
NF 쏘나타 (2010)	G 2.0 DOHC	13.0(200~250rpm)	11.5	1 이하	
	G 2.4 DOHC				
	L 2.0 DOHC				
	D 2.0 TCI-D	26(270rpm)	23	3	
K5(2011)	G 2.0 DOHC	13.0(200~250rpm)	11.5	1 이하	
	G 2.4 GDI	13.5(200~250rpm)	12	1 이하	
	L 2.0 DOHC	14.0bar(200~250rpm)	12.5 bar	1.0 bar 이하	
모닝(2011)	G 1.0 SOHC	15.5(370rpm)	14	1 이하	
	L 1.0 SOHC				

4) ② 판정 및 정비(또는 조치)사항 : Ⓔ 판정은 수검자가 측정한 값과 정비한계 값을 비교하여 한계값 범위 내에 있으면 양호, 벗어나면 불량에 ✔표시를 하며, Ⓕ 정비 및 조치할 사항 란에는 고장부품과 정비할 사항을 기록한다.
   ㉮ 판정 : • 양호 : 한계값 11.5보다 높고 14.3(110%) 사이에 있으며, 실린더 간 압력차가 10% 이내일 때
            • 불량 : 규정압력의 범위를 벗어났을 때
   ㉯ 정비 및 조치할 사항 : 정비 및 조치할 사항 없음
5) 득점 : Ⓖ 득점은 감독위원이 채점을 하고 점수를 기록하는 부분으로 수검자는 기록하지 않는다.
6) 엔진 번호 : ⓗ 측정하는 엔진 번호를 수검자가 기록한다.

엔진 4 : 시험 결과 기록표
엔진 번호 : ⓗ

항 목	① 측정(또는 점검)		② 판정 및 정비(또는 조치)사항		Ⓖ 득점
	Ⓒ 측 정 값	Ⓓ 규정(정비한계)값	Ⓔ 판정(□에 '✔'표)	Ⓕ 정비 및 조치할 사항	
(1)번 실린더 압축압력	6.4kgf/cm²	13.0(11.5)kgf/cm²	□ 양 호 ✔ 불 량	습식으로 재점검	

Ⓐ 비번호   Ⓑ 감독위원 확인

※ 감독위원의 지시에 따라 한 개의 실린더만 측정함. ※ 단위가 누락되거나 틀린 경우는 오답으로 채점함.

1) **측정(또는 점검)** : Ⓒ 측정값은 수검자가 압축압력을 측정한 값인 "6.4kgf/cm²"으로 기록하고, Ⓓ 규정(정비한계)값은 감독위원이 주어진 값이나 또는 정비지침서를 보고 "13.0(11.5)kgf/cm²"기록한다.(반드시 단위를 기입한다)

2) **판정 및 정비(또는 조치)사항** : Ⓔ 판정은 측정값이 한계값 11.5보다 낮으므로 "불량"에 ✔ 표시를 하며, Ⓕ 정비 및 조치할 사항 란에는 압축압력이 낮은 원인을 찾기 위해서는 습식 검사를 해봐야 하므로 "습식으로 재점검"을 기록한다.

※ 압축압력이 낮은 원인
- 실린더 간극 점검.
- 피스톤 링 불량 점검
- 밸브 간극 불량 점검
- 밸브 밀착의 불량 점검.
- 헤드 가스켓 불량 점검
- 밸브 타이밍 점검

2. 답안지 작성 방법(압축압력이 높을 때)

엔진 4 : 시험 결과 기록표
엔진 번호 : ⓗ

항 목	① 측정(또는 점검)		② 판정 및 정비(또는 조치)사항		Ⓖ 득점
	Ⓒ 측 정 값	Ⓓ 규정(정비한계)값	Ⓔ 판정(□에 '✔'표)	Ⓕ 정비 및 조치할 사항	
(1)번 실린더 압축압력	15kgf/cm²	13.0(11.5)kgf/cm²	□ 양 호 ✔ 불 량	연소실 카본 점검	

Ⓐ 비번호   Ⓑ 감독위원 확인

※ 감독위원의 지시에 따라 한 개의 실린더만 측정함. ※ 단위가 누락되거나 틀린 경우는 오답으로 채점함.

1) **측정(또는 점검)** : Ⓒ 측정값은 수검자가 압축압력을 측정한 값인 "15kgf/cm²"으로 기록하고, Ⓓ 규정(정비한계)값은 감독위원이 주어진 값이나 또는 정비지침서를 보고 "13.0(11.5)kgf/cm²"기록한다.(반드시 단위를 기입한다)

2) **판정 및 정비(또는 조치)사항** : Ⓔ 판정은 측정값이 규정값의 10%를 초과하므로 "불량"에 ✔ 표시를 하며, Ⓕ 정비 및 조치할 사항 란에는 압축압력이 높은 원인은 연소실에 카본 부착이므로 "연소실 카본 제거 후 재점검"을 기록한다.

3. 압축압력 측정 현장사진

1. 압축압력 측정 준비된 모습

1번과 4번에 측정 호스가 끼워져 있다. 압력계를 설치하여 측정한다.

2. 압력계의 모습

게이지에 나타난 압력으로 바깥쪽은 kgf/cm² 이고 안쪽은 PSI 단위이다.

3. 스로틀 밸브 개도 모습

압축압력 측정할 때 흡입 저항이 없어야 하므로 스로틀 밸브는 전개되어야 한다.

8안 엔진 3 엔진 센서(액추에이터) 점검(자기진단)

주어진 자동차의 엔진에서 점화코일을 탈거(감독위원에게 확인)한 후 다시 조립하고 감독위원의 지시에 따라 진단기(스캐너)를 사용하여 엔진의 각종 센서(액추에이터) 점검 후 고장부분을 기록하시오.

1. 답안지 작성 방법 (ATS의 커넥터가 탈거일 때)

엔진 3 : 시험 결과 기록표
자동차 번호 : ①

항 목	① 측정(또는 점검)			② 고장 및 정비(또는 조치) 사항		⒣ 득 점
	⒞ 고장 부위	⒟ 측정값	⒠ 규정값	⒡ 고장 내용	⒢ 정비 및 조치사항	
센서(액추에이터) 점검	ATS	0V/ 20℃	2.4~2.8V/20℃	커넥터 탈거	커넥터 연결, 기억소거 후 재점검	

ⓐ 비번호   ⓑ 감독위원 확 인

※ 단위가 누락되거나 틀린 경우는 오답으로 채점함

1) 비번호 : ⓐ 비번호는 공단직원이 주는 등번호를 수검자가 기록한다.
2) 감독위원 확인 : ⓑ 감독위원 확인란은 감독위원이 채점한 후에 도장을 찍는 부분으로 수검자는 기록하지 않는다.
3) ① 측정(또는 점검) : ⒞ 고장부위는 수검자가 스캐너로 자기진단 화면 창에 나타난 "ATS"를 기록하고, ⒟ 측정값은 센서 출력 화면에서 측정한 값 "0V / 20℃"를 기록한다. ⒠ 규정값은 스캐너 정보창에서 얻거나 감독위원이 주어지기도 한값 "2.4~2.8V / 20℃"를 기록한다.
  ㉮ 고장부위 : ATS   ㉯ 측정값 : 0V / 20℃
  ㉮ 규정값 : 2.4~2.8V / 20℃
4) ② 고장 및 정비(또는 조치)사항 : ⒡ 고장 내용에는 수검자가 점검한 내용으로 "커넥터 탈거"를 기록한다.
  ⒢ 조치사항에는 "커넥터 연결 기억소거 후 재점검"을 기록한다.
  ㉯ 고장 내용 : 커넥터 탈거
  ㉰ 조치 사항 : 커넥터 연결, 기억소거 후 재점검
5) 득점 : ⒣ 득점은 감독위원이 채점을 하고 점수를 기록하는 부분으로 수검자는 기록하지 않는다.
6) 자동차 번호 : ① 측정하는 자동차 번호를 수검자가 기록한다.

【 차종별 흡입 공기온도센서(IATS) 규정값(mm) 】

차 종		전 압(V)	저 항(kΩ)		
아반떼 XD(2006)	G 1.6 DOHC	6<규정값<16	0℃:2.35~2.51,	20℃:1.11~1.19,	40℃:0.31~0.321
	G 2.0 DOHC				
	D 1.5 TCI-U	112mV~4.9V	0℃:5.38~6.09,	20℃:3.48~3.90,	40℃:1.08~1.21
아반떼 HD(2010)	G 1.6 DOHC	-	0℃:5.38~6.09,	20℃:2.31~2.57,	40℃:1.08~1.21
	G 2.0 DOHC	-			
	D 1.6 TCI-U	73mV~4.886mV	0℃:5.12~5.89,	20℃:2.29~2.55,	40℃:1.10~1.24
NF 쏘나타	G 2.0 DOHC	0.22~4.93	10℃:3.6~3.9,	20℃:2.4~2.5,	30℃:1.6~1.7
	G 2.4 DOHC				
	L 2.0 DOHC	0.24~4.93	10℃:3.6~3.9,	20℃:2.4~2.5,	30℃:1.6~1.7
	D 2.0 TCI-D	73mV~4,887.5mV	0℃:5.12~5.89,	20℃:2.29~2.55,	40℃:1.10~1.24
K5(2011)	G 2.0 DOHC	0.22~4.93	0℃:5.38~6.09,	20℃:2.31~2.57,	40℃:1.08~1.21
	G 2.4 GDI	0.22~4.93	10℃:3.6~3.9,	20℃:2.4~2.5,	30℃:1.6~1.7
	L 2.0 DOHC	0.24~4.93	10℃:3.6~3.9,	20℃:2.4~2.5,	30℃:1.6~1.7
모닝(2011)	G 1.0 SOHC	약 5	0℃:5.38~6.09,	20℃:2.31~2.57,	40℃:1.08~1.21
	L 1.0 SOHC	0.15~4.8			

2. 시험장에서는 ......

분해 조립용 엔진과 측정용 차량(또는 엔진 튜업)이 따로 있어서 분해 조립이 끝나면 감독위원으로부터 답안지를 받고 전자제어 진단기(스캐너)를 측정용 차량에 설치하고 전자제어 엔진의 고장부분을 점검한 후 답안지를 작성하여 감독위원에게 제출한다. 일부이긴 하나 전자제어 차량에 진단기(스캐너)가 설치되어 있는 것을 그대로 측정하기도 한다. 시험장이나 시험일에 따라 Hi-scan pro, Hi-DS scaner 등이 설치되어 있다. 사용법에 약간의 차이는 있으나 한 가지만 능수능란하게 다룰 수 있는 능력만 있다면 응용이 가능하다. 답안지 항목에서 **ⓒ**, **ⓓ**, **ⓔ**란은 스캐너에서 측정 및 찾아서 기입하지만, **ⓕ**란은 수검자가 측정차량을 눈으로 보고 기록하고, **ⓖ**란은 정비방법을 서술한다.

3. 답안지 작성 방법 (ATS가 과거 기억소거 불량일 때)

엔진 3 : 시험 결과 기록표
자동차 번호 : **ⓘ**   **Ⓐ** 비번호   **Ⓑ** 감독위원 확 인

항 목	① 측정(또는 점검)			② 고장 및 정비(또는 조치) 사항		**ⓗ** 득 점
	ⓒ 고장 부위	**ⓓ** 측정값	**ⓔ** 규정값	**ⓕ** 고장 내용	**ⓖ** 정비 및 조치사항	
센서(액추에이터) 점검	ATS	0V/ 20℃	2.4~2.8V/20℃	과거 기억소거 불량	기억소거 후 재점검	

※ 단위가 누락되거나 틀린 경우는 오답으로 채점함

1) ① 측정(또는 점검) : **ⓒ** 고장부위는 수검자가 스캐너로 자기진단 화면 창에 나타난 "ATS"를 기록하고, **ⓓ** 측정값은 센서 출력 화면에서 측정한 값 "0V/ 20℃"를 기록한다. **ⓔ** 규정값은 스캐너 정보창에서 얻거나 감독위원이 주어지기도 한값 "2.4~2.8V / 20℃"를 기록한다.
2) ② 고장 및 정비(또는 조치)사항 : **ⓕ** 고장 내용에는 수검자가 점검한 내용으로 "과거 기억소거 불량"을 기록한다. **ⓖ** 조치사항에는 "기억소거 후 재점검"을 기록한다.

4. 답안지 작성 방법 (ATS가 센서 불량일 때)

엔진 3 : 시험 결과 기록표
자동차 번호 : **ⓘ**   **Ⓐ** 비번호   **Ⓑ** 감독위원 확 인

항 목	① 측정(또는 점검)			② 고장 및 정비(또는 조치) 사항		**ⓗ** 득 점
	ⓒ 고장 부위	**ⓓ** 측정값	**ⓔ** 규정값	**ⓕ** 고장 내용	**ⓖ** 정비 및 조치사항	
센서(액추에이터) 점검	ATS	0V/ 20℃	2.4~2.8V/20℃	센서 불량	센서 교환 기억소거 후 재점검	

※ 단위가 누락되거나 틀린 경우는 오답으로 채점함

1) ① 측정(또는 점검) : **ⓒ** 고장부위는 수검자가 스캐너로 자기진단 화면 창에 나타난 "ATS"를 기록하고, **ⓓ** 측정값은 센서 출력 화면에서 측정한 값 "0V/20℃"를 기록한다. **ⓔ** 규정값은 스캐너 정보창에서 얻거나 감독위원이 주어지기도 한값 "2.4~2.8V / 20℃"를 기록한다.
2) ② 고장 및 정비(또는 조치)사항 : **ⓕ** 고장 내용에는 수검자가 점검한 내용으로 "센서 불량"을 기록한다. **ⓖ** 조치사항에는 "센서 교환 기억소거 후 재점검"을 기한다.

엔진 4 가솔린 배기가스 측정

8안

주어진 자동차에서 기록표에 제시된 내용을 측정하고 기록·판정하시오.

1. 답안지 작성 방법 (배기가스 배출량이 작아 정상일 때)

엔진 5 : 시험 결과 기록표
자동차 번호 : ⓗ

항 목	① 측정(또는 점검)		Ⓐ 비번호	Ⓑ 감독위원 확 인	
	Ⓒ 측 정 값	Ⓓ 기준값	Ⓔ ② 판정 (□에 '✔'표)		Ⓕ 득 점
CO	0.8%	1.2% 이하	☑ 양 호 □ 불 량		
HC	100ppm	220ppm 이하			

※ 감독위원이 제시한 자동차등록증(또는 차대번호)을 활용하여 차종 및 연식을 적용한다. 자동차검사기준 및 방법에 의하여 기록, 판정한다. CO 측정값은 소수점 둘째자리 이하는 버림으로 기입한다. HC 측정값은 소수점 첫째자리 이하는 버림하여 기입한다.

1) **비번호** : Ⓐ 비번호는 공단직원이 주는 등번호를 수검자가 기록한다.
2) **감독위원 확인** : Ⓑ 감독위원 확인란은 감독위원이 채점한 후에 도장을 찍는 부분으로 수검자는 기록하지 않는다.
3) **① 측정(또는 점검)** : Ⓒ 측정값은 수검자가 배기가스를 측정한 값인 의 CO는 "0.8%", HC는 "100PPM"을 기록하고 Ⓓ 기준값은 운행 차량의 배출 허용 기준값인 CO는 "1.0% 이하", HC는 "120ppm"을 기록한다.
   ㉮ 측정값 : ·CO – 0.8%,   ·HC – 100ppm
   ㉯ 기준값 : ·CO – 1.0% 이하   ·HC – 120ppm 이하(2017년 5월 30일 등록)

【 운행차 수시점검 및 정기점검 배출 허용기준 】

차 종		제작일자	일산화탄소	탄화수소	공기과잉율
경자동차		1997년 12월 31일 이전	4.5% 이하	1,200ppm 이하	1±0.1 이내 다만, 기화기식연료공급장치 부착 자동차는 1±0.15이내 촉매 미부착 자 동 차 는 1±0.20 이내
		1998년 1월 1일부터 2000년 12월 31일까지	2.5% 이하	400ppm 이하	
		2001년 1월 1일부터 2003년 12월 31일까지	1.2% 이하	220ppm 이하	
		2004년 1월 1일 이후	1.0% 이하	150ppm 이하	
승용 자동차		1987년 12월 31일 이전	4.5% 이하	1,200ppm 이하	
		1988년 1월 1일부터 2000년 12월 31일까지	1.2% 이하	220ppm 이하(휘발유·알코올자동차) 400ppm 이하(가스자동차)	
		2001년 1월 1일부터 2005년 12월 31일까지	1.2% 이하	220ppm 이하	
		2006년 1월 1일 이후	1.0% 이하	120ppm 이하	
승합·화물·특수·자동차	소형	1989년 12월 31일 이전	4.5% 이하	1,200ppm 이하	
		1990년 1월 1일부터 2003년 12월 31일까지	2.5% 이하	400ppm 이하	
		2004년 1월 1일 이후	1.2% 이하	220ppm 이하	
	중형·대형	2003년 12월 31일 이전	4.5% 이하	1200ppm 이하	
		2004년 1월 1일 이후	2.5% 이하	400ppm 이하	

4) **② 판정** : Ⓔ 판정은 수검자가 측정값과 기준값을 비교하여 범위 내에 있으면 양호, 벗어나면 불량에 ✔표시를 한다.
   ㉮ 판정 : ·양호 – 기준값의 범위에 있을 때   ·불량 – 기준값을 벗어났을 때
5) **득점** : Ⓕ 득점은 감독위원이 채점을 하고 점수를 기록하는 부분으로 수검자는 기록하지 않는다.
6) **자동차 번호** : ⓗ 측정하는 자동차의 번호를 수검자가 기록한다.

2. 시험장에서는 ……

　이 시험은 시동을 걸어서 측정하여야 하므로 추운 겨울에는 수검자나 감독위원이나 고생하는 항목이다. 감독위원이 답안지를 주면 수험번호와 자동차 번호를 적고 배기가스 테스터기를 연결한 후 시동을 걸어서 측정을 한 다음 기록표를 기록하는데 이 항목은 검사기준이기 때문에 규정값이 주어지지 않는다. 반드시 규정값을 암기하고 있어야 한다. 배기가스 측정은 엔진의 상태에 따라 측정값이 많이 변하기 때문에 감독위원이 바로 옆에서 보면서 채점을 하거나 아니면 측정 방법만을 확인하고 테스터기 바늘을 고정시켜 놓고 측정값을 기록하도록 하는 경우도 있다. 일부 수검자는 감독위원이 점수를 깎기 위해 잘못한 것만 찾고 있는 사람으로 생각하는 부정적인 생각을 갖고 있는 수검자가 많은데 좀 더 긍정적인 방향으로 생각한다면 내가 잘하는 것을 보고 점수를 주기 위해 있다고 생각을 할 수 있는 것이다. 감독위원에게 내 실력을 보여주기 위해서는 능력을 길러야 하지 않을까?

※ 제작사별 차대번호 표기방식

① **현대 자동차 차대번호의 표기 부호 - 누비라 1997**

※ 차대번호 형식(VIN : Vehicle Identification Number)

K	L	A	J	F	6	9	V	D	H	K	0	9	1	4	3	5
①	②	③	④	⑤	⑥	⑦	⑧	⑨	⑩	⑪	⑫	⑬	⑭	⑮	⑯	⑰

제작회사군　　　　자동차 특성군　　　　　　제작 일련 번호군

① **K** : 국제배정 국적표시 - K : 한국, J : 일본, 1 : 미국
② **L** : 제작사를 나타내는 표시 - M : 현대, L : 대우, N : 기아, P : 쌍용 자동차
③ **A** : 자동차 종별 표시 - A : 승용차 내수용
④ **J** : 차종 - J : 누비라, V : 레간자, T : 라노스
⑤ **F** : 변속기 형식 - F : 전륜구동·수동 변속기, A : 전륜 구동·자동 변속기
⑥⑦ **69** : 차체 형상 - 69 : 4도어 노치백, 35 : 웨건, 48 : 4도어 해치백
⑧ **V** : 원동기 형식 - Y : 1.5 SOHC·MPFI·FAN Ⅰ, V : 1.5 DOHC·MPFI·FAN Ⅰ, 3 : 1.8 DOHC·MPFI·FAN Ⅱ
⑨ **D** : 용도구분 - D : 내수용
⑩ **V** : 제작년도 - 알파벳 I, O, Q, U, Z와 숫자 0을 제외한 ABCDEFGHJKLMNPRSTVWXY와 123456789를 순서로 사용한다. 1 : 2001, 2 : 2002, 3 : 2003, 4 : 2004, 5 : 2005 …… A : 2010, B : 2011, C : 2012, D : 2013, E : 2014, F : 2015, G : 2016, H : 2017, J : 2018, K : 2019, L : 2020, M : 2021, N : 2022, P : 2023……
⑪ **K** : 공장 기호 - K : 군산 공장, B : 부평공장
⑫~⑰ **091435** : 차량 생산 일련 번호

② **자동차 등록증 - 말리브 2017**

자동차등록증

제2017-021804호　　　　　　　　　　　　　　　　　최초 등록일 : 2017년 05월 30일

① 자동차 등록 번호	27나2094	② 차　　종	소형 승용	③ 용도	자가용
④ 차　　　명	말리부	⑤ 형식 및 년식	JF69V		2017
⑥ 차 대 번 호	KLAJF69VDVK091435	⑦ 원동기 형식	A15DMS		
⑧ 사 용 본 거 지	경기도 양주시 부흥로 1901 ** 8차 아파트000동 -***호				

소유자	⑨ 성명(명칭)	김광수	⑩ 주민(사업자) 등록 번호	***117-*******
	⑪ 주　　　소	경기도 양주시 부흥로 1901 ** 8차 아파트000동 -***호		

자동차 관리법 제8조등의 규정에 의하여 위와 같이 등록하였음을 증명합니다.

이것만은 꼭!!(※뒷면유의사항 필독)　　　　2017 년　05 월　30 일

- 법인 주소지(사용본거지), 상호변경 15일이내(최고 30만원)
- 정기검사:만료일 전·후 30일 이내(최고 30만원)
- 의무보험:만료일 이전가입(최고 10만원~100만원)
- 말소등록:폐차일로부터 1월이내(최고 50만원)
　위 사항을 위반시 과태료가 부과 되오니 주의바랍니다.

양주시장

섀시 2 자동변속기 오일량 점검

주어진 자동차에서 감독위원의 지시에 따라 자동변속기의 오일량을 점검하여 기록·판정하시오.

1. 답안지 작성 방법 (자동 변속기 오일량 정상일 때)

섀시 2 : 시험 결과 기록표
자동차 번호 : ❽

항 목	❸ ① 측정(또는 점검)	② 판정 및 정비(또는 조치)사항		❼ 득 점
		❹ 판정(□에 '✔' 표)	❺ 정비 및 조치할 사항	
오일량	COLD ∥ HOT 오일 레벨을 게이지에 그리시오.	✔ 양 호 □ 불 량	정비 및 조치할 사항 없음	

❶ 비번호 ❷ 감독위원 확 인

※ 측정값(오일레벨 라인)에 대한 판정 범위는 감독위원이 제시함.

1) 비번호 : ❶ 비번호는 공단직원이 주는 등번호를 수검자가 기록한다.
2) 감독위원 확인 : ❷ 감독위원 확인란은 감독위원이 채점한 후에 도장을 찍는 부분으로 수검자는 기록하지 않는다.
3) ① 측정(또는 점검) : ❸ 측정(또는 점검)에는 수검자가 점검한 오일량의 위치에 "선을 그어서" 표시한다.
4) ② 판정 및 정비(또는 조치)사항 : ❹ 판정은 수검자가 측정한 오일량이 HOT 범위에 있고, 오일의 투명도가 높은 붉은색을 띠고 있으면 양호, 오일량이 적거나 또는 많고, 오일상태가 불량이면 불량에 ✔ 표시를 하며, ❺ 정비 및 조치할 사항 란에는 고장부품과 정비할 사항을 기록한다.
  ㉮ 판정 : ・양호 – HOT 범위에 있고, 오일의 투명도가 높은 붉은색일 때
        ・불량 – HOT 범위를 벗어나고, 오일이 불량일 때
  ㉯ 정비 및 조치할 사항 : 양호하므로 "정비 및 조치할 사항 없음"을 기록한다.

【 차종별 자동 변속기 오일량(L) 】

차 종		변속기 모델	오일량	규정 오일
아반떼 XD(2006)	G 1.6 DOHC	A4AF3	6.1	다이아몬드 ATF SP-Ⅲ 또는 SK ATF SP-Ⅲ
	G 2.0 DOHC			
	D 1.5 TCI-U	A4CF2	6.2	
아반떼 HD(2010)	G 1.6 DOHC	A4CF1	6.8	다이아몬드 ATF SP-Ⅲ 또는 SK ATF SP-Ⅲ
	G 2.0 DOHC	A4CF2	6.6	
	D 1.6 TCI-U	A4CF2	6.6	
NF 쏘나타	G 2.0 DOHC	A4A42	7.8	다이아몬드 ATF SP-Ⅲ 또는 SK ATF SP-Ⅲ
	G 2.4 DOHC	A5GF1	9.5	
	L 2.0 DOHC	A4A42	7.8	
	D 2.0 TCI-D	F4A51	8.5	
K5(2011)	G 2.0 DOHC	A6MF1	7.1	SK ATF SP-Ⅳ, MICHANG ATF SP-Ⅳ, NOCA ATF SP-Ⅳ, Kia Genuine ATF SP-Ⅳ
	G 2.4 GDI	A6MF1	7.1	
	L 2.0 DOHC	A5GF2	7.6	MS 517-26
모닝(2011)	G 1.0 SOHC	A4CF0	6.1	다이아몬드 ATF SP-Ⅲ 또는 SK ATF SP-Ⅲ
	L 1.0 SOHC			

※ 변속기 오일 색과 고장원인
① 정상 : 투명도가 높은 붉은색이다.
② 갈색인 경우 : 오일이 장시간 고온에 노출되어 열화를 일으킨 경우이며, 이 경우 색깔뿐만 아니라 점도가 낮아져 깔깔하게 느껴진다. – 신속히 오일을 교환하여야 한다.

③ 투명도가 없어지고 검은색을 띠는 경우 : 변속기 내부 클러치 판의 마멸된 분말에 의한 오손, 부싱 및 기어의 마멸 등을 생각할 수 있다. – 이 경우 조치는 오일 팬을 탈거하고 오일 팬의 금속분 말이나 클러치 판의 마멸된 분말 등을 닦아내고 스트레이너를 세척한 다음 오일을 교환한다. 또 운전 중에 이상 음이 나고 클러치가 미끄러지는 느낌이 있으면 즉시 분해 수리를 하여야 한다.
④ 니스 모양으로 된 경우 : 오일이 매우 고온에 노출된 경우이며 "갈색인 경우"에서 변화를 거쳐 바니시화 된 것이다.
⑤ 백색인 경우 : 수분의 혼입이다. – 이 경우에는 오일 냉각기나 라디에이터를 수리하고 오일을 교환한 다음 사용하여야 한다.
⑥ 기어 오일에서 냄새가 심하다. – 기어 오일이 주입되었다.
⑦ 알루미늄 가루가 나온다. – 스테이터 부싱, 원웨이 클러치, 부품의 불량

2. 시험장에서는 ……

리프터 위에 자동변속기 오일량 측정 차량이 올려져 있을 것이다. 운전석에 앉아서 시동을 걸고 자동변속기의 오일이 70~80℃에 이를 때까지 엔진을 공회전시킨다. 선택 레버를 각 위치로 하여 토크 컨버터와 유압회로에 오일을 채운 후 레버를 "N" 위치에 놓고 오일량을 점검한다. "HOT"범위에 있어야 정상이다. 그리고 오일의 상태는 맑고 붉은 색을 띠면 양호한 것이다.

3. 답안지 작성 방법 (오일양이 적을 때)

섀시 2 : 시험 결과 기록표 자동차 번호 : ❶		Ⓐ 비번호		Ⓑ 감독위원 확 인	
항 목	Ⓒ ① 측정(또는 점검)	② 판정 및 정비(또는 조치)사항			Ⓖ 득 점
		Ⓔ 판정(□에 '✔' 표)	Ⓕ 정비 및 조치할 사항		
오일 량	COLD ┃ HOT 오일 레벨을 게이지에 그리시오.	□ 양 호 ✔ 불 량	오일량 부족 –오일 보충		

※ 측정값(오일레벨 라인)에 대한 판정 범위는 감독위원이 제시함.

1) ① 측정(또는 점검) : Ⓒ 측정(또는 점검)에는 수검자가 점검한 오일량의 위치에 "선을 그어서" 표시한다.
2) ② 판정 및 정비(또는 조치)사항 : Ⓔ란 판정은 수검자가 점검한 오일량이 HOT 범위보다 낮으므로 불량에 ✔ 표시를 하며, Ⓕ 정비 및 조치할 사항 란에는 고장부품과 정비할 사항으로 오일량이 부족 하므로 " 오일 보충 후 재점검"을 기록한다.

4. 답안지 작성 방법 (오일양이 많을 때)

섀시 2 : 시험 결과 기록표 자동차 번호 : ❶		Ⓐ 비번호		Ⓑ 감독위원 확 인	
항 목	Ⓒ ① 측정(또는 점검)	② 판정 및 정비(또는 조치)사항			Ⓖ 득 점
		Ⓔ 판정(□에 '✔' 표)	Ⓕ 정비 및 조치할 사항		
오일 량	COLD HOT ┃ 오일 레벨을 게이지에 그리시오.	□ 양 호 ✔ 불 량	오일 적정 위치까지 배출 후 재점검		

※ 측정값(오일레벨 라인)에 대한 판정 범위는 감독위원이 제시함.

1) ① 측정(또는 점검) : Ⓒ 측정(또는 점검)에는 수검자가 점검한 오일량의 위치에 "선을 그어서" 표시한다.
2) ② 판정 및 정비(또는 조치)사항 : Ⓔ란 판정은 수검자가 점검한 오일량이 HOT 범위보다 높으므로 "불량"에 ✔ 표시를 하며, Ⓕ 정비 및 조치할 사항 란에는 고장부품과 정비할 사항으로 "오일 적정 위치까지 배출 후 재점검"을 기록한다.

섀시 4 자동변속기 선택레버 위치 점검

8안 주어진 자동차에서 감독위원의 지시에 따라 인히비터 스위치와 변속 선택 레버 위치를 점검하고 기록·판정하시오.

1. 답안지 작성 방법 (인히비터 스위치 N일 때 선택레버 위치의 설정이 N 위치로 정상일 때)

섀시 4 : 시험 결과 기록표 자동차 번호 : ❶			Ⓐ 비번호		Ⓑ 감독위원 확 인	
항 목	① 측정(또는 점검)		② 판정 및 정비(또는 조치)사항			Ⓖ 득 점
	Ⓒ 점검 위치	Ⓓ 내용 및 상태	Ⓔ 판정(□에 '✔'표)	Ⓕ 정비 및 조치할 사항		
인히비터 스위치	N 위치	인히비터 스위치 N 위치일 때 변속 선택 레버 N 위치가 일치함	☑ 양 호 □ 불 량	정비 및 조치사항 없음		
변속 선택 레버	N 위치					

1) **비번호** : Ⓐ 비번호는 공단직원이 주는 등번호를 수검자가 기록한다.
2) **감독위원 확인** : Ⓑ 감독위원 확인란은 감독위원이 채점한 후에 도장을 찍는 부분으로 수검자는 기록하지 않는다.
3) **① 점검(또는 측정)** : Ⓒ 점검 위치 란에는 수검자가 변속 선택 레버를 N 위치로 하고 인히비터 스위치의 위치를 점검하여 인히비터 스위치 "N" 위치, 변속 선택 레버 "N"을 기록하고, Ⓓ 내용 및 상태는 수검자가 점검한 이상부위의 내용 및 상태인 "인히비터 스위치 N 위치일 때 변속 선택 레버 N 위치가 일치함"을 기록한다.
   ㉮ 점검 위치 : ·인히비터 스위치 – N 위치,   ·변속 선택 레버 – N 위치
   ㉯ 내용 및 상태 : 인히비터 스위치 N 위치일 때 변속 선택 레버 N 위치가 일치함
4) **② 판정 및 정비(또는 조치)사항** : Ⓔ 판정은 수검자가 변속 선택 레버 위치와 인히비터 스위치의 위치를 점검하여 일치하면 양호에, 일치하지 않으면 불량에 ✔표시를 하며, Ⓕ 정비 및 조치할 사항 란에는 수검자가 점검한 고장 부품과 정비할 사항을 기록한다.
   ㉮ 판정 : ·양호 : 위치 설정에 이상이 없을 때   ·불량 : 위치 설정에 이상이 있을 때
   ㉯ 정비 및 조치할 사항 : 정비 및 조치사항 없음

※ 인히비터 스위치와 컨트롤 케이블의 조정 방법
① 변속레버를 N레 인지로 선정한다.
② 결합 부위의 너트를 풀고 컨트롤 케이블과 레버를 분리한 후 매뉴얼 컨트롤 레버를 중립 위치로 한다.
③ 매뉴얼 컨트롤 레버의 선단(그림에서 단면 A–A)과 인히비터 스위치 보디 플랜지부의 구멍이 일치하도록 인히비터 스위치 보디를 회전시켜 조정한다.

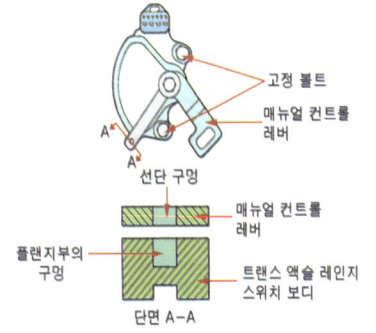
▲ 인히비터 스위치 조정

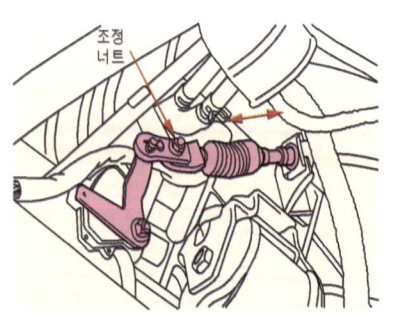
▲ 컨트롤 레버와 케이블의 조정

④ 인히비터 스위치 보디의 체결 볼트를 규정토크(1.0~1.2 kgf·m)로 조인다. 이때 스위치 보디가 비뚤어지지 않도록 주의한다.
⑤ 컨트롤 레버와 케이블의 조정 그림과 같이 너트를 풀고 트랜스액슬 컨트롤 케이블의 선단을 화살표 방향으로 가볍게 당긴다.

⑥ 너트를 규정토크(1.2 kgf·m)로 조인다.
⑦ 변속레버가 N 레인지로 되어 있는가를 확인한다.
⑧ 변속레버의 각 레인지에 상응하며 트랜스 액슬측의 각 레인지가 확실히 작동하는가를 확인한다.

5) **득점** : ⓖ 득점은 감독위원이 채점을 하고 점수를 기록하는 부분으로 수검자는 기록하지 않는다.
6) **자동차 번호** : ⓗ 측정하는 자동차 번호를 수검자가 기록한다.

2. 시험장에서는 ……

문제가 인히비터 스위치와 선택레버 위치 점검이므로 실제 차량에서 실시하여야 한다. 하지만 시험장에 따라서 시뮬레이터를 이용하는 경우도 있다. 문제 그대로 선택레버를 P-R-N-D-2-L 위치로 할 때 인히비터 스위치도 P-R-N-D-2-L위치에 있어야 한다는 것이다. 즉 선택레버가 N 위치면 인히비터 스위치도 N 위치에 있어야 한다. 트랜스 액슬 컨트롤 케이블을 잘못 조정하면 R 위치로 갈수도 있고 D 위치로 갈수도 있다. 아마 시험장에서 보는 시험용 차량이나 시뮬레이터는 많이 연습하였기에 나사나 선택레버가 반들반들 할 것이다. 운전석에 컨트롤 레버를 N 위치로 하고 자동변속기 매뉴얼 컨트롤 레버를 N 위치로 하여 컨트롤 케이블 조정 나사로 조정한다.

3. 답안지 작성 방법 (인히비터 스위치 N 일 때 변속 선택 레버 2위치로 위치 설정이 불량일 때)

섀시 4 : 시험 결과 기록표 자동차 번호 : ⓗ			ⓐ 비번호		ⓑ 감독위원 확 인	
항 목	① 측정(또는 점검)		② 판정 및 정비(또는 조치)사항			ⓖ 득 점
	ⓒ 점검 위치	ⓓ 내용 및 상태	ⓔ 판정(□에 '✔' 표)	ⓕ 정비 및 조치할 사항		
인히비터 스위치	N 위치	인히비터 스위치 위치 설정 불량	□ 양 호 ✔ 불 량	변속 선택 레버 N 위치일 때 인히비터 스위치 N 위치로 케이블 조정 후 재점검		
변속 선택 레버	2 위치					

1) **① 점검(또는 측정)** : ⓒ 점검 위치 란은 수검자가 점검한 인히비터 스위치 "N"위치, 변속 선택 레버 "2 위치"를 기록하고, ⓓ 내용 및 상태는 수검자가 점검한 이상 부위 상태인 "인히비터 스위치 위치 설정 불량"을 기록한다.

2) **② 판정 및 정비(또는 조치)사항** : ⓔ 판정은 수검자가 점검한 인히비터 스위치의 위치 설정이 정상이 아니므로 "불량"에 ✔ 표시를 하며, ⓕ 정비 및 조치할 사항 란에는 고장부품과 정비할 사항으로 변속 선택 레버 N 위치일 때 "인히비터 스위치 N 위치로 케이블 조정 후 재점검"을 기록한다.

4. 답안지 작성 방법 (인히비터 스위치 N 일 때 변속 선택 레버 L 위치로 위치 설정이 불량일 때)

섀시 4 : 시험 결과 기록표 자동차 번호 : ⓗ			ⓐ 비번호		ⓑ 감독위원 확 인	
항 목	① 측정(또는 점검)		② 판정 및 정비(또는 조치)사항			ⓖ 득 점
	ⓒ 점검 위치	ⓓ 내용 및 상태	ⓔ 판정(□에 '✔' 표)	ⓕ 정비 및 조치할 사항		
인히비터 스위치	N 위치	인히비터 스위치 위치 설정 불량	□ 양 호 ✔ 불 량	변속 선택 레버 N 위치일 때 인히비터 스위치 N 위치로 케이블 조정 후 재점검		
변속 선택 레버	L 위치					

1) **① 점검(또는 측정)** : ⓒ 점검 위치 란에는 수검자가 점검한 인히비터 스위치 "N 위치", 변속 선택 레버 "L 위치"를 기록하고, ⓓ 내용 및 상태는 수검자가 점검한 이상부위의 상태인 "인히비터 스위치 위치 설정 불량"을 기록한다.

2) **② 판정 및 정비(또는 조치)사항** : ⓔ 판정은 수검자가 점검한 인히비터 스위치의 위치 설정이 정상이 아니므로 "불량"에 ✔ 표시를 하며, ⓕ 정비 및 조치할 사항 란에는 고장부품과 정비할 사항으로 변속 선택 레버 N 위치일 때 "인히비터 스위치 N 위치로 케이블 조정후 재점검"을 기록한다.

섀시 5 최소 회전 반지름 측정

주어진 자동차에서 감독위원의 지시에 따라 좌 또는 우회전시 최소회전 반경을 측정하여 기록·판정하시오.

1. 답안지 작성 방법 (최소회전 반경이 정상일 때)

섀시 5 : 시험 결과 기록표

자동차 번호 : ⓚ

ⓒ 항목	① 측정(또는 점검)		ⓕ 기준 값 (최소회전반경)	ⓖ 측정 값 (최소회전반경)	② 판정 및 정비(또는 조치)사항		Ⓙ 득점
	ⓓ 좌측바퀴	ⓔ 우측바퀴			ⓗ 산출근거	Ⓘ 판정 (□에 '✔'표)	
회전방향 (□에 '✔' 표) □ 좌 ✔ 우	34°	38°	12m 이하	4.76m	$R = \dfrac{2,610}{\sin 34°} + 100$ $= \dfrac{2,610}{0.56} + 100 = 4,760mm$	✔ 양 호 □ 불 량	

ⓐ 비번호 ⓑ 감독위원 확인

※ 회전 방향은 감독위원이 지정하는 위치에 □에 '✔' 표시함. 자동차검사기준 및 방법에 의하여 기록, 판정한다.
※ 축거 및 바퀴의 접지면 중심과 킹핀과의 거리(r)는 감독위원이 제시함.

1) 비번호 : ⓐ 비번호는 공단직원이 주는 등번호를 수검자가 기록한다.
2) 감독위원 확인 : ⓑ 감독위원 확인란은 감독위원이 채점한 후에 도장을 찍는 부분으로 수검자는 기록하지 않는다.
3) 항목 : 회전방향 란에는 감독위원이 지정하는 회전방향 "좌"에 ✔ 표시를 한다.
4) ① 측정(또는 점검) : 수검자가 우 회전방향의 바깥쪽 바퀴(ⓓ 좌측 바퀴)에 최대 조향각을 턴테이블에서 읽은값 "34°"를 기록하고, 안쪽 바퀴(ⓔ 우측바퀴) 측정값 "38°"를 기록한다. ⓕ 기준값은 검사 기준값인 "12m 이하"를 기록하며, ⓖ 측정값은 수검자가 최소회전 반경을 측정한 값 "4.76m"를 기록한다.(r=100mm, sin 34°=0.56 은 감독위원이 주어진다.)

㉮ 좌측바퀴 : 34°   ㉯ 우측바퀴 : 38°   ㉰ 기준값 : 12m 이하   ㉱ 측정값 : 4.76mm

※ $R = \dfrac{L}{\sin \alpha} + r$ ∴ $R = \dfrac{2,610}{0.56} + 100 = 4,760 mm$

- R : 최소회전반경(m)   · sinα : 바깥쪽 앞바퀴의 조향각(sin34°= 0.56)
- r : 바퀴 접지면 중심과 킹핀 중심과의 거리(220mm)

【 차종별 축간거리 및 조향각 기준값 】

차종	축거 (mm)	조향각		회전반경 (mm)	차종	축거 (mm)	조향각		회전반경 (mm)
		내측	외측				내측	외측	
아토스	2,380	40.45°	34.06°	4,470	K7-2015	2,855	39.9±1.5°	32.90°	–
K5-2015	2,850	40.04°±1.5°	32.96°	–	쏘나타Ⅲ	2,700	39.67°	32.21°	–
모닝-2015	2,400	39.9°±1.5°	31°	–	그랜저	2,745	37°	30.30°	5,700
EF쏘나타	2,700	39.70°±2°	32.40°±2°	5,000	아반떼XD	2,610	40.1° ±2°	32.45°	4,550
베르나	2,440	33.37°±1°30′	35.51°	4,900	NF 소나타	2,730	39.17°±2°	31.56°	

5) ② 판정 및 정비(또는 조치)사항 : ⓗ 산출근거는 수검자가 측정한 값과 최소 회전 반경 공식에 대입하여 계산한 공식 "$R = \dfrac{2,610}{\sin 32°} + 100 = \dfrac{2,610}{0.56} + 100 = 4,760 mm$"을 기입한다. Ⓘ 판정은 검사 기준 값과 비교하여 범위 안에 들면 양호에, 범위를 벗어나면 불량에 ✔ 표시를 하는데 여기서는 12m 안에 들어오므로 "양호"에 ✔ 표시를 한다.
6) 득점 : ⓖ 득점은 감독위원이 채점을 하고 점수를 기록하는 부분으로 수검자는 기록하지 않는다.
7) 자동차 번호 : ⓗ 측정하는 자동차 번호를 수검자가 기록한다.

2. 시험장에서는 ······

사실상 검사장에서는 시험 항목에 최소회전 반경이 있지만 측정하지는 않는다. 시험문제가 만들어지면서 최소 회전 반경을 측정하는 방식이 정립되었다 하여도 과언은 아니다. 감독위원으로부터 답안지를 받아들고 측정차량에 가면 보조원이 기다리고 있을 것이다. 왜냐하면 혼자서 최소회전반경 공식에 대입하기 위한 축거나 조향각을 측정하기는 어렵기 때문이다. 먼저 줄자를 보조원에게 뒤차축의 중심에 대도록 하고 수검자는 앞차축의 중심에 대어 축거를 측정하고, 보조원을 운전석에서 핸들을 좌, 또는 우측으로 끝까지 돌리도록 하고 바깥쪽 바퀴의 조향각을 측정하여 기록하고 계산식에 넣어 산출한 후 답안을 작성한다. r값은 감독위원이 주어진다.

3. 답안지 작성 방법 (회전방향이 좌회전이며 최소회전 반경이 성능기준 안에 들 때)

섀시 5 : 시험 결과 기록표
자동차 번호 : **K**

C 항 목	① 측정(또는 점검)				② 판정 및 정비(또는 조치)사항		**J** 득점
	D 좌측바퀴	**E** 우측바퀴	**F** 기 준 값 (최소회전반경)	**G** 측 정 값 (최소회전반경)	**H** 산출근거	**I** 판정 (□에 '✔'표)	
회전방향 (□에 '✔' 표) ☑ 좌 □ 우	34°	30°	12m 이하	5.32m	$R = \dfrac{2,610}{\sin 30°} + 100$ $= \dfrac{2,610}{0.5} + 100 = 5,320mm$	☑ 양 호 □ 불 량	

A 비번호   **B** 감독위원 확 인

※ 회전 방향은 감독위원이 지정하는 위치에 □에 '✔' 표시함. 자동차검사기준 및 방법에 의하여 기록, 판정한다.
※ 축거 및 바퀴의 접지면 중심과 킹핀과의 거리(r)는 감독위원이 제시함.

1) **항목** : **I** 회전방향 란에는 감독위원이 지정한 방향 "좌"에 ✔ 표시를 한다.
2) **① 측정(또는 점검)** : 수검자가 좌 회전방향의 바깥쪽 바퀴(**D** 우측 바퀴)에 최대 조향각을 턴테이블에서 읽은값 "30°"를 기록하고, 안쪽 바퀴(**E** 좌측바퀴) 측정값 "34°"를 기록한다. **F** 기준값은 검사 기준값인 "12m 이하"를 기록하며, **G** 측정값은 수검자가 최소회전 반경을 측정한 값 "5.32m"를 기록한다. (r=100mm, sin 30°=0.5은 감독위원이 주어진다.)
3) **② 판정 및 정비(또는 조치)사항** : **H** 산출근거는 수검자가 측정한 값과 최소 회전 반경 공식에 대입하여 계산한 공식 "$R = \dfrac{2,610}{\sin 30°} + 100 = \dfrac{2,610}{0.5} + 100 = 5,320mm$"을 기입한다. **I** 판정은 검사 기준 값과 비교하여 범위 안에 들면 양호에, 범위를 벗어나면 불량에 ✔ 표시를 하는데 여기서는 12m 안에 들어오므로 "양호"에 ✔ 표시를 한다.

4. 답안지 작성 방법 (회전방향이 우회전이며 최소회전 반경이 성능기준 안에 들 때)

섀시 5 : 시험 결과 기록표
자동차 번호 : **K**

C 항 목	① 측정(또는 점검)				② 판정 및 정비(또는 조치)사항		**J** 득점
	D 좌측바퀴	**E** 우측바퀴	**F** 기 준 값 (최소회전반경)	**G** 측 정 값 (최소회전반경)	**H** 산출근거	**I** 판정 (□에 '✔'표)	
회전방향 (□에 '✔' 표) □ 좌 ☑ 우	30°	35°	12m 이하	4.98m	$R = \dfrac{2,440}{\sin 30°} + 100$ $= \dfrac{2,440}{0.5} + 100 = 4,980mm$	☑ 양 호 □ 불 량	

A 비번호   **B** 감독위원 확 인

※ 회전 방향은 감독위원이 지정하는 위치에 □에 '✔' 표시함. 자동차검사기준 및 방법에 의하여 기록, 판정한다.
※ 축거 및 바퀴의 접지면 중심과 킹핀과의 거리(r)는 감독위원이 제시함.

1) **항목** : **I** 회전방향 란에는 감독위원이 지정한 방향 "우"에 ✔ 표시를 한다.
2) **① 측정(또는 점검)** : 수검자가 우 회전방향의 바깥쪽 바퀴(**D** 좌측 바퀴)에 최대 조향각을 턴테이블에서 읽은값 "30°"를 기록하고, 안쪽 바퀴(**E** 우측바퀴) 측정값 "35°"를 기록한다. **F** 기준값은 검사 기준값인 "12m 이하"를 기록하며, **G** 측정값은 수검자가 최소회전 반경을 측정한 값 "4.98m"를 기록한다. (r=100mm, sin 30°=0.5는 감독위원이 주어진다.)
   ㉮ 최대조향각 : 30.30°   ㉯ 기준값 : 12m 이하   ㉰ 측정값 : 5,700mm

   ※ $R = \dfrac{L}{\sin \alpha} + r$ ∴ $R = \dfrac{2,440}{0.5} + 100 = 4,980mm$

   · R : 최소회전반경(m)   · sinα : 바깥쪽 좌측 바퀴의 조향각(sin30°= 0.50)
   · 축거 : 2,440mm   · r : 바퀴 접지면 중심과 킹핀 중심과의 거리(100mm)

3) **② 판정 및 정비(또는 조치)사항** : **E** 판정은 수검자가 측정값이 성능기준(12m 이하) 값보다 작으므로 "양호"에 ✔ 표시를 한다.

전기 2 축전지 비중, 전압 점검

주어진 자동차에서 축전지를 감독위원의 지시에 따라 급속 충전한 후 충전된 축전지의 비중과 전압을 측정하여 기록표에 기록·판정하시오.

1. 답안지 작성 방법(비중 및 전압이 정상일 때)

전기 2 : 시험 결과 기록표
자동차 번호 : ㉮

항 목	① 측정(또는 점검)		② 판정 및 정비(또는 조치)사항		Ⓖ 득 점
	Ⓒ 측 정 값	Ⓓ 규정(정비한계)값	Ⓔ 판정(□에 '✔'표)	Ⓕ 정비 및 조치할 사항	
축전지 비중	1.250	1.280	✔ 양 호 □ 불 량	정비 및 조치사항 없음	
축전지 전압	12.0V	13.8~14.8V			

Ⓐ 비번호 / Ⓑ 감독위원 확 인

※ 단위가 누락되거나 틀린 경우는 오답으로 채점함.

1) **비번호** : Ⓐ 비번호는 공단직원이 주는 등번호를 수검자가 기록한다.
2) **감독위원 확인** : Ⓑ 감독위원 확인란은 감독위원이 채점한 후에 도장을 찍는 부분으로 수검자는 기록하지 않는다.
3) **① 측정(또는 점검)** : Ⓒ 측정값은 수검자가 비중계 및 용량 시험기를 이용하여 비중과 전압을 측정한 축전지 전해액 비중 "1.250", 축전지 전압 "12.0V"를 기록하고 Ⓓ 규정(정비한계)값은 감독위원이 주어진 값이나 또는 감독위원이 주어진 값, 또는 일반적인 규정값 축전지 전해액 비중 "1.280", 축전지 전압 "13.8~14.8V"를 기록한다.
   ㉮ 측정값 : ·축전지 비중 : 1.250,   ·축전지 전압 : 12.0V
   ㉯ 규정(정비한계)값 : ·축전지 비중 : 1.280,   ·축전지 전압 : 13.8~14.8V

【 축전지의 충전상태 】

전체(V) 단자전압	셀당(V) 단자전압	20℃		충전상태		판 정
		A	B			
12.6이상	2.1이상	1.260	1.280	완전충전	100%	정상(사용가)
12.0V	2.0V	1.210	1.230	3/4 충전	75%	양호(사용가)
11.7V	1.95V	1.160	1.180	1/2 충전	50%	불량(충전요)
11.1V	1.85V	1.110	1.130	1/4 충전	25%	불량(충전요)
10.5V	1.75V	1.060	1.080	완전방전	0	불량(교환요)

4) **② 판정 및 정비(또는 조치)사항** : Ⓔ 판정은 수검자가 측정한 값과 규정(정비한계)값을 비교하여 범위 내에 있으면 양호, 벗어나면 불량에 ✔ 표시를 하며, Ⓕ 정비 및 조치할 사항 란에는 고장부품과 정비할 사항을 기록한다.
   ㉮ 판정 : ·양호 – 규정(정비한계)값의 범위에 있을 때
              ·불량 – 규정(정비한계)값의 범위를 벗어났을 때
   ㉯ 정비 및 조치할 사항 : 양호하므로 "정비 및 조치할 사항 없음"으로 기록한다.
5) **득점** : Ⓖ 득점은 감독위원이 채점을 하고 점수를 기록하는 부분으로 수검자는 기록하지 않는다.
6) **자동차 번호** : ㉮ 측정하는 자동차의 번호를 수검자가 기록한다.

2. 시험장에서는 ……

이 시험 항목은 2가지 방법으로 측정할 수 있다. 흡입식 비중계를 이용하는 방법과 광학식 비중계를 사용하는 방법이 이용되고 있다. 그러나 시험장에서는 대부분 흡입식 비중계를 이용하고 있다. 흡입식 비중계를 사용할 때 안전에 각별히 유의하여야 한다. 전해액이 바닥에 떨어지지 않도록 하여야 하며 측정시에 측정기의 눈금과 눈의 높이를 같게 하여야 정확한 측정값이 될 수 있다.

3. 답안지 작성 방법 (축전지 비중 및 전압이 낮을 때)

전기 2 : 시험 결과 기록표 자동차 번호 : ⓗ			Ⓐ 비번호		Ⓑ 감독위원 확 인	
항 목	① 측정(또는 점검)		② 판정 및 정비(또는 조치)사항			Ⓖ 득 점
	Ⓒ 측 정 값	Ⓓ 규정(정비한계)값	Ⓔ 판정(□에 '✔'표)	Ⓕ 정비 및 조치할 사항		
축전지 비중	1.180	1.280	□ 양 호 ☑ 불 량	충전 불량 – 충전		
축전지 전압	11.7V	13.8~14.8V				

※ 단위가 누락되거나 틀린 경우는 오답으로 채점함.

1) ① 측정(또는 점검) : Ⓒ 측정값은 수검자가 비중계 및 용량 시험기를 이용하여 측정한 값 축전지 전해액 비중 "1.180", 축전지 전압 "11.7V"를 기록하며, Ⓓ 규정(정비한계)값은 감독위원이 주어진 값이나 또는 감독위원이 주어진 값, 또는 일반적인 규정값 축전지 전해액 비중 "1.280", 축전지 전압 "13.8~14.8V"를 기록한다.
2) ② 판정 및 정비(또는 조치)사항 : Ⓔ 판정은 측정값이 규정(정비한계)값보다 낮으므로 "불량"에 ✔ 표시를 하며, Ⓕ 정비 및 조치할 사항은 충전 불량이므로 "축전지 충전 후 재점검"으로 기록한다.

4. 답안지 작성 방법 (축전지 비중 및 전압이 아주 낮을 때)

전기 2 : 시험 결과 기록표 자동차 번호 : ⓗ			Ⓐ 비번호		Ⓑ 감독위원 확 인	
항 목	① 측정(또는 점검)		② 판정 및 정비(또는 조치)사항			Ⓖ 득 점
	Ⓒ 측 정 값	Ⓓ 규정(정비한계)값	Ⓔ 판정(□에 '✔'표)	Ⓕ 정비 및 조치할 사항		
축전지 비중	1.000	1.280	□ 양 호 ☑ 불 량	충전 후 재점검		
축전지 전압	8.8V	13.8~14.8V				

※ 단위가 누락되거나 틀린 경우는 오답으로 채점함.

1) ① 측정(또는 점검) : Ⓒ 측정값은 수검자가 비중계 및 용량 시험기를 이용하여 측정한 값 축전지 전해액 비중 "1.000", 축전지 전압 "8.8V"를 기록하며, Ⓓ 규정(정비한계)값은 감독위원이 주어진 값이나 또는 감독위원이 주어진 값, 또는 일반적인 규정값 축전지 전해액 비중 "1.280", 축전지 전압 "13.8~14.8V"를 기록한다.
2) ② 판정 및 정비(또는 조치)사항 : Ⓔ 판정은 측정값이 규정(정비한계)값보다 낮으므로 "불량"에 ✔ 표시를 하며, Ⓕ 정비 및 조치할 사항은 축전지 불량이므로 "충전 후 재점검"으로 기록한다.

5. 축전지 비중 점검 현장사진

1. 흡입식 비중계 모습

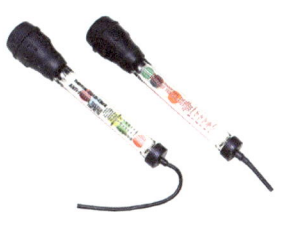

흡입식 비중계가 제작사마다 조금씩 다르기는 하지만 원리는 모두 같은 것이다.

2. 광학식 비중계 모습

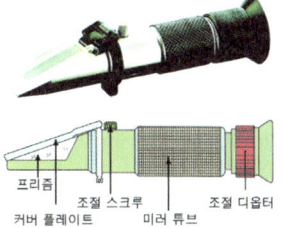

요즘에는 광학식을 많이 사용하고 있으며 배터리와 부동액의 비중을 측정할 수 있다.

3. 광학식 비중계 측정 모습

프리즘에 한 방울을 떨어트리고 프리즘 부분을 햇빛이 있는 곳으로 하고 본다.

8안 전기 3 충전 회로 점검

주어진 자동차에서 충전회로의 고장부분을 점검한 후 기록표에 기록·판정하시오.

1. 답안지 작성 방법 (충전이 되지 않을 때)

전기 3 : 시험 결과 기록표
자동차 번호 : ⓗ

항 목	① 측정(또는 점검)		② 판정 및 정비(또는 조치)사항		ⓖ 득 점
	ⓒ 이상 부위	ⓓ 내용 및 상태	ⓔ 판정(□에 '✔' 표)	ⓕ 정비 및 조치할 사항	
충전회로	퓨즈블 링크	단선	□ 양 호 ☑ 불 량	퓨즈블 링크 교환 후 재점검	

ⓐ 비번호 ⓑ 감독위원 확 인

1) **비번호** : ⓐ 비번호는 공단직원이 주는 등번호를 수검자가 기록한다.
2) **감독위원 확인** : ⓑ 감독위원 확인란은 감독위원이 채점한 후에 도장을 찍는 부분으로 수검자는 기록하지 않는다.
3) **① 측정(또는 점검)** : ⓒ 이상 부위는 수검자가 충전이 되지 않는 이유 중 고장난 부품 명칭인 "퓨즈블 링크"를 기록하고, ⓓ 내용 및 상태는 퓨즈블 링크가 끊어진 상태이므로 "퓨즈블 단선"을 기록한다.
4) **② 판정 및 정비(또는 조치)사항** : ⓔ 판정은 "불량"에 ✔ 표시를 하고 ⓕ 정비 및 조치할 사항 란에는 "퓨즈블 링크 교환 후 재점검"을 기록하고 그 외 고장 내용은 아래 내용 중에 하나일 것이다.

    ◈ 충전이 되지 않는 원인
    · 발전기 구동 벨트의 장력 느슨함 – 발전기 구동벨트 장력 조정
    · 발전기 구동 벨트의 마모 – 발전기 구동 벨트 교환
    · 발전기 퓨즈의 탈거 – 발전기 퓨즈 장착   · 발전기 퓨즈의 단선 – 발전기 퓨즈 교환
    · 발전기 B 단자 연결 불량 – 발전기 B 단자 재장착   · 발전기 B 단자 단락 – 발전기 B 단자 절연체 교환
    · 발전기 라인 단선 – 발전기 라인 연결   · 퓨즈블 링크 단선 – 퓨즈블 링크 교환

    ◈ 충전이 되지 않는 원인중 발전기 내부 고장
    · 전압 레귤레이터 불량 – 전압 레귤레이터 교환   · 로터 코일의 단락·단선 – 로터 코일 어셈블리 교환
    · 스테이터 코일 단락·단선 – 스테이터 코일 어셈블리 교환   · 발전기 다이오드 불량 – 다이오드 교환
    · 발전기 브러시 불량 – 발전기 브러시 교환

5) **득점** : ⓖ 득점은 감독위원이 채점을 하고 점수를 기록하는 부분으로 수검자는 기록하지 않는다.
6) **자동차 번호** : ⓗ 측정하는 자동차 번호를 수검자가 기록한다.

2. 시험장에서는 ……

충전 회로를 점검할 때 실제 차량을 사용할 때도 있고 시뮬레이터를 사용할 경우도 있지만 모든 시험 문제가 그렇듯이 실제 차량 위주로 시험을 보는 추세이다. 차량 옆에나 측정 차량 유리에 "충전 회로 점검"이라는 글씨가 보일 것이다. 이 시험은 시동을 걸고 하기 때문에 위험성이 있다. 그래서 리프트에 차량을 올려놓고 점검하기도 한다. 단순한 회로 점검이라도 연습에서 땀을 흘린 만큼 자격증 취득에도 도움이 될 뿐만 아니라 현장에서도 자신 있는 고장진단 및 정비를 할 수 있을 것이다. 물론 고객에게도 능력 있는 정비사로 고객 자동차의 주치의(?)로 인정받게 되지 않을까?

3. 충전 회로 점검 현장사진

1. 충전 회로 점검 준비된 모습

2. 팬 벨트 설치된 모습

3. 발전기 단자 위치 모습

4. 답안지 작성 방법 (충전이 되지 않을 때)

전기 3 : 시험 결과 기록표 자동차 번호 : ⓗ			Ⓐ 비번호		Ⓑ 감독위원 확 인	
항 목	① 측정(또는 점검)		② 판정 및 정비(또는 조치)사항			Ⓖ 득 점
	Ⓒ 이상 부위	Ⓓ 내용 및 상태	Ⓔ 판정(□에 '✔' 표)	Ⓕ 정비 및 조치할 사항		
충전회로	발전기 F, L 커넥터	커넥터 탈거	□ 양 호 ☑ 불 량	커넥터 연결 후 재점검		

3) ① 측정(또는 점검) : Ⓒ 이상 부위는 수검자가 충전이 되지 않는 이유 중 고장 난 부품 명칭인 "발전기 F, L커넥터"를 기록하고, Ⓓ 내용 및 상태는 커넥터가 분리된 상태 이므로 "커넥터 탈거"를 기록한다.

4) ② 판정 및 정비(또는 조치)사항 : Ⓔ 판정은 "불량"에 ✔ 표시를 하고 Ⓕ 정비 및 조치할 사항 란에는 "퓨즈 커넥터 연결 후 재점검"을 기록한다.

5. 답안지 작성 방법 (충전이 되지 않을 때)

전기 3 : 시험 결과 기록표 자동차 번호 : ⓗ			Ⓐ 비번호		Ⓑ 감독위원 확 인	
항 목	① 측정(또는 점검)		② 판정 및 정비(또는 조치)사항			Ⓖ 득 점
	Ⓒ 이상 부위	Ⓓ 내용 및 상태	Ⓔ 판정(□에 '✔' 표)	Ⓕ 정비 및 조치할 사항		
충전회로	발전기 퓨즈	발전기 퓨즈 탈거	□ 양 호 ☑ 불 량	발전기 퓨즈 장착 후 재점검		

3) ① 측정(또는 점검) : Ⓒ 이상 부위는 수검자가 충전이 되지 않는 이유 중 고장난 부품 명칭인 "발전기 퓨즈"를 기록하고, Ⓓ 내용 및 상태는 커넥터가 분리된 상태 이므로 "발전기 퓨즈 탈거"를 기록한다.

4) ② 판정 및 정비(또는 조치)사항 : Ⓔ 판정은 "불량"에 ✔ 표시를 하고 Ⓕ 정비 및 조치할 사항 란에는 "발전기 퓨즈 장착 후 재점검"을 기록한다.

6. 답안지 작성 방법 (충전이 되지 않을 때)

전기 3 : 시험 결과 기록표 자동차 번호 : ⓗ			Ⓐ 비번호		Ⓑ 감독위원 확 인	
항 목	① 측정(또는 점검)		② 판정 및 정비(또는 조치)사항			Ⓖ 득 점
	Ⓒ 이상 부위	Ⓓ 내용 및 상태	Ⓔ 판정(□에 '✔' 표)	Ⓕ 정비 및 조치할 사항		
충전회로	발전기 B 단자 전선	B 단선 전선 단선	□ 양 호 ☑ 불 량	B 단선 전선 연결 후 재점검		

3) ① 측정(또는 점검) : Ⓒ 이상 부위는 수검자가 충전이 되지 않는 이유 중 고장 난 부품 명칭인 "발전기 B 단자 전선"을 기록하고, Ⓓ 내용 및 상태는 커넥터가 분리된 상태 이므로 "B 단자 전선 단선"을 기록한다.

4) ② 판정 및 정비(또는 조치)사항 : Ⓔ 판정은 "불량"에 ✔ 표시를 하고 Ⓕ 정비 및 조치할 사항 란에는 "B 단자 전선 연결 후 재점검"을 기록한다.

전기 4 경음기 음량 측정

8안

주어진 자동차에서 경음기 음을 측정하여 기록표에 기록·판정하시오.

1. 답안지 작성 방법 (경음기 음량이 정상일 때)

전기 4 : 시험 결과 기록표
자동차 번호 : **G**

항 목	① 측정(또는 점검)		② 판정 및 정비(또는 조치) 사항	**F**득 점
	C측정값	**D**기준값	**E**판정(□에 '✔'표)	
경음기 음량	96dB	90 dB 이상 110dB 이하	✔ 양 호 □ 불 량	

A 비 번호 **B** 감독위원 확인

※ 감독위원이 제시한 자동차등록증(또는 차대번호)을 활용하여 차종 및 연식을 적용합니다.
※ 자동차검사기준 및 방법에 의하여 기록, 판정합니다.   ※ 암소음은 무시합니다.

1) **비번호** : **A** 비번호는 공단직원이 주는 등번호를 수검자가 기록한다.
2) **감독위원 확인** : **B** 감독위원 확인란은 감독위원이 채점한 후에 도장을 찍는 부분으로 수검자는 기록하지 않는다.
3) ① **측정(또는 점검)** : **C** 측정값은 수검자가 측정한 음량인 "96dB"을 기록하고, **D** 기준값은 운행차 검사기준을 수검자가 암기하여 "90dB 이상 110dB이하"를 기록한다.(반드시 단위를 기입한다)
   ㉮ 측정값 : 96dB   ㉯ 기준값 : 90dB 이상, 110dB 이하(2011년 11월 16일 등록 - 아반떼)

【 경음기 음량 기준값(2006년 1월 1일 이후) 】

자동차 종류	소음항목	경적소음(dB(C))
경자동차		110 이하
승용 자동차	소형, 중형	110 이하
	중대형, 대형	112 이하
화물 자동차	소형, 중형	110 이하
	대형	112 이하

【 경음기 음량 기준값(2000년 1월 1일 이후) 】

차량 종류	소음 항목	경적 소음(dB(C))	비고
경 자동차		110 이하	이륜 자동차 110 이하
승용 자동차	승용 1, 2	110 이하	
	승용 3, 4	112 이하	
화물 자동차	화물 1, 2	110 이하	
	화물 3	112 이하	

4) ② **판정 및 정비(또는 조치)사항** : **E** 판정은 수검자가 측정한 값과 기준값을 비교하여 기준값 범위 내에 있으면 양호, 벗어나면 불량에 ✔표시를 한다.
   ㉮ 판정 : ·양호 - 기준값의 범위에 있을 때   ·불량 - 기준값의 범위를 벗어났을 때
5) **득점** : **F** 득점은 감독위원이 채점을 하고 점수를 기록하는 부분으로 수검자는 기록하지 않는다.
6) **자동차 번호** : **G** 측정하는 자동차 번호를 수검자가 기록한다.

2. 시험장에서는 ……

답안지를 받고 경음기 음량을 측정하는 차량에 가면 음량계가 함께 놓여 있을 것이다. 또한 보조원이 경음기를 울려 주기 위해 운전석에서 앉아 기다리고 있을 것이다. 줄자로 차량의 맨 앞부분에서 2m 전방위치에 1.2±0.05m 인 위치를 재서 음량계를 놓고 기능선택 스위치를 C로, 동특성 스위치는 FAST로, 측정 최고 소음 정비 스위치는 Inst 위치로 하고 보조원에게 경음기 스위치를 눌러 줄 것을 주문하고 최고값을 답안지에 기입한다. 암소음을 측정하여 보정을 하여야 하나 암소음은 무시하라는 조건이 있으므로 측정한 값만 기록한다. 책상위에 놓여 있는 음량계를 움직이지 말고 그 상태에서 측정하라고 한다. 그 이유는 측정기 위치가 달라짐에 따라 측정값이 변하기 때문이다. 음량값 기준값을 확인하기 위하여 옆에는 자동차 등록증이 복사되어 있을 것이다. 10번째 자리로 연식을 나타내므로 이것 또한 숙지하고 있어야 한다.

3. 답안지 작성 방법 (경음기 음량이 낮을 때)

전기 4 : 시험 결과 기록표

자동차 번호 : ⓖ			Ⓐ비 번호		Ⓑ감독위원 확 인	
항 목	① 측정(또는 점검)		② 판정 및 정비(또는 조치) 사항			Ⓕ득 점
	Ⓒ측정값	Ⓓ기준값	Ⓔ판정(□에 '✔' 표)			
경음기 음량	25dB	90 dB 이상 110dB 이하	□ 양 호 ✔ 불 량			

※ 감독위원이 제시한 자동차등록증(또는 차대번호)을 활용하여 차종 및 연식을 적용합니다.
※ 자동차검사기준 및 방법에 의하여 기록, 판정합니다.　　　※ 암소음은 무시합니다.

1) ① 측정(또는 점검) : Ⓒ 측정값은 수검자가 측정한 음량인 "25dB"을 기록하고, Ⓓ 기준값은 운행차 검사기준을 수검자가 암기하여 "90dB 이상 110dB이하"를 기록한다.(반드시 단위를 기입한다)
2) ② 판정 및 정비(또는 조치)사항 : Ⓔ 판정은 수검자가 측정한 값과 기준값을 비교하여 기준값 범위보다 낮으므로 "불량"에 ✔ 표시를 하며, 그 외에는 아래 내용 중 하나일 것이다.

　◆경음기 음량이 낮게 나오는 원인
　・경음기 음량 조정 불량 – 음량 조정 나사로 조정
　・배터리 불량 – 배터리 교환　　・배터리 터미널 연결 상태 불량 – 배터리 터미널 재장착
　・경음기 연결 커넥터 접촉 불량 – 연결부 확실히 장착
　・경음기 접지 불량 – 접지부 확실히 장착　・경음기 고장 – 경음기 교환

4. 답안지 작성 방법 (경음기 음량이 높을 때)

전기 4 : 시험 결과 기록표

자동차 번호 : ⓖ			Ⓐ비 번호		Ⓑ감독위원 확 인	
항 목	① 측정(또는 점검)		② 판정 및 정비(또는 조치) 사항			Ⓕ득 점
	Ⓒ측정값	Ⓓ기준값	Ⓔ판정(□에 '✔' 표)			
경음기 음량	135dB	90 dB 이상 110dB 이하	□ 양 호 ✔ 불 량			

※ 감독위원이 제시한 자동차등록증(또는 차대번호)을 활용하여 차종 및 연식을 적용합니다.
※ 자동차검사기준 및 방법에 의하여 기록, 판정합니다.　　　※ 암소음은 무시합니다.

1) ① 측정(또는 점검) : Ⓒ 측정값은 수검자가 측정한 음량인 "135dB"을 기록하고, Ⓓ 기준값은 운행차 검사기준을 수검자가 암기하여 "90dB 이상 110dB이하"를 기록한다.(반드시 단위를 기입한다)
㉮ 측정값 : 105dB　　㉯ 기준값 : 90이상, 110dB 이하 (소형 및 중형 승용자동차 기준)
2) ② 판정 및 정비(또는 조치)사항 : Ⓔ 판정은 수검자가 측정한 값과 기준값을 비교하여 기준값 범위보다 높으므로 "불량"에 ✔ 표시를 하며, 그 외에는 아래 내용 중 하나일 것이다.

　◆경음기 음량이 높게 나오는 원인
　　・경음기 규격품 외 사용 – 규격품으로 교환
　　・경음기 추가 설치 – 추가된 경음기 탈거　・경음기 음량 조정 불량 – 음량 조정 나사로 조정

5. 경음기 음량 점검 현장사진

1. 측정 준비된 모습

실차에서 측정도 하지만 때에 따라서는 시뮬레이터를 이용하여 측정도 한다.

2. 측정 준비된 모습

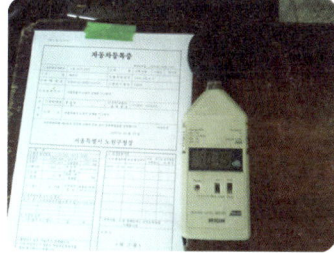

음량계 옆에는 자동차 등록증을 두어서 이 차량의 연식을 보고 규정값을 기록한다.

3. 암소음을 측정 준비된 시험장 모습

암소음을 측정하기 위한 위치도 고정되어 있다. 반드시 지정된 곳에서 측정한다.

엔진 1 크랭크축 축방향 유격 점검

주어진 가솔린 엔진에서 크랭크축을 탈거(감독위원에게 확인)하고 감독위원의 지시에 따라 기록표의 내용대로 기록·판정한 후 다시 조립하시오.

1. 답안지 작성 방법 (축방향 유격이 정상일 때)

엔진 1 : 시험 결과 기록표 엔진 번호 : ⓗ		Ⓐ 비번호		Ⓑ 감독위원 확 인	
항 목	① 측정(또는 점검)		② 판정 및 정비(또는 조치)사항		Ⓖ 득 점
	Ⓒ 측 정 값	Ⓓ 규정(정비한계)값	Ⓔ 판정(□에 '✔'표)	Ⓕ 정비 및 조치할 사항	
크랭크축 축방향 유격	0.11mm	0.05~0.175mm (한계 0.3mm)	☑ 양 호 □ 불 량	정비 및 조치할 사항 없음	

※ 단위가 누락되거나 틀린 경우는 오답으로 채점함.

1) 비번호 : Ⓐ 비번호는 공단직원이 주는 등번호를 수검자가 기록한다.
2) 감독위원 확인 : Ⓑ 감독위원 확인란은 감독위원이 채점한 후에 도장을 찍는 부분으로 수검자는 기록하지 않는다.
3) ① 측정(또는 점검) : Ⓒ 측정값은 수검자가 크랭크축 축방향 유격을 측정한 값이 "0.11mm"을 기록하고, Ⓓ 규정(정비한계)값은 감독위원이 주어진 값이나 또는 정비지침서를 보고 "0.05~0.175mm(한계 0.3mm)"기록한다.(반드시 단위를 기입한다)
   ㉮ 측정값 : 0.11mm   ㉯ 규정(정비한계)값 : 0.05~0.175mm(한계 0.3mm)

【 차종별 축방향 유격 기준값(mm) 】

차 종		규정값(mm)	한계값(mm)	비고
아반떼 XD(2006)	G 1.6 DOHC	0.05~0.175	–	
	G 2.0 DOHC	0.06~0.260	–	
	D 1.5 TCI-U	0.02~0.28	0.3	
아반떼 HD(2010)	G 1.6 DOHC	0.02~0.25	0.3	
	G 2.0 DOHC	0.06~0.26	0.3	
	D 1.6 TCI-U	0.08~0.28	0.3	
NF 쏘나타	G 2.0 DOHC	0.07~0.25	0.3	
	G 2.4 DOHC			
	L 2.0 DOHC			
	D 2.0 TCI-D	0.09~0.32	–	
K5(2011)	G 2.0 DOHC	0.07~0.25	0.3	
	G 2.4 GDI			
	L 2.0 DOHC			
모닝(2011)	G 1.0 SOHC	0.05~0.25		
	L 1.0 SOHC			

4) ② 판정 및 정비(또는 조치)사항 : Ⓔ 판정은 수검자가 측정한 값과 규정(정비한계)값을 비교하여 범위 내에 있으면 양호, 벗어나면 불량에 ✔표시를 하며, Ⓕ 정비 및 조치할 사항 란에는 고장부품 정비 방법을 기록한다.
   ㉮ 판정 : ·양호 – 한계값 이내에 있을 때   ·불량 – 한계값을 벗어났을 때
   ㉯ 정비 및 조치할 사항 : 정비 및 조치할 사항 없음
5) 득점 : Ⓖ 득점은 감독위원이 채점을 하고 점수를 기록하는 부분으로 수검자는 기록하지 않는다.
6) 엔진 번호 : Ⓗ 측정하는 엔진 번호를 수검자가 기록한다.

2. 시험장에서는 ······

① 크랭크축 탈거·조립 : 작업대 위나 엔진 스탠드에 분해 조립용 엔진이 준비되어 있고 때에 따라서는 크랭크축 만 조립되어 있는 경우도 있다. 먼저 분해하기 전에 준비하여간 걸레로 작업대를 깨끗이 닦는다. 그리고 걸레를 작업대 위에 넓게 펴서 깔고 그 위에 분해한 부품을 올려놓는다. 모든 분해 조립이 그렇지만 부품을 떨어트린 다든지 공구를 들고 놓는데 소리가 심하게 난다든지 하면 안전관리에 소홀함이 있는 것처럼 보인다. 크랭크축을 조립한 후 토크 렌치를 이용하여 규정 토크로 조인다. 만약 토크 렌치가 준비되어 있지 않으면 달라고 하여서 조인다. 모든 작업에서 장갑은 절대 착용이 안 됨을 명심하기 바란다.

② **크랭크축 축방향 유격 측정** : 작업대 위에 크랭크축이 조립된 실린더 블록이 올려져 있다. 어느 시험장에서는 친절하게 다이얼 게이지나 시크니스 게이지가 놓여 있는 곳도 있다. 시크니스 게이지든 다이얼 게이지이든 모두 측정할 줄 알아야 한다. 측정한 후 답안지를 작성하여 제출한다.

3. 답안지 작성 방법 (축방향 유격이 한계값 이상일 때)

엔진 1 : 시험 결과 기록표 엔진 번호 : ⓗ			Ⓐ 비번호		Ⓑ 감독위원 확 인	
항 목	① 측정(또는 점검)		② 판정 및 정비(또는 조치)사항			Ⓖ 득 점
	Ⓒ 측 정 값	Ⓓ 규정(정비한계)값	Ⓔ 판정(□에 '✔'표)	Ⓕ 정비 및 조치할 사항		
크랭크축 축방향 유격	0.5mm	0.05~0.175mm (한계 0.3mm)	□ 양 호 ✔ 불 량	스러스트 베어링 교환 후 재점검		

※ 단위가 누락되거나 틀린 경우는 오답으로 채점함.

1) ① 측정(또는 점검) : Ⓒ 측정값은 수검자가 측정한 값인 "0.mm"를 기록하며, Ⓓ 규정(정비한계)값은 감독위원이 주어진 값이나 또는 정비지침서를 보고 "0.05~0.175mm(한계 0.3mm)"기록한다.(반드시 단위 기입)
2) ② 판정 및 정비(또는 조치)사항 : Ⓔ 판정은 측정값이 0.05~0.175mm(한계 0.3mm) 범위를 벗어나므로 "불량"에 ✔ 표시를 하며, Ⓕ 정비 및 조치할 사항 란에는 크랭크축의 유격을 조정할 수 있는 방법인 "스러스트 베어링 교환 후 재점검"을 기록한다.

4. 답안지 작성 방법 (축방향 유격이 규정값 이하일 때)

엔진 1 : 시험 결과 기록표 엔진 번호 : ⓗ			Ⓐ 비번호		Ⓑ 감독위원 확 인	
항 목	① 측정(또는 점검)		② 판정 및 정비(또는 조치)사항			Ⓖ 득 점
	Ⓒ 측 정 값	Ⓓ 규정(정비한계)값	Ⓔ 판정(□에 '✔'표)	Ⓕ 정비 및 조치할 사항		
크랭크축 축방향 유격	0.02mm	0.05~0.175mm (한계 0.3mm)	□ 양 호 ✔ 불 량	스러스트 베어링 교환 후 재점검		

※ 단위가 누락되거나 틀린 경우는 오답으로 채점함.

1) ① 측정(또는 점검) : Ⓒ란이 측정값은 수검자가 측정한 값인 "0.02mm"를 기록하며, Ⓓ 규정(정비한계)값은 감독위원이 주어진 값이나 또는 정비지침서를 보고 "0.05~0.175mm(한계 0.3mm)"기록한다.(반드시 단위 기입)
2) ② 판정 및 정비(또는 조치)사항 : Ⓔ 판정은 측정값이 규정값 보다 작을 경우도 판정에는 "불량"에 ✔ 표시를 하며, Ⓕ 정비 및 조치할 사항 란에는 크랭크축의 유격을 조정할 수 있는 방법인 "스러스트 베어링 교환 후 재점검"을 기록한다.

5. 답안지 작성 방법 (축방향 유격이 규정값보다 크고 한계값 이내일 때)

엔진 1 : 시험 결과 기록표 엔진 번호 : ⓗ			Ⓐ 비번호		Ⓑ 감독위원 확 인	
항 목	① 측정(또는 점검)		② 판정 및 정비(또는 조치)사항			Ⓖ 득 점
	Ⓒ 측 정 값	Ⓓ 규정(정비한계)값	Ⓔ 판정(□에 '✔'표)	Ⓕ 정비 및 조치할 사항		
크랭크축 축방향 유격	0.20mm	0.05~0.175mm (한계 0.3mm)	✔ 양 호 □ 불 량	정비 및 조치할 사항 없음		

※ 단위가 누락되거나 틀린 경우는 오답으로 채점함.

1) ① 측정(또는 점검) : Ⓒ 측정값은 수검자가 측정한 값 "0.20mm"를 기록하며, Ⓓ 규정(정비한계)값은 감독위원이 주어진 값이나 또는 정비지침서를 보고 "0.05~0.175mm(한계 0.3mm)"기록한다.(반드시 단위를 기입한다)
2) ② 판정 및 정비(또는 조치)사항 : Ⓔ 판정은 측정값이 한계값 이내이므로 "양호"에 ✔ 표시를 하며, Ⓕ 정비 및 조치할 사항 란에는 크랭크축의 유격을 조정할 필요가 없으므로 "정비 및 조치할 사항 없음"을 기록한다.

6. 크랭크축 축방향 유격 점검 현장 사진

1. 바르지 못한 측정 모습

2. 바르지 못한 측정 모습

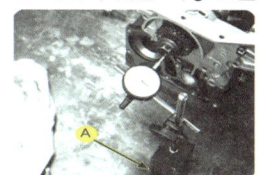

3. 바른 측정 모습

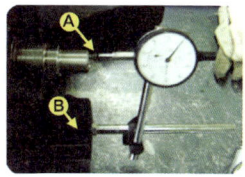

엔진 3 엔진 센서(액추에이터) 점검(자기진단)

주어진 자동차에서 LPI 엔진의 맵 센서(공기 유량 센서)를 탈거(감독위원에게 확인)한 후 다시 조립하고 감독위원의 지시에 따라 진단기(스캐너)를 사용하여 엔진의 각종 센서(액추에이터) 점검 후 고장부분을 기록·판정하시오.

1. 답안지 작성 방법 (WTS의 커넥터가 탈거일 때)

엔진 3 : 시험 결과 기록표
자동차 번호 : ❶

항 목	① 측정(또는 점검)			② 고장 및 정비(또는 조치) 사항		❽ 득 점
	❸ 고장 부위	❹ 측정값	❺ 규정값	❻ 고장 내용	❼ 정비 및 조치사항	
센서(액추에이터) 점검	WTS	0V/ 20℃	3.44±0.3V/20℃	커넥터 탈거	커넥터 연결, 기억소거 후 재점검	

Ⓐ 비번호   Ⓑ 감독위원 확 인

※ 단위가 누락되거나 틀린 경우는 오답으로 채점함

1) **비번호** : Ⓐ 비번호는 공단직원이 주는 등번호를 수검자가 기록한다.
2) **감독위원 확인** : Ⓑ 감독위원 확인란은 감독위원이 채점한 후에 도장을 찍는 부분으로 수검자는 기록하지 않는다.
3) **① 측정(또는 점검)** : Ⓒ 고장부위는 수검자가 스캐너로 자기진단 화면 창에 나타난 "WTS"를 기록하고, Ⓓ 측정값은 센서 출력 화면에서 측정한 값 " 0V / 20℃"를 기록한다. Ⓔ 규정값은 스캐너 정보화면에서 얻거나 감독위원이 주어진 "3.44±0.3V / 20℃"를 기록한다.
    ㉮ 고장부위 : WTS   ㉯ 측정값 : 0V / 20℃
    ㉰ 규정값 : 3.44±0.3V / 20℃
4) **② 고장 및 정비(또는 조치)사항** : Ⓕ 고장 내용에는 수검자가 점검한 내용인 "커넥터 탈거"를 기록하고 Ⓖ 조치사항에는 "커넥터 연결 기억소거 후 재점검"을 기록한다.
    ㉮ 고장 내용 : ·커넥터 탈거
    ㉯ 조치 사항 : ·커넥터 연결, 기억소거 후 재점검

【 차종별 WTS 규정값(kΩmm) 】

차 종		규정값(kΩmm)			규정값(V)		비고
		0℃	20℃	40℃	20℃	40℃	
아반떼 XD(2006)	G 1.6 DOHC	—	2.27~2.73	1.06~1.28	3.44±0.3	2.70±0.3	
	G 2.0 DOHC						
	D 1.5 TCI-U	5.79	2.31~2.59	1.15	—	—	
아반떼 HD(2010)	G 1.6 DOHC	5.79	2.31~2.59	1.15	—	—	
	G 2.0 DOHC						
	D 1.6 TCI-U						
NF 쏘나타	G 2.0 DOHC	5.79	2.31~2.59	1.15	—	—	
	G 2.4 DOHC						
	L 2.0 DOHC						
	D 2.0 TCI-D						
K5(2011)	G 2.0 DOHC	5.79	2.31~2.59	1.15	—	—	
	G 2.4 GDI						
	L 2.0 DOHC						
모닝(2011)	G 1.0 SOHC	5.79	2.31~2.59	1.15	—	—	
	L 1.0 SOHC						

5) **득점** : Ⓗ 득점은 감독위원이 채점을 하고 점수를 기록하는 부분으로 수검자는 기록하지 않는다.
6) **자동차 번호** : Ⓘ 측정하는 자동차 번호를 수검자가 기록한다.

2. 시험장에서는 ……

　분해 조립용 엔진과 측정용 차량(또는 엔진 튠업)이 따로 있어서 분해 조립이 끝나면 감독위원으로부터 답안지를 받고 전자제어 엔진의 고장부분을 점검한 후 답안지를 작성하여 감독위원에게 제출한다. 일부이긴 하나 전자제어 차량에 진단기가 설치되어 있는 것을 그대로 측정하기도 한다. 여기서 테스터기 연결 불량으로 답을 작성하지 못하는데 측정은 반드시 키가 "ON 또는 시동" 상태에서만 가능하다는 것이다. 답안지 항목에서 ❸, ❹, ❺란은 스캐너에서 측정 및 찾아서 기입하지만, ❻란은 수검자가 측정 차량을 눈으로 보고 기록하며, ❼란은 정비방법을 서술한다.

3. 답안지 작성 방법 (WTS가 과거기억 소거 불량일 때)

엔진 3 : 시험 결과 기록표
자동차 번호 : ❶　　　❸ 비번호　　　❹ 감독위원 확인

항 목	① 측정(또는 점검)			② 고장 및 정비(또는 조치) 사항		❽ 득 점
	❸ 고장 부위	❹ 측정값	❺ 규정값	❻ 고장 내용	❼ 정비 및 조치사항	
센서(액추에이터) 점검	WTS	3.0V / 20℃	3.44 ± 0.3V/20℃	과거 기억소거 불량	기억소거 후 재점검	

※ 단위가 누락되거나 틀린 경우는 오답으로 채점함

1) ① 측정(또는 점검) : ❸ 고장부위는 수검자가 스캐너로 자기진단 화면 창에서 "WTS"를 기록하고, ❹ 측정값은 센서출력 화면에서 측정한 값 "3.44V / 20℃"를 기록한다. ❺ 규정값은 스캐너 정보화면에서 얻거나 감독위원이 주어진 "3.44±0.3V / 20℃"를 기록한다.

2) ② 고장 및 정비(또는 조치)사항 : ❻ 고장 내용에는 수검자가 점검한 내용으로 "과거 기억소거 불량"을 기록한다. ❼ 조치사항에는 "기억소거 후 재점검"을 기록한다.

4. 답안지 작성 방법 (WTS가 불량일 때)

엔진 3 : 시험 결과 기록표
자동차 번호 : ❶　　　❸ 비번호　　　❹ 감독위원 확인

항 목	① 측정(또는 점검)			② 고장 및 정비(또는 조치) 사항		❽ 득 점
	❸ 고장 부위	❹ 측정값	❺ 규정값	❻ 고장 내용	❼ 정비 및 조치사항	
센서(액추에이터) 점검	WTS	0.6V / 20℃	3.44 ± 0.3V/20℃	센서 불량	센서 교환, 기억소거 후 재점검	

※ 단위가 누락되거나 틀린 경우는 오답으로 채점함

1) ① 측정(또는 점검) : ❸ 고장부위는 수검자가 스캐너로 자기진단 화면 창에 나타난 "WTS"를 기록하고, ❹ 측정값은 센서 출력 화면에서 측정한 값 "0.6V/20℃"를 기록한다. ❺ 규규정값은 스캐너 정보화면에서 얻거나 감독위원이 주어진 "3.44±0.3V / 20℃"를 기록한다.

2) ② 고장 및 정비(또는 조치)사항 : ❻ 고장 내용에는 수검자가 점검한 내용으로 "센서 불량"을 기록한다. ❼ 조치사항에는 "센서 교환, 기억 소거 후 재점검"을 기록한다.

엔진 4 디젤 매연 측정

주어진 자동차에서 기록표에 제시된 내용을 측정하고 기록·판정하시오.

1. 답안지 작성 방법

엔진 4 : 시험 결과 기록표
자동차 번호 : Ⓚ

	Ⓐ비 번호					Ⓑ감독위원 확 인		
① 측정(또는 점검)					② 판정			Ⓙ득 점
Ⓒ차종	Ⓓ연식	Ⓔ기준값	Ⓕ측정값	Ⓖ측정	Ⓗ산출근거(계산)기록	Ⓘ판정(□에 'ㆍ✔' 표)		
승합 자동차	2000년	20% 이하	56%	1회 : 57% 2회 : 56% 3회 : 55%	$\dfrac{57+56+55}{3}=56\%$	□ 양 호 ☑ 불 량		

※ 감독위원이 제시한 자동차등록증(또는 차대번호)를 활용하여 차종 및 연식을 적용한다. 매연 농도를 산술 평균하여 소수점 이하는 버림값으로 기입한다. 자동차검사기준 및 방법에 의하여 기록, 판정한다. 측정 및 판정은 무부하 조건으로 한다.

1) **비번호** : Ⓐ 비번호는 공단직원이 주는 등번호를 수검자가 기록한다.
2) **감독위원 확인** : Ⓑ 감독위원 확인란은 감독위원이 채점한 후에 도장을 찍는 부분으로 수검자는 기록하지 않는다.
3) **① 측정(또는 점검)** : Ⓒ와 Ⓓ 차종과 연식란은 주어진 "자동차 등록증"을 보고 수검자가 기록하며, Ⓔ 기준값은 수검자가 등록증의 "차대번호 10번째 자리"의 연식을 보고 운행 차량의 "배출 허용 기준값"을 기록한다 Ⓕ 측정값은 수검자가 3회 측정한 값의 "평균값에서 소수점 이하 버리고" 기록하며, Ⓖ 측정란은 수검자가 3회 측정한 값을 기록한다.
   - ㉮ 차종 : 승합 자동차 ㉯ 연식 : 2010년 ㉰ 기준값 : 20% 이하 ㉱ 측정값 : 56%
   - ㉲ 측정 – 1회 : 57%, 2회 : 56%, 3회 : 55%
4) **② 판정 및 정비(또는 조치)사항** : Ⓕ 산출근거(계산)기록은 수검자가 3회 측정하여 평균값을 산출한 계산식을 기록하며, Ⓖ 판정은 수검자가 측정한 값과 기준값을 비교하여 범위 내에 있으면 양호, 벗어나면 불량에 ✔ 표시를 한다.
   - ㉮ 산출근거(계산)기록 : $\dfrac{57+56+55}{3}=56\%$
   - ㉯ 판정 : ·양호 – 기준값의 범위에 있을 때   ·불량 – 기준값을 벗어났을 때
5) **득점** : Ⓗ 득점은 감독위원이 채점을 하고 점수를 기록하는 부분으로 수검자는 기록하지 않는다.
6) **자동차 번호** : Ⓘ 측정하는 자동차 번호를 수검자가 기록한다.

【 차종별 / 연도별 매연 허용 기준값 】

차 종			제작일자		매 연
경자동차 및 승용자동차			1995년 12월 31일 이전		60% 이하
			1996년 1월 1일부터 2000년 12월 31일까지		55% 이하
			2001년 1월 1일부터 2003년 12월 31일까지		45% 이하
			2004년 1월 1일부터 2007년 12월 31일까지		40% 이하
			2008년 1월 1일 이후		20% 이하
승합·화물·특수 자동차	소형		1995년 12월 31일 이전		60% 이하
			1996년 1월 1일부터 2000년 12월 31일까지		55% 이하
			2001년 1월 1일부터 2003년 12월 31일까지		45% 이하
			2004년 1월 1일부터 2007년 12월 31일까지		40% 이하
			2008년 1월 1일 이후		20% 이하
	중·대형		1992년 12월 31일 이전		60% 이하
			1993년 1월 1일부터 1995년 12월 31일까지		55% 이하
			1996년 1월 1일부터 1997년 12월 31일까지		45% 이하
			1998년 1월 1일부터 2000년 12월 31일까지	시내버스	40% 이하
				시내버스 외	45% 이하
			2001년 1월 1일부터 2004년 9월 30일까지		45% 이하
			2004년 10월 1일부터 2007년 12월 31일까지		40% 이하
			2008년 1월 1일 이후		20% 이하

2. 시험장에서는 ······

　매연을 측정하는 곳에 오면 디젤 엔진이 "웅웅"거리면서 돌아가고 테스터기가 앞에 놓여 있을 것이다. 겨울에도 이 시험장에서는 출입문을 열어 놓아서 매연이 실습장 안에 고이지 않도록 하여야 하니 감독위원이나 수검자는 고생이 많은 곳이다. 먼저 감독위원과 상견례를 하여야 하니 "안녕하십니까? 크게 인사를 하고 답안지를 받아서 책상 위에 놓고 테스터기를 연결한다. 순서에 맞추어서 측정한 후 답안지를 작성하는데 아마 자동차의 연식이 주어져 있으며, 규정값과 한계값은 검사기준이라 본인이 꼭 외워야 한다. 일부 검사장에서는 측정한 검출지를 답안지에 첨부하여야 한다.

3. 매연 측정 현장사진(석영 SY-OM 501)

1. 결과지 모습

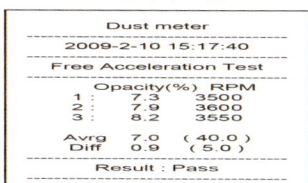

세 번의 테스트 후에 테스트가 자동으로 종료되며, SET 키를 누를 때마다 평균과 차이의 결과가 보이고, PRINT 키를 누르면 인쇄물이 나온다.

2. SET UP 방법 모습

측정 모드에서 (SET) 키를 한 번 눌러 교정 모드를 선택한다.

3. 교정 완료 모습

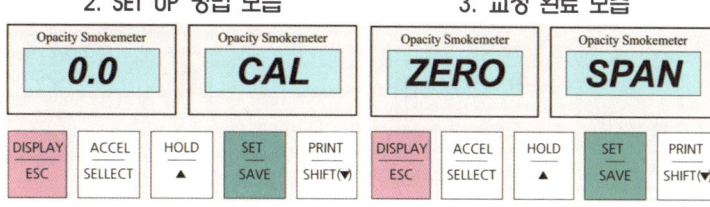

SET 키를 누르면 설정 모드로 이동하며, 순차적으로 CAL-YEAR-TIME-HOLD-PRT-CYL-VERSION-TEST-BT-R로 이동한다.

4. 차량 점검년도 세팅 모습

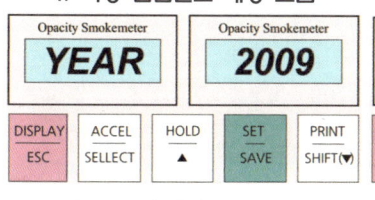

SET 키를 누르면 설정 모드로 이동하며, 순차적으로 CAL-YEAR-TIME-HOLD-PRT-CYL-VERSION-TEST-BT-R로 이동한다.

5. 점검일자 세팅 모습

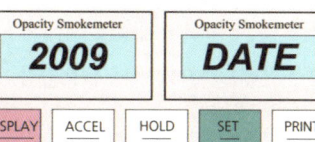

SET 키를 누르면 설정 모드로 이동하며, 순차적으로 CAL-YEAR-TIME-HOLD-PRT-CYL-VERSION-TEST-BT-R로 이동한다.

6. 프린터 세팅 모습

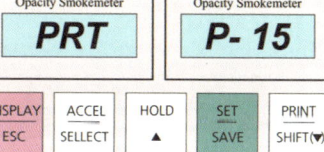

SET 키를 누르면 설정 모드로 이동하며, 순차적으로 CAL-YEAR-TIME-HOLD-PRT-CYL-VERSION-TEST-BT-R로 이동한다.

② 현대 자동차 등록증(스타렉스 9인승)

자동차등록증

제2010-007562호　　　　　　　　　　　　　　　　　　　　최초 등록일 : 2010년 08월 14일

① 자동차 등록 번호	03저 7107	② 차　　　종	승합자동차	③용도	자가용
④ 차　　　　명	스타렉스 9인	⑤ 형식 및 년식	HA12P - 1		2010
⑥ 차 대 번 호	KMJWNH1HPYU123456	⑦ 원동기 형식	D4BB		
⑧ 사 용 본 거 지	경기도 양주시 광사동 313-4 ** 8차 아파트***동 ***호				

소유자	⑨ 성명(명칭)	김광수	⑩ 주민(사업자) 등록 번호	***117-*******
	⑪ 주　　소	경기도 양주시 광사동 313-4 ** 8차 아파트***동 _***호		

　　　　　자동차 관리법 제8조등의 규정에 의하여 위와 같이 등록하였음을 증명합니다.　　이전전입

　　전입전 : 03저 7107

이것만은 꼭!!(※뒷면유의사항 필독)

- 법인 주소지(사용본거지), 상호변경 15일이내(최고 30만원)
- 정기검사:만료일 전·후 30일 이내(최고 30만원)
- 의무보험:만료이전가입(최고 10만원~100만원)
- 말소등록:폐차일로부터 1월이내(최고 50만원)
  위 사항을 위반시 과태료가 부과 되오니 주의바랍니다.

2010 년　08 월　14 일

양 주 시 장

9안 섀시 2 : 종감속 기어 백래시 점검

주어진 자동차에서 감독위원의 지시에 따라 종감속 기어의 백래시를 점검하여 기록·판정하시오.

1. 답안지 작성 방법 (종감속 기어 백래시가 정상일 때)

섀시 2 : 시험 결과 기록표 자동차 번호 : ㊗			Ⓐ 비번호		Ⓑ 감독위원 확 인	
항 목	① 측정(또는 점검)		② 판정 및 정비(또는 조치)사항			Ⓖ 득 점
	Ⓒ 측정값	Ⓓ 규정(정비한계)값	Ⓔ 판정(□에 '✔' 표)	Ⓕ 정비 및 조치할 사항		
백래시	0.15mm	0.11~0.16mm	☑ 양 호 □ 불 량	정비 및 조치할 사항 없음		

※ 단위가 누락되거나 틀린 경우는 오답으로 채점함.

1) **비번호** : Ⓐ 비번호는 공단직원이 주는 등번호를 수검자가 기록한다.
2) **감독위원 확인** : Ⓑ 감독위원 확인란은 감독위원이 채점한 후에 도장을 찍는 부분으로 수검자는 기록하지 않는다.
3) **① 측정(또는 점검)** : Ⓒ란 측정값은 수검자가 종감속 기어 백래시를 측정한 값인 "0.15mm"을 기록하고, Ⓓ규정(정비한계)값은 감독위원이 주어진 값이나 또는 정비지침서를 보고 "0.11~0.16mm" 기록한다. (반드시 단위를 기록한다)
   ㉮ 측정값 : 백래시 : 0.15mm
   ㉯ 규정(정비한계)값 : 백래시 : 0.11~0.16mm

【 차종별 백래시 규정값 】

차 종	링 기어	
	백래시	런아웃
갤로퍼/ 테라칸/ 스타렉스	0.11~0.16mm	0.05mm 이하
싼타페	0.08~0.13	
록스타	0.09~0.11	—
마이티	0.20~0.28mm	0.05mm 이하
그레이스	0.11~0.16	0.05mm 이하
에어로버스	0.25~0.33mm(한계 0.6mm)	0.2mm 이하

4) **② 판정 및 정비(또는 조치)사항** : Ⓔ 판정은 수검자가 측정한 값과 규정(정비한계)값을 비교하여 범위 내에 있으면 양호, 벗어나면 불량에 ✔ 표시를 하며, Ⓕ 정비 및 조치할 사항 란에는 고장부품과 정비 방법을 기록한다.
   ㉮ 판정 : ・양호 – 규정(정비한계)값 이내에 있을 때
           ・불량 : 규정(정비한계)값을 벗어났을 때
   ㉯ 정비 및 조치할 사항 : 정비 및 조치할 사항 없음으로 기록한다.
5) **득점** : Ⓖ 득점은 감독위원이 채점을 하고 점수를 기록하는 부분으로 수검자는 기록하지 않는다.
6) **자동차 번호** : ㊗란은 측정하는 자동차 번호를 수검자가 기록한다.

2. 시험장에서는 ……

종감속 기어 백래시 측정은 링 기어의 끝 면에 다이얼 게이지의 스핀들을 직각으로 대고 피니언 기어를 고정시킨 상태에서 링 기어의 움직인 거리를 측정하면 된다. 역시 규정값은 주어지거나 정비 지침서가 준비되어 있을 것이다.

3. 답안지 작성 방법 (백래시가 작을 때)

섀시 2 : 시험 결과 기록표
자동차 번호 : Ⓗ

항 목	① 측정(또는 점검)		② 판정 및 정비(또는 조치)사항		Ⓖ 득 점
	Ⓒ 측정값	Ⓓ 규정(정비한계)값	Ⓔ 판정(□에 '✔' 표)	Ⓕ 정비 및 조치할 사항	
백래시	0.05mm	0.11~0.16mm	□ 양 호 ☑ 불 량	링기어를 바깥쪽으로 밀고 피니언 기어를 안쪽으로 밀어서 백래시를 조정 후 재점검	

Ⓐ 비번호   Ⓑ 감독위원 확 인

※ 단위가 누락되거나 틀린 경우는 오답으로 채점함.

1) ① 측정(또는 점검) : Ⓒ 측정값은 수검자가 종감속 기어 백래시를 측정한 값인 "0.05mm"를 기록하며, Ⓓ 규정(정비한계)값은 감독위원이 주어진 값이나 또는 정비지침서를 보고 "0.11~0.16mm"기록한다.(반드시 단위를 기록한다)
2) ② 판정 및 정비(또는 조치)사항 : Ⓔ 판정은 수검자가 백래시를 측정한 값이 규정(정비한계)값보다 작으므로 판정에는 "불량"에 ✔ 표시를 하며, Ⓕ 정비 및 조치할 사항 란에는 "링기어를 바깥쪽으로 밀고 피니언 기어를 안쪽으로 밀어서 백래시를 조정 후 재점검"으로 기록한다.

4. 답안지 작성 방법 (백래시가 클 때)

섀시 2 : 시험 결과 기록표
자동차 번호 : Ⓗ

항 목	① 측정(또는 점검)		② 판정 및 정비(또는 조치)사항		Ⓖ 득 점
	Ⓒ 측정값	Ⓓ 규정(정비한계)값	Ⓔ 판정(□에 '✔' 표)	Ⓕ 정비 및 조치할 사항	
백래시	0.3mm	0.11~0.16mm	□ 양 호 ☑ 불 량	링기어를 안쪽으로 밀고 피니언 기어를 바깥쪽으로 밀어서 백래시를 조정 후 재점검	

Ⓐ 비번호   Ⓑ 감독위원 확 인

※ 단위가 누락되거나 틀린 경우는 오답으로 채점함.

1) ① 측정(또는 점검) : Ⓒ 측정값은 수검자가 종감속 기어 백래시를 측정한 값 "0.3mm"를 기록하며, Ⓓ 규정(정비한계)값은 감독위원이 주어진 값이나 또는 정비지침서를 보고 "0.11~0.16mm"기록한다.(반드시 단위를 기록한다)
2) ② 판정 및 정비(또는 조치)사항 : Ⓔ 판정은 수검자가 백래시를 측정한 값이 규정(정비한계)값보다 크므로 판정에는 "불량"에 ✔ 표시를 하며, Ⓕ 정비 및 조치할 사항 란에는 "링기어를 안쪽으로 밀고 피니언 기어를 바깥쪽으로 밀어서 백래시를 조정 후 재점검"으로 기록한다.

5. 종감속 기어 백래시 점검 현장 사진

1. 백래시를 측정하기 위한 준비 모습
2. 백래시 다이얼 게이지 설치 모습
3. 런 아웃 다이얼 게이지 설치 모습

9안 | 섀시 4 | 전자제어 제동장치(ABS)자기진단

주어진 자동차에서 감독위원의 지시에 따라 진단기(스캐너)로 ABS 장치를 점검하고 기록·판정하시오.

1. 답안지 작성 방법 (우측 앞·휠 스피드 센서 과거 기억소거가 불량일 때)

섀시 4 : 시험 결과 기록표 자동차 번호 : Ⓗ			Ⓐ 비번호		Ⓑ 감독위원 확 인	
항목	① 측정(또는 점검)		② 판정 및 정비(또는 조치)사항			Ⓖ 득 점
	Ⓒ 이상 부위	Ⓓ 내용 및 상태	Ⓔ 판정(□에 '✔'표)		Ⓕ 정비 및 조치할 사항	
ABS 자기진단	우측 앞 휠 스피드 센서	과거기억 소거 불량	□ 양 호 ☑ 불 량		과거 기억소거 후 재점검	

1) **비번호** : Ⓐ 비번호는 공단직원이 주는 등번호를 수검자가 기록한다.
2) **감독위원 확인** : Ⓑ 감독위원 확인란은 감독위원이 채점한 후에 도장을 찍는 부분으로 수검자는 기록하지 않는다.
3) **① 측정(또는 점검)** : Ⓒ 이상 부위 란에는 수검자가 스캐너의 자기진단 화면 창에 나타난 이상부위인 "우측 앞 휠 스피드센서"를 기록하고, Ⓓ 내용 및 상태 란에는 수검자가 점검한 이상 부위인 "과거기억 소거 불량"을 기록한다.
   - ㉮ 이상 부위 : 우측 앞 휠 스피드 센서   ㉯ 내용 및 상태 : 과거 기억소거 불량
4) **② 판정 및 정비(또는 조치)사항** : Ⓔ 판정은 수검자가 자기진단에서 정상이 아니므로 "불량"에 ✔ 표시를 하며, Ⓕ 정비 및 조치할 사항 사항 란에는 "과거 기억소거 후 재점검"을 기록한다.
   - ㉮ 판정 : · 양호 – 자기진단에서 이상이 없을 때
     · 불량 : 자기진단에서 이상이 있을 때
   - ㉯ 정비 및 조치할 사항 : 양호하면 정비 및 조치할 사항 없음으로, 불량일 경우 고장부품과 정비방법을 기록한다.
5) **득점** : Ⓖ 득점은 감독위원이 채점을 하고 점수를 기록하는 부분으로 수검자는 기록하지 않는다.
6) **자동차 번호** : Ⓗ란은 측정하는 자동차 번호를 수검자가 기록한다.

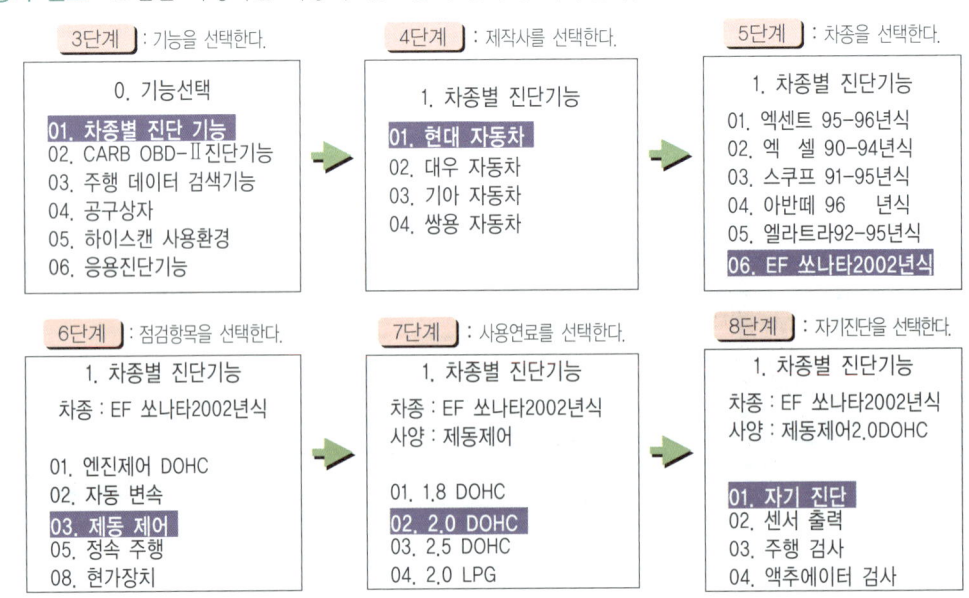

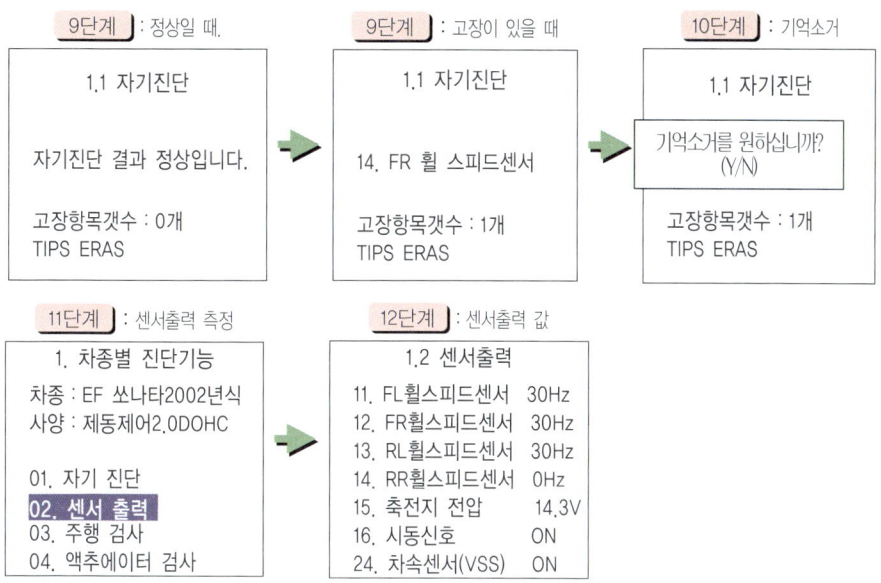

2. 시험장에서는 ……

아마 시험장에서 제일 좋은 차량이 아닐까 싶다. 차 옆에는 테스터기가 학생의 책상 위에 놓여 있고, 차량에는 키가 놓여져 있다. 테스터기를 먼저 설치하고 키를 넣어서 "ON" 위치로 한다. 그 상태에서 진단기(스캐너)로 측정하면 친절하게 고장 난 부품들의 명칭을 화면에 나타내 줄 것이다. 그리고 고장의 이유는 직접 그 위치에서 확인하여야 한다. 만약 눈으로 확인이 안 되면 단품 점검으로 들어가서 단품에 문제가 있는지 아니면 선로에 문제가 있는지를 점검하여야 한다. 시험이 끝나고 나면 모든 것을 원위치로 한다. 이때 감독위원이 그대로 두고 가라고 하면 더 이상 만지지 말고 답안지를 작성하여 제출한다. 모든 답안지를 제출할 때도 마찬가지이지만 다시 한 번 기록사항을 확인한다. 비 번호는 기록하였는지, 빈공간은 없는지…….

3. 답안지 작성 방법 (우측 앞 휠 스피드 센서 커넥터가 탈거일 때)

섀시 4 : 시험 결과 기록표 자동차 번호 : ❶			Ⓐ 비번호		Ⓑ 감독위원 확　인	
항　목	① 측정(또는 점검)		② 판정 및 정비(또는 조치)사항			Ⓖ 득 점
	Ⓒ 이상 부위	Ⓓ 내용 및 상태	Ⓔ 판정(□에 '✔'표)	Ⓕ 정비 및 조치할 사항		
ABS 자기진단	우측 앞 휠 스피드 센서	커넥터 탈거	□ 양　호 ✔ 불　량	커넥터 연결 과거 기억소거 후, 재점검		

1) ① 측정(또는 점검) : Ⓒ 이상 부위 란에는 수검자가 스캐너의 자기진단 화면 창에 나타난 이상부위인 "우측 앞 휠 스피드 센서"를 기록하고, Ⓓ 내용 및 상태는 수검자가 점검한 이상 부위인 "커넥터 탈거"를 기록한다.
2) ② 판정 및 정비(또는 조치)사항 : Ⓔ 판정은 수검자가 자기진단에서 정상이 아니므로 "불량"에 ✔ 표시를 하며, Ⓕ 정비 및 조치할 사항 란에는 고장원인과 정비할 사항으로 "커넥터 연결, 과거 기억소거 후 재점검"을 기록한다.

4. ABS 휠 스피드 센서 그림

1. 프런트 휠 스피드 센서 모습　　2. 프런트 휠 스피드 센서 장착 모습　　3. 휠 스피드 센서 커넥터 탈거 모습

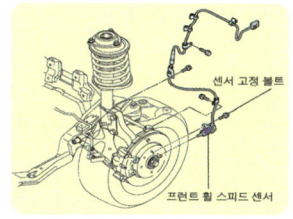
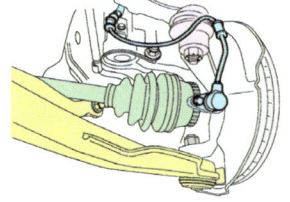
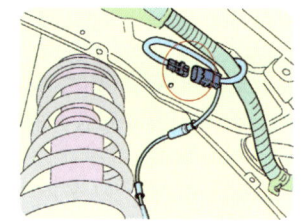

9안 섀시 5 제동력 측정

주어진 자동차에서 감독위원의 지시에 따라 제동력을 측정하여 기록·판정하시오.

1. 답안지 작성 방법 (제동력이 정상일 때)

섀시 5 : 시험 결과 기록표
자동차 번호 : **①**

Ⓐ비 번호						**Ⓑ**감독위원 확 인	
① 측정(또는 점검)				② 판정 및 조치사항			**Ⓗ**득 점
Ⓒ항 목	구분	**Ⓓ**측정값	**Ⓔ**기준값		**Ⓕ**산출근거 및 제동력		**Ⓖ**판 정 (□에 '✔' 표)
			편차	합	편차(%)	합(%)	
제동력 위치 (□에 '✔' 표) □ 앞 ☑ 뒤	좌	90kgf	8.0% 이내	20% 이상	편차 = $\frac{110-90}{560} \times 100$ = 5.35%	합 = $\frac{110+90}{560} \times 100$ = 35.71%	☑ 양 호 □ 불 량
	우	110kgf					

※ 측정 위치는 감독위원의 지정하는 위치에 □에 '✔' 표시합니다.
※ 측정값의 단위는 시험장비 기준으로 작성합니다.
※ 자동차검사기준 및 방법에 의하여 기록, 판정합니다.
※ 산출근거에는 단위를 기록하지 않아도 됩니다.

1) **비번호** : **Ⓐ** 비번호는 공단직원이 주는 등번호를 수검자가 기록한다.
2) **감독위원 확인** : **Ⓑ** 감독위원 확인란은 감독위원이 채점한 후에 도장을 찍는 부분으로 수검자는 기록하지 않는다.
3) **① 측정(또는 점검)** : **Ⓒ** 항목은 감독위원이 지정하는 "뒤" ✔ 표시를 하며, **Ⓓ** 측정값 란은 수검자가 제동력을 측정한 값인 좌 "90kgf"를 우는 "110kgf" 기록하며, **Ⓔ** 기준값은 제동력 편차 "8.0% 이내", 합 "20% 이상"을 기록한다.

㉮ 측정값 : ·좌 - 90kgf ·우 - 110kgf   ㉯ 제동력 편차 : 8.0% 이내   ㉰ 제동력 합 : 20% 이상

【 차종별 중량 기준값 (기아) 】

차종 항목	K5(2010)		
	2.0	2.4 GDI	LPI 2.0
엔진 형식	세타Ⅱ 2.0 MPI	세타Ⅱ 2.4 GDI	L4 2.0 LPI
배기량(CC)	1998	2,359cc	1,998cc
출력(HP)	165	201hp	144hp
공차중량(kgf)	1,400~1,415kg	1,470kg	1,430~1,450kg
변속방식	수동6단, 자동6단	자동6단	수동5단, 자동5단
연비(km/L)	13~13.8km/L	13km/L	10~10.7km/L
가격	약 1,900~2,700만원	약 2,800~2,900만원	약 1,400~2,000만원

4) **② 판정 및 조치사항** : **Ⓕ** 산출근거 및 제동력은 공식에 대입하여 산출하는 계산식인 편차 "편차 = $\frac{110-90}{560} \times 100 = 5.35\%$"을, 합 "합 = $\frac{110+90}{560} \times 100 = 35.71\%$" 기록하며, **Ⓖ** 판정은 측정한 값과 기준값을 비교하여 범위 안에 있으므로 "양호"에 ✔ 표시를 한다. (후 축중은 K5 2.0의 40%인 1,400×0.4=560kgf 으로 임의 설정함)

㉮ 편차 : $\frac{좌,우제동력의 편차}{해당 축중} \times 100 = \frac{110-90}{560} \times 100 = 5.35\%$

㉯ 합 : $\frac{좌,우제동력의 합}{해당 축중} \times 100 = \frac{110+90}{560} \times 100 = 35.71\%$

㉰ 판정 : 제동력의 차와 제동력의 합이 기준값 범위에 있으므로 "양호"에 ✔ 표시를 한다.

5) **득점** : **Ⓗ** 득점은 감독위원이 채점을 하고 점수를 기록하는 부분으로 수검자는 기록하지 않는다.
6) **자동차 번호** : **①** 측정하는 자동차 번호를 수검자가 기록한다.

2. 시험장에서는 ……

제동력 테스터기는 구형인 지침식을 보유하고 있는 시험장과 신형인 ABS COMBI를 보유하고 있는 곳이 있으나 수검자는 어느 것이나 측정할 수 있는 능력을 보유하여야 한다. 보유하고 있는 테스터기로 측정법을 숙지하는 것은 물론 다른 테스터기의 사용법도 책 등을 이용하여 습득하여야 한다. 감독위원으로부터 답안지를 받고 제동력 테스터기 앞에 서면 보조원이 기다리고 있다. 보조원은 대부분 그곳의 학생으로 자격증 취득자이거나 테스터기를

능수능란하게 다룰 수 있는 학생이다. 보조원은 운전석에 앉아서 수검자가 지시를 내려 주기만을 기다리고 있다. 수검자는 테스터기를 세팅하고 보조원에게 차량을 진입하도록 지시하고 리프트를 하강시키면 롤러가 회전한다. 보조원에게 "브레이크 밟으세요." 하고 지침이 최대로 올라갔을 때 푸시 버튼을 눌러 눈금을 읽는다. 주어진 축중과 좌우 측정값을 기록하고 리프트를 올린 후 계산하여 답안지를 작성하여 제출한다.

3. 답안지 작성 방법 (제동력의 합은 정상이나 편차가 기준값을 넘었을 때)

섀시 5 : 시험 결과 기록표 자동차 번호 : ❶					Ⓐ비 번호			Ⓑ감독위원 확 인	
① 측정(또는 점검)					② 판정 및 조치사항				
Ⓒ항 목	구분	Ⓓ측정값	Ⓔ기준값		Ⓕ산출근거 및 제동력		Ⓖ판 정 (□에 '✔' 표)		Ⓗ득 점
			편차	합	편차(%)	합(%)			
제동력 위치 (□에 '✔' 표) □ 앞 ☑ 뒤	좌	70kgf	8.0% 이내	20% 이상	편차 $= \dfrac{130-70}{560} \times 100$ $= 10.71\%$	합 $= \dfrac{130+70}{560} \times 100$ $= 35.71\%$	□ 양 호 ☑ 불 량		
	우	130kgf							

1) ① 측정(또는 점검) : Ⓒ 항목은 감독위원이 지정하는 곳 "뒤" ✔ 표시를 하며, Ⓓ 측정값 란은 수검자가 제동력을 측정한 값인 좌는 "70kgf"를 우는 "130kgf"을 기록하며, Ⓔ 기준값은 제동력 편차인 "8.0% 이내"를 합인 "20% 이상"을 기록한다.

   ㉮ 측정값 : •좌 : 70kgf •우 : 130kgf   ㉯ 제동력 편차 : 8.0% 이내   ㉰ 제동력 합 : 20% 이상

2) ② 판정 및 조치사항 : 산출근거 및 제동력은 공식에 대입하여 산출하는 계산식인 편차
   "편차 $= \dfrac{110-90}{560} \times 100 = 5.35\%$"을, 합 "합 $= \dfrac{110+90}{560} \times 100 = 35.71\%$" 기록하며, Ⓖ 판정은 측정한 값과 기준값을 비교하여 범위 안에 있으므로 "양호"에 ✔ 표시를 한다.(후 축중은 K5 2.0의 40%인 1,400×0.4=560kgf으로 임의 설정함)

   ㉮ 편차 : $\dfrac{좌,우제동력의\ 편차}{해당\ 축중} \times 100 = \dfrac{130-70}{560} \times 100 = 10.71\%$ ㉯ 합 : $\dfrac{좌,우제동력의\ 합}{해당\ 축중} \times 100 = \dfrac{130+70}{560} \times 100 = 35.71\%$

   ㉰ 판정 : 제동력의 합은 기준값 범위에 있으나 제동력의 차가 기준값을 벗어나므로 "불량"에 ✔ 표시를 한다.

4. 답안지 작성 방법 (제동력의 좌우 편차가 기준값 이내이나 합이 기준값 이하일 때)

섀시 5 : 시험 결과 기록표 자동차 번호 : ❶					Ⓐ비 번호			Ⓑ감독위원 확 인	
① 측정(또는 점검)					② 판정 및 조치사항				
Ⓒ항 목	구분	Ⓓ측정값	Ⓔ기준값		Ⓕ산출근거 및 제동력		Ⓖ판 정 (□에 '✔' 표)		Ⓗ득 점
			편차	합	편차(%)	합(%)			
제동력 위치 (□에 '✔' 표) □ 앞 ☑ 뒤	좌	30kgf	8.0% 이내	20% 이상	편차 $= \dfrac{35-30}{560} \times 100$ $= 0.89\%$	합 $= \dfrac{35+30}{560} \times 100$ $= 11.60\%$	□ 양 호 ☑ 불 량		
	우	35kgf							

1) ① 측정(또는 점검) : Ⓒ 항목은 감독위원이 지정하는 곳 "뒤" ✔ 표시를 하며, Ⓓ 측정값 란은 수검자가 제동력을 측정한 값인 좌는 "30kgf"를 우는 "35kgf"을 기록하며, Ⓔ 기준값은 제동력 편차인 "8.0% 이내"를 합인 "20% 이상"을 기록한다.

   ㉮ 측정값 : •좌 : 30kgf •우 : 35kgf   ㉯ 제동력 편차 : 8.0% 이내   ㉰ 제동력 합 : 20% 이상

2) ② 판정 및 조치사항 : 산출근거 및 제동력은 공식에 대입하여 산출하는 계산식인 편차
   "편차 $= \dfrac{35-30}{560} \times 100 = 0.89\%$"을, 합 "합 $= \dfrac{35+30}{560} \times 100 = 11.60\%$" 기록하며, Ⓖ 판정은 측정한 값과 기준값을 비교하여 범위 안에 벗어나므로 "불량"에 ✔ 표시를 한다.(후 축중은 K5 2.0의 40% 인 1,400×0.4=560kgf으로 임의 설정함)

   ㉮ 편차 : $\dfrac{좌,우제동력의\ 편차}{해당\ 축중} \times 100 = \dfrac{35-30}{560} \times 100 = 0.89\%$ ㉯ 합 : $\dfrac{좌,우제동력의\ 합}{해당\ 축중} \times 100 = \dfrac{35+30}{560} \times 100 = 11.60\%$

   ㉰ 판정 : 제동력의 편차는 기준값 범위에 있으나 제동력의 합이 기준값을 벗어나므로 "불량"에 ✔ 표시를 한다.

전기 2 발전기 충전 전류, 충전 전압 점검

주어진 자동차의 발전기에서 충전되는 전류와 전압을 점검하여 확인 사항을 기록표에 기록·판정하시오.

1. 답안지 작성 방법 (발전기 충전 전압과 충전 전류가 정상일 때)

전기 2 : 시험 결과 기록표
자동차 번호 : ⓗ   Ⓐ 비번호   Ⓑ 감독위원 확인

항 목	① 측정(또는 점검)		② 판정 및 정비(또는 조치)사항		Ⓖ 득 점
	Ⓒ 측 정 값	Ⓓ 규정(정비한계)값	Ⓔ 판정(□에 '✔'표)	Ⓕ 정비 및 조치할 사항	
충전 전류	20A		✔ 양 호 □ 불 량	정비 및 조치할 사항 없음	
충전 전압	13.9V	13.8~14.8V			

※ 측정(조건)은 감독위원의 지시에 따라 측정함
※ 단위가 누락되거나 틀린 경우는 오답으로 채점함.

1) **비번호** : Ⓐ 비번호는 공단직원이 주는 등번호를 수검자가 기록한다.
2) **감독위원 확인** : Ⓑ 감독위원 확인란은 감독위원이 채점한 후에 도장을 찍는 부분으로 수검자는 기록하지 않는다.
3) **① 측정(또는 점검)** : Ⓒ 측정값은 수검자가 측정한 충전전류 "20A", 충전전압 "13.9V" 측정한 값을 기록하고 Ⓓ 규정(정비한계)값은 감독위원이 주어진 충전 "13.8~14.8V"을 기록한다.
   ㉮ 측정값 : ·충전 전류 – 20A   ·충전 전압 – 13.9V
   ㉯ 규정(정비한계)값 : 충전 전압 – 13.8~14.8V

【 차종별 정격전류, 정격 출력 규정값 (정격 전류의 70% 이상이면 정상이다.) 】

차 종	정격전류	정격출력	회전수(rpm)	차 종	정격전류	전격출력	회전수(rpm)
마르샤	90A	13.5V	1,000~18,000	쏘나타	90A	13.5V	1,000~18,000
아반떼	90A	13.5V	1,000~18,000	프라이드	50A	12V	2,500~3,000
엘란트라	85A	13.5V	2,500rpm	콩코드	65A	12V	2,500~3,000
쏘나타MPI	A/T 76A	13.5V	2,500rpm	뉴세피아	70A	12V	2,500~3,000
뉴그랜저	90A	12V	1,000~18,000	스포티지	70A	12V	2,500~3,000
엑센트	75A	13.5V	1,000~18,000	아벨라	60A	12V	2,500~3,000
엑 셀	65A	13.5V	2,500rpm	씨에르	60A	12V	2,500~3,000
에스페로	70A	12V	2,000rpm	아카디아	40A	12V	2,000rpm

※참고 : • 완전 충전된 배터리일 경우 충전전류는 사용하는 전류값이 발생되므로 약 20A 내외가 발생된다.
        • 규정상 2,500rpm에서 측정 하여야 하나 안전을 위하여 아이들상태에서 측정할 경우도 있다.

4) **② 판정 및 정비(또는 조치)사항** : Ⓔ 판정은 수검자가 측정한 값이 규정(정비한계)값을 비교하여 범위 내에 있으니 "양호"에 ✔표시를 하며, Ⓕ 정비 및 조치할 사항 란에는 양호하면 정비 및 조치할 사항 없음으로, 불량일 때는 고장부품의 정비 방법을 기록한다.
   ㉮ 판정 : • 양호 : 충전 전압 – 규정(정비한계)값의 범위에 있을 때
            • 불량 : 충전 전압 – 규정(정비한계)값의 범위를 벗어났을 때
   ㉯ 정비 및 조치할 사항 : 양호하므로 "정비 및 조치할 사항 없음"으로 기록한다.
5) **득점** : Ⓖ 득점은 감독위원이 채점을 하고 점수를 기록하는 부분으로 수검자는 기록하지 않는다.
6) **자동차 번호** : ⓗ 측정하는 자동차의 번호를 수검자가 기록한다.

2. 시험장에서는 ……

그동안에는 벤치 테스터를 이용한 시뮬레이터 측정이 주류를 이루고 있었으나 근래에는 클램프 미터를 이용하여 측정하는 것이 더욱 정확하고 안전하기 때문에 실차를 이용하고 있는 시험장이 증가하고 있다. 또한 산업기사 이상에서는 종합 테스터기인 Hi-DS로 측정하는 빈도가 많아지고 있다. 클램프 미터를 발전기 출력단자("B"단자)에 연결된 배선에 훅을 걸어 측정을 한다. 답안지 작성시에는 신품 용량값을 발전기 보디에 부착되어 있는 규정값을 기입한다. 일부 시험장에서는 그 옆에 발전기를 별도로 배치하여 놓은 곳도 있다. 설치되어 있는 발전기의 규격을 찾아보기 어렵기 때문이다. 충전 전류는 배터리가 완전히 방전된 상태에서 정격 충전 전류가 나오고 충전

된 상태에서는 현재 사용하고 있는 전기량만큼 전류가 흐르므로 아주 작은 값이다(약 20~30A 정도).

3. 답안지 작성 방법 (발전기 충전 전압이 규정값 이하일 때)

전기 2 : 시험 결과 기록표 자동차 번호 : ❶			Ⓐ 비번호		Ⓑ 감독위원 확 인	
항 목	① 측정(또는 점검)		② 판정 및 정비(또는 조치)사항			Ⓖ 득 점
	Ⓒ 측 정 값	Ⓓ 규정(정비한계)값	Ⓔ 판정(□에 '✔'표)	Ⓕ 정비 및 조치할 사항		
충전 전류	5A		□ 양 호 ☑ 불 량	발전기 교환 후 재점검		
충전 전압	7.6V	13.8~14.8V				

※ 측정(조건)은 감독위원의 지시에 따라 측정함   ※ 단위가 누락되거나 틀린 경우는 오답으로 채점함.

1) ① 측정(또는 점검) : Ⓒ 측정값은 수검자가 훅 메터를 이용하여 측정한 값인 충전 전류 : "5A"을, 충전 전압 "7.6V"을 기록하며, Ⓓ 규정(정비한계)값은 감독위원이 주어진 충전 전압 "13.8~14.8V"을 기록한다.
2) ② 판정 및 정비(또는 조치)사항 : Ⓔ 판정은 측정값이 규정(정비한계)값보다 낮으므로 "불량"에 ✔ 표시를 하며, Ⓕ 정비 및 조치할 사항은 발전기 불량이므로 "발전기 교환 후 재점검"을 기록하고 그 외 고장은 아래 내용 중에 하나일 것이다.
   ◆ 충전전류와 충전전압이 규정값 보다 작은 원인 : ・와이어링 접속부의 느슨해짐 – 느슨해진 부분 재조임
   ・팬벨트가 느슨하거나 헐거움 – 팬벨트의 장력조정   ・슬립링과 브러시의 접촉 불량 – 브러시 교환
   ・배터리 수명이 다됨 – 배터리 교환   ・스테이터 코일의 단락 – 스테이터 코일 교환
   ・로터 코일의 단락 – 로터 코일 교환   ・전압 레귤레이터 불량 – 전압 레귤레이터 교환
   ・정류기 불량 – 정류기 교환

4. 답안지 작성 방법 (발전기 충전 전압과 충전 전류가 없을 때)

전기 2 : 시험 결과 기록표 자동차 번호 : ❶			Ⓐ 비번호		Ⓑ 감독위원 확 인	
항 목	① 측정(또는 점검)		② 판정 및 정비(또는 조치)사항			Ⓖ 득 점
	Ⓒ 측 정 값	Ⓓ 규정(정비한계)값	Ⓔ 판정(□에 '✔'표)	Ⓕ 정비 및 조치할 사항		
충전 전류	0A		□ 양 호 ☑ 불 량	발전기 교환 후 재점검		
충전 전압	0V	13.8~14.8V				

※ 측정(조건)은 감독위원의 지시에 따라 측정함   ※ 단위가 누락되거나 틀린 경우는 오답으로 채점함.

1) ① 측정(또는 점검) : Ⓒ 측정값은 수검자가 훅 메터를 이용하여 측정한 값인 충전 전류 " 0A"을, 충전 전압 " 0V"을 기록하며, Ⓓ 규정(정비한계)값은 감독위원이 주어진 충전 전압 "13.8~14.8V"을 기록한다.
2) ② 판정 및 정비(또는 조치)사항 : Ⓔ 판정은 측정한 값이 규정(정비한계)값보다 낮으므로 "불량"에 ✔ 표시를 하며, Ⓕ 정비 및 조치할 사항은 발전기 불량이므로 "발전기 교환 후 재점검"을 기록하고 그 외 고장은 아래 내용 중에 하나일 것이다.
   ◆ 충전전류와 충전전압이 안나오는 원인 : ・발전기 B 단자 단락 – 절연체 교환
   ・팬벨트의 단선 – 팬벨트 장착   ・퓨즈블 링크의 단선 – 퓨즈블 링크 교환
   ・커넥터 연결부의 탈거(R,L) – 커넥터 연결   ・스테이터 코일의 단선 – 발전기 교환
   ・로터 코일의 단선 – 발전기 교환   ・전압 레귤레이터 불량 – 발전기 교환
   ・로터 코일의 단락 – 발전기 교환   ・퓨즈의 단선 – 퓨즈 교환
   ・다이오드의 단락 – 다이오드 교환

5. 충전 전류, 충전 전압 점검 현장사진

1. 멀티메타 & 훅 메터 준비된 모습

2. 훅 메터로 전류 측정 모습

3. 전압 테스트 리드를 B 단자에 댄 모습

전기 3 에어컨 회로 점검

주어진 자동차에서 에어컨 회로의 고장부분을 점검하여 확인사항을 기록표에 기록·판정하시오.

1. 답안지 작성 방법 (블로어 모터가 작동하지 않을 때)

전기 3 : 시험 결과 기록표 자동차 번호 : ⓗ		Ⓐ 비번호		Ⓑ 감독위원 확　인	
항　목	① 측정(또는 점검)		② 판정 및 정비(또는 조치)사항		Ⓖ 득　점
	Ⓒ 이상 부위	Ⓓ 내용 및 상태	Ⓔ 판정(□에 '✔'표)	Ⓕ 정비 및 조치할 사항	
에어컨 회로	블로어 모터 릴레이	탈거	□ 양　호 ☑ 불　량	블로어 모터 릴레이 장착 후 재점검	

1) 비번호 : Ⓐ 비번호는 공단직원이 주는 자기 등번호를 수검자가 기록한다.
2) 감독위원 확인 : Ⓑ 감독위원 확인란은 감독위원이 채점한 후에 도장을 찍는 부분으로 수검자는 기록하지 않는다.
3) ① 측정(또는 점검) : Ⓒ 이상 부위는 수검자가 블로어 모터가 작동되지 않는 이유 중 탈거되어있는 "블로어 모터 릴레이"을 기록하고, Ⓓ 내용 및 상태는 "탈거"로 기록한다.
4) 판정 및 정비(또는 조치)사항 : Ⓔ 판정은 "불량"에 ✔ 표시를 하고 Ⓕ 정비 및 조치사항 란에는 "블로어 모터 릴레이 장착 후 재점검"을 기록하고 그 외 고장은 아래 내용 중에 하나일 것이다.
　◈ 블로어 모터가 작동하지 않는 원인
　　·배터리 불량 – 배터리 교환　　　　·배터리 터미널 연결 상태 불량 – 배터리 터미널 재 장착
　　·블로어 모터 퓨즈의 탈거 – 블로어 모터 퓨즈 장착　·블로어 모터 퓨즈의 단선 – 블로어 모터 퓨즈 교환
　　·블로어 모터 릴레이 탈거 – 블로어 모터 릴레이 장착
　　·블로어 모터 릴레이 불량 – 블로어 모터 릴레이 교환
　　·블로어 모터 릴레이 핀 부러짐 – 블로어 모터 릴레이 교환
　　·블로어 모터 불량 – 블로어 모터 장착
　　·블로어 모터 송풍속도 조절 스위치 불량 – 블로어 모터 송풍 속도 조절 스위치 교환
　　·블로어 모터 커넥터 불량 – 블로어 모터 커넥터 교환
　　·블로워 모터 커넥터 탈거 – 블로어 모터 커넥터 장착
5) 득점 : Ⓖ 득점은 감독위원이 채점을 하고 점수를 기록하는 부분으로 수검자는 기록하지 않는다.
6) 자동차 번호 : ⓗ 측정하는 자동차 번호를 수검자가 기록한다.

2. 답안지 작성 방법 (에어컨 컴프레서가 작동하지 않을 때)

전기 3 : 시험 결과 기록표 자동차 번호 : ⓗ		Ⓐ 비번호		Ⓑ 감독위원 확　인	
항　목	① 측정(또는 점검)		② 판정 및 정비(또는 조치)사항		Ⓖ 득　점
	Ⓒ 이상 부위	Ⓓ 내용 및 상태	Ⓔ 판정(□에 '✔'표)	Ⓕ 정비 및 조치할 사항	
에어컨 회로	컴프레서 전원 커넥터	탈거	□ 양　호 ☑ 불　량	컴프레서 전원 커넥터 장착 후 재점검	

1) ① 측정(또는 점검) : Ⓒ 이상 부위는 수검자가 에어컨 컴프레서가 작동되지 않는 이유 중 고장 난 부품인 "컴프레서 전원 커넥터"를 기록하고, Ⓓ 내용 및 상태는 커넥터가 분리된 상태이므로 "탈거"를 기록한다.
2) ② 판정 및 정비(또는 조치)사항 : Ⓔ 판정은 "불량"에 ✔ 표시를 하고 Ⓕ 정비 및 조치사항 란에는 "컴프레서 전원 커넥터 장착 후 재점검"을 기록하고 그 외 고장은 아래 내용 중에 하나일 것이다.
　◈ 에어컨 컴프레서가 작동하지 않는 원인 :　·에어컨 컴프레서 퓨즈 단선 – 에어컨 컴프레서 퓨즈 교환
　　·에어컨 컴프레서 퓨즈 핀 부러짐 – 에어컨 컴프레서 퓨즈 교환
　　·에어컨 컴프레서 퓨즈 탈거 – 에어컨 컴프레서 퓨즈 장착
　　·에어컨 컴프레서 전원 커넥터 탈거 – 커넥터 장착　·에어컨 릴레이의 불량 – 에어컨 릴레이 교환
　　·에어컨 릴레이 탈거 – 릴레이 부착　　　　　　　·에어컨 컴프레서의 불량 – 에어컨 컴프레서 교환
　　·에어컨 스위치 불량 – 에어컨 스위치 교환　　　·에어컨 압력 스위치 불량 – 압력 스위치 교환
　　·에어컨 벨트 장력 불량 – 에어컨 벨트 장력 조정　·에어컨 벨트 탈거 – 에어컨 벨트 부착

3. 답안지 작성 방법 (찬바람이 나오지 않을 때)

전기 3 : 시험 결과 기록표
　　　　　자동차 번호 : ⓗ

항 목	① 측정(또는 점검)		② 판정 및 정비(또는 조치)사항		ⓖ 득 점
	ⓒ 이상 부위	ⓓ 내용 및 상태	ⓔ 판정(□에 '✔'표)	ⓕ 정비 및 조치할 사항	
에어컨 회로	에어컨 퓨즈	탈거	□ 양 호 ☑ 불 량	에어컨 퓨즈 장착 후 재점검	

ⓐ 비번호　　ⓑ 감독위원 확 인

1) ① 측정(또는 점검) : ⓒ 이상 부위는 수검자가 찬바람이 나오지 않을 때 고장 난 부품 명칭인 "에어컨 퓨즈"를 기록하고, ⓓ 내용 및 상태는 에어컨 퓨즈가 탈거된 상태이므로 "탈거"를 기록한다.
2) ② 판정 및 정비(또는 조치)사항 : ⓔ 판정은 "불량"에 ✔ 표시를 하고 ⓕ 정비 및 조치사항 란에는 "에어컨 퓨즈 장착 후 재점검"을 기록하고 그 외 고장은 아래 내용 중에 하나일 것이다.
　◈ 찬바람이 나오지 않는 원인 : •에어컨 컴프레서 퓨즈의 불량 – 퓨즈 교환
　　•에어컨 컴프레서 전원 커넥터 탈거 – 커넥터 연결　•에어컨 릴레이의 불량 – 에어컨 릴레이 교환
　　•에어컨 릴레이 탈거 – 릴레이 장착　　　　　　　•에어컨 컴프레서 불량 – 에어컨 컴프레서 교환
　　•에어컨 스위치 불량 – 에어컨 스위치 교환　　　　•에어컨 압력 스위치 불량 – 압력 스위치 교환
　　•에어컨 벨트 장력 불량 – 에어컨 벨트 장력 조정　•에어컨 벨트 탈거 – 에어컨 벨트 장착
　　•냉매 부족 – 냉매 보충　　　　　　　　　　　　•콘덴서 불량– 콘덴서 교환
　　•팽창밸브의 고장 – 팽창밸브 교환　　　　　　　•이배퍼레이터 불량 – 이배퍼레이터 조정 및 교환

4. 시험장에서는 ……

　전기 회로의 검사는 실제 차량을 이용하지만 일부에서는 시뮬레이터를 이용하기도 한다. 그러나 추세는 실제 차량으로 하고 있다. 전기 회로를 점검할 때는 시동을 걸어 놓고 하여야 하지만 안전상 시동을 꺼놓고 점검을 한다. 감독위원이 수검용 차량을 만들 때 퓨즈나 커넥터를 탈거하여 작동이 불가능 하도록 하는 경우가 대부분이다. 만약 퓨즈나 전구 스위치가 없으면 감독 위원에게 새것을 받아서 설치한 다음 작동시켜서 이상이 없으면 감독위원에게 "다 되었습니다." 하고 확인시켜 드린다. 확인 후에 감독위원이 "다시 원위치로 하여 놓으세요." 라고 하면 원래 있던 대로 하여 놓고, 그리고 답안지에 고장 났던 내용을 기입하여 제출하면 된다.

　차량 옆에나 측정 차량 유리에 "에어컨 회로 점검"이라는 글씨가 보일 것이다. 운전석에서 키를 꽂고 시동을 걸어서 에어컨을 작동하여 보면 에어컨이 작동이 되지 않을 것이다. 고장 원인을 찾아서 수리 후 에어컨을 작동시켜 감독위원에게 확인받고 시동을 끈 다음 이상 부위를 기록하도록 한다. 모든 회로 점검에서 그렇듯이 2개 이상 고장을 만들어 놓지는 않는다. 고장 내용을 보면 대부분이 블로어 모터가 돌지 않는 경우와 찬바람이 나오지 않는 경우이다.

5. 에어컨 회로 점검 현장사진

1. 아반떼 XD 블로어 모터 설치 모습

동승석 글로브 박스 아래 부분에 설치된 블로어 유닛의 모습이다.

3. 블로어 모터 설치 모습

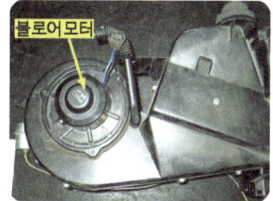

블로어 유닛에서의 블로어 모터가 설치된 모습이다.

3. 블로어 모터 탈착 모습

블로어 유닛에서의 블로어 모터가 탈착된 모습이다.

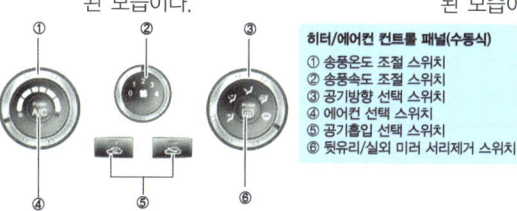

히터/에어컨 컨트롤 패널(수동식)
① 송풍온도 조절 스위치
② 송풍속도 조절 스위치
③ 공기방향 선택 스위치
④ 에어컨 선택 스위치
⑤ 공기흡입 선택 스위치
⑥ 뒷유리/실외 미러 서리제거 스위치

전기 4 경음기 음량 측정

주어진 자동차에서 경음기 음량을 측정하여 기록표에 기록·판정하시오.

1. 답안지 작성 방법(경음기 음량이 정상일 때)

전기 4 : 시험 결과 기록표
자동차 번호 : ❼

항목	① 측정(또는 점검)		② 판정 및 정비(또는 조치) 사항	❻득 점
	❸측정값	❹기준값	❺판정(□에 '✔'표)	
경음기 음량	102dB	90dB 이상 110dB 이하	✔ 양 호 □ 불 량	

❶비 번호 / ❷감독위원 확 인

※ 감독위원이 제시한 자동차등록증(또는 차대번호)을 활용하여 차종 및 연식을 적용합니다.
※ 자동차검사기준 및 방법에 의하여 기록, 판정합니다. ※ 암소음은 무시합니다.

1) **비번호** : ❶ 비번호는 공단직원이 주는 등번호를 수검자가 기록한다.
2) **감독위원 확인** : ❷ 감독위원 확인란은 감독위원이 채점한 후에 도장을 찍는 부분으로 수검자는 기록하지 않는다.
3) **① 측정(또는 점검)** : ① 측정(또는 점검) : ❸ 측정값은 수검자가 측정한 음량인 "102dB"을 기록하고, ❹ 기준값은 운행차 검사기준을 수검자가 암기하여 "90 dB 이상 110dB이하"를 기록한다.(반드시 단위를 기입한다)
   ㉮ 측정값 : 102dB   ㉯ 기준값 : 90dB 이상, 110dB 이하(2018년 05월 23일-스타렉스 9인승)

【 경음기 음량 기준값(2006년 1월 1일 이후) 】

자동차 종류 \ 소음항목		경적소음(dB(C))
경자동차		110 이하
승용 자동차	소형, 중형	110 이하
	중대형, 대형	112 이하
화물 자동차	소형, 중형	110 이하
	대형	112 이하

【 경음기 음량 기준값(2000년 1월 1일 이후) 】

차량 종류 \ 소음 항목		경적 소음(dB(C))	비고
경 자동차		110 이하	이륜 자동차 110 이하
승용 자동차	승용 1, 2	110 이하	
	승용 3, 4	112 이하	
화물 자동차	화물 1, 2	110 이하	
	화물 3	112 이하	

4) **② 판정 및 정비(또는 조치)사항** : ❺ 판정은 수검자가 측정한 값과 기준값을 비교하여 기준값 범위 내에 있으면 양호, 벗어나면 불량에 ✔표시를 한다.
   ㉮ 판정 : ·양호 – 기준값의 범위에 있을 때   ·불량 – 기준값의 범위를 벗어났을 때
5) **득점** : ❻ 득점은 감독위원이 채점을 하고 점수를 기록하는 부분으로 수검자는 기록하지 않는다.
6) **자동차 번호** : ❼ 측정하는 자동차 번호를 수검자가 기록한다.

2. 시험장에서는 ……

답안지를 받고 경음기 음량을 측정하는 차량에 가면 음량계가 함께 놓여 있을 것이다. 또한 보조원이 경음기를 울려 주기 위해 운전석에서 앉아 기다리고 있을 것이다. 줄자로 차량의 맨 앞부분에서 2m 전방위치에 1.2±0.05m 인 위치를 재서 음량계를 놓고 기능선택 스위치를 C로, 동특성 스위치는 FAST로, 측정 최고 소음 정비 스위치는 Inst 위치로 하고 보조원에게 경음기 스위치를 눌러 줄 것을 주문하고 최고값을 답안지에 기입한다. 암소음을 측정하여 보정을 하여야 하나 암소음은 무시하라는 조건이 있으므로 측정한 값만 기록한다. 책상위에 놓여 있는 음량계를 움직이지 말고 그 상태에서 측정하라고 한다. 그 이유는 측정기 위치가 달라짐에 따라 측정값이 변하기 때문이다. 음량값 기준값을 확인하기 위하여 옆에는 자동차 등록증이 복사되어 있을 것이다. 10번째 자리로 연식을 나타내므로 이것 또한 숙지하고 있어야 한다.

3. 답안지 작성 방법 (경음기 음량이 낮을 때)

전기 4 : 시험 결과 기록표
자동차 번호 : ⓖ

항 목	① 측정(또는 점검)		② 판정 및 정비(또는 조치) 사항	Ⓕ득 점
	Ⓒ측정값	Ⓓ기준값	Ⓔ판정(□에 '✔' 표)	
경음기 음량	50dB	90dB 이상 110dB 이하	□ 양 호 ✔ 불 량	

Ⓐ비 번호 / Ⓑ감독위원 확인

※ 감독위원이 제시한 자동차등록증(또는 차대번호)을 활용하여 차종 및 연식을 적용합니다.
※ 자동차검사기준 및 방법에 의하여 기록, 판정합니다.   ※ 암소음은 무시합니다.

1) ① 측정(또는 점검) : Ⓒ 측정값은 수검자가 측정한 음량인 "50dB"을 기록하고, Ⓓ 기준값은 운행차 검사기준을 수검자가 암기하여 "90dB 이상 110dB이하"를 기록한다.(반드시 단위를 기입한다)
2) ② 판정 및 정비(또는 조치)사항 : Ⓔ 판정은 수검자가 측정한 값과 기준값을 비교하여 기준값 범위보다 낮으므로 "불량"에 ✔ 표시를 한다.

◆ 경음기 음량이 낮게 나오는 원인
 • 경음기 음량 조정 불량 – 음량 조정 나사로 조정
 • 배터리 불량 – 배터리 교환   • 배터리 터미널 연결 상태 불량 – 배터리 터미널 재장착
 • 경음기 연결 커넥터 접촉 불량 – 연결부 확실히 장착
 • 경음기 접지 불량 – 접지부 확실히 장착   • 경음기 고장 – 경음기 교환

4. 답안지 작성 방법 (경음기 음량이 높을 때)

전기 4 : 시험 결과 기록표
자동차 번호 : ⓖ

항 목	① 측정(또는 점검)		② 판정 및 정비(또는 조치) 사항	Ⓕ득 점
	Ⓒ측정값	Ⓓ기준값	Ⓔ판정(□에 '✔' 표)	
경음기 음량	160dB	90dB 이상 110dB 이하	□ 양 호 ✔ 불 량	

Ⓐ비 번호 / Ⓑ감독위원 확인

※ 감독위원이 제시한 자동차등록증(또는 차대번호)을 활용하여 차종 및 연식을 적용합니다.
※ 자동차검사기준 및 방법에 의하여 기록, 판정합니다.   ※ 암소음은 무시합니다.

1) ① 측정(또는 점검) : Ⓒ 측정값은 수검자가 측정한 음량인 "160dB"을 기록하고, Ⓓ 기준값은 운행차 검사기준을 수검자가 암기하여 "90dB 이상 110dB이하"를 기록한다.(반드시 단위를 기입한다)
 ㉮ 측정값 : 105dB   ㉯ 기준값 : 90이상, 110dB 이하(소형 및 중형 승용자동차 기준)
2) ② 판정 및 정비(또는 조치)사항 : Ⓔ 판정은 수검자가 측정한 값과 기준값을 비교하여 기준값 범위보다 높으므로 "불량"에 ✔ 표시를 한다.

◆ 경음기 음량이 높게 나오는 원인
 • 경음기 규격품외 사용 – 규격품으로 교환
 • 경음기 추가 설치 – 추가된 경음기 탈거   • 경음기 음량 조정 불량 – 음량 조정 나사로 조정

5. 경음기 음량 점검 현장사진

1. 측정 준비된 모습

실차에서 측정도 하지만 때에 따라서는 시뮬레이터를 이용하여 측정도 한다.

2. 측정 준비된 모습

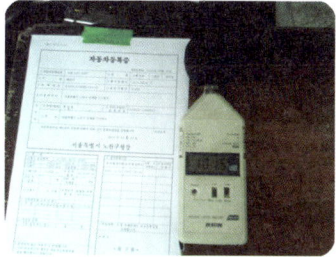

음량계 옆에는 자동차 등록증을 두어서 이 차량의 연식을 보고 규정값을 기록한다.

3. 암소음을 측정 준비된 시험장 모습

암소음을 측정하기 위한 위치도 고정되어 있다. 반드시 지정된 곳에서 측정한다.

엔진 1 크랭크축 오일 간극 점검

주어진 가솔린 엔진에서 크랭크축과 메인 베어링을 탈거(감독위원에게 확인)하고 감독위원의 지시에 따라 기록표의 내용대로 기록·판정한 후 다시 조립하시오.

1. 답안지 작성 방법 (크랭크축 오일 간극이 정상일 때)

엔진 1 : 시험 결과 기록표 엔진 번호 : ⓗ			Ⓐ 비번호		Ⓑ 감독위원 확　인	
항　목	① 측정(또는 점검)		② 판정 및 정비(또는 조치)사항			Ⓖ 득　점
	Ⓒ 측 정 값	Ⓓ 규정(정비한계)값	Ⓔ 판정(□에 '✔' 표)	Ⓕ 정비 및 조치할 사항		
크랭크 축 오일 간극	0.03mm	0.022~0.040mm (한계값 0.1mm)	☑ 양　호 □ 불　량	정비 및 조치할 사항 없음		

※ 단위가 누락되거나 틀린 경우는 오답으로 채점함.

1) **비번호** : Ⓐ 비번호는 공단직원이 주는 등번호를 수검자가 기록한다.
2) **감독위원 확인** : Ⓑ 감독위원 확인란은 감독위원이 채점한 후에 도장을 찍는 부분으로 수검자는 기록하지 않는다.
3) **① 측정(또는 점검)** : Ⓒ 측정값은 수검자가 크랭크축 오일간극을 측정한 값인 "0.03mm"을 기록하고, Ⓓ 규정(정비한계)값은 감독위원이 주어진 값이나 또는 정비지침서를 보고 "0.022~0.040mm(한계0.1mm)" 기록한다.(반드시 단위를 기입한다)
   ㉮ 측정값 : 0.03mm　　㉯ 규정(정비한계)값 : 0.022~0.040mm(한계0.1mm)

【 차종별 크랭크축 오일 간극 규정값(mm) 】

차　종		오일 간극		한계값	크랭크 메인저널 외경
		저널 1, 2, 4, 5	저널 3		
아반떼 XD(2006)	G 1.6 DOHC	0.022~0.040	0.028~0.046	–	57.00
	G 2.0 DOHC	0.028~0.048		–	53.972~53.990
	D 1.5 TCI-U	0.024~0.042		–	53.972~53.990
아반떼 HD(2010)	G 1.6 DOHC	0.021~0.042		0.050	47.942~47.960
	G 2.0 DOHC	0.028~0.046		0.1	56.942~56.962
	D 1.6 TCI-U	0.024~0.042		–	53.972~53.990
NF 쏘나타	G 2.0 DOHC	0.020~0.038		0.1	51.942~51.960
	G 2.4 DOHC				
	L 2.0 DOHC	0.026~0.048		0.1	51.942~51.960
	D 2.0 TCI-D	0.024~0.042		–	60.002~60.020
K5(2011)	G 2.0 DOHC	0.020~0.038		0.1	51.942~51.960
	G 2.4 GDI				
	L 2.0 DOHC	0.016~0.034		0.1	51.942~51.960
모닝(2011)	G 1.0 SOHC	0.020~0.038		–	41.982~42.000
	L 1.0 SOHC				

4) **② 판정 및 정비(또는 조치)사항** : Ⓔ 판정은 수검자가 측정한 값과 규정(정비한계)값을 비교하여 범위 내에 있으면 양호, 벗어나면 불량 ✔ 표시를 하며, Ⓕ 정비 및 조치할 사항 란에는 고장부품과 정비 방법을 기록한다.
   ㉮ 판정 : ·양호 : 규정(한계)값 이내에 있을 때　　·불량 : 규정(한계)값을 벗어났을 때,
   ㉯ 정비 및 조치할 사항 : 규정값(한계값) 범위안에 들으므로 "정비 및 조치할 사항 없음"을 기록한다.
5) **득점** : Ⓖ 득점은 감독위원이 채점을 하고 점수를 기록하는 부분으로 수검자는 기록하지 않는다.
6) **엔진 번호** : ⓗ 측정하는 엔진 번호를 수검자가 기록한다.

2. 시험장에서는 ……

① **메인 베어링 교환** : 작업대 위나 엔진 스탠드에 분해 조립용 엔진이 준비되어 있고 때에 따라서는 크랭크축만 조립되어 있는 경우도 있다. 먼저 분해하기 전에 준비하여간 걸레로 작업대를 깨끗이 닦는다. 그리고 걸레를

작업대 위에 넓게 펴서 깔고 그 위에 분해한 부품을 올려놓는다. 모든 분해 조립이 그렇지만 부품을 떨어트린다든지 공구를 들고 놓는데 소리가 심하게 난다든지 하면 안전관리에 소홀함이 있는 것처럼 보인다. 분해하여 감독위원이 지정하는 베어링 한조(상하각 1개)를 탈거하여 감독위원에게 가지고 가면 새로운 베어링을 줄 것이다. 새 베어링을 설치하고 크랭크축을 조립한 후 토크 렌치를 이용하여 규정 토크로 조인다. 만약 토크 렌치가 준비되어 있지 않았으면 달라고 하여서 조인다. 모든 작업에서 장갑은 절대 착용이 안 됨을 명심하기 바란다.

② **크랭크축 오일간극 측정** : 작업대 위에 크랭크축이 놓여 있고, 베어링 캡은 조립된 상태로 있다. 내경의 최대값(4곳 중)에서 크랭크축 메인 저널 측정 최소값(4곳 중)을 빼면 그것이 오일 간극이다. 측정한 후 답안지를 작성하여 제출한다. 요즘은 플라스틱 게이지도 사용한다.

3. 답안지 작성 방법 (크랭크축 오일 간극이 한계값 보다 클 때)

엔진 1 : 시험 결과 기록표 엔진 번호 : ⓗ		Ⓐ 비번호		Ⓑ 감독위원 확 인		
항 목	① 측정(또는 점검)		② 판정 및 정비(또는 조치)사항			Ⓖ 득 점
	Ⓒ 측 정 값	Ⓓ 규정(정비한계)값	Ⓔ 판정(□에 '✓'표)	Ⓕ 정비 및 조치할 사항		
크랭크 축 오일 간극	0.15mm	0.022~0.040mm (한계값 0.1mm)	□ 양 호 ☑ 불 량	메인저널 베어링 교환 후 재점검		

※ 단위가 누락되거나 틀린 경우는 오답으로 채점함.

1) ① **측정(또는 점검)** : Ⓒ 측정값은 감독위원이 지정한 메인저널의 오일간극을 수검자가 측정한 값인 "0.15mm"를 기록하며, Ⓓ 규정(정비한계)값은 감독위원이 주어진 값이나 또는 정비지침서를 보고 "0.022~0.040mm(한계 0.1mm)" 기록한다. (반드시 단위를 기입한다)

2) ② **판정 및 정비(또는 조치)사항** : Ⓔ 판정은 측정값이 규정값 0.022~0.040mm(한계값 0.1mm)를 벗어났으므로 "불량"에 ✓ 표시를 하며, Ⓕ 정비 및 조치할 사항 란에는 간극이 크므로 정비방법인 "메인저널 베어링 교환 후 재점검"으로 기록한다.

4. 답안지 작성 방법 (크랭크축 오일 간극이 없을 때)

엔진 1 : 시험 결과 기록표 엔진 번호 : ⓗ		Ⓐ 비번호		Ⓑ 감독위원 확 인		
항 목	① 측정(또는 점검)		② 판정 및 정비(또는 조치)사항			Ⓖ 득 점
	Ⓒ 측 정 값	Ⓓ 규정(정비한계)값	Ⓔ 판정(□에 '✓'표)	Ⓕ 정비 및 조치할 사항		
크랭크 축 오일 간극	0.0mm	0.022~0.040mm (한계값 0.1mm)	□ 양 호 ☑ 불 량	메인저널 베어링 교환 후 재점검		

※ 단위가 누락되거나 틀린 경우는 오답으로 채점함.

1) ① **측정(또는 점검)** : Ⓒ 측정값은 감독위원이 지정하는 메인저널의 오일간극을 수검자가 측정한 값인 "0.0mm"를 기록하며, Ⓓ 규정(정비한계)값은 감독위원이 주어진 값이나 또는 정비지침서를 보고 "0.022~0.040mm(한계 0.1mm)" 기록한다. (반드시 단위를 기입한다)

2) ② **판정 및 정비(또는 조치)사항** : Ⓔ 판정은 측정값이 규정값 0.022~0.040mm(한계값 0.1mm) 안에 들지 않으므로 "불량"에 ✓ 표시를 하며, Ⓕ 정비 및 조치할 사항 란에는 간극이 없으므로 "메인저널 베어링 교환 후 재점검"을 기록한다.

5. 답안지 작성 방법 (크랭크축 오일 간극이 규정값 보다 크나 한계값 보다 작을 때)

엔진 1 : 시험 결과 기록표 엔진 번호 : ⓗ		Ⓐ 비번호		Ⓑ 감독위원 확 인		
항 목	① 측정(또는 점검)		② 판정 및 정비(또는 조치)사항			Ⓖ 득 점
	Ⓒ 측 정 값	Ⓓ 규정(정비한계)값	Ⓔ 판정(□에 '✓'표)	Ⓕ 정비 및 조치할 사항		
크랭크 축 오일 간극	0.08mm	0.022~0.040mm (한계값 0.1mm)	☑ 양 호 □ 불 량	정비 및 조치할 사항 없음		

※ 단위가 누락되거나 틀린 경우는 오답으로 채점함.

1) ① **측정(또는 점검)** : Ⓒ 측정값은 감독위원이 지정한 메인저널의 오일간극을 수검자가 측정한 값인 "0.08mm"를 기록하며, Ⓓ 규정(정비한계)값은 감독위원이 주어진 값이나 또는 정비지침서를 보고 "0.022~0.040mm(한계 0.1mm)" 기록한다. (반드시 단위를 기입한다)

2) ② **판정 및 정비(또는 조치)사항** : Ⓔ 판정은 측정한 값이 규정값(0.022~0.040mm)보다 크고, 한계값(0.1mm) 보다는 작으므로 "양호"에 ✓ 표시를 하며, Ⓕ 정비 및 조치할 사항 란에는 "정비 및 조치할 사항 없음"을 기록한다.

엔진 3 · 엔진 센서(액추에이터) 점검(자기진단)

주어진 자동차에서 가솔린 엔진의 연료 펌프를 탈거(감독위원에게 확인)한 후 다시 조립하고 감독위원의 지시에 따라 진단기(스캐너)를 사용하여 엔진의 각종 센서(액추에이터) 점검 후 고장부분을 기록하시오.

1. 답안지 작성 방법 (AFS의 커넥터가 탈거일 때)

엔진 3 : 시험 결과 기록표
자동차 번호 : **❶**

항 목	① 측정(또는 점검)			② 고장 및 정비(또는 조치) 사항		**Ⓗ** 득 점
	Ⓒ 고장 부위	**Ⓓ** 측정값	**Ⓔ** 규정값	**Ⓕ** 고장 내용	**Ⓖ** 정비 및 조치사항	
센서(액추에이터) 점검	AFS	0V/아이들	0.8~1.1V/아이들	커넥터 탈거	커넥터 연결, 기억소거 후 재점검	

Ⓐ 비번호   **Ⓑ** 감독위원 확 인

※ 단위가 누락되거나 틀린 경우는 오답으로 채점함

1) **비번호** : **Ⓐ** 비번호는 공단직원이 주는 등번호를 수검자가 기록한다.
2) **감독위원 확인** : **Ⓑ** 감독위원 확인란은 감독위원이 채점한 후에 도장을 찍는 부분으로 수검자는 기록하지 않는다.
3) **① 측정(또는 점검)** : **Ⓒ** 고장부위는 수검자가 스캐너로 자기진단 화면창에 나타난 "AFS"를 기록하고, **Ⓓ** 측정값은 센서 출력 화면에서 측정한 값 "0V/ 아이들"을 기록한다. **Ⓔ** 규정값은 스캐너 정보창, 감독위원이 주어진 값이나 또는 정비지침서를 보고 "0.8~1.1V/ 아이들"을 기록한다.
   ㉮ 고장 부위 : AFS   ㉯ 측정값 : 0V/ 아이들
   ㉰ 규정값 : · 0.7~1.1V/ 아이들
4) **② 고장 및 정비(또는 조치)사항** :
   Ⓕ 고장 내용에는 수검자가 점검한 내용으로 "커넥터 탈거"를 기록한다.
   Ⓖ 정비 및 조치사항에는 "커넥터 연결 기억소거 후 재점검"을 기록한다.
   ㉮ 고장 내용 : 커넥터 탈거
   ㉯ 조치 사항 : · 커넥터 연결, 기억소거 후 재점검

【 차종별 공기유량 센서 규정값(V) 】

차 종		공기유량센서 종류	규정값	비고
아반떼 XD(2006)	G 1.6 DOHC	MAFS(피에조 전기식)	0.8~1.1/ 아이들	
	G 2.0 DOHC			
	D 1.5 TCI-U	MAFS(핫 필름 방식)	8(kg/h):1.19~1.20/10(kg/h):1.25~1.27	
아반떼 HD(2010)	G 1.6 DOHC	MAP 센서	20(kPa): 0.79/ 46.66(kPa):1.84	
	G 2.0 DOHC	MAFS(핫 필름 방식)	7.3(kg/h):0.90/ 12.2(kg/h):1.18	
	D 1.6 TCI-U	MAFS(핫 필름 방식)	8(kg/h):1.96~1.98/10(kg/h):2.01~2.02	
NF 쏘나타	G 2.0 DOHC	MAP 센서	20(kPa): 0.79/ 46.66(kPa):1.84	
	G 2.4 DOHC			
	L 2.0 DOHC			
	D 2.0 TCI-D	MAFS(핫 필름 방식)	8(kg/h):1.94~1.96/10(kg/h):1.98~1.99	
K5(2011)	G 2.0 DOHC	MAP 센서	20(kPa): 0.79/ 46.66(kPa):1.84	
	G 2.4 GDI			
	L 2.0 DOHC			
모닝(2011)	G 1.0 SOHC	MAP 센서	20(kPa): 0.79/ 46.66(kPa):1.84	
	L 1.0 SOHC			

5) **득점** : **Ⓗ** 득점은 감독위원이 채점을 하고 점수를 기록하는 부분으로 수검자는 기록하지 않는다.
6) **자동차 번호** : **❶** 측정하는 자동차 번호를 수검자가 기록한다.

2. 시험장에서는 ……

　분해 조립용 엔진과 측정용 차량(또는 엔진 튠업)이 따로 있어서 분해 조립이 끝나면 감독위원으로부터 답안지를 받고 전자제어 엔진의 고장부분을 점검한 후 답안지를 작성하여 감독위원에게 제출한다. 일부이긴 하나 전자제어 차량에 진단기가 설치되어 있는 것을 그대로 측정하기도 한다. 여기서 테스터기 연결 불량으로 답을 작성하지 못하는데 측정은 반드시 키가 "ON 또는 시동" 상태에서만 가능하다는 것이다. 답안지 항목에서 ❸, ❹, ❺란은 스캐너에서 측정 및 찾아서 기입하지만, ❻란은 수검자가 측정차량을 눈으로 보고 기록하고, ❼란은 정비방법을 서술한다.

3. 답안지 작성 방법 (AFS가 과거 기억소거 불량일 때)

엔진 3 : 시험 결과 기록표
자동차 번호 : ❶

항 목	① 측정(또는 점검)			② 고장 및 정비(또는 조치) 사항		❽득 점
	❸ 고장 부위	❹ 측정값	❺ 규정값	❻ 고장 내용	❼ 정비 및 조치사항	
센서(액추에이터) 점검	AFS	0.8V/아이들	0.8~1.1V/아이들	과거 기억소거 불량	기억소거 후 재점검	

※ 단위가 누락되거나 틀린 경우는 오답으로 채점함

(상단에 ❷ 비번호, ❸ 감독위원 확인 칸 있음)

1) ① 측정(또는 점검) : ❸ 고장부위는 수검자가 스캐너로 자기진단 화면창에 나타난 "AFS"를 기록하고, ❹ 측정값은 센서 출력 화면에서 측정한 값 "0.8V/ 아이들"을 기록한다. ❺ 규정값은 스캐너 정보창, 감독위원이 주어진 값이나 또는 정비지침서를 보고 "0.8~1.1V/ 아이들"을 기록한다.
2) ② 고장 및 정비(또는 조치)사항 : ❻ 고장 내용에는 수검자가 점검한 내용으로서 "과거 기억소거 불량"을 기록한다. ❼ 정비 및 조치사항에는 "기억소거 후 재점검"을 기록한다.

4. 답안지 작성 방법 (AFS가 불량일 때)

엔진 3 : 시험 결과 기록표
자동차 번호 : ❶

항 목	① 측정(또는 점검)			② 고장 및 정비(또는 조치) 사항		❽득 점
	❸ 고장 부위	❹ 측정값	❺ 규정값	❻ 고장 내용	❼ 정비 및 조치사항	
센서(액추에이터) 점검	AFS	0.1V/아이들	0.8~1.1V/아이들	센서 불량	센서 교환 기억소거 후 재점검	

※ 단위가 누락되거나 틀린 경우는 오답으로 채점함

1) ① 측정(또는 점검) : ❸ 고장부위는 수검자가 스캐너로 자기진단 화면창에 나타난 "AFS"를 기록하고, ❹ 측정값은 센서 출력 화면에서 측정한 값 "0.1V/ 아이들"을 기록한다. ❺ 규정값은 스캐너 정보창, 감독위원이 주어진 값이나 또는 정비지침서를 보고 "0.8~1.1V/ 아이들"을 기록한다.
2) ② 고장 및 정비(또는 조치)사항 : ❻ 고장 내용에는 수검자가 점검한 내용으로 "센서 불량"을 기록한다. ❼ 정비 및 조치사항에는 "센서 교환, 기억소거 후 재점검"을 기록한다.

엔진 4 가솔린 배기가스 측정

주어진 자동차에서 기록표에 제시된 내용을 측정하고 기록·판정하시오.

1. 답안지 작성 방법 (배기가스 배출량이 많아 불량일 때)

엔진 5 : 시험 결과 기록표
자동차 번호 : ⓖ

항 목	① 측정(또는 점검)		ⓔ ② 판정 (□에 '✔'표)	ⓕ 득 점
	ⓒ 측 정 값	ⓓ 기 준 값		
CO	2.8%	1.0% 이하	□ 양 호	
HC	540ppm	120ppm 이하	☑ 불 량	

ⓐ 비번호 / ⓑ 감독위원 확인

※ 감독위원이 제시한 자동차등록증(또는 차대번호)을 활용하여 차종 및 연식을 적용한다. 자동차검사기준 및 방법에 의하여 기록, 판정한다. CO 측정값은 소수점 둘째자리 이하는 버림으로 기입한다. HC 측정값은 소수점 첫째자리 이하는 버림하여 기입한다.

1) **비번호** : ⓐ 비번호는 공단직원이 주는 등번호를 수검자가 기록한다.
2) **감독위원 확인** : ⓑ 감독위원 확인란은 감독위원이 채점한 후에 도장을 찍는 부분으로 수검자는 기록하지 않는다.
3) **① 측정(또는 점검)** : ⓒ 측정값은 수검자가 배기가스의 측정한 값인 CO는 "2.8%", HC는 "540ppm"을 기록하고 ⓓ 기준값은 운행 차량의 배출 허용 기준값인 CO는 "1.0% 이하", HC는 "120ppm 이하"를 기록한다. (2011년 5월 30일 등록)
   - ㉮ 측정값 : ·CO – 2.8%, ·HC – 540ppm
   - ㉯ 기준값 : ·CO – 1.0% 이하 ·HC – 120ppm 이하

【 운행차 수시점검 및 정기점검 배출 허용기준 】

4) **② 판정** : ⓔ 판정은 수검자가 측정값과 기준값을 비교하여 범위 내에 있으면 양호, 벗어나면 불량에 ✔표시를 한다.
   - ㉮ 판정 : ·양호 – 기준값의 범위에 있을 때 ·불량 – 기준값을 벗어났을 때
5) **득점** : ⓕ 득점은 감독위원이 채점을 하고 점수를 기록하는 부분으로 수검자는 기록하지 않는다.
6) **자동차 번호** : ⓗ 측정하는 자동차의 번호를 수검자가 기록한다.

2. 시험장에서는 ……

이 시험은 시동을 걸어서 측정하여야 하므로 추운 겨울에는 수검자나 감독위원이나 고생하는 항목이다. 감독위

원이 답안지를 주면 수험번호와 자동차 번호를 적고 배기가스 테스터기를 연결한 후 시동을 걸어서 측정을 한 다음 기록표를 기록하는데 이 항목은 검사기준이기 때문에 규정값이 주어지지 않는다. 반드시 규정값을 암기하고 있어야 한다. 배기가스 측정은 엔진의 상태에 따라 측정값이 많이 변하기 때문에 감독위원이 바로 옆에서 보면서 채점을 하거나 아니면 측정 방법만을 확인하고 테스터기 바늘을 고정시켜 놓고 측정값을 기록하도록 하는 경우도 있다. 일부 수검자는 감독위원이 점수를 깎기 위해 잘못한 것만 찾고 있는 사람으로 생각하는 부정적인 생각을 갖고 있는 수검자가 많은데 좀 더 긍정적인 방향으로 생각한다면 내가 잘하는 것을 보고 점수를 주기 위해 있다고 생각을 할 수 있는 것이다. 감독위원에게 내 실력을 보여주기 위해서는 능력을 길러야 하지 않을까?

※ 제작사별 차대번호 표기방식

① 현대 자동차 차대번호의 표기 부호 - 뉴EF 쏘나타 2011

※ 차대번호 형식(VIN : Vehicle Identification Number)

K	M	H	E	U	4	1	S	P	A	A	1	2	3	4	5	6
①	②	③	④	⑤	⑥	⑦	⑧	⑨	⑩	⑪	⑫	⑬	⑭	⑮	⑯	⑰

제작 회사군 / 자동차 특성군 / 제작 일련 번호군

① **K** : 국제배정 국적표시 - K : 한국, J : 일본, 1 : 미국.
② **M** : 제작사를 나타내는 표시 - M : 현대, L : 대우, N : 기아, P : 쌍용 자동차.
③ **H** : 자동차 종별 표시 - H : 승용, 다목적용, F : 화물9밴, J : 승합, C : 특장-승합, 화물
④ **E** : 차종 - E : 뉴 EF쏘나타
⑤ **U** : 세부차종 - S : Standard(L), T : Deluxe(GL), U : Super Deluxe(GLS), V : 그랜드 살롱(GDS), W : 슈퍼 그랜드 살롱(HGS)
⑥ **4** : 차체형상(•KMH) - 1 : 리무진, 2 : 세단-2도어, 3 : 세단-3도어, 4 : 세단-4도어, 5 : 세단-5도어, 6 : 쿠페, 7 : -컨버터블, 8 : 왜곤, 9 : 화물(밴), 0 : 픽업
⑦ **1** : 안전장치 - 1 : 운전석/ 동승석-액티브(Active) 시트벨트, 2 : 운전석/ 동승석-패시브(Passive) 시트벨트, 0 : 운전석/ 동승석 - 미적용
⑧ **S** : 엔진형식 - S : 2.0 LPG엔진.
⑨ **P** : 운전석 방향 및 변속기 - P : LHD(왼쪽 운전석), R : RHD(오른쪽 운전석)
⑩ **1** : 제작년도 - 알파벳 I, O, Q, U, Z와 숫자 0을 제외한 ABCDEFGHJKLMNPRSTVWXY와 123456789를 순서로 사용한다. 1 : 2001, 2 : 2002, 3 : 2003, 4 : 2004, 5 : 2005 …… A : 2010, B : 2011, C : 2012, D : 2013, E : 2014, F : 2015, G : 2016, H : 2017, J : 2018, K : 2019, L : 2020, M : 2021, N :2022, P : 2023……
⑪ **A** : 공장 기호 - C : 전주공장, U : 울산공장, M : 인도공장, Z : 터키공장, A : 아산공장
⑫~⑰ **123456** : 차량 생산 일련 번호

② 자동차 등록증 - 뉴EF 쏘나타 2011

자동차등록증

제2011-021804호 　　　　　　　　　　　　　　　　　최초 등록일 : 2011년 05월 30일

① 자동차 등록 번호	경기 55나 8333	② 차　　　종	소형 승용	③ 용도	자가용
④ 차　　　　명	뉴 EF 쏘나타	⑤ 형식 및 년식	L4JP		2011
⑥ 차 대 번 호	KMHEU41SPAA123456	⑦ 원동기 형식	YS-20TX-M12004		
⑧ 사용 본 거지	경기도 양주시 광사동 313-4 ** 아파트000동 -***호				

소유자	⑨ 성명(명칭)	김광수	⑩ 주민(사업자) 등록번호	***117-*******
	⑪ 주　　소	경기도 양주시 광사동 313-4 ** 아파트000동 -***호		

자동차 관리법 제8조등의 규정에 의하여 위와 같이 등록하였음을 증명합니다.

이것만은 꼭!!(※뒷면유의사항 필독)

- 법인 주소지(사용본거지), 상호변경 15일이내(최고 30만원)
- 정기검사:만료일 전·후 30일 이내(최고 30만원)
- 의무보험:만료이전가입(최고 10만원~100만원)
- 말소등록:폐차일로부터 1월이내(최고 50만원)
  위 사항을 위반시 과태료가 부과 되오니 주의바랍니다.

2011 년　05 월　30 일

양주시장

섀시 2 브레이크 페달 유격, 작동거리 점검

주어진 자동차에서 감독위원의 지시에 따라 브레이크 페달의 작동상태를 점검하여 기록·판정하시오.

1. 답안지 작성 방법 (브레이크 페달 유격, 작동거리가 정상일 때)

섀시 2 : 시험 결과 기록표
자동차 번호 : ⓗ   Ⓐ 비번호   Ⓑ 감독위원 확 인

항 목	① 측정(또는 점검)		② 판정 및 정비(또는 조치)사항		Ⓖ 득 점
	Ⓒ 측정값	Ⓓ 규정(정비한계)값	Ⓔ 판정(□에 '✔' 표)	Ⓕ 정비 및 조치할 사항	
작동거리	128mm	128+5mm	☑ 양 호 □ 불 량	정비 및 조치할 사항 없음	
페달 유격	7mm	3~8mm			

※ 단위가 누락되거나 틀린 경우는 오답으로 채점함.

1) 비번호 : Ⓐ 비번호는 공단직원이 주는 등번호를 수검자가 기록한다.
2) 감독위원 확인 : Ⓑ 감독위원 확인란은 감독위원이 채점한 후에 도장을 찍는 부분으로 수검자는 기록하지 않는다.
3) ① 측정(또는 점검) : Ⓒ 측정값은 수검자가 측정값인 브레이크 페달 작동거리 "128mm", 페달 유격 "7mm"을 기록하고, Ⓓ 규정(정비한계)값은 감독위원이 주어진 값이나 또는 정비지침서를 보고 브레이크 페달 작동거리 "128+5mm", 페달 유격 "3~8mm"을 기록한다. (반드시 단위를 기록한다)
  ㉮ 측정값 : ·작동거리 : 128mm   ·페달 유격 : 7mm
  ㉯ 규정(정비한계)값 : ·작동거리 : 128+5mm   ·페달 유격 : 3~8mm

【 차종별 브레이크 페달 유격, 페달 높이 규정값(mm) 】

차 종		페달 높이	지유간극	여유간극	작동거리	비고
아반떼 XD(2006)	G 1.6 DOHC	170	3~8	61 이상	128+5.0	
	G 2.0 DOHC					
	D 1.5 TCI-U					
아반떼 HD(2010)	G 1.6 DOHC	174.3	3~8	-	135	
	G 2.0 DOHC					
	D 1.6 TCI-U					
NF 쏘나타	G 2.0 DOHC	184.5	3~8		128	
	G 2.4 DOHC					
	L 2.0 DOHC					
	D 2.0 TCI-D					
K5(2011)	G 2.0 DOHC	-	3~8		135	
	G 2.4 GDI					
	L 2.0 DOHC					
모닝(2011)	G 1.0 SOHC	184	3~8		122~127	
	L 1.0 SOHC					

4) ② 판정 및 정비(또는 조치)사항 : Ⓔ 판정은 수검자가 측정한 값과 규정(정비한계)값을 비교하여 범위 내에 있으면 양호, 벗어나면 불량에 ✔ 표시를 하며, Ⓕ 정비 및 조치할 사항 란에는 고장부품과 정비 방법을 기록한다.
  ㉮ 판정 : ·양호 - 규정(정비한계)값 이내에 있을 때   ·불량 - 규정(정비한계)값을 벗어났을 때
  ㉯ 정비 및 조치할 사항 : 작동거리와 자유간극이 규정값 범위에 있으므로 "정비 및 조치사항 없음"을 기록한다.
5) 득점 : Ⓖ 득점은 감독위원이 채점을 하고 점수를 기록하는 부분으로 수검자는 기록하지 않는다.
6) 자동차 번호 : Ⓗ 측정하는 자동차 번호를 수검자가 기록한다.

2. 시험장에서는 ……

실차에서 측정하며 운전석에는 강철자가 준비되어 있는 시험장도 있으나 원래는 본인의 지참공구로 준비하여야 한다. 또한 사인펜이나 백묵이 준비되고 있다. 강철자를 페달에 대고 페달 윗면에 사인펜을 수평으로 표시를 하여 페달의 높이를 측정하고 가볍게 들어가는 끝부분에서 표시하고 표시된 사이의 간극을 읽어 답안지를 작성한

다. 역시 규정값은 주어지거나 정비 지침서를 확인하여 기록한다.
　측정이 끝난 후에는 뒷정리를 하고 답안지를 제출하고 처음 주의사항 전달 받을 때 받은 문제지를 보면서 안 치른 항목이 무엇인가 체크하여 보고 다음 수검 장소로 간다.

3. 답안지 작성 방법 (작동거리가 작고 페달유격이 클 때)

섀시 2 : 시험 결과 기록표 자동차 번호 : ❶			Ⓐ 비번호		Ⓑ 감독위원 확 인	
항 목	① 측정(또는 점검)		② 판정 및 정비(또는 조치)사항			Ⓖ 득 점
	Ⓒ 측정값	Ⓓ 규정(정비한계)값	Ⓔ 판정(□에 '✔' 표)	Ⓕ 정비 및 조치할 사항		
작동거리	120mm	128+5mm	□ 양 호 ☑ 불 량	푸시로드의 길이 조정 후 재점검		
페달 유격	14mm	3~8mm				

※ 단위가 누락되거나 틀린 경우는 오답으로 채점함.

1) ① 측정(또는 점검) : Ⓒ 측정값은 수검자가 측정값인 브레이크 페달 작동거리 "120mm", 페달 유격 "14mm"을 기록하고, Ⓓ 규정(정비한계)값은 감독위원이 주어진 값이나 또는 정비지침서를 보고 브레이크 페달 작동거리 "128+5mm", 페달 유격 "3~8mm"을 기록한다.(반드시 단위를 기록한다)
2) ② 판정 및 정비(또는 조치)사항 : Ⓔ 판정은 수검자가 측정한 값이 규정(정비한계)값보다 작동거리는 작고, 페달유격은 크므로 판정에는 "불량"에 ✔ 표시를 하며, Ⓕ 정비 및 조치할 사항 란에는 "푸시로드의 길이 조정 후 재점검"으로 기록한다.

4. 답안지 작성 방법 (작동거리가 크고 페달유격이 작을 때)

섀시 2 : 시험 결과 기록표 자동차 번호 : ❶			Ⓐ 비번호		Ⓑ 감독위원 확 인	
항 목	① 측정(또는 점검)		② 판정 및 정비(또는 조치)사항			Ⓖ 득 점
	Ⓒ 측정값	Ⓓ 규정(정비한계)값	Ⓔ 판정(□에 '✔' 표)	Ⓕ 정비 및 조치할 사항		
작동거리	140mm	128+5mm	□ 양 호 ☑ 불 량	푸시로드의 길이 조정 후 재점검		
페달 유격	2mm	3~8mm				

※ 단위가 누락되거나 틀린 경우는 오답으로 채점함.

1) ① 측정(또는 점검) : Ⓒ 측정값은 수검자가 측정값인 브레이크 페달 작동거리 "140mm", 페달 유격 "2mm"을 기록하고, Ⓓ 규정(정비한계)값은 감독위원이 주어진 값이나 또는 정비지침서를 보고 브레이크 페달 작동거리 "128+5mm", 페달 유격 "3~8mm"을 기록한다.(반드시 단위를 기록한다)
2) ② 판정 및 정비(또는 조치)사항 : Ⓔ 판정은 수검자가 측정한 값이 규정(정비한계)값보다 작동거리는 크고, 페달유격은 작으므로 판정에는 불량에 ✔ 표시를 하며, Ⓕ 정비 및 조치할 사항 란에는 "푸시로드의 길이 조정 후 재점검"을 기록한다.

5. 답안지 작성 방법 (작동거리가 작고 페달유격이 작을 때)

섀시 2 : 시험 결과 기록표 자동차 번호 : ❶			Ⓐ 비번호		Ⓑ 감독위원 확 인	
항 목	① 측정(또는 점검)		② 판정 및 정비(또는 조치)사항			Ⓖ 득 점
	Ⓒ 측정값	Ⓓ 규정(정비한계)값	Ⓔ 판정(□에 '✔' 표)	Ⓕ 정비 및 조치할 사항		
작동거리	120mm	128+5mm	□ 양 호 ☑ 불 량	페달유격 및 작동거리 조정-푸시로드의 길이 조정		
페달 유격	0mm	3~8mm				

※ 단위가 누락되거나 틀린 경우는 오답으로 채점함.

1) ① 측정(또는 점검) : Ⓒ 측정값은 수검자가 측정값인 브레이크 페달 작동거리 "120mm", 페달 유격 "0mm"을 기록하고, Ⓓ 규정(정비한계)값은 감독위원이 주어진 값이나 또는 정비지침서를 보고 브레이크 페달 작동거리 "128+5mm", 페달 유격 "3~8mm"을 기록한다.(반드시 단위를 기록한다)
2) ② 판정 및 정비(또는 조치)사항 : Ⓔ 판정은 수검자가 측정한 값이 규정(정비한계)값보다 작동거리와 페달유격이 작으므로 판정에는 "불량"에 ✔ 표시를 하며, Ⓕ 정비 및 조치할 사항 란에는 푸시로드의 길이 조정 후 재점검을 기록한다.

10안 섀시 4 전자제어 자세제어장치(VDC, ECS, TCS 등)자기진단

주어진 자동차에서 감독위원의 지시에 따라 진단기(스캐너)로 전자제어 자세제어장치(VDC, ECS, TCS 등)를 점검하고 기록·판정하시오.

1. 답안지 작성 방법 (앞·우측 차고센서 과거 기억소거 불량일 때)

섀시 4 : 시험 결과 기록표 자동차 번호 : ❶			Ⓐ 비번호		Ⓑ 감독위원 확 인	
점검항목	① 측정(또는 점검)		② 판정 및 정비(또는 조치)사항			Ⓖ 득 점
	Ⓒ 이상부위	Ⓓ 내용 및 상태	Ⓔ 판정(□에 '✔' 표)	Ⓕ 정비 및 조치할 사항		
전자제어 자세제어장치 자기진단	앞·우측 차고센서	과거 기억소거 불량	□ 양 호 ☑ 불 량	과거 기억소거 후 재점검		

1) **비번호** : Ⓐ 비번호는 공단직원이 주는 등번호를 수검자가 기록한다.
2) **감독위원 확인** : Ⓑ 감독위원 확인란은 감독위원이 채점한 후에 도장을 찍는 부분으로 수검자는 기록하지 않는다.
3) **① 측정(또는 점검)** : Ⓒ 이상부위 란에는 수검자가 스캐너의 자기진단 화면 창에 나타난 이상부위 "앞·우측 차고센서"를 기록하고, Ⓓ 내용 및 상태 란에는 수검자가 점검한 이상 부위 "과거기억소거 불량"을 기록한다.
   ㉮ 이상부위 : 앞·우측 차고센서
   ㉯ 내용 및 상태 : 과거 기억소거 불량
4) **② 판정 및 정비(또는 조치)사항** : Ⓔ 판정은 수검자가 자기진단에서 정상이 아니면 "불량"에 ✔ 표시를 하며, Ⓕ 정비 및 조치할 사항 란에는 "과거 기억소거 후 재점검"을 기록한다.
   ㉮ 판정 : ·양호 : 자기진단에서 이상이 없을 때
           ·불량 : 자기진단에서 이상이 있을 때
   ㉯ 정비 및 조치할 사항 : 양호하면 정비 및 조치할 사항 없음으로, 불량일 경우 고장부품과 정비방법을 기록한다.
5) **득점** : Ⓖ 득점은 감독위원이 채점을 하고 점수를 기록하는 부분으로 수검자는 기록하지 않는다.
6) **자동차 번호** : ❶ 측정하는 자동차 번호를 수검자가 기록한다.

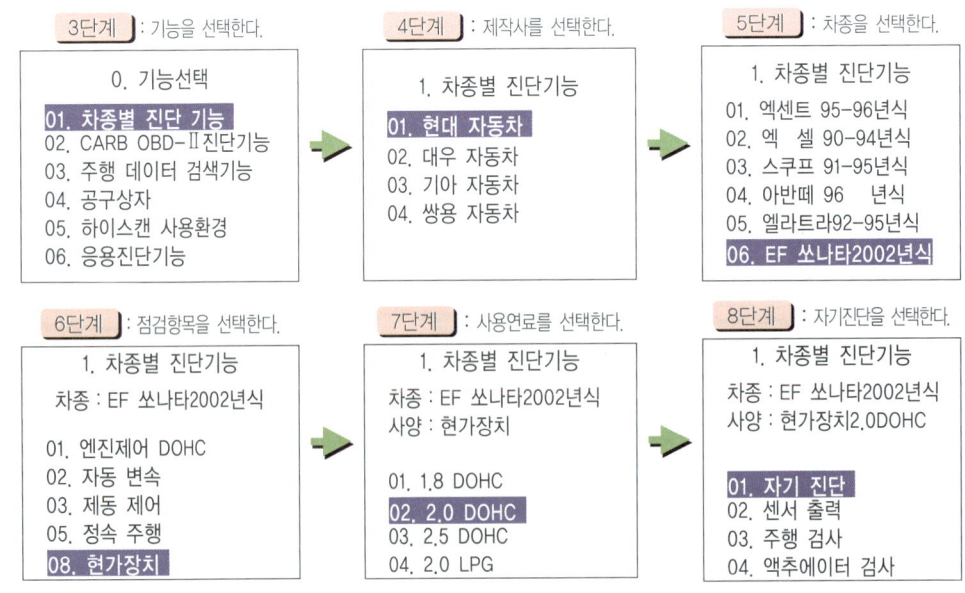

2. 시험장에서는 ······

감독위원으로부터 답안지를 받은 후 측정용 차량에 진단기(스캐너)를 설치하고 점검을 한다. 역시 측정에서는 점화 스위치가 "ON" 상태이어야 하므로 계기판의 경고등(충전경고등, 오일 압력 경고등 등)에 불이 들어온 상태에서 측정을 한다. 물론 테스터기는 여러 가지가 있으며 시험장이나 감독위원의 의지에 따라 선택될 수가 있다. 그러나 수검자는 어떤 것을 사용해도 측정할 수 있는 능력을 책을 봐서라도 알아야 한다. 만약 "이 테스터기는 처음 보는 것인데요?" 하는 수검자가 있는데 합격권에서 멀어지는 것이 아닌가 싶다.

3. 답안지 작성 방법 (앞·우측 차고센서 커넥터가 탈거일 때)

섀시 4 : 시험 결과 기록표 자동차 번호 : ⓗ			Ⓐ 비번호		Ⓑ 감독위원 확 인	
점검항목	① 측정(또는 점검)		② 판정 및 정비(또는 조치)사항			Ⓖ 득 점
	Ⓒ 이상부위	Ⓓ 내용 및 상태	Ⓔ 판정(□에 '✔' 표)	Ⓕ 정비 및 조치할 사항		
전자제어 자세제어장치 자기진단	앞·우측 차고센서 커넥터	커넥터 탈거	□ 양 호 ✔ 불 량	커넥터 연결, 과거 기억소거 후 재점검		

1) ① 측정(또는 점검) : Ⓒ 이상부위 란에는 수검자가 스캐너의 자기진단 화면 창에 나타난 이상부위 "앞·우측 차고센서 커넥터"를 기록하고, Ⓓ 내용 및 상태 란에는 수검자가 점검한 이상 부위 "커넥터 탈거"를 기록한다.
2) ② 판정 및 정비(또는 조치)사항 : Ⓔ 판정은 수검자가 자기진단에서 정상이 아니기에 "불량"에 ✔ 표시를 하며, Ⓕ 정비 및 조치할 사항 란에는 고장부품과 정비방법으로 "커넥터 연결, 과거 기억소거 후 재점검"을 기록한다.

4. ECS 자기진단 그림

1. ECS 시스템 구성도 모습
2. 자기진단기 설치 모습
3. 차고센서 회로도 모습

섀시 5   최소 회전 반지름 측정

주어진 자동차에서 감독위원의 지시에 따라 좌 또는 우회전시 최소회전 반경을 측정하여 기록·판정하시오.

1. 답안지 작성 방법 (최소회전 반경이 정상일 때)

섀시 5 : 시험 결과 기록표   자동차 번호 : Ⓚ

Ⓒ 항 목	① 측정(또는 점검)				② 판정 및 정비(또는 조치)사항		Ⓙ 득점
	Ⓓ 좌측바퀴	Ⓔ 우측바퀴	Ⓕ 기준값 (최소회전반경)	Ⓖ 측정값 (최소회전반경)	Ⓗ 산출근거	Ⓘ 판정 (□에 'v'표)	
회전방향 (□에 'v' 표) □ 좌 ☑ 우	34°	38°	12m 이하	4.742m	$R = \dfrac{2,600}{\sin 34°} + 100$ $= \dfrac{2,600}{0.56} + 100 = 4,742 mm$	☑ 양 호 □ 불 량	

Ⓐ 비번호 / Ⓑ 감독위원 확인

※ 회전 방향은 감독위원이 지정하는 위치에 □에 'v' 표시합니다.
※ 축거 및 바퀴의 접지면 중심과 킹핀과의 거리(r)는 감독위원이 제시합니다.
※ 자동차검사기준 및 방법에 의하여 기록, 판정합니다. ※ 산출근거에는 단위를 기록하지 않아도 됩니다.

1) **비번호** : Ⓐ 비번호는 공단직원이 주는 등번호를 수검자가 기록한다.
2) **감독위원 확인** : Ⓑ 감독위원 확인란은 감독위원이 채점한 후에 도장을 찍는 부분으로 수검자는 기록하지 않는다.
3) **항 목** : Ⓘ 회전방향 란에는 감독위원이 지정하는 회전방향 "우"에 v 표시를 한다.
4) **① 측정(또는 점검)** : 수검자가 회전방향의 바깥쪽 바퀴(Ⓓ 좌측 바퀴)에 최대 조향각을 턴테이블에서 읽은값 "34°"를 기록하고, 안쪽 바퀴(Ⓔ 우측바퀴) 측정값 "38°"를 기록한다. Ⓕ 기준값은 검사 기준값인 "12m 이하"를 기록하며, Ⓖ 측정값은 수검자가 최소회전 반경을 측정한 값 "4.742m"를 기록한다.(sin 34°=0.56, r=100 값은 감독위원이 주어진다.)

㉮ 좌측 조향각 : 34°   ㉯ 우측 조향각 : 30   ㉰ 기준값 : 12m 이하   ㉱ 측정값 : 4,742m

※ $R = \dfrac{L}{\sin \alpha} + r$ ∴ $R = \dfrac{2,600}{0.56} + 100 = 4,742 mm$

· R : 최소회전반경(m)   · sinα : 바깥쪽 앞바퀴의 조향각(sin34°= 0.56)
· r : 바퀴 접지면 중심과 킹핀 중심과의 거리(100mm)

【 차종별 축간거리 및 조향각 기준값 】

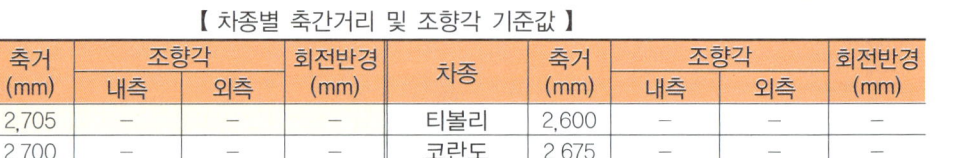

차종	축거 (mm)	조향각		회전반경 (mm)	차종	축거 (mm)	조향각		회전반경 (mm)
		내측	외측				내측	외측	
QM6	2,705	–	–	–	티볼리	2,600	–	–	–
SM 3	2,700	–	–	–	코란도	2,675	–	–	–
SM 5	2,760	–	–	–	렉스턴	2,865	–	–	–

5) Ⓗ 산출근거는 수검자가 측정한 값과 최소 회전 반경 공식에 대입하여 계산한 공식 " $R = \dfrac{2,600}{\sin 34°} + 100 = \dfrac{2,600}{0.56} + 100 = 4,742 mm$ "을 기입한다. Ⓘ 판정은 검사 기준 값과 비교하여 범위 안에 들면 양호에, 범위를 벗어나면 불량에 v 표시를 하는데 여기서는 12m 안에 들어오므로 "양호"에 v 표시를 한다.

㉮ 산출 근거 : $R = \dfrac{2,600}{\sin 34°} + 100 = \dfrac{2,600}{0.56} + 100 = 4,742 mm$
㉯ 판정 : · 양호 : 측정값이 성능기준 값의 범위에 있을 때
           · 불량 : 측정값이 성능기준 값의 범위를 벗어났을 때

6) **득점** : Ⓙ 득점은 감독위원이 채점을 하고 점수를 기록하는 부분으로 수검자는 기록하지 않는다.
7) **자동차 번호** : Ⓚ 측정하는 자동차 번호를 수검자가 기록한다.

2. 시험장에서는 ……

사실상 검사장에서는 시험 항목에 최소회전 반경이 있지만 측정하지는 않는다. 시험문제가 만들어지면서 최소회전 반경을 측정하는 방식이 정립되었다 하여도 과언은 아니다. 감독위원으로부터 답안지를 받아들고 측정차량에 가면 보조원이 기다리고 있을 것이다. 왜냐하면 혼자서 최소회전반경 공식에 대입하기 위한 축거나 조향각을 측정하기는 어렵기 때문이다. 먼저 줄자를 보조원에게 뒤차축의 중심에 대도록 하고 수검자는 앞차축의 중심에 대어 축거를 측정하고, 보조원을 운전석에서 핸들을 좌, 또는 우측으로 끝까지 돌리도록 하고 바깥쪽 바퀴의 조향각을 측정하여 기록하고 계산식에 넣어 산출한 후 답안을 작성한다. r값은 감독위원이 주어진다.

3. 답안지 작성 방법 (회전방향이 우회전 이며 최소회전 반경이 성능기준 안에 들 때)

섀시 5 : 시험 결과 기록표

자동차 번호 : Ⓚ   Ⓐ 비번호   Ⓑ 감독위원 확인

Ⓒ 항 목	① 측정(또는 점검)				② 판정 및 정비(또는 조치)사항		Ⓙ 득점
	Ⓓ 좌측바퀴	Ⓔ 우측바퀴	Ⓕ 기 준 값 (최소회전반경)	Ⓖ 측 정 값 (최소회전반경)	Ⓗ 산출근거	Ⓘ 판정 (□에 'v'표)	
회전방향 (□에 'v' 표) □ 좌 ☑ 우	32°	37°	12m 이하	5.005m	$R = \dfrac{2,600}{\sin 32°} + 100$ $= \dfrac{2,600}{0.52} + 100 = 5,005mm$	☑ 양 호 □ 불 량	

※ 회전 방향은 감독위원이 지정하는 위치에 □에 'v' 표시함. 자동차검사기준 및 방법에 의하여 기록, 판정한다.
※ 축거 및 바퀴의 접지면 중심과 킹핀과의 거리(r)는 감독위원이 제시함.

1) **항목** : Ⓘ 회전방향 란에는 감독위원이 지정하는 회전방향 "우"에 ✔ 표시를 한다.
4) **① 측정(또는 점검)** : 수검자가 회전방향의 바깥쪽 바퀴(Ⓓ 좌측 바퀴)에 최대 조향각을 턴테이블에서 읽은값 "32°"를 기록하고, 안쪽 바퀴(Ⓔ 우측바퀴) 측정값 "37°"를 기록한다. Ⓕ 기준값은 검사 기준값인 "12m 이하"를 기록하며, Ⓖ 측정값은 수검자가 최소회전 반경을 측정한 값 "5.005m"를 기록한다.(sin 32°=0.52, r=100 값은 감독위원이 주어진다.)
3) Ⓗ 산출근거는 수검자가 측정한 값과 최소 회전 반경 공식에 대입하여 계산한 공식 "$R = \dfrac{2,600}{\sin 32°} + 100 = \dfrac{2,600}{0.52} + 100 = 5,005mm$"을 기입한다. Ⓘ 판정은 검사 기준 값과 비교하여 범위 안에 들면 양호에, 범위를 벗어나면 불량에 ✔ 표시를 하는데 여기서는 12m 안에 들어오므로 "**양호**"에 ✔ 표시를 한다.

4. 답안지 작성 방법 (회전방향이 우회전 이며 최소회전 반경이 성능기준 안에 들 때)

섀시 5 : 시험 결과 기록표

자동차 번호 : Ⓚ   Ⓐ 비번호   Ⓑ 감독위원 확인

Ⓒ 항 목	① 측정(또는 점검)				② 판정 및 정비(또는 조치)사항		Ⓙ 득점
	Ⓓ 좌측바퀴	Ⓔ 우측바퀴	Ⓕ 기 준 값 (최소회전반경)	Ⓖ 측 정 값 (최소회전반경)	Ⓗ 산출근거	Ⓘ 판정 (□에 'v'표)	
회전방향 (□에 'v' 표) □ 좌 ☑ 우	30°	34°	12m 이하	5.3m	$R = \dfrac{2,600}{\sin 30°} + 100$ $= \dfrac{2,600}{0.5} + 100 = 5,300mm$	☑ 양 호 □ 불 량	

※ 회전 방향은 감독위원이 지정하는 위치에 □에 'v' 표시함. 자동차검사기준 및 방법에 의하여 기록, 판정한다.
※ 축거 및 바퀴의 접지면 중심과 킹핀과의 거리(r)는 감독위원이 제시함.

1) **항목** : Ⓘ 회전방향 란에는 감독위원이 지정하는 회전방향 "우"에 ✔ 표시를 한다.
4) **① 측정(또는 점검)** : 수검자가 회전방향의 바깥쪽 바퀴(Ⓓ 좌측 바퀴)에 최대 조향각을 턴테이블에서 읽은값 "30°"를 기록하고, 안쪽 바퀴(Ⓔ 우측바퀴) 측정값 "34°"를 기록한다. Ⓕ 기준값은 검사 기준값인 "12m 이하"를 기록하며, Ⓖ 측정값은 수검자가 최소회전 반경을 측정한 값 "5.3m"를 기록한다.(sin 30°=0.5, r=100 값은 감독위원이 주어진다.)
3) Ⓗ 산출근거는 수검자가 측정한 값과 최소 회전 반경 공식에 대입하여 계산한 공식 "$R = \dfrac{2,600}{\sin 30°} + 100 = \dfrac{2,600}{0.5} + 100 = 5,300mm$"을 기입한다. Ⓘ 판정은 검사 기준 값과 비교하여 범위 안에 들면 양호에, 범위를 벗어나면 불량에 ✔ 표시를 하는데 여기서는 12m 안에 들어오므로 "**양호**"에 ✔ 표시를 한다.

10안 전기 2 인젝터 코일 저항 점검

주어진 자동차에서 엔진의 인젝터 코일 저항(1개)을 점검하여 솔레노이드 밸브의 이상 유무를 확인한 후 기록표에 기록·판정하시오.

1. 답안지 작성 방법(인젝터 코일 저항이 정상일 때)

전기 2 : 시험 결과 기록표
자동차 번호 : ⓗ

항목	① 측정(또는 점검)		② 판정 및 정비(또는 조치)사항		Ⓖ 득 점
	Ⓒ 측 정 값	Ⓓ 규정(정비한계)값	Ⓔ 판정 (□에 '✔' 표)	Ⓕ 정비 및 조치할 사항	
코일 저항	14.0Ω/20℃	14.5±0.7Ω/20℃	☑ 양 호 □ 불 량	정비 및 조치할 사항 없음	

Ⓐ 비번호   Ⓑ 감독위원 확 인

※ 단위가 누락되거나 틀린 경우는 오답으로 채점함.

1) **비번호** : Ⓐ 비번호는 공단직원이 주는 등번호를 수검자가 기록한다.
2) **감독위원 확인** : Ⓑ 감독위원 확인란은 감독위원이 채점한 후에 도장을 찍는 부분으로 수검자는 기록하지 않는다.
3) **① 측정(또는 점검)** : Ⓒ 측정값은 수검자가 인젝터 코일의 저항을 측정한 값인 "14.0Ω/20℃"을 기록하고 Ⓓ 규정(정비한계)값은 감독위원이 주어지거나 정비지침서에서 "14.5±0.7Ω/20℃"을 기록한다.
    - ㉮ 측정값 : 14.0Ω/20℃
    - ㉯ 규정(정비한계)값 : 14.5±0.7Ω/20℃

【 차종별 인젝터 저항 및 분사시간 규정값(Ω/20℃) 】

차 종		인젝터 저항	연료압력(kgf/㎠)	비고
아반떼 XD(2006)	G 1.6 DOHC	14.5±0.7	3.5	
	G 2.0 DOHC			
	D 1.5 TCI-U	0.33	1,350 bar	
아반떼 HD(2010)	G 1.6 DOHC	13.8~15.2	3.45~3.55	
	G 2.0 DOHC			
	D 1.6 TCI-U	0.215~0.295	1,600 bar	
NF 쏘나타	G 2.0 DOHC	13.8~15.2	3.5	
	G 2.4 DOHC			
	L 2.0 DOHC	1.71~1.89	20±2	
	D 2.0 TCI-D	0.33	1,600 bar	
K5(2011)	G 2.0 DOHC	13.8~15.2	3.4~3.6	
	G 2.4 GDI	1.18~1.31	저압 4.3~4.7/ 고압 20~153	
	L 2.0 DOHC	1.71~1.89	20±2	
모닝(2011)	G 1.0 SOHC	13.8~15.2	3.45~3.55	
	L 1.0 SOHC	1.71~1.89	20±2	

4) **② 판정 및 정비(또는 조치)사항** : Ⓔ 판정은 수검자가 측정한 값과 규정(정비한계)값을 비교하여 범위 내에 있으면 양호, 벗어나면 불량에 ✔ 표시를 하며, Ⓕ 정비 및 조치할 사항 란에는 고장부품과 정비방법을 기록한다.
    - ㉮ 판정 : · 양호 – 규정(정비한계)값의 범위에 있을 때
              · 불량 – 규정(정비한계)값의 범위를 벗어났을 때
    - ㉯ 정비 및 조치할 사항 : 양호하므로 "정비 및 조치할 사항 없음"으로 기록한다.
5) **득점** : Ⓖ 득점은 감독위원이 채점을 하고 점수를 기록하는 부분으로 수검자는 기록하지 않는다.
6) **자동차 번호** : ⓗ 측정하는 자동차의 번호를 수검자가 기록한다.

2. 시험장에서는 ……

이 시험은 실차에서 인젝터 인젝터 저항을 측정하는 것이다. 감독위원이 지정하는 실린더의 인젝터 커넥터를 분리하고 멀티 테스트기를 이용하여 인젝터 저항을 측정하고 답안지를 작성한다. 일부이기는 하나 저항 측정용

단품을 별도로 준비하여 놓은 곳도 있다. 측정용 테스터기는 시험장에서 준비하고 있다. 자기 것이 정확하다 하더라도 시험장에서 준비된 테스터기를 이용하여야 한다. 테스터기 간에 오차는 있을 수 있기 때문이다. 시험 중에는 시험지와 공구통을 항상 가지고 다니는데 문제지를 보고 자기가 시험 본 항목을 측정하여 빠짐없이 수검을 하여야 한다. 빼먹어서 0점 받는 학생도 일부 있으나, 이것은 감독위원 잘못이 아니라 수검자 잘못이라는 점을 꼭 알아두길 바란다. 제일 안타까운 것은 58점으로 불합격 되는 경우인데, 빼먹지만 않고 3점을 받았다면 합격일 것이다.

3. 답안지 작성 방법 (인젝터 코일의 저항값이 많을 때)

전기 2 : 시험 결과 기록표 자동차 번호 : ⓗ			Ⓐ 비번호		Ⓑ 감독위원 확 인	
항 목	① 측정(또는 점검)		② 판정 및 정비(또는 조치)사항			Ⓖ 득 점
	Ⓒ 측 정 값	Ⓓ 규정(정비한계)값	Ⓔ 판정 (□에 '✔' 표)	Ⓕ 정비 및 조치할 사항		
코일 저항	32.0Ω/20℃	14.5±0.7Ω/20℃	□ 양 호 ☑ 불 량	인젝터 교환 후 재점검		

※ 단위가 누락되거나 틀린 경우는 오답으로 채점함.

1) ① 측정(또는 점검) : Ⓒ 측정값은 수검자가 멀티미터를 이용하여 측정한 값 "32.0Ω/20℃"을 기록하며, Ⓓ 규정(정비한계)값은 감독위원이 주어지거나 정비 지침서에서 "14.5±0.7Ω/20℃"을 기록한다.
2) ② 판정 및 정비(또는 조치)사항 : Ⓔ 판정은 측정값이 규정(정비한계)값보다 높으므로 "불량"에 ✔ 표시를 하며, Ⓕ 정비 및 조치할 사항은 인젝터 불량이므로 "인젝터 교환 후 재점검"으로 기록하고 그 외 고장은 아래 내용 중에 하나일 것이다.
   ㉮ 인젝터 저항이 많이 나오는 원인
   ・코일 내부저항 증가 – 인젝터 교환   ・코일과 단자 간 접촉 불량 – 인젝터 교환

4. 답안지 작성 방법 (인젝터 코일의 저항값이 적을 때)

전기 2 : 시험 결과 기록표 자동차 번호 : ⓗ			Ⓐ 비번호		Ⓑ 감독위원 확 인	
항 목	① 측정(또는 점검)		② 판정 및 정비(또는 조치)사항			Ⓖ 득 점
	Ⓒ 측 정 값	Ⓓ 규정(정비한계)값	Ⓔ 판정 (□에 '✔' 표)	Ⓕ 정비 및 조치할 사항		
코일 저항	5.0Ω/20℃	14.5±0.7Ω/20℃	□ 양 호 ☑ 불 량	인젝터 교환 후 재점검		

※ 단위가 누락되거나 틀린 경우는 오답으로 채점함.

1) ① 측정(또는 점검) : Ⓒ 측정값은 수검자가 멀티미터를 이용하여 측정한 값 "5.0Ω/20℃"를 기록하며, Ⓓ 규정(정비한계)값은 감독위원이 주어지거나 정비지침서에서 "14.5±0.7Ω/20℃"을 기록한다.
2) ② 판정 및 정비(또는 조치)사항 : Ⓔ 판정은 측정값이 규정(정비한계)값보다 낮으므로 "불량"에 ✔ 표시를 하며, Ⓕ 정비 및 조치할 사항은 인젝터 불량이므로 "인젝터 교환 후 재점검"으로 기록하고 그 외 고장은 아래 내용 중에 하나일 것이다.
   ㉮ 인젝터 저항이 적게 나오는 원인
   ・코일 내부 단락 – 인젝터 교환   ・코일과 단자 간 단락 – 인젝터 교환

5. 인젝터 코일의 저항 시험 현장 사진

1. 인젝터 커넥터 탈거 모습

감독위원의 지시에 따라 1번 인젝터의 커넥터를 탈거한 모습이다. 처음 분해하는 커넥터는 탈거가 쉽지는 않지만 시험장에 있는 것은 많은 연습관계로 쉽게 분리할 수 있다.

2. 실차에서의 측정하는 모습

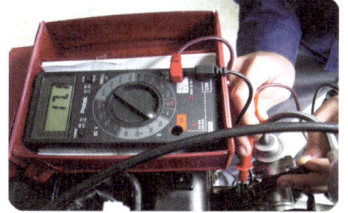

멀티 테스터를 이용하여 측정하고 있는 모습이다. 저항 측정에서는 테스트 리드를 어느 단자에 대고 측정하여도 상관은 없다. 다시 말해서 (+)와 (-) 구분이 없다는 것이다.

3. 단품 점검 모습

멀티 테스터를 이용하여 측정하고 있는 모습이다. 저항 측정에서는 테스트 리드를 어느 단자에 대고 측정하여도 상관은 없다. 다시 말해서 (+)와 (-) 구분이 없다는 것이다.

전기 3 점화 회로 점검

주어진 자동차에서 점화회로의 고장부분을 점검한 후 기록표에 기록·판정하시오.

1. 답안지 작성 방법 (점화 회로가 작동하지 않을 때)

전기 3 : 시험 결과 기록표 자동차 번호 : Ⓗ			Ⓐ 비번호		Ⓑ 감독위원 확인	
항 목	① 측정(또는 점검)		② 판정 및 정비(또는 조치)사항			Ⓖ 득 점
	Ⓒ 이상 부위	Ⓓ 내용 및 상태	Ⓔ 판정(□에 '✔' 표)	Ⓕ 정비 및 조치할 사항		
점화 회로	점화 코일 1차선 커넥터	탈거	□ 양 호 ☑ 불 량	점화 코일 1차선 커넥터 연결 후 재점검		

1) ① 측정(또는 점검) : Ⓒ 이상 부위는 수검자가 점화회로를 점검하고 작동되지 않는 이유 중 고장 난 부품 명칭인 "점화 코일 1차선 커넥터"를 기록하고, Ⓓ 내용 및 상태는 이상 부위의 상태인 "탈거"를 기록한다.
2) ② 판정 및 정비(또는 조치)사항 : Ⓔ 판정은 "불량"에 ✔ 표시를 하고 Ⓕ 정비 및 조치할 사항 란에는 "점화 코일 1차선 커넥터 연결 후 재점검"으로 기록하고 그 외 고장은 아래 내용 중에 하나일 것이다.

  ◆ 점화 회로가 작동하지 않는 원인 :
  · 점화 코일 1차선의 단선 – 점화코일 교환
  · 점화 코일 1차선 커넥터 탈거 – 점화 코일 1차선 커넥터 장착
  · 점화 코일 1차선 커넥터 불량 – 점화 코일 1차선 커넥터 교환
  · 점화 스위치 불량 – 점화 스위치 교환
  · 점화 라인 단선 – 점화 라인 연결
  · 점화 플러그 불량 – 점화 플러그 교환
  · CAS 커넥터 불량 – CAS 커넥터 교환
  · CPS 커넥터 불량 – CPS 커넥터 교환
  · CPS 커넥터 탈거 – CPS 커넥터 장착
  · 점화 코일 2차선의 단선 – 점화코일 교환
  · 파워 트랜지스터 불량 – 파워 트랜지스터 교환
  · 고압 배선 불량 – 고압 배선 교환
  · CAS커넥터 탈거 – CAS 커넥터 장착
  · CAS 불량 – CAS 교환
  · CPS 불량 – CPS 교환

2. 시험장에서는 ……

점화 회로를 점검할 때 실제 차량을 사용할 때도 있고 시뮬레이터를 사용할 경우도 있지만 모든 시험 문제가 그렇듯이 실제 차량 위주로 시험을 보는 추세이다. 차량 옆에나 측정 차량 유리에 "기동 및 점화 회로 점검"이라는 글씨가 보일 것이다. 운전석에서 키를 꽂고 시동을 걸어서 시동 여부를 확인한다. 분명히 시동이 걸리지 않을 것이다. 배선과 단품의 이상여부를 확인하고 고장일 경우 수리 또는 부품교환을 하고 시동을 걸어 감독위원에게 확인시키고 답안지를 작성하여 제출한다. 만약 불량인 부품은 감독위원에게 바꿔 달라고 하여 새것으로 장착한다.

3. 점화 회로 점검 현장사진

1. 메인 퓨즈 설치 모습

2. 메인 퓨즈 배치도 모습

3. 점화코일 / 케이블 분해상태

4. CKP 커넥터 연결 상태

5. CKP 커넥터 탈거 상태

6. CPS 커넥터 연결 상태

7. CPS 커넥터 탈거 상태

8. ST단자 커넥터 연결 상태

9. ST단자 커넥터 탈거 상태

10. 엘란트라 점화 코일 모습

11. DLI 방식 점화 코일 모습

12. DIS 방식 점화 코일 모습
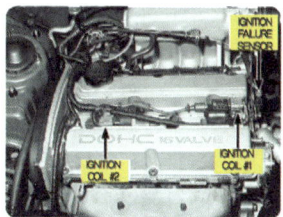

13. 점화회로 탈거 모습

14. 점화 플러그 간극 측정 모습

15. 점화 플러그 간극 조정 모습
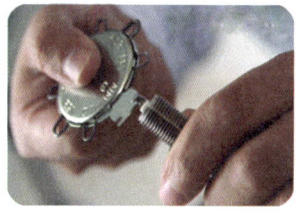

16. 점화 회로도 모습
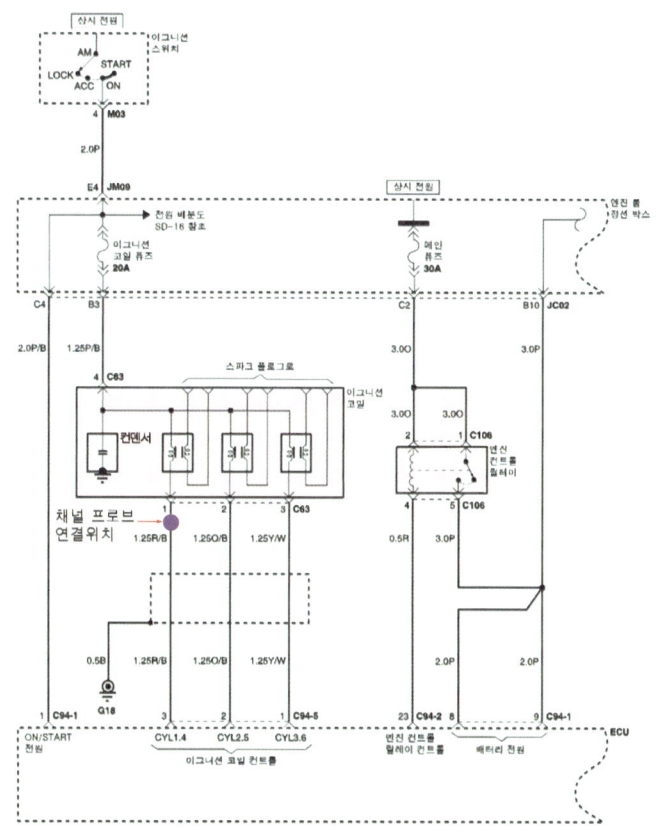

전기 4 전조등 광도측정

주어진 자동차에서 좌 또는 우측의 전조등 광도를 측정하고 기록표에 기록·판정하시오.

1. 답안지 작성 방법 (광도가 정상일 때)

전기 4 : 시험 결과 기록표
자동차 번호 : ❶

Ⓐ 비번호		Ⓑ 감독위원 확 인	
① 측정(또는 점검)			② 판정		Ⓖ 득점
Ⓒ 구분	측정 항목	Ⓓ 측정값	Ⓔ 기준값	Ⓕ 판정(□에 '✔'표)	
□에 '✔' 표 위치 : □ 좌 ✔ 우	광 도	17,000cd	3,000cd 이상	✔ 양 호 □ 불 량	

※ 측정 위치는 감독위원의 지정하는 위치에 □ 에 '✔' 표시함
※ 자동차검사기준 및 방법에 의하여 기록, 판정한다.

1) **비번호** : Ⓐ 비번호는 공단직원이 주는 등번호를 수검자가 기록한다.
2) **감독위원 확인** : Ⓑ 감독위원 확인란은 감독위원이 채점한 후에 도장을 찍는 부분으로 수검자는 기록하지 않는다.
3) **① 측정(또는 점검)** : Ⓒ 구분란은 감독위원이 지정한 위치 "우" ✔ 표시를 한다. Ⓓ 측정항목은 감독위원이 지정한 "광도"를 기록하며, Ⓔ 측정값은 수검자가 측정한 광도 "17,000cd"를 기록하며, Ⓕ기준값은 수검자가 검사 기준값 "3,000cd 이상"을 기록한다.(반드시 단위를 기입한다)
   ㉮ 구 분 : 위치 : □ 좌 ✔ 우
   ㉯ 측정값 : 측정 광도 : 17,000cd
   ㉰ 기준값 : 3,000cd 이상

※ 자동차 관리법 시행규칙의 등화장치(별표 15)
가) 변환빔의 광도는 3천 칸델라 이상일 것 : 좌·우측 전조등(변환빔)의 광도와 광도점을 전조등시험기로 측정하여 광도점의 광도 확인
나) 변환빔의 진폭은 10미터 위치에서 다음 수치 이내일 것 : 좌·우측 전조등(변환빔)의 컷오프선 및 꼭지점의 위치를 전조등시험기로 측정하여 컷오프선의 적정 여부 확인

좌	우
설치높이 ≤ 1.0m	설치 높이 > 1.0m
-0.5% ~ -2.5%	-1.0% ~ -3.0%

4) **② 판정** : Ⓖ 판정은 수검자가 측정한 값과 기준값을 비교하여 범위 내에 있으면 양호, 벗어나면 불량에 ✔ 표시를 한다.
   ㉮ 판정 : ·양호 : 기준값의 범위(3,000cd 이상)에 있을 때
          ·불량 : 기준값의 범위(3,000cd 미만)를 벗어났을 때
5) **득점** : Ⓗ 득점은 감독위원이 채점을 하고 점수를 기록하는 부분으로 수검자는 기록하지 않는다.
6) **자동차 번호** : Ⓘ 측정하는 자동차 번호를 수검자가 기록한다.

2. 시험장에서는 ……

헤드라이트의 광도와 광축 측정은 엔진의 시동을 걸고 측정하여야 옳으나 시험장에서는 안전을 위하여 엔진이 정지된 상태에서 측정하는 경우가 많다. 감독위원이 좌측이나 우측을 지정하여 주는 곳을 측정하는데 좌, 우는 운전석에 앉아서 좌측과 우측임을 잊지 말아야 한다. 측정하기 전에 조건이(타이어의 공기압, 배터리 성능, 바닥의 수평 상태 등) 맞는지 확인하고 헤드라이트의 유리를 깨끗한 걸레로 닦아서 측정값이 정확하게 나오도록 하여야 한다. 측정은 상향등 상태에서 측정하여야 하며, 차량은 공회전(단, 광도 측정시 2,000rpm), 공차 상태,

운전자 1인 승차하여 측정하여야 한다. 보조원이 운전석에 앉아서 라이트를 조작하여 주는 경우도 있으나 대부분은 운전자가 탑승하지 않은 상태에서 측정한다. 근래에 생산된 차량은 헤드라이트 조작이 키 스위치를 넣어야지만 가능하도록 되어 있으므로 참고 하기 바란다.

3. 답안지 작성 방법 (광도가 불량일 때)

전기 4 : 시험 결과 기록표
자동차 번호 : ❶ ／ Ⓐ비 번호 ／ Ⓑ감독위원 확인

Ⓒ구분	① 측정(또는 점검)			② 판정	Ⓗ득 점
	Ⓓ측정 항목	Ⓔ측정값	Ⓕ기준값	Ⓖ판정(□에 '✔' 표)	
□에 '✔' 표 위치 : □ 좌 ☑ 우	광 도	2,800cd	3,000cd 이상	□ 양 호 ☑ 불 량	

※ 측정 위치는 감독위원의 지정하는 위치에 □ 에 '✔' 표시함.
※ 자동차검사기준 및 방법에 의하여 기록, 판정한다.

1) ① 측정(또는 점검) : Ⓒ 구분란은 감독위원이 지정한 위치 "우"에 ✔ 표시를 한다. Ⓓ 측정항목은 감독위원이 지정한 "광도"를 기록하며, Ⓔ 측정값은 수검자가 측정한 광도 "2,800cd"를 기록하며, Ⓕ기준값은 수검자가 검사 기준값 "3,000cd 이상"을 기록한다.(반드시 단위를 기입한다)
   ㉮ 구 분 : 위치 : □ 좌 ☑ 우
   ㉯ 측정값 : 측정 광도 : 2,800cd
   ㉰ 기준값 : 3,000cd 이상

2) ② 판정 : Ⓖ 판정은 수검자가 측정한 값과 기준값을 비교하여 범위 내에 있으면 양호, 벗어나면 불량에 ✔ 표시를 한다.
   ㉮ 판정 : ・양호 : 기준값의 범위(3,000cd 이상)에 있을 때
              ・불량 : 기준값의 범위(3,000cd 미만)를 벗어났을 때
   ◆ 헤드라이트 광도 낮은 원인
     ・헤드라이트 반사경의 불량 – 헤드라이트 어셈블리 교환
     ・헤드라이트 전구의 불량 – 교환
     ・배터리의 방전 – 충전 또는 교환

4. 전조등 점검 현장 사진

1. 시뮬레이터로 측정 준비된 모습

실제 차량으로 전조등 시험을 하는 경우도 있지만 시뮬레이터를 이용한 방법도 있다.

2. 헤드라이트 탈거 모습

헤드라이트 탈거 모습이다. 모닝 차량이며 T렌치를 사용하고 있다.

3. 광축 조정 나사 모습

탈착된 헤드라이트에서 ①번은 상하 조정나사 ②번은 좌우 조정나사이다.

엔진 1 　캠축의 휨 점검

주어진 DOHC 가솔린 엔진에서 실린더 헤드와 캠축을 탈거(감독위원에게 확인)하고 감독위원의 지시에 따라 기록표의 내용대로 기록·판정한 후 다시 조립하시오.

1. 답안지 작성 방법 (캠축의 휨이 정상일 때)

엔진 1 : 시험 결과 기록표　　엔진 번호 : ⓗ　　　　Ⓐ 비번호　　　　Ⓑ 감독위원 확인

항 목	① 측정(또는 점검)		② 판정 및 정비(또는 조치)사항		Ⓖ 득점
	Ⓒ 측 정 값	Ⓓ 규정(정비한계)값	Ⓔ 판정(□에 '✔'표)	Ⓕ 정비 및 조치할 사항	
캠축 휨	0.01mm	0.03mm 이하	☑ 양 호 □ 불 량	정비 및 조치할 사항 없음	

※ 단위가 누락되거나 틀린 경우는 오답으로 채점함.

1) **비번호** : Ⓐ 비번호는 공단직원이 주는 등번호를 수검자가 기록한다.
2) **감독위원 확인** : Ⓑ 감독위원 확인란은 감독위원이 채점한 후에 도장을 찍는 부분으로 수검자는 기록하지 않는다.
3) **① 측정(또는 점검)** : Ⓒ 측정값은 수검자가 측정한 값인 "0.01mm"을 기록하고, Ⓓ 규정(정비한계)값은 감독위원이 주어진 값이나 또는 정비지침서를 보고 "0.03mm 이하"를 기록한다.(반드시 단위를 기입한다)
　㉮ 측정값 : 0.01mm　　㉯ 규정(정비한계)값 : 0.03mm 이하

【 차종별 캠축의 휨 규정값(mm) 】

차　　종		캠축의 휨(2,4번 저널)	캠축의 휨(3번 저널)	비고
아반떼 XD(2006)	G 1.6 DOHC	–	–	대부분의 차량에서 캠축의 휨이 규정되어 있지는 않으나 일반적으로 한계값은 0.03mm를 두고 있는 것으로 하여 검정을 진행하고 있음.
	G 2.0 DOHC	–	–	
	D 1.5 TCI-U	–	–	
아반떼 HD(2010)	G 1.6 DOHC	–	–	
	G 2.0 DOHC	–	–	
	D 1.6 TCI-U	–	–	
NF 쏘나타	G 2.0 DOHC	–	–	
	G 2.4 DOHC	–	–	
	L 2.0 DOHC	–	–	
	D 2.0 TCI-D	0.035	0.050	
K5(2011)	G 2.0 DOHC	–	–	
	G 2.4 GDI	–	–	
	L 2.0 DOHC	–	–	
모닝(2011)	G 1.0 SOHC	–	–	
	L 1.0 SOHC	–	–	

4) **② 판정 및 정비(또는 조치)사항** : Ⓔ 판정은 수검자가 측정한 값과 정비한계 값을 비교하여 한계값 범위 내에 있으면 양호, 벗어나면 불량에 ✔표시를 하며, Ⓕ 정비 및 조치할 사항 란에는 고장부품과 정비 방법을 기록한다.
　㉮ 판정 : ・양호 : 규정(정비한계)값 이하일 때
　　　　　・불량 : 규정(정비한계)값 이상일 때
　㉯ 정비 및 조치할 사항 : 캠축 휨이 규정값 범위에 있으므로 "정비 및 조치할 사항 없음"을 기록한다.
5) **득점** : Ⓖ 득점은 감독위원이 채점을 하고 점수를 기록하는 부분으로 수검자는 기록하지 않는다.
6) **엔진 번호** : ⓗ 측정하는 엔진 번호를 수검자가 기록한다.

2. 시험장에서는 ……

① **실린더 헤드 탈거·조립** : 작업대 위나 엔진 스탠드에 분해 조립용 엔진이 준비되어 있고 때에 따라서는 실린더 헤드만 조립되어 있는 경우도 있다. 먼저 분해하기 전에 준비하여간 걸레로 작업대를 깨끗이 닦는다. 그리고

걸레를 작업대 위에 넓게 펴서 깔고 그 위에 분해한 부품을 올려놓는다. 모든 분해 조립이 그렇지만 부품을 떨어트린다든지 공구를 들고 놓는데 소리가 심하게 난다든지 하면 안전관리에 소홀함이 있는 것처럼 보인다. 캠축은 흡기와 배기가 표시되어 있어서 바뀌지 않도록 조립한다.

② **캠축의 휨 측정** : 대부분 캠축과 다이얼 게이지가 설치되어 있다. 가서 측정만 하면 된다. 아마 0점을 조정하기가 쉽지 않을 것이다. 손만 대면 바늘이 움직이고…… 그냥 그 상태에서 가리키는 눈금을 0점으로 잡고 측정하는 것이 옳을 것이다. 측정값이 많지는 않다. 좌우로 움직인 값을 더하여 둘로 나누면 휨 값이다. 정비 및 조치사항은 캠축 교환이다. 수정은 불가능하므로……

3. 답안지 작성 방법 (캠축의 휨이 클 때)

엔진 1 : 시험 결과 기록표
엔진 번호 : ❶

항목	① 측정(또는 점검)		② 판정 및 정비(또는 조치)사항		❻ 득점
	❸ 측 정 값	❹ 규정(정비한계)값	❺ 판정(□에 '✔'표)	❺ 정비 및 조치할 사항	
캠축 휨	0.15mm	0.03mm 이하	□ 양 호 ☑ 불 량	캠축 교환 후 재점검	

※ 단위가 누락되거나 틀린 경우는 오답으로 채점함.

1) ① **측정(또는 점검)** : ❸ 측정값은 수검자가 측정한 값 "**0.15mm**"를 기록하고, ❹ 규정(정비한계)값은 감독위원이 주어진 값이나 또는 정비지침서를 보고 "**0.03mm 이하**"를 기록한다. (반드시 단위를 기입한다)
2) ② **판정 및 정비(또는 조치)사항** : ❺ 판정은 수검자가 측정한 값과 규정(정비한계)값을 비교하여 한계값 범위 내를 벗어났으므로 "**불량**"에 ✔표시를 하며, ❺ 정비 및 조치할 사항 란에는 **캠축 교환 후 재점검**을 기록한다.

4. 답안지 작성 방법 (캠축의 휨이 없을 때)

엔진 1 : 시험 결과 기록표
엔진 번호 : ❶

항목	① 측정(또는 점검)		② 판정 및 정비(또는 조치)사항		❻ 득점
	❸ 측 정 값	❹ 규정(정비한계)값	❺ 판정(□에 '✔'표)	❺ 정비 및 조치할 사항	
캠축 휨	0.0mm	0.03mm 이하	☑ 양 호 □ 불 량	정비 및 조치할 사항 없음	

※ 단위가 누락되거나 틀린 경우는 오답으로 채점함.

1) ① **측정(또는 점검)** : ❸ 측정값은 수검자가 측정한 값 "**0.0mm**"를 기록하고, ❹ 규정(정비한계)값은 감독위원이 주어진 값이나 또는 정비지침서를 보고 "**0.03mm 이하**"를 기록한다. (반드시 단위를 기입한다)
2) ② **판정 및 정비(또는 조치)사항** : ❺ 판정은 수검자가 측정한 값과 규정(정비한계) 값을 비교하여 범위 내에 있으므로 "**양호**"에 ✔표시를 하며, ❺ 정비 및 조치할 사항 란에는 "**정비 및 조치사항 없음**"을 기록한다.

5. 답안지 작성 방법 (캠축의 휨이 클 때)

엔진 1 : 시험 결과 기록표
엔진 번호 : ❶

항목	① 측정(또는 점검)		② 판정 및 정비(또는 조치)사항		❻ 득점
	❸ 측 정 값	❹ 규정(정비한계)값	❺ 판정(□에 '✔'표)	❺ 정비 및 조치할 사항	
캠축 휨	0.3mm	0.03mm 이하	□ 양 호 ☑ 불 량	캠축 교환 후 재점검	

※ 단위가 누락되거나 틀린 경우는 오답으로 채점함.

1) ① **측정(또는 점검)** : ❸ 측정값은 수검자가 측정한 값 "**0.3mm**"를 기록하고, ❹ 규정(정비한계)값은 감독위원이 주어진 값이나 또는 정비지침서를 보고 "**0.03mm 이하**"를 기록한다. (반드시 단위를 기입한다)
2) ② **판정 및 정비(또는 조치)사항** : ❺ 판정은 수검자가 측정한 값과 규정(정비한계)값을 비교하여 한계값을 벗어났으므로 "**불량**"에 ✔표시를 하며, ❺ 정비 및 조치할 사항 란에는 "**캠축 교환 후 재점검**"을 기록한다.

엔진 3 엔진 센서(액추에이터) 점검(자기진단)

11안 주어진 자동차에서 가솔린 엔진의 연료 펌프를 탈거(감독위원에게 확인)한 후 다시 조립하고 감독위원의 지시에 따라 진단기(스캐너)를 사용하여 엔진의 각종 센서(액추에이터) 점검 후 고장부분을 기록하시오.

1. 답안지 작성 방법 (WTS의 커넥터 탈거일 때)

엔진 3 : 시험 결과 기록표
　　　　　자동차 번호 : ❶

항 목	① 측정(또는 점검)			② 고장 및 정비(또는 조치) 사항		❽득 점
	❸ 고장부위	❹ 측정값	❺ 규정값	❻ 고장 내용	❼ 정비 및 조치 사항	
센서(액추에이터) 점검	WTS	0V/20℃	3.2~3.6V/20℃	커넥터 탈거	커넥터 연결, 기억소거 후 재점검	

❷ 감독위원 확 인　　❶ 비번호

※ 단위가 누락되거나 틀린 경우는 오답으로 채점함

1) **비번호** : ❶ 비번호는 공단직원이 주는 등번호를 수검자가 기록한다.
2) **감독위원 확인** : ❷ 감독위원 확인란은 감독위원이 채점한 후에 도장을 찍는 부분으로 수검자는 기록하지 않는다.
3) **① 측정(또는 점검)** : ❸ 고장부위는 수검자가 스캐너로 자기진단 화면창에 나타난 "WTS"를 기록하고, ❹ 측정값은 센서 출력 화면에서 측정한 값 "0V / 20℃"를 기록한다. ❺ 규정값은 스캐너 정보화면에서 얻거나 감독위원이 주어진 "3.2~3.6V / 20℃"를 기록한다.
   - ㉮ 고장부위 : WTS　　㉯ 측정값 : 0V/20℃
   - ㉰ 규정값 : 3.2~3.6V/20℃
4) **② 고장 및 정비(또는 조치)사항** : ❻ 고장 내용에는 수검자가 점검한 내용인 "커넥터 탈거"를 기록하고 ❼ 조치사항에는 "커넥터 연결 기억소거 후 재검"을 기록한다.
   - ㉮ 고장 내용 : 커넥터 탈거
   - ㉯ 조치 사항 : 커넥터 연결, 기억소거 후 재점검
5) **득점** : ❽ 득점은 감독위원이 채점을 하고 점수를 기록하는 부분으로 수검자는 기록하지 않는다.
6) **자동차 번호** : ❶ 측정하는 자동차 번호를 수검자가 기록한다.

【 차종별 WTS의 규정값 】

항　　목	쏘나타Ⅱ/ 뉴그랜저 2.0D	마르샤 2.0 DOHC	쏘나타Ⅲ SOHC/DOHC	아토스
냉각수온 센서 (WTS)	• 3.2~3.6V/20℃ • 2.4~3.0V/40℃ • 1.0~1.5V/80℃	• 2.4~2.8V/20℃ • 1.6~2.0V/40℃ • 0.5~0.9V/80℃	• 3.2~3.6V/20℃ • 2.4~3.0V/40℃ • 1.0~1.5V/80℃	• 3.44V/20℃ • 2.72V/40℃ • 1.25V/80℃

2. 시험장에서는 ……

분해 조립용 엔진과 측정용 차량(또는 엔진 튠업)이 따로 있어서 분해 조립이 끝나면 감독위원으로부터 답안지를 받고 전자제어 진단기(스캐너)를 측정용 차량에 설치하고 전자제어 엔진의 고장부분을 점검한 후 답안지를 작성하여 감독위원에게 제출한다. 일부이긴 하나 전자제어 차량에 진단기(스캐너)가 설치되어 있는 것을 그대로 측정하기도 한다. 시험장이나 시험일에 따라 Hi-scan pro, Hi-DS scaner 등이 설치되어 있다. 사용법이 약간에 차이는 있으나 한 가지만 능수능란하게 다룰 수 있는 능력만 있다면 응용이 가능하다. 답안지 항목에서 ❸, ❹, ❺란은 스캐너에서 측정 및 찾아서 기입하지만, ❻란은 수검자가 측정차량을 눈으로 보고 기록하며, ❼란은 정비 방법을 서술한다.

3. 답안지 작성 방법 (WTS가 과거 기억소거 불량일 때)

항목	① 측정(또는 점검)			② 고장 및 정비(또는 조치) 사항		❶ 득 점
엔진 3 : 시험 결과 기록표 자동차 번호 : ❶ / ❹ 비번호 / ❺ 감독위원 확 인						
	❸ 고장부위	❹ 측정값	❺ 규정값	❻ 고장 내용	❼ 정비 및 조치 사항	
센서(액추에이터) 점검	WTS	2.4V/20℃	3.2~3.6V/20℃	과거 기억소거 불량	기억소거 후 재점검	

※ 단위가 누락되거나 틀린 경우는 오답으로 채점함

1) ① 측정(또는 점검) : ❸ 고장부위는 수검자가 스캐너로 자기진단 화면창에 나타난 "WTS"를 기록하고, ❹ 측정값은 센서 출력 화면에서 측정한 값 "2.4V/ 20℃"를 기록한다. ❺ 규정값은 스캐너 정보화면에서 얻거나 감독위원이 주어진 "3.2~3.6V / 20℃"를 기록한다.

2) ② 고장 및 정비(또는 조치)사항 : ❻ 고장 내용에는 수검자가 점검한 내용으로 "과거 기억소거 불량"을 기록한다. ❼ 조치사항에는 "기억소거 후 재점검"을 기록한다.

4. 답안지 작성 방법 (WTS가 센서 불량일 때)

항목	① 측정(또는 점검)			② 고장 및 정비(또는 조치) 사항		❶ 득 점
엔진 3 : 시험 결과 기록표 자동차 번호 : ❶ / ❹ 비번호 / ❺ 감독위원 확 인						
	❸ 고장부위	❹ 측정값	❺ 규정값	❻ 고장 내용	❼ 정비 및 조치 사항	
센서(액추에이터) 점검	WTS	4.8V/20℃	3.2~3.6V/20℃	센서 불량	센서 교환 기억소거 후 재점검	

※ 단위가 누락되거나 틀린 경우는 오답으로 채점함

1) ① 측정(또는 점검) : ❸ 고장부위는 수검자가 스캐너로 자기진단 화면창에 나타난 "WTS"를 기록하고, ❹ 측정값은 센서 출력 화면에서 측정한 값 "4.8V/ 20℃"를 기록한다. ❺ 규정값은 스캐너 정보화면에서 얻거나 감독위원이 주어진 "3.2~3.6V / 20℃"를 기록한다.

2) ② 고장 및 정비(또는 조치)사항 : ❻ 고장 내용에는 수검자가 점검한 내용으로 "센서 불량"을 기록한다. ❼ 조치사항에는 "센서 교환, 기억소거 후 재점검"을 기록한다.

5. 답안지 작성 방법 (WTS가 센서 불량일 때)

항목	① 측정(또는 점검)			② 고장 및 정비(또는 조치) 사항		❶ 득 점
엔진 3 : 시험 결과 기록표 자동차 번호 : ❶ / ❹ 비번호 / ❺ 감독위원 확 인						
	❸ 고장부위	❹ 측정값	❺ 규정값	❻ 고장 내용	❼ 정비 및 조치 사항	
센서(액추에이터) 점검	WTS	0V/20℃	3.2~3.6V/20℃	센서 불량	센서 교환 기억소거 후 재점검	

※ 단위가 누락되거나 틀린 경우는 오답으로 채점함

1) ① 측정(또는 점검) : ❸ 고장부위는 수검자가 스캐너로 자기진단 화면창에 나타난 "WTS"를 기록하고, ❹ 측정값은 센서 출력 화면에서 측정한 값 "0V/ 20℃"를 기록한다. ❺ 규정값은 스캐너 정보화면에서 얻거나 감독위원이 주어진 "3.2~3.6V / 20℃"를 기록한다.

2) ② 고장 및 정비(또는 조치)사항 : ❻ 고장 내용에는 수검자가 점검한 내용으로 "센서 불량"을 기록한다. ❼ 조치사항에는 "센서 교환, 기억소거 후 재점검"을 기록한다.

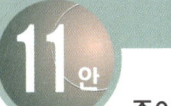

엔진 4 디젤 매연 측정

주어진 자동차에서 기록표에 제시된 내용을 측정하고 기록·판정하시오.

1. 답안지 작성 방법

엔진 4 : 시험 결과 기록표
자동차 번호 : **Ⓚ**

Ⓐ비 번호						**Ⓑ**감독위원 확 인		**Ⓙ**득 점
① 측정(또는 점검)					② 판정			
Ⓒ차종	**Ⓓ**연식	**Ⓔ**기준값	**Ⓕ**측정값	**Ⓖ** 측정	**Ⓗ**산출근거(계산)기록	**Ⓘ**판정(□에 '✔' 표)		
승용 자동차	2014년	40% 이하	45%	1회 : 45% 2회 : 43% 3회 : 47%	$\frac{45+43+47}{3}=45\%$	□ 양 호 ☑ 불 량		

※ 감독위원이 제시한 자동차등록증(또는 차대번호)을 활용하여 차종 및 연식을 적용합니다.
※ 매연 농도를 산술 평균하여 소수점 이하는 버림 값으로 기입합니다.
※ 자동차 검사기준 및 방법에 의하여 기록, 판정합니다.　　※ 측정 및 판정은 무부하 조건으로 합니다.

1) **비번호** : **Ⓐ** 비번호는 공단직원이 주는 등번호를 수검자가 기록한다.
2) **감독위원 확인** : **Ⓑ** 감독위원 확인란은 감독위원이 채점한 후에 도장을 찍는 부분으로 수검자는 기록하지 않는다.
3) **① 측정(또는 점검)** : **Ⓒ**와 **Ⓓ** 차종과 연식란은 주어진 "자동차 등록증"을 보고 수검자가 기록하며, **Ⓔ** 기준값은 수검자가 등록증의 "차대번호 10번째 자리"의 연식을 보고 운행 차량의 "배출 허용 기준값"을 기록한다 **Ⓕ** 측정값은 수검자가 3회 측정한 값의 "평균값에서 소수점 이하 버리고" 기록하며, **Ⓖ** 측정란은 수검자가 3회 측정한 값을 기록한다.
　㉮ 차종 : 승용 자동차　　　㉯ 연식 : 2014년
　㉰ 기준값 : 20% 이하　　　㉱ 측정값 : 45%
　㉲ 측정 – 1회 : 45%, 2회 : 43%, 3회 : 47%
4) **② 판정 및 정비(또는 조치)사항** : **Ⓗ** 산출근거(계산)기록은 수검자가 3회 측정하여 평균값을 산출한 계산식을 기록하며, **Ⓘ** 판정은 수검자가 측정한 값과 기준값을 비교하여 범위 내에 있으면 양호, 벗어나면 불량에 ✔ 표시를 한다.
　㉮ 산출근거(계산)기록 : $\frac{45+43+47}{3}=45\%$
　㉯ 판정 : ·양호 – 기준값의 범위에 있을 때　·불량 – 기준값을 벗어났을 때
5) **득점** : **Ⓙ** 득점은 감독위원이 채점을 하고 점수를 기록하는 부분으로 수검자는 기록하지 않는다.
6) **자동차 번호** : **Ⓚ** 측정하는 자동차 번호를 수검자가 기록한다.

【 차종별 / 연도별 매연 허용 기준값 】

차　종		제작일자	매　연
경자동차 및 승용자동차		1995년 12월 31일이전	60% 이하
		1996년 1월 1일부터 2000년 12월 31일까지	55% 이하
		2001년 1월 1일부터 2003년 12월 31일까지	45% 이하
		2004년 1월 1일부터 2007년 12월 31일까지	40% 이하
		2008년 1월 1일 이후	20% 이하
승합· 화물· 특수 자동차	소형	1995년 12월 31일 이전	60% 이하
		1996년 1월 1일부터 2000년 12월 31일까지	55% 이하
		2001년 1월 1일부터 2003년 12월 31일까지	45% 이하
		2004년 1월 1일부터 2007년 12월 31일까지	40% 이하
		2008년 1월 1일 이후	20% 이하

차 종		제작일자		매 연
승합·화물·특수자동차	중·대형	1992년 12월 31일 이전		60% 이하
		1993년 1월 1일부터 1995년 12월 31일까지		55% 이하
		1996년 1월 1일부터 1997년 12월 31일까지		45% 이하
		1998년 1월 1일부터 2000년 12월 31일까지	시내버스	40% 이하
			시내버스 외	45% 이하
		2001년 1월 1일부터 2004년 9월 30일까지		45% 이하
		2004년 10월 1일부터 2007년 12월 31일까지		40% 이하
		2008년 1월 1일 이후		20% 이하

비고 1. 휘발유사용자동차는 휘발유·알코올 및 가스(천연가스를 포함한다)를 혼합하여 사용하는 자동차를 포함한다.
      2. 알코올만을 사용하는 자동차는 위 표의 배엔진 탄화수소 기준을 적용하지 아니한다.
      3. 경유사용 자동차는 경유와 가스를 혼합하여 사용하거나 병용하는 자동차를 포함한다.
      4. 적용기간은 자동차의 제작일자(수입자동차의 경우에는 통관일자를 말한다)를 기준으로 한다.
      5. 휘발유 또는 가스를 연료로 사용하는 다목적형 승용차 및 8인승 이하의 승합차는 소형화물차의 기준을 적용한다.
      6. 매연란 중 ( )안의 기준은 제87조 제1항 단서의 규정에 의하여 비디오카메라를 사용하여 점검할 때 적용한다.

2. 시험장에서는 ……

매연을 측정하는 곳에 오면 디젤 엔진이 "웅웅" 거리면서 돌아가고 테스터기가 앞에 놓여 있을 것이다. 겨울에도 이 시험장에서는 출입문을 열어 놓아서 매연이 실습장 안에 고이지 않도록 하여야 하니 감독위원이나 수검자는 고생이 많은 곳이다. 먼저 감독위원과 상견례를 하여야 하니 "안녕하십니까? 크게 인사를 하고 답안지를 받아서 책상 위에 놓고 테스터기를 연결한다. 순서에 맞추어서 측정한 후 답안지를 작성하는데 아마 자동차의 연식이 주어져 있으며, 규정값과 한계값은 검사기준이라 본인이 꼭 외워야 한다. 일부 검사장에서는 측정한 검출지를 답안지에 첨부하여야 한다.

3. 매연 측정 현장사진(영등포 문래 자동차 검사소 제공)

1. 실린더 세팅 모습

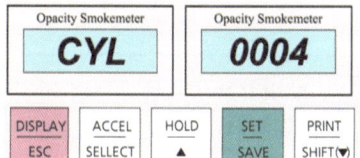

SET 키를 누르면 설정 모드로 이동하며, 순차적으로 CAL-YEAR-TIME-HOLD-PRT-CYL-VERSION-TEST-BT-R로 이동한다.

2. 프로브 연결 모습

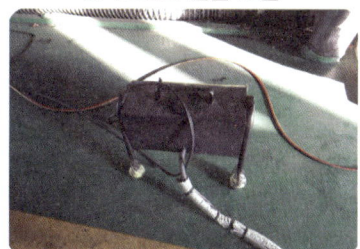

뒤쪽에 있는 프로브 호스를 배기가스 배출구에 끼워 넣는다.

3. 1차 측정 모습

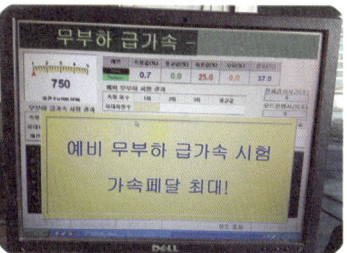

예비 무부하 급가속 시험 모드에서 가속 페달을 최대로 밟는다.

4. 1차 측정 중인 모습

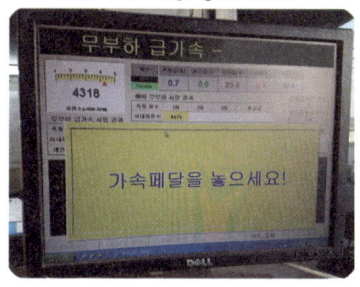

4318rpm에서 측정이 완료된 상태이며, 가속페달을 놓으라고 화면에 나타난다.

5. 3차 측정 모습

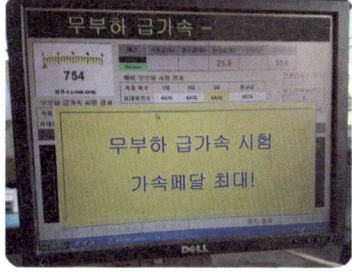

무부하 급가속 시험 모드에서 3번째 측정하기 위해 가속페달을 최대로 밟는다.

6. 3차 측정 모습

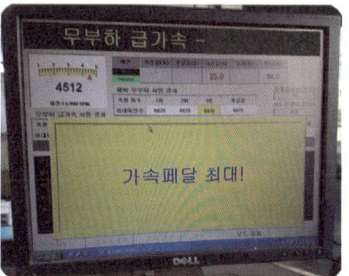

가속 페달을 최대로 밟아 4512 rpm에서 측정하고 있는 모습이다.

※ 제작사별 차대번호 표기방식

① 현대 자동차 차대번호의 표기 부호(쏘나타 2014)

※ 차대번호 형식(VIN : Vehicle Identification Number)

K	M	H	E	U	4	1	V	P	E	A	1	2	3	4	5	6
①	②	③	④	⑤	⑥	⑦	⑧	⑨	⑩	⑪	⑫	⑬	⑭	⑮	⑯	⑰

제작 회사군 / 자동차 특성군 / 제작 일련 번호군

① **K** : 국제배정 국적표시 – K : 한국, J : 일본, 1 : 미국.
② **M** : 제작사를 나타내는 표시 – M : 현대, L : 대우, N : 기아, P : 쌍용 자동차.
③ **H** : 자동차 종별 표시 – H : 승용, 다목적용, F : 화물9밴), J : 승합, C : 특장–승합, 화물.
④ **E** : 차종 – E : NF 쏘나타.
⑤ **U** : 세부차종 – L : 스탠다드(Standard), T : 디럭스(Deluxe, GL), U : 슈퍼 디럭스(Super Deluxe, GLS),
　　　　　　　　　　V : 그랜드 사롱(GDS), W : 슈퍼 그랜드 사롱(HGS).
⑥ **4** : 차체형상 – 4 : 세단 4도어.
⑦ **1** : 안전장치 – 1 : 운전석/ 동승석–액티브(Active) 시트벨트,
　　　　　　　　　 2 : 운전석/ 동승석–패시브(Passive) 시트벨트, 0 : None.
⑧ **V** : 엔진형식 – V : 2.0 디젤.
⑨ **P** : 운전석 방향 및 변속기 – P : LHD(왼쪽 운전석), R : RHD(오른쪽 운전석).
⑩ **4** : 제작년도 – 알파벳 I, O, Q, U, Z와 숫자 0을 제외한 ABCDEFGHJKLMNPRSTVWXY와 123456789를 순서
　　　　　　　　 로 사용한다. 1 : 2001, 2 : 2002, 3 : 2003, 4 : 2004, 5 : 2005 …… A : 2010, B : 2011, C : 2012, D : 2013,
　　　　　　　　 E : 2014, F : 2015, G : 2016, H : 2017, J : 2018, K : 2019, L : 2020, M : 2021, N : 2022, P : 2023……
⑪ **A** : 공장 기호 – C : 전주공장, U : 울산공장, M : 인도공장, Z : 터키공장, A : 아산공장
⑫~⑰ **123456** : 차량 생산 일련 번호

② 현대 자동차 등록증(쏘나타 2004년)

자동차등록증

제2014-006260호　　　　　　　　　　　　　　　　　최초 등록일 : 2014년 11월 08일

① 자동차 등록 번호	02소 2885	② 차　　종	중형승용	③ 용도	자가용
④ 차　　　　명	소나타(SONSTA)	⑤ 형식 및 년식	NF-20GL-D1		2014
⑥ 차 대 번 호	KMHEU41VPEA123456	⑦ 원동기 형식			
⑧ 사 용 본 거 지	경기도 양주시 광사동 313-4 ** 아파트***동 ***호				

소유자	⑨ 성명(명칭)	김광수	⑩ 주민(사업자) 등록번호	***117-*******
	⑪ 주　　　소	경기도 양주시 광사동 313-4 ** 아파트***동 -***호		

자동차 관리법 제8조등의 규정에 의하여 위와 같이 등록하였음을 증명합니다.

이것만은 꼭!!(※뒷면유의사항 필독)　　　　　　2014 년　11 월　08 일

- 법인 주소지(사용본거지), 상호변경 15일이내(최고 30만원)
- 정기검사:만료일 전·후 30일 이내(최고 30만원)
- 의무보험:만료이전가입(최고 10만원~100만원)
- 말소등록·폐차일로부터 1월이내(최고 50만원)
　위 사항을 위반시 과태료가 부과 되오니 주의바랍니다.

양 주 시 장

섀시 2 : 토(Toe) 점검

주어진 자동차에서 감독위원의 지시에 따라 토(toe)를 점검하여 기록·판정하시오.

1. 답안지 작성 방법(토가 정상일 때)

섀시 2 : 시험 결과 기록표 자동차 번호 : ❽			Ⓐ 비번호		Ⓑ 감독위원 확 인	
항 목	① 측정(또는 점검)		② 판정 및 정비(또는 조치)사항			Ⓖ 득 점
	Ⓒ 측 정 값	Ⓓ 규정(정비한계)값	Ⓔ 판정(□에 '✔' 표)	Ⓕ 정비 및 조치할 사항		
토(Toe)	In 2mm	0±3mm	✔ 양 호 □ 불 량	정비 및 조치할 사항 없음		

※ 단위가 누락되거나 틀린 경우는 오답으로 채점함.

1) 비번호 : Ⓐ 비번호는 공단직원이 주는 등번호를 수검자가 기록한다.
2) 감독위원 확인 : Ⓑ 감독위원 확인란은 감독위원이 채점한 후에 도장을 찍는 부분으로 수검자는 기록하지 않는다.
3) ① 측정(또는 점검) : Ⓒ 측정값은 수검자가 토(toe)를 측정한 값 "In 2mm"으로 기록하고, Ⓓ 규정(정비한계)값은 감독위원이 주어진 값이나 또는 정비지침서를 보고 "0±3mm" 기록한다.(반드시 단위를 기록한다)
　㉮ 측정값 : IN 2mm　　㉯ 규정(정비한계)값 : 0±3mm

【 차종별 토인 규정값(mm) 】

차　종		전륜 토인	후륜 토인	비고
아반떼 XD(2006)	G 1.6 DOHC G 2.0 DOHC D 1.5 TCI-U	0.09°±0.09°	2.5±1mm	
아반떼 HD(2010)	G 1.6 DOHC G 2.0 DOHC D 1.6 TCI-U	0°±0.2°	—	토인값이 정비 지침서에는 °로 나타내고 있으나 검정장에서는 일반적으로 0±3mm로 주어진다.
NF 쏘나타	G 2.0 DOHC G 2.4 DOHC L 2.0 DOHC D 2.0 TCI-D	0°±0.2°	0.4°±0.2°	
K5(2011)	G 2.0 DOHC G 2.4 GDI L 2.0 DOHC	0.16°±0.2°	0.17°±0.2°	
모닝(2011)	G 1.0 SOHC L 1.0 SOHC	0°±0.2°	0.4°±0.2°	

4) ② 판정 및 정비(또는 조치)사항 : Ⓔ 판정은 수검자가 측정한 값과 규정(정비한계)값을 비교하여 범위 내에 있으면 양호, 벗어나면 불량에 ✔ 표시를 하며, Ⓕ 정비 및 조치할 사항 란에는 고장부품과 정비 방법을 기록한다.
　㉮ 판정 : 양호 – 규정(정비한계)값 이내에 있을 때　　·불량 – 규정(정비한계)값을 벗어났을 때
　㉯ 정비 및 조치할 사항 : 양호하므로 "정비 및 조치사항 없음"으로 기록한다.
5) 득점 : Ⓖ 득점은 감독위원이 채점을 하고 점수를 기록하는 부분으로 수검자는 기록하지 않는다.
6) 자동차 번호 : ❽ 측정하는 자동차 번호를 수검자가 기록한다.

2. 시험장에서는 ……

토(toe)의 측정 방법은 사이드슬립 테스터나 토(toe) 게이지를 사용한다. 현장에서는 사이드슬립 테스터기를 이용하고 있으나 시험장에서는 토(toe) 게이지를 선호하고 있음은 수검자가 토(toe)의 정의를 확실하게 알고 있는가를 확인하기 위함이 아닌가 생각한다. 어느 것이던 측정할 수 있는 능력을 갖추어야 한다. 많은 수검자들이 측정을 하였기 때문에 타이어에는 백묵 자국 등이 많이 나올 것이다. 확인하기 어려우면 깨끗이 닦고 처음부터 다시 하는 것이 정확한 측정값을 얻는 지름길일 것이다.

3. 답안지 작성 방법 [토(Toe)가 클 때]

섀시 2 : 시험 결과 기록표
자동차 번호 : ㉮

항 목	① 측정(또는 점검)		② 판정 및 정비(또는 조치)사항		Ⓖ 득 점
	Ⓒ 측 정 값	Ⓓ 규정(정비한계)값	Ⓔ 판정(□에 '✔' 표)	Ⓕ 정비 및 조치할 사항	
토(Toe)	In − 6mm	0±3mm	□ 양 호 ☑ 불 량	타이로드 엔드를 시계방향으로 돌려 양쪽에서 조정 후 재점검	

※ 단위가 누락되거나 틀린 경우는 오답으로 채점함.

1) ① 측정(또는 점검) : Ⓒ 측정값은 수검자가 토(toe)를 측정한 값 "In−6mm"를 기록하며, Ⓓ 규정(정비한계)값은 감독위원이 주어진 값이나 또는 정비지침서를 보고 "0±3mm" 기록한다.(반드시 단위를 기록한다)
2) ② 판정 및 정비(또는 조치)사항 : Ⓔ 판정은 수검자가 측정한 값이 규정(정비한계)값을 넘었으므로 판정에는 "불량"에 ✔ 표시를 하며, Ⓕ 정비 및 조치할 사항 란에는 "타이로드 엔드를 시계방향으로 돌려 양쪽에서 조정 후 재점검"으로 기록한다.

4. 답안지 작성 방법 [토(Toe)가 작을 때]

섀시 2 : 시험 결과 기록표
자동차 번호 : ㉮

항 목	① 측정(또는 점검)		② 판정 및 정비(또는 조치)사항		Ⓖ 득 점
	Ⓒ 측 정 값	Ⓓ 규정(정비한계)값	Ⓔ 판정(□에 '✔' 표)	Ⓕ 정비 및 조치할 사항	
토(Toe)	Out − 8mm	0±3mm	□ 양 호 ☑ 불 량	타이로드 엔드를 반시계방향으로 돌려 양쪽에서 조정후 재점검	

※ 단위가 누락되거나 틀린 경우는 오답으로 채점함.

1) ① 측정(또는 점검) : Ⓒ 측정값은 수검자가 토(toe)를 측정한 값 "Out−8mm"를 기록하며, Ⓓ 규정(정비한계)값은 감독위원이 주어진 값이나 또는 정비지침서를 보고 "0±3mm" 기록한다.(반드시 단위를 기록한다)
2) ② 판정 및 정비(또는 조치)사항 : Ⓔ 판정은 수검자가 측정한 값이 규정(정비한계)값을 넘었으므로 판정에는 "불량"에 ✔ 표시를 하며, Ⓕ 정비 및 조치할 사항 란에는 "타이로드 엔드를 반시계방향으로 돌려 양쪽에서 조정후 재점검"을 기록한다.

5. 답안지 작성 방법 [토(Toe)가 없을 때]

섀시 2 : 시험 결과 기록표
자동차 번호 : ㉮

항 목	① 측정(또는 점검)		② 판정 및 정비(또는 조치)사항		Ⓖ 득 점
	Ⓒ 측 정 값	Ⓓ 규정(정비한계)값	Ⓔ 판정(□에 '✔' 표)	Ⓕ 정비 및 조치할 사항	
토(Toe)	0mm	0±3mm	☑ 양 호 □ 불 량	정비 및 조치사항 없음	

※ 단위가 누락되거나 틀린 경우는 오답으로 채점함.

1) ① 측정(또는 점검) : Ⓒ 측정값은 수검자가 토(toe)를 측정한 값 "0mm"를 기록하며, Ⓓ 규정(정비한계)값은 감독위원이 주어진 값이나 또는 정비지침서를 보고 "0±3mm" 기록한다.(반드시 단위를 기록한다)
2) ② 판정 및 정비(또는 조치)사항 : Ⓔ 판정은 수검자가 측정한 값이 규정(정비한계)값에 있으므로 판정에는 "양호"에 ✔ 표시를 하며, Ⓕ 정비 및 조치할 사항 란에는 "정비 및 조치사항 없음"을 기록한다.

섀시 4   자동변속기 자기진단

주어진 자동차에서 감독위원의 지시에 따라 진단기(스캐너)로 자동변속기를 점검하고 기록·판정하시오.

1. 답안지 작성 방법 (댐퍼 클러치 솔레노이드 밸브(DCCSV) 과거 기억소거 불량일 때)

섀시 4 : 시험 결과 기록표 자동차 번호 : ⓗ			Ⓐ 비번호		Ⓑ 감독위원 확 인	
항 목	① 측정(또는 점검)		② 판정 및 정비(또는 조치)사항			Ⓖ 득 점
	Ⓒ 이상 부위	Ⓓ 내용 및 상태	Ⓔ 판정(□에 '✔'표)	Ⓕ 정비 및 조치할 사항		
변속기 자기진단	댐퍼 클러치 솔레노이드 밸브 (DCCSV)	과거기억 소거 불량	□ 양 호 ☑ 불 량	과거기억 소거 후 재점검		

1) 비번호 : Ⓐ 비번호는 공단직원이 주는 등번호를 수검자가 기록한다.
2) 감독위원 확인 : Ⓑ 감독위원 확인란은 감독위원이 채점한 후에 도장을 찍는 부분으로 수검자는 기록하지 않는다.
3) ① 측정(또는 점검) : Ⓒ 이상부위 란에는 수검자가 스캐너의 자기진단 화면 창에 나타난 이상 부위인 "댐퍼 클러치 솔레노이드 밸브(DCCSV)"를 기록하고, Ⓓ 내용 및 상태 란에는 수검자가 점검한 이상 부위의 내용인 "과거기억 소거 불량"을 기록한다.
　㉮ 이상 부위 : 댐퍼 클러치 솔레노이드 밸브(DCCSV)
　㉯ 내용 및 상태 : 과거기억 소거 불량
4) ② 판정 및 정비(또는 조치)사항 : Ⓔ 판정은 수검자가 자기진단에서 정상이 아니면 "불량"에 ✔ 표시를 하며, Ⓕ 정비 및 조치할 사항 란에는 고장부품과 정비할 내용을 기록한다.
　㉮ 판정 : ·양호   자기진단에서 이상이 없을 때
　　　　　　·불량 : 자기진단에서 이상이 있을 때
　㉯ 정비 및 조치할 사항 : 과거 기억 불량이므로 "과거 기억 소거 후 재점검"을 기록한다.
5) 득점 : Ⓖ 득점은 감독위원이 채점을 하고 점수를 기록하는 부분으로 수검자는 기록하지 않는다.
6) 자동차 번호 : ⓗ란은 측정하는 자동차 번호를 수검자가 기록한다.

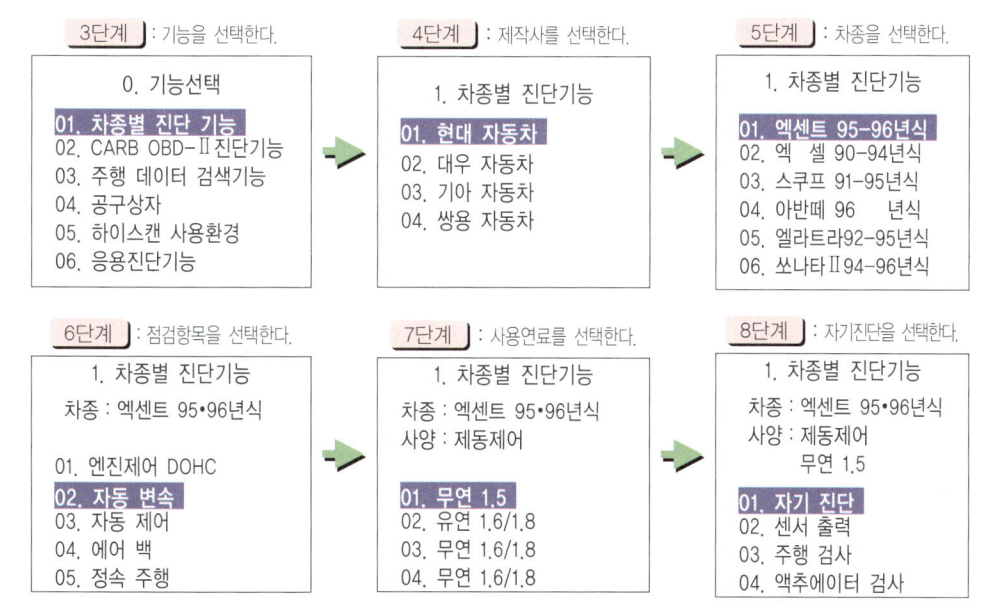

2. 답안지 작성 방법 (댐퍼 클러치 솔레노이드 밸브(DCCSV) 커넥터가 탈거일 때)

섀시 4 : 시험 결과 기록표 자동차 번호 : ⓗ			Ⓐ 비번호		Ⓑ 감독위원 확 인	
항 목	① 측정(또는 점검)		② 판정 및 정비(또는 조치)사항			Ⓖ 득 점
	Ⓒ 이상 부위	Ⓓ 내용 및 상태	Ⓔ 판정(□에 '✔'표)	Ⓕ 정비 및 조치할 사항		
변속기 자기진단	댐퍼 클러치 솔레노이드 밸브 (DCCSV)	커넥터 탈거	□ 양 호 ☑ 불 량	커넥터 연결 과거기억 소거 후 재점검		

1) ① 측정(또는 점검) : Ⓒ 이상부위 란에는 수검자가 스캐너의 자기진단 화면 창에 나타난 이상 부위인 "댐퍼 클러치 솔레노이드 밸브(DCCSV)"를 기록하고, Ⓓ 내용 및 상태 란에는 수검자가 점검한 이상 부위의 내용인 "커넥터 탈거"를 기록한다.

2) ② 판정 및 정비(또는 조치)사항 : Ⓔ 판정은 수검자가 자기진단에서 정상이 아니므로 "불량"에 ✔ 표시를 하며, Ⓕ 정비 및 조치할 사항 란에는 "커넥터 연결, 과거 기억소거 후 재점검"을 기록한다.

3. 자동변속기 자기진단 현장 사진

1. 자동변속 선택 모습

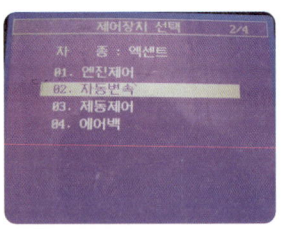

2. 자기진단 선택 모습

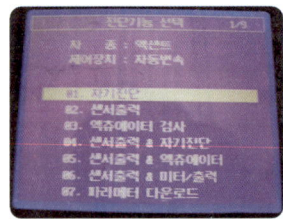

3. 자기진단 결과 모습

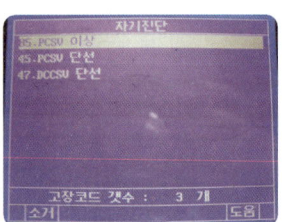

섀시 5 제동력 측정

주어진 자동차에서 감독위원의 지시에 따라 제동력을 측정하여 기록·판정하시오.

1. 답안지 작성 방법 (제동력이 정상일 때)

섀시 5 : 시험 결과 기록표
자동차 번호 : ❶

❶항 목	① 측정(또는 점검)				② 판정 및 조치사항			❽득 점
	구분	❹측정값	❺기준값		❻산출근거 및 제동력		❼판 정 (□에 '✓' 표)	
			편차	합	편차(%)	합(%)		
제동력 위치 (□에 '✓' 표) □ 앞 ☑ 뒤	좌	120kgf	8.0% 이내	20% 이상	편차 = $\frac{128-120}{524} \times 100$ = 1.52%	합 = $\frac{128+120}{524} \times 100$ = 47.32%	☑ 양 호 □ 불 량	
	우	128kgf						

Ⓐ 비 번 호   Ⓑ 감독위원 확 인

※ 측정 위치는 감독위원의 지정하는 위치에 □에 '✓' 표시합니다.
※ 측정값의 단위는 시험장비 기준으로 작성합니다.
※ 자동차검사기준 및 방법에 의하여 기록, 판정합니다.
※ 산출근거에는 단위를 기록하지 않아도 됩니다.

1) **비번호** : Ⓐ 비번호는 공단직원이 주는 등번호를 수검자가 기록한다.
2) **감독위원 확인** : Ⓑ 감독위원 확인란은 감독위원이 채점한 후에 도장을 찍는 부분으로 수검자는 기록하지 않는다.
3) **① 측정(또는 점검)** : ❶ 항목의 제동력 위치 란에는 감독위원이 지정하는 축인 "뒤"에 ✓ 표시를 하고, ❹ 측정값 란은 수검자가 제동력을 측정한 값인 좌는 "120kgf", 우는 "128kgf"을 기록하며, ❺ 기준값은 제동력 편차인 "8.0% 이내", 합인 "20% 이상"을 기록한다.
   ㉮ 측정값 : ・좌 - 120kgf ・우 - 128kgf   ㉯ 제동력 편차 : 8.0% 이내   ㉰ 제동력 합 : 20% 이상

【 차종별 중량 기준값 (대우) 】

항목 \ 차종	MAGNUS								
	2.0SOHC	2.0 DOHC		2.0(S)LPG	Eagle L6 2.0	L6 2.5	L6 2.5(클래식)	L6 2.5(이글)	
배기량(CC)	1,998	1,998	1,998	1,998	1,998	1,993	1,993	2,492	2,500	2,500
공차중량(kgf)	1,305	1,325	1,310	1,330	1,375	1,400	1,435	1,465	1,435	1,310
변속방식	M/T	A/T	M/T	A/T	A/T	A/T	A/T	A/T	A/T	A/T
연비(km/L)	13.1	11.1	12.6	9.5	9.0	9.5	9.5	9.1	9.1	13.6
에너지 등급	2	3	2	3	4	3	5	4	3	3

4) **② 판정 및 조치사항** : ❻ 산출근거 및 제동력은 공식에 대입하여 산출하는 계산식인 편차 "편차 = $\frac{128-120}{524} \times 100 = 1.52\%$"을, 합 "합 = $\frac{128+120}{524} \times 100 = 47.32\%$" 기록하며, ❼ 판정은 측정한 값과 기준값을 비교하여 범위를 벗어나므로 "불량"에 ✓ 표시를 한다.(후축중은 매그너스 2.0DOHC M/T 40% 인 1,310×0.4=524kgf으로 임의 설정함)
   ㉮ 편차 : $\frac{\text{좌,우제동력의 편차}}{\text{해당 축중}} \times 100 = \frac{128-120}{524} \times 100 = 1.52\%$ ㉯ 합 : $\frac{\text{좌,우제동력의 합}}{\text{해당 축중}} \times 100 = \frac{128+120}{524} \times 100 = 47.32\%$
   ㉰ 판정 : 제동력의 차와 제동력의 합이 기준값 범위에 있으므로 "양호"에 ✓ 표시를 한다.
5) **득점** : ❽ 득점은 감독위원이 채점을 하고 점수를 기록하는 부분으로 수검자는 기록하지 않는다.
6) **자동차 번호** : ❶ 측정하는 자동차 번호를 수검자가 기록한다.

2. 시험장에서는 ……

제동력 테스터기는 구형인 지침식을 보유하고 있는 시험장과 신형인 ABS COMBI를 보유하고 있는 곳이 있으나 수검자는 어느 것이나 측정할 수 있는 능력을 보유하여야 한다. 보유하고 있는 테스터기로 측정법을 숙지하는 것은 물론 다른 테스터기의 사용법도 책 등을 이용하여 습득하여야 한다. 감독위원으로부터 답안지를 받고 제동력 테스터기 앞에 서면 보조원이 기다리고 있다. 보조원은 대부분 그곳의 학생으로 자격증 취득자이거나 테스터기를 능숙난하게 다룰 수 있는 학생이다. 보조원은 운전석에 앉아서 수검자가 지시를 내려 주기만을 기다리고 있다. 수검자는 테스터기를 세팅하고 보조원에게 차량을 진입하도록 지시하고 리프트를 하강시키면 롤러가 회전한다.

보조원에게 "브레이크 밟으세요." 하고 지침이 최대로 올랐을 때 푸시 버튼을 눌러 눈금을 읽는다. 주어진 축중과 좌우 측정값을 기록하고 리프트를 올린 후 계산하여 답안지를 작성하여 제출한다.

3. 답안지 작성 방법 (제동력의 합은 정상이나 편차가 기준값을 넘었을 때)

섀시 5 : 시험 결과 기록표 자동차 번호 : ❶					Ⓐ 비 번호			Ⓑ감독위원 확 인	
① 측정(또는 점검)					② 판정 및 조치사항				
Ⓒ항 목	구분	Ⓓ측정값	Ⓔ기준값		Ⓕ산출근거 및 제동력		Ⓖ판 정 (□에 '✔' 표)		Ⓗ득 점
			편차	합	편차(%)	합(%)			
제동력 위치 (□에 '✔' 표) □ 앞 ☑ 뒤	좌	190kgf	8.0% 이내	20% 이상	편차 = $\frac{190-140}{524} \times 100$ = 9.54%	합 = $\frac{190+140}{524} \times 100$ = 62.97%	□ 양 호 ☑ 불 량		
	우	140kgf							

※ 측정 위치는 감독위원의 지정하는 위치에 □에 '✔' 표시합니다.
※ 측정값의 단위는 시험장비 기준으로 작성합니다.
※ 자동차검사기준 및 방법에 의하여 기록, 판정합니다.
※ 산출근거에는 단위를 기록하지 않아도 됩니다.

1) ① 측정(또는 점검) : Ⓒ 항목의 제동력 위치 란에는 감독위원이 지정하는 축인 "뒤"에 ✔ 표시를 하고, Ⓓ 측정값 란은 수검자가 제동력을 측정한 값인 좌는 "190kgf"를, 우는 "140kgf"을 기록하며, Ⓔ 기준값은 제동력 편차인 "8.0% 이내"를, 합인 "20% 이상"을 기록한다.
   ㉮ 측정값 : ・좌 – 190kgf   ・우 – 140kgf   ㉯ 제동력 편차 : 8.0% 이내
   ㉰ 제동력 합 : 20% 이상

2) ② 판정 및 조치사항 : Ⓕ 산출근거 및 제동력은 공식에 대입하여 산출하는 계산식인 편차 "편차 = $\frac{190-140}{524} \times 100 = 9.54\%$"을, 합 "합 = $\frac{190+140}{524} \times 100 = 62.97\%$" 기록하며, Ⓖ 판정은 측정한 값과 기준값을 비교하여 범위를 벗어나므로 "불량"에 ✔ 표시를 한다.(후축중은 매그너스 2.0DOHC M/T 40% 인 1,310×0.4=524kgf으로 임의 설정함)
   ㉮ 편차 : $\frac{좌,우제동력의 편차}{해당 축중} \times 100 = \frac{190-140}{524} \times 100 = 9.54\%$ ㉯ 합 : $\frac{좌,우제동력의 합}{해당 축중} \times 100 = \frac{190+140}{524} \times 100 = 62.97\%$
   ㉰ 판정 : 제동력의 합은 기준값 범위에 있으나 제동력의 차가 기준값을 벗어나므로 "불량"에 ✔ 표시를 한다.

4. 답안지 작성 방법 (제동력의 좌우 편차가 기준값 이내이나 합이 기준값 이하일 때)

섀시 5 : 시험 결과 기록표 자동차 번호 : ❶					Ⓐ비 번호			Ⓑ감독위원 확 인	
① 측정(또는 점검)					② 판정 및 조치사항				
Ⓒ항 목	구분	Ⓓ측정값	Ⓔ기준값		Ⓕ산출근거 및 제동력		Ⓖ판 정 (□에 '✔' 표)		Ⓗ득 점
			편차	합	편차(%)	합(%)			
제동력 위치 (□에 '✔' 표) □ 앞 ☑ 뒤	좌	40kg	8.0% 이내	20% 이상	편차 = $\frac{47-40}{524} \times 100$ = 1.33%	합 = $\frac{40+47}{524} \times 100$ = 16.60%	□ 양 호 ☑ 불 량		
	우	47kgf							

※ 측정 위치는 감독위원의 지정하는 위치에 □에 '✔' 표시합니다.
※ 측정값의 단위는 시험장비 기준으로 작성합니다.
※ 자동차검사기준 및 방법에 의하여 기록, 판정합니다.
※ 산출근거에는 단위를 기록하지 않아도 됩니다.

1) ① 측정(또는 점검) : Ⓒ 항목의 제동력 위치 란에는 감독위원이 지정하는 축인 "뒤"에 ✔ 표시를 하고, Ⓓ 측정값 란은 수검자가 제동력을 측정한 값인 좌는 "40kgf"를, 우는 "47kgf"을 기록하며, Ⓔ 기준값은 제동력 편차인 "8.0% 이내"를, 합인 "20% 이상"을 기록한다.

2) ② 판정 : Ⓕ 산출근거 및 제동력은 공식에 대입하여 산출하는 계산식인 편차 "편차 = $\frac{47-40}{524} \times 100 = 1.33\%$"을, 합 "합 = $\frac{40+47}{524} \times 100 = 16.60\%$" 기록하며, Ⓖ 판정은 측정한 값과 기준값을 비교하여 범위를 벗어나므로 "불량"에 ✔ 표시를 한다.(후축중은 매그너스 2.0DOHC M/T 40% 인 1,310×0.4=524kgf으로 임의 설정함)
   ㉮ 편차 : $\frac{좌,우제동력의 편차}{해당 축중} \times 100 = \frac{47-40}{524} \times 100 = 1.33\%$ ㉯ 합 : $\frac{좌,우제동력의 합}{해당 축중} \times 100 = \frac{40+47}{524} \times 100 = 16.60\%$
   ㉰ 판정 : 제동력의 편차는 기준값 범위에 있으나 제동력의 합이 기준값을 벗어나므로 불량에 ✔ 표시를 한다.

전기 2 크랭킹시 전압 강하 점검

주어진 자동차에서 시동 모터의 크랭킹 전압 강하 시험을 하여 고장부분을 점검한 후 기록표에 기록·판정하시오.

1. 답안지 작성 방법 (전압 강하가 정상일 때)

전기 2 : 시험 결과 기록표
자동차 번호 : ⓗ

항 목	① 측정(또는 점검)		② 판정 및 정비(또는 조치)사항		Ⓖ 득 점
	Ⓒ 측 정 값	Ⓓ 규정(정비한계)값	Ⓔ 판정(□에 '✔' 표)	Ⓕ 정비 및 조치할 사항	
전압 강하	11.8V	9.6V 이상	☑ 양 호 □ 불 량	정비 및 조치할 사항 없음	

Ⓐ 비번호 / Ⓑ 감독위원 확인

※ 단위가 누락되거나 틀린 경우는 오답으로 채점함.

1) **비번호** : Ⓐ 비번호는 공단직원이 주는 등번호를 수검자가 기록한다.
2) **감독위원 확인** : Ⓑ 감독위원 확인란은 감독위원이 채점한 후에 도장을 찍는 부분으로 수검자는 기록하지 않는다.
3) **① 측정(또는 점검)** : Ⓒ 측정값은 수검자가 전압 강하를 측정한 "11.8V"을 기록하고 Ⓓ 규정(정비한계)값은 감독위원이 주어진 값이나 또는 일반적인 규정값 "9.6V 이상"을 기록한다.
   ㉮ 측정값 : 전압강하 : 11.8V
   ㉯ 규정(정비한계)값 : 전압강하 : 9.6V 이상

【 크랭킹 전압강하 및 전류소모 규정값 】

항 목	전압강하(V)	소모전류(A)
일반적인 규정값	축전지 전압의 20%까지	축전지 용량의 3배 이하
예(12V −45AH)	9.6V 이상	135A

4) **② 판정 및 정비(또는 조치)사항** : Ⓔ 판정은 수검자가 측정한 값과 규정(정비한계)값을 비교하여 범위 내에 있으면 양호, 벗어나면 불량에 ✔ 표시를 하며, Ⓕ 정비 및 조치할 사항 란에는 고장부품과 정비 방법을 기록한다.
   ㉮ 판정 : ·양호 : ·전압강하 − 규정(정비한계)값의 범위에 있을 때,
   　　　　 ·불량 : ·전압강하 − 규정(정비한계)값의 범위를 벗어났을 때
   ㉯ 정비 및 조치할 사항 : 양호하므로 "정비 및 조치할 사항 없음"으로 기록한다.
5) **득점** : Ⓖ 득점은 감독위원이 채점을 하고 점수를 기록하는 부분으로 수검자는 기록하지 않는다.
6) **자동차 번호** : ⓗ 측정하는 자동차의 번호를 수검자가 기록한다.

2. 시험장에서는 ……

감독위원이 수검자의 비번호를 부른 후 답안지를 주며 크랭킹 부하시험을 몇 번 차량에서 측정하라고 지시할 것이다. 측정용 차량에는 전압계(또는 훅 메터, Hi−DS)가 준비되어 있다. 테스터를 설치하고 크랭킹을 하면서 계기값을 읽는다. 이때 크랭킹은 시험장의 보조원이 할 것이며 수검자는 보조원에게 "크랭킹을 해 주세요" 하고 측정이 끝나면 "됐습니다." 하여 정지토록 한다. 그리고 답안지를 작성하여 감독위원에게 제출한다. 요즘은 대부분 훅 메터를 이용하여 측정하고 있다. 훅 메터가 교류와 직류의 전류를 함께 측정할 수 있으므로 선택 스위치를 반드시 직류 전류 위치로 하고 측정한다.

3. 답안지 작성 방법 (크랭킹 전압 강하가 클 때)

전기 2 : 시험 결과 기록표 자동차 번호 : ❽			Ⓐ 비번호		Ⓑ 감독위원 확 인	Ⓖ 득 점
항 목	① 측정(또는 점검)		② 판정 및 정비(또는 조치)사항			
	Ⓒ 측 정 값	Ⓓ 규정(정비한계)값	Ⓔ 판정(□에 '✔' 표)	Ⓕ 정비 및 조치할 사항		
전압 강하	5.6V	9.6V 이상	□ 양 호 ☑ 불 량	배터리 교환 후 재점검		

※ 단위가 누락되거나 틀린 경우는 오답으로 채점함.

1) ① 측정(또는 점검) : Ⓒ 측정값은 수검자가 전압 강하를 측정한 "5.6V"을 기록하고 Ⓓ 규정(정비한계)값은 감독위원이 주어진 값이나 또는 일반적인 규정값 "9.6V 이상"을 기록한다.
2) ② 판정 및 정비(또는 조치)사항 : Ⓔ 판정은 측정값이 규정(정비한계)값보다 낮으므로 "불량"에 ✔ 표시를 하며, Ⓕ 정비 및 조치할 사항은 배터리 불량이므로 "배터리 교환 후 재점검"을 기록하고 그 외는 아래 내용 중에 하나일 것이다.
   ◈ 크랭킹 전류소모가 규정값 보다 작고 전압강하가 큰 원인
   ・배터리 터미널 연결상태 불량 – 배터리 터미널 체결 볼트 꼭 조임.
   ・기동 전동기 불량(링기어가 안 물림 회전, 브러시 마모량 과다, 오버러닝 클러치 불량, 브러시 스프링 장력 감소 등) – 기동 전동기 수리 및 교환

4. 답안지 작성 방법 (크랭킹 전압 강하가 클 때)

전기 2 : 시험 결과 기록표 자동차 번호 : ❽			Ⓐ 비번호		Ⓑ 감독위원 확 인	Ⓖ 득 점
항 목	① 측정(또는 점검)		② 판정 및 정비(또는 조치)사항			
	Ⓒ 측 정 값	Ⓓ 규정(정비한계)값	Ⓔ 판정(□에 '✔' 표)	Ⓕ 정비 및 조치할 사항		
전압 강하	8.4V	9.6V 이상	□ 양 호 ☑ 불 량	전기자 코일 접지 –전기자 코일 교환		

※ 단위가 누락되거나 틀린 경우는 오답으로 채점함.

1) ① 측정(또는 점검) : Ⓒ 측정값은 수검자가 전압 강하를 측정한 "8.4V"을 기록하고 Ⓓ 규정(정비한계)값은 감독위원이 주어진 값이나 또는 일반적인 규정값 "9.6V 이상"을 기록한다.
2) ② 판정 및 정비(또는 조치)사항 : Ⓔ 판정은 측정값이 규정(정비한계)값보다 낮으므로 "불량"에 ✔ 표시를 하며, Ⓕ 정비 및 조치할 사항은 배터리 불량이므로 "배터리 교환 후 재점검"을 기록하고 그 외에 고장은 아래 내용 중에 하나일 것이다.
   ◈ 크랭킹 전류소모가 규정값 보다 크고, 전압강하가 큰 원인
   ・전기자 코일 단락 – 전기자 코일 교환,   ・계자코일의 단락 – 계자 코일 교환
   ・전기자 축 휨 – 전기자 코일 교환   ・전기자 축 베어링 파손 – 베어링 교환
   ・엔진 본체의 고장(크랭크축 베어링의 윤활부족 및 소착, 피스톤과 실린더 간극의 마찰저항 증가, 밸브장치의 고장 등) – 정비

5. 크랭킹 전압 강하 시험 현장사진

1. 측정 준비된 시험장 모습

시험장의 여건에 따라 준비가 다르지만 이곳은 훅 메터와 디지털 멀티가 준비되어 있다.

2. 전압강하를 멀티로 측정한 모습

크랭킹을 시키면서 멀티 테스터의 (+)테스트 리드를 (+)터미널, (-) 테스터 리드는 (-)터미널에 연결하여 측정한다.

3. 훅 메터를 B 단자에 클램핑 모습

훅 메터를 기동 전동기로 가는 B 단자 케이블에 화살표 방향이 전류의 흐름 방향으로 걸어서 측정한다.

전기 3 제동등 및 미등 회로 점검

주어진 자동차에서 제동등 및 미등 회로의 고장부분을 점검한 후 기록표에 기록·판정하시오.

1. 답안지 작성 방법 (미등 모두가 작동하지 않을 때)

전기 3 : 시험 결과 기록표 자동차 번호 : ⓗ			Ⓐ 비번호		Ⓑ 감독위원 확 인	
항 목	① 측정(또는 점검)		② 판정 및 정비(또는 조치)사항			Ⓖ 득 점
	Ⓒ 이상 부위	Ⓓ 내용 및 상태	Ⓔ 판정(□에 '✔' 표)	Ⓕ 정비 및 조치할 사항		
제동 및 미등 회로	콤비네이션 스위치 커넥터	탈 거	□ 양 호 ☑ 불 량	콤비네이션 스위치 커넥터 장착 후 재점검		

1) **비번호** : Ⓐ 비번호는 공단직원이 주는 자기 등번호를 수검자가 기록한다.
2) **감독위원 확인** : Ⓑ 감독위원 확인란은 감독위원이 채점한 후에 도장을 찍는 부분으로 수검자는 기록하지 않는다.
3) **① 측정(또는 점검)** : Ⓒ 이상 부위는 수검자가 제동 및 미등이 작동되지 않는 이유 중 고장 난 부품 명칭인 "콤비네이션 스위치 커넥터"를 기록하고, Ⓓ 내용 및 상태는 탈거된 상태이므로 "탈거"를 기록한다.
4) **② 판정 및 정비(또는 조치)사항** : Ⓔ 판정은 "불량"에 ✔ 표시를 하고 Ⓕ 정비 및 조치할 사항 란에는 "콤비네이션 스위치 커넥터 장착 후 재점검"으로 기록하고 그 외에 고장은 아래 내용 중에 하나일 것이다.

◆ 미등이 작동하지 않는 원인
- 배터리 불량 – 배터리 교환
- 배터리 터미널 연결 상태 불량 – 배터리 터미널 재 장착
- 미등 퓨즈의 탈거 – 미등 퓨즈 장착
- 미등 퓨즈의 단선 – 미등 퓨즈 교환
- 미등 릴레이 탈거 – 미등 릴레이 장착
- 미등 릴레이 불량 – 미등 릴레이 교환
- 미등 릴레이 핀 부러짐 – 미등 릴레이 교환
- 미등 전구 탈거 – 미등 전구 장착
- 미등 전구 단선 – 미등 전구 교환
- 콤비네이션 스위치 불량 – 콤비네이션 스위치 교환
- 콤비네이션 스위치 커넥터 탈거 – 콤비네이션 스위치 커넥터 장착
- 미등 라인 단선 – 미등 라인 연결
- 콤비네이션 스위치 커넥터 불량 – 콤비네이션 스위치 커넥터 교환

5) **득점** : Ⓖ 득점은 감독위원이 채점을 하고 점수를 기록하는 부분으로 수검자는 기록하지 않는다.
6) **자동차 번호** : ⓗ 측정하는 자동차 번호를 수검자가 기록한다.

2. 답안지 작성 방법 (미등 일부가 작동하지 않을 때)

전기 3 : 시험 결과 기록표 자동차 번호 : ⓗ			Ⓐ 비번호		Ⓑ 감독위원 확 인	
항 목	① 측정(또는 점검)		② 판정 및 정비(또는 조치)사항			Ⓖ 득 점
	Ⓒ 이상 부위	Ⓓ 내용 및 상태	Ⓔ 판정(□에 '✔' 표)	Ⓕ 정비 및 조치할 사항		
제동 및 미등 회로	전·우 미등 전구	단선	□ 양 호 ☑ 불 량	전, 우 미등 전구 교환 후 재점검		

1) **① 측정(또는 점검)** : Ⓒ 이상 부위는 수검자가 제동 및 미등이 작동되지 않는 이유 중 고장 난 부품 명칭인 "전·우 미등 전구"를 기록하고, Ⓓ 내용 및 상태는 탈거된 상태이므로 "단선"을 기록한다.
2) **② 판정 및 정비(또는 조치)사항** : Ⓔ 판정은 "불량"에 ✔ 표시를 하고 Ⓕ 정비 및 조치할 사항 란에는 "전·우 미등 전구 교환 후 재점검"으로 기록하고 그 외에 고장은 아래 내용 중에 하나일 것이다.

◆ 미등 일부가 작동하지 않는 원인
- 미등 연결 커넥터 불량 – 미등 커넥터 교환
- 미등 전구 녹으로 접지 불량 – 미등 전구 교환
- 미등 전구 탈거 – 미등 전구 장착
- 미등 전구 단선 – 미등 전구 교환
- 미등 전구 연결 커넥터 탈거 – 미등 연결 커넥터 장착
- 미등 라인 단선 – 미등 라인 연결
- 콤비네이션 스위치 불량 – 콤비네이션 스위치 교환

3. 답안지 작성 방법 (미등은 작동 하나 제동등이 작동하지 않을 때)

전기 3 : 시험 결과 기록표 자동차 번호 : ⒽⒽ			Ⓐ 비번호		Ⓑ 감독위원 확 인	
항 목	① 측정(또는 점검)		② 판정 및 정비(또는 조치)사항			Ⓖ 득 점
	Ⓒ 이상 부위	Ⓓ 내용 및 상태	Ⓔ 판정(□에 '✔' 표)	Ⓕ 정비 및 조치할 사항		
제동 및 미등 회로	제동등 퓨즈	단선	□ 양 호 ✔ 불 량	제동등 퓨즈 교환 후 재점검		

1) ① 측정(또는 점검) : Ⓒ 이상 부위는 수검자가 제동 및 미등이 작동되지 않는 이유 중 고장 난 부품 명칭인 "제동등 퓨즈"를 기록하고, Ⓓ 내용 및 상태는 탈거된 상태이므로 "단선"을 기록한다.
2) ② 판정 및 정비(또는 조치)사항 : Ⓔ 판정은 "불량"에 ✔ 표시를 하고 Ⓕ 정비 및 조치할 사항 란에는 "제동등 퓨즈 교환 후 재점검"으로 기록하고 그 외에 고장은 아래 내용 중에 하나일 것이다.
   ◆ 제동등이 작동하지 않는 원인 : ·배터리 불량 – 배터리 교환
   · 배터리 터미널 연결 상태 불량 – 배터리 터미널 재장착   · 제동등 퓨즈의 탈거 – 미등 퓨즈 장착
   · 제동등 퓨즈의 단선 – 제동등 퓨즈 교환   · 제동등 스위치 커넥터 탈거 – 제동등 스위치 커넥터 장착
   · 제동등 스위치 불량 – 제동등 스위치 교환   · 제동등 전구 탈거 – 제동등 전구 장착
   · 제동등 필라멘트 단선 – 제동등 전구 교환
   · 콤비네이션 스위치 커넥터 탈거 – 콤비네이션 스위치 커넥터 장착
   · 콤비네이션 스위치 커넥터 불량 – 콤비네이션 스위치 커넥터 교환

4. 시험장에서는 ……

전기 회로의 검사는 실제 차량을 이용하지만 일부에서는 시뮬레이터를 이용하기도 한다. 그러나 추세는 실제 차량으로 하고 있다. 전기 회로를 점검할 때는 시동을 걸어 놓고 하여야 하지만 안전상 시동을 꺼놓고 점검을 한다. 감독위원이 수검용 차량을 만들 때 퓨즈나 커넥터를 탈거하여 작동이 불가능 하도록 하는 경우가 대부분이다. 만약 퓨즈나 전구 스위치가 없으면 감독 위원에게 새것을 받아서 설치한 다음 작동시켜서 이상이 없으면 감독위원에게 "다 되었습니다." 하고 확인시켜 드린다. 확인 후에 감독위원이 "다시 원위치로 하여 놓으세요." 라고 하면 원래 있던 대로 하여 놓고, 그리고 답안지에 고장 났던 내용을 기입하여 제출하면 된다.

5. 제동등 및 미등 회로 점검 현장사진

1. 실내 릴레이 박스 모습

차종마다 다르지만 아반떼 XD는 실내에 미등 릴레이가 설치되어 있다.

2. 핀이 하나 부러진 릴레이 모습

릴레이를 고장 내려면 분해를 하여야 하나 요즘은 어렵기에 핀을 부러트리기도 한다.

3. 핀이 하나 부러진 퓨즈 모습

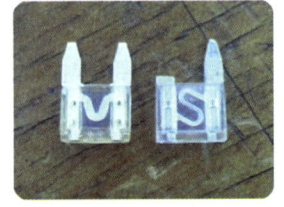

퓨즈를 끊어야 하지만 과전류를 흘러 보내기가 쉽지 않아 핀을 부러트리기도 한다.

4. 실제 차량에서의 제동등 위치 모습

제동등은 미등과 함께 사용하는 것이 대부분이며 하이마운틴 제동등을 두기도 한다.

5. 실차량에서의 제동등 스위치 설치 모습

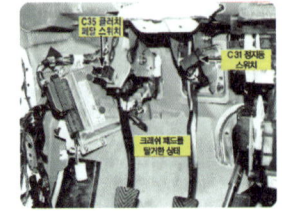

대부분의 차량은 브레이크 페달 위쪽에 제동등 스위치가 설치되어 있다.

6. 리어 콤비네이션에서의 제동등 모습

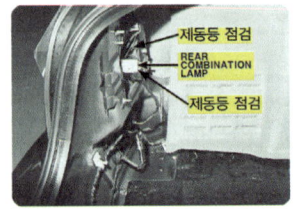

리어 콤비네이션 램프에서 제동등 전구를 점검한다.

전기 4 전조등 광도측정

주어진 자동차에서 좌 또는 우측의 전조등 광도를 측정하고 기록표에 기록·판정하시오.

1. 답안지 작성 방법 (광도가 정상일 때)

전기 4 : 시험 결과 기록표
자동차 번호 : ❶

			Ⓐ 비번호		Ⓑ 감독위원 확 인	
① 측정(또는 점검)					② 판정	Ⓖ 득점
Ⓒ 구분	측정 항목	Ⓓ 측정값		Ⓔ 기준값	Ⓕ 판정(□에 '✔'표)	
□에 '✔' 표 위치 : □ 좌 ✔ 우	광 도	17,000cd		3,000cd 이상	✔ 양 호 □ 불 량	

※ 측정 위치는 감독위원의 지정하는 위치에 □에 '✔' 표시함 ※ 자동차검사기준 및 방법에 의하여 기록, 판정한다.

1) **비번호** : Ⓐ 비번호는 공단직원이 주는 등번호를 수검자가 기록한다.
2) **감독위원 확인** : Ⓑ 감독위원 확인란은 감독위원이 채점한 후에 도장을 찍는 부분으로 수검자는 기록하지 않는다.
3) **① 측정(또는 점검)** : Ⓒ 구분란은 감독위원이 지정한 위치 "우" ✔ 표시를 한다. Ⓓ 측정항목은 감독위원이 지정한 "광도"를 기록하며, Ⓔ 측정값은 수검자가 측정한 광도 "17,000cd"를 기록하며, Ⓕ기준값은 수검자가 검사 기준값 "3,000cd 이상"을 기록한다. (반드시 단위를 기입한다)
   ㉮ 구 분 : ·위치 – □ 좌 ✔ 우   ㉯ 측정값 : 측정 광도 – 17,000cd
   ㉰ 기준값 : ·3,000cd 이상
   ※ 자동차 관리법 시행규칙의 등화장치(별표 15)
   가) 변환빔의 광도는 3천 칸델라 이상일 것 : 좌·우측 전조등(변환빔)의 광노와 광노섬을 전조등시험기로 측정하여 광도점의 광도 확인
   나) 변환빔의 진폭은 10미터 위치에서 다음 수치 이내일 것 : 좌·우측 전조등(변환빔)의 컷오프선 및 꼭지점의 위치를 전조등시험기로 측정하여 컷오프선의 적정 여부 확인

좌	우
설치높이 ≤ 1.0m	설치 높이 > 1.0m
−0.5% ~ −2.5%	−1.0% ~ −3.0%

4) **② 판정** : Ⓖ 판정은 수검자가 측정한 값과 기준값을 비교하여 범위 내에 있으면 양호, 벗어나면 불량에 ✔ 표시를 한다.
   ㉮ 판정 : ·양호 : 기준값의 범위(3,000cd 이상)에 있을 때
            ·불량 : 기준값의 범위(3,000cd 미만)를 벗어났을 때
5) **득점** : ❶ 득점은 감독위원이 채점을 하고 점수를 기록하는 부분으로 수검자는 기록하지 않는다.
6) **자동차 번호** : ❶ 측정하는 자동차 번호를 수검자가 기록한다.

2. 시험장에서는 ……

헤드라이트의 광도와 광축 측정은 엔진의 시동을 걸고 측정하여야 옳으나 시험장에서는 안전을 위하여 엔진이 정지된 상태에서 측정하는 경우가 많다. 감독위원이 좌측이나 우측을 지정하여 주는 곳을 측정하는데 좌, 우는 운전석에 앉아서 좌측과 우측임을 잊지 말아야 한다. 측정하기 전에 조건이(타이어의 공기압, 배터리 성능, 바닥의 수평 상태 등) 맞았는지 확인하고 헤드라이트의 유리를 깨끗한 걸레로 닦아서 측정값이 정확하게 나오도록 하여야 한다. 측정은 상향등 상태에서 측정하여야 하며, 차량은 공회전(단, 광도 측정시 2,000rpm), 공차 상태, 운전자 1인 승차하여 측정하여야 한다. 보조원이 운전석에 앉아서 라이트를 조작하여 주는 경우도 있으나 대부분은 운전자가 탑승하지 않은 상태에서 측정한다. 근래에 생산된 차량은 헤드라이트 조작이 키 스위치를 넣어야지만 가능하도록 되어 있으므로 참고 하기 바란다.

3. 답안지 작성 방법 (광도가 불량일 때)

전기 4 : 시험 결과 기록표
자동차 번호 : ①

Ⓐ비 번호		Ⓑ감독위원 확 인	

① 측정(또는 점검)				② 판정	Ⓗ득 점
Ⓒ구분	Ⓓ측정 항목	Ⓔ측정값	Ⓕ 기준값	Ⓖ판정(□에 '✔' 표)	
□에 '✔' 표 위치 : □ 좌 ☑ 우	광 도	2,300cd	3,000cd 이상	□ 양 호 ☑ 불 량	

※ 측정 위치는 감독위원이 지정하는 위치에 □ 에 '✔' 표시함.　※ 자동차검사기준 및 방법에 의하여 기록, 판정한다.

3) ① 측정(또는 점검) : Ⓒ 구분란은 감독위원이 지정한 위치 "우" ✔ 표시를 한다. Ⓓ 측정항목은 감독위원이 지정한 "광도"를 기록하며, Ⓔ 측정값은 수검자가 측정한 광도 "2,300cd"를 기록하며, Ⓕ기준값은 수검자가 검사 기준값 "3,000cd 이상"을 기록한다.(반드시 단위를 기입한다)

2) ② 판정 : Ⓖ 판정은 수검자가 측정한 값과 기준값을 비교하여 범위 내에 있으면 양호, 벗어나면 불량에 ✔ 표시를 한다.
　㉮ 판정 : ・양호 : 기준값의 범위(3,000cd 이상)에 있을 때
　　　　　　・불량 : 기준값의 범위(3,000cd 미만)를 벗어났을 때
　◆ 헤드라이트 광도 낮은 원인
　　・헤드라이트 반사경의 불량 – 헤드라이트 어셈블리 교환
　　・헤드라이트 전구의 불량 – 교환　　　　　　・배터리의 방전 – 충전 또는 교환

4. 답안지 작성 방법 (광도가 불량일 때)

전기 4 : 시험 결과 기록표
자동차 번호 : ①

Ⓐ비 번호		Ⓑ감독위원 확 인	

① 측정(또는 점검)				② 판정	Ⓗ득 점
Ⓒ구분	Ⓓ측정 항목	Ⓔ측정값	Ⓕ 기준값	Ⓖ판정(□에 '✔' 표)	
□에 '✔' 표 위치 : □ 좌 ☑ 우	광 도	100cd	3,000cd 이상	□ 양 호 ☑ 불 량	

※ 측정 위치는 감독위원이 지정하는 위치에 □ 에 '✔' 표시함.　※ 자동차검사기준 및 방법에 의하여 기록, 판정한다.

3) ① 측정(또는 점검) : Ⓒ 구분란은 감독위원이 지정한 위치 "우" ✔ 표시를 한다. Ⓓ 측정항목은 감독위원이 지정한 "광도"를 기록하며, Ⓔ 측정값은 수검자가 측정한 광도 "100cd"를 기록하며, Ⓕ기준값은 수검자가 검사 기준값 "3,000cd 이상"을 기록한다.(반드시 단위를 기입한다)

2) ② 판정 : Ⓖ 판정은 수검자가 측정한 값과 기준값을 비교하여 범위 내에 있으면 양호, 벗어나면 불량에 ✔ 표시를 한다.
　㉮ 판정 : ・양호 : 기준값의 범위(3,000cd 이상)에 있을 때
　　　　　　・불량 : 기준값의 범위(3,000cd 미만)를 벗어났을 때

5. 전조등 점검 현장 사진

1. 시뮬레이터로 측정 준비된 모습

실제 차량으로 전조등 시험을 하는 경우도 있지만 시뮬레이터를 이용한 방법도 있다.

2. 헤드라이트 탈거 모습

헤드라이트 탈거 모습이다. 모닝 차량이며 T렌치를 사용하고 있다.

3. 광축 조정 나사 모습

탈착된 헤드라이트에서 ①번은 상하 조정나사 ②번은 좌우 조정나사이다.

12안 엔진 1 : 플라이 휠 런아웃 점검

주어진 디젤 엔진에서 크랭크축을 탈거(감독위원에게 확인)하고 감독위원의 지시에 따라 기록표의 내용대로 기록·판정한 후 다시 조립하시오.

1. 답안지 작성 방법 (플라이 휠 런 아웃이 정상일 때)

엔진 1 : 시험 결과 기록표 엔진 번호 : ❽		Ⓐ 비번호		Ⓑ 감독위원 확 인		
항 목	① 측정(또는 점검)		② 판정 및 정비(또는 조치)사항			Ⓖ 득 점
	Ⓒ 측정값	Ⓓ 규정(정비한계)값	Ⓔ 판정(□에 '✔'표)	Ⓕ 정비 및 조치할 사항		
플라이 휠 런 아웃	0.04mm	0.13mm 이하	✔ 양 호 □ 불 량	정비 및 조치할 사항 없음		

※ 단위가 누락되거나 틀린 경우는 오답으로 채점함.

1) **비번호** : Ⓐ 비번호는 공단직원이 주는 등번호를 수검자가 기록한다.
2) **감독위원 확인** : Ⓑ 감독위원 확인란은 감독위원이 채점한 후에 도장을 찍는 부분으로 수검자는 기록하지 않는다.
3) **① 측정(또는 점검)** : Ⓒ 측정값은 수검자가 플라이휠 런아웃을 측정한 값 "0.05mm"를 기록하고, Ⓓ 규정(정비한계)값은 감독위원이 주어진 값이나 또는 정비지침서를 보고 "0.13mm 이하"를 기록한다.(반드시 단위를 기입한다)
　㉮ 측정값 : 0.04mm　　　　　㉯ 규정(정비한계)값 : 0.13mm

【 차종별 플라이 휠 런아웃 규정값(mm) 】

차 종		런아웃	비고
아반떼 XD(2006)	G 1.6 DOHC	－	
	G 2.0 DOHC	－	
	D 1.5 TCI-U	－	
아반떼 HD(2010)	G 1.6 DOHC	－	
	G 2.0 DOHC	－	
	D 1.6 TCI-U	－	
NF 쏘나타	G 2.0 DOHC	－	
	G 2.4 DOHC	－	
	L 2.0 DOHC	－	
	D 2.0 TCI-D	－	
K5(2011)	G 2.0 DOHC	－	
	G 2.4 GDI	－	
	L 2.0 DOHC	－	
모닝(2011)	G 1.0 SOHC	0.13	
	L 1.0 SOHC		

4) **② 판정 및 정비(또는 조치)사항** : Ⓔ 판정은 수검자가 측정한 값과 규정(정비한계)값을 비교하여 범위 내에 있으면 양호, 벗어나면 불량에 ✔ 표시를 하며, Ⓕ 정비 및 조치할 사항 란에는 고장부품과 정비방법을 기록한다.
　㉮ 판정 : ·양호 : 규정(정비한계)값 범위 내에 있을 때 ·불량 : 규정(정비한계)값 범위를 벗어났을 때
　㉯ 정비 및 조치할 사항 : 양호하므로 "정비 및 조치할 사항 없음"을 기록한다.
5) **득점** : Ⓖ 득점은 감독위원이 채점을 하고 점수를 기록하는 부분으로 수검자는 기록하지 않는다.
6) **엔진 번호** : ❽ 측정하는 엔진 번호를 수검자가 기록한다.

2. 시험장에서는 ……

① **디젤엔진 크랭크축 탈거·조립** : 크랭크축 탈거는 가솔린 엔진 크랭크축 탈거나 별 차이는 없다. 다만 크기가 크므로 안전에 주의하여야 한다. 작업대 위나 엔진 스탠드에 분해 조립용 엔진이 준비되어 있고 대부분 옆에 부속품은 탈거되어 있으며, 크랭크축만 조립되어 있다. 먼저 분해하기 전에 준비하여간 걸레로 작업대를 깨끗이 닦는다. 그리고 걸레를 작업대 위에 넓게 펴서 깔고 그 위에 분해한 부품을 올려놓는다. 만약 부품대가

있다면 부품대에 올려놓는다. 모든 분해 조립이 그렇지만 부품을 떨어트린다든지 공구를 들고 놓는데 소리가 심하게 난다든지 하면 안전관리에 소홀함이 있는 것처럼 보인다. 메인저널 베어링 캡을 분해할 때 잡기가 불편하므로 볼트를 약간 들어 올려서 손아귀로 볼트끼리 꽉 잡아서 앞뒤로 살살 흔들면서 탈거한다. 탈거한 후 내려놓을 때는 접촉면이 바닥에 닿지 않도록 뒤집어서 놓는다. 메인저널 베어링 캡에는 번호가 타각되어 있다. 없는 경우 펀치로 타각하여야 한다. 또한 화살표가 있으며 화살표방향은 앞쪽을 향하도록 조립한다.

② **플라이 휠의 런 아웃 점검** : 플라이 휠의 런 아웃 점검은 다이얼 게이지로 할 수밖에 없다. 다이얼 게이지의 스핀들이 플라이 휠 면에 직각이 되도록 설치하고 0점으로 맞춘다. 이때 마그네틱 베이스는 실린더 블록 적당한 곳에 설치되어 있어야 한다. 일부 수검자이긴 하나 작업대 바닥에 설치하는 경우가 있는데 이는 실린더 블록과 작업대의 다른 움직임으로 정확한 측정이 불가능하다. 게이지를 설치한 후 플라이휠을 한 바퀴 돌려서 게이지가 좌우로 움직인 값을 더하면 이것이 런 아웃 값이다. 휠에서는 둘로 나눈 것이지만 어떤 부품이던지 런아웃은 더한 값이다. 수정은 불가능하며 교환하여야 한다.

3. 답안지 작성 방법 (플라이 휠 런 아웃이 규정값을 넘었을 때)

엔진 1 : 시험 결과 기록표 엔진 번호 : ⓗ		Ⓐ 비번호		Ⓑ 감독위원 확 인		
항 목	① 측정(또는 점검)		② 판정 및 정비(또는 조치)사항			Ⓖ 득 점
	Ⓒ 측정값	Ⓓ 규정(정비한계)값	Ⓔ 판정(□에 '✔' 표)	Ⓕ 정비 및 조치할 사항		
플라이 휠 런 아웃	0.3mm	0.13mm 이하	□ 양 호 ✔ 불 량	플라이 휠 교환 후 재점검		

※ 단위가 누락되거나 틀린 경우는 오답으로 채점함.

1) ① **측정(또는 점검)** : Ⓒ 측정값은 수검자가 플라이휠 런아웃을 측정한 값 "0.3mm"를 기록하고, Ⓓ 규정(정비한계)값은 감독위원이 주어진 값이나 또는 정비지침서를 보고 "0.13mm"을 기록한다. (반드시 단위를 기입한다)

2) ② **판정 및 정비(또는 조치)사항** : Ⓔ 판정은 측정값이 0.13mm 범위를 넘었으므로 판정에는 "**불량**"에 ✔ 표시를 하며, Ⓕ 정비 및 조치할 사항 란에는 수정이 불가하므로 "플라이 휠 교환 후 재점검"을 기록한다.

4. 답안지 작성 방법 (플라이 휠 런 아웃이 규정값을 넘었을 때)

엔진 1 : 시험 결과 기록표 엔진 번호 : ⓗ		Ⓐ 비번호		Ⓑ 감독위원 확 인		
항 목	① 측정(또는 점검)		② 판정 및 정비(또는 조치)사항			Ⓖ 득 점
	Ⓒ 측정값	Ⓓ 규정(정비한계)값	Ⓔ 판정(□에 '✔' 표)	Ⓕ 정비 및 조치할 사항		
플라이 휠 런 아웃	0.18mm	0.13mm 이하	□ 양 호 ✔ 불 량	플라이 휠 교환 후 재점검		

※ 단위가 누락되거나 틀린 경우는 오답으로 채점함.

1) ① **측정(또는 점검)** : Ⓒ 측정값은 수검자가 플라이휠 런아웃을 측정한 값 "0.18mm"를 기록하고, Ⓓ 규정(정비한계)값은 감독위원이 주어진 값이나 또는 정비지침서를 보고 "0.13mm"을 기록한다. (반드시 단위를 기입한다)

2) ② **판정 및 정비(또는 조치)사항** : Ⓔ 판정은 측정값이 0.13mm 범위를 넘었으므로 판정에는 "**불량**"에 ✔ 표시를 하며, Ⓕ 정비 및 조치할 사항 란에는 수정이 불가하므로 "플라이 휠 교환 후 재점검"을 기록한다.

5. 플라이 휠 런아웃 점검 현장 사진

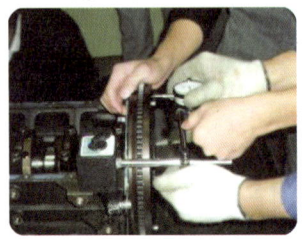

1. 측정하기 위한 준비모습

2. 측정하기 위한 준비모습

3. 측정하기 위한 준비모습

엔진 3 엔진 센서(액추에이터) 점검(자기진단)

주어진 자동차에서 엔진의 연료펌프를 탈거(감독위원에게 확인)한 후 다시 조립하고 감독위원의 지시에 따라 진단기(스캐너)를 사용하여 엔진의 각종 센서(액추에이터) 점검 후 고장부분을 기록하시오.

1. 답안지 작성 방법(TPS가 커넥터 탈거일 때)

엔진 3 : 시험 결과 기록표
자동차 번호 : ❶   　　　　Ⓐ 비번호　　　　Ⓑ 감독위원 확 인

항 목	① 측정(또는 점검)			② 규정값 및 정비(또는 조치) 사항		Ⓗ 득 점
	Ⓒ 고장 부위	Ⓓ 측정값	Ⓔ 규정값	Ⓕ 고장 내용	Ⓖ 정비 및 조치사항	
센서(액추에이터) 점검	TPS	0V/ 아이들	0.2~0.325V/ 아이들	커넥터 탈거	커넥터 연결, 기억소거 후 재점검	

※ 단위가 누락되거나 틀린 경우는 오답으로 채점함

1) 비번호 : Ⓐ 비번호는 공단직원이 주는 등번호를 수검자가 기록한다.
2) 감독위원 확인 : Ⓑ 감독위원 확인란은 감독위원이 채점한 후에 도장을 찍는 부분으로 수검자는 기록하지 않는다.
3) ① 측정(또는 점검) : Ⓒ 고장부위는 수검자가 스캐너로 자기진단 화면 창에 나타난 "TPS"를 기록하고, Ⓓ 측정값은 센서 출력 화면에서 측정한 값 "0V/ 아이들"을 기록한다.(TPS가 불량일 때는 정상적인 아이들 상태의 유지가 안됨에 유의할 것) Ⓔ 규정(정비한계)값은 스캐너 정보 창에서 얻어 "0.2~0.325V/ 아이들"을 기록한다.
　㉮ 고장부위 : TPS　　㉯ 측정값 : 0V/ 아이들
　㉰ 규정값 : 0.2~0.325V/ 아이들
4) ② 고장 및 정비(또는 조치)사항 :
　Ⓕ 고장 내용에는 수검자가 점검한 내용으로 "커넥터 탈거"를 기록한다.
　Ⓖ 조치사항에는 "커넥터 연결, 기억소거 후 재점검"을 기록한다.
　㉮ 고장 내용 : 커넥터 탈거　㉯ 조치 사항 : 커넥터 연결, 기억소거 후 재점검

【 차종별 TPS의 규정값 】

차 종		CT(V)	WOT(V)	저항(kΩ)/20℃	비고
아반떼 XD(2006)	G 1.6 DOHC	0.3~0.9	—	0.7~3.0	
	G 2.0 DOHC				
	D 1.5 TCI-U	· 0.14~0.16-APS1 · 0.073~0.077-APS2	· 0.76~0.88-APS1 · 0.35~0.50-APS2	—	
아반떼 HD(2010)	G 1.6 DOHC	0.25~0.9	4.0	1.6~2.4	
	G 2.0 DOHC				
	D 1.6 TCI-U	· 0.7~0.8-APS1 · 0.275~0.475-APS2	· 3.8~4.4-APS1 · 1.75~2.35-APS2	0.7~1.3 1.4~2.6	
NF 쏘나타	G 2.0 DOHC	0.2~0.325	4.7	1.6~2.4	
	G 2.4 DOHC	· 0.3~0.7-TPS1 · 4.3~4.7-TPS2	· 4.45~4.85-TPS1 · 0.15~0.55-TPS1	0.875~1.625	
	L 2.0 DOHC	0.25~0.325	4.7	1.6~2.4	
	D 2.0 TCI-D	· 0.7~0.8-APS1 · 0.275~0.475-APS2	· 3.8~4.4-APS1 · 1.75~2.35-APS2	0.7~1.3 1.4~2.6	
K5(2011)	G 2.0 DOHC	· 0.3~0.7-TPS1 · 4.3~4.7-TPS2	· 4.45~4.85-TPS1 · 0.15~0.55-TPS1	0.875~1.625	
	G 2.4 GDI	· 0.29~0.71 -TPS1 · 4.29~4.71-TPS2	· 4.43~4.86-TPS1 · 0.14~0.57-TPS1		
	L 2.0 DOHC				
모닝(2011)	G 1.0 SOHC	0.25~0.9	4.0	1.6~2.4	
	L 1.0 SOHC				

5) **득점** : ❶ 득점은 감독위원이 채점을 하고 점수를 기록하는 부분으로 수검자는 기록하지 않는다.
6) **자동차 번호** : ❶ 측정하는 자동차 번호를 수검자가 기록한다.

2. 시험장에서는 ……

분해 조립용 엔진과 측정용 차량(또는 엔진 튠업)이 따로 있어서 분해 조립이 끝나면 감독위원으로부터 답안지를 받고 전자제어 엔진의 고장부분을 점검한 후 답안지를 작성하여 감독위원에게 제출한다. 일부이긴 하나 전자제어 차량에 진단기가 설치되어 있는 것을 그대로 측정하기도 한다. 여기서 테스터기 연결 불량으로 답을 작성하지 못하는데 측정은 반드시 키가 "ON 또는 시동" 상태에서만 가능하다는 것이다. 답안지 항목에서 ❸, ❹, ❺란은 스캐너에서 측정 및 찾아서 기입하지만, ❻란은 수검자가 측정차량을 눈으로 보고 기록하며, ❼란은 정비방법을 서술한다.

3. 답안지 작성 방법 (TPS가 과거 기억소거 불량일 때)

엔진 3 : 시험 결과 기록표 자동차 번호 : ❶				❸ 비번호		❹ 감독위원 확 인	
항 목	① 측정(또는 점검)			② 규정값 및 정비(또는 조치) 사항			❽ 득 점
	❸ 고장 부위	❹ 측정값	❺ 규정값	❻ 고장 내용	❼ 정비 및 조치사항		
센서(액추에 이터) 점검	TPS	0.53V/ 아이들	0.2~0.325V/ 아이들	과거 기억소거 불량	기억소거 후 재점검		

※ 단위가 누락되거나 틀린 경우는 오답으로 채점함

1) ① **측정(또는 점검)** : ❸ 고장부위는 수검자가 스캐너로 자기진단 화면 창에 나타난 "TPS"를 기록하고, ❹ 측정값은 센서 출력 화면에서 측정한 값 "0.53V/ 아이들"을 기록한다.(TPS가 불량일 때는 정상적인 아이들 상태의 유지가 안됨에 유의할 것) ❺ 규정(정비한계)값은 스캐너 정보 창에서 얻어 "0.2~0.325V/ 아이들"을 기록한다.
2) ② **고장 및 정비(또는 조치)사항** : ❻ 고장 내용에는 수검자가 점검한 내용으로 "과거 기억소거 불량"을 기록한다. ❼ 조치사항에는 "기억소거 후 재점검"을 기록한다.

4. 답안지 작성 방법 (TPS가 불량일 때)

엔진 3 : 시험 결과 기록표 자동차 번호 : ❶				❸ 비번호		❹ 감독위원 확 인	
항목	① 측정(또는 점검)			② 고장 및 정비(또는 조치) 사항			❽ 득 점
	❸ 고장 부위	❹ 측정값	❺ 규정값	❻ 고장 내용	❼ 정비 및 조치사항		
센서(액추에 이터) 점검	TPS	2.1V/ 아이들	0.2~0.325V/ 아이들	센서 불량	센서 교환 기억소거 후 재점검		

※ 단위가 누락되거나 틀린 경우는 오답으로 채점함

1) ① **측정(또는 점검)** : ❸ 고장부위는 수검자가 스캐너로 자기진단 화면 창에 나타난 "TPS"를 기록하고, ❹ 측정값은 센서 출력 화면에서 측정한 값 "2.1V/ 아이들"을 기록한다.(TPS가 불량일 때는 정상적인 아이들 상태의 유지가 안됨에 유의할 것) ❺ 규정(정비한계)값은 스캐너 정보 창에서 얻어 "0.2~0.325V/ 아이들"을 기록한다.
2) ② **고장 및 정비(또는 조치)사항** : ❻ 고장 내용에는 수검자가 점검한 내용으로 "센서 불량"을 기록한다. ❼ 조치사항에는 "센서 교환, 기억소거 후 재점검"을 기록한다.

엔진 4 가솔린 배기가스 측정

주어진 자동차에서 기록표에 제시된 내용을 측정하고 기록·판정하시오.

1. 답안지 작성 방법 (배기가스 배출량이 작아 정상일 때)

엔진 5 : 시험 결과 기록표 자동차 번호 : ❼			Ⓐ 비번호		Ⓑ 감독위원 확 인	
항 목	① 측정(또는 점검)			Ⓔ ② 판정(□에 '✓' 표)		Ⓕ 득 점
	Ⓒ 측 정 값	Ⓓ 기 준 값				
CO	0.8%	1.0% 이하		☑ 양 호 □ 불 량		
HC	100ppm	120ppm 이하				

※ 감독위원이 제시한 자동차등록증(또는 차대번호)을 활용하여 차종 및 연식을 적용한다. 자동차검사기준 및 방법에 의하여 기록, 판정한다. CO 측정값은 소수점 둘째자리 이하는 버림으로 기입한다. HC 측정값은 소수점 첫째자리 이하는 버림하여 기입한다.

1) **비번호** : Ⓐ 비번호는 공단직원이 주는 등번호를 수검자가 기록한다.
2) **감독위원 확인** : Ⓑ 감독위원 확인란은 감독위원이 채점한 후에 도장을 찍는 부분으로 수검자는 기록하지 않는다.
3) ① **측정(또는 점검)** : Ⓒ 측정값은 수검자가 배기가스를 측정한 값인 CO는 "0.8%", HC는 "100ppm"을 기록하고 Ⓓ 기준값은 운행 차량의 배출허용 기준값인 CO는 1.0%, HC는 120ppm을 기록한다.
   ㉮ 측정값 : · CO : 1.1%,   · HC : 210ppm
   ㉯ 기준값 : · CO : 1.2% 이하
         · HC – 220ppm 이하 (2012년 5월 30일 등록)

【 운행차 수시점검 및 정기점검 배출 허용기준 】

차 종		제작일자	일산화탄소	탄화수소	공기과잉율
경자동차		1997년 12월 31일 이전	4.5% 이하	1,200ppm 이하	1±0.1 이내 다만, 기화기식연료공급장치 부착 자동차는 1±0.15이내 촉매 미부착 자동차는 1±0.20 이내
		1998년 1월 1일부터 2000년 12월 31일까지	2.5% 이하	400ppm 이하	
		2001년 1월 1일부터 2003년 12월 31일까지	1.2% 이하	220ppm 이하	
		2004년 1월 1일 이후	1.0% 이하	150ppm 이하	
승 용 자동차		1987년 12월 31일 이전	4.5% 이하	1,200ppm 이하	
		1988년 1월 1일부터 2000년 12월 31일까지	1.2% 이하	220ppm 이하(휘발유·알코올자동차) 400ppm 이하(가스자동차)	
		2001년 1월 1일부터 2005년 12월 31일까지	1.2% 이하	220ppm 이하	
		2006년 1월 1일 이후	1.0% 이하	120ppm 이하	
승합·화물·특수 자동차	소형	1989년 12월 31일 이전	4.5% 이하	1,200ppm 이하	
		1990년 1월 1일부터 2003년 12월 31일까지	2.5% 이하	400ppm 이하	
		2004년 1월 1일 이후	1.2% 이하	220ppm 이하	
	중형·대형	2003년 12월 31일 이전	4.5% 이하	1200ppm 이하	
		2004년 1월 1일 이후	2.5% 이하	400ppm 이하	

4) ② **판정** : Ⓔ 판정은 수검자가 측정값과 기준값을 비교하여 범위 내에 있으면 양호, 벗어나면 불량에 ✓표시를 한다.
   ㉮ 판정 : · 양호 – 규정(정비한계)값의 범위에 있을 때   · 불량 – 규정(정비한계)값을 벗어났을 때
5) **득점** : Ⓕ 득점은 감독위원이 채점을 하고 점수를 기록하는 부분으로 수검자는 기록하지 않는다.
6) **자동차 번호** : ❼ 측정하는 자동차의 번호를 수검자가 기록한다.

2. 시험장에서는 ……

이 시험은 시동을 걸어서 측정하여야 하므로 추운 겨울에는 수검자나 감독위원이나 고생하는 항목이다. 감독위원이 답안지를 주면 수험번호와 자동차 번호를 적고 배기가스 테스터기를 연결한 후 시동을 걸어서 측정을 한 다음 기록표를 기록하는데 이 항목은 검사기준이기 때문에 규정값이 주어지지 않는다. 반드시 규정값을 암기하고 있어야 한다. 배기가스 측정은 엔진의 상태에 따라 측정값이 많이 변하기 때문에 감독위원이 바로 옆에서 보면서 채점을 하거나 아니면 측정 방법만을 확인하고 테스터기 바늘을 고정시켜 놓고 측정값을 기록하도록 하는 경우도 있다. 일부 수검자는 감독위원이 점수를 깎기 위해 잘못한 것만 찾고 있는 사람으로 생각하는 부정적인 생각을 갖고 있는 수검자가 많은데 좀 더 긍정적인 방향으로 생각한다면 내가 잘하는 것을 보고 점수를 주기 위해 있다고 생각을 할 수 있는 것이다. 감독위원에게 내 실력을 보여주기 위해서는 능력을 길러야 하지 않을까?

※ 제작사별 차대번호 표기방식

① 현대 자동차 차대번호의 표기 부호 - 체어맨 2012

※ 차대번호 형식(VIN : Vehicle Identification Number)

K	P	B	N	E	2	A	9	1	C	P	0	3	1	2	9	9
①	②	③	④	⑤	⑥	⑦	⑧	⑨	⑩	⑪	⑫	⑬	⑭	⑮	⑯	⑰

제작회사군 / 자동차 특성군 / 제작 일련 번호군

① **K** : 국제배정 국적표시 - K : 한국, J : 일본, 1 : 미국
② **P** : 제작사를 나타내는 표시 - M : 현대, L : 대우, N : 기아, P : 쌍용 자동차
③ **B** : 자동차 종별 표시 - A : 소형 승용, B : 대형 승용, F : 중형승용, K : 소형승합,
　　　　　　　　　　　　　　 J : 중형 승합, H : 소형 화물, G : 중형 화물, C : 대형 화물
④ **N** : 차량 기본 형식
⑤ **E** : 차체형상 - C : 캡 오버, B : 본닛, S : 세미트레일러, E : 기타형상, M : 단체구조,
　　　　　　　　　　F : 프레임 구조
⑥ **2** : 세부 차종 - 2 : 승용
⑦ **A** : 기타 특성 - A : 일반, B : 승용겸 화물, C : 지프, E : 기타, G : qos, F : 덤프, K : 견인,
　　　　　　　　　　 J : 구난
⑧ **9** : 원동기 구분 - 엔진 배기량으로 영문 및 아라비아 숫자로 표기
⑨ **1** : 대조 번호 - 1 : 미정정.
⑩ **2** : 제작년도 - 알파벳 I, O, Q, U, Z와 숫자 0을 제외한 ABCDEFGHJKLMNPRSTVWXY와 123456789를 순서
　　　로 사용한다. 1 : 2001, 2 : 2002, 3 : 2003, 4 : 2004, 5 : 2005 …… A : 2010, B : 2011, C : 2012, D : 2013,
　　　E : 2014, F : 2015, G : 2016, H : 2017, J : 2018, K : 2019, L : 2020, M : 2021, N : 2022, P : 2023……
⑪ **P** : 공장 기호 - P : 평택
⑫~⑰ **031299** : 차량 생산 일련 번호

② 자동차 등록증 - 체어맨 2012

자동차등록증

제2012-081204호　　　　　　　　　　　　　　　　　최초 등록일 : 2012년 05월 30일

① 자동차 등록 번호	경기 55너 3859	② 차 종	대형 승용	③ 용도	자가용
④ 차 명	체어맨	⑤ 형식 및 년식	W1-GA32-5		2012
⑥ 차 대 번 호	KPBNE2A91CP031299	⑦ 원동기 형식	162		
⑧ 사용 본거지	경기도 양주시 광사동 313-4 ** 아파트801동 -***호				

소 유 자	⑨ 성명(명칭)	김광수	⑩ 주민(사업자) 등록 번호	***117-*******
	⑪ 주　소	경기도 양주시 광사동 313-4 ** 아파트801동 -***호		

자동차 관리법 제8조등의 규정에 의하여 위와 같이 등록하였음을 증명합니다.

2012 년 05 월 30 일

양주시장

섀시 2 클러치 페달 유격 점검

주어진 자동차에서 감독위원의 지시에 따라 클러치 페달의 유격을 점검하여 기록·판정하시오.

1. 답안지 작성 방법(클러치 페달 유격이 정상일 때)

섀시 2 : 시험 결과 기록표
자동차 번호 : ❽

항 목	① 측정(또는 점검)		② 판정 및 정비(또는 조치)사항		❼ 득 점
	❸ 측 정 값	❹ 규정(정비한계)값	❺ 판정(□에 '✔'표)	❻ 정비 및 조치할 사항	
클러치 페달 유격	10mm	6~13mm	☑ 양 호 □ 불 량	정비 및 조치할 사항 없음	

❶ 비번호   ❷ 감독위원 확인

※ 단위가 누락되거나 틀린 경우는 오답으로 채점함.

1) **비번호** : ❶ 비번호는 공단직원이 주는 등번호를 수검자가 기록한다.
2) **감독위원 확인** : ❷ 감독위원 확인란은 감독위원이 채점한 후에 도장을 찍는 부분으로 수검자는 기록하지 않는다.
3) **① 측정(또는 점검)** : ❸ 측정값은 수검자가 클러치 페달 유격을 측정한 값 "10mm"으로 기록하고, ❹ 규정(정비한계)값은 감독위원이 주어진 값이나 또는 정비지침서를 보고 "6~13mm"를 기록한다.(반드시 단위를 기록한다)
   ㉮ 측정값 : 10mm
   ㉯ 규정(정비한계)값 : 6~13mm

【 차종별 클러치 페달 자유 간극 규정값(mm) 】

차종	페달 높이	자유 간극	여유 간극	작동 거리	차종	페달 높이	자유 간극	여유 간극	작동 거리
베르나	173	6~13	40	145	이반떼 XD. /투스카니	166.9	6~13	40	145
쏘나타	177~182	6~13	55 이상	−	EF 쏘나타 /그랜저XG	180.5	6~13	40	150
레간자	−	6~12	−	140~145	라비타	182.7	6~13	40	140
세피아	209~214	5~13	41 이상	−	트라제XG	185.4	6~13	−	150
크레도스	236~241	3~5	66.2	−	싼타페	218.9	6~13	−	140
갤로퍼	186	6~13	35	−	테라칸	202	6~13	−	155

4) **② 판정 및 정비(또는 조치)사항** : ❺ 판정은 수검자가 측정한 값과 규정(정비한계)값을 비교하여 범위 내에 있으면 양호, 벗어나면 불량에 ✔ 표시를 하며, ❻ 정비 및 조치할 사항란에는 고장부품과 정비 방법을 기록한다.
   ㉮ 판정 : 양호 − 규정(정비한계)값 범위 내에 있을 때 ㆍ불량 − 규정(정비한계)값을 벗어났을 때
   ㉯ 정비 및 조치할 사항 : 양호하므로 "정비 및 조치할 사항 없음"을 기록한다.
5) **득점** : ❼ 득점은 감독위원이 채점을 하고 점수를 기록하는 부분으로 수검자는 기록하지 않는다.
6) **자동차 번호** : ❽ 측정하는 자동차 번호를 수검자가 기록한다.

2. 시험장에서는 ……

실차에서 측정하여야 하며 역시 차안에는 강철 자와 백묵 또는 사인펜이 준비되어 있다. 무릎을 꿇고 작업을 하여야 하기 때문에 편안한 실습복과 신발을 신어야 한다. 페달을 누를 때 힘이 없이 들어가는 부분이 있고 그다음에 힘을 주어야지만 눌러진다. 따라서 긴장되고 팔에 힘이 들어가 있으면 그 경계를 파악하기가 어려움이 있다. 팔에 힘을 적당하게 주고 눌러서 자유간극을 찾아야 한다.

3. 답안지 작성 방법 (클러치 페달 유격이 많을 때)

섀시 2 : 시험 결과 기록표 자동차 번호 : ❽			❶ 비번호		❷ 감독위원 확 인	
항 목	① 측정(또는 점검)		② 판정 및 정비(또는 조치)사항			❼ 득 점
	❸ 측 정 값	❹ 규정(정비한계)값	❺ 판정(□에 '✔'표)	❻ 정비 및 조치할 사항		
클러치 페달 유격	30mm	6~13mm	□ 양 호 ✔ 불 량	유격 조정 후 재점검		

※ 단위가 누락되거나 틀린 경우는 오답으로 채점함.

1) ① 측정(또는 점검) : ❸ 측정값은 수검자가 클러치 페달 유격을 측정한 값 "30mm"를 기록하며, ❹ 규정(정비한계)값은 감독위원이 주어진 값이나 또는 정비지침서를 보고 "6~13mm"를 기록한다.(반드시 단위를 기록한다)

2) ② 판정 및 정비(또는 조치)사항 : ❺ 판정은 수검자가 측정한 값이 규정(정비한계) 값보다 넘었으므로 판정에는 "불량"에 ✔ 표시를 하며, ❻ 정비 및 조치할 사항 란에는 "유격 조정 후 재점검"을 기록하고 그 외는 아래 내용 중에 하나일 것이다.

◆ 클러치 페달 유격이 큰 원인
- 유격 조정 불량 – 유격 조정
- 클러치 디스크 마모 과다 – 클러치 디스크 교환
- 클러치 압력판 과다 마모 – 클러치 압력판 어셈블리 교환
- 릴리스 레버 마모 – 클러치 압력판 어셈블리 교환
- 클러치 오일 부족 – 클러치 오일 보충 및 공기빼기
- 클러치 페달 높이 조정 불량 – 클러치 페달 높이 조정

4. 답안지 작성 방법 (클러치 페달 유격이 작을 때)

섀시 2 : 시험 결과 기록표 자동차 번호 : ❽			❶ 비번호		❷ 감독위원 확 인	
항 목	① 측정(또는 점검)		② 판정 및 정비(또는 조치)사항			❼ 득 점
	❸ 측 정 값	❹ 규정(정비한계)값	❺ 판정(□에 '✔'표)	❻ 정비 및 조치할 사항		
클러치 페달 유격	0mm	6~13mm	□ 양 호 ✔ 불 량	유격 조정 불량 – 유격 조정		

※ 단위가 누락되거나 틀린 경우는 오답으로 채점함.

1) ① 측정(또는 점검) : ❸ 측정값은 수검자가 클러치 페달 유격을 측정한 값 "0mm"를 기록하며, ❹ 규정(정비한계)값은 감독위원이 주어진 값이나 또는 정비지침서를 보고 "6~13mm"를 기록한다.(반드시 단위를 기록한다)

2) ② 판정 및 정비(또는 조치)사항 : ❺ 판정은 수검자가 측정한 값이 규정(정비한계)값보다 작으므로 판정에는 "불량"에 ✔ 표시를 하며, ❻ 정비 및 조치할 사항 란에는 "유격 조정 후 재점검"을 기록하고 그 외는 아래 내용 중에 하나일 것이다.

◆ 클러치 페달 유격이 작은 원인
- 유격 조정 불량 – 유격 조정
- 클러치 디스크 규격외품 사용 – 클러치 디스크 규격품으로 교환

5. 클러치 페달 유격 점검 현장 사진

1. 클러치 페달 유격 모습

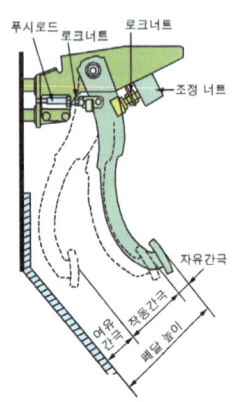

2. 측정하기 위한 준비모습

3. 푸시로드로 유격 조정 모습

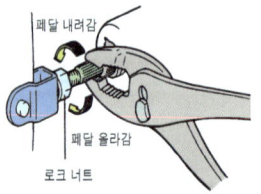

4. 케이블식의 유격 조정 모습

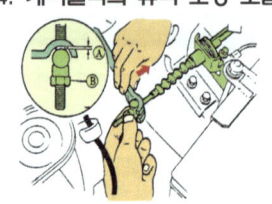

5. 케이블식의 유격 조정 모습

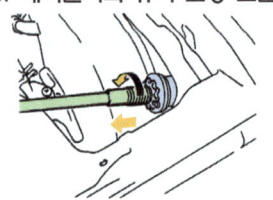

12안 섀시 4 전자제어 제동장치(ABS)자기진단

주어진 자동차에서 감독위원의 지시에 따라 진단기(스캐너)로 ABS 장치를 점검하고 기록·판정하시오.

1. 답안지 작성 방법 (앞 우측 휠 스피드 센서 과거 기억소거가 불량일 때)

섀시 4 : 시험 결과 기록표 자동차 번호 : ⓗ			Ⓐ 비번호		Ⓑ 감독위원 확 인	
항 목	① 측정(또는 점검)		② 판정 및 정비(또는 조치)사항			Ⓖ 득 점
	Ⓒ 이상 부위	Ⓓ 내용 및 상태	Ⓔ 판정(□에 '✔'표)	Ⓕ 정비 및 조치할 사항		
ABS 자기진단	앞 우측 휠 스피드 센서	과거 기억소거 불량	□ 양 호 ☑ 불 량	과거 기억 소거 후 재점검		

1) **비번호** : Ⓐ 비번호는 공단직원이 주는 등번호를 수검자가 기록한다.
2) **감독위원 확인** : Ⓑ 감독위원 확인란은 감독위원이 채점한 후에 도장을 찍는 부분으로 수검자는 기록하지 않는다.
3) **① 측정(또는 점검)** : Ⓒ 이상 부위 란에는 수검자가 스캐너의 자기진단 화면 창에 나타난 이상부위인 "앞 우측 휠 스피드센서"를 기록하고, Ⓓ 내용 및 상태 란에는 수검자가 점검한 이상 부위인 "과거기억 소거 불량"을 기록한다.
   ㉮ 이상 부위 : 앞·우측 휠 스피드 센서   ㉯ 내용 및 상태 : 과거 기억소거 불량
4) **② 판정 및 정비(또는 조치)사항** : Ⓔ 판정은 수검자가 자기진단에서 정상이 아니면 불량에 ✔ 표시를 하며, Ⓕ 정비 및 조치할 사항 란에는 고장부품과 정비 방법을 기록한다.
   ㉮ 판정 : ·양호 - 자기진단에서 이상이 없을 때   ·불량 : 자기진단에서 이상이 있을 때
   ㉯ 정비 및 조치할 사항 : 과거기억 소거 불량이므로 "과거 기억 소거 후 재점검"을 기록한다.
5) **득점** : Ⓖ 득점은 감독위원이 채점을 하고 점수를 기록하는 부분으로 수검자는 기록하지 않는다.
6) **자동차 번호** : ⓗ란은 측정하는 자동차 번호를 수검자가 기록한다.

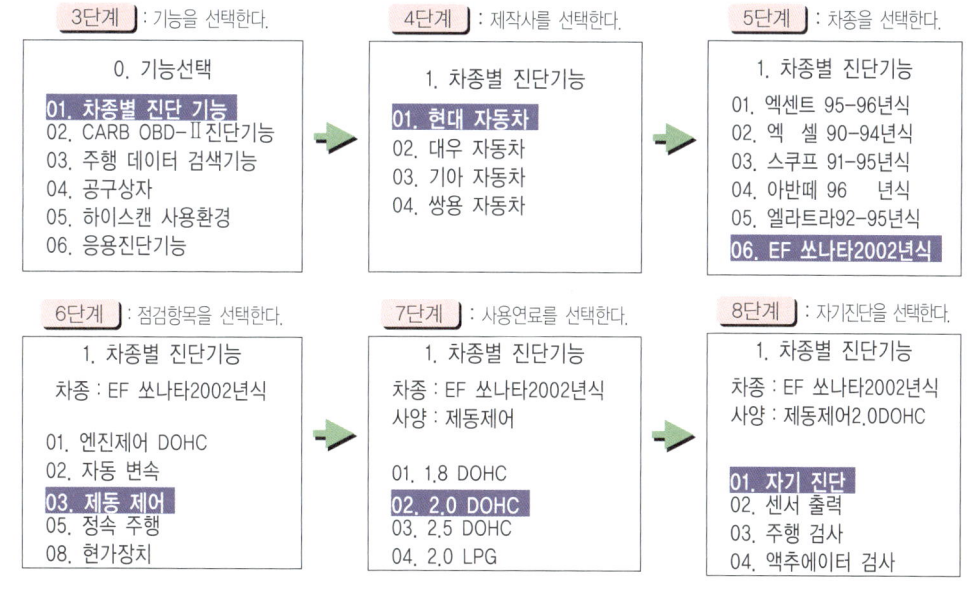

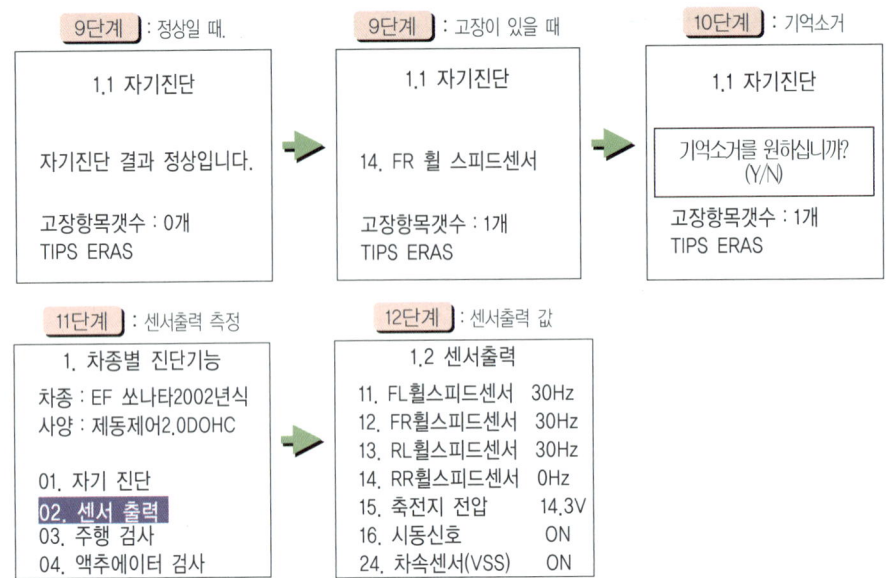

2. 시험장에서는 ……

아마 시험장에서 제일 좋은 차량이 아닐까 싶다. 차 옆에는 테스터기가 학생의 책상 위에 놓여 있고, 차량에는 키가 놓여져 있다. 테스터기를 먼저 설치하고 키를 넣어서 "ON" 위치로 한다. 그 상태에서 진단기(스캐너)로 측정하면 친절하게 고장 난 부품들의 명칭을 화면에 나타내 줄 것이다. 그리고 고장의 이유는 직접 그 위치에서 확인하여야 한다. 만약 눈으로 확인이 안 되면 단품 점검으로 들어가서 단품에 문제가 있는지 아니면 선로에 문제가 있는지를 점검하여야 한다. 시험이 끝나고 나면 모든 것을 원위치로 한다. 이때 감독위원이 그대로 두고 가라고 하면 더 이상 만지지 말고 답안지를 작성하여 제출한다. 모든 답안지를 제출할 때도 마찬가지이지만 다시 한 번 기록사항을 확인한다. 비 번호는 기록하였는지, 빈공간은 없는지……

3. 답안지 작성 방법 (우측 앞 휠 스피드 센서 커넥터가 탈거일 때)

섀시 4 : 시험 결과 기록표 자동차 번호 : ⓗ			Ⓐ 비번호		Ⓑ 감독위원 확 인	
점검항목	① 측정(또는 점검)		② 판정 및 정비(또는 조치)사항			Ⓖ 득 점
	Ⓒ 이상 부위	Ⓓ 내용 및 상태	Ⓔ 판정(□에 '✔'표)	Ⓕ 정비 및 조치할 사항		
ABS 자기진단	앞 우측 휠 스피드 센서 커넥터	커넥터 탈거	□ 양 호 ✔ 불 량	커넥터 연결 과거 기억소거 후, 재점검		

1) ① **측정(또는 점검)** : Ⓒ 이상 부위 란에는 수검자가 스캐너의 자기진단 화면 창에 나타난 이상부위인 "앞 우측 휠 스피드센서 커넥터"를 기록하고, Ⓓ 내용 및 상태 란에는 수검자가 점검한 이상 부위인 "커넥터 탈거"를 기록한다.

2) ② **판정 및 정비(또는 조치)사항** : Ⓔ 판정은 수검자가 자기진단에서 정상이 아니므로 "불량"에 ✔ 표시를 하며, Ⓕ 정비 및 조치할 사항 란에는 "커넥터 연결, 과거 기억소거 후 재점검"을 기록한다.

4. ABS 시스템 그림

1. ABS 시스템 구성도 모습

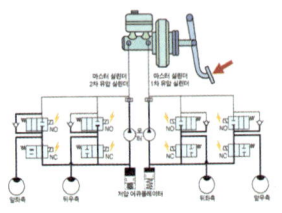

2. 리어 휠 스피드 센서 장착 모습

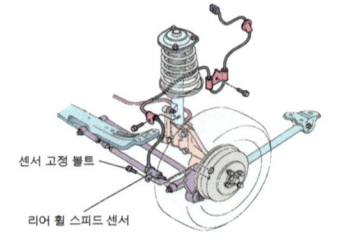

3. 리어 휠 스피드 센서 모습

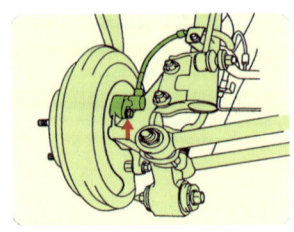

섀시 5 최소 회전 반지름 측정

주어진 자동차에서 감독위원의 지시에 따라 좌 또는 우회전시 최소회전 반경을 측정하여 기록·판정하시오.

1. 답안지 작성 방법(최소회전 반경이 정상일 때)

섀시 5 : 시험 결과 기록표
자동차 번호 : ⓚ

Ⓐ 비번호		Ⓑ 감독위원 확인	

Ⓒ 항 목	① 측정(또는 점검)				② 판정 및 정비(또는 조치)사항		Ⓙ 득점
	Ⓓ 좌측바퀴	Ⓔ 우측바퀴	Ⓕ 기 준 값 (최소회전반경)	Ⓖ 측 정 값 (최소회전반경)	Ⓗ 산출근거	Ⓘ 판정 (□에 '✔'표)	
회전방향 (□에 '✔'표) □ 좌 ✔ 우	31°	34°	12m 이하	5.3m	$R=\dfrac{2,570}{0.51}+261$ $=5,300mm$	✔ 양 호 □ 불 량	

※ 회전 방향은 감독위원이 지정하는 위치에 □에 '✔' 표시합니다.
※ 축거 및 바퀴의 접지면 중심과 킹핀과의 거리(r)는 감독위원이 제시합니다.
※ 자동차검사기준 및 방법에 의하여 기록, 판정합니다.   ※ 산출근거에는 단위를 기록하지 않아도 됩니다.

1) **비번호** : Ⓐ 비번호는 공단직원이 주는 등번호를 수검자가 기록한다.
2) **감독위원 확인** : Ⓑ 감독위원 확인란은 감독위원이 채점한 후에 도장을 찍는 부분으로 수검자는 기록하지 않는다.
3) **항목** : Ⓒ 회전방향 란에는 감독위원이 지정하는 회전방향 "우"에 ✔ 표시를 한다.
4) **① 측정(또는 점검)** : 수검자가 회전방향의 바깥쪽 바퀴(Ⓓ 좌측 바퀴)에 최대 조향각을 턴테이블에서 읽은값 "31°"를 기록하고, 안쪽 바퀴(Ⓔ 우측바퀴) 측정값 "34°"를 기록한다. Ⓕ 기준값은 검사 기준인 "12m 이하"를 기록하며, Ⓖ 측정값은 수검자가 최소회전 반경을 측정한 값 "5.3mm"를 기록한다.(r 값은 감독위원이 주어진다.)(누비라 기준, Sin 31°=0.51, r=261 값은 감독위원이 주어진다.)

　㉮ 최대조향각 : 31°　　㉯ 기준값 : 12m 이하　　㉰ 측정값 : 5.3m

　※ $R = \dfrac{L}{\sin\alpha} + r$ 　　∴ $R = \dfrac{2,570}{0.51} + 261 = 5,300mm$

　· R : 최소회전반경(m)　· sinα : 바깥쪽 앞바퀴의 조향각(sin31°= 0.51)
　· r : 바퀴 접지면 중심과 킹핀 중심과의 거리(261mm)

【 차종별 축간거리 및 조향각 기준값 】

차종	축거 (mm)	조향각 내측	조향각 외측	회전반경 (mm)	차종	축거 (mm)	조향각 내측	조향각 외측	회전반경 (mm)
아토스	2,380	40°45′	34°06′	4,470	아반떼	2,550	39°17′	32°27′	5,100
엘란트라	2,500	37°	30°30′	5,100	쏘나타Ⅲ	2,700	39°67′	32°21′	–
엑셀	2,385	–	–	4,830	그랜저	2,745	37°	30°30′	5,700
코란도	2,480	33°37′	31°50′	5,800	라노스	2,520	39°08′	39°67′	4,900
누비라	2,570	36°	31°31′	5,300	EF쏘나타	2,700	39.70°±2°	32.40°±2°	5,000
티코	2,335	42°	32°	4,400	베르나	2,440	33.37°±1°30′	35.51°	4,900
아반떼XD	2,610	40.1°±2°	32°45′	4,550	카스타	2,720	36°30′	30°31′	5,500
비스토	2,380	40°45′	34.6°	4,470	세피아Ⅱ	2,500	39°30′	32°30′	–
크레도스	2,665	36°17′	31°19′	5,300	엔터프라이즈	2,850	39 ±2°	33 ±2°	5,600

5) **② 판정 및 정비(또는 조치)사항** : Ⓗ 산출근거는 수검자가 측정한 값과 최소 회전 반경 공식에 대입하여 계산한 공식 "$R = \dfrac{2,570}{\sin 31°} + 261 = \dfrac{2,570}{0.51} + 100 = 5,300mm$"을 기입한다. Ⓘ 판정은 검사 기준 값과 비교하여 범위 안에 들면 양호에, 범위를 벗어나면 불량에 ✔ 표시를 하는데 여기서는 12m 안에 들어오므로 "양호"에 ✔ 표시를 한다.

　㉮ 산출 근거 : $R = \dfrac{2,570}{\sin 31°} + 261 = \dfrac{2,570}{0.51} + 100 = 5,300mm$

　㉯ 판정 : ·양호 : 측정값이 성능기준 값의 범위에 있을 때
　　　　　·불량 : 측정값이 성능기준 값의 범위를 벗어났을 때

6) **득점** : ⓖ 득점은 감독위원이 채점을 하고 점수를 기록하는 부분으로 수검자는 기록하지 않는다.
7) **자동차 번호** : ⓗ 측정하는 자동차 번호를 수검자가 기록한다.

2. 시험장에서는 ……

사실상 검사장에서는 시험 항목에 최소회전 반경이 있지만 측정하지는 않는다. 시험문제가 만들어지면서 최소회전 반경을 측정하는 방식이 정립되었다 하여도 과언은 아니다. 감독위원으로부터 답안지를 받아들고 측정차량에 가면 보조원이 기다리고 있을 것이다. 왜냐하면 혼자서 최소회전반경 공식에 대입하기 위한 축거나 조향각을 측정하기는 어렵기 때문이다. 먼저 줄자를 보조원에게 뒤차축의 중심에 대도록 하고 수검자는 앞차축의 중심에 대어 축거를 측정하고, 보조원을 운전석에서 핸들을 좌, 또는 우측으로 끝까지 돌리도록 하고 바깥쪽 바퀴의 조향각을 측정하여 기록하고 계산식에 넣어 산출한 후 답안을 작성한다. r값은 감독위원이 주어진다.

3. 답안지 작성 방법 (회전방향이 좌회전 이며 최소회전 반경이 성능기준 안에 들 때)

섀시 5 : 시험 결과 기록표
자동차 번호 : ⓚ

					ⓐ 비번호		ⓑ 감독위원 확 인	
ⓒ 항 목	① 측정(또는 점검)				② 판정 및 정비(또는 조치)사항			ⓙ 득점
	ⓓ 좌측바퀴	ⓔ 우측바퀴	ⓕ 기 준 값 (최소회전반경)	ⓖ 측 정 값 (최소회전반경)	ⓗ 산출근거	ⓘ 판정 (□에 '✔'표)		
회전방향 (□에 '✔' 표) ☑ 좌 □ 우	31°	34°	12m 이하	5.3m	$R = \dfrac{2,570}{0.51} + 261$ $= 5,300mm$	☑ 양 호 □ 불 량		

※ 회전 방향은 감독위원이 지정하는 위치에 □에 '✔' 표시합니다.
※ 축거 및 바퀴의 접지면 중심과 킹핀과의 거리(r)는 감독위원이 제시합니다.
※ 자동차검사기준 및 방법에 의하여 기록, 판정합니다. ※ 산출근거에는 단위를 기록하지 않아도 됩니다.

1) **항목** : ⓘ 회전방향 란에는 감독위원이 지정한 방향 좌에 ✔ 표시를 한다.
2) **① 측정(또는 점검)** : 수검자가 회전방향의 바깥쪽 바퀴(ⓓ 좌측 바퀴)에 최대 조향각을 턴테이블에서 읽은값 "31°"를 기록하고, 안쪽 바퀴(ⓔ 우측바퀴) 측정값 "34°"를 기록한다. ⓕ 기준값은 검사 기준값인 "12m 이하"를 기록하며, ⓖ 측정값은 수검자가 최소회전 반경을 측정한 값 "5.3mm"를 기록한다.(r 값은 감독위원이 주어진다.)(누비라 기준, Sin 31°=0.51, r=261 값은 감독위원이 주어진다.)
3) **② 판정 및 정비(또는 조치)사항** : ⓔ 판정은 수검자가 측정한 값이 성능기준(12m 이하) 값보다 작으므로 양호에 ✔ 표시를 한다.

4. 답안지 작성 방법 (회전방향이 우회전 이며 최소회전 반경이 성능기준 안에 들 때)

섀시 5 : 시험 결과 기록표
자동차 번호 : ⓚ

					ⓐ 비번호		ⓑ 감독위원 확 인	
ⓒ 항 목	① 측정(또는 점검)				② 판정 및 정비(또는 조치)사항			ⓙ 득점
	ⓓ 좌측바퀴	ⓔ 우측바퀴	ⓕ 기 준 값 (최소회전반경)	ⓖ 측 정 값 (최소회전반경)	ⓗ 산출근거	ⓘ 판정 (□에 '✔'표)		
회전방향 (□에 '✔' 표) □ 좌 ☑ 우	30°	34°	12m 이하	5.14m	$R = \dfrac{2,570}{0.5} + 100$ $= 5,140mm$	☑ 양 호 □ 불 량		

※ 회전 방향은 감독위원이 지정하는 위치에 □에 '✔' 표시합니다.
※ 축거 및 바퀴의 접지면 중심과 킹핀과의 거리(r)는 감독위원이 제시합니다.
※ 자동차검사기준 및 방법에 의하여 기록, 판정합니다. ※ 산출근거에는 단위를 기록하지 않아도 됩니다.

1) ⓒ 회전방향 란에는 감독위원이 지정하는 회전방향 "우"에 ✔ 표시를 한다.
4) **① 측정(또는 점검)** : 수검자가 회전방향의 바깥쪽 바퀴(ⓓ 좌측 바퀴)에 최대 조향각을 턴테이블에서 읽은값 "30°"를 기록하고, 안쪽 바퀴(ⓔ 우측바퀴) 측정값 "34°"를 기록한다. ⓕ 기준값은 검사 기준값인 "12m 이하"를 기록하며, ⓖ 측정값은 수검자가 최소회전 반경을 측정한 값 "5.14mm"를 기록한다.(r 값은 감독위원이 주어진다.)(누비라 기준, Sin 30°=0.5, r=261 값은 감독위원이 주어진다.)
3) **② 판정 및 정비(또는 조치)사항** : ⓗ 산출근거는 수검자가 측정한 값과 최소 회전 반경 공식에 대입하여 계산한 공식 " $R = \dfrac{2,570}{\sin 30°} + 261 = \dfrac{2,570}{0.5} + 100 = 5,140mm$ "을 기입한다. ⓘ 판정은 검사 기준 값과 비교하여 범위 안에 들면 양호에, 범위를 벗어나면 불량에 ✔ 표시를 하는데 여기서는 12m 안에 들어오므로 "양호"에 ✔ 표시를 한다.

전기 2 스텝 모터(공회전 조절서보) 저항 점검

주어진 자동차에서 감독위원의 지시에 따라 스텝 모터(공회전 속도조절 서보)의 저항을 점검하여 스텝 모터의 고장부분을 점검한 후 기록표에 기록·판정하시오.

1. 답안지 작성 방법 [스텝 모터(공회전 조절 서보) 저항이 정상일 때]

전기 2 : 시험 결과 기록표
자동차 번호 : ⓗ

항 목	① 측정(또는 점검)		② 판정 및 정비(또는 조치)사항		Ⓖ 득 점
	Ⓒ 측 정 값	Ⓓ 규정(정비한계)값	Ⓔ 판정(□에 '✓' 표)	Ⓕ 정비 및 조치할 사항	
저 항	15Ω/20℃-열림	14.5~16.5Ω/20℃ -열림	☑ 양 호 □ 불 량	정비 및 조치사항 없음	

Ⓐ 비번호   Ⓑ 감독위원 확 인

※ 단위가 누락되거나 틀린 경우는 오답으로 채점함.

1) **비번호** : Ⓐ 비번호는 공단직원이 주는 등번호를 수검자가 기록한다.
2) **감독위원 확인** : Ⓑ 감독위원 확인란은 감독위원이 채점한 후에 도장을 찍는 부분으로 수검자는 기록하지 않는다.
3) **① 측정(또는 점검)** : Ⓒ 측정값은 감독위원이 지정한 공전 조절 서보(ISC 서보 : Idle speed control servo) 열림 코일의 저항을 측정한 값 "15Ω/20℃-열림"을 기록하고 Ⓓ 규정(정비한계)값은 감독위원이 주어진 값이나 또는 정비 지침서에서 "14.5~16.5Ω/20℃-열림"을 기록한다.
  ㉮ 측정값 : 15Ω/20℃-열림   ㉯ 규정(정비한계)값 : 14.5~16.5Ω/20℃-열림

【 스텝모터(공회전 조절 서보) 저항 규정값(Ω/20℃) 】

차 종		열림 코일	닫힘 코일	비고
아반떼 XD (2006)	G 1.6 DOHC	14.5~16.5	16.6~18.6	
	G 2.0 DOHC	11.1~12.7	14.5~16.1	
	D 1.5 TCI-U	–	–	
아반떼 HD (2010)	G 1.6 DOHC	11.9±0.8	15.4±0.8	
	G 2.0 DOHC	11.1~12.7	14.6~16.2	
	D 1.6 TCI-U	–	–	
NF 쏘나타	G 2.0 DOHC	11.1~12.7	14.5~16.1	쎄타 Ⅰ,
		11.1~12.7	14.6~16.2	쎄타 Ⅱ
	G 2.4 DOHC	TPS 1 0.2~0.6V/ IG ON	TPS 1 4.2~0.9V/ IG ON	쎄타 Ⅰ,
		센서 신호<0.12V/ IG ON	센서 신호<2.1V/ Idle	쎄타 Ⅱ
	L 2.0 DOHC	11.1~12.7	14.5~16.1	
	D 2.0 TCI-D			
K5(2011)	G 2.0 DOHC	ETS 1	ETS 2	
	G 2.4 GDI			
	L 2.0 DOHC			
모닝(2011)	G 1.0 SOHC	14.5~16.5	16.6~18.6	
	L 1.0 SOHC			

4) **② 판정 및 정비(또는 조치)사항** : Ⓔ 판정은 수검자가 측정한 값과 규정(정비한계)값을 비교하여 범위 내에 있으면 양호, 벗어나면 불량에 ✓ 표시를 하며, Ⓕ 정비 및 조치할 사항 란에는 고장부품과 정비 방법을 기록한다.
  ㉮ 판정 : ·양호 - 규정(정비한계)값의 범위에 있을 때
       ·불량 - 규정(정비한계)값의 범위를 벗어났을 때
  ㉯ 정비 및 조치할 사항 : 양호하므로 "정비 및 조치할 사항 없음"으로 기록한다.
5) **득점** : Ⓖ 득점은 감독위원이 채점을 하고 점수를 기록하는 부분으로 수검자는 기록하지 않는다.
6) **자동차 번호** : ⓗ 측정하는 자동차의 번호를 수검자가 기록한다.

2. 시험장에서는 ……

시험용 자동차에서 커넥터의 단자를 탈거하고 측정하거나 스탠드 위에 놓여 있는 스로틀 바디에서 측정한다.

완전히 닫혀있을 때와 최대 개방하였을 때 저항값을 측정하여 답안지를 작성한다. 저항은 테스터기가 정확하여야 한다. 따라서 측정기기의 준비는 정도가 맞는 것으로 준비하여야 한다. 그래서 시험장에서는 측정용 기기를 시험장에 것을 사용하도록 하고 있다. 감독위원이 실습장에 있는 테스터를 이용하라고 하면 자기가 사용하던 것과 다르더라도 감독위원의 지시를 따르는 것이 정확한 값을 측정할 수 있다.

3. 답안지 작성 방법 [스텝 모터(공회전 조절 서보) 저항이 많을 때]

전기 2 : 시험 결과 기록표 자동차 번호 : ⓗ			Ⓐ 비번호		Ⓑ 감독위원 확 인	
항 목	① 측정(또는 점검)		② 판정 및 정비(또는 조치)사항			Ⓖ 득 점
	Ⓒ 측 정 값	Ⓓ 규정(정비한계)값	Ⓔ 판정(□에 '✔' 표)	Ⓕ 정비 및 조치할 사항		
저 항	26Ω/20℃-열림	14.5~16.5Ω/20℃ -열림	□ 양 호 ☑ 불 량	ISC 서보 교환 후 재점검		

※ 단위가 누락되거나 틀린 경우는 오답으로 채점함.

1) ① 측정(또는 점검) : Ⓒ 측정값은 감독위원이 지정한 공전 조절 서보(ISC 서보 : Idle speed control servo) 열림 코일의 저항을 측정한 값 "20Ω/20℃-열림"을 기록하고 Ⓓ 규정(정비한계)값은 감독위원이 주어진 값이나 또는 정비 지침서에서 "14.5~16.5Ω/20℃-열림"을 기록한다.
2) ② 판정 및 정비(또는 조치)사항 : Ⓔ 판정은 측정값이 규정(정비한계)값보다 높으므로 "불량"에 ✔ 표시를 하며, Ⓕ 정비 및 조치할 사항은 ISC 서보 불량으로 "ISC 서보 교환 후 재점검"을 기록하고 그 외는 아래 내용 중에 하나일 것이다.
   ◈ 스텝 모터 저항이 많이 나오는 원인
   ・코일 내부 저항 증가 – ISC 서보 교환   ・코일과 단자 간 접촉 불량 – ISC 서보 교환

4. 답안지 작성 방법 (스텝 모터(공회전 조절 서보) 저항값이 ∞ 일 때)

전기 2 : 시험 결과 기록표 자동차 번호 : ⓗ			Ⓐ 비번호		Ⓑ 감독위원 확 인	
항 목	① 측정(또는 점검)		② 판정 및 정비(또는 조치)사항			Ⓖ 득 점
	Ⓒ 측 정 값	Ⓓ 규정(정비한계)값	Ⓔ 판정(□에 '✔' 표)	Ⓕ 정비 및 조치할 사항		
저 항	∞Ω/20℃-열림	14.5~16.5Ω/20℃ -열림	□ 양 호 ☑ 불 량	ISC 서보 교환 후 재점검		

※ 단위가 누락되거나 틀린 경우는 오답으로 채점함.

1) ① 측정(또는 점검) : Ⓒ 측정값은 감독위원이 지정한 공전 조절 서보(ISC 서보 : Idle speed control servo) 열림 코일의 저항을 측정한 값 "∞Ω/20℃-열림"을 기록하고 Ⓓ 규정(정비한계)값은 감독위원이 주어진 값이나 또는 정비 지침서에서 "14.5~16.5Ω/20℃-열림"을 기록한다.
2) ② 판정 및 정비(또는 조치)사항 : Ⓔ 판정은 측정값이 규정(정비한계)값보다 낮으므로 "불량"에 ✔ 표시를 하며, Ⓕ 정비 및 조치할 사항은 ISC 서보 불량으로 "ISC 서보 교환 후 재점검"을 기록하고 그 외는 아래 내용 중에 하나일 것이다.
   ◈ 스텝 모터 저항이 ∞일 때의 원인
   ・코일 내부 단선 – ISC 서보 교환   ・코일과 단자 간 단선 – ISC 서보 교환

5. 스텝 모터(공전 조절 서보) 저항 점검 현장 사진

1. ISA 설치 모습   2. ISA 설치 모습   3. ISA 탈거 모습

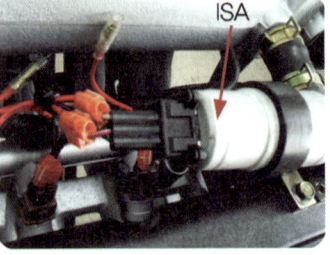

12안 전기 3 실내등 및 열선 회로 점검

주어진 자동차에서 실내등 및 열선 회로의 고장부분을 점검한 후 기록표에 기록·판정하시오.

1. 답안지 작성 방법 (실내등이 작동하지 않을 때)

전기 3 : 시험 결과 기록표 자동차 번호 : ⓗ			Ⓐ 비번호		Ⓑ 감독위원 확 인	
항 목	① 측정(또는 점검)		② 판정 및 정비(또는 조치)사항			Ⓖ득 점
	Ⓒ 이상 부위	Ⓓ내용 및 상태	Ⓔ판정(□에 '✔' 표)	Ⓕ정비 및 조치할 사항		
실내등 및 열선 회로	실내등 퓨즈	단선	□ 양 호 ☑ 불 량	실내등 퓨즈 교환 후 재점검		

1) **비번호** : Ⓐ 비번호는 공단직원이 주는 등번호를 수검자가 기록한다.
2) **감독위원 확인** : Ⓑ 감독위원 확인란은 감독위원이 채점한 후에 도장을 찍는 부분으로 수검자는 기록하지 않는다.
3) **① 점검(또는 측정)** : Ⓒ 고장부분은 수검자가 실내등이 작동되지 않는 이유 중 고장 난 부품 명칭인 "실내등 퓨즈"를 기록하고, Ⓓ 내용 및 상태는 고장부분의 상태 "단선"을 기록한다.
   ㉮ 이상부위 : 실내등 퓨즈   ㉯ 내용 및 상태 : 단선
4) **② 판정 및 정비(또는 조치)사항** : Ⓔ 판정은 "불량"에 ✔ 표시를 하고 Ⓕ 정비 및 조치할 사항 란에는 퓨즈 단선이므로 "실내등 퓨즈 교환 후 재점검"을 기록하고 그 외는 아래 내용 중에 하나일 것이다.
   ㉮ 판정 : • 양호 – 이상 부위가 없을 때   • 불량 – 이상 부위가 있을 때
   ㉯ 정비 및 조치할 사항 : 실내등 퓨즈가 불량이므로 "실내등 퓨즈 교환 후 재점검"을 기록한다.
   ◆ 실내등이 작동하지 않는 원인
   • 배터리 불량 – 배터리 교환   • 배터리 터미널 연결 상태 불량 – 배터리 터미널 재장착
   • 실내등 퓨즈의 탈거 – 실내등 퓨즈 장착   • 실내등 퓨즈의 단선 – 실내등 퓨즈 교환
   • 실내등 전구 탈거 – 실내등 전구 장착   • 실내등 전구 단선 – 실내등 전구 교환
   • 도어 스위치 불량 – 도어 스위치 교환   • 도어 스위치 커넥터 탈거 – 도어 스위치 커넥터 장착
   • 실내등 라인 단선 – 실내등 라인 연결
5) **득점** : Ⓖ 득점은 감독위원이 채점을 하고 점수를 기록하는 부분으로 수검자는 기록하지 않는다.
6) **자동차 번호** : ⓗ 측정하는 자동차 번호를 수검자가 기록한다.

2. 답안지 작성 방법 (열선이 작동하지 않을 때)

전기 3 : 시험 결과 기록표 자동차 번호 : ⓗ			Ⓐ 비번호		Ⓑ 감독위원 확 인	
항 목	① 측정(또는 점검)		② 판정 및 정비(또는 조치)사항			Ⓖ득 점
	Ⓒ 이상 부위	Ⓓ내용 및 상태	Ⓔ판정(□에 '✔' 표)	Ⓕ정비 및 조치할 사항		
실내등 및 열선 회로	열선 릴레이	탈거	□ 양 호 ☑ 불 량	열선 릴레이 장착 후 재점검		

1) **① 점검(또는 측정)** : Ⓒ 고장부분은 수검자가 열선이 작동되지 않는 이유 중 고장 난 부품 명칭인 "열선 릴레이"를 기록하고, Ⓓ 내용 및 상태는 고장부분의 상태 "탈거"를 기록한다.
2) **② 판정 및 정비(또는 조치)사항** : Ⓔ 판정은 "불량"에 ✔ 표시를 하고 Ⓕ 정비 및 조치할 사항 란에는 "열선 릴레이 장착 후 재점검"을 기록하고 그 외는 아래 내용 중에 하나일 것이다.
   ◆ 열선이 작동하지 않는 원인
   • 열선 커넥터 불량 – 열선 커넥터 교환   • 열선 퓨즈 단선 – 열선 퓨즈 교환
   • 열선 퓨즈 탈거 – 열선 퓨즈 장착   • 열선 퓨즈 핀 부러짐 – 열선 퓨즈 교환
   • 열선 손상 – 열선 수리   • 열선 릴레이 불량 – 열선 릴레이 교환
   • 열선 릴레이 핀 부러짐 – 열선 릴레이 교환   • 열선 릴레이 탈거 – 열선 릴레이 장착
   • 열선 스위치 커넥터 탈거 – 열선 스위치 커넥터 장착   • 열선 스위치 불량 – 열선 스위치 교환

3. 답안지 작성 방법 (실내등과 열선 모두 작동하지 않을 때)

전기 3 : 시험 결과 기록표 자동차 번호 : ⓗ			Ⓐ 비번호		Ⓑ 감독위원 확　　인	Ⓖ 득 점
항 목	① 측정(또는 점검)		② 판정 및 정비(또는 조치)사항			
	Ⓒ 이상 부위	Ⓓ 내용 및 상태	Ⓔ 판정(□에 '✔' 표)	Ⓕ 정비 및 조치할 사항		
실내등 및 열선 회로	열선 커넥터	탈거	□ 양　호 ☑ 불　량	열선 커넥터 장착 후 재점검		

1) ① 점검(또는 측정) : Ⓒ 고장부분은 수검자가 실내등과 열선이 작동되지 않는 이유 중 고장 난 부품 명칭인 "열선 커넥터"를 기록하고, Ⓓ 내용 및 상태는 고장부분의 상태 "탈거"를 기록한다.

2) ② 판정 및 정비(또는 조치)사항 : Ⓔ 판정은 "불량"에 ✔ 표시를 하고 Ⓕ 정비 및 조치할 사항 란에는 얄선 커넥터 탈거이므로 "열선 커넥터 장착 후 재점검"을 기록하고 그 외는 아래 내용 중에 하나일 것이다.

◈ 실내등이 작동하지 않는 원인 : · 배터리 터미널 연결 상태 불량 – 배터리 터미널 재장착
・배터리 불량 – 배터리 교환　　　　　　・열선 스위치 커넥터 탈거 – 열선 스위치 커넥터 장착
・실내등 퓨즈의 탈거 – 실내등 퓨즈 장착　・실내등 퓨즈의 단선 – 실내등 퓨즈 교환
・실내등 전구 탈거 – 실내등 전구 장착　　・실내등 전구 단선 – 실내등 전구 교환
・도어 스위치 불량 – 도어 스위치 교환　　・도어 스위치 커넥터 탈거 – 도어 스위치 커넥터 장착
・실내등 라인 단선 – 실내등 라인 연결　　・열선 스위치 불량 – 열선 스위치 교환
・열선 커넥터 불량 – 열선 커넥터 교환　　・열선 퓨즈 단선 – 열선 퓨즈 교환
・열선 퓨즈 탈거 – 열선 퓨즈 장착　　　　・열선 퓨즈 핀 부러짐 – 열선 퓨즈 교환
・열선 손상 – 열선 수리　　　　　　　　・열선 릴레이 불량 – 열선 릴레이 교환
・열선 릴레이 핀 부러짐 – 열선 릴레이 교환　・열선 릴레이 탈거 – 열선 릴레이 장착

4. 시험장에서는 ……

　　감독위원이 수검용 차량을 만들 때 퓨즈나 커넥터를 탈거하여 작동이 불가능 하도록 하는 경우가 대부분이다. 만약 퓨즈나 전구 스위치가 없으면 감독 위원에게 새것을 받아서 설치한 다음 작동시켜서 이상이 없으면 감독위원에게 "다 되었습니다." 하고 확인시켜 드린다. 확인 후에 감독위원이 "다시 원위치로 하여 놓으세요." 라고 하면 원래 있던 대로 하여 놓고, 그리고 답안지에 고장이 났던 내용을 기입하여 제출하면 된다. 열선 스위치는 IG 단자에서 작동 하므로 반드시 키 스위치를 넣고 작동시켜야 한다. 시험장에서는 열선 스위치의 고장은 보이지 않기 때문에 자주 고장을 내는 부분은 아니다. 실내등은 B 단자에서 전원이 공급 되므로 키스위치의 작동과는 관계없다.

5. 실내등 및 열선회로 점검 현장사진

1. 실내 릴레이 박스 모습

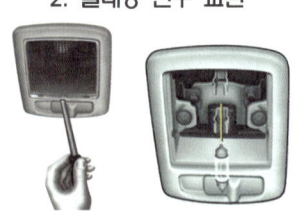

2. 실내등 전구 교환

3. 맵 램프 전구 교환

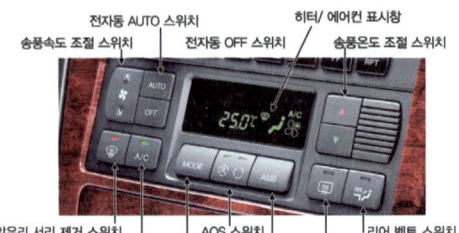

4. 뒷유리 열선 스위치 장착 모습

12안 전기 4 경음기 음량 측정

주어진 자동차에서 경음기 음량을 측정하여 기록표에 기록·판정하시오.

1. 답안지 작성 방법(경음기 음량이 정상일 때)

전기 4 : 시험 결과 기록표

항 목	① 측정(또는 점검)		② 판정 및 정비(또는 조치) 사항	Ⓕ득 점
	Ⓒ측정값	Ⓓ기준값	Ⓔ판정(□에 '✔' 표)	
경음기 음량	100dB	90 dB 이상 110dB 이하	☑ 양 호 □ 불 량	

자동차 번호 : Ⓖ   Ⓐ비 번호   Ⓑ감독위원 확 인

※ 감독위원이 제시한 자동차등록증(또는 차대번호)을 활용하여 차종 및 연식을 적용합니다.
※ 자동차검사기준 및 방법에 의하여 기록, 판정합니다.   ※ 암소음은 무시합니다.

1) **비번호** : Ⓐ 비번호는 공단직원이 주는 등번호를 수검자가 기록한다.
2) **감독위원 확인** : Ⓑ 감독위원 확인란은 감독위원이 도장을 찍는 부분으로 수검자는 기록하지 않는다.
3) **① 측정(또는 점검)** : Ⓒ 측정값은 수검자가 측정한 음량인 "100dB"을 기록하고, Ⓓ 기준값은 운행차 검사기준을 수검자가 암기하여 "90dB 이상 110dB이하"를 기록한다.(반드시 단위를 기입한다)
   ㉮ 측정값 : 100dB   ㉯ 기준값 : 90dB이상, 110dB 이하(2011년 02월 01일 등록-모하비)

【 경음기 음량 기준값(2006년 1월 1일 이후) 】

자동차 종류	소음항목	경적소음(dB(C))
경지동치		110 이하
승용 자동차	소형, 중형	110 이하
	중대형, 대형	112 이하
화물 자동차	소형, 중형	110 이하
	대형	112 이하

【 경음기 음량 기준값(2000년 1월 1일 이후) 】

차량 종류	소음 항목	경적 소음(dB(C))	비고
경 자농자		110 이하	이륜 자동차 110 이하
승용 자동차	승용 1, 2	110 이하	
	승용 3, 4	112 이하	
화물 자동차	화물 1, 2	110 이하	
	화물 3	112 이하	

※**제53조(경음기)** 자동차의 경음기는 다음 각호의 기준에 적합해야 한다.(자동차 및 자동차부품의 성능과 기준에 관한 규칙)
  1. 일정한 크기의 경적음을 동일한 음색으로 연속하여 낼 것
  2. 자동차 전방으로 2미터 떨어진 지점으로서 지상높이가 1.2±0.05미터인 지점에서 측정한 경적음의 최소크기가 최소 90데시벨(C) 이상일 것

4) **② 판정 및 정비(또는 조치)사항** : Ⓔ 판정은 수검자가 측정한 값과 기준값을 비교하여 기준값 범위 내에 있으면 양호, 벗어나면 불량에 ✔표시를 한다.
   ㉮ 판정 : ·양호 – 기준값의 범위에 있을 때   ·불량 – 기준값의 범위를 벗어났을 때
5) **득점** : Ⓕ 득점은 감독위원이 채점을 하고 점수를 기록하는 부분으로 수검자는 기록하지 않는다.
6) **자동차 번호** : Ⓖ 측정하는 자동차 번호를 수검자가 기록한다.

2. 시험장에서는 ……

답안지를 받고 경음기 음량을 측정하는 차량에 가면 음량계가 함께 놓여 있을 것이다. 또한 보조원이 경음기를 울려 주기 위해 운전석에서 앉아 기다리고 있을 것이다. 줄자로 차량의 맨 앞부분에서 2m 전방위치에 1.2±0.05m 인 위치를 재서 음량계를 놓고 기능선택 스위치를 C로, 동특성 스위치는 FAST로, 측정 최고 소음 정비 스위치는 Inst 위치로 하고 보조원에게 경음기 스위치를 눌러 줄 것을 주문하고 최고값을 답안지에 기입한다. 암소음을 측정하여 보정을 하여야 하나 암소음은 무시하라는 조건이 있으므로 측정한 값만 기록한다. 책상위에 놓여 있는 음량계를 움직이지 말고 그 상태에서 측정하라고 한다. 그 이유는 측정기 위치가 달라짐에 따라 측정값이 변하기 때문이다. 음량값 기준값을 확인하기 위하여 옆에는 자동차 등록증이 복사되어 있을 것이다. 10번째 자리로 연식을 나타내므로 이것 또한 숙지하고 있어야 한다.

3. 답안지 작성 방법 (경음기 음량이 낮을 때)

전기 4 : 시험 결과 기록표
자동차 번호 : ❼

항 목	① 측정(또는 점검)		② 판정 및 정비(또는 조치) 사항	❻득 점
	❸측정값	❹기준값	❺판정(□에 '✔' 표)	
경음기 음량	53dB	90 dB 이상 110dB 이하	□ 양 호 ☑ 불 량	

❶비 번호   ❷감독위원 확 인

※ 감독위원이 제시한 자동차등록증(또는 차대번호)을 활용하여 차종 및 연식을 적용합니다.
※ 자동차검사기준 및 방법에 의하여 기록, 판정합니다.   ※ 암소음은 무시합니다.

1) ① **측정(또는 점검)** : ❸ 측정값은 수검자가 측정한 음량인 "53dB"을 기록하고, ❹ 기준값은 운행차 검사기준을 수검자가 암기하여 "90dB 이상 110dB이하"를 기록한다.(반드시 단위를 기입한다)
2) ② **판정 및 정비(또는 조치)사항** : ❺ 판정은 수검자가 측정한 값과 기준값을 비교하여 기준값 범위보다 낮으므로 "불량"에 ✔ 표시를 한다.

◆ 경음기 음량이 낮게 나오는 원인
- 경음기 음량 조정 불량 – 음량 조정 나사로 조정
- 배터리 불량 – 배터리 교환   • 배터리 터미널 연결 상태 불량 – 배터리 터미널 재장착
- 경음기 연결 커넥터 접촉 불량 – 연결부 확실히 장착
- 경음기 접지 불량 – 접지부 확실히 장착   • 경음기 고장 – 경음기 교환

4. 답안지 작성 방법 (경음기 음량이 높을 때)

전기 4 : 시험 결과 기록표
자동차 번호 : ❼

항 목	① 측정(또는 점검)		② 판정 및 정비(또는 조치) 사항	❻득 점
	❸측정값	❹기준값	❺판정(□에 '✔' 표)	
경음기 음량	135dB	90 dB 이상 110dB 이하	□ 양 호 ☑ 불 량	

❶비 번호   ❷감독위원 확 인

※ 감독위원이 제시한 자동차등록증(또는 차대번호)을 활용하여 차종 및 연식을 적용합니다.
※ 자동차검사기준 및 방법에 의하여 기록, 판정합니다.   ※ 암소음은 무시합니다.

1) ① **측정(또는 점검)** : ❸ 측정값은 수검자가 측정한 음량인 "135dB"을 기록하고, ❹ 기준값은 운행차 검사기준을 수검자가 암기하여 "90dB 이상 110dB이하"를 기록한다.(반드시 단위를 기입한다)
2) ② **판정 및 정비(또는 조치)사항** : ❺ 판정은 수검자가 측정한 값과 기준값을 비교하여 기준값 범위보다 높으므로 "불량"에 ✔ 표시를 한다.

◆ 경음기 음량이 높게 나오는 원인
- 경음기 규격품외 사용 – 규격품으로 교환
- 경음기 추가 설치 – 추가된 경음기 탈거   • 경음기 음량 조정 불량 – 음량 조정 나사로 조정

5. 경음기 음량 점검 현장사진

1. 측정 준비된 모습

실차에서 측정도 하지만 때에 따라서는 시뮬레이터를 이용하여 측정도 한다.

2. 측정 준비된 모습

음량계 옆에는 자동차 등록증을 두어서 이 차량의 연식을 보고 규정값을 기록한다.

3. 암소음을 측정 준비된 시험장 모습

암소음을 측정하기 위한 위치도 고정되어 있다. 반드시 지정된 곳에서 측정한다.

엔진 1 예열 플러그 저항 점검

주어진 전자제어 디젤(CRDI) 엔진에서 인젝터(1개)와 예열 플러그(1개)를 탈거(감독위원에게 확인)하고 감독위원의 지시에 따라 기록표의 내용대로 기록·판정한 후 다시 조립하시오.

1. 답안지 작성 방법(예열 플러그 저항값이 정상일 때)

엔진 1 : 시험 결과 기록표

엔진 번호 : ❶			Ⓐ 비번호		Ⓑ 감독위원 확 인	
항 목	① 측정(또는 점검)		② 판정 및 정비(또는 조치)사항			Ⓖ 득 점
	Ⓒ 측 정 값	Ⓓ 규정(정비한계)값	Ⓔ 판정(□에 '✔'표)	Ⓕ 정비 및 조치할 사항		
예열플러그 저 항	0.25Ω(20℃)	0.25~0.30Ω(20℃)	☑ 양 호 □ 불 량	정비 및 조치할 사항 없음		

※ 단위가 누락되거나 틀린 경우는 오답으로 채점함.

1) **비번호** : Ⓐ 비번호는 공단직원이 주는 등번호를 수검자가 기록한다.
2) **감독위원 확인** : Ⓑ 감독위원 확인란은 감독위원이 채점한 후에 도장을 찍는 부분으로 수검자는 기록하지 않는다.
3) **① 측정(또는 점검)** : Ⓒ 측정값은 수검자가 예열 플러그 저항을 측정한 값인 "0.25Ω(20℃)"을 기록하고, Ⓓ 규정(정비한계)값은 감독위원이 주어진 값이나 또는 정비지침서를 보고 "0.25~0.30Ω(20℃)"기록한다.(반드시 단위를 기입한다)
   ㉮ 측정값 : 0.25Ω(20℃)
   ㉯ 규정(정비한계)값 : 0.25~0.30Ω(20℃)

【 차종별 예열 플러그 저항 기준값(Ω) 】

차 종	규정값	비 고	차 종	규정값	비 고
포터, 그레이스	0.25(20℃)		프라이드, 이반떼	0.25(20℃)	
싼타페 CM(2009)	0.31(20℃)	쎄라믹	쏘렌토 BL(2009)	0.25(20℃)	2.5 TCI-A
2.0 TCI-R	0.35(20℃)	메탈	스포티지QL(2016)	0.25~5(20~30℃)	1.7 TCI U2

4) **② 판정 및 정비(또는 조치)사항** : Ⓔ 판정은 수검자가 측정한 값과 규정(정비한계)값을 비교하여 범위 내에 있으면 양호, 벗어나면 불량에 ✔ 표시를 하며, Ⓕ 정비 및 조치할 사항 란에는 고장부품과 정비 방법을 기록한다.
   ㉮ 판정 : ·양호 : 규정값 범위 내에 있을 때
           ·불량 : 규정값 범위를 벗어났을 때
   ㉯ 정비 및 조치할 사항 : 규정값(한계값) 범위 안에 있으므로 "정비 및 조치할 사항 없음"을 기록한다.

2. 시험장에서는 ……

① **인젝터와 예열 플러그 탈거·조립** : 일반 디젤 엔진보다 CRDI 엔진에서 인젝터 탈거는 좀 어려움이 있다. 먼저 인젝터 커넥터를 분리한 후 클립을 제거 하고, 인젝터에서 리턴 호스를 탈거한다. 그런 후에 인젝터와 커먼레일에 연결되어 있는 고압 파이프를 탈거한 후 레버를 시계 방향으로 돌려서 탈거한다. 다음에 클램프 마운팅 볼트를 풀고, 특수 공구인 인젝터 리무버와 인젝터 리무터 어댑터를 이용하여 당겨서 탈거한다. 주의사항은 작업 영역을 청결하게 유지해야 하며, 커먼레일 구성부품은 항상 청결하게 취급한다. 그리고 특별한 상황을 제외 하고는 인젝터를 분리하지 않는다. 또한 연료 시스템 조립시 내부에 이물질의 유입이 없도록 주의해서 조립하며, 연료 인젝터, 튜브 호스 등 이물질 유입 방지용 보호 캡은 장착 바로 직전에 탈거한다. 인젝터 탈장착 시 인젝터 접촉부는 세척하고, O-링은 새것으로 교환하며, 인젝터 O-링 가스켓에 디젤유를 도포한 다음 실린더 헤드에 삽입한다.

② **예열 플러그 저항 측정** : 실린더 블록에 설치된 상태에서 측정하는 방법과 탈착하여 측정하는 방법 두 가지가 있으나 모두 마찬가지이다. 아날로그 테스터기로는 측정이 불가능하다. 아마 시험장에서 디지털 측정기를 준비하여 놓고 그것을 사용토록 할 것이다. 가끔 본인들이 가지고온 테스터기를 사용하려는 수검자도 있으나 시험장에 준비하여 놓은 테스터를 반드시 사용하도록 한다. 감독위원이 지정하는 실린더의 예열 플러그 저항을 측정하고 답안지를 바르게 작성 후 제출한다.

3. 답안지 작성 방법 (예열 플러그가 단선일 때)

항목	① 측정(또는 점검)		② 판정 및 정비(또는 조치)사항		Ⓖ 득 점
	Ⓒ 측 정 값	Ⓓ 규정(정비한계)값	Ⓔ 판정(□에 '✔'표)	Ⓕ 정비 및 조치할 사항	
예열플러그 저항	∞Ω(20℃)	0.25~0.30Ω(20℃)	□ 양 호 ☑ 불 량	예열 플러그 교환 후 재점검	

엔진 1 : 시험 결과 기록표 엔진 번호 : Ⓗ   Ⓐ 비번호   Ⓑ 감독위원 확인

※ 단위가 누락되거나 틀린 경우는 오답으로 채점함.

1) ① 측정(또는 점검) : Ⓒ 측정값은 수검자가 예열 플러그 저항을 측정한 값인 "∞Ω(20℃)"을 기록하며, Ⓓ 규정(정비한계)값은 감독위원이 주어진 값이나 또는 정비 지침서를 보고 "0.25~0.30Ω(20℃)"을 기록한다. (반드시 단위를 기록한다.)

2) ② 판정 및 정비(또는 조치)사항 : Ⓔ 판정은 측정값이 규정(정비한계)값 범위를 벗어났으므로 "불량"에 ✔ 표시를 하며, Ⓕ 정비 및 조치할 사항 란에는 예열 플러그 코일이 단선되어 ∞Ω을 나타낸다. 수리가 불가능하므로 "예열 플러그 교환 후 재점검"으로 기록한다.

4. 답안지 작성 방법 (예열 플러그가 접지일 때)

항목	① 측정(또는 점검)		② 판정 및 정비(또는 조치)사항		Ⓖ 득 점
	Ⓒ 측 정 값	Ⓓ 규정(정비한계)값	Ⓔ 판정(□에 '✔'표)	Ⓕ 정비 및 조치할 사항	
예열플러그 저항	0Ω(20℃)	0.25~0.30Ω(20℃)	□ 양 호 ☑ 불 량	예열 플러그 교환 후 재점검	

엔진 1 : 시험 결과 기록표 엔진 번호 : Ⓗ   Ⓐ 비번호   Ⓑ 감독위원 확인

※ 단위가 누락되거나 틀린 경우는 오답으로 채점함.

1) ① 측정(또는 점검) : Ⓒ 측정값은 수검자가 예열 플러그 저항을 측정한 값인 "0Ω(20℃)"을 기록하며, Ⓓ 규정(정비한계)값은 감독위원이 주어진 값 또는 정비 지침서를 보고 "0.25~0.30Ω(20℃)"을 기록한다. (반드시 단위를 기록한다.)

2) ② 판정 및 정비(또는 조치)사항 : Ⓔ 판정은 측정값이 규정(정비한)값의 범위에 못 들어오므로 "불량"에 ✔ 표시를 하며, Ⓕ 정비 및 조치할 사항 란에는 접지되어 0Ω을 나타낸다. 수리가 불가능하므로 "예열 플러그 교환 후 재점검"으로 기록한다.

5. 답안지 작성 방법 (예열 플러그가 단락일 때)

항목	① 측정(또는 점검)		② 판정 및 정비(또는 조치)사항		Ⓖ 득 점
	Ⓒ 측 정 값	Ⓓ 규정(정비한계)값	Ⓔ 판정(□에 '✔'표)	Ⓕ 정비 및 조치할 사항	
예열플러그 저항	0.1Ω(20℃)	0.25~0.30Ω(20℃)	□ 양 호 ☑ 불 량	예열 플러그 교환 후 재점검	

엔진 1 : 시험 결과 기록표 엔진 번호 : Ⓗ   Ⓐ 비번호   Ⓑ 감독위원 확인

※ 단위가 누락되거나 틀린 경우는 오답으로 채점함.

1) ① 측정(또는 점검) : Ⓒ 측정값은 수검자가 예열 플러그 저항을 측정한 값인 "0.1Ω(20℃)" 기록하며, Ⓓ 규정(정비한계)값은 감독위원이 주어진 값 또는 정비 지침서를 보고 "0.25~0.30Ω(20℃)"을 기록한다. (반드시 단위를 기록한다.)

2) ② 판정 및 정비(또는 조치)사항 : Ⓔ 판정은 측정값이 규정값 범위에 못 들어오므로 "불량"에 ✔ 표시를 하며, Ⓕ 정비 및 조치할 사항 란에는 단락되어 0.1Ω을 나타낸다. 수리가 불가능하므로 "예열 플러그 교환 후 재점검"으로 기록한다.

6. 예열 플러그 저항 점검 현장사진

1. 예열 플러그 설치모습

2. 예열 플러그 설치 단면 모습

3. 탈거된 예열 플러그 모습

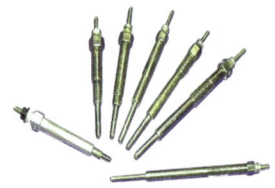

엔진 3 : 엔진 센서(액추에이터) 점검(자기진단)

주어진 자동차에서 엔진의 공기 유량 센서(AFS)와 에어 필터를 탈거(감독위원에게 확인)한 후 다시 조립하고 감독위원의 지시에 따라 진단기(스캐너)를 사용하여 엔진의 각종 센서(액추에이터) 점검 후 기록표에 기록하시오.

1. 답안지 작성 방법 (ATS의 커넥터가 탈거일 때)

엔진 3 : 시험 결과 기록표
자동차 번호 : ❶

A 비번호				B 감독위원 확 인		
항 목	① 측정(또는 점검)			② 고장 및 정비(또는 조치) 사항		H 득 점
	C 고장 부위	D 측정값	E 규정값	F 고장 내용	G 정비 및 조치사항	
센서(액추에이터) 점검	ATS	0V/20℃	2.0~2.4V/20℃	커넥터 탈거	커넥터 연결, 기억소거 후 재점검	

※ 단위가 누락되거나 틀린 경우는 오답으로 채점함

1) **비번호** : A 비번호는 공단직원이 주는 등번호를 수검자가 기록한다.
2) **감독위원 확인** : B 감독위원 확인란은 감독위원이 채점한 후에 도장을 찍는 부분으로 수검자는 기록하지 않는다.
3) ① **측정(또는 점검)** : C 고장부위는 수검자가 스캐너로 자기진단 화면창에 나타난 "ATS"를 기록하고, D 측정값은 센서 출력 화면에서 측정한 값 "0V/ 20℃"를 기록한다. E 규정값은 스캐너 정보창, 감독위원이 주어진 값이나 또는 정비지침서를 보고 "2.0~2.4V/20℃"를 기록한다.(반드시 단위를 기록한다.)
   ㉮ 고장부위 : ATS　　㉯ 측정값 : 0V/ 20℃　　㉰ 규정값 : 2.0~2.4V/20℃
4) ② **고장 및 정비(또는 조치)사항** :
   F 고장 내용에는 수검자가 점검한 내용으로 "커넥터 탈거"를 기입한다.
   G 정비 및 조치사항에는 "커넥터 연결, 기억소거 후 재점검"을 기록한다.
   ㉮ 고장 내용 : 커넥터 탈거
   ㉯ 조치 사항 : 커넥터 연결, 기억소거 후 재점검

【 차종별 공기온도 센서 규정값 】

차 종		규정값		비고
		전압값(V)	저항값(kΩ)/20℃	
아반떼 XD(2006)	G 1.6 DOHC	0.5V 이하/ ON	2.35~2.51	
	G 2.0 DOHC			
	D 1.5 TCI-U	-	2.31~2.57	
아반떼 HD(2010)	G 1.6 DOHC	-	2.31~2.57	
	G 2.0 DOHC	-	2.35~2.54	
	D 1.6 TCI-U	-	2.29~2.55	
NF 쏘나타	G 2.0 DOHC		2.31~2.57	
	G 2.4 DOHC			
	L 2.0 DOHC			
	D 2.0 TCI-D	-	2.29~2.55	
K5(2011)	G 2.0 DOHC		2.31~2.57	
	G 2.4 GDI	-		
	L 2.0 DOHC			
모닝(2011)	G 1.0 SOHC	-	2.31~2.57	
	L 1.0 SOHC			

2. 시험장에서는 ……

분해 조립용 엔진과 측정용 차량(또는 엔진 튠업)이 따로 있어서 분해 조립이 끝나면 감독위원으로부터 답안지를 받고 전자제어 엔진의 고장부분을 점검한 후 답안지를 작성하여 감독위원에게 제출한다. 일부이긴 하나 전자제어 차량에 진단기가 설치되어 있는 것을 그대로 측정하기도 한다. 여기서 테스터기 연결 불량으로 답을 작성하지 못하는데 측정은 반드시 키가 "ON 또는 시동" 상태에서만 가능하다는 것이다. 답안지 항목에서 ⓒ, ⓓ, ⓔ란은 스캐너에서 측정 및 찾아서 기입하지만, ⓕ란은 수검자가 측정차량을 눈으로 보고 기록하며, ⓖ란은 정비방법을 서술한다.

3. 답안지 작성 방법 (ATS가 과거 기억소거 불량일 때)

엔진 3 : 시험 결과 기록표 자동차 번호 : ⓘ				ⓐ 비번호		ⓑ 감독위원 확 인	
항 목	① 측정(또는 점검)			② 고장 및 정비(또는 조치) 사항		ⓗ 득 점
	ⓒ 고장 부위	ⓓ 측정값	ⓔ 규정값	ⓕ 고장 내용	ⓖ 정비 및 조치사항	
센서(액추에이터) 점검	ATS	3.4V/20℃	2.0~2.4V/20℃	과거 기억소거 불량	기억소거 후 재점검	

※ 단위가 누락되거나 틀린 경우는 오답으로 채점함

1) ① 측정(또는 점검) : ⓒ 고장부위는 수검자가 스캐너로 자기진단 화면창에 나타난 "ATS"를 기록하고, ⓓ 측정값은 센서 출력 화면에서 측정한 값 "3.4V/ 20℃"를 기록한다. ⓔ 규정값은 스캐너 정보창, 감독위원이 주어진 값이나 또는 정비지침서를 보고 "2.0~2.4V/20℃"를 기록한다.(반드시 단위를 기록한다.)

2) ② 고장 및 정비(또는 조치)사항 : ⓕ 고장 내용에는 수검자가 점검한 내용으로 "과거 기억소거 불량"을 기록한다. ⓖ 조치사항에는 "기억소거 후 재점검"을 기록한다.

4. 답안지 작성 방법 (ATS가 불량일 때)

엔진 3 : 시험 결과 기록표 자동차 번호 : ⓘ				ⓐ 비번호		ⓑ 감독위원 확 인	
항 목	① 측정(또는 점검)			② 고장 및 정비(또는 조치) 사항		ⓗ 득 점
	ⓒ 고장 부위	ⓓ 측정값	ⓔ 규정값	ⓕ 고장 내용	ⓖ 정비 및 조치사항	
센서(액추에이터) 점검	ATS	0V/20℃	2.0~2.4V/20℃	센서 불량	센서 교환 기억소거 후 재점검	

※ 단위가 누락되거나 틀린 경우는 오답으로 채점함

1) ① 측정(또는 점검) : ⓒ 고장부위는 수검자가 스캐너로 자기진단 화면창에 나타난 "ATS"를 기록하고, ⓓ 측정값은 센서 출력 화면에서 측정한 값 "0V/ 20℃"를 기록한다. ⓔ 규정값은 스캐너 정보창, 감독위원이 주어진 값이나 또는 정비지침서를 보고 "2.0~2.4V/20℃"를 기록한다.(반드시 단위를 기록한다.)

2) ② 고장 및 정비(또는 조치)사항 : ⓕ 고장 내용에는 수검자가 점검한 내용으로 "센서 불량"을 기록한다. ⓖ 조치사항에는 "센서 교환, 기억소거 후 재점검"을 기록한다.

5. 자기진단 점검 현장사진

1. 흡기온도센서 설치위치

2. 예열 플러그 설치 단면 모습

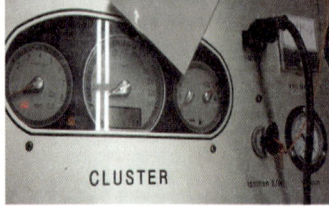

3. 자기진단 선택 화면

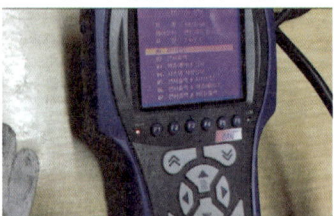

엔진 4 디젤 매연 측정

주어진 자동차에서 기록표에 제시된 내용을 측정하고 기록·판정하시오.

1. 답안지 작성 방법

엔진 4 : 시험 결과 기록표
자동차 번호 : Ⓚ

Ⓐ비 번호					Ⓑ감독위원 확 인		
① 측정(또는 점검)					② 판정		Ⓙ득 점
Ⓒ차종	Ⓓ연식	Ⓔ기준값	Ⓕ측정값	Ⓖ 측정	Ⓗ산출근거(계산)기록	Ⓘ판정(□에 '✔' 표)	
소형화물 자동차	2016년	20% 이하	50%	1회 : 52% 2회 : 50% 3회 : 49%	$\dfrac{52+50+40}{3}=50.3\%$	□ 양 호 ☑ 불 량	

※ 감독위원이 제시한 자동차등록증(또는 차대번호)을 활용하여 차종 및 연식을 적용합니다.
※ 매연 농도를 산술 평균하여 소수점 이하는 버림 값으로 기입합니다.
※ 자동차 검사기준 및 방법에 의하여 기록, 판정합니다.   ※ 측정 및 판정은 무부하 조건으로 합니다.

1) **비번호** : Ⓐ 비번호는 공단직원이 주는 등번호를 수검자가 기록한다.
2) **감독위원 확인** : Ⓑ 감독위원 확인란은 감독위원이 채점한 후에 도장을 찍는 부분으로 수검자는 기록하지 않는다.
3) **① 측정(또는 점검)** : Ⓒ와 Ⓓ 차종과 연식란은 주어진 "자동차 등록증"을 보고 수검자가 기록하며, Ⓔ 기준값은 수검자가 등록증의 "차대번호 10번째 자리"의 연식을 보고 운행 차량의 "배출 허용 기준값"을 기록한다. Ⓕ 측정값은 수검자가 3회 측정한 값의 "평균값에서 소수점이하 버리고" 기입한다.   Ⓖ 측정란은 수검자가 3회 측정한 값을 기록한다.
   ㉮ 차종 : 소형화물 자동차   ㉯ 연식 : 2016년   ㉰ 기준값 : 20% 이하   ㉱ 측정값 : 50%
   ㉲ 측정 – 1회 : 52%, 2회 : 50%, 3회 : 49%
4) **② 판정 및 정비(또는 조치)사항** : Ⓗ 산출근거(계산)기록은 수검자가 3회 측정하여 평균값을 산출한 계산식 "소숫점 첫째자리까지" 기록하며, Ⓘ 판정은 수검자가 측정한 값과 기준값을 비교하여 범위 내에 있으면 양호, 벗어나면 불량에 ✔ 표시를 한다.
   ㉮ 산출근거(계산)기록 : $\dfrac{52+50+40}{3}=50.3\%$
   ㉯ 판정 : ·양호 – 기준값의 범위에 있을 때   ·불량 – 기준값을 벗어났을 때

【 차종별 / 연도별 매연 허용 기준값 】

차 종			제작일자		매 연
경자동차 및 승용자동차			1995년 12월 31일이전		60% 이하
			1996년 1월 1일부터 2000년 12월 31일까지		55% 이하
			2001년 1월 1일부터 2003년 12월 31일까지		45% 이하
			2004년 1월 1일부터 2007년 12월 31일까지		40% 이하
			2008년 1월 1일 이후		20% 이하
승합·화물·특수자동차	소형		1995년 12월 31일 이전		60% 이하
			1996년 1월 1일부터 2000년 12월 31일까지		55% 이하
			2001년 1월 1일부터 2003년 12월 31일까지		45% 이하
			2004년 1월 1일부터 2007년 12월 31일까지		40% 이하
			2008년 1월 1일 이후		20% 이하
	중·대형		1992년 12월 31일 이전		60% 이하
			1993년 1월 1일부터 1995년 12월 31일까지		55% 이하
			1996년 1월 1일부터 1997년 12월 31일까지		45% 이하
			1998년 1월 1일부터 2000년 12월 31일까지	시내버스	40% 이하
				시내버스 외	45% 이하
			2001년 1월 1일부터 2004년 9월 30일까지		45% 이하
			2004년 10월 1일부터 2007년 12월 31일까지		40% 이하
			2008년 1월 1일 이후		20% 이하

2. 시험장에서는 ……

매연을 측정하는 곳에 오면 디젤 엔진이 "웅웅" 거리면서 돌아가고 테스터기가 앞에 놓여 있을 것이다. 겨울에도 이 시험장에서는 출입문을 열어 놓아서 매연이 실습장 안에 고이지 않도록 하여야 하니 감독위원이나 수검자는 고생이 많은 곳이다. 먼저 감독위원과 상견례를 하여야 하니 "안녕하십니까? 크게 인사를 하고 답안지를 받아서 책상 위에 놓고 테스터기를 연결한다. 순서에 맞추어서 측정한 후 답안지를 작성하는데 아마 자동차의 연식이 주어져 있으며, 규정값과 한계값은 검사기준이라 본인이 꼭 외워야 한다. 일부 검사장에서는 측정한 검출지를 답안지에 첨부하여야 한다.

3. 매연 측정 현장사진(영등포 문래 자동차 검사소 제공)

1. 3차 측정 중인 모습

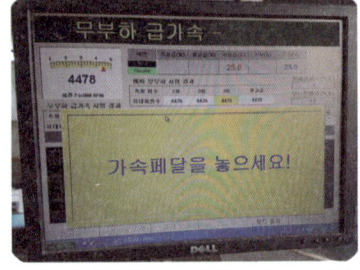

가속 페달을 최대로 밟아 4478 rpm에서 측정하고 있는 모습이다.

2. 3차 측정이 완료된 모습

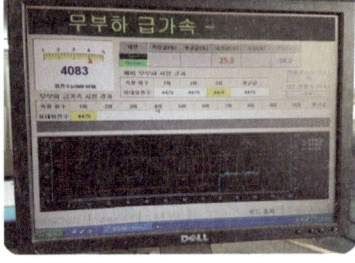

3차 측정이 완료되고 가속 페달을 놓기 직전의 모습이다.

3. 3차 측정 후 가속 페달 놓은 모습

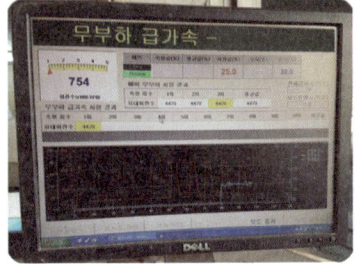

3차 측정이 완료되고 가속 페달을 놓아 754rpm으로 회전하는 모습이다.

4. 검사가 종료된 모습

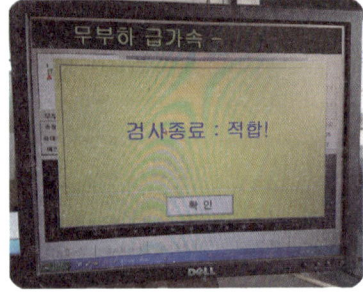

검사가 종료된 후 합격 여부가 화면에 나타난다.

5. 측정이 준비된 모습

검차대에서 프로브와 각종 리드 선을 연결하고 준비가 완료된 모습이다.

6. 1차 측정이 끝난 모습

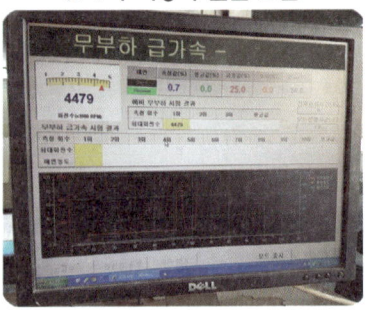

1차 측정이 완료되고 가속 페달을 놓기 직전의 모습이다.

7. 측정 중인 승합차

프로브를 배기가스 배출구에 삽입후 측정중에 있는 상태다.

8. 측정 중인 승용 자동차

프로브를 배기가스 배출구에 삽입후 측정중에 있는 상태다.

9. 정밀 검사 매연 측정중

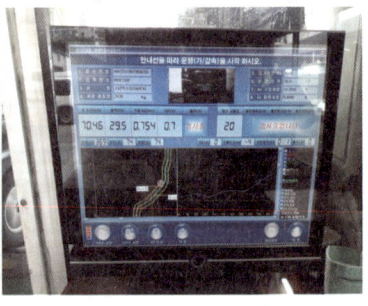

정밀 검사 KD 147 모드로 측정중인 상태의 화면이다.

※ 제작사별 차대번호 표기방식

① 쌍용 자동차 차대번호의 표기 부호–렉스턴 칸 2018)

※ 차대번호 형식(VIN : Vehicle Identification Number)

K	P	H	K	E	4	A	D	1	J	P	1	2	3	4	5	6
①	②	③	④	⑤	⑥	⑦	⑧	⑨	⑩	⑪	⑫	⑬	⑭	⑮	⑯	⑰

제작 회사군 / 자동차 특성군 / 제작 일련 번호군

① **K** : 국제배정 국적표시 – •K : 한국, •J : 일본, •1 : 미국.
② **P** : 제작사를 나타내는 표시 – •M : 현대, •L : 대우, •N : 기아, •P : 쌍용 자동차.
③ **H** : 자동차 종별 표시 – •A : 소형승용, •B : 대형승용, •F : 중형승용, •K : 소형승합, •J : 중형승합, •H : 소형화물, •G : 중형화물, •C : 대형화물.
④ **K** : 차종 – •K : 차량기본형식.
⑤ **E** : 차체형상 – •C : 캡오버, •B : 본닛, •S : 세미트레일러, •E : 기타 형상, •M : 단체구조, •F : 프레임 구조.
⑥ **4** : 세부차종 – •2 : 승용, •4 : 소형화물.
⑦ **A** : 기타특성 – •A : 일반, •B : 승용겸화물, •C : 지프, •E : 기타형상, •F : 덤프, •K : 견인, •J : 구난
⑧ **D** : 엔진 형식 –
⑨ **1** : 대조번호 – •1 : 미정정
⑩ **6** : 제작년도 – 알파벳 I, O, Q, U, Z와 숫자 0을 제외한 ABCDEFGHJKLMNPRSTVWXY와 123456789를 순서로 사용한다. 1 : 2001, 2 : 2002, 3 : 2003, 4 : 2004, 5 : 2005 …… A : 2010, B : 2011, C : 2012, D : 2013, E : 2014, F : 2015, G : 2016, H : 2017, J : 2018, K : 2019, L : 2020, M : 2021, N : 2022, P : 2023……
⑪ **P** : 공상 기호 – •P : 평택공장
⑫~⑰ **123456** : 차량 생산 일련 번호

② 쌍용 자동차 등록증(무쏘 픽업 2006)

자동차등록증

제2018-020242호   최초 등록일 : 2018년 12월 05일

① 자동차 등록 번호	92 두 3859	② 차 종	소형화물	③ 용도	자가용
④ 차 명	렉스턴 칸	⑤ 형식 및 년식	MPYA@-005		2018
⑥ 차 대 번 호	KPHKE4AD1JP123456	⑦ 원동기 형식	662920		
⑧ 사 용 본 거 지	경기도 양주시 광사동 313-4 신도 8차 아파트***동 ***호				

소유자	⑨ 성명(명칭)	김광수	⑩ 주민(사업자) 등록번호	***117-*******
	⑪ 주 소	경기도 양주시 광사동 313-4 신도 8차 아파트***동 -***호		

자동차 관리법 제8조등의 규정에 의하여 위와 같이 등록하였음을 증명합니다.   신조

이것만은 꼭!!(※뒷면유의사항 필독)

- 법인 주소지(사용본거지), 상호변경 15일이내(최고 30만원)
- 정기검사:만료일 전·후 30일 이내(최고 30만원)
- 의무보험:만료이전가입(최고 10만원~100만원)
- 말소등록:폐차일로부터 1월이내(최고 50만원)
  위 사항을 위반시 과태료가 부과 되오니 주의바랍니다.

2018 년 12 월 05 일

양 주 시 장

섀시 2 사이드 슬립 점검

주어진 자동차에서 감독위원의 지시에 따라 사이드 슬립을 점검하여 기록·판정하시오.

1. 답안지 작성 방법 (사이드 슬립이 정상일 때)

섀시 2 : 시험 결과 기록표
자동차 번호 : ❽

항 목	① 측정(또는 점검)		② 판정 및 정비(또는 조치)사항		❼ 득 점
	❸ 측 정 값	❹ 규정(정비한계)값	❺ 판정(□에 '✔'표)	❻ 정비 및 조치할 사항	
사이드 슬립	IN 2m/km	IN, OUT 5m/km 이내	☑ 양 호 □ 불 량	정비 및 조치할 사항 없음	

❶ 비번호 ❷ 감독위원 확 인

※ 단위가 누락되거나 틀린 경우는 오답으로 채점함.

1) 비번호 : ❶ 비번호는 공단직원이 주는 등번호를 수검자가 기록한다.
2) 감독위원 확인 : ❷ 감독위원 확인란은 감독위원이 채점한 후에 도장을 찍는 부분으로 수검자는 기록하지 않는다.
3) ① 측정(또는 점검) : ❸ 측정값은 수검자가 사이드 슬립을 측정한 값 "IN 2m/km"으로 기록하고, ❹ 규정(정비한계)값은 검사기준 값 "IN, OUT 5m/km"을 기록한다.(반드시 단위를 기록한다)
   ㉮ 측정값 : IN 2m/km   ㉯ 규정(정비한계)값 : IN, OUT 5m/km 이내

항 목	검 사 기 준	검 사 방 법
조향장치	(1) 조향륜 옆 미끄럼량은 1m 주행에 5mm 이내일 것 (2) 조향계통의 변형·느슨함 및 누유가 없을 것 (3) 동력조향 작동유의 유량이 적정할 것	조향핸들에 힘을 가하지 아니한 상태에서 사이드슬립 측정기의 답판 위를 직진할 때 조향 바퀴의 옆 미끄럼량을 사이드슬립 측정기로 측정 기어박스·로드암·파워 실린더·너클 등의 설치상태 및 누유여부 확인 동력조향 작동유의 유량 확인

※ 사이드 슬립 측정전 준비사항
① 타이어 공기 압력이 규정 압력인가를 확인한다.
② 바퀴를 잭(jack)으로 들고 다음 사항을 점검한다.
   ㉮ 위·아래로 흔들어 허브 유격을 확인한다.
   ㉯ 좌·우로 흔들어 엔드 볼 및 링키지를 확인한다.
③ 보닛을 위·아래로 눌러보아 현가 스프링의 피로를 점검한다.

※ 사이드 슬립 측정 점검
① 자동차는 공차 상태에 운전자 1인이 승차한 상태로 한다.
② 타이어 공기 압력은 표준값으로 하고 조향 링크의 각부를 점검한다.
③ 시험기는 사이드슬립 테스터로 하고 지시장치의 표시가 0점에 있는가를 확인한다.

※ 사이드 슬립 측정 방법
① 자동차를 측정기와 정면으로 대칭시킨다.
② 측정기에 진입 속도는 5km/h로 한다.
③ 조향 핸들에서 손을 떼고 5km/h로 서행하면서 계기의 눈금을 타이어의 접지면이 시험기 답판을 통과 완료할 때 읽는다.
④ 옆 미끄러짐 양의 측정은 자동차가 1m주행할 때의 사이드 슬립량을 측정하는 것으로 한다.
⑤ 조향 바퀴의 사이드 슬립이 1m주행에 좌우 방향으로 각각 5mm 이내여야 한다.

4) ② 판정 및 정비(또는 조치)사항 : ❺ 판정은 수검자가 측정한 값과 검사기준 값을 비교하여 범위 내에 있으면 양호, 벗어나면 불량에 ✔ 표시를 하며, ❻ 정비 및 조치할 사항 란에는 고장부품과 정비할 사항을 기록한다.
   ㉮ 판정 : 양호 - 검사기준 값 이내에 있을 때   · 불량 : 검사기준 값을 벗어났을 때
   ㉯ 정비 및 조치할 사항 : 양호하므로 "정비 및 조치할 사항 없음"으로 기록한다.

5) **득점** : ⓖ 득점은 감독위원이 채점을 하고 점수를 기록하는 부분으로 수검자는 기록하지 않는다.
6) **자동차 번호** : ⓗ 측정하는 자동차 번호를 수검자가 기록한다.

2. 답안지 작성 방법 (사이드 슬립이 클 때)

섀시 2 : 시험 결과 기록표 자동차 번호 : ⓗ			Ⓐ 비번호		Ⓑ 감독위원 확 인	
항 목	① 측정(또는 점검)		② 판정 및 정비(또는 조치)사항			Ⓖ 득 점
	Ⓒ 측 정 값	Ⓓ 규정(정비한계)값	Ⓔ 판정(□에 '✔'표)	Ⓕ 정비 및 조치할 사항		
사이드 슬립	IN8m/km	IN, OUT5m/km 이내	□ 양 호 ☑ 불 량	타이로드 엔드를 시계방향으로 돌려서 양쪽에서 조정 후 재점검		

※ 단위가 누락되거나 틀린 경우는 오답으로 채점함.

1) ① **측정(또는 점검)** : Ⓒ 측정값은 수검자가 사이드 슬립을 측정한 값 "IN8m/km"를 기록하며, Ⓓ 규정(정비한계)값은 검사기준 값 "IN, OUT 5m/km"을 기록한다.(반드시 단위를 기록한다)
2) ② **판정 및 정비(또는 조치)사항** : Ⓔ 판정은 수검자가 측정한 값이 검사기준 값을 넘었으므로 판정에는 "불량"에 ✔ 표시를 하며, Ⓕ 정비 및 조치할 사항 란에는 "타이로드 엔드를 시계방향으로 돌려서 양쪽에서 조정 후 재점검"으로 기록한다.

3. 답안지 작성 방법 (사이드 슬립이 작을 때)

섀시 2 : 시험 결과 기록표 자동차 번호 : ⓗ			Ⓐ 비번호		Ⓑ 감독위원 확 인	
항 목	① 측정(또는 점검)		② 판정 및 정비(또는 조치)사항			Ⓖ 득 점
	Ⓒ 측 정 값	Ⓓ 규정(정비한계)값	Ⓔ 판정(□에 '✔'표)	Ⓕ 정비 및 조치할 사항		
사이드 슬립	OUT10m/km	IN, OUT5m/km 이내	□ 양 호 ☑ 불 량	타이로드 엔드를 반시계방향으로 돌려서 양쪽에서 조정 후 재점검		

※ 단위가 누락되거나 틀린 경우는 오답으로 채점함.

1) ① **측정(또는 점검)** : Ⓒ 측정값은 수검자가 사이드 슬립을 측정한 값 "OUT10m/km"를 기록하며, Ⓓ 규정(정비한계)값은 검사기준 값 "IN, OUT 5m/km"을 기록한다.(반드시 단위를 기록한다)
2) ② **판정 및 정비(또는 조치)사항** : Ⓔ 판정은 수검자가 측정한 값이 검사기준 값을 넘었으므로 판정에는 "불량"에 ✔ 표시를 하며, Ⓕ 정비 및 조치할 사항 란에는 "타이로드 엔드를 반시계 방향으로 돌려서 양쪽에서 조정 후 재점검"으로 기록한다.

4. 사이드 슬립 현장 사진

1. 사이드 슬립 답판 모습

답판이 고정 장치가 잠겨져 있는 경우가 있다. 측정 전에 반드시 해제한다.

2. 왼쪽 타이로드 엔드 조정

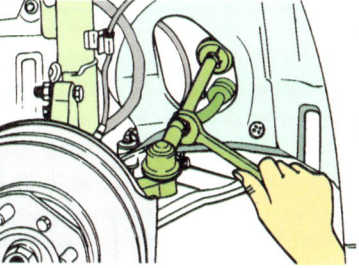

타이로드 엔드를 바라보고 오른쪽으로 돌리면 작아지므로 IN으로 수정된다.

3. 오른쪽 타이로드 엔드 조정

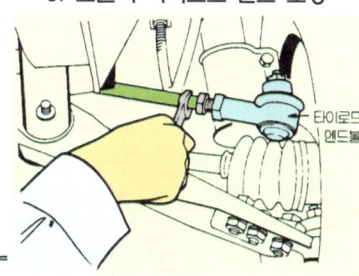

타이로드 엔드를 바라보고 오른쪽으로 돌리면 작아지므로 IN으로 수정된다.

샤시 4 | 자동변속기 오일 압력 점검

13안 주어진 자동차에서 감독위원의 지시에 따라 자동변속기의 오일 압력을 점검하고 기록·판정하시오.

1. 답안지 작성 방법 (UD 압력이 정상일때)

샤시 4 : 시험 결과 기록표 자동차 번호 : ⓗ			Ⓐ 비번호		Ⓑ 감독위원 확 인	
❶항목	① 측정(또는 점검)		② 판정 및 정비(또는 조치)사항			Ⓖ 득점
	Ⓒ 측정값	Ⓓ 규정값	Ⓔ 판정(□에 '✔' 표)	Ⓕ 정비 및 조치할 사항		
(UD)의 오일 압력	10.5 kgf/cm²	10.3~10.7 kgf/cm²	✔ 양 호 □ 불 량	정비 및 조치사항 없음		

※ 단위가 누락되거나 틀린 경우는 오답으로 채점함.

1) **비번호** : Ⓐ 비번호는 공단직원이 주는 등번호를 수검자가 기록한다.
2) **감독위원 확인** : Ⓑ 감독위원 확인란은 감독위원이 채점한 후에 도장을 찍는 부분으로 수검자는 기록하지 않는다.
3) **항목** : ❶ 감독위원이 지정하여 주는 부품인 "언더 드라이브 클러치"를 기록한다.
4) **① 측정(또는 점검)** : Ⓒ 측정값 란에는 수검자가 변속기 유압을 측정한 "10.5 kgf/cm²"을 기록하고, Ⓓ 규정값 란에는 감독위원이 주어진 값이나 또는 정비지침서를 보고 "10.3~10.7kgf/cm²"를 기록한다.(반드시 단위를 기입한다)
   ㉮ 측정값 : 10.5 kgf/cm²　　㉯ 규정값 : 10.3~10.7kgf/cm²
5) **② 판정 및 정비(또는 조치)사항** : Ⓔ 판정은 수검자가 압력 점검에서 정상이므로 "양호"에 ✔ 표시를 하며, Ⓕ 정비 및 조치할 사항 란에는 정상이므로 "정비 및 조치사항 없음"으로 기록한다.
7) **득점** : Ⓖ 득점은 감독위원이 채점을 하고 점수를 기록하는 부분으로 수검자는 기록하지 않는다.
7) **자동차 번호** : ⓗ 측정하는 자동차 번호를 수검자가 기록한다.

【오일 압력 규정값 (kgf/cm²)-아반떼 XD 1.6】

측정 조건			규정오일 압력						
선택 레버 위치	변속단 위치	엔진 속도	언더 드라이브 클러치압 (UD)	리버스 클러치 압 (REV)	오버드라이 브 클러치압 (OD)	로우&리버스 브레이크압 (LR)	세컨드 브레이크압 (2ND)	댐퍼 클러치압 (DA)	댐퍼 클러치 해방압 (DR)
R	후진	2500	–	13.0~18.0	–	13.0~18.0	–	–	–
D	1속	2500	10.3~10.7	–	–	10.3~10.7	–	–	–
	2속	2500	10.3~10.7	–	–	–	10.3~10.7	–	–
	3속	2500	8.0~9.0	–	8.0~9.0	–	–	7.5 이상	0~0.1
	4속	2500	–	–	8.0~9.0	–	8.0~9.0	7.5 이상	0~0.1

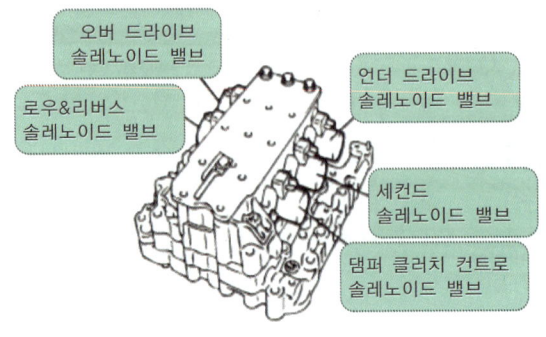

솔레노이드 밸브 위치

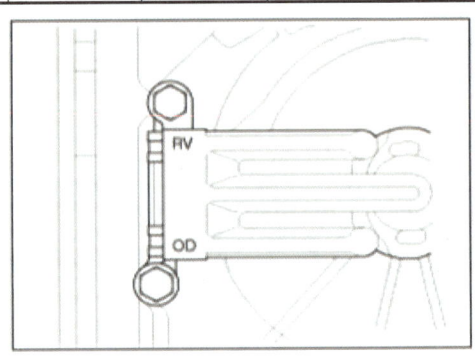

RV, OD 압력 진단 위치

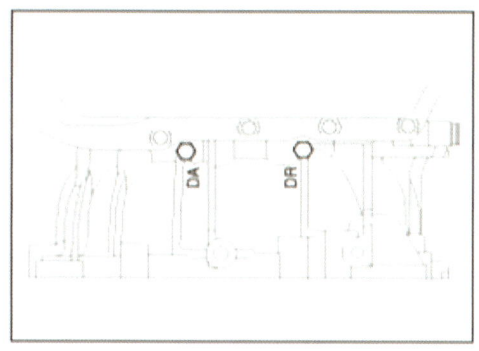
DA, DR 압력 진단 위치

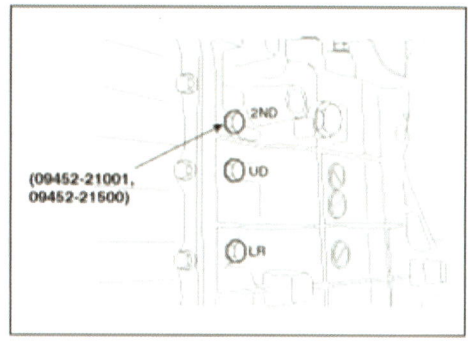
2ND, UD, LR 압력 진단위치

2. 시험장에서는 ……

이 시험 항목은 대부분 시뮬레이터를 사용한다. 이유는 압력을 측정하기 위하여 압력계를 설치하는데 많은 시간을 필요로 하기 때문이다. 시동을 걸고 각 변속 레버 위치에서 패널에 설치된 압력계를 읽어 규정값과 비교하여 이상 부위를 기록한다. 고장 부위는 다른 변속기에서 분해된 부품을 스탠드에 놓고 점검을 하여 기록하도록 한다. 점검한 자동 변속기를 분해하여 고장진단 한다는 것은 시간적으로 불가능한 상황이다. 변속기 유압은 차종마다 다르기 때문에 암기할 필요는 없다. 감독위원이 규정값을 복사하여 놓던지, 정비 지침서를 준비하여 놓던지 할 것이다. 요즘 시뮬레이터는 자동 변속기 유압을 임의적으로 고장 낼 수 있는 방법으로 솔레노이드 코일의 전원을 차단하게 하여 고장을 내 놓으므로 솔레노이드 코일 교환후 재점검으로 많이 기록한다.

3. 답안지 작성 방법 (UD 압력이 없을 때)

섀시 4 : 시험 결과 기록표
자동차 번호 : ⓗ

			Ⓐ 비번호		Ⓑ 감독위원 확 인	
Ⓘ 항 목	① 측정(또는 점검)		② 판정 및 정비(또는 조치)사항			Ⓖ 득점
	Ⓒ 측정값	Ⓓ 규정값	Ⓔ 판정(□에 '✔' 표)	Ⓕ 정비 및 조치할 사항		
(UD)의 오일 압력	0 kgf/cm²	10.3~10.7 kgf/cm²	□ 양 호 ☑ 불 량	토크 컨버터 교환 후 재점검		

※ 단위가 누락되거나 틀린 경우는 오답으로 채점함.

1) ① 측정(또는 점검) : Ⓒ 측정값 란은 수검자가 변속기 유압을 측정한 "0 kgf/cm²"를 기록하고, Ⓓ 규정값 란에는 감독위원이 주어진 값이나 또는 정비지침서를 보고 "10.3~10.7kgf/cm²"를 기록한다.(반드시 단위를 기입한다)
2) ② 판정 및 정비(또는 조치)사항 : Ⓔ 판정은 수검자가 압력 점검에서 정상이 아니므로 "불량"에 ✔ 표시를 하며, Ⓕ 정비 및 조치할 사항 란에는 고장부품과 정비 방법으로 "UD 솔레노이드 밸브 교환 후 재점검"을 기록할 수 있다.(자동변속기 고장으로는 시뮬레이터 콘트롤 박스 아래에 솔레노이드 코일로 가는 선을 차단하게끔 만들어 놓고 시험을 진행하기도 한다)

4. 자동변속기 오일 압력 점검 현장 사진

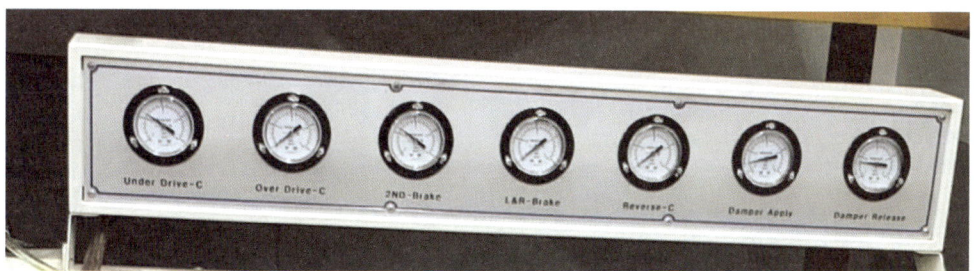

2단에서 작동요소는 UD, 2ND가 작동한다

섀시 5 제동력 측정

주어진 자동차에서 감독위원의 지시에 따라 제동력을 측정하여 기록·판정하시오.

1. 답안지 작성 방법 (제동력이 정상일 때)

섀시 4 : 시험 결과 기록표
자동차 번호 : ①

Ⓒ항 목	구분	Ⓓ측정값	Ⓔ기준값		Ⓕ산출근거 및 제동력		Ⓖ판 정 (□에 '✔' 표)	Ⓗ득 점
			편차	합	편차(%)	합(%)		
제동력 위치 (□에 '✔' 표) □앞 ☑뒤	좌	300kgf	8.0% 이내	20% 이상	$\dfrac{300-260}{620}\times 100$ $=6.45\%$	$\dfrac{300+260}{620}\times 100$ $=90.32\%$	☑양 호 □불 량	
	우	260kgf						

Ⓐ비 번호   Ⓑ감독위원 확인

※ 측정 위치는 감독위원의 지정하는 위치에 □에 '✔' 표시합니다.
※ 측정값의 단위는 시험장비 기준으로 작성합니다.
※ 자동차검사기준 및 방법에 의하여 기록, 판정합니다.
※ 산출근거에는 단위를 기록하지 않아도 됩니다.

1) 비번호 : Ⓐ 비번호는 공단직원이 주는 등번호를 수검자가 기록한다.
2) 감독위원 확인 : Ⓑ 감독위원 확인란은 감독위원이 채점한 후에 도장을 찍는 부분으로 수검자는 기록하지 않는다.
3) ① 측정(또는 점검) : Ⓒ 항목의 제동력 위치 란에는 감독위원이 지정하는 축인 "뒤"에 ✔ 표시를 하고, Ⓓ 측정값 란은 수검자가 제동력을 측정한 값인 좌는 "300kgf"를, 우는 "260kgf"을 기록하며, Ⓔ 기준값은 제동력 편차인 "8.0% 이내"를, 합인 "50% 이상"을 기록한다.
  ㉮ 측정값 : ·좌 − 300kgf ·우 − 260kgf ㉯ 제동력 편차 : 8.0% 이내 ㉰ 제동력 합 : 20% 이상

【 차종별 중량 기준값 (현대) 】

차종 항목	GRANDEUR XG								MARCIA		
	2.0 V6 DOHC		2.5 V6 DOHC		2.7 LPG		3.0 V6 DOHC		2.0 DOHC		2.5 V6 DOHC
배기량(CC)	1,998	1,998	2,493	2,493	2,700	2,656	2,972	2,972	1,997	1,997	2,479
공차중량(kgf)	1,537	1,550	1,466	1,577	−	1,603	1,561	1,561	1,355	1,355	1,355
변속방식	M/T 5	A/T 4	M/T	A/T 4	M/T	A/T 5	M/T	A/T 5	M/T	A/T	A/T
연비(km/L)	9.9	8.9	10.7	9.3	−	9.4	9.7	9.7	10.8	9.2	9.2
에너지 등급	3	3	3	2	4	1	2	3	4	5	5

4) ② 판정 및 조치사항 : Ⓕ 산출근거 및 제동력은 공식에 대입하여 산출하는 계산식인 편차 "$\dfrac{300-260}{620}\times 100=6.45\%$"을, 합 "$\dfrac{300+260}{620}\times 100=90.32\%$" 기록하며, Ⓖ 판정은 측정한 값과 기준값을 비교하여 범위안에 있으므로 "양호"에 ✔ 표시를 한다.(후 축중은 그랜저 XG 2.0 V6 A/T 40% 인 1,550×0.4=620gf 으로 임의 설정함)

㉮ 편차 : $\dfrac{좌,우제동력의\ 편차}{해당\ 축중}\times 100 = \dfrac{300-260}{620}\times 100 = 6.45\%$

㉯ 합 : $\dfrac{좌,우제동력의\ 합}{해당\ 축중}\times 100 = \dfrac{300+260}{620}\times 100 = 90.32\%$

㉰ 판정 : 제동력의 차와 제동력의 합이 기준값 범위에 있으므로 양호에 ✔ 표시를 한다.

2. 시험장에서는 ……

제동력 테스터기는 구형인 지침식을 보유하고 있는 시험장과 신형인 ABS COMBI를 보유하고 있는 곳이 있으나 수검자는 어느 것이나 측정할 수 있는 능력을 보유하여야 한다. 보유하고 있는 테스터기로 측정법을 숙지하는 것은 물론 다른 테스터기의 사용법도 책 등을 이용하여 습득하여야 한다. 감독위원으로부터 답안지를 받고 제동력 테스터기 앞에 서면 보조원이 기다리고 있다. 보조원은 대부분 그곳의 학생으로 자격증 취득자이거나 테스터기를 능수능란하게 다룰 수 있는 학생이다. 보조원은 운전석에 앉아서 수검자가 지시를 내려 주기만을 기다리고 있다.

수검자는 테스터기를 세팅하고 보조원에게 차량을 진입하도록 지시하고 리프트를 하강시키면 롤러가 회전한다. 보조원에게 "브레이크 밟으세요." 하고 지침이 최대로 올랐을 때 푸시 버튼을 눌러 눈금을 읽는다. 주어진 축중과 좌우 측정값을 기록하고 리프트를 올린 후 계산하여 답안지를 작성하여 제출한다.

3. 답안지 작성 방법 (제동력의 좌우 합은 정상이나 편차가 기준값을 넘었을 때)

섀시 4 : 시험 결과 기록표
자동차 번호 : ❶   Ⓐ비 번호   Ⓑ감독위원 확인

Ⓒ항 목	구분	Ⓓ측정값	Ⓔ기준값		Ⓕ산출근거 및 제동력		Ⓖ판 정 (□에 '✔' 표)	Ⓗ득 점
			편차	합	편차(%)	합(%)		
제동력 위치 (□에 '✔' 표) □앞 ☑뒤	좌	300kgf	8.0% 이내	20% 이상	$\frac{300-240}{620} \times 100$ $=9.67\%$	$\frac{300+240}{620} \times 100=$ 87.09%	□양 호 ☑불 량	
	우	240kgf						

※ 측정 위치는 감독위원의 지정하는 위치에 □에 '✔' 표시합니다.
※ 측정값의 단위는 시험장비 기준으로 작성합니다.
※ 자동차검사기준 및 방법에 의하여 기록, 판정합니다.
※ 산출근거에는 단위를 기록하지 않아도 됩니다.

1) ① 측정(또는 점검) : Ⓒ 항목의 제동력 위치 란에는 감독위원이 지정하는 축인 "뒤"에 ✔ 표시를 하고, Ⓓ 측정값 란은 수검자가 제동력을 측정한 값인 좌는 "300kgf"를, 우는 "240kgf"을 기록하며, Ⓔ 기준값은 제동력 편차인 "8.0% 이내"를, 합인 "50% 이상"을 기록한다.

2) ② 판정 및 조치사항 : Ⓕ 산출근거 및 제동력은 공식에 대입하여 산출하는 계산식인 편차 "$\frac{300-240}{620} \times 100=9.67\%$"을, 합 "$\frac{300+240}{620} \times 100=87.09\%$" 기록하며, Ⓖ 판정은 측정한 값과 기준값을 비교하여 범위제동력 편차가 검사 범위를 벗어나므로 안에 있으므로 "불량"에 ✔ 표시를 한다.(후 축중은 그랜저 XG 2.0 V6 A/T 40% 인 1,550×0.4=620gf 으로 임의 설정함)

4. 답안지 작성 방법 (제동력의 좌우 편차와 합이 기준값 이하일 때)

섀시 4 : 시험 결과 기록표
자동차 번호 : ❶   Ⓐ비 번호   Ⓑ감독위원 확인

Ⓒ항 목	구분	Ⓓ측정값	Ⓔ기준값		Ⓕ산출근거 및 제동력		Ⓖ판 정 (□에 '✔' 표)	Ⓗ득 점
			편차	합	편차(%)	합(%)		
제동력 위치 (□에 '✔' 표) □앞 ☑뒤	좌	60kgf	8.0% 이내	20% 이상	$\frac{60-53}{620} \times 100$ $=1.12\%$	$\frac{60+53}{620} \times 100$ $=18.22\%$	□양 호 ☑불 량	
	우	53kgf						

※ 측정 위치는 감독위원의 지정하는 위치에 □에 '✔' 표시합니다.
※ 측정값의 단위는 시험장비 기준으로 작성합니다.
※ 자동차검사기준 및 방법에 의하여 기록, 판정합니다.
※ 산출근거에는 단위를 기록하지 않아도 됩니다.

1) ① 측정(또는 점검) : Ⓒ 항목의 제동력 위치 란에는 감독위원이 지정하는 축인 "뒤"에 ✔ 표시를 하고, Ⓓ 측정값 란은 수검자가 제동력을 측정한 값인 좌는 "60kgf"를, 우는 "53kgf"을 기록하며, Ⓔ 기준값은 제동력 편차인 "8.0% 이내"를, 합인 "50% 이상"을 기록한다.

2) ② 판정 및 조치사항 : Ⓕ 산출근거 및 제동력은 공식에 대입하여 산출하는 계산식인 편차 "$\frac{60-53}{620} \times 100=1.12\%$" 을, 합 "$\frac{60+53}{620} \times 100=18.22\%$" 기록하며, Ⓖ 판정은 측정한 값과 기준값을 비교하여 범위제동력 편차가 검사 범위를 벗어나므로 안에 있으므로 "불량"에 ✔ 표시를 한다.(후 축중은 그랜저 XG 2.0 V6 A/T 40% 인 1,550×0.4=620gf 으로 임의 설정함)

전기 2   스텝 모터(공회전 조절 서보) 저항 점검

주어진 자동차에서 스텝 모터(공회전 속도 조절 서보)의 저항을 점검하고 스텝 모터의 고장 유무를 확인한 후 기록표에 기록·판정하시오.

1. 답안지 작성 방법 (스텝 모터(공회전 조절 서보) 저항이 정상일 때)

전기 2 : 시험 결과 기록표
자동차 번호 : ⓗ   Ⓐ 비번호   Ⓑ 감독위원 확 인

항 목	① 측정(또는 점검)		② 판정 및 정비(또는 조치)사항		Ⓖ 득 점
	Ⓒ 측 정 값	Ⓓ 규정(정비한계)값	Ⓔ 판정(□에 '✔' 표)	Ⓕ 정비 및 조치할 사항	
저 항	15Ω/20℃	14.9~16.1Ω/20℃	☑ 양 호 □ 불 량	정비 및 조치사항 없음	

※ 단위가 누락되거나 틀린 경우는 오답으로 채점함.

1) ① 측정(또는 점검) : Ⓒ 측정값은 감독위원이 지정한 공전 조절 서보(ISC 서보 : Idle speed control servo) 열림 코일 저항을 측정한 값 "15Ω/20℃"을 기록하고 Ⓓ 규정(정비한계)값은 감독위원이 주어진 값이나 또는 정비지침서를 보고 "14.9~16.1Ω/20℃"을 기록한다.
   ㉮ 측정값 : 15Ω/20℃   ㉯ 규정(정비한계)값 : 14.9~16.1Ω/20℃

【 스텝모터 저항 규정값(Ω)/20℃ 】

차 종		열림 코일	닫힘 코일	비고
아반떼 XD(2006)	G 1.6 DOHC	14.9~16.1	17.0~18.2	
	G 2.0 DOHC			
	D 1.5 TCI-U	–	–	
아반떼 HD(2010)	G 1.6 DOHC	11.1~12.7	14.6~16.2	
	G 2.0 DOHC			
	D 1.6 TCI-U	–	–	
NF 쏘나타	G 2.0 DOHC	11.1~12.7	14.6~16.2	
	G 2.4 DOHC			
	L 2.0 DOHC			
	D 2.0 TCI-D	–	–	
K5(2011)	G 2.0 DOHC	–	–	ETS 사용
	G 2.4 GDI	–	–	
	L 2.0 DOHC	–	–	
모닝(2011)	G 1.0 SOHC	14.5~16.5	16.6~18.6	
	L 1.0 SOHC	11.1~12.7	14.6~16.2	

2) ② 판정 및 정비(또는 조치)사항 : Ⓔ 판정은 수검자가 측정한 값과 정비한계 값을 비교하여 한계값 범위 내에 있으면 양호, 벗어나면 불량에 ✔표시를 하며, Ⓕ 정비 및 조치할 사항 란에는 고장부품과 정비할 사항을 기록한다.
   ㉮ 판정 : ・양호 – 규정(정비한계)값의 범위에 있을 때
            ・불량 – 규정(정비한계)값의 범위를 벗어났을 때
   ㉯ 정비 및 조치할 사항 : 정비 및 조치할 사항 없음

2. 시험장에서는 ……

시험용 자동차에서 커넥터의 단자를 탈거하고 측정하거나 스탠드 위에 놓여 있는 스로틀 바디에서 측정한다. 완전히 닫혀있을 때와 최대 개방하였을 때 저항값을 측정하여 답안지를 작성한다. 저항은 테스터기가 정확하여야 한다. 따라서 측정기기의 준비는 정도가 맞는 것으로 준비하여야 한다. 그래서 시험장에서는 측정용 기기를 시험장에 것을 사용하도록 하고 있다. 감독위원이 실습장에 있는 테스터를 이용하라고 하면 자기가 사용하던 것과 다르더라도 감독위원의 지시를 따르는 것이 정확한 값을 측정할 수 있다.

3. 답안지 작성 방법 (스텝 모터(공회전 조절 서보) 저항이 많을 때)

전기 2 : 시험 결과 기록표
자동차 번호 : ⓗ   Ⓐ 비번호   Ⓑ 감독위원 확 인

항 목	① 측정(또는 점검)		② 판정 및 정비(또는 조치)사항		Ⓖ 득 점
	Ⓒ 측 정 값	Ⓓ 규정(정비한계)값	Ⓔ 판정(□에 'ᐯ' 표)	Ⓕ 정비 및 조치할 사항	
저 항	42Ω/20℃	14.9~16.1Ω/20℃	□ 양 호 ᐯ 불 량	ISC 서보 교환 후 재점검	

※ 단위가 누락되거나 틀린 경우는 오답으로 채점함.

1) ① 측정(또는 점검) : Ⓒ 측정값은 감독위원이 지정한 공전 조절 서보(ISC 서보 : Idle speed control servo) 열림 코일 저항을 측정한 값 "42Ω/20℃"을 기록하고 Ⓓ 규정(정비한계)값은 감독위원이 주어진 값이나 또는 정비지침서를 보고 "14.9~16.1Ω/20℃"을 기록한다.
2) ② 판정 및 정비(또는 조치)사항 : Ⓔ 판정은 수검자가 측정한 값과 정비한계 값을 비교하여 한계값 범위를 벗어나므로 "불량"에 ᐯ표시를 하며, Ⓕ 정비 및 조치할 사항 란에는 "ISC 서보 교환 후 재점검"을 기록한다.
  ◈ 스텝 모터 저항이 많이 나오는 원인
  · 코일 내부 저항 증가 – ISC 서보 교환
  · 코일과 단자 간 접촉 불량 – ISC 서보 교환

4. 답안지 작성 방법 (스텝 모터(공회전 조절 서보) 저항값이 ∞ 일 때)

전기 2 : 시험 결과 기록표
자동차 번호 : ⓗ   Ⓐ 비번호   Ⓑ 감독위원 확 인

항 목	① 측정(또는 점검)		② 판정 및 정비(또는 조치)사항		Ⓖ 득 점
	Ⓒ 측 정 값	Ⓓ 규정(정비한계)값	Ⓔ 판정(□에 'ᐯ' 표)	Ⓕ 정비 및 조치할 사항	
저 항	∞Ω/20℃	14.9~16.1Ω/20℃	□ 양 호 ᐯ 불 량	ISC 서보 교환 후 재점검	

※ 단위가 누락되거나 틀린 경우는 오답으로 채점함.

1) ① 측정(또는 점검) : Ⓒ 측정값은 감독위원이 지정한 공전 조절 서보(ISC 서보 : Idle speed control servo) 열림 코일 저항을 측정한 값 "∞Ω/20℃"을 기록하고 Ⓓ 규정(정비한계)값은 감독위원이 주어진 값이나 또는 정비지침서를 보고 "14.9~16.1Ω/20℃"을 기록한다.
2) ② 판정 및 정비(또는 조치)사항 : Ⓔ 판정은 수검자가 측정한 값과 정비한계 값을 비교하여 한계값 범위를 벗어나므로 "불량"에 ᐯ표시를 하며, Ⓕ 정비 및 조치할 사항 란에는 "ISC 서보 교환 후 재점검"을 기록한다.
  ◈ 스텝 모터 저항이 ∞일 때의 원인
  · 코일 내부 단선 – ISC 서보 교환   · 코일과 단자 간 단선 – ISC 서보 교환

5. 스텝 모터(공전 조절 서보) 저항 점검 현장 사진

1. ISA 설치 모습

2. ISA 설치 모습
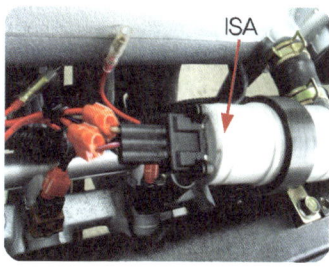

3. ISA 탈거 모습

13안 전기 3 방향지시등 회로 점검

주어진 자동차에서 방향지시등 회로의 고장부분을 점검한 후 기록·판정하시오.

1. 답안지 작성 방법 (방향지시등 모두가 작동하지 않을 때)

전기 3 : 시험 결과 기록표 자동차 번호 : ⓗ		Ⓐ 비번호		Ⓑ 감독위원 확 인	Ⓖ 득 점
항 목	① 측정(또는 점검)		② 판정 및 정비(또는 조치)사항		
	Ⓒ 이상 부위	Ⓓ 내용 및 상태	Ⓔ 판정(□에 'v' 표)	Ⓕ 정비 및 조치할 사항	
방향지시등 회로	방향지시등 퓨즈	단 선	□ 양 호 ☑ 불 량	방향지시등 퓨즈 교환 후 재점검	

1) **비번호** : Ⓐ 비번호는 공단직원이 주는 등번호를 수검자가 기록한다.
2) **감독위원 확인** : Ⓑ 감독위원 확인란은 감독위원이 채점한 후에 도장을 찍는 부분으로 수검자는 기록하지 않는다.
3) **측정(또는 점검)** : Ⓒ 이상 부위는 수검자가 방향 지시등이 작동되지 않는 이유 중 고장 난 부품 명칭인 "방향지시등 퓨즈"를 기록하고, Ⓓ 내용 및 상태는 퓨즈가 끊어진 상태이므로 "단선"을 기록한다.
4) **판정 및 정비(또는 조치)사항** : Ⓔ 판정은 "불량"에 ✔ 표시를 하고 Ⓕ 정비 및 조치할 사항 란에는 "방향지시등 퓨즈 교환 후 재점검"을 기록하고 그 외 고장 내용은 아래 내용 중에 하나일 것이다.

◈ 방향지시등이 모두 작동하지 않는 원인
- 배터리 불량 – 배터리 교환
- 배터리 터미널 연결 상태 불량 – 배터리 터미널 재장착
- 방향지시등 퓨즈의 탈거 – 방향지시등 퓨즈 장착
- 방향지시등 퓨즈의 단선 – 방향지시등 퓨즈 교환
- 플래셔 유닛 탈거 – 플래셔 유닛 장착
- 플래셔 유닛 불량 – 플래셔 유닛 교환
- 방향지시등 전구 탈거 – 방향지시등 전구 장착
- 방향지시등 퓨즈 핀 부러짐 – 방향지시등 퓨즈 교환
- 방향지시등 전구 단선 – 방향지시등 전구 교환
- 콤비네이션 스위치 불량 – 콤비네이션 스위치 교환
- 콤비네이션 스위치 커넥터 탈거 – 콤비네이션 스위치 커넥터 장착
- 방향지시등 라인 단선 – 방향지시등 라인 연결
- 콤비네이션 스위치 커넥터 불량 – 콤비네이션 스위치 커넥터 교환

2. 답안지 작성 방법 (방향지시등 일부가 작동하지 않을 때)

전기 3 : 시험 결과 기록표 자동차 번호 : ⓗ		Ⓐ 비번호		Ⓑ 감독위원 확 인	Ⓖ 득 점
항 목	① 측정(또는 점검)		② 판정 및 정비(또는 조치)사항		
	Ⓒ 이상 부위	Ⓓ 내용 및 상태	Ⓔ 판정(□에 'v' 표)	Ⓕ 정비 및 조치할 사항	
방향지시등 회로	후, 좌 방향지시등 전구	단선	□ 양 호 ☑ 불 량	후, 좌 방향지시등 전구 교환 후 재점검	

1) **측정(또는 점검)** : Ⓒ 이상 부위는 수검자가 방향 지시등이 작동되지 않는 이유 중 고장 난 부품 명칭인 "후, 좌 방향지시등 전구"를 기록하고, Ⓓ 내용 및 상태는 퓨즈가 끊어진 상태이므로 "단선"을 기록한다.
2) **판정 및 정비(또는 조치)사항** : Ⓔ 판정은 "불량"에 ✔ 표시를 하고 Ⓕ 정비 및 조치할 사항 란에는 "후, 좌 방향지시등 전구 교환 후 재점검"을 기록하고 그 외 고장 내용은 아래 내용 중에 하나일 것이다.

◈ 방향지시등 일부가 작동하지 않는 원인
- 방향지시등 연결 커넥터 불량 – 방향지시등 커넥터 교환
- 방향지시등 전구 녹으로 접지 불량 – 방향지시등 전구 교환
- 방향지시등 전구 탈거 – 방향지시등 전구 장착
- 방향지시등 전구 단선 – 방향지시등 전구 교환
- 방향지시등 전구 연결 커넥터 탈거 – 방향지시등 연결 커넥터 장착.
- 방향지시등 라인 단선 – 방향지시등 라인 연결

◈ 방향지시등 점멸이 느린 원인 : 법규상 매분 60~120회
- 방향지시등 전구 용량 크다 – 방향지시등 전구 교환
- 방향지시등 전구 녹으로 접지 불량 – 방향지시등 전구 교환
- 방향지시등 플래셔 유닛 불량 – 방향지시등 플래셔 유닛 교환
- 방향지시등 전구 손상 – 방향지시등 전구 교환

- 방향지시등 전구 연결 커넥터 연결 상태 불량 – 방향지시등 연결 커넥터 장착.
- 배터리 불량 – 배터리 교환 · 배터리 터미널 연결 상태 불량 – 배터리 터미널 재장착

3. 답안지 작성 방법 (프레셔 유닛 탈거)

전기 3 : 시험 결과 기록표
자동차 번호 : ❶

항 목	① 측정(또는 점검)		② 판정 및 정비(또는 조치)사항		❻ 득 점
	❸ 이상 부위	❹ 내용 및 상태	❺ 판정(□에 '✔' 표)	❻ 정비 및 조치할 사항	
방향지시등 회로	후레셔 유닛	탈거	□ 양 호 ✔ 불 량	프레셔 유닛 장착 후 재점검	

1) **측정(또는 점검)** : ❸ 이상 부위는 수검자가 방향 지시등이 작동되지 않는 이유 중 고장 난 부품 명칭인 "후레셔 유닛"을 기록하고, ❹ 내용 및 상태는 프레셔 유닛이 탈거된 상태이므로 "탈거"를 기록한다.
2) **판정 및 정비(또는 조치)사항** : ❺ 판정은 "불량"에 ✔ 표시를 하고 ❻ 정비 및 조치할 사항 란에는 "프레셔 유닛 장착 후 재점검"을 기록한다.

4. 시험장에서는 ……

실제 차량을 사용할 때도 있고 시뮬레이터를 사용할 경우도 있지만 모든 시험 문제가 그렇듯이 실제 차량 위주로 시험을 보는 추세이다. 측정 차량 옆에나 앞 유리에 "방향지시등 회로 점검"이라는 글씨가 보일 것이다. 시동을 걸어놓고 점검을 하여야 하나 안전상 시동을 꺼 놓고 점검한다. 반드시 키 스위치를 ON 상태로 놓고 측정한다. 방향지시등 스위치를 작동시켰을 때 당연히 램프가 점등되지 않을 것이다. 방향지시등이 점등되지 않는 원인을 찾아야 한다. "배터리는 정상이며, 터미널 커넥터는 정확하게 연결되어 있는지?", "방향지시등 퓨즈는 정상인가?", "플래셔 유닛은 정상인가?", "다기능 스위치 커넥터는 빠져 있지 않나?", "방향지시등에 커넥터는 제대로 연결되어 있나?", "방향지시등 전구는 고장이 아닌가?" 등을 점검하다 보면 분명히 감독위원이 고장을 내놓은 곳을 찾을 수 있을 것이다. 정상으로 고쳐 놓고 감독위원에게 확인을 받는다.

5. 방향 지시등 회로 점검 현장사진

1. 앞 방향지시등 모습

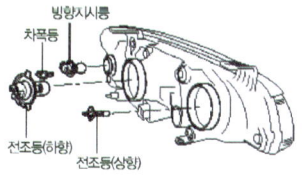

전조등과 분리된 경우와 함께 있는 경우도 있다.

2. 단선된 퓨즈 모습

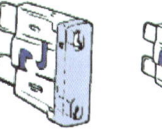

일부 시험장에서는 핀이 하나 부러진 퓨즈를 설치하여 놓은 곳도 있다.

3. 핀이 하나 부러진 퓨즈 모습

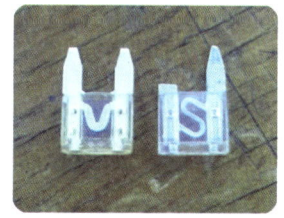

일부 시험장에서는 핀이 하나 부러진 퓨즈를 설치하여 놓은 곳도 있다.

4. 실차량에서의 방향지시등 작동 모습

실내 릴레이 박스에서 릴레이를 점검한다.

5. 실내 플래셔 유닛 설치 모습

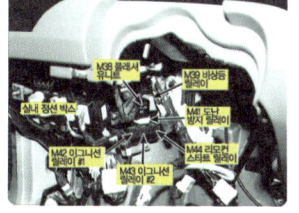

일부 시험장에서는 핀이 하나 부러진 릴리에를 설치하여 놓은 곳도 있다.

6. 앞 좌에서의 방향지시등 모습

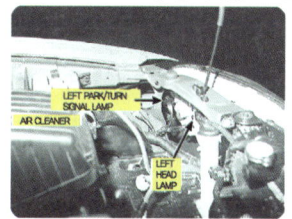

일부 시험장에서는 핀이 하나 부러진 퓨즈를 설치하여 놓은 곳도 있다.

7. 앞 좌에서의 방향지시등 모습

8. 뒤 좌에서의 방향지시등 모습

9. 뒤 좌에서의 방향지시등 모습

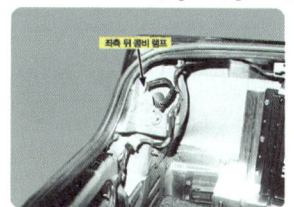

13안 전기 4 전조등 광도측정

주어진 자동차에서 좌 또는 우측의 전조등 광도를 측정하고 기록·판정하시오.

1. 답안지 작성 방법(광도가 정상일 때)

전기 4 : 시험 결과 기록표
자동차 번호 : ❶

Ⓐ 비번호		Ⓑ 감독위원 확 인	

① 측정(또는 점검)			② 판정		Ⓖ 득점
Ⓒ 구분	측정 항목	Ⓓ 측정값	Ⓔ 기준값	Ⓕ 판정(□에 '✔'표)	
□에 '✔' 표 위치 : ☑ 좌 □ 우	광 도	22,500cd	3,000cd 이상	☑ 양 호 □ 불 량	

※ 측정 위치는 감독위원의 지정하는 위치에 □에 '✔'표시함
※ 자동차검사기준 및 방법에 의하여 기록, 판정한다.

1) **비번호** : Ⓐ 비번호는 공단직원이 주는 등번호를 수검자가 기록한다.
2) **감독위원 확인** : Ⓑ 감독위원 확인란은 감독위원이 채점한 후에 도장을 찍는 부분으로 수검자는 기록하지 않는다.
3) **① 측정(또는 점검)** : Ⓒ 구분란은 감독위원이 지정한 위치인 "좌"에 ✔ 표시를 한다. Ⓓ 측정항목은 감독위원이 지정한 "광도"를 기록한다. Ⓔ 측정값은 수검자가 측정 한 광도인 "22,500cd"를 기록하며, Ⓕ 기준값은 수검자가 검사 기준값인 "3,000cd 이상"을 기록한다.(반드시 단위를 기입한다)
   - ㉮ 구 분 : ·위치 – ☑ 좌 □ 우   ㉯ 측정값 : 측정 광도 – 22,500cd
   - ㉰ 기준값 : ·3,000cd 이상
   - •전조등 광도 기준값 : 변환빔의 광도는 3,000cd 이상일 것–좌·우측 전조등(변환빔)의 광도와 광도점을 전조등시험기로 측정하여 광도점의 광도 확인(자동차 관리법 시행규칙의 등화장치–별표 15)

4) **② 판정** : Ⓖ 판정은 수검자가 측정한 값과 기준값을 비교하여 범위 내에 있으면 양호, 벗어나면 불량에 ✔ 표시를 한다.
   - ㉮ 판정 : ·양호 : 기준값의 범위(3,000cd 이상)에 있을 때
     · 불량 : 기준값의 범위(3,000cd 미만)를 벗어났을 때
5) **득점** : Ⓗ 득점은 감독위원이 채점을 하고 점수를 기록하는 부분으로 수검자는 기록하지 않는다.
6) **자동차 번호** : Ⓘ 측정하는 자동차 번호를 수검자가 기록한다.

2. 답안지 작성 방법(광도가 불량일 때)

전기 4 : 시험 결과 기록표
자동차 번호 : Ⓘ

Ⓐ비 번호		Ⓑ감독위원 확 인	

① 측정(또는 점검)			② 판정		Ⓗ득 점
Ⓒ구분	Ⓓ측정 항목	Ⓔ측정값	Ⓕ 기준값	Ⓖ판정(□에 '✔'표)	
□에 '✔' 표 위치 : ☑ 좌 □ 우	광 도	2,600cd	3,000cd 이상	□ 양 호 ☑ 불 량	

※ 측정 위치는 감독위원의 지정하는 위치에 □에 '✔'표시함
※ 자동차검사기준 및 방법에 의하여 기록, 판정한다.

1) **① 측정(또는 점검)** : Ⓒ 구분란은 감독위원이 지정한 위치인 "좌"에 ✔ 표시를 한다. Ⓓ 측정항목은 감독위원이 지정한 "광도"를 기록한다. Ⓔ 측정값은 수검자가 측정 한 광도인 "2,600cd"를 기록하며, Ⓕ 기준값은 수검자가 검사 기준값인 "3,000cd 이상"을 기록한다.(반드시 단위를 기입한다)
   - •전조등 광도 기준값 : 변환빔의 광도는 3,000cd 이상일 것–좌·우측 전조등(변환빔)의 광도와 광도점을 전조등시험기로 측정하여 광도점의 광도 확인(자동차 관리법 시행규칙의 등화장치–별표 15)

2) ② 판정 : **G** 판정은 수검자가 측정한 값과 기준값을 비교하여 범위 내에 있으면 양호, 벗어나면 불량에 ✔ 표시하고 그 외 고장 내용은 아래 내용 중에 하나일 것이다.
◈ 헤드라이트 광도 낮은 원인 :
- 헤드라이트 반사경의 불량 – 헤드라이트 어셈블리 교환
- 헤드라이트 전구의 불량 – 교환
- 배터리의 방전 – 충전 또는 교환

3. 답안지 작성 방법 (광도가 불량일 때)

전기 4 : 시험 결과 기록표
자동차 번호 : **①**

A비 번호		**B**감독위원 확 인	

① 측정(또는 점검)				② 판정	**H**득 점
C구분	**D**측정 항목	**E**측정값	**F** 기준값	**G**판정(□에 '✔' 표)	
□에 '✔' 표 위치 : ☑ 좌 □ 우	광 도	1,200cd	3,000cd 이상	□ 양 호 ☑ 불 량	

※ 측정 위치는 감독위원의 지정하는 위치에 □ 에 '✔' 표시함.
※ 자동차검사기준 및 방법에 의하여 기록, 판정한다.

1) ① 측정(또는 점검) : **C** 구분란은 감독위원이 지정한 위치인 "좌"에 ✔ 표시를 한다. **D** 측정항목은 감독위원이 지정한 "광도"를 기록한다. **E** 측정값은 수검자가 측정 한 광도인 "1,200cd"를 기록하며, **F** 기준값은 수검자가 검사 기준값인 "3,000cd 이상"을 기록한다.(반드시 단위를 기입한다)
- 전조등 광도 기준값 : 변환빔의 광도는 3,000cd 이상일 것 – 좌·우측 전조등(변환빔)의 광도와 광도점을 전조등시험기로 측정하여 광도점의 광도 확인(자동차 관리법 시행규칙의 등화장치 – 별표 15)

2) ② 판정 : **G** 판정은 수검자가 측정한 값과 기준값을 비교하여 범위 내에 있으면 양호, 벗어나면 불량에 ✔ 표시한다.

4. 시험장에서는 ……

헤드라이트의 광도와 광축 측정은 엔진의 시동을 걸고 측정하여야 옳으나 시험장에서는 안전을 위하여 엔진이 정지된 상태에서 측정하는 경우가 많다. 감독위원이 좌측이나 우측을 지정하여 주는 곳을 측정하는데 좌, 우는 운전석에 앉아서 좌측과 우측임을 잊지 말아야 한다. 측정하기 전에 조건이(타이어의 공기압, 배터리 성능, 바닥의 수평 상태 등) 맞는지 확인하고 헤드라이트의 유리를 깨끗한 걸레로 닦아서 측정값이 정확하게 나오도록 하여야 한다. 측정은 상향등 상태에서 측정하여야 하며, 차량은 공회전(단, 광도 측정시 2,000rpm), 공차 상태, 운전자 1인 승차하여 측정하여야 한다. 보조원이 운전석에 앉아서 라이트를 조작하여 주는 경우도 있으나 대부분은 운전자가 탑승하지 않은 상태에서 측정한다. 근래에 생산된 차량은 헤드라이트 조작이 키 스위치를 넣어야지만 가능하도록 되어 있으므로 참고 하기 바란다.

5. 전조등 점검 현장 사진

1. 시뮬레이터로 측정 준비된 모습

실제 차량으로 전조등 시험을 하는 경우도 있지만 시뮬레이터를 이용한 방법도 있다.

2. 투영식 측정 준비모습

헤드라이트 시험기는 이동식 레일로 만들어서 실습, 시험일 때 적당한 위치로 이동한다.

3. 전면 패널의 계기 및 조정나사 모습

투영식의 전면 패널이며, 광도계는 중앙에 설치되어 있다.

엔진 1 실린더 간극 점검

주어진 DOHC 가솔린 엔진에서 실린더 헤드와 피스톤(1개)을 탈거(감독위원에게 확인)하고 감독위원의 지시에 따라 기록표의 내용대로 기록·판정한 후 다시 조립하시오.

1. 답안지 작성 방법(실린더 간극이 정상일 때)

엔진 1 : 시험 결과 기록표
엔진 번호 : ⓗ

항 목	① 측정(또는 점검)		② 판정 및 정비(또는 조치)사항		Ⓖ 득 점
	Ⓒ 측 정 값	Ⓓ 규정(정비한계)값	Ⓔ 판정(□에 '✔'표)	Ⓕ 정비 및 조치할 사항	
실린더 간극	0.03mm	0.02~0.04mm (한계 0.15mm)	☑ 양호 □ 불량	정비 및 조치할 사항 없음	

Ⓐ 비번호   Ⓑ 감독위원 확 인

※ 감독위원이 지정하는 부위를 측정하고, 단위가 누락되거나 틀린 경우는 오답으로 채점함.

1) **비번호** : Ⓐ 비번호는 공단직원이 주는 등번호를 수검자가 기록한다.
2) **감독위원 확인** : Ⓑ 감독위원 확인란은 감독위원이 채점한 후에 도장을 찍는 부분으로 수검자는 기록하지 않는다.
3) **① 측정(또는 점검)** : Ⓒ 측정값은 수검자가 실린더 간극을 측정한 값 "0.03mm"을 기록하고, Ⓓ 규정(정비한계)값은 감독위원이 주어진 값이나 또는 정비지침서를 보고 "0.02~0.04mm(한계 0.15mm)"을 기록한다.(반드시 단위를 기입한다)
   ㉮ 측정값 : 0.05mm
   ㉯ 규정(정비한계)값 : 0.02~0.04mm(한계 0.15mm)

【 피스톤 간극 규정값(mm) 】

차 종		규정값	한계값	비고
아반떼 XD(2006)	G 1.6 DOHC	0.020~0.040	–	
	G 2.0 DOHC			
	D 1.5 TCI-U	0.060~0.080	–	
아반떼 HD(2010)	G 1.6 DOHC	0.020~0.040	–	
	G 2.0 DOHC			
	D 1.6 TCI-U	0.060~0.080	–	
NF 쏘나타	G 2.0 DOHC	0.015~0.035	–	일반적인 한계값은 0.15mm를 두고 있음
	G 2.4 DOHC			
	L 2.0 DOHC	0.020~0.040	–	
	D 2.0 TCI-D	0.070~0.090	–	
K5(2011)	G 2.0 DOHC	0.015~0.035	–	
	G 2.4 GDI	0.02~0.04	–	
	L 2.0 DOHC	0.015~0.035	–	
모닝(2011)	G 1.0 SOHC	0.02~0.04	–	
	L 1.0 SOHC			

4) **② 판정 및 정비(또는 조치)사항** : Ⓔ 판정은 수검자가 측정한 값과 정비한계 값을 비교하여 한계값 범위 내에 있으면 양호, 벗어나면 불량에 ✔표시를 하며, Ⓕ 정비 및 조치할 사항 란에는 고장부품과 정비할 사항을 기록한다.
   ㉮ 판정 : · 양호 : 규정(정비한계)값 이내에 있을 때,
               · 불량 : 규정(정비한계)값을 벗어났을 때,
   ㉯ 정비 및 조치할 사항 : 양호하므로 "정비 및 조치할 사항 없음"으로 기록한다.
5) **득점** : Ⓖ 득점은 감독위원이 채점을 하고 점수를 기록하는 부분으로 수검자는 기록하지 않는다.
6) **엔진 번호** : Ⓗ 측정하는 엔진 번호를 수검자가 기록한다.

2. 시험장에서는 ……

① **DOHC 실린더 헤드와 피스톤 탈거·조립** : 작업대 위나 엔진 스탠드에 분해 조립용 엔진이 준비되어 있고 대부분 옆에 부속품은 탈거되어 있어 실린더 헤드만 조립되어 있다. 헤드를 분해한 후 내려놓을 때는 접촉면이 바닥에 닿지 않도록 옆으로(배기 매니폴드 설치부가 아래로) 놓는다. 때에 따라서는 헤드 가스켓을 교환하는 경우도 있다. 캠축은 흡기와 배기가 표시되어 있어서 바뀌지 않도록 조립하며, 캠축 베어링 캡도 흡기 표시(IN-1,…,IN-5), 배기표시(EX-1,…,EX-5)가 있으니 바뀌지 않도록 한다. 또한 모든 볼트는 토크 렌치로 조인다. 피스톤을 분해 조립할 때는 실린더 블록을 옆으로 뉘우고 피스톤이 하사점 위치에서 분해하므로 1번, 4번과 2번, 3번을 함께 분해하고 조립한다.

② **실린더 간극 점검** : 실린더 보어 게이지와 마이크로미터를 이용하는 방법과 디크니스 게이지를 이용하는 방법이 있다. 시험장의 여건에 따라 준비가 되므로 모두 측정할 수 있는 능력을 갖추어야 한다.

3. 답안지 작성 방법 (실린더 간극이 클 때)

엔진 1 : 시험 결과 기록표 엔진 번호 : Ⓗ			Ⓐ 비번호		Ⓑ 감독위원 확 인	
항 목	① 측정(또는 점검)		② 판정 및 정비(또는 조치)사항		Ⓖ 득 점	
	Ⓒ 측 정 값	Ⓓ 규정(정비한계)값	Ⓔ 판정(□에 'v'표)	Ⓕ 정비 및 조치할 사항		
실린더 간극	0.28mm	0.02~0.03mm (한계 0.15mm)	□ 양 호 ☑ 불 량	엔진 U/S사이즈 수정 후 재점검		

※ 감독위원이 지정하는 부위를 측정하고, 단위가 누락되거나 틀린 경우는 오답으로 채점함.

1) ① **측정(또는 점검)** : Ⓒ 측정값은 수검자가 실린더 간극을 측정한 값 "0.28mm"을 기록하고, Ⓓ 규정(정비한계)값은 감독위원이 주어진 값이나 또는 정비지침서를 보고 "0.02~0.04mm(한계 0.15mm)"을 기록한다.(반드시 단위를 기입한다)

2) ② **판정 및 정비(또는 조치)사항** : Ⓔ 판정은 측정값이 규정(정비한계)값보다 크므로 판정에는 "불량"에 ✔ 표시를 하며, Ⓕ 정비 및 조치할 사항 란에는 실린더 간극이 크므로 "엔진 U/S사이즈 수정 후 재점검"으로 기록한다.

4. 답안지 작성 방법 (실린더 간극이 작을 때)

엔진 1 : 시험 결과 기록표 엔진 번호 : Ⓗ			Ⓐ 비번호		Ⓑ 감독위원 확 인	
항 목	① 측정(또는 점검)		② 판정 및 정비(또는 조치)사항		Ⓖ 득 점	
	Ⓒ 측 정 값	Ⓓ 규정(정비한계)값	Ⓔ 판정(□에 'v'표)	Ⓕ 정비 및 조치할 사항		
실린더 간극	0.12mm	0.02~0.03mm (한계 0.15mm)	☑ 양 호 □ 불 량	정비 및 조치할 사항 없음		

※ 감독위원이 지정하는 부위를 측정하고, 단위가 누락되거나 틀린 경우는 오답으로 채점함.

1) ① **측정(또는 점검)** : Ⓒ 측정값은 수검자가 실린더 간극을 측정한 값 "0.28mm"을 기록하고, Ⓓ 규정(정비한계)값은 감독위원이 주어진 값이나 또는 정비지침서를 보고 "0.02~0.04mm(한계 0.15mm)"을 기록한다.(반드시 단위를 기입한다)

2) ② **판정 및 정비(또는 조치)사항** : Ⓔ 판정은 측정값이 규정(정비한계)값보다 작으므로 판정에는 "양호"에 ✔ 표시를 하며, Ⓕ 정비 및 조치할 사항 란에는 "정비 및 조치 사항 없음"으로 기록한다.

5. 실린더 간극 점검 현장 사진

1. 실린더 마모량 측정 준비 모습

2. 게이지와 눈높이의 일치 모습

3. 디크니스 게이지 측정 모습

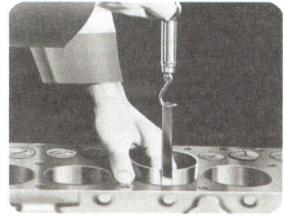

엔진 3 — 엔진 센서(액추에이터) 점검(자기진단) [14안]

주어진 자동차에서 엔진의 공기 유량 센서(AFS)와 에어 필터를 탈거(감독위원에게 확인)한 후 다시 조립하고 감독위원의 지시에 따라 진단기(스캐너)를 사용하여 엔진의 각종 센서(액추에이터) 점검 후 고장부분을 기록하시오.

1. 답안지 작성 방법 (MAP 센서의 커넥터가 탈거일 때)

엔진 3 : 시험 결과 기록표 자동차 번호 : ❶			Ⓐ 비번호		Ⓑ 감독위원 확 인		
항 목	① 측정(또는 점검)			② 고장 및 정비(또는 조치) 사항			Ⓗ 득 점
	Ⓒ 고장부위	Ⓓ 측정값	Ⓔ 규정값	Ⓕ 고장 내용	Ⓖ 정비 및 조치사항		
센서(액추에이터) 점검	맵센서 (MAP)	2.1V/공회전	0.8~1.1V/공회전	커넥터 탈거	커넥터 연결, 기억소거 후 재점검		

※ 단위가 누락되거나 틀린 경우는 오답으로 채점함

1) **비번호** : Ⓐ 비번호는 공단직원이 주는 등번호를 수검자가 기록한다.
2) **감독위원 확인** : Ⓑ 감독위원 확인란은 감독위원이 채점한 후에 도장을 찍는 부분으로 수검자는 기록하지 않는다.
3) **① 측정(또는 점검)** : Ⓒ 고장 부위는 수검자가 스캐너로 자기진단 화면 창에 나타난 "맵센서"를 기록하고, Ⓓ 측정값은 센서 출력 화면에서 측정한 값 "2.1V / 공회전"을 기록한다. Ⓔ 규정값은 스캐너 정보 창에서 얻어 "0.8~1.1V / 공회전"을 기록한다.(감독위원이 주는 경우도 있다)
   ㉮ 고장부위 : 맵(MAP)센서   ㉯ 측정값 : 2.1V / 크랭킹   ㉰ 규정값 : 0.8~1.1V / 공회전
4) **② 고장 및 정비(또는 조치)사항** : Ⓕ 고장 내용에는 수검자가 점검한 내용으로 "커넥터 탈거"를 기록한다.
   Ⓖ 조치사항에는 "커넥터 연결, 기억소거 후 재점검"을 기록한다.
   ㉮ 고장 내용 : ㆍ커넥터 탈거
   ㉯ 조치 사항 : ㆍ커넥터 연결, 기억소거 후 재점검

【 차종별 맵센서(공기유량 센서) 규정값(V) 】

차 종		압력(kpa)			비고
		20	46.66	101.32	
아반떼 XD(2006)	G 1.6 DOHC	0.8~1.1V(공회전시)			
	G 2.0 DOHC				
	D 1.5 TCI-U	*1.19~1.20(공기량 8kg/h)		*1.25~1.27(공기량 10kg/h)	
아반떼 HD(2010)	G 1.6 DOHC	0.79	1.84	4.0	
	G 2.0 DOHC	*0.7V(공기량 4.9kg/h)	*1.18V(공기량 12.2kg/h)	*4.6V(공기량 603.25kg/h)	
	D 1.6 TCI-U	*1.19~1.20(공기량 8kg/h)		*1.25~1.27(공기량 10kg/h)	
NF 쏘나타	G 2.0 DOHC	0.79	1.84	4.0	—
	G 2.4 DOHC				
	L 2.0 DOHC				
	D 2.0 TCI-D	*1.94~1.96(공기량 8kg/h)		*1.98~1.99(공기량 10kg/h)	
K5(2011)	G 2.0 DOHC	0.79	1.84	4.0	—
	G 2.4 GDI				
	L 2.0 DOHC				
모닝(2011)	G 1.0 SOHC	0.79	1.84	4.0	
	L 1.0 SOHC				

2. 시험장에서는 ……

분해 조립용 엔진과 측정용 차량(또는 엔진 튠업)이 따로 있어서 분해 조립이 끝나면 감독위원으로부터 답안지

를 받고 전자제어 진단기(스캐너)를 측정용 차량에 설치하고 전자제어 엔진의 고장부분을 점검한 후 답안지를 작성하여 감독위원에게 제출한다. 일부이긴 하나 전자제어 차량에 진단기(스캐너)가 설치되어 있는 것을 그대로 측정하기도 한다. 시험장이나 시험일에 따라 Hi-scan pro, Hi-DS scaner 등이 설치되어 있다. 사용법이 약간에 차이는 있으나 한 가지만 능수능란하게 다룰 수 있는 능력만 있다면 응용이 가능하다. 답안지 항목에서 ⓒ, ⓓ, ⓔ란은 스캐너에서 측정 및 찾아서 기입하지만, ⓕ란은 수검자가 측정차량을 눈으로 보고 기록하며, ⓖ란은 정비 방법을 서술한다.

3. 답안지 작성 방법(맵 센서가 과거 기억소거 불량일 때)

엔진 3 : 시험 결과 기록표 자동차 번호 : ⓘ				Ⓐ 비번호		Ⓑ 감독위원 확 인		
항 목	① 측정(또는 점검)			② 고장 및 정비(또는 조치) 사항			Ⓗ 득 점	
	Ⓒ 고장부위	Ⓓ 측정값	Ⓔ 규정값	Ⓕ 고장 내용	Ⓖ 정비 및 조치사항		
센서(액추에 이터) 점검	맵센서 (MAP)	1.0V/공회전	0.8~1.1V/공회전	과거 기억소거 불량	기억소거 후 재점검		

※ 단위가 누락되거나 틀린 경우는 오답으로 채점함

1) ① 측정(또는 점검) : Ⓒ 고장부위는 수검자가 스캐너로 자기진단 화면 창에서 "맵센서(MAP)"를 기록하고, Ⓓ 측정값은 센서 출력 화면에서 측정한 "1.0V/공회전"을 기록한다. Ⓔ 규정값은 스캐너 정보창에서 얻어 "0.8~1.1V / 공회전"을 기록한다.(감독위원이 주는 경우도 있다)
2) ② 고장 및 정비(또는 조치)사항 : Ⓕ 고장 내용에는 수검자가 점검한 내용으로 "과거 기억소거 불량"을 기록한다. Ⓖ 조치사항에는 "기억소거 후 재점검"으로 기록한다.

4. 답안지 작성 방법(맵센서 센서가 불량일 때)

엔진 3 : 시험 결과 기록표 자동차 번호 : ⓘ				Ⓐ 비번호		Ⓑ 감독위원 확 인		
항 목	① 측정(또는 점검)			② 고장 및 정비(또는 조치) 사항			Ⓗ 득 점	
	Ⓒ 고장부위	Ⓓ 측정값	Ⓔ 규정값	Ⓕ 고장 내용	Ⓖ 정비 및 조치사항		
센서(액추에 이터) 점검	맵센서 (MAP)	0V/공회전	0.8~1.1V/공회전	센서 불량	센서 교환, 기억소거 후 재점검		

※ 단위가 누락되거나 틀린 경우는 오답으로 채점함

1) ① 측정(또는 점검) : Ⓒ 고장부위는 수검자가 스캐너로 자기진단 화면 창에서 "맵센서(MAP)"를 기록하고, Ⓓ 측정값은 센서 출력 화면에서 측정한 "0V/공회전"을 기록한다. Ⓔ 규정값은 스캐너 정보창에서 얻어 "0.8~1.1V / 공회전"을 기록한다.(감독위원이 주는 경우도 있다)
2) ② 고장 및 정비(또는 조치)사항 : Ⓕ 고장 내용에는 수검자가 점검한 내용으로 "센서 불량"을 기입한다. Ⓖ 조치사항에는 "센서 교환, 기억소거 후 재점검"을 기록한다.

5. 답안지 작성 방법(맵센서 전선이 단선일 때)

엔진 3 : 시험 결과 기록표 자동차 번호 : ⓘ				Ⓐ 비번호		Ⓑ 감독위원 확 인		
항 목	① 측정(또는 점검)			② 고장 및 정비(또는 조치) 사항			Ⓗ 득 점	
	Ⓒ 고장부위	Ⓓ 측정값	Ⓔ 규정값	Ⓕ 고장 내용	Ⓖ 정비 및 조치사항		
센서(액추에 이터) 점검	맵센서 (MAP)	0V/공회전	0.8~1.1V/공회전	센서 전원선 단선	전원선 연결 후 재점검		

※ 단위가 누락되거나 틀린 경우는 오답으로 채점함

1) ① 측정(또는 점검) : Ⓒ 고장부위는 수검자가 스캐너로 자기진단 화면 창에서 "맵센서(MAP)"를 기록하고, Ⓓ 측정값은 센서 출력 화면에서 측정한 "0V/공회전"을 기록한다. Ⓔ 규정값은 스캐너 정보창에서 얻어 "0.8~1.1V / 공회전"을 기록한다.(감독위원이 주는 경우도 있다)
2) ② 고장 및 정비(또는 조치)사항 : Ⓕ 고장 내용에는 수검자가 점검한 내용으로 "센서 전원선 단선"을 기입한다. Ⓖ 조치사항에는 "전원선 연결 후 재점검"을 기록한다.

엔진 4 · 가솔린 배기가스 측정

주어진 자동차에서 기록표에 제시된 내용을 측정하고 기록·판정하시오.

1. 답안지 작성 방법 (배기가스 배출량이 작아 정상일 때)

엔진 5 : 시험 결과 기록표
자동차 번호 : ⓖ

항 목	① 측정(또는 점검)		ⓔ② 판정 (□에 '✔'표)	ⓕ 득 점
	ⓒ 측 정 값	ⓓ 기 준 값		
CO	2.0%	1.2% 이하	□ 양 호	
HC	180ppm	220ppm 이하	✔ 불 량	

ⓐ 비번호 / ⓑ 감독위원 확 인

※ 감독위원이 제시한 자동차등록증(또는 차대번호)을 활용하여 차종 및 연식을 적용한다. 자동차검사기준 및 방법에 의하여 기록, 판정한다. CO 측정값은 소수점 둘째자리 이하는 버림으로 기입한다. HC 측정값은 소수점 첫째자리 이하는 버림하여 기입한다.

1) **비번호** : ⓐ 비번호는 공단직원이 주는 등번호를 수검자가 기록한다.
2) **감독위원 확인** : ⓑ 감독위원 확인란은 감독위원이 채점한 후에 도장을 찍는 부분으로 수검자는 기록하지 않는다.
3) **① 측정(또는 점검)** : ⓒ 측정값은 수검자가 배기가스의 측정한 값인 CO는 "2.0%", HC는 "180ppm"을 기록하고 ⓓ 기준값은 운행 차량의 배출 허용 기준값인 CO는 "1.2% 이하", HC는 "220ppm 이하"를 기록한다.
   - ㉮ 측정값 : · CO – 2.0%, · HC – 180ppm
   - ㉯ 기준값 : · CO – 1.2% 이하 · HC – 220ppm 이하(2010년 11월 08일 등록)

【 운행차 수시점검 및 정기점검 배출 허용기준 】

차 종		제작일자	일산화탄소	탄화수소	공기과잉율
경자동차		1997년 12월 31일 이전	4.5% 이하	1,200ppm 이하	1±0.1 이내 다만, 기화기식연료공급장치 부착 자동차는 1±0.15이내 촉매 미부착 자동차는 1±0.20 이내
		1998년 1월 1일부터 2000년 12월 31일까지	2.5% 이하	400ppm 이하	
		2001년 1월 1일부터 2003년 12월 31일까지	1.2% 이하	220ppm 이하	
		2004년 1월 1일 이후	1.0% 이하	150ppm 이하	
승용 자동차		1987년 12월 31일 이전	4.5% 이하	1,200ppm 이하	
		1988년 1월 1일부터 2000년 12월 31일까지	1.2% 이하	220ppm 이하(휘발유·알코올자동차) 400ppm 이하(가스자동차)	
		2001년 1월 1일부터 2005년 12월 31일까지	1.2% 이하	220ppm 이하	
		2006년 1월 1일 이후	1.0% 이하	120ppm 이하	
승합·화물·특수 자동차	소형	1989년 12월 31일 이전	4.5% 이하	1,200ppm 이하	
		1990년 1월 1일부터 2003년 12월 31일까지	2.5% 이하	400ppm 이하	
		2004년 1월 1일 이후	1.2% 이하	220ppm 이하	
	중형·대형	2003년 12월 31일 이전	4.5% 이하	1200ppm 이하	
		2004년 1월 1일 이후	2.5% 이하	400ppm 이하	

4) **② 판정** : ⓔ 판정은 수검자가 측정값과 기준값을 비교하여 범위 내에 있으면 양호, 벗어나면 불량에 ✔표시를 한다.   ㉮ 판정 : ·양호 – 기준값의 범위에 있을 때   ·불량 – 기준값을 벗어났을 때
5) **득점** : ⓕ 득점은 감독위원이 채점을 하고 점수를 기록하는 부분으로 수검자는 기록하지 않는다.
6) **자동차 번호** : ⓗ 측정하는 자동차의 번호를 수검자가 기록한다.

2. 시험장에서는 ……

이 시험은 시동을 걸어서 측정하여야 하므로 추운 겨울에는 수검자나 감독위원이나 고생하는 항목이다. 감독위원이 답안지를 주면 수험번호와 자동차 번호를 적고 배기가스 테스터기를 연결한 후 시동을 걸어서 측정을 한

다음 기록표를 기록하는데 이 항목은 검사기준이기 때문에 규정값이 주어지지 않는다. 반드시 규정값을 암기하고 있어야 한다. 배기가스 측정은 엔진의 상태에 따라 측정값이 많이 변하기 때문에 감독위원이 바로 옆에서 보면서 채점을 하거나 아니면 측정 방법만을 확인하고 테스터기 바늘을 고정시켜 놓고 측정값을 기록하도록 하는 경우도 있다. 일부 수검자는 감독위원이 점수를 깎기 위해 잘못한 것만 찾고 있는 사람으로 생각하는 부정적인 생각을 갖고 있는 수검자가 많은데 좀 더 긍정적인 방향으로 생각한다면 내가 잘하는 것을 보고 점수를 주기 위해 있다고 생각을 할 수 있는 것이다. 감독위원에게 내 실력을 보여주기 위해서는 능력을 길러야 하지 않을까?

※ 제작사별 차대번호 표기방식

① 현대 자동차 차대번호의 표기 부호(NF 쏘나타-2010)

※ 차대번호 형식(VIN : Vehicle Identification Number)

K	M	H	E	T	4	1	B	P	A	A	1	2	3	4	5	6
①	②	③	④	⑤	⑥	⑦	⑧	⑨	⑩	⑪	⑫	⑬	⑭	⑮	⑯	⑰
제작 회사군			자동차 특성군						제작 일련 번호군							

- ① **K** : 국제배정 국적표시 − K : 한국, J : 일본, 1 : 미국,
- ② **M** : 제작사를 나타내는 표시 − M : 현대, L : 대우, N : 기아, P : 쌍용 자동차
- ③ **H** : 자동차 종별 표시 − H : 승용차, F : 화물트럭, J : 승합차량
- ④ **E** : 차종 − E : NF 쏘나타,
- ⑤ **T** : 세부차종 및 등급   L : 스탠다드(STANDARD, L), T : 디럭스(DELUXE, GL), V : 그랜드 사롱(GDS)
  U : 슈퍼 디럭스(SUPER DELUXE, GLS), W : 슈퍼 그랜드 사롱(HGS)
- ⑥ **4** : 차체형상 − 세단 4도어
- ⑦ **1** : 안전장치
  1 : 액티브 벨트 (운전석 + 조수석), 2 : 패시브 벨트 (운전석 + 조수석) 3 : 운전석 − 액티브 벨트 +에어백
  4 : 운전석과 조수석 − 액티브 벨트 + 에어백, 조수석 − 액티브 벨트 또는 패시브 벨트
- ⑧ **B** : 엔진형식 − B : 2.0 가솔린, C : 2.4 가솔린
- ⑨ **P** : 운전석 − P : LHD(왼쪽 운전석), R : RHD(오른쪽 운전석)
- ⑩ **5** : 제작년도 − 알파벳 I, O, Q, U, Z와 숫자 0을 제외한 ABCDEFGHJKLMNPRSTVWXY와 123456789를 순서로 사용한다. 1 : 2001, 2 : 2002, 3 : 2003, 4 : 2004, 5 : 2005 …… A : 2010, B : 2011, C : 2012, D : 2013, E : 2014, F : 2015, G : 2016, H : 2017, J : 2018, K : 2019, L : 2020, M : 2021, N : 2022, P : 2023……
- ⑪ **A** : 공장 기호 − C : 전주공장, U : 울산공장, M : 인도공장, Z : 터키공장, A : 아산공장
- ⑫~⑰ **123456** : 차량 생산 일련 번호

② 자동차 등록증(쏘나타 NF −2010)

자동차등록증

제2010-006260호   최초 등록일 : 2010년 11월 08일

① 자동차 등록 번호	02소 2885	② 차 종	중형승용	③용도	자가용
④ 차 명	NF소나타(SONSTA)	⑤ 형식 및 년식	NF-20GL-A1		2010
⑥ 차 대 번 호	KMHET41BPAA123456	⑦ 원동기 형식	G4KA		
⑧ 사 용 본 거 지	경기도 양주시 광사동 313-4 ** 아파트***동 ***호				
소유자 ⑨ 성명(명칭)	김광수	⑩ 주민(사업자) 등록 번호	***117-*******		
⑪ 주 소	경기도 양주시 광사동 313-4 신** 아파트***동 -***호				

자동차 관리법 제8조등의 규정에 의하여 위와 같이 등록하였음을 증명합니다.

이것만은 꼭!!(※뒷면유의사항 필독)

- 법인 주소지(사용본거지), 상호변경 15일이내(최고 30만원)
- 정기검사 : 만료일 전·후 30일 이내(최고 30만원)
- 의무보험 : 만료이전가입 (최고 10만원~100만원)
- 말소등록 : 폐차일로부터 1월이내(최고 50만원)
  위 사항을 위반시 과태료가 부과 되오니 주의바랍니다.

2010 년 11 월 08 일

양 주 시 장

섀시 2   ABS 톤 휠 간극 점검

주어진 자동차(ABS 장착 차량)에서 감독위원의 지시에 따라 톤 휠 간극을 점검하여 기록·판정하시오.

1. 답안지 작성 방법 (톤 휠 간극이 정상일 때)

섀시 2 : 시험 결과 기록표 자동차 번호 : ❽				❶ 비번호		❷ 감독위원 확인	
항 목	① 측정(또는 점검)			② 판정 및 정비(또는 조치)사항			❼ 득점
	❸ 측 정 값		❹ 규정(정비한계)값	❺ 판정(□에 '✔' 표)	❻ 정비 및 조치할 사항	
톤휠 간극	☑ 앞축 □ 뒤축	좌 : 0.5mm 우 : 0.5mm	0.2~1.3mm	☑ 양 호 □ 불 량	정비 및 조치할 사항 없음	

※ 단위가 누락되거나 틀린 경우는 오답으로 채점함. ※ 감독위원이 지정하는 앞 또는 뒤축의 간극을 측정함.

1) 비번호 : ❶ 비번호는 공단직원이 주는 등번호를 수검자가 기록한다.
2) 감독위원 확인 : ❷ 감독위원 확인란은 감독위원이 채점한 후에 도장을 찍는 부분으로 수검자는 기록하지 않는다.
3) ① 측정(또는 점검) : ❸ 측정값은 감독위원이 지정한 축 "앞축"에 ✔ 표시를 하며, 수검자가 톤휠 간극을 측정한 값 "좌 : 0.5mm", "우 : 0.5mm"로 기록하고, ❹ 규정(정비한계)값은 감독위원이 주어진 값이나 또는 정비지침서를 보고 "0.2~1.3mm"를 기록한다.(반드시 단위를 기록한다.)
　㉮ 측정값 : ☑ 앞축 ・좌측 : 0.5mm ・우측 : 0.5mm
　㉯ 규정(정비한계)값 : ☑ 앞축・우측 : 0.2~1.3mm

【 톤휠 간극 규정값(mm) 】

차 종		전륜	후륜	비고
아반떼 XD(2006)	G 1.6 DOHC	0.2~1.3	0.2~1.3	
	G 2.0 DOHC			
	D 1.5 TCI-U			
아반떼 HD(2010)	G 1.6 DOHC	0.4~1.0	0.2~0.8	
	G 2.0 DOHC			
	D 1.6 TCI-U			
NF 쏘나타	G 2.0 DOHC	0.4~1.0	0.4~1.0	
	G 2.4 DOHC			
	L 2.0 DOHC			
	D 2.0 TCI-D			
K5(2011)	G 2.0 DOHC	0.4~1.5	0.4~1.0	
	G 2.4 GDI			
	L 2.0 DOHC			
모닝(2011)	G 1.0 SOHC	0.4~1.5	0.4~1.5	
	L 1.0 SOHC			

4) ② 판정 및 정비(또는 조치)사항 : ❺ 판정은 수검자가 측정한 값과 규정(정비한계)값을 비교하여 범위 내에 있으면 양호, 벗어나면 불량에 ✔ 표시를 하며, ❻ 정비 및 조치할 사항 란에는 고장부품과 정비방법을 기록한다.
　㉮ 판정 : ・양호 - 규정(정비한계)값 이내에 있을 때 　・불량 - 규정(정비한계)값을 벗어났을 때
　㉯ 정비 및 조치할 사항 : 양호하므로 "정비 및 조치할 사항 없음"으로 기록한다.

2. 시험장에서는 ……

자동차에 타이어가 탈거되어 있으며 정비 지침서나 규정값을 적어놓은 종이가 놓여 있다. 시크니스 게이지로 측정을 하여 답안지를 작성하고 제출한다. 항상 그렇듯이 답안지를 받아 들 때나 제출할 때는 "감사합니다.", "수고하십시오." 인사를 하면 감독위원도 "잘 보세요." 또는 "수고하셨습니다."라고 덕담도 들을 수 있는 것은

수검자가 어떻게 하느냐에 달려있지 않을까요?

3. 답안지 작성 방법 (톤 휠 간극이 클 때)

섀시 2 : 시험 결과 기록표 자동차 번호 : ⓗ			Ⓐ 비번호		Ⓑ 감독위원 확 인	
항 목	① 측정(또는 점검)		② 판정 및 정비(또는 조치)사항			Ⓖ 득점
	Ⓒ 측 정 값	Ⓓ 규정(정비한계)값	Ⓔ 판정(□에 '✔' 표)	Ⓕ 정비 및 조치할 사항		
톤휠 간극	□ 앞축 ✔ 뒤축	좌 : 1.5mm 우 : 1.5mm	0.2~1.3mm	□ 양 호 ✔ 불 량	휠 스피드 센서를 안쪽으로 밀어서 규정값 안에 들도록 조정 후 재점검	

※ 단위가 누락되거나 틀린 경우는 오답으로 채점함. ※ 감독위원이 지정하는 앞 또는 뒤축의 간극을 측정함.

1) ① 측정(또는 점검) : Ⓒ 측정값은 감독위원이 지정한 축 "앞축"에 ✔ 표시를 하며, 수검자가 톤휠 간극을 측정한 값 "좌 : 1.5mm", "우 : 1.5mm"로 기록하고, Ⓓ 규정(정비한계)값은 감독위원이 주어진 값이나 또는 정비지침서를 보고 "0.2~1.3mm"를 기록한다.(반드시 단위를 기록한다)
2) ② 판정 및 정비(또는 조치)사항 : Ⓔ 판정은 수검자가 측정한 값이 규정(정비한계)값을 넘었으므로 판정에는 "불량"에 ✔ 표시를 하며, Ⓕ 정비 및 조치할 사항 란에는 "휠 스피드 센서를 안쪽으로 밀어서 규정값 안에 들도록 조정 후 재점검"을 기록한다.

4. 답안지 작성 방법 (톤 휠 간극이 작을 때)

섀시 2 : 시험 결과 기록표 자동차 번호 : ⓗ			Ⓐ 비번호		Ⓑ 감독위원 확 인	
항 목	① 측정(또는 점검)		② 판정 및 정비(또는 조치)사항			Ⓖ 득점
	Ⓒ 측 정 값	Ⓓ 규정(정비한계)값	Ⓔ 판정(□에 '✔' 표)	Ⓕ 정비 및 조치할 사항		
톤휠 간극	✔ 앞축 □ 뒤축	좌 : 0.1mm 우 : 0.1mm	0.2~1.3mm	□ 양 호 ✔ 불 량	휠 스피드 센서를 바깥쪽으로 당겨서 규정값 안에 들도록 조정 후 재점검	

※ 단위가 누락되거나 틀린 경우는 오답으로 채점함. ※ 감독위원이 지정하는 앞 또는 뒤축의 간극을 측정함.

1) ① 측정(또는 점검) : Ⓒ 측정값은 감독위원이 지정한 축 "앞축"에 ✔ 표시를 하며, 수검자가 톤휠 간극을 측정한 값 "좌 : 0.1mm", "우 : 0.1mm"로 기록하고, Ⓓ 규정(정비한계)값은 감독위원이 주어진 값이나 또는 정비지침서를 보고 "0.2~1.3mm"를 기록한다.(반드시 단위를 기록한다)
2) ② 판정 및 정비(또는 조치)사항 : Ⓔ 판정은 수검자가 측정한 값이 규정(정비한계)값보다 적으므로 판정에는 "불량"에 ✔ 표시를 하며, Ⓕ 정비 및 조치할 사항 란에는 "휠 스피드 센서를 바깥쪽으로 당겨서 규정값 안에 들도록 조정 후 재점검"을 기록한다.

5. ABS 톤 휠 간극 점검 현장 사진

1. 시뮬레이터에 센서 설치 모습

2. 톤 휠 간극 측정 모습
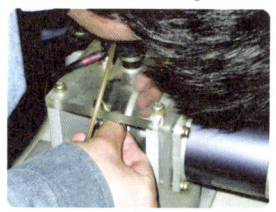

3. 톤 휠 간극 모습
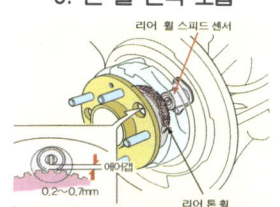

4. 실제차량에서의 센서 설치 모습

5. 톤 휠 간극 모습
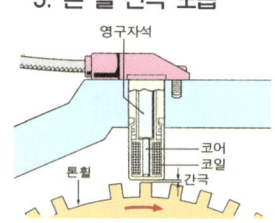

6. 설치볼트를 풀어서 간극 조정 모습
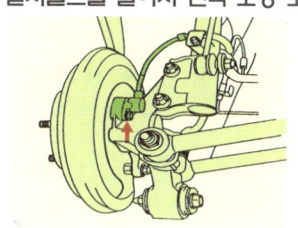

14안 섀시 4 자동변속기 자기진단

주어진 자동차에서 감독위원의 지시에 따라 진단기(스캐너)로 자동변속기를 점검하고 기록·판정하시오.

1. 답안지 작성 방법 [입력 센서(펄스 제너레이터-A) 커넥터 탈거일 때]

섀시 4 : 시험 결과 기록표 자동차 번호 : Ⓗ			Ⓐ 비번호		Ⓑ 감독위원 확 인	
항 목	① 측정(또는 점검)		② 판정 및 정비(또는 조치)사항			Ⓖ 득 점
	Ⓒ 이상 부위	Ⓓ 내용 및 상태	Ⓔ 판정(□에 '✔'표)	Ⓕ 정비 및 조치할 사항		
변속기 자기진단	입력 센서 (펄스 제너레이터-A)	커넥터 탈거	□ 양 호 ☑ 불 량	커넥터 연결, 과거 기억소거 후 재점검		

1) 비번호 : Ⓐ 비번호는 공단직원이 주는 등번호를 수검자가 기록한다.
2) 감독위원 확인 : Ⓑ 감독위원 확인란은 감독위원이 채점한 후에 도장을 찍는 부분으로 수검자는 기록하지 않는다.
3) ① 측정(또는 점검) : Ⓒ 이상부위 란에는 수검자가 스캐너의 자기진단 화면 창에 나타난 이상부위 "입력 센서(펄스 제너레이터-A)"를 기록하고, Ⓓ 내용 및 상태 란에는 수검자가 점검한 이상 부위의 내용 및 상태 "커넥터 탈거"를 기록한다.
　㉮ 이상부위 : 입력 센서(펄스 제너레이터-A)　㉯ 내용 및 상태 : 커넥터 탈거
4) ② 판정 및 정비(또는 조치)사항 : Ⓔ 판정은 수검자가 자기진단에서 정상이 아니므로 "불량"에 ✔ 표시를 하며, Ⓕ 정비 및 조치할 사항 란에는 고장부품과 정비방법 "커넥터 연결, 과거 기억소거 후 재점검"을 기록한다.
　㉮ 판정 : ·양호 – 자기진단에서 이상이 없을 때　·불량 : 자기진단에서 이상이 있을 때
　㉯ 정비 및 조치할 사항 : 커넥터 탈거이므로 "커넥터 연결, 과거 기억소거 후 재점검"을 기록한다.

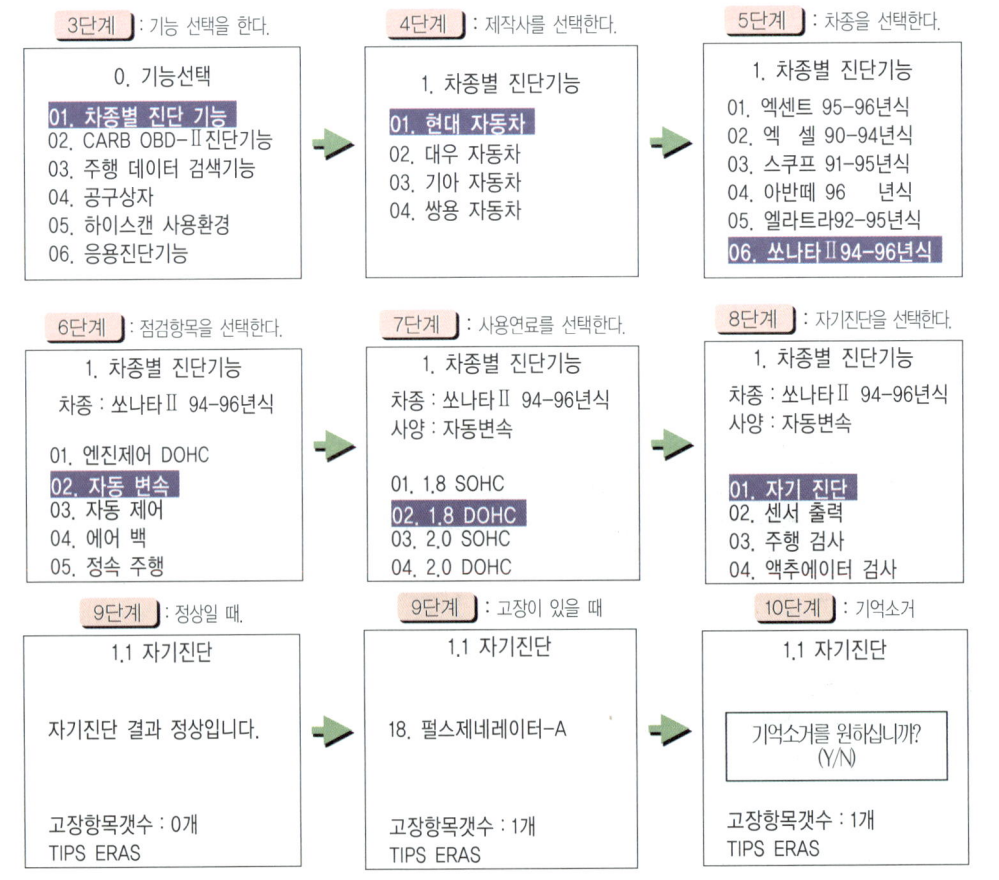

```
┌─ 11단계 ─┐: 센서 출력 측정        ┌─ 12단계 ─┐: 센서 출력 값
  1. 차종별 진단기능                    1.2 센서출력
차종 : 쏘나타Ⅱ 94-96년식          11. FL휠스피드센서    30Hz
사양 : 자동변속                   12. FR휠스피드센서    30Hz
                                13. RL휠스피드센서    30Hz
01. 자기 진단                     14. RR휠스피드센서    30Hz
02. 센서 출력                     15. 축전지 전압      14.3V
03. 주행 검사                     16. 시동신호        ON
04. 액추에이터 검사                 18. 펄스제네레이터-A  OFF
```

2. 시험장에서는 ……

감독위원으로부터 답안지를 받은 후 측정용 차량에 진단기(스캐너)를 설치하고 점검을 한다. 물론 테스터기는 여러 가지가 있으며 시험장이나 감독위원의 의지에 따라 선택될 수가 있다. 그러나 수검자는 어떤 것을 사용해도 측정할 수 있는 능력을 책을 봐서라도 알아야 한다. 만약 이 테스터기는 "처음 보는 것인데요?" 하는 수검자가 있는데 합격권하고는 멀어지는 것이 아닌가 싶다.

진단기(스캐너)의 전원 코드를 시가라이터 단자에 설치하고 측정단자를 자기진단 터미널에 연결한 후 "ON"스위치를 눌러서 전원을 켠다. 운전석 키 스위치를 "ON"으로 하고 자기진단을 하여야 한다. 진단기에 이상부위가 나타나면 답안지에 기록하고 보닛을 들어 올려 자동변속기 주변에 터미널을 확인하면 감독위원이 고장을 만들어 놓은 모습을 찾을 수가 있다. 내용 및 상태의 란에 기입하고 판정 란과 정비 및 조치할 사항을 기록한 후 답안지를 제출한다.

3. 답안지 작성 방법 [입력 센서(펄스 제너레이터-A) 불량일 때]

섀시 4 : 시험 결과 기록표   자동차 번호 : ⓗ   Ⓐ 비번호   Ⓑ 감독위원 확 인

항 목	① 측정(또는 점검)		② 판정 및 정비(또는 조치)사항		Ⓖ 득 점
	Ⓒ 이상부위	Ⓓ 내용 및 상태	Ⓔ 판정(□에 '✔'표)	Ⓕ 정비 및 조치할 사항	
변속기 자기진단	입력센서 (펄스 제너레이터-A)	센서 불량	□ 양 호 ✔ 불 량	입력 센서(펄스 제너레이터-A) 교환, 과거 기억소거 후 재점검	

1) ① 측정(또는 점검) : Ⓒ 이상부위 란에는 수검자가 스캐너의 자기진단 화면 창에 나타난 이상부위 "입력 센서(펄스 제너레이터-A)"를 기록하고, Ⓓ 내용 및 상태 란에는 수검자가 점검한 이상 부위의 내용 및 상태 "센서 불량"을 기록한다.
2) ② 판정 및 정비(또는 조치)사항 : Ⓔ 판정은 수검자가 자기진단에서 정상이 아니므로 "불량"에 ✔ 표시를 하며, Ⓕ 정비 및 조치할 사항 란에는 고장부품과 정비방법 "입력 센서(펄스 제너레이터 - A) 교환, 과거 기억소거 후 재점검"을 기록한다.

4. 답안지 작성 방법 [입력 센서(펄스 제너레이터-A) 과거기억 소거 불량일 때]

섀시 4 : 시험 결과 기록표   자동차 번호 : ⓗ   Ⓐ 비번호   Ⓑ 감독위원 확 인

항 목	① 측정(또는 점검)		② 판정 및 정비(또는 조치)사항		Ⓖ 득 점
	Ⓒ 이상부위	Ⓓ 내용 및 상태	Ⓔ 판정(□에 '✔'표)	Ⓕ 정비 및 조치할 사항	
변속기 자기진단	입력센서 (펄스 너레이터-A)	과거기억 소거불량	□ 양 호 ✔ 불 량	과거 기억소거 후 재점검	

1) ① 측정(또는 점검) : Ⓒ 이상부위 란에는 수검자가 스캐너의 자기진단 화면 창에 나타난 이상부위 "입력 센서(펄스 제너레이터-A)"를 기록하고, Ⓓ 내용 및 상태 란에는 수검자가 점검한 이상 부위의 내용 및 상태 "과거기억 소거불량"을 기록한다.
2) ② 판정 및 정비(또는 조치)사항 : Ⓔ 판정은 수검자가 자기진단에서 정상이 아니므로 "불량"에 ✔ 표시를 하며, Ⓕ 정비 및 조치할 사항 란에는 고장부품과 정비방법 "과거 기억소거 후 재점검"을 기록한다.

섀시 5 최소 회전 반지름 측정

주어진 자동차에서 감독위원의 지시에 따라 좌 또는 우회전시 최소회전 반지름을 측정하여 기록·판정하시오.

1. 답안지 작성 방법 (최소회전 반경이 정상일 때)

섀시 5 : 시험 결과 기록표 자동차 번호 : **K**

C 항목	① 측정(또는 점검)				② 판정 및 정비(또는 조치)사항		**J** 득점
	D 좌측바퀴	**E** 우측바퀴	**F** 기 준 값 (최소회전반경)	**G** 측 정 값 (최소회전반경)	**H** 산출근거	**I** 판정 (□에 '✔'표)	
회전방향 (□에 '✔' 표) ☑ 좌 □ 우	35°	32°	12m 이하	4.4m	$R=\dfrac{L}{\sin\alpha}+r$ $R=\dfrac{2,335}{0.53}+0=4.4m$	☑ 양 호 □ 불 량	

A 비번호 / **B** 감독위원 확인

※ 회전 방향은 감독위원이 지정하는 위치에 □에 '✔' 표시함. 자동차검사기준 및 방법에 의하여 기록, 판정한다.
※ 축거 및 바퀴의 접지면 중심과 킹핀과의 거리(r)는 감독위원이 제시함

1) 비번호 : **A** 비번호는 공단직원이 주는 등번호를 수검자가 기록한다.
2) 감독위원 확인 : **B** 감독위원 확인란은 감독위원이 채점한 후에 도장을 찍는 부분으로 수검자는 기록하지 않는다.
3) 항목 : **I** 회전방향 란에는 감독위원이 지정하는 회전방향 "좌"에 ✔ 표시를 한다.
4) ① 측정(또는 점검) : 수검자가 회전방향의 안쪽 바퀴(**D** 좌측 바퀴)에 최대 조향각을 턴테이블에서 읽은값 "35°"를 기록하고, 바깥쪽 바퀴(**E** 우측바퀴) 측정값 "32°"를 기록한다. **F** 기준값은 검사 기준인 "12m 이하"를 기록하며, **G** 측정값은 수검자가 최소회전 반경을 측정한 값 "4.4m"를 기록한다.(r 값은 감독위원이 주어진다.)

㉮ 최대조향각 : 32°   ㉯ 기준값 : 12m 이하   ㉰ 측정값 : 4.4m

※ $R=\dfrac{L}{\sin\alpha}+r$ ∴ $R=\dfrac{2,335}{0.53}+0=4.4mm$

· R : 최소회전반경(m)   · sinα : 바깥쪽 앞바퀴의 조향각(sin32°= 0.53)
· r : 바퀴 접지면 중심과 킹핀 중심과의 거리(0mm)

【 차종별 축간거리 및 조향각 기준값 】

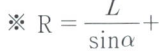

차종	축거 (mm)	조향각 내측	조향각 외측	회전반경 (mm)	차종	축거 (mm)	조향각 내측	조향각 외측	회전반경 (mm)
아토스	2,380	40°45′	34°06′	4,470	아반떼	2,550	39°17′	32°27′	5,100
엘란트라	2,500	37°	30°30′	5,100	쏘나타Ⅲ	2,700	39°67′	32°21′	–
엑셀	2,385	–	–	4,830	그랜저	2,745	37°	30°30′	5,700
코란도	2,480	33°37′	31°50′	5,800	라노스	2,520	39°08′	39°67′	4,900
누비라	2,570	36°	31°31′	5,300	EF쏘나타	2,700	39.70°±2°	32.40°±2°	5,000
티코	2,335	42°	32°	4,400	베르나	2,440	33.37°±1°30′	35.51°	4,900
아반떼XD	2,610	40.1°±2°	32°45′	4,550	카스타	2,720	36°30′	30°31′	5,500
비스토	2,380	40°45′	34.6°	4,470	세피아Ⅱ	2,500	39°30′	32°30′	–
크레도스	2,665	36°17′	31°19′	5,300	엔터프라이즈	2,850	39 ±2°	33 ±2°	5,600

5) ② 판정 및 정비(또는 조치)사항 : **H** 산출근거는 수검자가 측정한 값과 최소 회전 반경 공식에 대입하여 계산한 공식 "$R=\dfrac{2,335}{\sin 30°}+0=\dfrac{2,335}{0.53}+0=4,404mm$"을 기입한다. **I** 판정은 검사 기준값 12m 안에 들어오므로 "양호"에 ✔ 표시를 한다.

㉮ 판정 : · 양호 : 측정값이 성능기준 값의 범위에 있을 때
       · 불량 : 측정값이 성능기준 값의 범위를 벗어났을 때

2. 시험장에서는 ……

사실상 검사장에서는 시험 항목에 최소회전 반경이 있지만 측정하지는 않는다. 시험문제가 만들어지면서 최소

회전 반경을 측정하는 방식이 정립되었다 하여도 과언은 아니다. 감독위원으로부터 답안지를 받아들고 측정차량에 가면 보조원이 기다리고 있을 것이다. 왜냐하면 혼자서 최소회전반경 공식에 대입하기 위한 축거나 조향각을 측정하기는 어렵기 때문이다. 먼저 줄자를 보조원에게 뒤차축의 중심에 대도록 하고 수검자는 앞차축의 중심에 대어 축거를 측정하고, 보조원을 운전석에서 핸들을 좌, 또는 우측으로 끝까지 돌리도록 하고 바깥쪽 바퀴의 조향각을 측정하여 기록하고 계산식에 넣어 산출한 후 답안을 작성한다. r값은 감독위원이 주어진다.

3. 답안지 작성 방법 (회전방향이 좌회전 이며 최소회전 반경이 성능기준 안에 들 때)

섀시 5 : 시험 결과 기록표

자동차 번호 : ㉮   Ⓐ 비번호   Ⓑ 감독위원 확인

Ⓒ 항 목	① 측정(또는 점검)				② 판정 및 정비(또는 조치)사항		Ⓙ 득점
	Ⓓ 좌측바퀴	Ⓔ 우측바퀴	Ⓕ 기 준 값 (최소회전반경)	Ⓖ 측 정 값 (최소회전반경)	Ⓗ 산출근거	Ⓘ 판정 (□에 '✔'표)	
회전방향 (□에 '✔' 표) ☑좌 □우	35°	30°	12m 이하	5.7m	$R = \dfrac{L}{\sin\alpha} + r$ $R = \dfrac{2,745}{0.5} + 210 = 5.7m$	☑ 양 호 □ 불 량	

※ 회전 방향은 감독위원이 지정하는 위치에 □에 '✔' 표시함. 자동차검사기준 및 방법에 의하여 기록, 판정한다.
※ 축거 및 바퀴의 접지면 중심과 킹핀과의 거리(r)는 감독위원이 제시함.

1) **항목** : Ⓘ 회전방향 란에는 감독위원이 지정하는 회전방향 "좌"에 ✔ 표시를 한다.
2) **① 측정(또는 점검)** : 수검자가 회전방향의 안쪽 바퀴(Ⓓ 좌측 바퀴)에 최대 조향각을 턴테이블에서 읽은값 "35°"를 기록하고, 바깥쪽 바퀴(Ⓔ 우측바퀴) 측정값 "30°"를 기록한다. Ⓕ 기준값은 검사 기준값인 "12m 이하"를 기록하며, Ⓖ 측정값은 수검자가 최소회전 반경을 측정한 값 "5.7m"를 기록한다.(r 값은 감독위원이 주어진다.)

   ※ $R = \dfrac{L}{\sin\alpha} + r$ ∴ $R = \dfrac{2,745}{0.5} + 210 = 5,700mm$

   · R : 최소회전반경(m)   · sinα : 바깥쪽 앞바퀴의 조향각(sin30.30°= 0.5)
   · 축거 : 2,745mm   · r : 바퀴 접지면 중심과 킹핀 중심과의 거리(210mm)

3) **② 판정 및 정비(또는 조치)사항** : Ⓔ 판정은 수검자가 측정값이 성능기준(12m 이하) 값보다 작으므로 "양호"에 ✔ 표시를 한다.

4. 답안지 작성 방법 (회전방향이 우회전 이며 최소회전 반경이 성능기준 안에 들 때)

섀시 5 : 시험 결과 기록표

자동차 번호 : ㉮   Ⓐ 비번호   Ⓑ 감독위원 확인

Ⓒ 항 목	① 측정(또는 점검)				② 판정 및 정비(또는 조치)사항		Ⓙ 득점
	Ⓓ 좌측바퀴	Ⓔ 우측바퀴	Ⓕ 기 준 값 (최소회전반경)	Ⓖ 측 정 값 (최소회전반경)	Ⓗ 산출근거	Ⓘ 판정 (□에 '✔'표)	
회전방향 (□에 '✔' 표) □좌 ☑우	31.31°	35°	12m 이하	5.5m	$R = \dfrac{L}{\sin\alpha} + r$ $R = \dfrac{2,720}{0.52} + 270 = 5.5m$	☑ 양 호 □ 불 량	

※ 회전 방향은 감독위원이 지정하는 위치에 □에 '✔' 표시함. 자동차검사기준 및 방법에 의하여 기록, 판정한다.
※ 축거 및 바퀴의 접지면 중심과 킹핀과의 거리(r)는 감독위원이 제시함.

1) **항목** : Ⓘ 회전방향 란에는 감독위원이 지정하는 회전방향 "우"에 ✔ 표시를 한다.
2) **① 측정(또는 점검)** : 수검자가 회전방향의 바깥쪽 바퀴(Ⓓ 좌측 바퀴)에 최대 조향각을 턴테이블에서 읽은값 "31.31°"를 기록하고, 안쪽 바퀴(Ⓔ 우측바퀴) 측정값 "35°"를 기록한다. Ⓕ 기준값은 검사 기준값인 "12m 이하"를 기록하며, Ⓖ 측정값은 수검자가 최소회전 반경을 측정한 값 "5.57m"를 기록한다.(r 값은 감독위원이 주어진다.)

   ※ $R = \dfrac{L}{\sin\alpha} + r$ ∴ $R = \dfrac{2,720}{0.52} + 270 = 5,500mm$

   · R : 최소회전반경(m)   · sinα : 바깥쪽 앞바퀴의 조향각(sin31.31°= 0.52)
   · 축거 : 2,720mm   · r : 바퀴 접지면 중심과 킹핀 중심과의 거리(270mm)

3) **② 판정 및 정비(또는 조치)사항** : Ⓔ 판정은 수검자가 측정값이 성능기준(12m 이하) 값보다 작으므로 "양호"에 ✔ 표시를 한다.

전기 2   메인 컨트롤 릴레이 점검

주어진 자동차에서 감독위원의 지시에 따라 컨트롤 릴레이의 고장부분을 점검한 후 기록표에 기록·판정하시오.

1. 답안지 작성 방법 (메인 컨트롤 릴레이가 정상일 때)

전기 2 : 시험 결과 기록표
자동차 번호 : **G**

항 목	**C** ① 측정(또는 점검)	② 판정 및 정비(또는 조치) 사항		**F** 득 점
		D 판정(□에 '✔'표)	**E** 정비 및 조치할 사항	
코일이 여자 되었을 때	☑ 양 호 □ 불 량	☑ 양 호 □ 불 량	정비 및 조치사항 없음	
코일이 여자 안 되었을 때	☑ 양 호 □ 불 량			

표 상단에는 **A** 비번호, **B** 감독위원 확인 칸이 있음.

1) **비번호** : **A** 비번호는 공단직원이 주는 등번호를 수검자가 기록한다.
2) **감독위원 확인** : **B** 감독위원 확인란은 감독위원이 채점한 후에 도장을 찍는 부분으로 수검자는 기록하지 않는다.
3) **① 측정(또는 점검)** : **C** 측정(또는 점검)란은 수검자가 회로도를 보고 컨트롤 릴레이를 작동시키면서 측정하고 규정값이 나오면 양호에, 안 나오던가 높으면 불량에 ✔ 표시를 한다.

【 컨트롤 릴레이 단자간 저항 규정값 】

상 태	측정 단자	저항값
여자가 안됨	1과 7	∞Ω
	2와 5(L₂) 2와 3(L₂)	약 95Ω
	6과 4(L₁)	약 35Ω
여자가 됨	1과 7	0Ω
여자가 안됨	3과 7	∞Ω
	4→8	∞Ω
	4←8(L₃)	약 140Ω
여자가 됨	3과 7	0Ω

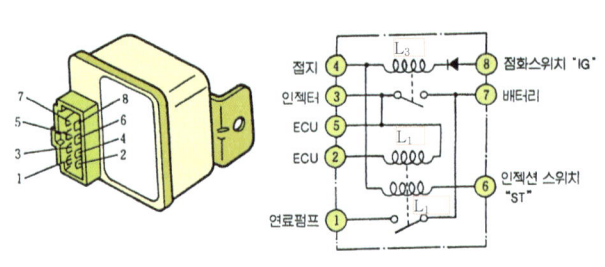

4) **② 판정 및 정비(또는 조치)사항** : **D** 판정은 수검자가 측정하여 모두 양호하면 양호에, 하나라도 불량이면 불량에 ✔ 표시를 하며, **E** 정비 및 조치할 사항 란에는 고장부품과 정비 방법을 기록한다.
   ㉮ 판정 : ・양호 : 모두 양호할 때
   　　　　　・불량 : 하나 이상 불량일 때
   ㉯ 정비 및 조치할 사항 : 양호하므로 "정비 및 조치할 사항 없음"으로 기록한다.
5) **득점** : **F** 득점은 감독위원이 채점을 하고 점수를 기록하는 부분으로 수검자는 기록하지 않는다.
6) **자동차 번호** : **G** 측정하는 자동차의 번호를 수검자가 기록한다.

2. 시험장에서는 ……

스탠드 위에 놓여 있는 컨트롤 릴레이를 멀티 테스터기로 측정한다. 테스터기가 정확하여야 하기 때문에 측정기기의 준비는 정도가 맞는 것으로 준비하여야 한다. 그래서 시험장에서는 측정용 기기를 시험장의 것을 사용하도록 하고 있다. 감독위원이 실습장에 있는 테스터를 이용하라고 하면 자기가 사용하던 것과 다르더라도 감독위원의 지시를 따르는 것이 정확한 값을 측정할 수 있다. 여기서도 감독위원이 정비지침서나 규정값이 주어질 것이다. 이 문제에서는 컨트롤 릴레이가 여러 종류가 있으므로 외워서 측정을 할 수는 없다. 이해를 하여야 어떤 컨트롤 릴레이가 나오더라도 측정할 수가 있다.

3. 답안지 작성 방법 (L₁ 코일이 단선일 때)

전기 2 : 시험 결과 기록표
　　　　자동차 번호 : Ⓖ

항 목	Ⓒ ① 측정(또는 점검)	② 판정 및 정비(또는 조치) 사항		Ⓕ 득 점
		Ⓓ 판정(□에 '✔'표)	Ⓔ 정비 및 조치할 사항	
코일이 여자 되었을 때	□ 양 호 ☑ 불 량	□ 양 호 ☑ 불 량	컨트롤 릴레이 교환 후 재점검	
코일이 여자 안 되었을 때	□ 양 호 ☑ 불 량			

Ⓐ 비번호　Ⓑ 감독위원 확 인

1) ① 측정(또는 점검) : Ⓒ 측정(또는 점검)은 수검자가 회로도를 보고 컨트롤 릴레이네 단자간 배터리 전압을 인가하여 작동 시키면서 측정하니 멀티 테스터에 ∞가 나오므로 "불량"에 ✔ 표시를 한다.
2) ② 판정 및 정비(또는 조치)사항 : Ⓓ 판정은 수검자가 측정한 L₁ 코일이 단선이므로 "불량"에 ✔ 표시를 하며, Ⓔ 정비 및 조치할 사항 란에는 "컨트롤 릴레이 교환 후 재점검"으로 기록한다.

4. 답안지 작성 방법 (L₂ 코일이 단선일 때)

전기 2 : 시험 결과 기록표
　　　　자동차 번호 : Ⓖ

항 목	Ⓒ ① 측정(또는 점검)	② 판정 및 정비(또는 조치) 사항		Ⓕ 득 점
		Ⓓ 판정(□에 '✔'표)	Ⓔ 정비 및 조치할 사항	
코일이 여자 되었을 때	□ 양 호 ☑ 불 량	□ 양 호 ☑ 불 량	컨트롤 릴레이 교환 후 재점검	
코일이 여자 안 되었을 때	□ 양 호 ☑ 불 량			

Ⓐ 비번호　Ⓑ 감독위원 확 인

1) ① 측정(또는 점검) : Ⓒ 측정(또는 점검)은 수검자가 회로도를 보고 컨트롤 릴레이네 단자간 배터리 전압을 인가하여 작동 시키면서 측정하니 멀티 테스터에 ∞가 나오므로 "불량"에 ✔ 표시를 한다.
2) ② 판정 및 정비(또는 조치)사항 : Ⓓ 판정은 수검자가 측정한 L₂ 코일이 단선이므로 "불량"에 ✔ 표시를 하며, Ⓔ 정비 및 조치할 사항 란에는 "컨트롤 릴레이 교환 후 재점검"으로 기록한다.

5. 답안지 작성 방법 (L₃ 코일이 단선일 때)

전기 2 : 시험 결과 기록표
　　　　자동차 번호 : Ⓖ

항 목	Ⓒ ① 측정(또는 점검)	② 판정 및 정비(또는 조치) 사항		Ⓕ 득 점
		Ⓓ 판정(□에 '✔'표)	Ⓔ 정비 및 조치할 사항	
코일이 여자 되었을 때	□ 양 호 ☑ 불 량	□ 양 호 ☑ 불 량	컨트롤 릴레이 교환 후 재점검	
코일이 여자 안 되었을 때	□ 양 호 ☑ 불 량			

Ⓐ 비번호　Ⓑ 감독위원 확 인

1) ① 측정(또는 점검) : Ⓒ 측정(또는 점검)은 수검자가 회로도를 보고 컨트롤 릴레이네 단자간 배터리 전압을 인가하여 작동 시키면서 측정하니 멀티 테스터에 ∞가 나오므로 "불량"에 ✔ 표시를 한다.
2) ② 판정 및 정비(또는 조치)사항 : Ⓓ 판정은 수검자가 측정한 L₃ 코일이 단선이므로 "불량"에 ✔ 표시를 하며, Ⓔ 정비 및 조치할 사항 란에는 "컨트롤 릴레이 교환 후 재점검"으로 기록한다.

6. ABS 톤 휠 간극 점검 현장 사진

1. 시험장에 준비된 회로도
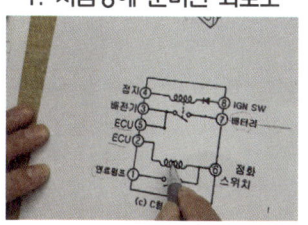

2. 전압 인가후 통전 모습

3. 전압 인가후 불통 모습
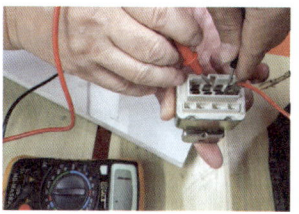

전기 3 와이퍼 회로 점검

주어진 자동차에서 와이퍼 회로의 고장부분을 점검한 후 기록·판정하시오.

1. 답안지 작성 방법 (와이퍼가 작동하지 않을 때)

전기 3 : 시험 결과 기록표
자동차 번호 : ⓗ

항목	① 측정(또는 점검)		② 판정 및 정비(또는 조치)사항		ⓖ 득 점
	ⓒ 이상 부위	ⓓ 내용 및 상태	ⓔ 판정(□에 '✔'표)	ⓕ 정비 및 조치할 사항	
와이퍼 회로	와이퍼 퓨즈	단선	□ 양 호 ☑ 불 량	와이퍼 퓨즈 교환 후 재점검	

(표 상단) ⓐ 비번호   ⓑ 감독위원 확 인

1) **비번호** : ⓐ 비번호는 공단직원이 주는 등번호를 수검자가 기록한다.
2) **감독위원 확인** : ⓑ 감독위원 확인란은 감독위원이 채점한 후에 도장을 찍는 부분으로 수검자는 기록하지 않는다.
3) **① 측정(또는 점검)** : ⓒ 이상 부위는 수검자가 와이퍼가 작동되지 않는 이유 중 고장 난 부품 명칭인 "와이퍼 퓨즈"를 기록하고, ⓓ 내용 및 상태는 이상 부위의 상태 "단선"을 기록한다.
4) **② 판정 및 정비(또는 조치)사항** : ⓔ 판정은 "불량"에 ✔ 표시를 하고 ⓕ 정비 및 조치할 사항 란에는 "와이퍼 퓨즈 교환 후 재점검"을 기록하고 그 외는 아래 내용 중에 하나일 것이다.

◆ 와이퍼가 작동하지 않는 원인
- 배터리 불량 – 배터리 교환
- 배터리 터미널 연결 상태 불량 – 배터리 터미널 재장착
- 와이퍼 퓨즈의 탈거 – 와이퍼 퓨즈 장착
- 와이퍼 퓨즈의 단선 – 와이퍼 퓨즈 교환
- 와이퍼 릴레이 탈거 – 와이퍼 릴레이 장착
- 와이퍼 릴레이 불량 – 와이퍼 릴레이 교환
- 와이퍼 릴레이 핀 부러짐 – 와이퍼 릴레이 교환
- 와이퍼 모터 불량 – 와이퍼 모터 교환
- 와이퍼 모터 커넥터 탈거 – 와이퍼 모터 커넥터 장착
- 와이퍼 스위치 불량 – 와이퍼 스위치 교환
- 와이퍼 스위치 커넥터 탈거 – 와이퍼 스위치 커넥터 장착
- 와이퍼 모터 커넥터 불량 – 와이퍼 모터 커넥터 불량
- 와이퍼 스위치 커넥터 불량 – 와이퍼 스위치 커넥터 교환

2. 시험장에서는 ……

실제 차량을 사용할 때도 있고 시뮬레이터를 사용할 경우도 있지만 모든 시험 문제가 그렇듯이 실제 차량 위주로 시험을 보는 추세이다. 측정 차량 옆에나 앞 유리에 "와이퍼 회로 점검"이라는 글씨가 보인다. 운전석에서 와이퍼 스위치를 작동시켜 보면 당연히 작동이 되지 않을 것이다.

전면 유리에 물이 묻어 있으면 와이퍼의 작동이 원활하나 메마른 상태에서 와이퍼를 움직이면 블레이드에서 "드르륵"거리는 소리가 나고 블레이드 및 링키지 등이 고장 날수 있다. 이 때문에 시험장에서는 와이퍼를 들어 올려놓고 작동 점검을 하도록 하고 있다.

작동이 되지 않는 원인을 찾아야 한다. "배터리는 정상이며, 터미널 커넥터의 연결은 확실하게 되었는지?", "와이퍼 퓨즈는 정상인가?", "릴레이는 정상인가?", "다기능 스위치 커넥터는 빠져 있지 않나?", "와이퍼 모터에 커넥터는 정상적으로 연결되어 있나?", "와이퍼 모터의 고장이 아닌가?" 등을 점검하다 보면 분명히 감독위원이 고장을 내놓은 곳을 찾을 수 있을 것이다. 정상으로 수리하여 와이퍼 모터를 작동시켜 놓고 감독 위원에게 확인을 받는다.

3. 답안지 작성 방법 (와이퍼 모터는 회전하나 블레이드가 작동하지 않을 때)

전기 3 : 시험 결과 기록표
자동차 번호 : ⓗ

항목	① 측정(또는 점검)		② 판정 및 정비(또는 조치)사항		ⓖ 득 점
	ⓒ 이상 부위	ⓓ 내용 및 상태	ⓔ 판정(□에 '✔'표)	ⓕ 정비 및 조치할 사항	
와이퍼 회로	와이퍼 모터 링키지	이탈	□ 양 호 ☑ 불 량	와이퍼 모터 링키지 장착 후 재점검	

(표 상단) ⓐ 비번호   ⓑ 감독위원 확 인

1) ① 측정(또는 점검) : ⓒ 이상 부위는 수검자가 모터는 회전하나 블레이드만 작동되지 않는 이유인 "와이퍼 모터 링키지"를 기록하고, ⓓ 내용 및 상태는 링키지 이탈이므로 "이탈"을 기록한다.
2) ② 판정 및 정비(또는 조치)사항 : ⓔ 판정은 "불량"에 ✔ 표시를 하고 ⓕ 정비 및 조치할 사항 란에는 "와이퍼 모터 링키지 장착 후 재점검"을 기록하고 그 외는 아래 내용 중에 하나일 것이다.
 ◆ 와이퍼 모터는 회전하나 블레이드가 작동하지 않는 원인
  ・와이퍼 모터 링키지 이탈 – 와이퍼 모터 링키지 장착 ・와이퍼 모터 링키지 절손 – 와이퍼 모터 링키지 교환
  ・와이퍼 암 설치 볼트 이완 – 와이퍼 암 설치볼트 재장착 ・와이퍼 암 세레이션 마모 – 와이퍼 암 교환
  ・와이퍼 링키지 어셈블리 암 설치부 세레이션 마모 – 와이퍼 링키지 어셈블리 교환

4. 답안지 작성 방법 (와이퍼 스위치를 OFF 시켜도 작동이 멈추지 않을 때)

전기 3 : 시험 결과 기록표 자동차 번호 : ⓗ		ⓐ 비번호		ⓑ 감독위원 확 인	
항 목	① 측정(또는 점검)		② 판정 및 정비(또는 조치)사항		ⓖ 득 점
	ⓒ 이상 부위	ⓓ 내용 및 상태	ⓔ 판정(□에 '✔'표)	ⓕ 정비 및 조치할 사항	
와이퍼 회로	와이퍼 스위치	불량	□ 양 호 ✔ 불 량	와이퍼 스위치 교환 후 재점검	

1) ① 측정(또는 점검) : ⓒ 이상 부위는 수검자가 와이퍼 작동이 중지되지 않는 이유인 "와이퍼 스위치"를 기록하고, ⓓ 내용 및 상태는 이상은 와이퍼 스위치 불량이므로 "불량"을 기록한다.
2) ② 판정 및 정비(또는 조치)사항 : ⓔ 판정은 "불량"에 ✔ 표시를 하고 ⓕ 정비 및 조치할 사항 란에는 "와이퍼 스위치 교환 후 재점검"을 기록하고 그 외는 아래 내용 중에 하나일 것이다.
 ◆ 와이퍼 스위치 OFF 상태에서 작동이 정지하지 하지 않는 원인
  ・와이퍼 스위치 불량 – 와이퍼 스위치 교환 ・와이퍼 모터 불량 – 와이퍼 모터 교환
  ・와이퍼 관련 ETACS 불량 – ETACS ECU 교환 ・와이퍼 릴레이 불량 – 와이퍼 릴레이 교환

5. 답안지 작성 방법 (와이퍼 블레이드는 작동하여도 와셔가 분출되지 않을 때)

전기 3 : 시험 결과 기록표 자동차 번호 : ⓗ		ⓐ 비번호		ⓑ 감독위원 확 인	
항 목	① 측정(또는 점검)		② 판정 및 정비(또는 조치)사항		ⓖ 득 점
	ⓒ 이상 부위	ⓓ 내용 및 상태	ⓔ 판정(□에 '✔'표)	ⓕ 정비 및 조치할 사항	
와이퍼 회로	와이퍼 모터 커넥터	탈거	□ 양 호 ✔ 불 량	와이퍼 커넥터 장착 후 재점검	

1) ① 측정(또는 점검) : ⓒ 이상 부위는 수검자가 와셔가 분출되지 않는 이유인 "와이퍼 모터 커넥터"를 기록하고, ⓓ 내용 및 상태는 이상은 커넥터가 탈거 된 것이므로 "탈거"를 기록한다.
2) ② 판정 및 정비(또는 조치)사항 : ⓔ 판정은 "불량"에 ✔ 표시를 하고 ⓕ 정비 및 조치할 사항 란에는 "와이퍼 커넥터 장착 후 재점검"을 기록하고 그 외는 아래 내용 중에 하나일 것이다.
 ◆ 와이퍼 블레이드는 작동하나 와셔가 분출되지 않는 원인 : ・와셔 노즐 막힘 – 와셔 노즐 청소
  ・와셔 퓨즈의 단선 – 와셔 퓨즈 교환   ・와셔 모터 불량 – 와셔 모터 교환
  ・와셔 모터 커넥터 탈거 – 와셔 모터 커넥터 장착 ・와셔 액 호스의 이탈 – 와셔 액 호스 장착

6. 답안지 작성 방법 (와이퍼 블레이드는 작동하여도 와셔가 분출되지 않을 때)

전기 3 : 시험 결과 기록표 자동차 번호 : ⓗ		ⓐ 비번호		ⓑ 감독위원 확 인	
항 목	① 측정(또는 점검)		② 판정 및 정비(또는 조치)사항		ⓖ 득 점
	ⓒ 이상 부위	ⓓ 내용 및 상태	ⓔ 판정(□에 '✔'표)	ⓕ 정비 및 조치할 사항	
와이퍼 회로	와이퍼 모터 릴레이	탈거	□ 양 호 ✔ 불 량	와이퍼 릴레이 장착 후 재점검	

1) ① 측정(또는 점검) : ⓒ 이상 부위는 수검자가 와셔가 분출되지 않는 이유인 "와이퍼 모터 릴레이"를 기록하고, ⓓ 내용 및 상태는 이상은 와이퍼 모터 릴레이가 탈거 된 것이므로 "탈거"를 기록한다.
2) ② 판정 및 정비(또는 조치)사항 : ⓔ 판정은 "불량"에 ✔ 표시를 하고 ⓕ 정비 및 조치할 사항 란에는 "와이퍼 릴레이 장착 후 재점검"을 기록하고 그 외는 아래 내용 중에 하나일 것이다.

전기 4 경음기 음량 측정

주어진 자동차에서 경음기 음량을 측정하여 기록·판정하시오.

1. 답안지 작성 방법 (경음기 음량이 정상일 때)

전기 4 : 시험 결과 기록표
자동차 번호 : ⓗ

항 목	① 측정(또는 점검)		② 판정	ⓖ득 점
	ⓒ측정값	ⓓ기준값	ⓔ판정(□에 '✔'표)	
경음기 음량	95dB	90 dB 이상 110 dB 이하	☑ 양 호 □ 불 량	

ⓐ비 번호   ⓑ감독위원 확 인

※ 감독위원이 제시한 자동차등록증(또는 차대번호)을 활용하여 차종 및 연식을 적용합니다.
※ 자동차검사기준 및 방법에 의하여 기록, 판정합니다.   ※ 암소음은 무시합니다.

1) 비번호 : ⓐ 비번호는 공단직원이 주는 등번호를 수검자가 기록한다.
2) 감독위원 확인 : ⓑ 감독위원 확인란은 감독위원이 채점한 후에 도장 찍는 부분으로 수검자는 기록하지 않는다.
3) ① 측정(또는 점검) : ⓒ 측정값은 수검자가 측정한 음량인 "95dB"을 기록하고, ⓓ 기준값은 운행차 검사기준을 수검자가 암기하여 "90dB 이상 110dB이하"를 기록한다.(반드시 단위를 기입한다)
   ㉮ 측정값 : 95dB   ㉯ 기준값 : 90dB 이상, 110dB(2008년 3월 11일 등록-아토스)

【경음기 음량 기준값(2006년 1월 1일 이후)】

자동차 종류	소음항목	경적소음(dB(C))
경자동차		110 이하
승용 자동차	소형, 중형	110 이하
	중대형, 대형	112 이하
화물 자동차	소형, 중형	110 이하
	대형	112 이하

【경음기 음량 기준값(1999년 12월 31일 이전)】

차량 종류	소음 항목	경적 소음(dB(C))
경 자동차		115 이하
승용 자동차		115 이하
소형화물자동차		115 이하
중량자동차		115 이하
이륜자동차		115 이하

제53조(경음기) 자동차의 경음기는 다음 각 호의 기준에 적합해야 한다.(자동차 및 자동차부품의 성능과 기준에 관한 규칙)
1. 일정한 크기의 경적음을 동일한 음색으로 연속하여 낼 것
2. 자동차 전방으로 2미터 떨어진 지점으로서 지상높이가 1.2±0.05미터인 지점에서 측정한 경적음의 최소크기가 최소 90데시벨(C) 이상일 것

4) ② 판정 및 정비(또는 조치)사항 : ⓔ 판정은 수검자가 측정한 값과 기준값을 비교하여 기준값 범위 내에 있으므로 "양호"에 ✔표시를 한다.
   ㉮ 판정 : ·양호 – 기준값의 범위에 있을 때
            ·불량 – 기준값의 범위를 벗어났을 때

2. 시험장에서는 ……

답안지를 받고 경음기 음량을 측정하는 차량에 가면 음량계가 함께 놓여 있을 것이다. 또한 보조원이 경음기를 울려 주기 위해 운전석에서 앉아 기다리고 있을 것이다. 줄자로 차량의 맨 앞부분에서 2m 전방위치에 1.2±0.05m 인 위치를 재서 음량계를 놓고 기능선택 스위치를 C로, 동특성 스위치는 FAST로, 측정 최고 소음 정비 스위치는 Inst 위치로 하고 보조원에게 경음기 스위치를 눌러 줄 것을 주문하고 최고값을 답안지에 기입한다. 암소음을 측정하여 보정을 하여야 하나 암소음은 무시하라는 조건이 있으므로 측정한 값만 기록한다. 책상위에 놓여 있는 음량계를 움직이지 말고 그 상태에서 측정하라고 한다. 그 이유는 측정기 위치가 달라짐에 따라 측정값이 변하기 때문이다. 음량값 기준값을 확인하기 위하여 옆에는 자동차 등록증이 복사되어 있을 것이다. 10번째 자리로 연식을 나타내므로 이것 또한 숙지하고 있어야 한다.

3. 답안지 작성 방법 (경음기 음량이 낮을 때)

전기 4 : 시험 결과 기록표
자동차 번호 : ❶

항 목	① 측정(또는 점검)		② 판정	❼득 점
	❸측정값	❹기준값	❺판정(□에 '✔' 표)	
경음기 음량	20dB	90 dB 이상 115 dB 이하	□ 양 호 ✔ 불 량	

※ 감독위원이 제시한 자동차등록증(또는 차대번호)을 활용하여 차종 및 연식을 적용합니다.
※ 자동차검사기준 및 방법에 의하여 기록, 판정합니다. ※ 암소음은 무시합니다.

1) ❸ 측정값은 수검자가 측정한 음량인 "20dB"을 기록하고, ❹ 기준값은 운행차 검사기준을 수검자가 암기하여 "90dB 이상 110dB이하"를 기록한다.(반드시 단위를 기입한다)-경형·소형 및 중형 승용자동차 기준
2) ② 판정 및 정비(또는 조치)사항 : ❺ 판정은 수검자가 측정한 값과 기준값을 비교하여 기준값 범위 미만이므로 "불량"에 ✔표시를 하고 그 외는 아래 내용 중에 하나일 것이다.

◆ 경음기 음량이 낮게 나오는 원인
- 경음기 음량 조정 불량 – 음량 조정 나사로 조정
- 배터리 불량 – 배터리 교환   • 배터리 터미널 연결 상태 불량 – 배터리 터미널 재장착
- 경음기 연결 커넥터 접촉 불량 – 연결부 확실히 장착
- 경음기 접지 불량 – 접지부 확실히 장착   • 경음기 고장 – 경음기 교환

4. 답안지 작성 방법 (경음기 음량이 높을 때)

전기 4 : 시험 결과 기록표
자동차 번호 : ❶

항 목	① 측정(또는 점검)		② 판정	❼득 점
	❸측정값	❹기준값	❺판정(□에 '✔' 표)	
경음기 음량	126dB	90 dB 이상 115 dB 이하	□ 양 호 ✔ 불 량	

※ 감독위원이 제시한 자동차등록증(또는 차대번호)을 활용하여 차종 및 연식을 적용합니다.
※ 자동차검사기준 및 방법에 의하여 기록, 판정합니다. ※ 암소음은 무시합니다.

1) ① 측정(또는 점검) : ❸ 측정값은 수검자가 측정한 음량인 "126dB"을 기록하고, ❹ 기준값은 운행차 검사기준을 수검자가 암기하여 "90dB 이상 110dB이하"를 기록한다.(반드시 단위를 기입한다)-경형·소형 및 중형 승용자동차 기준
2) ② 판정 및 정비(또는 조치)사항 : ❺ 판정은 수검자가 측정한 값과 기준값을 비교하여 기준값 범위 내에 있으므로 "불량"에 ✔표시를 하고 그 외는 아래 내용 중에 하나일 것이다.

◆ 경음기 음량이 높게 나오는 원인
- 경음기 규격품외 사용 – 규격품으로 교환
- 경음기 추가 설치 – 추가된 경음기 탈거   • 경음기 음량 조정 불량 – 음량 조정 나사로 조정

5. 경음기 음량 점검 현장사진

1. 측정 준비된 모습

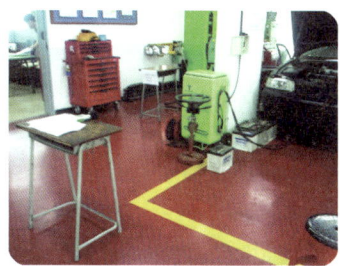

실차에서 측정도 하지만 때에 따라서는 시뮬레이터를 이용하여 측정도 한다.

2. 측정 준비된 모습

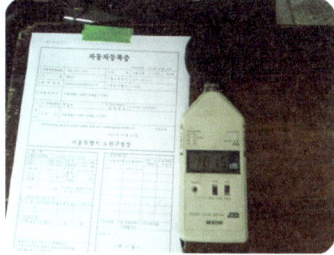

음량계 옆에는 자동차 등록증을 두어서 이 차량의 연식을 보고 규정값을 기록한다.

3. 암소음을 측정 준비된 시험장 모습

암소음을 측정하기 위한 위치도 고정되어 있다. 반드시 지정된 곳에서 측정한다.

15안 엔진 1 피스톤 링 이음간극 점검

주어진 가솔린 엔진에서 실린더 헤드와 피스톤(1개)을 탈거(감독위원에게 확인)하고 감독위원의 지시에 따라 기록표의 내용대로 기록·판정한 후 다시 조립하시오.

1. 답안지 작성 방법 (피스톤 링 이음 간극이 정상일 때)

엔진 1 : 시험 결과 기록표 엔진 번호 : ⓗ				Ⓐ 비번호		Ⓑ 감독위원 확 인	
항 목	① 측정(또는 점검)		② 판정 및 정비(또는 조치)사항		Ⓖ 득 점
	Ⓒ 측 정 값	Ⓓ 규정(정비한계)값	Ⓔ 판정(□에 '✔'표)	Ⓕ 정비 및 조치할 사항	
피스톤 링 이음간극	0.25mm	0.15~0.30mm (한계 0.6mm)	☑ 양 호 □ 불 량	정비 및 조치할 사항 없음	

※ 단위가 누락되거나 틀린 경우는 오답으로 채점함.

1) **비번호** : Ⓐ 비번호는 공단직원이 주는 등번호를 수검자가 기록한다.
2) **감독위원 확인** : Ⓑ 감독위원 확인란은 감독위원이 채점한 후에 도장을 찍는 부분으로 수검자는 기록하지 않는다.
3) **① 측정(또는 점검)** : Ⓒ 측정값은 수검자가 실린더 마모량을 측정한 값 "0.25mm"으로 기록하고, Ⓓ 규정(정비한계)값은 감독위원이 주어진 값이나 또는 정비지침서를 보고 "0.15~0.30mm(한계 0.6mm)" 기록한다. (반드시 단위를 기입한다.)
   ㉮ 측정값 : 0.25mm   ㉯ 규정(정비한계)값 : 0.15~0.30mm(한계 0.6mm)

【 피스톤 링 이음간극 규정값(mm) 】

차 종		1번링	2번링	한계값	비고
아반떼 XD(2006)	G 1.6 DOHC	0.20~0.35	0.37~0.52	1	
	G 2.0 DOHC	0.23~0.38	0.33~0.48	1	
	D 1.5 TCI-U	0.20~0.35	0.35~0.50	–	
아반떼 HD(2010)	G 1.6 DOHC	0.14~0.28	0.30~0.45	0.3(2번링 0.5)	
	G 2.0 DOHC	0.20~0.35	0.37~0.52	1	
	D 1.6 TCI-U	0.20~0.35	0.35~0.50	–	
NF 쏘나타	G 2.0 DOHC	0.15~0.30	0.37~0.52	0.6(2번링 0.7)	
	G 2.4 DOHC				
	L 2.0 DOHC	0.15~0.30	0.30~0.45	0.6(2번링 0.7)	
	D 2.0 TCI-D	0.20~0.30	0.30~0.45	–	
K5(2011)	G 2.0 DOHC	0.15~0.30	0.37~0.52	0.6(2번링 0.7)	
	G 2.4 GDI				
	L 2.0 DOHC				
모닝(2011)	G 1.0 SOHC	0.15~0.30	0.30~0.50		
	L 1.0 SOHC				

4) **② 판정 및 정비(또는 조치)사항** : Ⓔ 판정은 수검자가 측정한 값과 규정(정비한계)값을 비교하여 범위 내에 있으므로 "양호"에 ✔표시를 하며, Ⓕ 정비 및 조치할 사항 란에는 정상이므로 "정비 및 조치할 사항 없음"을 기록한다.
   ㉮ 판정 : ·양호 : 규정(정비한계)값 이내에 있을 때   ·불량 : 규정(정비한계)값을 벗어났을 때
5) **득점** : Ⓖ 득점은 감독위원이 채점을 하고 점수를 기록하는 부분으로 수검자는 기록하지 않는다.
6) **엔진 번호** : Ⓗ 측정하는 엔진 번호를 수검자가 기록한다.

2. 시험장에서는 ……

① **실린더 헤드와 피스톤 탈거·조립** : 작업대 위나 엔진 스탠드에 분해 조립용 엔진이 준비되어 있고 대부분 옆에 부속품은 탈거되어 있어 실린더 헤드만 조립되어 있다. 헤드를 분해한 후 내려놓을 때는 접촉면이 바닥에 닿지

않도록 옆으로(배기 매니폴드 설치부가 아래로) 놓는다. 때에 따라서는 헤드 가스켓을 교환하는 경우도 있다. 또한 모든 볼트는 토크 렌치로 조인다. 피스톤을 분해 조립할 때는 실린더 블록을 옆으로 뉘우고 피스톤이 하사점 위치에서 분해하므로 1번, 4번과 2번, 3번을 함께 분해하고 조립한다.

② 피스톤링 이음간극 점검 : 피스톤 링 이음 간극은 하사점 위치에서 측정 한다. 또한 피스톤 링이 수평상태에서 측정해야 하기 때문에 링을 실린더에 삽입하고 피스톤으로 밀어 넣으면 수평의 상태가 만들어진다.

3. 답안지 작성 방법 (피스톤 링 이음 간극이 클 때)

엔진 1 : 시험 결과 기록표
　　　　　　엔진 번호 : ❽

항 목	① 측정(또는 점검)		② 판정 및 정비(또는 조치)사항		❼ 득 점
	❸ 측 정 값	❹ 규정(정비한계)값	❺ 판정(□에 '✔'표)	❻ 정비 및 조치할 사항	
피스톤 링 이음간극	1.2mm	0.15~0.30mm (한계 0.6mm)	□ 양 호 ✔ 불 량	피스톤 링 교환 후 재점검	

※ 단위가 누락되거나 틀린 경우는 오답으로 채점함.

1) ① 측정(또는 점검) : ❸ 측정값은 수검자가 실린더 마모량을 측정한 값 "1.2mm"으로 기록하고, ❹ 규정(정비한계)값은 감독위원이 주어진 값이나 또는 정비지침서를 보고 "0.15~0.30mm(한계 0.6mm)" 기록한다.(반드시 단위를 기입한다)

2) ② 판정 및 정비(또는 조치)사항 : ❺ 판정은 수검자가 측정한 값과 규정(정비한계)값을 비교하여 범위를 벗어나므로 "불량"에 ✔표시를 하며, ❻ 정비 및 조치할 사항 란에는 "피스톤링 교환 후 재점검"을 기록한다.

4. 답안지 작성 방법 (피스톤 링 이음 간극이 적을 때)

엔진 1 : 시험 결과 기록표
　　　　　　엔진 번호 : ❽

항 목	① 측정(또는 점검)		② 판정 및 정비(또는 조치)사항		❼ 득 점
	❸ 측 정 값	❹ 규정(정비한계)값	❺ 판정(□에 '✔'표)	❻ 정비 및 조치할 사항	
피스톤 링 이음간극	압축링 : 0.1mm	0.15~0.30mm (한계 0.6mm)	□ 양 호 ✔ 불 량	피스톤 링 엔드 가공 후 재점검	

※ 단위가 누락되거나 틀린 경우는 오답으로 채점함.

1) 측정(또는 점검) : ❸ 측정값은 수검자가 실린더 마모량을 측정한 값 "0.1mm"으로 기록하고, ❹ 규정(정비한계)값은 감독위원이 주어진 값이나 또는 정비지침서를 보고 "0.15~0.30mm(한계 0.6mm)" 기록한다.(반드시 단위를 기입한다)

2) 판정 및 정비(또는 조치)사항 : ❺ 판정은 수검자가 측정한 값과 규정(정비한계)값을 비교하여 범위를 벗어나므로 "불량"에 ✔표시를 하며, ❻ 정비 및 조치할 사항 란에는 "피스톤링 엔드 가공 후 재점검"을 기록한다.

5. 답안지 작성 방법 (피스톤 링 이음 간극이 규정값은 넘고 한계값 이내일 때)

엔진 1 : 시험 결과 기록표
　　　　　　엔진 번호 : ❽

항 목	① 측정(또는 점검)		② 판정 및 정비(또는 조치)사항		❼ 득 점
	❸ 측 정 값	❹ 규정(정비한계)값	❺ 판정(□에 '✔'표)	❻ 정비 및 조치할 사항	
피스톤 링 이음간극	압축링 : 0.5mm	0.15~0.30mm (한계 0.6mm)	✔ 양 호 □ 불 량	정비 및 조치할 사항 없음	

※ 단위가 누락되거나 틀린 경우는 오답으로 채점함.

1) ① 측정(또는 점검) : ❸ 측정값은 수검자가 실린더 마모량을 측정한 값 "0.5mm"으로 기록하고, ❹ 규정(정비한계)값은 감독위원이 주어진 값이나 또는 정비지침서를 보고 "0.15~0.30mm(한계 0.6mm)" 기록한다.(반드시 단위를 기입한다)

2) ② 판정 및 정비(또는 조치)사항 : ❺ 판정은 수검자가 측정한 값과 규정(정비한계)값을 비교하여 규정값 범위를 벗어나나 한계값 이내이므로 "양호"에 ✔표시를 하며, ❻ 정비 및 조치할 사항 란에는 "정비 및 조치할 사항 없음"을 기록한다.

엔진 3 — 엔진 센서(액추에이터) 점검(자기진단)

15안 주어진 자동차에서 엔진의 공기 유량 센서(AFS)와 에어 필터를 탈거(감독위원에게 확인)한 후 다시 조립하고 감독위원의 지시에 따라 진단기(스캐너)를 사용하여 엔진의 각종 센서(액추에이터) 점검 후 고장부분을 기록하시오.

1. 답안지 작성 방법 (WTS의 커넥터가 탈거일 때)

엔진 3 : 시험 결과 기록표
자동차 번호 : ❶

항 목	① 측정(또는 점검)			② 고장 및 정비(또는 조치) 사항		❽ 득 점
	❸ 고장부위	❹ 측정값	❺ 규정값	❻ 고장 내용	❼ 정비 및 조치사항	
센서(액추에이터) 점검	WTS	-40℃	3.5V/20℃	커넥터 탈거	커넥터 연결, 기억소거 후 재점검	

❶ 비번호 / ❷ 감독위원 확인

※ 단위가 누락되거나 틀린 경우는 오답으로 채점함

1) **비번호** : ❶ 비번호는 공단직원이 주는 등번호를 수검자가 기록한다.
2) **감독위원 확인** : ❷ 감독위원 확인란은 감독위원이 채점한 후에 도장을 찍는 부분으로 수검자는 기록하지 않는다.
3) **측정(또는 점검)** : ❸ 고장부위는 수검자가 스캐너로 자기진단 화면 창에 나타난 "WTS"를 기록하고, ❹ 측정값은 센서 출력 화면에서 측정한 값 "-40℃"를 기록한다. ❺ 규정값은 스캐너 정보화면에서 얻거나 감독위원이 주어진 "3.5V/20℃"를 기록한다.
   ㉮ 고장부위 : · WTS ㉯ 측정값 : · -40℃
   ㉰ 규정(정비한계)값 : · 3.5V / 20℃
4) ② **고장 및 정비(또는 조치)사항** : ❻ 고장 내용에는 수검자가 점검한 내용인 "커넥터 탈거"를 기록하고 ❼ 조치사항에는 "커넥터 연결 기억소거 후 재점검"을 기록한다.
   ❼ 조치사항에는 커넥터 연결, 기억소거 후 재점검을 기록한다.
   ㉮ 고장 내용 : · 커넥터 탈거
   ㉯ 조치 사항 : · 커넥터 연결, 기억소거 후 재점검

【 차종별 WTS의 규정값 】

항 목	르노 삼성 SR 2.0L	르노 삼성 VQ2.0L/2.5L	무쏘 M161/ M162	체어맨
냉각수온 센서 (WTS)	• 3.5V/20℃ • 2.2V/50℃ • 0.9V/90℃	• 3.5V/20℃ • 2.2V/50℃ • 0.9V/90℃	• 2.4~2.8V/20℃ • 1.6~2.0V/40℃ • 0.5~0.9V/80℃	• 2.4~2.8V/20℃ • 1.6~2.0V/40℃ • 0.5~0.9V/80℃

5) **득점** : ❽ 득점은 감독위원이 채점을 하고 점수를 기록하는 부분으로 수검자는 기록하지 않는다.
6) **자동차 번호** : ❶ 측정하는 자동차 번호를 수검자가 기록한다.

2. 시험장에서는 ……

분해 조립용 엔진과 측정용 차량(또는 엔진 튜업)이 따로 있어서 분해 조립이 끝나면 감독위원으로부터 답안지를 받고 전자제어 엔진의 고장부분을 점검한 후 답안지를 작성하여 감독위원에게 제출한다. 일부이긴 하나 전자제어 차량에 진단기가 설치되어 있는 것을 그대로 측정하기도 한다. 여기서 테스터기 연결 불량으로 답을 작성하지 못하는데 측정은 반드시 키가 "ON 또는 시동" 상태에서만 가능하다는 것이다. 답안지 항목에서 ❸, ❹, ❺란은 스캐너에서 측정 및 찾아서 기입하지만, ❻란은 수검자가 측정 차량을 눈으로 보고 기록하며, ❼란은 정비방법을 서술한다.

3. 답안지 작성 방법 (WTS가 과거기억 소거 불량일 때)

엔진 3 : 시험 결과 기록표 자동차 번호 : ❶				Ⓐ 비번호		Ⓑ 감독위원 확 인	
항 목	① 측정(또는 점검)			② 고장 및 정비(또는 조치) 사항			Ⓗ 득 점
	Ⓒ 고장부위	Ⓓ 측정값	Ⓔ 규정값	Ⓕ 고장 내용	Ⓖ 정비 및 조치사항		
센서(액추에이터) 점검	WTS	3.45V/ 20℃	3.5V/ 20℃	과거 기억 미소거	기억소거 후 재점검		

※ 단위가 누락되거나 틀린 경우는 오답으로 채점함

1) ① **측정(또는 점검)** : Ⓒ 고장부위는 수검자가 스캐너로 자기진단 화면 창에 나타난 "WTS"를 기록하고, Ⓓ 측정값은 센서 출력 화면에서 측정한 값 "3.45V / 20℃"를 기록한다. Ⓔ 규정값은 스캐너 정보화면에서 얻거나 감독위원이 주어진 "3.5V/20℃"를 기록한다.
2) ② **고장 및 정비(또는 조치)사항** : Ⓕ 고장 내용에는 측정값이 정상인데 고장으로 나오는 것은 과거기억을 소거하지 않은 것이므로 "과거 기억 미소거"를 기록하고 Ⓖ 조치사항에는 "과거 기억소거 후 재점검"을 기록한다.

4. 답안지 작성 방법 (WTS가 센서 불량일 때)

엔진 3 : 시험 결과 기록표 자동차 번호 : ❶				Ⓐ 비번호		Ⓑ 감독위원 확 인	
항 목	① 측정(또는 점검)			② 고장 및 정비(또는 조치) 사항			Ⓗ 득 점
	Ⓒ 고장부위	Ⓓ 측정값	Ⓔ 규정값	Ⓕ 고장 내용	Ⓖ 정비 및 조치사항		
센서(액추에이터) 점검	WTS	0V/ 20℃	3.5V/20℃	센서 불량	센서 교환 후 기억소거 후 재점검		

※ 단위가 누락되거나 틀린 경우는 오답으로 채점함

1) ① **측정(또는 점검)** : Ⓒ 고장부위는 수검자가 스캐너로 자기진단 화면 창에 나타난 "WTS"를 기록하고, Ⓓ 측정값은 센서 출력 화면에서 측정한 값 "0V/20℃"를 기록한다. Ⓔ 규정값은 스캐너 정보화면에서 얻거나 감독위원이 주어진 "3.5V/20℃"를 기록한다.
2) ② **고장 및 정비(또는 조치)사항** : Ⓕ 고장 내용에는 수검자가 점검한 내용으로 센서 불량을 기록한다. Ⓖ 조치사항에는 센서 교환 기억소거 후 재점검을 기록한다.
Ⓕ 고장 내용에는 측정값이 정상인데 고장으로 나오는 것은 센서 불량이므로 "센서 불량"을 기록하고 Ⓖ 조치사항에는 "센서교환, 과거 기억소거 후 재점검"을 기록한다.

5. 자기진단 점검 현장사진

1. 측정전 키 스위치 ON 준비

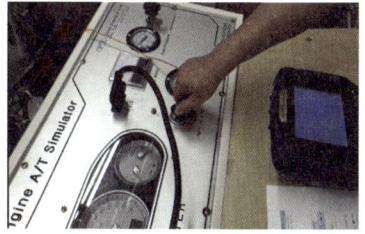

시뮬레이터에서 측정을 대부분 하고 있다. 반드시 키 스위치를 ON으로 한다.

2. 차종 선택

시뮬레이터 계기판에 있는 차종을 확인하고 스캐너에서 선택한다.

3. 관능검사

스캐너에 화면에 뜬 고장 부위의 커넥터 연결 상태를 눈으로 확인한다.

엔진 4 디젤 매연 측정

15안 주어진 자동차에서 기록표에 제시된 내용을 측정하고 기록·판정하시오.
(규정값은 수검자 암기사항이다)

1. 답안지 작성 방법

엔진 4 : 시험 결과 기록표
자동차 번호 : **K**

	① 측정(또는 점검)				② 판정		
A 비 번호					**B** 감독위원 확 인		
C 차종	**D** 연식	**E** 기준값	**F** 측정값	**G** 측정	**H** 산출근거(계산)기록	**I** 판정(□에 '✔' 표)	**J** 득 점
중형화물 자동차	1995년	40% 이하	57%	1회 : 58% 2회 : 57% 3회 : 56%	$\dfrac{58+57+56}{3}=57\%$	□ 양 호 ☑ 불 량	

※ 감독위원이 제시한 자동차등록증(또는 차대번호)을 활용하여 차종 및 연식을 적용합니다.
※ 매연 농도를 산술 평균하여 소수점 이하는 버림 값으로 기입합니다.
※ 자동차 검사기준 및 방법에 의하여 기록, 판정합니다.
※ 측정 및 판정은 무부하 조건으로 합니다.

1) ① 측정(또는 점검) : **C**와 **D** 차종과 연식란은 주어진 "자동차 등록증"을 보고 수검자가 기록하며, **E** 기준값은 수검자가 등록증의 "차대번호 10번째 자리"의 연식을 보고 운행 차량의 배출 허용 기준값 "40% 이하"를 기록한다 **F** 측정값은 수검자가 3회 측정한 값의 "평균값에서 소수점 이하 버리고" 기록하며, **G** 측정란은 수검자가 3회 측정한 값을 기록한다.
   ㉮ 차종 : 중형화물 자동차   ㉯ 연식 : 2005년   ㉰ 기준값 : 40% 이하   ㉱ 측정값 : 57%
   ㉲ 측정 – 1회 : 58%, 2회 : 57%, 3회 : 56%

2) ② 판정 및 정비(또는 조치)사항 : **F** 산출근거(계산)기록은 수검자가 3회 측정하여 평균값을 산출한 계산식을 기록하며, **G** 판정은 수검자가 측정한 값과 기준값을 비교하여 범위 내에 있으면 양호, 벗어나면 불량에 ✔ 표시를 한다.
   ㉮ 산출근거(계산)기록 : $\dfrac{58+57+56}{3}=57\%$
   ㉯ 판정 : ·양호 : 기준값의 범위에 있을 때   ·불량 : 기준값을 벗어났을 때

【 차종별 / 연도별 매연 허용 기준값 】

차 종			제작일자		매연
경자동차 및 승용자동차			1995년 12월 31일 이전		60% 이하
			1996년 1월 1일부터 2000년 12월 31일까지		55% 이하
			2001년 1월 1일부터 2003년 12월 31일까지		45% 이하
			2004년 1월 1일부터 2007년 12월 31일까지		40% 이하
			2008년 1월 1일 이후		20% 이하
승합·화물·특수 자동차	소형		1995년 12월 31일 이전		60% 이하
			1996년 1월 1일부터 2000년 12월 31일까지		55% 이하
			2001년 1월 1일부터 2003년 12월 31일까지		45% 이하
			2004년 1월 1일부터 2007년 12월 31일까지		40% 이하
			2008년 1월 1일 이후		20% 이하
	중·대형		1992년 12월 31일 이전		60% 이하
			1993년 1월 1일부터 1995년 12월 31일까지		55% 이하
			1996년 1월 1일부터 1997년 12월 31일까지		45% 이하
			1998년 1월 1일부터 2000년 12월 31일까지	시내버스	40% 이하
				시내버스 외	45% 이하
			2001년 1월 1일부터 2004년 9월 30일까지		45% 이하
			2004년 10월 1일부터 2007년 12월 31일까지		40% 이하
			2008년 1월 1일 이후		20% 이하

2. 매연 측정 현장사진(영등포 문래 자동차 검사소 제공)

1. 프로브 연결 모습

뒤쪽에 있는 프로브 호스를 배기가스 배출구에 끼워 넣는다.

2. 1차 측정 모습

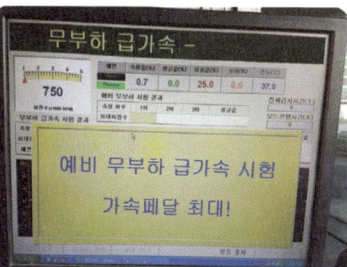

예비 무부하 급가속 시험 모드에서 가속 페달을 최대로 밟는다.

3. 1차 측정 중인 모습

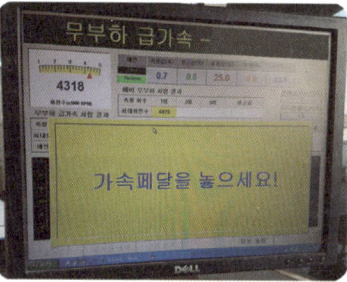

4318rpm에서 측정이 완료된 상태이며, 가속 페달을 놓으라고 화면에 나타난다.

4. 1차 측정이 완료된 모습

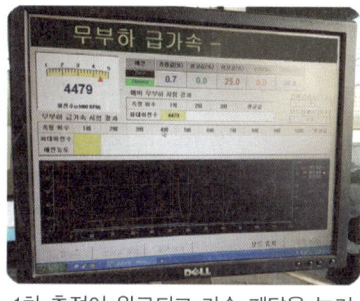

1차 측정이 완료되고 가속 페달을 놓기 직전의 모습이다.

5. 3차 측정 모습

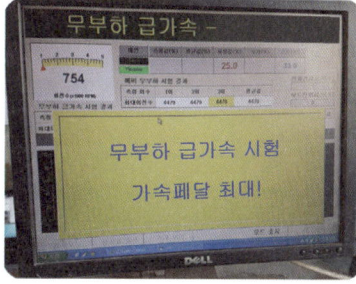

무부하 급가속 시험 모드에서 3번째 측정하기 위해 가속페달을 최대로 밟는다.

6. 3차 측정 중인 모습

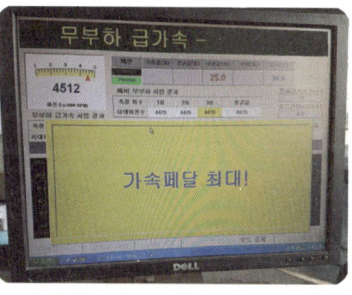

가속페달을 최대로 밟아 4512rpm에서 측정하고 있는 모습이다.

※ 제작사별 차대번호 표기방식

① 현대 자동차 차대번호의 표기 부호(마이티)

※ 차대번호 형식(VIN : Vehicle Identification Number)

K	M	F	F	A	1	7	N	P	5	U	4	9	4	5	1	2
①	②	③	④	⑤	⑥	⑦	⑧	⑨	⑩	⑪	⑫	⑬	⑭	⑮	⑯	⑰
제작 회사군			자동차 특성군						제작 일련 번호군							

① **K** : 국제배정 국적표시 – K : 한국, J : 일본, 1 : 미국,
② **M** : 제작사를 나타내는 표시 – M : 현대, L : 대우, N : 기아, P : 쌍용 자동차
③ **F** : 자동차 종별 표시 – H : 승용차, F : 화물트럭, J : 승합차량
④ **F** : 차종 – J : 엘란트라, E : 쏘나타3, F : 마이티, D : 아반떼 XD
⑤ **A** : 차체형상   F : 4 도어 세단,   A : (카고)
⑥ **1** : 세부차종 – 1 : Standard(승용, 미니버스), 2 : Deluxe(승용, 미니버스),
            3 : Super deluxe(승용, 미니버스)
⑦ **7** : 안전벨트 및 안전장치 – 0 : 안전벨트 없음(승용), 1 : 3점 지지방식 장착(승용),
            7 : 제동장치 유압식(승용차를 제외한 전차종)
⑧ **N** : 엔진형식 – N : D4AN, K : D4AK
⑨ **P** : 운전석 – P : 왼쪽 운전석, R : 오른쪽 운전석 (미국 및 캐나다 수출 차량 이외는 항상 P를 타각한다.)
⑩ **5** : 알파벳 I, O, Q, U, Z와 숫자 0을 제외한 ABCDEFGHJKLMNPRSTVWXY와 123456789를 순서로 사용한다.
    1 : 2001, 2 : 2002, 3 : 2003, 4 : 2004, 5 : 2005 ‧‧‧‧‧‧ A : 2010, B : 2011, C : 2012, D : 2013, E : 2014,
    F : 2015, G : 2016, H : 2017, J : 2018, K : 2019, L : 2020, M : 2021, N : 2022, P : 2023‧‧‧‧‧‧
⑪ **U** : 공장 기호 – C : 전주공장, U : 울산공장, M : 인도공장, Z : 터키공장
⑫~⑰ **494512** : 차량 생산 일련 번호

섀시 2 자동변속기 오일량 점검

주어진 자동차에서 감독위원의 지시에 따라 자동변속기의 오일량을 점검하여 기록·판정하시오.

1. 답안지 작성 방법 (자동 변속기 오일량이 정상일 때)

섀시 2 : 시험 결과 기록표
자동차 번호 : ⓗ

항 목	ⓒ ① 측정(또는 점검)	② 판정 및 정비(또는 조치)사항		ⓖ 득 점
		ⓔ 판정(□에 '✔' 표)	ⓕ 정비 및 조치할 사항	
오일량	[COLD | HOT] 오일 레벨을 게이지에 그리시오.	☑ 양 호 □ 불 량	정비 및 조치할 사항 없음	

ⓐ 비번호   ⓑ 감독위원 확 인

※ 측정값(오일레벨 라인)에 대한 판정 범위는 감독위원이 제시함.

1) 비번호 : ⓐ 비번호는 공단직원이 주는 등번호를 수검자가 기록한다.
2) 감독위원 확인 : ⓑ 감독위원 확인란은 감독위원이 채점한 후에 도장을 찍는 부분으로 수검자는 기록하지 않는다.
3) ① 측정(또는 점검) : ⓒ 측정(또는 점검)에는 수검자가 점검한 오일량의 위치에 "선을 그어서" 표시한다.
4) ② 판정 및 정비(또는 조치)사항 : ⓔ 판정은 수검자가 측정한 오일량이 HOT 범위에 있고, 오일의 투명도가 높은 붉은색을 띠고 있으므로 "양호"에 ✔ 표시를 하며, ⓕ 정비 및 조치할 사항 란에는 고장부품과 정비 방법을 기록한다.
   ㉮ 판정 : · 양호 : HOT 범위에 있고, 오일의 투명도가 높은 붉은색일 때
              · 불량 : HOT 범위를 벗어나고, 오일이 불량일 때
   ㉯ 정비 및 조치할 사항 : 양호하므로 "정비 및 조치할 사항 없음"으로 기록한다.

【 차종별 자동 변속기 오일량(L) 】

차 종		변속기 모델	오일량	규정 오일
아반떼 XD(2006)	G 1.6 DOHC	A4AF3	6.1	다이아몬드 ATF SP-Ⅲ 또는 SK ATF SP-Ⅲ
	G 2.0 DOHC			
	D 1.5 TCI-U	A4CF2	6.2	
아반떼 HD(2010)	G 1.6 DOHC	A4CF1	6.8	다이아몬드 ATF SP-Ⅲ 또는 SK ATF SP-Ⅲ
	G 2.0 DOHC	A4CF2	6.6	
	D 1.6 TCI-U	A4CF2	6.6	
NF 쏘나타	G 2.0 DOHC	A4A42	7.8	다이아몬드 ATF SP-Ⅲ 또는 SK ATF SP-Ⅲ
	G 2.4 DOHC	A5GF1	9.5	
	L 2.0 DOHC	A4A42	7.8	
	D 2.0 TCI-D	F4A51	8.5	
K5(2011)	G 2.0 DOHC	A6MF1	7.1	SK ATF SP-Ⅳ, MICHANG ATF SP-Ⅳ, NOCA ATF SP-Ⅳ, Kia Genuine ATF SP-Ⅳ
	G 2.4 GDI	A6MF1	7.1	
	L 2.0 DOHC	A5GF2	7.6	MS 517-26
모닝(2011)	G 1.0 SOHC	A4CF0	6.1	다이아몬드 ATF SP-Ⅲ 또는 SK ATF SP-Ⅲ
	L 1.0 SOHC			

※ 변속기 오일 색과 고장원인
① 정상 : 투명도가 높은 붉은색이다.
② 갈색인 경우 : 오일이 장시간 고온에 노출되어 열화를 일으킨 경우이다.
③ 투명도가 없어지고 검은색을 띠는 경우 : 변속기 내부 클러치 판의 마멸된 분말에 의한 오손, 부식 및 기어의 마멸 등을 생각할 수 있다.
④ 백색인 경우 : 수분의 혼입이다.

2. 시험장에서는 ……

리프터 위에 자동변속기 오일량 측정 차량이 올려져 있을 것이다. 운전석에 앉아서 시동을 걸고 자동변속기의 오일이 70~80℃에 이를 때 까지 엔진을 공회전시킨다. 선택 레버를 각 위치로 하여 토크 컨버터와 유압회로에 오일을 채운 후 레버를 "N" 위치에 놓고 오일량을 점검한다. "HOT"범위에 있어야 정상이다. 그리고 오일의 상태는 맑고 붉은 색을 띠면 양호한 것이다. 자동 변속기 오일량 점검은 시동이 걸려 있는 상태에서 측정하여야 한다. 때에 따라서는 수검자의 안전을 위하여 시동 걸지 않고 그냥 측정하는 경우도 있다.

3. 답안지 작성 방법 (오일양이 적을 때)

섀시 2 : 시험 결과 기록표 자동차 번호 : ❽		Ⓐ 비번호		Ⓑ 감독위원 확 인	
항 목	Ⓒ ① 측정(또는 점검)	② 판정 및 정비(또는 조치)사항			Ⓖ 득 점
		Ⓔ 판정(□에 '✔' 표)	Ⓕ 정비 및 조치할 사항		
오일 량	COLD ⎯⎯⎯ HOT 오일 레벨을 게이지에 그리시오.	□ 양 호 ✔ 불 량	오일량 부족 –오일 보충		

※ 측정값(오일레벨 라인)에 대한 판정 범위는 감독위원이 제시함.

1) ① **측정(또는 점검)** : Ⓒ 측정(또는 점검)에는 수검자가 점검한 오일량의 위치에 "선을 그어서" 표시한다.
2) ② **판정 및 정비(또는 조치)사항** : Ⓔ란 판정은 수검자가 점검한 오일량이 HOT 범위보다 낮으므로 불량에 ✔ 표시를 하며, Ⓕ 정비 및 조치할 사항 란에는 고장부품과 정비할 사항으로 오일량이 부족 하므로 "오일 보충 후 재점검"을 기록한다.

4. 답안지 작성 방법 (오일양이 많을 때)

섀시 2 : 시험 결과 기록표 자동차 번호 : ❽		Ⓐ 비번호		Ⓑ 감독위원 확 인	
항 목	Ⓒ ① 측정(또는 점검)	② 판정 및 정비(또는 조치)사항			Ⓖ 득 점
		Ⓔ 판정(□에 '✔' 표)	Ⓕ 정비 및 조치할 사항		
오일 량	COLD ⎯⎯⎯ HOT 오일 레벨을 게이지에 그리시오.	□ 양 호 ✔ 불 량	오일 적정 위치까지 배출 후 재점검		

※ 측정값(오일레벨 라인)에 대한 판정 범위는 감독위원이 제시함.

1) ① **측정(또는 점검)** : Ⓒ 측정(또는 점검)에는 수검자가 점검한 오일량의 위치에 "선을 그어서" 표시한다.
2) ② **판정 및 정비(또는 조치)사항** : Ⓔ란 판정은 수검자가 점검한 오일량이 HOT 범위보다 높으므로 "불량"에 ✔ 표시를 하며, Ⓕ 정비 및 조치할 사항 란에는 고장부품과 정비할 사항으로 "오일 적정 위치까지 배출 후 재점검"을 기록한다.

5. 오일 점검 현장사진

1. 오일레벨 게이지 위치 — 대부분이 엔진과 배터리 사이에 위치하며 손잡이가 붉은색이다.
2. 측정 — 레벨 게이지를 한번 딱아내고 다시 꽂아서 측정한다.
3. 유면 표시 구간 — 유면 표시기의 실제 모습이다. COOL 과 HOT에서 MAX와 MIN이 있다.

15안 섀시 4 · 전자제어 자세제어장치(VDC, ECS, TCS 등)자기진단

주어진 자동차에서 감독위원의 지시에 따라 진단기(스캐너)로 전자제어 자세제어장치(VDC, ECS, TCS 등)를 점검하고 기록·판정하시오.

1. 답안지 작성 방법 (조향 각속도 센서 과거기억 소거 불량일 때)

섀시 4 : 시험 결과 기록표
자동차 번호 : ⓗ

항 목	① 측정(또는 점검)		② 판정 및 정비(또는 조치)사항		ⓖ 득 점
	ⓒ 이상부위	ⓓ 내용 및 상태	ⓔ 판정(□에 '✔' 표)	ⓕ 정비 및 조치할 사항	
전자제어 자세제어장치 자기진단	뒤 압력센서	과거 기억미소거	□ 양호 ☑ 불량	과거 기억소거 후 재점검	

ⓐ 비번호 ⓑ 감독위원 확인

1) **비번호** : ⓐ 비번호는 공단직원이 주는 등번호를 수검자가 기록한다.
2) **감독위원 확인** : ⓑ 감독위원 확인란은 감독위원이 채점한 후에 도장을 찍는 부분으로 수검자는 기록하지 않는다.
3) **① 측정(또는 점검)** : ⓒ 이상부위 란에는 수검자가 스캐너의 자기진단 화면 창에 나타난 이상부위 "뒤 압력센서"를 기록하고, ⓓ 내용 및 상태 란에는 수검자가 점검한 이상 부위 "과거기억소거 불량"을 기록한다.
   ㉮ 이상부위 : 뒤 압력 센서   ㉯ 내용 및 상태 : 과거 기억소거 불량
4) **② 판정 및 정비(또는 조치)사항** : ⓔ 판정은 수검자가 자기진단에서 정상이 아니면 "불량"에 ✔ 표시를 하며, ⓕ 양호하면 정비 및 조치할 사항 없음으로, 불량일 경우 고장부품과 정비방법을 기록한다.
   ㉮ 판정 : · 양호 : 자기진단에서 이상이 없을 때
              · 불량 : 자기진단에서 이상이 있을 때
   ㉯ 정비 및 조치할 사항 : 정비 및 조치할 사항 란에는 "과거 기억소거 후 재점검"을 기록한다.

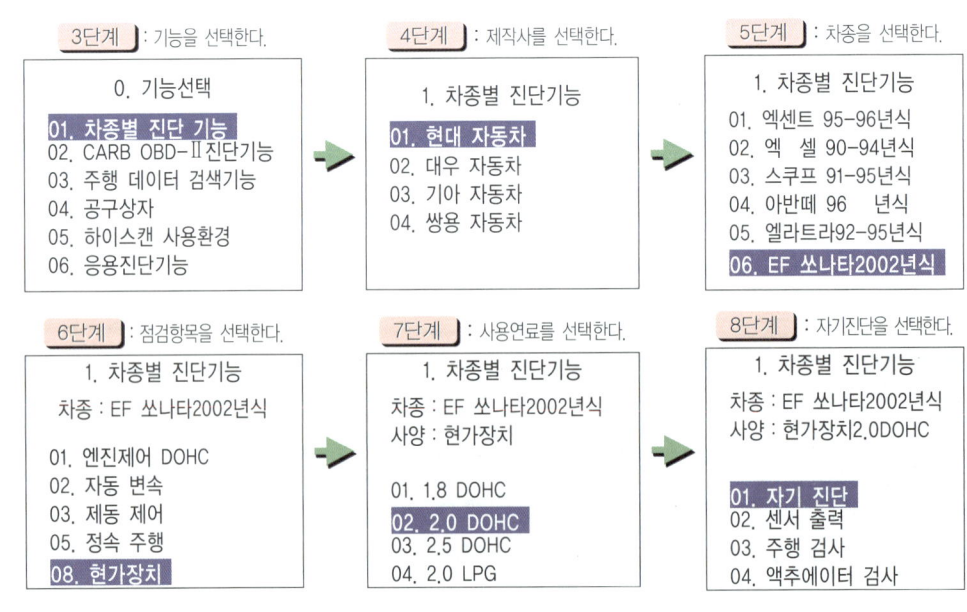

2. 시험장에서는 ……

　감독위원으로부터 답안지를 받은 후 측정용 차량에 진단기(스캐너)를 설치하고 점검을 한다. 역시 측정에서는 점화 스위치가 "ON" 상태이어야 하므로 계기판의 경고등(충전경고등, 오일 압력 경고등 등)에 불이 들어온 상태에서 측정을 한다. 물론 테스터기는 여러 가지가 있으며 시험장이나 감독위원의 의지에 따라 선택될 수가 있다. 그러나 수검자는 어떤 것을 사용해도 측정할 수 있는 능력을 책을 봐서라도 알아야 한다. 만약 "이 테스터기는 처음 보는 것인데요?" 하는 수검자가 있는데 합격권에서 멀어지는 것이 아닌가 싶다.

3. 답안지 작성 방법 (조향 각속도 센서 커넥터가 탈거일 때)

섀시 4 : 시험 결과 기록표 자동차 번호 : ⓗ		Ⓐ 비번호		Ⓑ 감독위원 확　인	
항　목	① 측정(또는 점검)		② 판정 및 정비(또는 조치)사항		Ⓖ 득　점
	Ⓒ 이상부위	Ⓓ 내용 및 상태	Ⓔ 판정(□에 '✔' 표)	Ⓕ 정비 및 조치할 사항	
전자제어 자세제어장치 자기진단	후 우측 차고 센서	커넥터 탈거	□ 양　호 ✔ 불　량	커넥터 연결 후 과거 기억소거 후 재점검	

1) ① 측정(또는 점검) : Ⓒ 이상부위 란에는 수검자가 스캐너의 자기진단 화면 창에 나타난 이상부위 "후·우측 차고센서 커넥터"를 기록하고, Ⓓ 내용 및 상태 란에는 수검자가 점검한 이상 부위 "커넥터 탈거"를 기록한다.
2) ② 판정 및 정비(또는 조치)사항 : Ⓔ 판정은 수검자가 자기진단에서 정상이 아니기에 "불량"에 ✔ 표시를 하며, Ⓕ 정비 및 조치할 사항 란에는 고장부품과 정비방법으로 "커넥터 연결, 과거 기억소거 후 재점검"을 기록한다.

4. ECS 자기진단 그림

1. ECS 시스템 구성도 모습

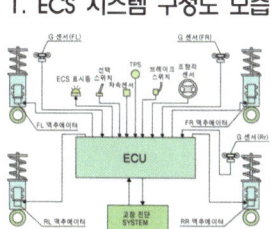

2. 자기진단기 설치 모습

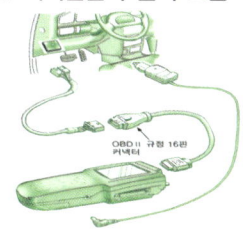

3. ECS 경고등 모습

섀시 5 제동력 측정

주어진 자동차에서 감독위원의 지시에 따라 제동력을 측정하여 기록·판정하시오.

1. 답안지 작성 방법 (제동력이 정상일 때)

섀시 5 : 시험 결과 기록표 자동차 번호 : ❶

Ⓐ비 번호							Ⓑ감독위원 확 인	
① 측정(또는 점검)					② 판정 및 조치사항			
Ⓒ항 목	구분	Ⓓ측정값	Ⓔ기준값		Ⓕ산출근거 및 제동력		Ⓖ판 정 (□에 '✔' 표)	Ⓗ득 점
			편차	합	편차(%)	합(%)		
제동력 위치 (□에 '✔' 표) ✔ 앞 □ 뒤	좌	400kgf	8.0% 이내	50% 이상	편차 = $\frac{400-360}{1104} \times 100$ = 3.62%	합 = $\frac{400+360}{1104} \times 100$ = 68.84%	✔ 양 호 □ 불 량	
	우	360kgf						

※ 측정 위치는 감독위원의 지정하는 위치에 □에 '✔' 표시합니다.
※ 측정값의 단위는 시험장비 기준으로 작성합니다.
※ 자동차검사기준 및 방법에 의하여 기록, 판정합니다.
※ 산출근거에는 단위를 기록하지 않아도 됩니다.

1) 비번호 : Ⓐ 비번호는 공단직원이 주는 등번호를 수검자가 기록한다.
2) 감독위원 확인 : Ⓑ 감독위원 확인란은 감독위원이 채점한 후에 도장을 찍는 부분으로 수검자는 기록하지 않는다.
3) ① 측정(또는 점검) : Ⓒ 항목은 감독위원이 지정하는 축인 "앞"에 ✔ 표시를 하며, Ⓓ 측정값 란은 수검자가 제동력을 측정한 값인 좌는 "400kgf", 우는 "360kgf"을 기록하며, Ⓔ 기준값은 제동력 편차인 "8.0% 이내", 합인 "50% 이상"을 기록한다.

  ㉮ 측정값 : ·좌 – 400kgf ·우 – 360kgf   ㉯ 제동력 편차 : 8.0% 이내   ㉰ 제동력 합 : 50% 이상

【 차종별 중량 기준값 (쌍용, 삼성) 】

차종 항목	CHAIRMAN H		REXTON			KYRON				ACTYON			SM5	
	500S	600S	2WD	4WD	AWD	2.0 (2WD)	2.0 (4WD)	2.7 (4WD)	2.7 AWD	2WD	4WD		1.8DOHC	
배기량(CC)	2,799	3,199	2,696	2,696	2,696	1,998	1,998	1,998	2,696	2,696	1,998	1,998	1,998	1,838	1,838
공차중량(kgf)	1,820	1,840	1,990	2,065	2,045	1,860	1,900	1,995	2,070	2,050	1,795	1,820	1,915	1,335	1,355
변속방식	A/T 5	A/T 5	A/T 5	A/T 5	A/T 5	M/T 5	A/T 6	A/T 6	A/T 5	A/T 5	M/T 5	A/T 6	A/T 6	M/T	A/T
연비(km/L)	8.2	7.8	10.7	10.7	10.7	12.9	11.2	11.2	10.7	10.6	12.9	11.9	11.9	12.2	10.1
에너지 등급	5	5	3	3	3	3	3	3	3	3	2	3	3	3	4

4) ② 판정 및 조치사항 : Ⓕ 산출근거는 공식에 대입하여 산출하는 계산식을 기록하며, Ⓖ 판정은 측정한 값과 기준값을 비교하여 범위 안에 들면 양호에, 범위를 벗어나면 불량에 ✔ 표시를 한다.

② 판정 및 조치사항 : Ⓕ 산출근거 및 제동력은 공식에 대입하여 산출하는 계산식인 편차 "편차 = $\frac{400-360}{1104} \times 100 = 3.62\%$"을, 합 "합 = $\frac{400+360}{1104} \times 100 = 68.84\%$" 기록하며, Ⓖ 판정은 측정한 값과 기준값을 비교하여 범위안에 들면 양호에 벗어나면 불량에 ✔ 표시를 한다.(전축중은 체어맨 W 600S A/T 60% 인 1,840×0.6=1104kgf으로 임의 설정함)

㉮ 편차 : $\frac{좌, 우제동력의 편차}{해당 축중} \times 100 = \frac{400-360}{1104} \times 100 = 3.62\%$

㉯ 합 : $\frac{좌, 우제동력의 합}{해당 축중} \times 100 = \frac{400+360}{1104} \times 100 = 68.84\%$

㉰ 판정 : 제동력의 차와 제동력의 합이 기준값 범위에 있으므로 "양호"에 ✔ 표시를 한다.

2. 시험장에서는 ……

제동력 테스터기는 구형인 지침식을 보유하고 있는 시험장과 신형인 ABS COMBI를 보유하고 있는 곳이 있으나 수검자는 어느 것이나 측정할 수 있는 능력을 보유하여야 한다. 보유하고 있는 테스터기로 측정법을 숙지하는 것은 물론 다른 테스터기의 사용법도 책 등을 이용하여 습득하여야 한다. 감독위원으로부터 답안지를 받고 제동력 테스터기 앞에 서면 보조원이 기다리고 있다. 보조원은 대부분 그곳의 학생으로 자격증 취득자이거나 테스터기를 능수능란하게 다룰 수 있는 학생이다. 보조원은 운전석에 앉아서 수검자가 지시를 내려 주기만을 기다리고 있다.

수검자는 테스터기를 세팅하고 보조원에게 차량을 진입하도록 지시하고 리프트를 하강시키면 롤러가 회전한다. 보조원에게 "브레이크 밟으세요." 하고 지침이 최대로 올랐을 때 푸시 버튼을 눌러 눈금을 읽는다. 주어진 축중과 좌우 측정값을 기록하고 리프트를 올린 후 계산하여 답안지를 작성하여 제출한다.

3. 답안지 작성 방법 (제동력의 합은 정상이나 편차가 기준값을 넘었을 때)

섀시 5 : 시험 결과 기록표
자동차 번호 : ❶

| Ⓐ비 번호 | | Ⓑ감독위원 확 인 | |

① 측정(또는 점검)			② 판정 및 조치사항				
Ⓒ항 목	구분	Ⓓ측정값	Ⓔ기준값 편차 / 합		Ⓕ산출근거 및 제동력 편차(%) / 합(%)		Ⓖ판 정 (□에 '✓'표)	Ⓗ득 점
제동력 위치 (□에 '✓' 표) ☑앞 □뒤	좌	300kgf	8.0% 이내	50% 이상	편차 = $\frac{390-210}{1104} \times 100$ = 16.3%	합 = $\frac{390+210}{1104} \times 100$ = 54.34%	□ 양 호 ☑ 불 량	
	우	210kgf						

※ 측정 위치는 감독위원의 지정하는 위치에 □에 '✓' 표시합니다.
※ 측정값의 단위는 시험장비 기준으로 작성합니다.
※ 자동차검사기준 및 방법에 의하여 기록, 판정합니다.
※ 산출근거에는 단위를 기록하지 않아도 됩니다.

1) ① 측정(또는 점검) : Ⓒ 항목은 감독위원이 지정하는 축인 "앞"에 ✓ 표시를 하며, Ⓓ 측정값 란은 수검자가 제동력을 측정한 값인 좌는 "300kgf", 우는 "210kgf"을 기록하며, Ⓔ 기준값은 제동력 편차인 "8.0% 이내", 합인 "50% 이상"을 기록한다.

2) ② 판정 및 조치사항 : Ⓕ 산출근거 및 제동력은 공식에 대입하여 산출하는 계산식인 편차 "편차 = $\frac{390-210}{1104} \times 100 = 16.3\%$"을, 합 "합 = $\frac{390+210}{1104} \times 100 = 54.34\%$" 기록하며, Ⓖ 판정은 측정한 값과 기준값을 비교하여 범위 안에 들면 양호에 벗어나면 불량에 ✓ 표시를 한다.(전축중은 체어맨 W 600S A/T 60% 인 1,840×0.6=1104kgf으로 임의 설정함)

㉮ 편차 : $\frac{좌, 우제동력의\ 편차}{해당\ 축중} \times 100 = \frac{390-210}{1104} \times 100 = 16.3\%$ ㉯ 합 : $\frac{좌, 우제동력의\ 합}{해당\ 축중} \times 100 = \frac{390+210}{1104} \times 100 = 54.34\%$

㉰ 판정 : 제동력의 합은 기준값 범위에 있으나 제동력의 편차가 기준값을 벗어나므로 "**불량**"에 ✓ 표시를 한다.

4. 답안지 작성 방법 (제동력의 좌우 편차가 기준값 이내이나 합이 기준값 이하일 때)

섀시 5 : 시험 결과 기록표
자동차 번호 : ❶

| Ⓐ비 번호 | | Ⓑ감독위원 확 인 | |

① 측정(또는 점검)			② 판정 및 조치사항				
Ⓒ항 목	구분	Ⓓ측정값	Ⓔ기준값 편차 / 합		Ⓕ산출근거 및 제동력 편차(%) / 합(%)		Ⓖ판 정 (□에 '✓'표)	Ⓗ득 점
제동력 위치 (□에 '✓' 표) ☑앞 □뒤	좌	160kgf	8.0% 이내	50% 이상	편차 = $\frac{160-120}{1104} \times 100$ = 3.62%	합 = $\frac{160+120}{1104} \times 100$ = 25.36%	□ 양 호 ☑ 불 량	
	우	120kgf						

※ 측정 위치는 감독위원의 지정하는 위치에 □에 '✓' 표시합니다.
※ 측정값의 단위는 시험장비 기준으로 작성합니다.
※ 자동차검사기준 및 방법에 의하여 기록, 판정합니다.
※ 산출근거에는 단위를 기록하지 않아도 됩니다.

1) ① 측정(또는 점검) : Ⓒ 항목은 감독위원이 지정하는 축인 "앞"에 ✓ 표시를 하며, Ⓓ 측정값 란은 수검자가 제동력을 측정한 값인 좌는 "160kgf", 우는 "120kgf"을 기록하며, Ⓔ 기준값은 제동력 편차인 "8.0% 이내", 합인 "50% 이상"을 기록한다.

2) ② 판정 및 조치사항 : Ⓕ 산출근거 및 제동력은 공식에 대입하여 산출하는 계산식인 편차 "편차 = $\frac{160-120}{1104} \times 100 = 3.62\%$"을, 합 "합 = $\frac{160+120}{1104} \times 100 = 25.36\%$" 기록하며, Ⓖ 판정은 측정한 값과 기준값을 비교하여 범위안에 들면 양호에 벗어나면 불량에 ✓ 표시를 한다.(전축중은 체어맨 W 600S A/T 60% 인 1,840×0.6=1104kgf으로 임의 설정함)

㉮ 편차 : $\frac{좌, 우제동력의\ 편차}{해당\ 축중} \times 100 = \frac{160-120}{1104} \times 100 = 3.62\%$

㉯ 합 : $\frac{좌, 우제동력의\ 편차}{해당\ 축중} \times 100 = \frac{160+120}{1104} \times 100 = 25.36\%$

㉰ 판정 : 제동력의 편차는 기준값 범위에 있으나 제동력의 합이 기준값을 벗어나므로 "**불량**"에 ✓ 표시를 한다.

전기 2 점화코일 1, 2차 저항 점검

자동차에서 점화코일 1, 2차 저항을 측정하고 코일의 고장 유무를 확인하여 기록·판정하시오.

1. 답안지 작성 방법 (점화코일 1, 2차 저항이 정상일 때)

전기 2 : 시험 결과 기록표
자동차 번호 : ❶

항 목	① 측정(또는 점검)		② 판정 및 정비(또는 조치)사항		❼ 득 점
	❸ 측 정 값	❹ 규정(정비한계)값	❺ 판정(□에 '✔'표)	❻ 정비 및 조치할 사항	
1차 저항	0.60Ω/20℃	0.62±0.06Ω / 20℃	☑ 양 호 □ 불 량	정비 및 조치사항 없음	
2차 저항	7.10kΩ/20℃	7.0±1.0kΩ / 20℃			

※ 단위가 누락되거나 틀린 경우는 오답으로 채점함.

1) 비번호 : ❸ 비번호는 공단직원이 주는 등번호를 수검자가 기록한다.
2) 감독위원 확인 : ❷ 감독위원 확인란은 감독위원이 채점한 후에 도장을 찍는 부분으로 수검자는 기록하지 않는다.
3) ① 측정(또는 점검) : ❸ 측정값은 수검자가 멀티 테스터기를 이용하여 측정한 1차 저항 "0.50Ω/20℃", 2차 저항 "12.10kΩ/20℃"을 기록하고 ❹ 규정(정비한계)값은 감독위원이 주어진 1차 저항 "0.5±0.05Ω / 20℃", 2차 저항 "12.1±1.8kΩ / 20℃"을 기록함.
    ㉮ 측정값 : •1차 저항 : 0.60Ω / 20℃,   •2차 저항 : 7.10kΩ / 20℃
    ㉯ 규정(정비한계)값 : •1차 저항 : 0.62±0.06Ω / 20℃,
                          •2차 저항 : 7.0±1.0kΩ / 20℃

【 점화 코일 1차 저항과 2차 코일 저항 규정값 】

차 종		1 차코일(Ω)/20℃	2 차코일(kΩ)/ 20℃	비고
아반떼 XD(2006)	G 1.6 DOHC	0.62±10%	7.0±15%	
	G 2.0 DOHC	0.58±10%	8.8±15%	
	D 1.5 TCI-U	−	−	
아반떼 HD(2010)	G 1.6 DOHC	0.75±15%	−	
	G 2.0 DOHC	0.58±10%	8.8±15%	
	D 1.6 TCI-U			
NF 쏘나타	G 2.0 DOHC	0.62±10%	7.0±15%	
	G 2.4 DOHC			
	L 2.0 DOHC			
	D 2.0 TCI-D	−	−	
K5(2011)	G 2.0 DOHC	0.62±10%	7.0±15%	
	G 2.4 GDI			
	L 2.0 DOHC			
모닝(2011)	G 1.0 SOHC	0.87±10%	13.0±15%	
	L 1.0 SOHC	0.75±10%	5.9±15%	

4) ② 판정 및 정비(또는 조치)사항 : ❺ 판정은 수검자가 측정한 값과 규정(정비한계)값을 비교하여 범위 내에 있으면 양호, 벗어나면 불량에 ✔표시를 하며, ❻ 정비 및 조치할 사항 란에는 고장원인과 정비할 사항을 기록한다.
    ㉮ 판정 : •양호 : 규정(정비한계)값의 범위에 있을 때   •불량 : 규정(정비한계)값의 범위를 벗어났을 때
    ㉯ 정비 및 조치할 사항 : 양호하면 정비 및 조치 사항 없음으로, 불량일 경우 고장원인과 정비방법을 기록한다.
5) 득점 : ❼ 득점은 감독위원이 채점을 하고 점수를 기록하는 부분으로 수검자는 기록하지 않는다.
6) 자동차 번호 : ❽ 측정하는 자동차의 번호를 수검자가 기록한다.

2. 답안지 작성 방법 (점화코일 1차, 2차 코일의 저항이 낮을 때)

전기 2 : 시험 결과 기록표
자동차 번호 : ⓗ ⓐ 비번호   ⓑ 감독위원 확인

항 목	① 측정(또는 점검)		② 판정 및 정비(또는 조치)사항		ⓖ 득 점
	ⓒ 측 정 값	ⓓ 규정(정비한계)값	ⓔ 판정(□에 '✔'표)	ⓕ 정비 및 조치할 사항	
1차 저항	0Ω/20℃	0.62±0.06Ω / 20℃	□ 양 호 ☑ 불 량	점화코일 교환 후 재점검	
2차 저항	5.30kΩ/20℃	7.0±1.0kΩ / 20℃			

※ 단위가 누락되거나 틀린 경우는 오답으로 채점함.

1) ① 측정(또는 점검) : ⓒ 측정값은 수검자가 멀티 테스터기를 이용하여 측정한 1차 저항 "0Ω/20℃", 2차 저항 "5.30kΩ/20℃"을 기록하고 ⓓ 규정(정비한계)값은 감독위원이 주어진 1차 저항 "0.62±0.06Ω / 20℃", 2차 저항 "7.0±1.0kΩ / 20℃"을 기록함.

2) ② 판정 및 정비(또는 조치)사항 : ⓔ 판정은 측정한 값과 규정(정비한계)값을 비교하니 범위를 벗어나므로 "불량"에 ✔표시를 하며, ⓕ 정비 및 조치할 사항 란에는 "점화코일 교환 후 재점검"을 기록한다.

3. 답안지 작성 방법 (점화코일 1차, 2차 코일 저항이 ∞ 일 때)

전기 2 : 시험 결과 기록표
자동차 번호 : ⓗ ⓐ 비번호   ⓑ 감독위원 확인

항 목	① 측정(또는 점검)		② 판정 및 정비(또는 조치)사항		ⓖ 득 점
	ⓒ 측 정 값	ⓓ 규정(정비한계)값	ⓔ 판정(□에 '✔'표)	ⓕ 정비 및 조치할 사항	
1차 저항	∞Ω/20℃	0.62±0.06Ω / 20℃	□ 양 호 ☑ 불 량	점화코일 교환 후 재점검	
2차 저항	∞kΩ/20℃	7.0±1.0kΩ / 20℃			

※ 단위가 누락되거나 틀린 경우는 오답으로 채점함.

1) ① 측정(또는 점검) : ⓒ 측정값은 수검자가 멀티 테스터기를 이용하여 측정한 1차 저항 "∞Ω/20℃", 2차 저항 "∞kΩ/20℃"을 기록하고 ⓓ 규정(정비한계)값은 감독위원이 주어진 1차 저항 "0.62±0.06Ω / 20℃", 2차 저항 "7.0±1.0kΩ / 20℃"을 기록함.

2) ② 판정 및 정비(또는 조치)사항 : ⓔ 판정은 측정한 값과 규정(정비한계)값을 비교하니 범위를 벗어나므로 "불량"에 ✔표시를 하며, ⓕ 정비 및 조치할 사항 란에는 "점화코일 교환 후 재점검"을 기록한다.

4. 점화 1차, 2차 코일 저항 점검 현장 사진

1. 각종 점화 코일 모습

DLI 방식의 점화 코일 모습이다. 차종마다 코일 모양은 다르지만 안에 1, 2차 코일이 내장되어 있다.

2. 1차 코일 저항 측정

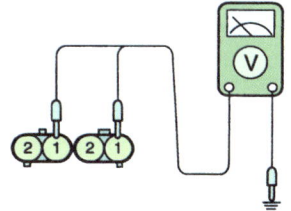

멀티 테스터를 이용하여 1차 코일의 저항을 측정하고 있는 모습이다. 저항 측정에서는 테스트 리드 (+)와 (−) 구분이 없다.

3. 2차 코일 저항 측정

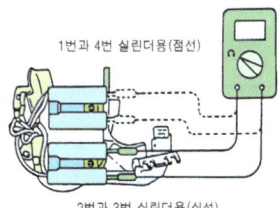

멀티 테스터를 이용하여 2차 코일 저항을 측정하고 있는 모습이다. 저항 측정에서는 테스트 리드 (+)와 (−) 구분이 없다.

전기 3 파워 윈도우 회로 점검

주어진 자동차에서 파워 윈도우 회로에 고장부분을 점검한 후 기록표에 기록·판정하시오.

1. 답안지 작성 방법 (모든 파워 윈도우가 작동하지 않을 때)

전기 3 : 시험 결과 기록표
자동차 번호 : ⓗ

	Ⓐ 비번호		Ⓑ 감독위원 확 인		
항 목	① 측정(또는 점검)		② 판정 및 정비(또는 조치)사항		Ⓖ 득 점
	Ⓒ 이상 부위	Ⓓ 내용 및 상태	Ⓔ 판정(□에 'ｖ'표)	Ⓕ 정비 및 조치할 사항	
파워 윈도우 회로	파워 윈도우 릴레이	탈거	□ 양 호 ☑ 불 량	파워 윈도우 릴레이 교환 후 재점검	

1) 비번호 : Ⓐ 비번호는 공단직원이 주는 자기 등번호를 수검자가 기록한다.
2) 감독위원 확인 : Ⓑ 감독위원 확인란은 감독위원이 채점한 후에 도장을 찍는 부분으로 수검자는 기록하지 않는다.
3) ① 측정(또는 점검) : Ⓒ 이상 부위는 수검자가 전조등이 작동되지 않는 이유 중 고장 난 부품 명칭인 "파워 윈도우릴레이"를 기록하고, Ⓓ 내용 및 상태는 탈거된 상태이므로 "탈거"를 기록한다.
4) ② 판정 및 정비(또는 조치)사항 : Ⓔ 판정은 "불량"에 ✔ 표시를 하고 Ⓕ 정비 및 조치할 사항 란에는 "파워 윈도우 릴레이 교환 후 재점검"으로 기록한다.

2. 답안지 작성 방법 (파워 윈도우 일부가 작동하지 않을 때)

전기 3 : 시험 결과 기록표
자동차 번호 : ⓗ

	Ⓐ 비번호		Ⓑ 감독위원 확 인		
항 목	① 측정(또는 점검)		② 판정 및 정비(또는 조치)사항		Ⓖ 득 점
	Ⓒ 이상 부위	Ⓓ 내용 및 상태	Ⓔ 판정(□에 'ｖ'표)	Ⓕ 정비 및 조치할 사항	
파워 윈도우 회로	파워 윈도우 스위치 커넥터	탈거	□ 양 호 ☑ 불 량	파워 윈도우 스위치 커넥터 장착 후 재점검	

1) ① 측정(또는 점검) : Ⓒ 이상 부위는 수검자가 전조등이 작동되지 않는 이유 중 고장 난 부품 명칭인 "파워 윈도우스위치 커넥터"를 기록하고, Ⓓ 내용 및 상태는 탈거된 상태이므로 "탈거"를 기록한다.
2) ② 판정 및 정비(또는 조치)사항 : Ⓔ 판정은 "불량"에 ✔ 표시를 하고 Ⓕ 정비 및 조치할 사항 란에는 "파워 윈도우 스위치 장착 후 재점검"으로 기록한다.

3. 답안지 작성 방법 (파워 윈도우 일부가 작동하지 않을 때)

전기 3 : 시험 결과 기록표
자동차 번호 : ⓗ

	Ⓐ 비번호		Ⓑ 감독위원 확 인		
항 목	① 측정(또는 점검)		② 판정 및 정비(또는 조치)사항		Ⓖ 득 점
	Ⓒ 이상 부위	Ⓓ 내용 및 상태	Ⓔ 판정(□에 'ｖ'표)	Ⓕ 정비 및 조치할 사항	
파워 윈도우 회로	파워 윈도우 퓨즈	탈거	□ 양 호 ☑ 불 량	파워 윈도우 퓨즈 장착 후 재점검	

1) ① 측정(또는 점검) : Ⓒ 이상 부위는 수검자가 전조등이 작동되지 않는 이유 중 고장난 부품 명칭인 "파워 윈도우 퓨즈"를 기록하고, Ⓓ 내용 및 상태는 탈거된 상태이므로 "탈거"를 기록한다.
4) ② 판정 및 정비(또는 조치)사항 : Ⓔ 판정은 "불량"에 ✔ 표시를 하고 Ⓕ 정비 및 조치할 사항 란에는 "파워 윈도우 퓨즈 장착 후 재점검"으로 기록한다.

4. 시험장에서는 ……

전기 회로의 검사는 실제 차량을 이용하지만 일부에서는 시뮬레이터를 이용하기도 한다. 그러나 추세는 실제 차량으로 하고 있다. 전기 회로를 점검 할 때는 시동을 걸어 놓고 하여야 하지만 안전상 시동을 꺼놓고 점검을 한다. 감독위원이 수검용 차량을 만들 때 퓨즈나 커넥터를 탈거하여 작동이 불가능 하도록 하는 경우가 대부분이다. 만약 퓨즈나 전구 스위치가 없으면 감독 위원에게 새것을 받아서 설치한 다음 작동시켜서 이상이 없으면 감독위원에게 "다되었습니다." 하고 확인시켜 드린다. 확인 후에 감독위원이 "다시 원위치로 하여 놓으세요." 라고 하면 원래 있던 대로 하여 놓고, 그리고 답안지에 고장이 났던 내용을 기입하여 제출하면 된다. 대부분 복잡하게 고장을 내지 않는다. 기능사 범위에서 산업기사나 기능장 수준의 답변을 요구하지 않는다. 하지만 기본적인 사항은 파악하고 있어야 하므로 열심히 준비하여야 한다.

5. 답안지 작성 방법 (파워 윈도우가 작동하지 않을 때)

전기 3 : 시험 결과 기록표 자동차 번호 : ⓗ		Ⓐ 비번호		Ⓑ 감독위원 확 인	
항 목	① 측정(또는 점검)		② 판정 및 정비(또는 조치)사항		Ⓖ 득 점
	Ⓒ 이상 부위	Ⓓ 내용 및 상태	Ⓔ 판정(□에 '✔'표)	Ⓕ 정비 및 조치할 사항	
파워 윈도우 회로	파워 윈도우 모터 커넥터	탈거	□ 양 호 ✔ 불 량	파워 윈도우 모터 커넥터 장착 후 재점검	

1) ① 측정(또는 점검) : Ⓒ 이상 부위는 수검자가 전조등이 작동되지 않는 이유 중 고장난 부품 명칭인 "파워 윈도우 모터 커넥터"를 기록하고, Ⓓ 내용 및 상태는 탈거된 상태이므로 "탈거"를 기록한다.
4) ② 판정 및 정비(또는 조치)사항 : Ⓔ 판정은 "불량"에 ✔ 표시를 하고 Ⓕ 정비 및 조치할 사항 란에는 "파워 윈도우 모터 커넥터 장착 후 재점검"으로 기록한다.

6. 파워 윈도우 회로 점검 현장 사진

1. 파워 윈도우 메인 스위치 모습

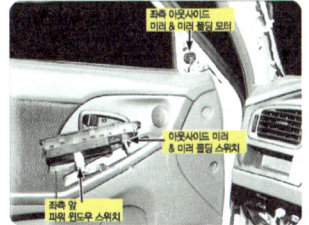

2. 파워 윈도우 모터 모습

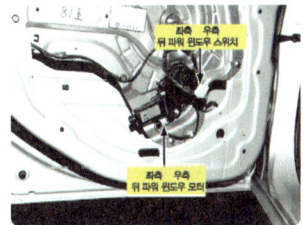

3. 파워 윈도우 릴레이 모습

4. 파워 윈도우 메인 스위치 모습

5. 파워 윈도우 메인 스위치 모습

6. 파워 윈도우 모터 모습

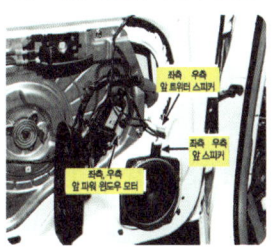

7. 파워 윈도우 회로의 구성 부품

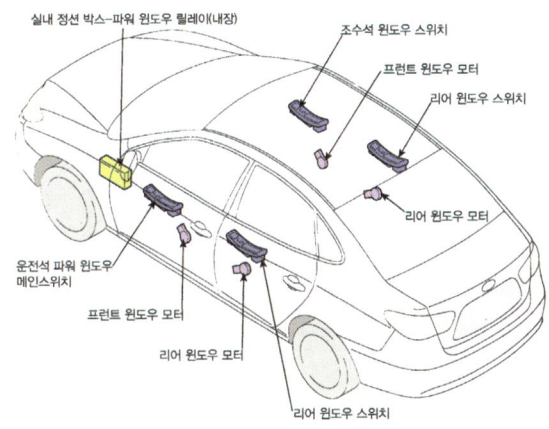

전기 4 전조등 광도측정

주어진 자동차에서 좌 또는 우측의 전조등 광도를 측정하고 기록표에 기록·판정하시오.(규정값은 수검자 암기사항이다)

1. 답안지 작성 방법 (광도가 정상일 때)

전기 4 : 시험 결과 기록표
자동차 번호 : ❶

		Ⓐ 비번호		Ⓑ 감독위원 확인		
① 측정(또는 점검)				② 판정		Ⓖ 득점
Ⓒ 구분	측정 항목	Ⓓ 측정값	Ⓔ 기준값	Ⓕ 판정(□에 '✔'표)		
□에 '✔'표 위치 : □ 좌 ☑ 우	광 도	38,200cd	3,000cd 이상	☑ 양 호 □ 불 량		

※ 측정 위치는 감독위원의 지정하는 위치에 □에 '✔' 표시함
※ 자동차검사기준 및 방법에 의하여 기록, 판정한다.

1) **비번호** : Ⓐ 비번호는 공단직원이 주는 등번호를 수검자가 기록한다.
2) **감독위원 확인** : Ⓑ 감독위원 확인란은 감독위원이 채점한 후에 도장을 찍는 부분으로 수검자는 기록하지 않는다.
3) **① 측정(또는 점검)** : Ⓒ 구분란은 감독위원이 지정한 위치인 "우"에 ✔ 표시를 한다. Ⓓ 측정항목은 감독위원이 지정한 "광도"를 기록한다. Ⓔ 측정값은 수검자가 측정 한 광도인 "38,200cd"를 기록하며, Ⓕ 기준값은 수검자가 검사 기준값인 "3,000cd 이상"을 기록한다.(반드시 단위를 기입한다)
   ㉮ 구 분 : ·위치 – ☑ 우
   ㉯ 측정값 : 측정 광도 – 38,200cd
   ㉰ 기준값 : ·3,000cd 이상
   • 전조등 광도 기준값 : 변환빔의 광도는 3,000cd 이상일 것 – 좌·우측 전조등(변환빔)의 광도와 광도점을 전조등시험기로 측정하여 광도점의 광도 확인(자동차 관리법 시행규칙의 등화장치 – 별표 15)

2) **② 판정** : Ⓖ 판정은 수검자가 측정한 값과 기준값을 비교하여 범위 내에 있으면 양호, 벗어나면 불량에 ✔ 표시를 한다.
   ㉮ 판정 : ·양호 : 기준값의 범위(3,000cd 이상)에 있을 때
              ·불량 : 기준값의 범위(3,000cd 미만)를 벗어났을 때
5) **득점** : ❶ 득점은 감독위원이 채점을 하고 점수를 기록하는 부분으로 수검자는 기록하지 않는다.
6) **자동차 번호** : ❶ 측정하는 자동차 번호를 수검자가 기록한다.

2. 시험장에서는 ……

헤드라이트의 광도와 광축 측정은 엔진의 시동을 걸고 측정하여야 옳으나 시험장에서는 안전을 위하여 엔진이 정지된 상태에서 측정하는 경우가 많다. 감독위원이 좌측이나 우측을 지정하여 주는 곳을 측정하는데 좌, 우는 운전석에 앉아서 좌측과 우측임을 잊지 말아야 한다. 측정하기 전에 조건이(타이어의 공기압, 배터리 성능, 바닥의 수평 상태 등) 맞는지 확인하고 헤드라이트의 유리를 깨끗한 걸레로 닦아서 측정값이 정확하게 나오도록 하여야 한다. 측정은 상향등 상태에서 측정하여야 하며, 차량은 공회전(단, 광도 측정시 2,000rpm), 공차 상태, 운전자 1인 승차하여 측정하여야 한다. 보조원이 운전석에 앉아서 라이트를 조작하여 주는 경우도 있으나 대부분은 운전자가 탑승하지 않은 상태에서 측정한다. 근래에 생산된 차량은 헤드라이트 조작이 키 스위치를 넣어야지만 가능하도록 되어 있으므로 참고 하기 바란다.

3. 답안지 작성 방법 (광도가 불량일 때)

전기 4 : 시험 결과 기록표

자동차 번호 : ❶			Ⓐ비 번호		Ⓑ감독위원 확 인	
① 측정(또는 점검)				② 판정		Ⓗ득 점
Ⓒ구분	Ⓓ측정 항목	Ⓔ측정값	Ⓕ 기준값	Ⓖ판정(□에 '✔' 표)		
□에 '✔' 표 위치 : ☑ 좌 □ 우	광 도	800cd	3,000cd 이상	□ 양 호 ☑ 불 량		

※ 측정 위치는 감독위원의 지정하는 위치에 □에 '✔' 표시함.
※ 자동차검사기준 및 방법에 의하여 기록, 판정한다.

1) Ⓒ 구분란은 감독위원이 지정한 위치인 "좌"에 ✔ 표시를 한다. Ⓓ 측정항목은 감독위원이 지정한 "광도"를 기록한다. Ⓔ 측정값은 수검자가 측정 한 광도인 "800cd"를 기록하며, Ⓕ 기준값은 수검자가 검사 기준값인 "3,000cd 이상"을 기록한다. (반드시 단위를 기입한다)

2) ② 판정 : Ⓖ 판정은 수검자가 측정한 값과 기준값을 비교하여 범위에 미달하므로 "불량"에 ✔ 표시를 한다.

4. 전조등 측정 방법 현장사진

1. 차량을 측정기에 진입한다.

차량을 직진으로 진행시켜 차량과 전조등간의 거리는 1m로 한다.

2. 전원 스위치 ON

측정기 측면에 있는 ON/ OFF 스위치를 ON으로 한다.

3. 수평 맞춤

수직, 수평이 맞도록 레이저로 조절하여 전조등의 상하중심에 오도록 한다.

4. 측정 위치 초기화면

측정기 화면에서 측정을 선택하여 손가락으로 누른다.

5. 측정 위치로 전환

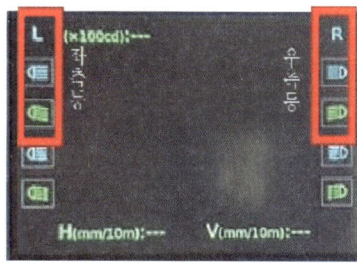

감독위원의 지시에 따라 좌우 위치의 하향등을 선택하여 터치한다.

6. 측정 완료 버튼 터치

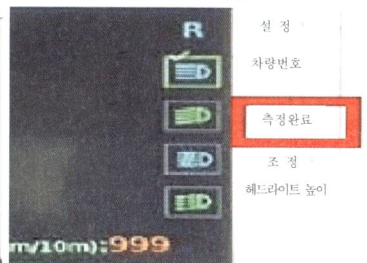

화면 오른쪽 측면에 있는 측정 완료 버튼을 누르면 측정값이 나온다.

7. 측정 완료 화면

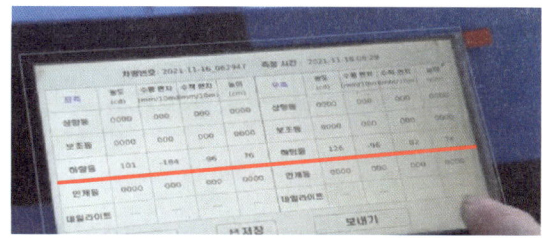

측정기 화면에서 감독위원이 지정했던 헤드라이트 하향등 광도값을 읽어주고 답안지를 작성한다.

실기시험문제

자동차정비기능사(1~15안)

※ 시험문제의 요구사항에서 [엔진, 섀시, 전기]과제 중
세부항목을 조합하여 출제되며,
일부 내용이 변경될 수 있음

국가기술자격검정 실기시험문제

자동차정비기능사

자 격 종 목	자동차정비 기능사	과 제 명	자동차 정비 작업
비번호		시험일시		시험장명	

※ 시험시간 : 4시간 [엔진 : 1시간 40분, 섀시 : 1시간 20분, 전기 : 1시간]

※ 시험문제 ①~㉚형의 요구사항에서 [엔진, 섀시, 전기]과제 중 세부항목을 조합하여 출제되며, 일부 내용이 변경될 수 있음

1. 엔 진

① 주어진 디젤 엔진에서 실린더 헤드와 분사 노즐(1개)을 탈거한 후 (감독위원에게 확인하고) 감독위원의 지시에 따라 기록표의 내용대로 기록·판정한 후 다시 조립하시오.
② 주어진 전자제어 가솔린 엔진에서 감독위원의 지시에 따라 시동에 필요한 점화회로의 고장부분 1개소를 점검 및 수리하여 시동하시오.
③ 주어진 자동차의 전자제어 가솔린 엔진의 공회전 조절장치를 탈거(감독위원에게 확인)한 후 다시 조립하고 감독위원의 지시에 따라 진단기(스캐너)를 사용하여 엔진의 각종 센서(액추에이터)를 점검 후 고장부분을 기록하시오.
④ 주어진 자동차에서 기록표에 제시된 내용을 측정하고 기록·판정하시오.

2. 섀 시

① 주어진 자동차에서 감독위원의 지시에 따라 앞 쇽업소버(shock absorber) 스프링을 탈거(감독위원에게 확인)한 후 다시 조립하시오.
② 주어진 자동차에서 감독위원의 지시에 따라 휠 얼라인먼트 시험기를 사용하여 캐스터 각과 캠버 각을 점검하고 기록·판정하시오.
③ 주어진 자동차(ABS 장착 차량)에서 감독위원의 지시에 따라 브레이크 패드(좌 또는 우측)를 탈거(감독위원에게 확인)하고 다시 조립하여 브레이크의 작동상태를 확인하시오.
④ 주어진 자동차에서 감독위원의 지시에 따라 인히비터 스위치와 변속 선택 레버 위치를 점검하고 기록·판정하시오.
⑤ 주어진 자동차에서 감독위원의 지시에 따라 제동력을 측정하여 기록·판정하시오.

3. 전 기

① 주어진 자동차에서 윈드 실드 와이퍼 모터를 탈거(감독위원에게 확인)한 후 다시 부착하여 와이퍼 블레이드가 작동되는지 확인하시오.
② 주어진 자동차에서 시동 모터의 크랭킹 부하시험을 하여 고장부분을 점검한 후 기록·판정하시오.
③ 주어진 자동차에서 미등 및 번호등 회로의 고장부분을 점검한 후 기록·판정하시오.
④ 주어진 자동차에서 좌 또는 우측의 전조등 광도를 측정하고 기록·판정하시오.

◈ 국가기술자격검정 실기시험 결과기록표(1안) ◈

자 격 종 목	자동차정비기능사	과 제 명	자동차 정비 작업

※ 기록표는 문항별 구분 절단하여 배부하고, 각 문항별로 종료시 회수한다.

엔 진

➡ 엔진 1 : 시험 결과 기록표
　　　　엔진 번호 :

비 번 호		감독위원 확 인	

항 목	① 측정(또는 점검)		② 판정 및 정비(또는 조치) 사항		득 점
	측정값	규정(정비한계)값	판정(□에 '✔' 표)	정비 및 조치할 사항	
분사노즐압력			□ 양 호 □ 불 량		

➡ 엔진 3 : 시험 결과 기록표
　　　　자동차 번호 :

비 번 호		감독위원 확 인	

항 목	① 측정(또는 점검)			② 고장 및 정비(또는 조치) 사항		득 점
	고장부위	측정값	규정값	고장 내용	정비 및 조치할 사항	
센서(액추에이터) 점검						

➡ 엔진 4 : 시험 결과 기록표
　　　　자동차 번호 :

비 번 호		감독위원 확 인	

① 측정(또는 점검)						② 판정		득 점
차종	연식	기준값	측정값	측정		산출근거(계산) 기록	판정(□에 '✔' 표)	
				1회 : 2회 : 3회 :			□ 양 호 □ 불 량	

※ 감독위원이 제시한 자동차 등록증(또는 차대번호)을 활용하여 차종 및 연식을 적용합니다.
※ 매연 농도를 산술 평균하여 소수점 이하는 버림 값으로 기입합니다.
※ 자동차 검사기준 및 방법에 의하여 기록, 판정합니다.
※ 측정 및 판정은 무부하 조건으로 합니다.

섀 시

➡ 섀시 2 : 시험 결과 기록표
　　　　자동차 번호 :

비 번 호		감독위원 확 인	

항 목	① 측정(또는 점검)		② 판정 및 정비(또는 조치) 사항		득 점
	측정값	규정(정비한계)값	판정(□에 '✔' 표)	정비 및 조치할 사항	
캐스터 각			□ 양 호 □ 불 량		
캠버 각					

➡ 섀시 4 : 시험 결과 기록표
　　　　자동차 번호 :

비 번 호		감독위원 확 인	

항 목	① 측정(또는 점검)		② 판정 및 정비(또는 조치) 사항		득 점
	점검 위치	내용 및 상태	판정(□에 '✔' 표)	정비 및 조치할 사항	
인히비터 스위치			□ 양 호 □ 불 량		
변속 선택 레버					

▶ 섀시 5 : 시험 결과 기록표

자동차 번호 :

비 번호 :　　　　감독위원 확 인

항 목	구분	① 측정(또는 점검)			② 판정 및 조치 사항			득 점
		측정값	기준값		산출근거 및 제동력		판정 (□에 '✔' 표)	
			편차	합	편차(%)	합(%)		
제동력 위치 (□에 '✔' 표) □ 앞 □ 뒤	좌						□ 양 호 □ 불 량	
	우							

※ 측정 위치는 감독위원의 지정하는 위치에 □에 '✔' 표시합니다.
※ 자동차검사기준 및 방법에 의하여 기록, 판정합니다.
※ 측정값의 단위는 시험장비 기준으로 작성합니다.
※ 산출근거에는 단위를 기록하지 않아도 됩니다.

전 기

▶ 전기 2 : 시험 결과 기록표

자동차 번호 :

비 번호 :　　　　감독위원 확 인

항 목	① 측정(또는 점검)		② 판정 및 정비(또는 조치) 사항		득 점
	측정값	규정(정비한계)값	판정(□에 '✔' 표)	정비 및 조치할 사항	
전류 소모			□ 양 호 □ 불 량		

▶ 전기 3 : 시험 결과 기록표

자동차 번호 :

비 번호 :　　　　감독위원 확 인

항 목	① 측정(또는 점검)		② 판정 및 정비(또는 조치) 사항		득 점
	고장 부분	내용 및 상태	판정(□에 '✔' 표)	정비 및 조치할 사항	
미등 및 번호등 회로			□ 양 호 □ 불 량		

▶ 전기 4 : 시험 결과 기록표

자동차 번호 :

비 번호 :　　　　감독위원 확 인

구분	① 측정(또는 점검)			② 판정	득 점
	측정항목	측정값	기준값	판정(□에 '✔' 표)	
□에 '✔' 표 위치 : □ 좌 □ 우	광도		_____ cd 이상	□ 양 호 □ 불 량	

※ 측정 위치는 감독위원이 지정하는 위치에 □에 ✔표시합니다.
※ 자동차 검사 기준 및 방법에 의하여 기록, 판정합니다.

국가기술자격검정 실기시험문제

자동차정비기능사

자격종목	자동차정비 기능사	과 제 명	자동차 정비 작업
비번호		시험일시		시험장명	

※ 시험시간 : 4시간 [엔진 : 1시간 40분,   섀시 : 1시간 20분,   전기 : 1시간]

※ 시험문제 ①~㉚형의 요구사항에서 [엔진, 섀시, 전기]과제 중 세부항목을 조합하여 출제되며, 일부 내용이 변경될 수 있음

1. 엔 진

① 주어진 가솔린 엔진에서 실린더 헤드와 밸브 스프링(1개)을 탈거(감독위원에게 확인)하고 감독위원의 지시에 따라 기록표의 내용대로 기록·판정한 후 다시 조립하시오.
② 주어진 전자제어 가솔린 엔진에서 감독위원의 지시에 따라 시동에 필요한 연료장치 회로의 고장부분 1개소를 점검 및 수리하여 시동하시오.
③ 주어진 자동차에서 전자제어 가솔린 엔진의 인젝터 1개를 탈거(감독위원에게 확인)한 후 다시 조립하고 감독위원의 지시에 따라 진단기(스캐너)를 사용하여 엔진의 각종 센서(액추에이터) 점검 후 고장부분을 기록하시오.
④ 주어진 자동차에서 기록표에 제시된 내용을 측정하고 기록·판정하시오.

2. 섀 시

① 주어진 자동차에서 감독위원의 지시에 따라 (좌 또는 우측) 앞 허브 및 너클을 탈거(감독위원에게 확인)한 후 다시 조립하시오.
② 주어진 자동차에서 감독위원의 지시에 따라 휠 얼라인먼트 시험기를 사용하여 캐스터 각과 캠버 각을 점검하여 기록·판정하시오.
③ 주어진 자동차에서 감독위원의 지시에 따라 (좌 또는 우측) 브레이크 라이닝(슈)을 탈거(감독위원에게 확인)하고 다시 조립하여 브레이크의 작동상태를 확인하시오.
④ 주어진 자동차에서 감독위원의 지시에 따라 진단기(스캐너)로 자동변속기를 점검하고 기록·판정하시오.
⑤ 주어진 자동차에서 감독위원의 지시에 따라 좌 또는 우회전시 최소회전 반경을 측정하여 기록·판정하시오.

3. 전 기

① 주어진 자동차에서 발전기를 탈거(감독위원에게 확인)한 후 다시 부착하여 발전기가 정상 작동하는지 충전전압으로 확인하시오.
② 주어진 자동차에서 점화코일의 1차, 2차 저항을 측정하고 코일의 고장 유무를 확인하여 기록·판정하시오.
③ 주어진 자동차에서 전조등 회로의 고장부분을 점검한 후 기록·판정하시오.
④ 주어진 자동차에서 경음기 음량을 측정하여 기록·판정하시오.

◈ 국가기술자격검정 실기시험 결과기록표(2안) ◈

자 격 종 목	자동차정비기능사	과 제 명	자동차 정비 작업

※ 기록표는 문항별 구분 절단하여 배부하고, 각 문항별로 종료시 회수한다.

엔 진

▶ 엔진 1 : 시험 결과 기록표
   엔진 번호 :

비 번호		감독위원 확 인	

항 목	① 측정(또는 점검)		② 판정 및 정비(또는 조치) 사항		득 점
	측정값	규정(정비한계)값	판정(□에 '✔' 표)	정비 및 조치할 사항	
밸브 스프링 장력			□ 양 호 □ 불 량		

▶ 엔진 3 : 시험 결과 기록표
   자동차 번호 :

비 번호		감독위원 확 인	

항 목	① 측정(또는 점검)			② 고장 및 정비(또는 조치) 사항		득 점
	고장부위	측정값	규정값	고장 내용	정비 및 조치할 사항	
센서(액추에이터) 점검						

▶ 엔진 4 : 시험 결과 기록표
   자동차 번호 :

비 번호		감독위원 확 인	

항 목	① 측정(또는 점검)		② 판정 (□에 '✔' 표)	득 점
	측정값	기준값		
CO			□ 양 호 □ 불 량	
HC				

※ 감독위원이 제시한 자동차등록증(또는 차대번호)을 활용하여 차종 및 연식을 적용합니다.
※ 자동차 검사기준 및 방법에 의하여 기록, 판정합니다.
※ CO 측정값은 소수점 첫째자리까지만 기입하고 HC 측정값은 소수점 자리를 기록하지 않습니다.

섀 시

▶ 섀시 2 : 시험 결과 기록표
   자동차 번호 :

비 번호		감독위원 확 인	

항 목	① 측정(또는 점검)		② 판정 및 정비(또는 조치) 사항		득 점
	측정값	규정(정비한계)값	판정(□에 '✔' 표)	정비 및 조치할 사항	
캐스터 각			□ 양 호 □ 불 량		
캠버 각					

▶ 섀시 4 : 시험 결과 기록표
   자동차 번호 :

비 번호		감독위원 확 인	

항 목	① 측정(또는 점검)		② 판정 및 정비(또는 조치) 사항		득 점
	이상 부분	내용 및 상태	판정(□에 '✔' 표)	정비 및 조치할 사항	
변속기 자기진단			□ 양 호 □ 불 량		

▶ 섀시 5 : 시험 결과 기록표

자동차 번호 :

항 목	① 측정(또는 점검)				② 판정 및 정비(또는 조치) 사항		득 점
	좌측바퀴	우측바퀴	기준값 (최소회전반경)	측정값 (최소회전반경)	산출근거	판정 (□에 '✔' 표)	
회전 방향 (□에 '✔' 표) □ 좌 □ 우						□ 양 호 □ 불 량	

※ 회전 방향은 감독위원이 지정하는 위치에 □에 '✔' 표시합니다.
※ 축거 및 바퀴의 접지면 중심과 킹핀과의 거리(r)는 감독위원이 제시합니다.
※ 자동차검사기준 및 방법에 의하여 기록, 판정합니다.
※ 산출근거에는 단위를 기록하지 않아도 됩니다.

전 기

▶ 전기 2 : 시험 결과 기록표

자동차 번호 :

항 목	① 측정(또는 점검)		② 판정 및 정비(또는 조치) 사항		득 점
	측정값	규정(정비한계)값	판정(□에 '✔' 표)	정비 및 조치할 사항	
1차 저항			□ 양 호 □ 불 량		
2차 저항					

▶ 전기 3 : 시험 결과 기록표

자동차 번호 :

항 목	① 측정(또는 점검)		② 판정 및 정비(또는 조치) 사항		득 점
	이상 부위	내용 및 상태	판정(□에 '✔' 표)	정비 및 조치할 사항	
전조등 회로			□ 양 호 □ 불 량		

▶ 전기 4 : 시험 결과 기록표

자동차 번호 :

항 목	① 측정(또는 점검)		② 판정 및 정비(또는 조치) 사항	득 점
	측정값	기준값	판정(□에 '✔' 표)	
경음기 음량		_____ dB 이상 _____ dB 이하	□ 양 호 □ 불 량	

※ 감독위원이 제시한 자동차등록증(또는 차대번호)을 활용하여 차종 및 연식을 적용합니다.
※ 자동차검사기준 및 방법에 의하여 기록, 판정합니다.
※ 암소음은 무시합니다.

3안 국가기술자격검정실기시험문제

자동차정비기능사

자격종목	자동차정비 기능사	과제명	자동차 정비 작업
비번호		시험일시		시험장명	

※ 시험시간 : 4시간 [엔진 : 1시간 40분,   섀시 : 1시간 20분,   전기 : 1시간]

※ 시험문제 ①~㉚형의 요구사항에서 [엔진, 섀시, 전기]과제 중 세부항목을 조합하여 출제되며, 일부 내용이 변경될 수 있음

1. 엔진

① 주어진 디젤엔진에서 워터펌프와 라디에이터 압력식 캡을 탈거 후 (감독위원에게 확인)하고 감독위원의 지시에 따라 기록표의 내용대로 기록·판정한 후 다시 조립하시오.
② 주어진 전자제어 가솔린 엔진에서 감독위원의 지시에 따라 시동에 필요한 크랭킹 회로의 고장부분 1개소를 점검 및 수리하여 시동하시오.
③ 주어진 자동차에서 전자제어 가솔린 엔진의 흡입공기 유량센서를 탈거(감독위원에게 확인)한 후 다시 조립하고 감독위원의 지시에 따라 진단기(스캐너)를 사용하여 엔진의 각종 센서(액추에이터) 점검 후 고장부분을 기록하시오.
④ 주어진 자동차에서 기록표에 제시된 내용을 측정하고 기록·판정하시오.

2. 섀시

① 주어진 자동차에서 감독위원의 지시에 따라 림(휠)에서 타이어 1개를 탈거(감독위원에게 확인)한 후 다시 조립하시오.
② 주어진 수동변속기에서 감독위원의 지시에 따라 입력축 엔드 플레이를 점검하여 기록·판정하시오.
③ 주어진 자동차에서 감독위원의 지시에 따라 클러치 릴리스 실린더를 탈거(감독위원에게 확인)하고 다시 조립하여 공기빼기 작업 후 클러치의 작동 상태를 확인하시오.
④ 주어진 자동차에서 감독위원의 지시에 따라 진단기(스캐너)로 자세저어 장치(VDC, ECS, TCS 등)를 점검하고 기록·판정하시오.
⑤ 주어진 자동차에서 감독위원의 지시에 따라 제동력을 측정하여 기록·판정하시오.

3. 전기

① 주어진 자동차에서 DOHC 엔진의 점화플러그 및 고압 케이블을 탈거(감독위원에게 확인)한 후 다시 부착하여 시동이 되는지 확인하시오.
② 주어진 자동차의 발전기에서 감독위원의 지시에 따라 충전되는 전류와 전압을 점검하여 확인사항을 기록·판정하시오.
③ 주어진 자동차에서 와이퍼 회로의 고장부분을 점검한 후 기록·판정하시오.
④ 주어진 자동차에서 좌 또는 우측의 전조등 광도를 측정하고 기록·판정하시오.

◆ 국가기술자격검정 실기시험 결과기록표(3안) ◆

자 격 종 목	자동차정비기능사	과 제 명	자동차 정비 작업

※ 기록표는 문항별 구분 절단하여 배부하고, 각 문항별로 종료시 회수한다.

엔 진

➡ **엔진 1 : 시험 결과 기록표**
엔진 번호 :

비 번호		감독위원 확 인	

항 목	① 측정(또는 점검)		② 판정 및 정비(또는 조치) 사항		득 점
	측정값	규정(정비한계)값	판정(□에 '✔' 표)	정비 및 조치할 사항	
압력식 캡			□ 양 호 □ 불 량		

➡ **엔진 3 : 시험 결과 기록표**
자동차 번호 :

비 번호		감독위원 확 인	

항 목	① 측정(또는 점검)			② 고장 및 정비(또는 조치) 사항		득 점
	고장부위	측정값	규정값	고장 내용	정비 및 조치할 사항	
센서(액추에이터) 점검						

➡ **엔진 4 : 시험 결과 기록표**
자동차 번호 :

비 번호		감독위원 확 인	

① 측정(또는 점검)						② 판정		득 점
차종	연식	기준값	측정값	측정		산출근거(계산) 기록	판정(□에 '✔' 표)	
				1회 : 2회 : 3회 :			□ 양 호 □ 불 량	

※ 감독위원이 제시한 자동차등록증(또는 차대번호)을 활용하여 차종 및 연식을 적용합니다.
※ 매연 농도를 산술 평균하여 소수점 이하는 버림 값으로 기입합니다.
※ 자동차 검사기준 및 방법에 의하여 기록, 판정합니다.
※ 측정 및 판정은 무부하 조건으로 합니다.

섀 시

➡ **섀시 2 : 시험 결과 기록표**
자동차 번호 :

비 번호		감독위원 확 인	

항 목	① 측정(또는 점검)		② 판정 및 정비(또는 조치) 사항		득 점
	측정값	규정(정비한계)값	판정(□에 '✔' 표)	정비 및 조치할 사항	
엔드 플레이			□ 양 호 □ 불 량		

➡ **섀시 4 : 시험 결과 기록표**
자동차 번호 :

비 번호		감독위원 확 인	

항 목	① 측정(또는 점검)		② 판정 및 정비(또는 조치) 사항		득 점
	이상 부분	내용 및 상태	판정(□에 '✔' 표)	정비 및 조치할 사항	
전자제어 현가장치 자기진단			□ 양 호 □ 불 량		

➡ 섀시 5 : 시험 결과 기록표

자동차 번호 :

비 번호 : 　　　　감독위원 확인 :

항 목	① 측정(또는 점검)					② 판정 및 조치 사항			득 점
	구분	측정값	기준값			산출근거 및 제동력		판정 (□에 '✔' 표)	
			편차		합	편차(%)	합(%)		
제동력 위치 (□에 '✔' 표) □ 앞 □ 뒤	좌							□ 양 호 □ 불 량	
	우								

※ 측정 위치는 감독위원의 지정하는 위치에 □에 '✔' 표시합니다.
※ 자동차검사기준 및 방법에 의하여 기록, 판정합니다.
※ 측정값의 단위는 시험장비 기준으로 작성합니다.
※ 산출근거에는 단위를 기록하지 않아도 됩니다.

전 기

➡ 전기 2 : 시험 결과 기록표

자동차 번호 :

비 번호 : 　　　　감독위원 확인 :

항 목	① 측정(또는 점검)		② 판정 및 정비(또는 조치) 사항		득 점
	측정값	규정(정비한계)값	판정(□에 '✔' 표)	정비 및 조치할 사항	
충전 전류			□ 양 호 □ 불 량		
충전 전압					

➡ 전기 3 : 시험 결과 기록표

자동차 번호 :

비 번호 : 　　　　감독위원 확인 :

항 목	① 측정(또는 점검)		② 판정 및 정비(또는 조치) 사항		득 점
	이상 부위	내용 및 상태	판정(□에 '✔' 표)	정비 및 조치할 사항	
와이퍼 회로			□ 양 호 □ 불 량		

➡ 전기 4 : 시험 결과 기록표

자동차 번호 :

비 번호 : 　　　　감독위원 확인 :

① 측정(또는 점검)				② 판정	득 점
구분	측정항목	측정값	기준값	판정(□에 '✔' 표)	
□에 '✔' 표 위치 : □ 좌 □ 우	광도		_____ 이상	□ 양 호 □ 불 량	

※ 측정 위치는 감독위원이 지정하는 위치에 □에 ✔표시합니다.
※ 자동차 검사 기준 및 방법에 의하여 기록, 판정합니다.

국가기술자격검정 **실기시험문제**

자동차정비기능사

자격종목	자동차정비 기능사	과제명	자동차 정비 작업
비번호		시험일시	시험장명

※ 시험시간 : 4시간 [엔진 : 1시간 40분,　섀시 : 1시간 20분,　전기 : 1시간]

※ 시험문제 ①~㉚형의 요구사항에서 [엔진, 섀시, 전기]과제 중 세부항목을 조합하여 출제되며, 일부 내용이 변경될 수 있음

1. 엔진

① 주어진 DOHC 가솔린 엔진에서 캠축과 타이밍 벨트를 탈거(감독위원에게 확인)하고 감독위원의 지시에 따라 기록표의 내용대로 기록·판정한 후 다시 조립하시오.
② 주어진 전자제어 가솔린 엔진에서 감독위원의 지시에 따라 시동에 필요한 점화회로의 이상개소를 점검 및 수리하여 시동하시오.
③ 주어진 자동차에서 전자제어 디젤(CRDI) 엔진의 연료 압력 조절 밸브를 탈거(감독위원에게 확인)한 후 다시 조립하고 감독위원의 지시에 따라 진단기(스캐너)를 사용하여 엔진의 각종 센서(액추에이터)를 점검 후 고장부분을 기록하시오.
④ 주어진 자동차에서 기록표에 제시된 내용을 측정하고 기록·판정하시오.

2. 섀 시

① 주어진 자동차에서 감독위원의 지시에 따라 (좌 또는 우측) 로어 암(lower control arm)을 탈거(감독위원에게 확인)한 후 다시 조립하시오.
② 주어진 자동차에서 감독위원의 지시에 따라 휠 얼라인먼트 시험기를 사용하여 캐스터 각과 캠버 각을 점검하여 기록·판정하시오.
③ 주어진 자동차에서 감독위원의 지시에 따라 제동장치의 (좌 또는 우측)브레이크 캘리퍼를 탈거(감독위원에게 확인)하고 다시 조립하여 공기빼기 작업 후 브레이크의 작동상태를 확인하시오.
④ 주어진 자동차에서 감독위원의 지시에 따라 진단기(스캐너)로 전자제어 제동장치(ABS)를 점검하고 기록·판정하시오.
⑤ 주어진 자동차에서 감독위원의 지시에 따라 좌 또는 우회전시 최소회전 반경을 측정하여 기록·판정하시오.

3. 전 기

① 주어진 자동차에서 기동모터를 탈거(감독위원에게 확인)한 후 다시 부착하고 크랭킹하여 기동모터가 작동되는지 확인하시오.
② 주어진 자동차에서 감독위원의 지시에 따라 메인 컨트롤 릴레이의 고장부분을 점검한 후 기록표에 기록·판정하시오.
③ 주어진 자동차에서 방향지시등 회로의 고장부분을 점검한 후 기록표에 기록·판정하시오.
④ 주어진 자동차에서 경음기 음량을 측정하여 기록표에 기록·판정하시오.

◆ 국가기술자격검정 실기시험 결과기록표(4안) ◆

자 격 종 목	자동차정비기능사	과 제 명	자동차 정비 작업

※ 기록표는 문항별 구분 절단하여 배부하고, 각 문항별로 종료시 회수한다.

엔 진

▶ 엔진 1 : 시험 결과 기록표
  엔진 번호 :

비 번호		감독위원 확 인	

항 목	① 측정(또는 점검)		② 판정 및 정비(또는 조치) 사항		득 점
	측정값	규정(정비한계)값	판정(□에 '✔' 표)	정비 및 조치할 사항	
캠 높이			□ 양 호 □ 불 량		

▶ 엔진 3 : 시험 결과 기록표
  자동차 번호 :

비 번호		감독위원 확 인	

항 목	① 측정(또는 점검)			② 고장 및 정비(또는 조치) 사항		득 점
	고장부위	측정값	규정값	고장 내용	정비 및 조치할 사항	
센서(액추에이터) 점검						

▶ 엔진 4 : 시험 결과 기록표
  자동차 번호 :

비 번호		감독위원 확 인	

항 목	① 측정(또는 점검)		② 판정 (□에 '✔' 표)	득 점
	측정값	기준값		
CO			□ 양 호 □ 불 량	
HC				

※ 감독위원이 제시한 자동차등록증(또는 차대번호)을 활용하여 차종 및 연식을 적용합니다.
※ 자동차 검사기준 및 방법에 의하여 기록, 판정합니다.
※ CO 측정값은 소수점 첫째자리까지만 기입하고 HC 측정값은 소수점 자리를 기록하지 않습니다.

섀 시

▶ 섀시 2 : 시험 결과 기록표
  자동차 번호 :

비 번호		감독위원 확 인	

항 목	① 측정(또는 점검)		② 판정 및 정비(또는 조치) 사항		득 점
	측정값	규정(정비한계)값	판정(□에 '✔' 표)	정비 및 조치할 사항	
캐스터 각			□ 양 호 □ 불 량		
캠버 각					

▶ 섀시 4 : 시험 결과 기록표
  자동차 번호 :

비 번호		감독위원 확 인	

항 목	① 측정(또는 점검)		② 판정 및 정비(또는 조치) 사항		득 점
	이상 부분	내용 및 상태	판정(□에 '✔' 표)	정비 및 조치할 사항	
ABS 자기진단			□ 양 호 □ 불 량		

▶ 섀시 5 : 시험 결과 기록표
자동차 번호 :

항 목	① 측정(또는 점검)				② 판정 및 정비(또는 조치) 사항		득 점
	좌측바퀴	우측바퀴	기준값 (최소회전반경)	측정값 (최소회전반경)	산출근거	판정 (□에 '✔' 표)	
회전 방향 (□에 '✔' 표) □ 좌 □ 우						□ 양 호 □ 불 량	

※ 회전 방향은 감독위원이 지정하는 위치에 □에 '✔'표시합니다.
※ 축거 및 바퀴의 접지면 중심과 킹핀과의 거리(r)는 감독위원이 제시합니다.
※ 자동차검사기준 및 방법에 의하여 기록, 판정합니다.
※ 산출근거에는 단위를 기록하지 않아도 됩니다.

전 기

▶ 전기 2 : 시험 결과 기록표
자동차 번호 :

항 목	① 측정(또는 점검)	② 판정 및 정비(또는 조치) 사항		득 점
		판정(□에 '✔' 표)	정비 및 조치할 사항	
코일이 여자 되었을 때	□ 양 호 □ 불 량	□ 양 호 □ 불 량		
코일이 여자 안 되었을 때	□ 양 호 □ 불 량			

▶ 전기 3 : 시험 결과 기록표
자동차 번호 :

항 목	① 측정(또는 점검)		② 판정 및 정비(또는 조치) 사항		득 점
	이상 부위	내용 및 상태	판정(□에 '✔' 표)	정비 및 조치할 사항	
방향지시등 회로			□ 양 호 □ 불 량		

▶ 전기 4 : 시험 결과 기록표
자동차 번호 :

항 목	① 측정(또는 점검)		② 판정 및 정비(또는 조치) 사항	득 점
	측정값	기준값	판정(□에 '✔' 표)	
경음기 음량		_____dB 이상 _____dB 이하	□ 양 호 □ 불 량	

※ 감독위원이 제시한 자동차등록증(또는 차대번호)을 활용하여 차종 및 연식을 적용합니다.
※ 자동차검사기준 및 방법에 의하여 기록, 판정합니다.
※ 암소음은 무시합니다.

국가기술자격검정실기시험문제

자동차정비기능사

자 격 종 목	자동차정비 기능사	과 제 명	자동차 정비 작업
비번호		시험일시		시험장명	

※ 시험시간 : 4시간 [엔진 : 1시간 40분,   섀시 : 1시간 20분,   전기 : 1시간]

※ 시험문제 ①~㉚형의 요구사항에서 [엔진, 섀시, 전기]과제 중 세부항목을 조합하여 출제되며, 일부 내용이 변경될 수 있음

1. 엔 진

① 주어진 디젤 엔진에서 크랭크축을 탈거(감독위원에게 확인)하고 감독위원의 지시에 따라 기록표의 내용대로 기록·판정한 후 다시 조립하시오.
② 주어진 전자제어 가솔린 엔진에서 감독위원의 지시에 따라 시동에 필요한 연료장치 회로의 고장부분 1개소를 점검 및 수리하여 시동하시오.
③ 주어진 자동차에서 전자제어 디젤(CRDI) 엔진의 예열 플러그(예열장치) 1개를 탈거(감독위원에게 확인)한 후 다시 조립하고 감독위원의 지시에 따라 진단기(스캐너)를 사용하여 엔진의 각종 센서(액추에이터) 점검 후 고장부분을 기록하시오.
④ 주어진 자동차에서 기록표에 제시된 내용을 측정하고 기록·판정하시오.

2. 섀 시

① 주어진 자동차에서 감독위원의 지시에 따라 (좌 또는 우측) 앞 등속축(drive shaft)을 탈거(감독위원에게 확인)한 후 다시 조립하시오.
② 주어진 자동차에서 감독위원의 지시에 따라 1개의 휠을 탈거하여 휠 밸런스 상태를 점검하여 기록·판정하시오.
③ 주어진 자동차에서 감독위원의 지시에 따라 타이로드 엔드를 탈거(감독위원에게 확인)하고 다시 조립하여 조향 휠의 직진 상태를 확인하시오.
④ 주어진 자동차에서 감독위원의 지시에 따라 진단기(스캐너)로 자동변속기를 점검하고 기록·판정하시오.
④ 주어진 자동차에서 기록표에 제시된 내용을 측정하고 기록·판정하시오.

3. 전 기

① 주어진 자동차의 에어컨 시스템의 에어컨 냉매(R-134a)를 회수(감독위원에게 확인) 후 재충전하여 에어컨이 정상 작동되는지 확인하시오.
② 주어진 자동차에서 ISC 밸브 듀티 값을 측정하여 ISC 밸브의 이상 유무를 확인하여 기록표에 기록·판정하시오.(측정 조건 : 무부하 공회전시)
③ 주어진 자동차에서 경음기(horn) 회로의 고장부분을 점검한 후 기록표에 기록·판정하시오.
④ 주어진 자동차에서 좌 또는 우측의 전조등 광도를 측정하고 기록표에 기록·판정하시오.

◆ 국가기술자격검정 실기시험 결과기록표(5안) ◆

자 격 종 목	자동차정비기능사	과 제 명	자동차 정비 작업

※ 기록표는 문항별 구분 절단하여 배부하고, 각 문항별로 종료시 회수한다.

엔 진

▶ 엔진 1 : 시험 결과 기록표
　　　　엔진 번호 :

비 번호		감독위원 확 인	

항 목	① 측정(또는 점검)		② 판정 및 정비(또는 조치) 사항		득 점
	측정값	규정(정비한계)값	판정(□에 '✔' 표)	정비 및 조치할 사항	
크랭크축 휨			□ 양 호 □ 불 량		

▶ 엔진 3 : 시험 결과 기록표
　　　　자동차 번호 :

비 번호		감독위원 확 인	

항 목	① 측정(또는 점검)			② 고장 및 정비(또는 조치) 사항		득 점
	고장부위	측정값	규정값	고장 내용	정비 및 조치할 사항	
센서(액추에이터) 점검						

▶ 엔진 4 : 시험 결과 기록표
　　　　자동차 번호 :

비 번호		감독위원 확 인	

① 측정(또는 점검)					② 판정		득 점
차종	연식	기준값	측정값	측정	산출근거(계산) 기록	판정(□에 '✔' 표)	
				1회 : 2회 : 3회 :		□ 양 호 □ 불 량	

※ 감독위원이 제시한 자동차등록증(또는 차대번호)을 활용하여 차종 및 연식을 적용합니다.
※ 매연 농도를 산출 평균하여 소수점 이하는 버림 값으로 기입합니다.
※ 자동차 검사기준 및 방법에 의하여 기록, 판정합니다.
※ 측정 및 판정은 무부하 조건으로 합니다.

섀 시

▶ 섀시 2 : 시험 결과 기록표
　　　　자동차 번호 :

비 번호		감독위원 확 인	

항 목	① 측정(또는 점검)		② 판정 및 정비(또는 조치) 사항		득 점
	측정값	규정(정비한계)값	판정(□에 '✔' 표)	정비 및 조치할 사항	
휠 밸런스	IN : OUT :	IN : OUT :	□ 양 호 □ 불 량		

▶ 섀시 4 : 시험 결과 기록표
　　　　자동차 번호 :

비 번호		감독위원 확 인	

항 목	① 측정(또는 점검)		② 판정 및 정비(또는 조치) 사항		득 점
	이상 부분	내용 및 상태	판정(□에 '✔' 표)	정비 및 조치할 사항	
변속기 자기진단			□ 양 호 □ 불 량		

▶ 섀시 5 : 시험 결과 기록표
　　　　자동차 번호 :

비 번호		감독위원 확 인	

<table>
<tr><th rowspan="2">항 목</th><th rowspan="2">구분</th><th rowspan="2">측정값</th><th colspan="2">① 측정(또는 점검)
기준값</th><th colspan="3">② 판정 및 조치 사항</th><th rowspan="2">득 점</th></tr>
<tr><th>편차</th><th>합</th><th>편차(%)</th><th>합(%)</th><th>판정
(□에 'ν' 표)</th></tr>
<tr><td rowspan="2">제동력 위치
(□에 'ν' 표)
　□ 앞
　□ 뒤</td><td>좌</td><td></td><td></td><td rowspan="2"></td><td></td><td rowspan="2"></td><td rowspan="2">□ 양 호
□ 불 량</td><td rowspan="2"></td></tr>
<tr><td>우</td><td></td><td></td><td></td></tr>
</table>

※ 측정 위치는 감독위원의 지정하는 위치에 □에 'ν' 표시합니다.
※ 자동차검사기준 및 방법에 의하여 기록, 판정합니다.
※ 측정값의 단위는 시험장비 기준으로 작성합니다.
※ 산출근거에는 단위를 기록하지 않아도 됩니다.

전 기

▶ 전기 2 : 시험 결과 기록표
　　　　자동차 번호 :

비 번호		감독위원 확 인	

<table>
<tr><th rowspan="2">항 목</th><th colspan="2">① 측정(또는 점검)</th><th colspan="2">② 판정 및 정비(또는 조치) 사항</th><th rowspan="2">득 점</th></tr>
<tr><th>측정값</th><th>규정(정비한계)값</th><th>판정(□에 'ν' 표)</th><th>정비 및 조치할 사항</th></tr>
<tr><td>밸브 듀티
(열림 코일)</td><td></td><td></td><td>□ 양 호
□ 불 량</td><td></td><td></td></tr>
</table>

▶ 전기 3 : 시험 결과 기록표
　　　　자동차 번호 :

비 번호		감독위원 확 인	

<table>
<tr><th rowspan="2">항 목</th><th colspan="2">① 측정(또는 점검)</th><th colspan="2">② 판정 및 정비(또는 조치) 사항</th><th rowspan="2">득 점</th></tr>
<tr><th>이상 부위</th><th>내용 및 상태</th><th>판정(□에 'ν' 표)</th><th>정비 및 조치할 사항</th></tr>
<tr><td>경음기(혼) 회로</td><td></td><td></td><td>□ 양 호
□ 불 량</td><td></td><td></td></tr>
</table>

▶ 전기 4 : 시험 결과 기록표
　　　　자동차 번호 :

비 번호		감독위원 확 인	

<table>
<tr><th colspan="4">① 측정(또는 점검)</th><th>② 판정</th><th rowspan="2">득 점</th></tr>
<tr><th>구분</th><th>측정항목</th><th>측정값</th><th>기준값</th><th>판정(□에 'ν' 표)</th></tr>
<tr><td>□에 'ν' 표
위치 :
　□ 좌
　□ 우</td><td>광도</td><td></td><td>_____ cd 이상</td><td>□ 양 호
□ 불 량</td><td></td></tr>
</table>

※ 측정 위치는 감독위원이 지정하는 위치에 □에 ν표시합니다.
※ 자동차 검사 기준 및 방법에 의하여 기록, 판정합니다.

국가기술자격검정 실기시험문제

자동차정비기능사

자 격 종 목	자동차정비 기능사	과 제 명	자동차 정비 작업
비번호		시험일시		시험장명	

※ 시험시간 : 4시간 [엔진 : 1시간 40분,   섀시 : 1시간 20분,   전기 : 1시간]

※ 시험문제 ①~㉚형의 요구사항에서 [엔진, 섀시, 전기]과제 중 세부항목을 조합하여 출제되며, 일부 내용이 변경될 수 있음

1. 엔 진

① 주어진 가솔린 엔진에서 크랭크축을 탈거(감독위원에게 확인)하고 감독위원의 지시에 따라 기록표의 내용대로 기록·판정한 후 다시 조립하시오.
② 주어진 전자제어 가솔린 엔진에서 감독위원의 지시에 따라 시동에 필요한 크랭킹 회로의 고장부분 1개소를 점검 및 수리하여 시동하시오.
③ 주어진 자동차에서 전자제어 가솔린 엔진의 스로틀 보디를 탈거(감독위원에게 확인)한 후 다시 조립하고 감독위원의 지시에 따라 진단기(스캐너)를 사용하여 엔진의 각종 센서(액추에이터) 점검 후 고장부분을 기록·판정하시오.
④ 주어진 사동자에서 기록표에 제시된 내용을 측정하고 기록·판정하시오.

2. 섀 시

① 주어진 자동차에서 감독위원의 지시에 따라 앞 또는 뒤 범퍼를 탈거(감독위원에게 확인)한 후 다시 조립하시오.
② 주어진 자동차에서 감독위원의 지시에 따라 주차 브레이크 레버의 클릭 수(노치)를 점검하여 기록·판정하시오.
③ 주어진 자동차에서 감독위원의 지시에 따라 파워 스티어링의 오일 펌프를 탈거(감독위원에게 확인)하고 다시 조립하여 오일량 점검 및 공기빼기 작업 후 스티어링의 작동상태를 확인하시오.
④ 주어진 자동차에서 감독위원의 지시에 따라 진단기(스캐너)로 자동변속기를 점검하고 기록·판정하시오.
⑤ 주어진 자동차에서 감독위원의 지시에 따라 좌 또는 우회전시 최소회전 반경을 측정하여 기록·판정하시오.

3. 전 기

① 주어진 자동차에서 다기능 스위치(콤비네이션 S/W)를 탈거(감독위원에게 확인)한 후 다시 부착하여 다기능 스위치가 작동되는지 확인하시오.
② 주어진 자동차에서 감독위원의 지시에 따라 축전지의 비중과 축전지 용량시험기를 작동시킨 상태에서 전압을 측정하고 기록표에 기록·판정하시오.
③ 주어진 자동차에서 기동 및 점화회로의 고장부분을 점검한 후 기록표에 기록·판정하시오.
④ 주어진 자동차에서 경음기 음량을 측정하여 기록표에 기록·판정하시오.

◈ 국가기술자격검정 실기시험 결과기록표(6안) ◈

자격종목	자동차정비기능사	과제명	자동차 정비 작업

※ 기록표는 문항별 구분 절단하여 배부하고, 각 문항별로 종료시 회수한다.

엔 진

▶ **엔진 1 : 시험 결과 기록표**
엔진 번호 :

비 번호		감독위원 확인	

항 목	① 측정(또는 점검)		② 판정 및 정비(또는 조치) 사항		득 점
	측정값	규정(정비한계)값	판정(□에 '✔' 표)	정비 및 조치할 사항	
( )번 저널 크랭크축 외경			□ 양 호 □ 불 량		

※ 감독위원이 지정하는 부위를 측정하시오.

▶ **엔진 3 : 시험 결과 기록표**
자동차 번호 :

비 번호		감독위원 확인	

항 목	① 측정(또는 점검)			② 고장 및 정비(또는 조치) 사항		득 점
	고장부위	측정값	규정값	고장 내용	정비 및 조치할 사항	
센서(액추에이터) 점검						

▶ **엔진 4 : 시험 결과 기록표**
자동차 번호 :

비 번호		감독위원 확인	

항 목	① 측정(또는 점검)		② 판정 (□에 '✔' 표)	득 점
	측정값	기준값		
CO			□ 양 호	
HC			□ 불 량	

※ 감독위원이 제시한 자동차등록증(또는 차대번호)을 활용하여 차종 및 연식을 적용합니다.
※ 자동차 검사기준 및 방법에 의하여 기록, 판정합니다.
※ CO 측정값은 소수점 첫째자리까지만 기입하고 HC 측정값은 소수점 자리를 기록하지 않습니다.

섀 시

▶ **섀시 2 : 시험 결과 기록표**
자동차 번호 :

비 번호		감독위원 확인	

항 목	① 측정(또는 점검)		② 판정 및 정비(또는 조치) 사항		득 점
	측정값(클릭)	규정(정비한계)값 (클릭)	판정(□에 '✔' 표)	정비 및 조치할 사항	
주차 레버 클릭 수(노치)			□ 양 호 □ 불 량		

▶ **섀시 4 : 시험 결과 기록표**
자동차 번호 :

비 번호		감독위원 확인	

항 목	① 측정(또는 점검)		② 판정 및 정비(또는 조치) 사항		득 점
	이상 부분	내용 및 상태	판정(□에 '✔' 표)	정비 및 조치할 사항	
변속기 자기진단			□ 양 호 □ 불 량		

섀시 5 : 시험 결과 기록표

자동차 번호 :

비 번호		감독위원 확 인	

항 목	① 측정(또는 점검)				② 판정 및 정비(또는 조치) 사항		득 점
	좌측바퀴	우측바퀴	기준값 (최소회전반경)	측정값 (최소회전반경)	산출근거	판정 (□에 '✔' 표)	
회전 방향 (□에 '✔' 표) □ 좌 □ 우						□ 양 호 □ 불 량	

※ 회전 방향은 감독위원이 지정하는 위치에 □에 '✔' 표시합니다.
※ 축거 및 바퀴의 접지면 중심과 킹핀과의 거리(r)는 감독위원이 제시합니다.
※ 자동차검사기준 및 방법에 의하여 기록, 판정합니다.
※ 산출근거에는 단위를 기록하지 않아도 됩니다.

전 기

전기 2 : 시험 결과 기록표

자동차 번호 :

비 번호		감독위원 확 인	

항 목	① 측정(또는 점검)		② 판정 및 정비(또는 조치) 사항		득 점
	측정값	규정(정비한계)값	판정(□에 '✔' 표)	정비 및 조치할 사항	
축전지 전해액 비중			□ 양 호 □ 불 량		
축전지 전압					

전기 3 : 시험 결과 기록표

자동차 번호 :

비 번호		감독위원 확 인	

항 목	① 측정(또는 점검)		② 판정 및 정비(또는 조치) 사항		득 점
	이상 부위	내용 및 상태	판정(□에 '✔' 표)	정비 및 조치할 사항	
기동 및 점화회로			□ 양 호 □ 불 량		

전기 4 : 시험 결과 기록표

자동차 번호 :

비 번호		감독위원 확 인	

항 목	① 측정(또는 점검)		② 판정 및 정비(또는 조치) 사항	득 점
	측정값	기준값	판정(□에 '✔' 표)	
경음기 음량		_____ dB 이상 _____ dB 이하	□ 양 호 □ 불 량	

※ 감독위원이 제시한 자동차등록증(또는 차대번호)을 활용하여 차종 및 연식을 적용합니다.
※ 자동차검사기준 및 방법에 의하여 기록, 판정합니다.
※ 암소음은 무시합니다.

국가기술자격검정실기시험문제

자동차정비기능사

자격종목	자동차정비 기능사	과제명	자동차 정비 작업
비번호		시험일시		시험장명	

※ 시험시간 : 4시간 [엔진 : 1시간 40분, 섀시 : 1시간 20분, 전기 : 1시간]

※ 시험문제 ①~㉚형의 요구사항에서 [엔진, 섀시, 전기]과제 중 세부항목을 조합하여 출제되며, 일부 내용이 변경될 수 있음

1. 엔 진

① 주어진 DOHC 가솔린 엔진에서 실린더 헤드를 탈거(감독위원에게 확인)하고 감독위원의 지시에 따라 기록표의 내용대로 기록·판정한 후 다시 조립하시오.
② 주어진 전자제어 가솔린 엔진에서 감독위원의 지시에 따라 시동에 필요한 점화회로의 고장부분 1개소를 점검 및 수리하여 시동하시오.
③ 주어진 자동차에서 엔진에서 점화 플러그와 배선을 탈거(감독위원에게 확인)한 후 다시 조립하고 감독위원의 지시에 따라 진단기(스캐너)를 사용하여 엔진의 각종 센서(액추에이터) 점검 후 고장부분을 기록하시오.
④ 주어진 자동차에서 기록표에 제시된 내용을 측정하고 기록·판정하시오.

2. 섀 시

① 주어진 수동변속기에서 감독위원의 지시에 따라 후진 아이들 기어(또는 디퍼렌셜 기어 어셈블리)를 탈거(감독위원에게 확인)한 후 다시 조립하시오.
② 주어진 자동차에서 감독위원의 지시에 따라 한 쪽 브레이크 디스크의 두께 및 흔들림(런아웃)을 점검하여 기록·판정하시오.
③ 주어진 자동차에서 감독위원의 지시에 따라 (좌 또는 우측)타이로드 엔드를 탈거(감독위원에게 확인)하고 다시 조립하여 조향 휠의 직진 상태를 확인하시오.
④ 주어진 자동차에서 감독위원의 지시에 따라 자동변속기의 오일 압력을 점검하고 기록·판정하시오.
⑤ 주어진 자동차에서 감독위원의 지시에 따라 제동력을 측정하여 기록·판정하시오.

3. 전 기

① 주어진 자동차에서 경음기와 릴레이를 탈거(감독위원에게 확인)한 후 다시 부착하여 작동을 확인하시오.
② 주어진 자동차의 에어컨 시스템에서 감독위원의 지시에 따라 에어컨 라인의 압력을 점검하여 에어컨 작동상태의 이상 유무를 확인하여 기록표에 기록·판정하시오.
③ 주어진 자동차에서 라디에이터 전동 팬 회로의 고장부분을 점검한 후 기록표에 기록·판정하시오.
④ 주어진 자동차에서 좌 또는 우측의 전조등 광도를 측정하고 기록표에 기록·판정하시오.

◈ 국가기술자격검정 실기시험 결과기록표(7안) ◈

자 격 종 목	자동차정비기능사	과 제 명	자동차 정비 작업

※ 기록표는 문항별 구분 절단하여 배부하고, 각 문항별로 종료시 회수한다.

엔 진

▶ 엔진 1 : 시험 결과 기록표
　　　　엔진 번호 :

비 번호		감독위원 확 인	

항 목	① 측정(또는 점검)		② 판정 및 정비(또는 조치) 사항		득 점
	측정값	규정(정비한계)값	판정(□에 '✔' 표)	정비 및 조치할 사항	
헤드 변형도			□ 양 호 □ 불 량		

▶ 엔진 3 : 시험 결과 기록표
　　　　자동차 번호 :

비 번호		감독위원 확 인	

항 목	① 측정(또는 점검)			② 고장 및 정비(또는 조치) 사항		득 점
	고장부위	측정값	규정값	고장 내용	정비 및 조치할 사항	
센서(액추에이터) 점검						

▶ 엔진 4 : 시험 결과 기록표
　　　　자동차 번호 :

비 번호		감독위원 확 인	

① 측정(또는 점검)					② 판정		득 점
차종	연식	기준값	측정값	측정	산출근거(계산) 기록	판정(□에 '✔' 표)	
				1회 : 2회 : 3회 :		□ 양 호 □ 불 량	

※ 감독위원이 제시한 자동차등록증(또는 차대번호)을 활용하여 차종 및 연식을 적용합니다.
※ 매연 농도를 산술 평균하여 소수점 이하는 버림 값으로 기입합니다.
※ 자동차 검사기준 및 방법에 의하여 기록, 판정합니다.
※ 측정 및 판정은 무부하 조건으로 합니다.

섀 시

▶ 섀시 2 : 시험 결과 기록표
　　　　자동차 번호 :

비 번호		감독위원 확 인	

항 목	① 측정(또는 점검)		② 판정 및 정비(또는 조치) 사항		득 점
	측정값	규정(정비한계)값	판정(□에 '✔' 표)	정비 및 조치할 사항	
디스크 두께			□ 양 호 □ 불 량		
흔들림(런 아웃)					

▶ 섀시 4 : 시험 결과 기록표
　　　　자동차 번호 :

비 번호		감독위원 확 인	

항 목	① 측정(또는 점검)		② 판정 및 정비(또는 조치) 사항		득 점
	측정값	규정값	판정(□에 '✔' 표)	정비 및 조치할 사항	
(　　)의 오일 압력			□ 양 호 □ 불 량		

섀시 5 : 시험 결과 기록표
자동차 번호 :

비 번호		감독위원 확 인	

항 목	① 측정(또는 점검)				② 판정 및 조치 사항			득 점
	구분	측정값	기준값		산출근거 및 제동력		판정 (□에 '✔' 표)	
			편차	합	편차(%)	합(%)		
제동력 위치 (□에 '✔' 표) □ 앞 □ 뒤	좌						□ 양 호 □ 불 량	
	우							

※ 측정 위치는 감독위원의 지정하는 위치에 □에 '✔' 표시합니다.
※ 자동차검사기준 및 방법에 의하여 기록, 판정합니다.
※ 측정값의 단위는 시험장비 기준으로 작성합니다.
※ 산출근거에는 단위를 기록하지 않아도 됩니다.

전 기

전기 2 : 시험 결과 기록표
자동차 번호 :

비 번호		감독위원 확 인	

항 목	① 측정(또는 점검)		② 판정 및 정비(또는 조치) 사항		득 점
	측정값	규정(정비한계)값	판정(□에 '✔' 표)	정비 및 조치할 사항	
저 압			□ 양 호 □ 불 량		
고 압					

전기 3 : 시험 결과 기록표
자동차 번호 :

비 번호		감독위원 확 인	

항 목	① 측정(또는 점검)		② 판정 및 정비(또는 조치) 사항		득 점
	이상 부위	내용 및 상태	판정(□에 '✔' 표)	정비 및 조치할 사항	
전동 팬 회로			□ 양 호 □ 불 량		

전기 4 : 시험 결과 기록표
자동차 번호 :

비 번호		감독위원 확 인	

① 측정(또는 점검)				② 판정	득 점
구분	측정항목	측정값	기준값	판정(□에 '✔' 표)	
□에 '✔' 표 위치 : □ 좌 □ 우	광도		_____ cd 이상	□ 양 호 □ 불 량	

※ 측정 위치는 감독위원이 지정하는 위치에 □에 ✔표시합니다.
※ 자동차 검사 기준 및 방법에 의하여 기록, 판정합니다.

국가기술자격검정 실기시험문제

자동차정비기능사

자 격 종 목	자동차정비 기능사	과 제 명	자동차 정비 작업
비번호		시험일시		시험장명	

※ 시험시간 : 4시간 [엔진 : 1시간 40분, 섀시 : 1시간 20분, 전기 : 1시간]

※ 시험문제 ①~㉚형의 요구사항에서 [엔진, 섀시, 전기]과제 중 세부항목을 조합하여 출제되며, 일부 내용이 변경될 수 있음

1. 엔 진

① 주어진 가솔린 엔진에서 에어 클리너(어셈블리)와 점화 플러그를 모두 탈거(감독위원에게 확인)하고 감독위원의 지시에 따라 기록표의 내용대로 기록·판정한 후 다시 조립하시오.
② 주어진 전자제어 가솔린 엔진에서 감독위원의 지시에 따라 시동에 필요한 연료장치 회로의 이상개소를 점검 및 수리하여 시동하시오.
③ 주어진 자동차의 엔진에서 점화코일을 탈거(감독위원에게 확인)한 후 다시 조립하고 감독위원의 지시에 따라 진단기(스캐너)를 사용하여 엔진의 각종 센서(액추에이터) 점검 후 고장부분을 기록하시오.
④ 주어진 자동차에서 기록표에 제시된 내용을 측정하고 기록·판정하시오.

2. 섀 시

① 주어진 후륜 구동(FR형식) 자동차에서 감독위원의 지시에 따라 액슬 축을 탈거(감독위원에게 확인)한 후 다시 조립하시오.
② 주어진 자동차에서 감독위원의 지시에 따라 자동변속기의 오일량을 점검하여 기록·판정하시오.
③ 주어진 자동차에서 감독위원의 지시에 따라 브레이크 캘리퍼를 탈거(감독위원에게 확인)하고 다시 조립하여 공기빼기 작업 후 브레이크의 작동상태를 확인하시오.
④ 주어진 자동차에서 감독위원의 지시에 따라 인히비터 스위치와 변속 선택 레버 위치를 점검하고 기록·판정하시오.
⑤ 주어진 자동차에서 감독위원의 지시에 따라 좌 또는 우회전시 최소회전 반경을 측정하여 기록·판정하시오.

3. 전 기

① 주어진 자동차에서 감독위원의 지시에 따라 윈도우 레귤레이터(또는 파워 윈도우 모터)를 탈거(감독위원에게 확인)한 후 다시 부착하여 윈도우 모터가 원활하게 작동되는지 확인하시오.
② 주어진 자동차에서 축전지를 감독위원의 지시에 따라 급속 충전한 후 충전된 축전지의 비중과 전압을 측정하여 기록표에 기록·판정하시오.
③ 주어진 자동차에서 충전회로의 고장부분을 점검한 후 기록표에 기록·판정하시오.
④ 주어진 자동차에서 경음기 음을 측정하여 기록표에 기록·판정하시오.

◈ 국가기술자격검정 실기시험 결과기록표(8안) ◈

자격종목	자동차정비기능사	과제명	자동차 정비 작업

※ 기록표는 문항별 구분 절단하여 배부하고, 각 문항별로 종료시 회수한다.

엔 진

▶ 엔진 1 : 시험 결과 기록표
　　엔진 번호 :

비 번호		감독위원 확인	

항 목	① 측정(또는 점검)		② 판정 및 정비(또는 조치) 사항		득 점
	측정값	규정(정비한계)값	판정(□에 '✔'표)	정비 및 조치할 사항	
( )번 실린더 압축압력			□ 양 호 □ 불 량		

▶ 엔진 3 : 시험 결과 기록표
　　자동차 번호 :

비 번호		감독위원 확인	

항 목	① 측정(또는 점검)			② 고장 및 정비(또는 조치) 사항		득 점
	고장부위	측정값	규정값	고장 내용	정비 및 조치할 사항	
센서(액추에이터) 점검						

▶ 엔진 4 : 시험 결과 기록표
　　자동차 번호 :

비 번호		감독위원 확인	

항 목	① 측정(또는 점검)		② 판정 (□에 '✔'표)	득 점
	측정값	기준값		
CO			□ 양 호 □ 불 량	
HC				

※ 감독위원이 제시한 자동차등록증(또는 차대번호)을 활용하여 차종 및 연식을 적용합니다.
※ 자동차 검사기준 및 방법에 의하여 기록, 판정합니다.
※ CO 측정값은 소수점 첫째자리까지만 기입하고 HC 측정값은 소수점 자리를 기록하지 않습니다.

섀 시

▶ 섀시 2 : 시험 결과 기록표
　　자동차 번호 :

비 번호		감독위원 확인	

항 목	① 측정(또는 점검)	② 판정 및 정비(또는 조치) 사항		득 점
		판정(□에 '✔'표)	정비 및 조치할 사항	
오일량	COLD　　　HOT 오일 레벨을 게이지에 그리시오.	□ 양 호 □ 불 량		

▶ 섀시 4 : 자동차 번호 :

비 번호		감독위원 확인	

항 목	① 측정(또는 점검)		② 판정 및 정비(또는 조치) 사항		득 점
	점검 위치	내용 및 상태	판정(□에 '✔'표)	정비 및 조치할 사항	
인히비터 스위치			□ 양 호 □ 불 량		
변속 선택 레버					

섀시 5 : 시험 결과 기록표

자동차 번호: 비 번호: 감독위원 확인:

항 목	① 측정(또는 점검)				② 판정 및 정비(또는 조치) 사항		득 점
	좌측바퀴	우측바퀴	기준값 (최소회전반경)	측정값 (최소회전반경)	산출근거	판정 (□에 '✔' 표)	
회전 방향 (□에 '✔' 표) □ 좌 □ 우						□ 양 호 □ 불 량	

※ 회전 방향은 감독위원이 지정하는 위치에 □에 '✔' 표시합니다.
※ 축거 및 바퀴의 접지면 중심과 킹핀과의 거리(r)는 감독위원이 제시합니다.
※ 자동차검사기준 및 방법에 의하여 기록, 판정합니다.
※ 산출근거에는 단위를 기록하지 않아도 됩니다.

전 기

전기 2 : 시험 결과 기록표

자동차 번호: 비 번호: 감독위원 확인:

항 목	① 측정(또는 점검)		② 판정 및 정비(또는 조치) 사항		득 점
	측정값	규정(정비한계)값	판정(□에 '✔' 표)	정비 및 조치할 사항	
축전지 전해액 비중			□ 양 호 □ 불 량		
축전지 전압					

전기 3 : 시험 결과 기록표

자동차 번호: 비 번호: 감독위원 확인:

항 목	① 측정(또는 점검)		② 판정 및 정비(또는 조치) 사항		득 점
	이상 부위	내용 및 상태	판정(□에 '✔' 표)	정비 및 조치할 사항	
충전 회로			□ 양 호 □ 불 량		

전기 4 : 시험 결과 기록표

자동차 번호: 비 번호: 감독위원 확인:

항 목	① 측정(또는 점검)		② 판정 및 정비(또는 조치) 사항	득 점
	측정값	기준값	판정(□에 '✔' 표)	
경음기 음량		_____ dB 이상 _____ dB 이하	□ 양 호 □ 불 량	

※ 감독위원이 제시한 자동차등록증(또는 차대번호)을 활용하여 차종 및 연식을 적용합니다.
※ 자동차검사기준 및 방법에 의하여 기록, 판정합니다.
※ 암소음은 무시합니다.

국가기술자격검정실기시험문제

자동차정비기능사

자 격 종 목	자동차정비 기능사	과 제 명	자동차 정비 작업
비번호		시험일시		시험장명	

※ 시험시간 : 4시간 [엔진 : 1시간 40분,   섀시 : 1시간 20분,   전기 : 1시간]

※ 시험문제 ①~㉚형의 요구사항에서 [엔진, 섀시, 전기]과제 중 세부항목을 조합하여 출제되며, 일부 내용이 변경될 수 있음

1. 엔 진

① 주어진 가솔린 엔진에서 크랭크축을 탈거(감독위원에게 확인)하고 감독위원의 지시에 따라 기록표의 내용대로 기록·판정한 후 다시 조립하시오.
② 주어진 전자제어 가솔린 엔진에서 감독위원의 지시에 따라 시동에 필요한 크랭킹 회로의 이상개소를 점검 및 수리하여 시동하시오.
③ 주어진 자동차에서 LPI 엔진의 맵 센서(공기 유량 센서)를 탈거(감독위원에게 확인)한 후 다시 조립하고 감독위원의 지시에 따라 진단기(스캐너)를 사용하여 엔진의 각종 센서(액추에이터) 점검 후 고장부분을 기록·판정하시오.
④ 주어진 자동차에서 기록표에 제시된 내용을 측정하고 기록·판정하시오.

2. 섀 시

① 주어진 자동차에서 감독위원의 지시에 따라 뒤 쇽업소버(shock absorber) 및 현가 스프링 1개를 탈거(감독위원에게 확인)한 후 다시 조립하시오.
② 주어진 자동차에서 감독위원의 지시에 따라 종감속 기어의 백래시를 점검하여 기록·판정하시오.
③ 주어진 자동차에서 감독위원의 지시에 따라 브레이크 휠 실린더를 탈거(감독위원에게 확인)하고 다시 조립하여 공기빼기 작업 후 브레이크의 작동상태를 확인하시오.
④ 주어진 자동차에서 감독위원의 지시에 따라 진단기(스캐너)로 ABS 장치를 점검하고 기록·판정하시오.
⑤ 주어진 자동차에서 감독위원의 지시에 따라 제동력을 측정하여 기록·판정하시오.

3. 전 기

① 주어진 자동차에서 감독위원의 지시에 따라 전조등(헤드라이트)을 탈거(감독위원에게 확인)한 후 다시 부착하여 전조등 작동 여부를 확인하시오.
② 주어진 자동차의 발전기에서 충전되는 전류와 전압을 점검하여 확인 사항을 기록표에 기록·판정하시오.
③ 주어진 자동차에서 에어컨 회로의 고장부분을 점검하여 확인사항을 기록표에 기록·판정하시오.
④ 주어진 자동차에서 경음기 음량을 측정하여 기록표에 기록·판정하시오.

자동차정비기능사 27

◆ 국가기술자격검정 실기시험 결과기록표(9안) ◆

자 격 종 목	자동차정비기능사	과 제 명	자동차 정비 작업

※ 기록표는 문항별 구분 절단하여 배부하고, 각 문항별로 종료시 회수한다.

● 엔 진

▶ 엔진 1 : 시험 결과 기록표
　　엔진 번호 :

비 번호		감독위원 확 인	

항 목	① 측정(또는 점검)		② 판정 및 정비(또는 조치) 사항		득 점
	측정값	규정(정비한계)값	판정(□에 '✔' 표)	정비 및 조치할 사항	
크랭크 축방향 유격			□ 양 호 □ 불 량		

▶ 엔진 3 : 시험 결과 기록표
　　자동차 번호 :

비 번호		감독위원 확 인	

항 목	① 측정(또는 점검)			② 고장 및 정비(또는 조치) 사항		득 점
	고장부위	측정값	규정값	고장 내용	정비 및 조치할 사항	
센서(액추에이터) 점검						

▶ 엔진 4 : 시험 결과 기록표
　　자동차 번호 :

비 번호		감독위원 확 인	

① 측정(또는 점검)					② 판정		득 점
차종	연식	기준값	측정값	측정	산출근거(계산) 기록	판정(□에 '✔' 표)	
				1회 : 2회 : 3회 :		□ 양 호 □ 불 량	

※ 감독위원이 제시한 자동차등록증(또는 차대번호)을 활용하여 차종 및 연식을 적용합니다.
※ 매연 농도를 산출 평균하여 소수점 이하는 버림 값으로 기입합니다.
※ 자동차 검사기준 및 방법에 의하여 기록, 판정합니다.
※ 측정 및 판정은 무부하 조건으로 합니다.

● 섀 시

▶ 섀시 2 : 시험 결과 기록표
　　자동차 번호 :

비 번호		감독위원 확 인	

항 목	① 측정(또는 점검)		② 판정 및 정비(또는 조치) 사항		득 점
	측정값	규정(정비한계)값	판정(□에 '✔' 표)	정비 및 조치할 사항	
백래시			□ 양 호 □ 불 량		

▶ 섀시 4 : 시험 결과 기록표
　　자동차 번호 :

비 번호		감독위원 확 인	

항 목	① 측정(또는 점검)		② 판정 및 정비(또는 조치) 사항		득 점
	이상 부위	내용 및 상태	판정(□에 '✔' 표)	정비 및 조치할 사항	
ABS 자기진단			□ 양 호 □ 불 량		

섀시 5 : 시험 결과 기록표

자동차 번호 :

비 번호		감독위원 확 인	

항 목	① 측정(또는 점검)				② 판정 및 조치 사항			득 점
	구분	측정값	기준값		산출근거 및 제동력		판정 (□에 '✔' 표)	
			편차	합	편차(%)	합(%)		
제동력 위치 (□에 '✔' 표) □ 앞 □ 뒤	좌						□ 양 호 □ 불 량	
	우							

※ 측정 위치는 감독위원의 지정하는 위치에 □에 '✔' 표시합니다.
※ 자동차검사기준 및 방법에 의하여 기록, 판정합니다.
※ 측정값의 단위는 시험장비 기준으로 작성합니다.
※ 산출근거에는 단위를 기록하지 않아도 됩니다.

전 기

전기 2 : 시험 결과 기록표

자동차 번호 :

비 번호		감독위원 확 인	

항 목	① 측정(또는 점검)		② 판정 및 정비(또는 조치) 사항		득 점
	측정값	규정(정비한계)값	판정(□에 '✔' 표)	정비 및 조치할 사항	
충전 전류			□ 양 호 □ 불 량		
충전 전압					

전기 3 : 시험 결과 기록표

자동차 번호 :

비 번호		감독위원 확 인	

항 목	① 측정(또는 점검)		② 판정 및 정비(또는 조치) 사항		득 점
	이상 부위	내용 및 상태	판정(□에 '✔' 표)	정비 및 조치할 사항	
에어컨 회로			□ 양 호 □ 불 량		

전기 4 : 시험 결과 기록표

자동차 번호 :

비 번호		감독위원 확 인	

항 목	① 측정(또는 점검)		② 판정 및 정비(또는 조치) 사항	득 점
	측정값	기준값	판정(□에 '✔' 표)	
경음기 음량		_____ dB 이상 _____ dB 이하	□ 양 호 □ 불 량	

※ 감독위원이 제시한 자동차등록증(또는 차대번호)을 활용하여 차종 및 연식을 적용합니다.
※ 자동차검사기준 및 방법에 의하여 기록, 판정합니다.
※ 암소음은 무시합니다.

국가기술자격검정 실기시험문제

자동차정비기능사

자격종목	자동차정비 기능사	과제명	자동차 정비 작업
비번호		시험일시	시험장명

※ 시험시간 : 4시간 [엔진 : 1시간 40분,   섀시 : 1시간 20분,   전기 : 1시간]

※ 시험문제 ①~㉚형의 요구사항에서 [엔진, 섀시, 전기]과제 중 세부항목을 조합하여 출제되며, 일부 내용이 변경될 수 있음

1. 엔 진

① 주어진 가솔린 엔진에서 크랭크축과 메인 베어링을 탈거(감독위원에게 확인)하고 감독위원의 지시에 따라 기록표의 내용대로 기록·판정한 후 다시 조립하시오.
② 주어진 전자제어 가솔린 엔진에서 감독위원의 지시에 따라 시동에 필요한 점화장치 회로의 이상개소를 점검 및 수리하여 시동하시오.
③ 주어진 자동차에서 가솔린 엔진의 연료 펌프를 탈거(감독위원에게 확인)한 후 다시 조립하고 감독위원의 지시에 따라 진단기(스캐너)를 사용하여 엔진의 각종 센서(액추에이터) 점검 후 고장부분을 기록하시오.
④ 주어진 자동차에서 기록표에 제시된 내용을 측정하고 기록·판정하시오.

2. 섀 시

① 주어진 자동변속기에서 감독위원의 지시에 따라 오일 필터 및 유온 센서를 탈거(감독위원에게 확인)한 후 다시 조립하시오.
② 주어진 자동차에서 감독위원의 지시에 따라 브레이크 페달의 작동상태를 점검하여 기록·판정하시오.
③ 주어진 자동차에서 감독위원의 지시에 따라 파워 스티어링에서 오일 펌프를 탈거(감독위원에게 확인)하고 다시 조립하여 오일량 점검 및 공기빼기 작업 후 스티어링의 작동상태를 확인하시오.
④ 주어진 자동차에서 감독위원의 지시에 따라 진단기(스캐너)로 전자제어 자세제어장치(VDC, ECS, TCS 등)를 점검하고 기록·판정하시오.
⑤ 주어진 자동차에서 감독위원의 지시에 따라 좌 또는 우회전시 최소회전 반경을 측정하여 기록·판정하시오.

3. 전 기

① 주어진 자동차에서 에어컨 필터(실내 필터)를 탈거(감독위원에게 확인)한 후 다시 부착하여 블로워 모터의 작동상태를 확인하시오.
② 주어진 자동차에서 엔진의 인젝터 코일 저항(1개)을 점검하여 솔레노이드 밸브의 이상 유무를 확인한 후 기록표에 기록·판정하시오.
③ 주어진 자동차에서 점화회로의 고장부분을 점검한 후 기록표에 기록·판정하시오.
④ 주어진 자동차에서 좌 또는 우측의 전조등 광도를 측정하고 기록표에 기록·판정하시오.

◆ 국가기술자격검정 실기시험 결과기록표(10안) ◆

자격종목	자동차정비기능사	과제명	자동차 정비 작업

※ 기록표는 문항별 구분 절단하여 배부하고, 각 문항별로 종료시 회수한다.

엔 진

▶ **엔진 1 : 시험 결과 기록표**
엔진 번호 :

비 번호		감독위원 확인	

항 목	① 측정(또는 점검)		② 판정 및 정비(또는 조치) 사항		득점
	측정값	규정(정비한계)값	판정(□에 '✔' 표)	정비 및 조치할 사항	
크랭크축( )번 메인베어링 오일 간극			□ 양 호 □ 불 량		

※ 감독위원이 지정하는 부위를 측정하시오.

▶ **엔진 3 : 시험 결과 기록표**
자동차 번호 :

비 번호		감독위원 확인	

항 목	① 측정(또는 점검)			② 고장 및 정비(또는 조치) 사항		득점
	고장부위	측정값	규정값	고장 내용	정비 및 조치할 사항	
센서(액추에이터) 점검						

▶ **엔진 4 : 시험 결과 기록표**
자동차 번호 :

비 번호		감독위원 확인	

항 목	① 측정(또는 점검)		② 판정 (□에 '✔' 표)	득점
	측정값	기준값		
CO			□ 양 호	
HC			□ 불 량	

※ 감독위원이 제시한 자동차등록증(또는 차대번호)을 활용하여 차종 및 연식을 적용합니다.
※ 자동차 검사기준 및 방법에 의하여 기록, 판정합니다.
※ CO 측정값은 소수점 첫째자리까지만 기입하고 HC 측정값은 소수점 자리를 기록하지 않습니다.

섀 시

▶ **섀시 2 : 시험 결과 기록표**
자동차 번호 :

비 번호		감독위원 확인	

항 목	① 측정(또는 점검)		② 판정 및 정비(또는 조치) 사항		득점
	측정값	규정(정비한계)값	판정(□에 '✔' 표)	정비 및 조치할 사항	
페달 높이			□ 양 호 □ 불 량		
페달 유격					

▶ **섀시 4 : 시험 결과 기록표**
자동차 번호 :

비 번호		감독위원 확인	

항 목	① 측정(또는 점검)		② 판정 및 정비(또는 조치) 사항		득점
	이상 부분	내용 및 상태	판정(□에 '✔' 표)	정비 및 조치할 사항	
전자제어 자세제어 자기진단			□ 양 호 □ 불 량		

▶ 섀시 5 : 시험 결과 기록표

자동차 번호 :

항 목	① 측정(또는 점검)				② 판정 및 정비(또는 조치) 사항		득 점
	좌측바퀴	우측바퀴	기준값 (최소회전반경)	측정값 (최소회전반경)	산출근거	판정 (□에 'V' 표)	
회전 방향 (□에 'V' 표) □ 좌 □ 우						□ 양 호 □ 불 량	

※ 회전 방향은 감독위원이 지정하는 위치에 □에 'V' 표시합니다.
※ 축거 및 바퀴의 접지면 중심과 킹핀과의 거리(r)는 감독위원이 제시합니다.
※ 자동차검사기준 및 방법에 의하여 기록, 판정합니다.
※ 산출근거에는 단위를 기록하지 않아도 됩니다.

전 기

▶ 전기 2 : 시험 결과 기록표

자동차 번호 :

항 목	① 측정(또는 점검)		② 판정 및 정비(또는 조치) 사항		득 점
	측정값	규정(정비한계)값	판정(□에 'V' 표)	정비 및 조치할 사항	
저항			□ 양 호 □ 불 량		

▶ 전기 3 : 시험 결과 기록표

자동차 번호 :

항 목	① 측정(또는 점검)		② 판정 및 정비(또는 조치) 사항		득 점
	이상 부위	내용 및 상태	판정(□에 'V' 표)	정비 및 조치할 사항	
점화 회로			□ 양 호 □ 불 량		

▶ 전기 4 : 시험 결과 기록표

자동차 번호 :

구분	① 측정(또는 점검)			② 판정	득 점
	측정항목	측정값	기준값	판정(□에 'V' 표)	
□에 'V' 표 위치 : □ 좌 □ 우	광도		_____cd 이상	□ 양 호 □ 불 량	

※ 측정 위치는 감독위원이 지정하는 위치에 □에 V표시합니다.
※ 자동차 검사 기준 및 방법에 의하여 기록, 판정합니다.

국가기술자격검정**실기시험문제**

자동차**정비기능사**

자 격 종 목	자동차정비 기능사	과 제 명	자동차 정비 작업
비번호		시험일시		시험장명	

※ 시험시간 : 4시간 [엔진 : 1시간 40분,   섀시 : 1시간 20분,   전기 : 1시간]

※ 시험문제 ①~㉚형의 요구사항에서 [엔진, 섀시, 전기]과제 중 세부항목을 조합하여 출제되며, 일부 내용이 변경될 수 있음

1. 엔 진

① 주어진 DOHC 가솔린 엔진에서 실린더 헤드와 캠축을 탈거(감독위원에게 확인)하고 감독위원의 지시에 따라 기록표의 내용대로 기록·판정한 후 다시 조립하시오.
② 주어진 전자제어 가솔린 엔진에서 감독위원의 지시에 따라 시동에 필요한 연료장치 회로의 이상개소를 점검 및 수리하여 시동하시오.
③ 주어진 자동차에서 가솔린 엔진의 연료 펌프를 탈거(감독위원에게 확인)한 후 다시 조립하고 감독위원의 지시에 따라 진단기(스캐너)를 사용하여 엔진의 각종 센서(액추에이터) 점검 후 고장부분을 기록하시오.
④ 주어진 자동차에서 기록표에 제시된 내용을 측정하고 기록·판정하시오.

2. 섀 시

① 주어진 후륜 구동(FR형식) 자동차에서 감독위원의 지시에 따라 추진축(또는 propeller shaft)을 탈거(감독위원에게 확인)한 후 다시 조립하시오.
② 주어진 자동차에서 감독위원의 지시에 따라 토(toe)를 점검하여 기록·판정하시오.
③ 주어진 자동차에서 감독위원의 지시에 따라 브레이크 마스터 실린더를 탈거(감독위원에게 확인)하고 다시 조립하여 공기빼기 작업 후 브레이크의 작동상태를 확인하시오.
④ 주어진 자동차에서 감독위원의 지시에 따라 진단기(스캐너)로 자동변속기를 점검하고 기록·판정하시오.
⑤ 주어진 자동차에서 감독위원의 지시에 따라 제동력을 측정하여 기록·판정하시오.

3. 전 기

① 주어진 자동차에서 라디에이터 전동 팬을 탈거(감독위원에게 확인)한 후 다시 부착하여 전동 팬이 작동하는지 확인하시오.
② 주어진 자동차에서 시동 모터의 크랭킹 전압 강하 시험을 하여 고장부분을 점검한 후 기록표에 기록·판정하시오.
③ 주어진 자동차에서 제동등 및 미등 회로의 고장부분을 점검한 후 기록표에 기록·판정하시오.
④ 주어진 자동차에서 좌 또는 우측의 전조등 광도를 측정하고 기록표에 기록·판정하시오.

◈ 국가기술자격검정 실기시험 결과기록표(11안) ◈

자 격 종 목	자동차정비기능사	과 제 명	자동차 정비 작업

※ 기록표는 문항별 구분 절단하여 배부하고, 각 문항별로 종료시 회수한다.

엔 진

▶ 엔진 1 : 시험 결과 기록표
　　　　 엔진 번호 :

비 번호		감독위원 확 인	

항 목	① 측정(또는 점검)		② 판정 및 정비(또는 조치) 사항		득 점
	측정값	규정(정비한계)값	판정(□에 '✔'표)	정비 및 조치할 사항	
캠축 휨			□ 양 호 □ 불 량		

▶ 엔진 3 : 시험 결과 기록표
　　　　 자동차 번호 :

비 번호		감독위원 확 인	

항 목	① 측정(또는 점검)			② 고장 및 정비(또는 조치) 사항		득 점
	고장부위	측정값	규정값	고장 내용	정비 및 조치할 사항	
센서(액추에이터) 점검						

▶ 엔진 4 : 시험 결과 기록표
　　　　 자동차 번호 :

비 번호		감독위원 확 인	

① 측정(또는 점검)					② 판정		득 점
차종	연식	기준값	측정값	측정	산출근거(계산) 기록	판정(□에 '✔'표)	
				1회 : 2회 : 3회 :		□ 양 호 □ 불 량	

※ 감독위원이 제시한 자동차등록증(또는 차대번호)을 활용하여 차종 및 연식을 적용합니다.
※ 매연 농도를 산술 평균하여 소수점 이하는 버림 값으로 기입합니다.
※ 자동차 검사기준 및 방법에 의하여 기록, 판정합니다.
※ 측정 및 판정은 무부하 조건으로 합니다.

섀 시

▶ 섀시 2 : 시험 결과 기록표
　　　　 자동차 번호 :

비 번호		감독위원 확 인	

항 목	① 측정(또는 점검)		② 판정 및 정비(또는 조치) 사항		득 점
	측정값	규정(정비한계)값	판정(□에 '✔'표)	정비 및 조치할 사항	
토(toe)			□ 양 호 □ 불 량		

▶ 섀시 4 : 시험 결과 기록표
　　　　 자동차 번호 :

비 번호		감독위원 확 인	

항 목	① 측정(또는 점검)		② 판정 및 정비(또는 조치) 사항		득 점
	이상 부분	내용 및 상태	판정(□에 '✔'표)	정비 및 조치할 사항	
변속기 자기진단			□ 양 호 □ 불 량		

섀시 5 : 시험 결과 기록표

자동차 번호 :

비 번호		감독위원 확 인	

항 목	① 측정(또는 점검)					② 판정 및 조치 사항				득 점
	구분	측정값	기준값			산출근거 및 제동력		판정 (□에 'V' 표)		
			편차	합		편차(%)	합(%)			
제동력 위치 (□에 'V' 표) □ 앞 □ 뒤	좌							□ 양 호 □ 불 량		
	우									

※ 측정 위치는 감독위원의 지정하는 위치에 □에 'V' 표시합니다.
※ 자동차검사기준 및 방법에 의하여 기록, 판정합니다.
※ 측정값의 단위는 시험장비 기준으로 작성합니다.
※ 산출근거에는 단위를 기록하지 않아도 됩니다.

전 기

전기 2 : 시험 결과 기록표

자동차 번호 :

비 번호		감독위원 확 인	

항 목	① 측정(또는 점검)		② 판정 및 정비(또는 조치) 사항		득 점
	측정값	규정(정비한계)값	판정(□에 'V' 표)	정비 및 조치할 사항	
전압 강하			□ 양 호 □ 불 량		

전기 3 : 시험 결과 기록표

자동차 번호 :

비 번호		감독위원 확 인	

항 목	① 측정(또는 점검)		② 판정 및 정비(또는 조치) 사항		득 점
	고장 부분	내용 및 상태	판정(□에 'V' 표)	정비 및 조치할 사항	
제동 및 미등 회로			□ 양 호 □ 불 량		

전기 4 : 시험 결과 기록표

자동차 번호 :

비 번호		감독위원 확 인	

① 측정(또는 점검)				② 판정	득 점
구분	측정항목	측정값	기준값	판정(□에 'V' 표)	
□에 'V' 표 위치 : □ 좌 □ 우	광도		_____ cd 이상	□ 양 호 □ 불 량	

※ 측정 위치는 감독위원이 지정하는 위치에 □에 V표시합니다.
※ 자동차 검사 기준 및 방법에 의하여 기록, 판정합니다.

국가기술자격검정 실기시험문제

자동차정비기능사

자격종목	자동차정비 기능사	과제명	자동차 정비 작업
비번호		시험일시		시험장명	

※ 시험시간 : 4시간 [엔진 : 1시간 40분,   섀시 : 1시간 20분,   전기 : 1시간]

※ 시험문제 ①~㉚형의 요구사항에서 [엔진, 섀시, 전기]과제 중 세부항목을 조합하여 출제되며, 일부 내용이 변경될 수 있음

1. 엔 진

① 주어진 디젤 엔진에서 크랭크축을 탈거(감독위원에게 확인)하고 감독위원의 지시에 따라 기록표의 내용대로 기록·판정한 후 다시 조립하시오.
② 주어진 전자제어 가솔린 엔진에서 감독위원의 지시에 따라 시동에 필요한 크랭킹 회로의 이상개소를 점검 및 수리하여 시동하시오.
③ 주어진 자동차에서 엔진의 연료펌프를 탈거(감독위원에게 확인)한 후 다시 조립하고 감독위원의 지시에 따라 진단기(스캐너)를 사용하여 엔진의 각종 센서(액추에이터) 점검 후 고장부분을 기록하시오.
④ 주어진 자동차에서 기록표에 제시된 내용을 측정하고 기록·판정하시오.

2. 섀 시

① 주어진 자동차에서 감독위원의 지시에 따라 후륜 구동(FR 형식) 종감속 장치에서 차동기어를 탈거(감독위원에게 확인)한 후 다시 조립하시오.
② 주어진 자동차에서 감독위원의 지시에 따라 클러치 페달의 유격을 점검하여 기록·판정하시오.
③ 주어진 자동차에서 감독위원의 지시에 따라 브레이크 라이닝(슈)을 탈거(감독위원에게 확인)하고 다시 조립하여 브레이크의 작동상태를 확인하시오.
④ 주어진 자동차에서 감독위원의 지시에 따라 진단기(스캐너)로 ABS 장치를 점검하고 기록·판정하시오.
⑤ 주어진 자동차에서 감독위원의 지시에 따라 좌 또는 우회전시 최소회전 반경을 측정하여 기록·판정하시오.

3. 전 기

① 주어진 자동차에서 발전기를 탈거(감독위원에게 확인)한 후 다시 부착하여 발전기가 정상 작동하는지 충전 전압으로 확인하시오.
② 주어진 자동차에서 감독위원의 지시에 따라 스텝 모터(공회전 속도조절 서보)의 저항을 점검하여 스텝 모터의 고장부분을 점검한 후 기록표에 기록·판정하시오.
③ 주어진 자동차에서 실내등 및 열선 회로의 고장부분을 점검한 후 기록표에 기록·판정하시오.
④ 주어진 자동차에서 경음기 음량을 측정하여 기록표에 기록·판정하시오.

◆ 국가기술자격검정 실기시험 결과기록표(12안) ◆

자격종목	자동차정비기능사	과제명	자동차 정비 작업

※ 기록표는 문항별 구분 절단하여 배부하고, 각 문항별로 종료시 회수한다.

엔 진

▶ 엔진 1 : 시험 결과 기록표
  엔진 번호 :

비 번호		감독위원 확인	

항 목	① 측정(또는 점검)		② 판정 및 정비(또는 조치) 사항		득 점
	측정값	규정(정비한계)값	판정(□에 '✔' 표)	정비 및 조치할 사항	
플라이휠 런 아웃			□ 양 호 □ 불 량		

▶ 엔진 3 : 시험 결과 기록표
  자동차 번호 :

비 번호		감독위원 확인	

항 목	① 측정(또는 점검)			② 고장 및 정비(또는 조치) 사항		득 점
	고장부위	측정값	규정값	고장 내용	정비 및 조치할 사항	
센서(액추에이터) 점검						

▶ 엔진 4 : 시험 결과 기록표
  자동차 번호 :

비 번호		감독위원 확인	

항 목	① 측정(또는 점검)		② 판정 (□에 '✔' 표)	득 점
	측정값	기준값		
CO			□ 양 호 □ 불 량	
HC				

※ 감독위원이 제시한 자동차등록증(또는 차대번호)을 활용하여 차종 및 연식을 적용합니다.
※ 자동차 검사기준 및 방법에 의하여 기록, 판정합니다.
※ CO 측정값은 소수점 첫째자리까지만 기입하고 HC 측정값은 소수점 자리를 기록하지 않습니다.

섀 시

▶ 섀시 2 : 시험 결과 기록표
  자동차 번호 :

비 번호		감독위원 확인	

항 목	① 측정(또는 점검)		② 판정 및 정비(또는 조치) 사항		득 점
	측정값	규정(정비한계)값	판정(□에 '✔' 표)	정비 및 조치할 사항	
클러치 페달 유격			□ 양 호 □ 불 량		

▶ 섀시 4 : 시험 결과 기록표
  자동차 번호 :

비 번호		감독위원 확인	

항 목	① 측정(또는 점검)		② 판정 및 정비(또는 조치) 사항		득 점
	이상 부위	내용 및 상태	판정(□에 '✔' 표)	정비 및 조치할 사항	
ABS 자기진단			□ 양 호 □ 불 량		

➡ 섀시 5 : 시험 결과 기록표
　　　　자동차 번호 :

항 목	① 측정(또는 점검)				② 판정 및 정비(또는 조치) 사항		득 점
	좌측바퀴	우측바퀴	기준값 (최소회전반경)	측정값 (최소회전반경)	산출근거	판정 (□에 '✔' 표)	
회전 방향 (□에 '✔' 표) □ 좌 □ 우						□ 양 호 □ 불 량	

※ 회전 방향은 감독위원이 지정하는 위치에 □에 '✔' 표시합니다.
※ 축거 및 바퀴의 접지면 중심과 킹핀과의 거리(r)는 감독위원이 제시합니다.
※ 자동차검사기준 및 방법에 의하여 기록, 판정합니다.
※ 산출근거에는 단위를 기록하지 않아도 됩니다.

전 기

➡ 전기 2 : 시험 결과 기록표
　　　　자동차 번호 :

항 목	① 측정(또는 점검)		② 판정 및 정비(또는 조치) 사항		득 점
	측정값	규정(정비한계)값	판정(□에 '✔' 표)	정비 및 조치할 사항	
저 항			□ 양 호 □ 불 량		

※ 측정위치는 감독위원이 지정합니다.

➡ 전기 3 : 시험 결과 기록표
　　　　자동차 번호 :

항 목	① 측정(또는 점검)		② 판정 및 정비(또는 조치) 사항		득 점
	이상 부위	내용 및 상태	판정(□에 '✔' 표)	정비 및 조치할 사항	
실내등 및 열선 회로			□ 양 호 □ 불 량		

➡ 전기 4 : 시험 결과 기록표
　　　　자동차 번호 :

항 목	① 측정(또는 점검)		② 판정 및 정비(또는 조치) 사항	득 점
	측정값	기준값	판정(□에 '✔' 표)	
경음기 음량		_____dB 이상 _____dB 이하	□ 양 호 □ 불 량	

※ 감독위원이 제시한 자동차등록증(또는 차대번호)을 활용하여 차종 및 연식을 적용합니다.
※ 자동차검사기준 및 방법에 의하여 기록, 판정합니다.
※ 암소음은 무시합니다.

국가기술자격검정실기시험문제

자동차정비기능사

자격종목	자동차정비 기능사	과제명	자동차 정비 작업
비번호		시험일시		시험장명	

※ 시험시간 : 4시간 [엔진 : 1시간 40분, 섀시 : 1시간 20분, 전기 : 1시간]

※ 시험문제 ①~㉚형의 요구사항에서 [엔진, 섀시, 전기]과제 중 세부항목을 조합하여 출제되며, 일부 내용이 변경될 수 있음

1. 엔 진

① 주어진 전자제어 디젤(CRDI) 엔진에서 인젝터(1개)와 예열 플러그(1개)를 탈거(감독위원에게 확인)하고 감독위원의 지시에 따라 기록표의 내용대로 기록·판정한 후 다시 조립하시오.
② 주어진 전자제어 가솔린 엔진에서 감독위원의 지시에 따라 시동에 필요한 점화회로의 이상개소를 점검 및 수리하여 시동하시오.
③ 주어진 자동차에서 전자제어 가솔린 엔진의 공기 유량 센서(AFS)와 에어 필터를 탈거(감독위원에게 확인)한 후 다시 조립하고 감독위원의 지시에 따라 진단기(스캐너)를 사용하여 엔진의 각종 센서(액추에이터) 점검 후 고장부분을 기록·판정하시오.
④ 주어진 자동차에서 기록표에 제시된 내용을 측정하고 기록·판정하시오.

2. 섀 시

① 주어진 자동변속기에서 감독위원의 지시에 따라 오일펌프를 탈거(감독위원에게 확인)한 후 다시 조립하시오.
② 주어진 자동차에서 감독위원의 지시에 따라 사이드슬립을 측정하여 기록·판정하시오.
③ 주어진 자동차(ABS 장착 차량)에서 감독위원의 지시에 따라 브레이크 패드를 탈거(감독위원에게 확인)하고 다시 조립하여 브레이크의 작동상태를 확인하시오.
④ 주어진 자동차에서 감독위원의 지시에 따라 자동변속기 오일 압력을 점검하고 기록·판정하시오.
⑤ 주어진 자동차에서 감독위원의 지시에 따라 제동력을 측정하여 기록·판정하시오.

3. 전 기

① 주어진 자동차에서 감독위원의 지시에 따라 히터 블로어 모터를 탈거(감독위원에게 확인)한 후 다시 부착하여 모터가 정상적으로 작동되는지 확인하시오.
② 주어진 자동차에서 스텝 모터(공회전 속도조절 서보)의 저항을 점검하고 스텝 모터의 고장 유무를 확인한 후 기록표에 기록·판정하시오.
③ 주어진 자동차에서 방향지시등 회로의 고장부분을 점검한 후 기록표에 기록·판정하시오.
④ 주어진 자동차에서 좌 또는 우측의 전조등 광도를 측정하고 기록표에 기록·판정하시오.

◈ 국가기술자격검정 실기시험 결과기록표(13안) ◈

| 자 격 종 목 | 자동차정비기능사 | 과 제 명 | 자동차 정비 작업 |

※ 기록표는 문항별 구분 절단하여 배부하고, 각 문항별로 종료시 회수한다.

엔 진

➡ 엔진 1 : 시험 결과 기록표
자동차 번호 :

| 비 번호 | | 감독위원 확 인 | |

항 목	① 측정(또는 점검)		② 판정 및 정비(또는 조치) 사항		득 점
	측정값	규정(정비한계)값	판정(□에 '✔' 표)	정비 및 조치할 사항	
예열플러그 저 항			□ 양 호 □ 불 량		

➡ 엔진 3 : 시험 결과 기록표
자동차 번호 :

| 비 번호 | | 감독위원 확 인 | |

항 목	① 측정(또는 점검)			② 고장 및 정비(또는 조치) 사항		득 점
	고장부위	측정값	규정값	고장 내용	정비 및 조치할 사항	
센서(액추에이터) 점검						

➡ 엔진 4 : 시험 결과 기록표
자동차 번호 :

| 비 번호 | | 감독위원 확 인 | |

① 측정(또는 점검)					② 판성		득 점
차종	연식	기준값	측정값	측정	산출근거(계산) 기록	판정(□에 '✔' 표)	
				1회 : 2회 : 3회 :		□ 양 호 □ 불 량	

※ 감독위원이 제시한 자동차등록증(또는 차대번호)을 활용하여 차종 및 연식을 적용합니다.
※ 매연 농도를 산술 평균하여 소수점 이하는 버림 값으로 기입합니다.
※ 자동차 검사기준 및 방법에 의하여 기록, 판정합니다.
※ 측정 및 판정은 무부하 조건으로 합니다.

섀 시

➡ 섀시 2 : 시험 결과 기록표
자동차 번호 :

| 비 번호 | | 감독위원 확 인 | |

항 목	① 측정(또는 점검)		② 판정 및 정비(또는 조치) 사항		득 점
	측정값	기준값	판정(□에 '✔' 표)	정비 및 조치할 사항	
사이드 슬립			□ 양 호 □ 불 량		

➡ 섀시 4 : 시험 결과 기록표
자동차 번호 :

| 비 번호 | | 감독위원 확 인 | |

항 목	① 측정(또는 점검)		② 판정 및 정비(또는 조치) 사항		득 점
	측정값	규정값	판정(□에 '✔' 표)	정비 및 조치할 사항	
( )의 오일 압력			□ 양 호 □ 불 량		

새시 5 : 시험 결과 기록표

자동차 번호 :

비 번호		감독위원 확 인	

항 목	① 측정(또는 점검)				② 판정 및 조치 사항			득 점
	구분	측정값	기준값		산출근거 및 제동력		판정 (□에 '✔' 표)	
			편차	합	편차(%)	합(%)		
제동력 위치 (□에 '✔' 표) □ 앞 □ 뒤	좌						□ 양 호 □ 불 량	
	우							

※ 측정 위치는 감독위원의 지정하는 위치에 □에 '✔' 표시합니다.
※ 자동차검사기준 및 방법에 의하여 기록, 판정합니다.
※ 측정값의 단위는 시험장비 기준으로 작성합니다.
※ 산출근거에는 단위를 기록하지 않아도 됩니다.

전 기

전기 2 : 시험 결과 기록표

자동차 번호 :

비 번호		감독위원 확 인	

항 목	① 측정(또는 점검)		② 판정 및 정비(또는 조치) 사항		득 점
	측정값	규정(정비한계)값	판정(□에 '✔' 표)	정비 및 조치할 사항	
저 항			□ 양 호 □ 불 량		

※ 측정위치는 감독위원이 지정합니다.

전기 3 : 시험 결과 기록표

자동차 번호 :

비 번호		감독위원 확 인	

항 목	① 측정(또는 점검)		② 판정 및 정비(또는 조치) 사항		득 점
	이상 부위	내용 및 상태	판정(□에 '✔' 표)	정비 및 조치할 사항	
방향지시등 회로			□ 양 호 □ 불 량		

전기 4 : 시험 결과 기록표

자동차 번호 :

비 번호		감독위원 확 인	

구분	① 측정(또는 점검)			② 판정	득 점
	측정항목	측정값	기준값	판정(□에 '✔' 표)	
□에 '✔' 표 위치 : □ 좌 □ 우	광도		_____ cd 이상	□ 양 호 □ 불 량	

※ 측정 위치는 감독위원이 지정하는 위치에 □에 ✔표시합니다.
※ 자동차 검사 기준 및 방법에 의하여 기록, 판정합니다.

국가기술자격검정 실기시험문제

자동차정비기능사

자격종목	자동차정비 기능사	과제명	자동차 정비 작업
비번호		시험일시		시험장명	

※ 시험시간 : 4시간 [엔진 : 1시간 40분,   섀시 : 1시간 20분,   전기 : 1시간]

※ 시험문제 ①~㉚형의 요구사항에서 [엔진, 섀시, 전기]과제 중 세부항목을 조합하여 출제되며, 일부 내용이 변경될 수 있음

1. 엔 진

① 주어진 DOHC 가솔린 엔진에서 실린더 헤드와 피스톤(1개)을 탈거(감독위원에게 확인)하고 감독위원의 지시에 따라 기록표의 내용대로 기록·판정한 후 다시 조립하시오.
② 주어진 전자제어 가솔린 엔진에서 감독위원의 지시에 따라 시동에 필요한 연료장치 회로의 이상개소를 점검 및 수리하여 시동하시오.
③ 주어진 자동차에서 전자제어 가솔린 엔진의 공기 유량 센서(AFS)와 에어 필터를 탈거(감독위원에게 확인)한 후 다시 조립하고 감독위원의 지시에 따라 진단기(스캐너)를 사용하여 엔진의 각종 센서(액추에이터) 점검 후 고장부분을 기록하시오.
④ 주어진 자동차에서 기록표에 제시된 내용을 측정하고 기록·판정하시오.

2. 섀 시

① 주어진 수동변속기에서 감독위원의 지시에 따라 1단 기어(또는 디퍼렌셜 기어 어셈블리)를 탈거(감독위원에게 확인)한 후 다시 조립하시오.
② 주어진 자동차에서 감독위원의 지시에 따라 톤 휠 간극을 점검하여 기록·판정하시오.
③ 주어진 자동차에서 감독위원의 지시에 따라 브레이크 휠 실린더를 탈거(감독위원에게 확인)하고 다시 조립하여 공기빼기 작업 후 브레이크의 작동상태를 확인하시오.
④ 주어진 자동차에서 감독위원의 지시에 따라 진단기(스캐너)로 자동변속기를 점검하고 기록·판정하시오.
⑤ 주어진 자동차에서 감독위원의 지시에 따라 좌 또는 우회전시 최소회전 반경을 측정하여 기록·판정하시오.

3. 전 기

① 주어진 자동차에서 에어컨 벨트를 탈거(감독위원에게 확인)한 후 다시 부착하여 벨트 장력까지 점검한 후 에어컨 컴프레서가 작동되는지 확인하시오.
② 주어진 자동차에서 감독위원의 지시에 따라 메인 컨트롤 릴레이의 고장부분을 점검한 후 기록표에 기록·판정하시오.
③ 주어진 자동차에서 와이퍼 회로의 고장부분을 점검한 후 기록표에 기록·판정하시오.
④ 주어진 자동차에서 경음기 음량을 측정하여 기록표에 기록·판정하시오.

◈ 국가기술자격검정 실기시험 결과기록표(14안) ◈

자 격 종 목	자동차정비기능사	과 제 명	자동차 정비 작업

※ 기록표는 문항별 구분 절단하여 배부하고, 각 문항별로 종료시 회수한다.

엔 진

▶ 엔진 1 : 시험 결과 기록표
엔진 번호 :

비 번 호		감독위원 확 인	

항 목	① 측정(또는 점검)		② 판정 및 정비(또는 조치) 사항		득 점
	측정값	규정(정비한계)값	판정(□에 '✔' 표)	정비 및 조치할 사항	
피스톤과 실린더 간극			□ 양 호 □ 불 량		

▶ 엔진 3 : 시험 결과 기록표
자동차 번호 :

비 번 호		감독위원 확 인	

항 목	① 측정(또는 점검)			② 고장 및 정비(또는 조치) 사항		득 점
	고장부위	측정값	규정값	고장 내용	정비 및 조치할 사항	
센서(액추에이터) 점검						

▶ 엔진 4 : 시험 결과 기록표
자동차 번호 :

비 번 호		감독위원 확 인	

항 목	① 측정(또는 점검)		② 판정 (□에 '✔' 표)	득 점
	측정값	기준값		
CO			□ 양 호	
HC			□ 불 량	

※ 감독위원이 제시한 자동차등록증(또는 차대번호)을 활용하여 차종 및 연식을 적용합니다.
※ 자동차 검사기준 및 방법에 의하여 기록, 판정합니다.
※ CO 측정값은 소수점 첫째자리까지만 기입하고 HC 측정값은 소수점 자리를 기록하지 않습니다.

섀 시

▶ 섀시 2 : 시험 결과 기록표
자동차 번호 :

비 번 호		감독위원 확 인	

항 목	① 측정(또는 점검)		② 판정 및 정비(또는 조치) 사항		득 점
	측정값	규정(정비한계)값	판정(□에 '✔' 표)	정비 및 조치할 사항	
톤 휠 간극	□ 앞축 좌 : □ 뒤축 우 :		□ 양 호 □ 불 량		

▶ 섀시 4 : 시험 결과 기록표
자동차 번호 :

비 번 호		감독위원 확 인	

항 목	① 측정(또는 점검)		② 판정 및 정비(또는 조치) 사항		득 점
	이상 부분	내용 및 상태	판정(□에 '✔' 표)	정비 및 조치할 사항	
변속기 자기진단			□ 양 호 □ 불 량		

섀시 5 : 시험 결과 기록표

자동차 번호 :

항 목	① 측정(또는 점검)				② 판정 및 정비(또는 조치) 사항		득 점
	좌측바퀴	우측바퀴	기준값 (최소회전반경)	측정값 (최소회전반경)	산출근거	판정 (□에 '✔' 표)	
회전 방향 (□에 '✔' 표) □ 좌 □ 우						□ 양 호 □ 불 량	

비 번호 :   감독위원 확인 :

※ 회전 방향은 감독위원이 지정하는 위치에 □에 '✔' 표시합니다.
※ 축거 및 바퀴의 접지면 중심과 킹핀과의 거리(r)는 감독위원이 제시합니다.
※ 자동차검사기준 및 방법에 의하여 기록, 판정합니다.
※ 산출근거에는 단위를 기록하지 않아도 됩니다.

전 기

전기 2 : 시험 결과 기록표

자동차 번호 :

항 목	① 측정(또는 점검)	② 판정 및 정비(또는 조치) 사항		득 점
		판정(□에 '✔' 표)	정비 및 조치할 사항	
코일이 여자 되었을 때	□ 양 호 □ 불 량	□ 양 호 □ 불 량		
코일이 여자 안 되었을 때	□ 양 호 □ 불 량			

전기 3 : 시험 결과 기록표

자동차 번호 :

항 목	① 측정(또는 점검)		② 판정 및 정비(또는 조치) 사항		득 점
	이상 부위	내용 및 상태	판정(□에 '✔' 표)	정비 및 조치할 사항	
와이퍼 회로			□ 양 호 □ 불 량		

전기 4 : 시험 결과 기록표

자동차 번호 :

항 목	① 측정(또는 점검)		② 판정 및 정비(또는 조치) 사항	득 점
	측정값	기준값	판정(□에 '✔' 표)	
경음기 음량		_____ dB 이상 _____ dB 이하	□ 양 호 □ 불 량	

※ 감독위원이 제시한 자동차등록증(또는 차대번호)을 활용하여 차종 및 연식을 적용합니다.
※ 자동차검사기준 및 방법에 의하여 기록, 판정합니다.
※ 암소음은 무시합니다.

15안 국가기술자격검정**실기시험문제**

자동차정비기능사

자격종목	자동차정비 기능사	과제명	자동차 정비 작업
비번호		시험일시		시험장명	

※ 시험시간 : 4시간 [엔진 : 1시간 40분,   섀시 : 1시간 20분,   전기 : 1시간]

※ 시험문제 ①~㉚형의 요구사항에서 [엔진, 섀시, 전기]과제 중 세부항목을 조합하여 출제되며, 일부 내용이 변경될 수 있음

1. 엔 진

① 주어진 DOHC 가솔린 엔진에서 실린더 헤드와 피스톤(1개)을 탈거(감독위원에게 확인)하고 감독위원의 지시에 따라 기록표의 내용대로 기록·판정한 후 다시 조립하시오.
② 주어진 전자제어 가솔린 엔진에서 감독위원의 지시에 따라 시동에 필요한 크랭킹 회로의 이상개소를 점검 및 수리하여 시동하시오.
③ 주어진 자동차에서 전자제어 가솔린 엔진의 공기 유량 센서(AFS)와 에어 필터를 탈거(감독위원에게 확인)한 후 다시 조립하고 감독위원의 지시에 따라 진단기(스캐너)를 사용하여 엔진의 각종 센서(액추에이터) 점검 후 고장부분을 기록하시오.
④ 주어진 자동차에서 기록표에 제시된 내용을 측정하고 기록·판정하시오.

2. 섀 시

① 주어진 자동변속기에서 감독위원의 지시에 따라 밸브 보디를 탈거(감독위원에게 확인)한 후 다시 조립하시오.
② 주어진 자동차에서 감독위원의 지시에 따라 자동변속기의 오일량을 점검하여 기록·판정하시오.
③ 주어진 자동차에서 감독위원의 지시에 따라 클러치 릴리스 실린더를 탈거(감독위원에게 확인)하고 다시 조립하여 공기빼기 작업 후 클러치의 작동 상태를 확인하시오.
④ 주어진 자동차에서 감독위원의 지시에 따라 진단기(스캐너)로 전자제어 자세제어장치(VDC, ECS, TCS 등)를 점검하고 기록·판정하시오.
⑤ 주어진 자동차에서 감독위원의 지시에 따라 제동력을 측정하여 기록·판정하시오.

3. 전 기

① 주어진 자동차에서 감독위원의 지시에 따라 계기판을 탈거(감독위원에게 확인)한 후 다시 부착하여 계기판의 작동여부를 확인하시오.
② 주어진 자동차에서 점화코일 1차, 2차 저항을 측정하고 코일의 고장 유무를 확인하여 기록표에 기록·판정하시오.
③ 주어진 자동차에서 파워 윈도 회로의 고장부분을 점검한 후 기록표에 기록·판정하시오.
④ 주어진 자동차에서 좌 또는 우측의 전조등 광도를 측정하고 기록표에 기록·판정하시오.

◆ 국가기술자격검정 실기시험 결과기록표(15안) ◆

자 격 종 목	자동차정비기능사	과 제 명	자동차 정비 작업

※ 기록표는 문항별 구분 절단하여 배부하고, 각 문항별로 종료시 회수한다.

엔 진

▶ **엔진 1 : 시험 결과 기록표**
엔진 번호 :

비 번호		감독위원 확인	

항 목	① 측정(또는 점검)		② 판정 및 정비(또는 조치) 사항		득 점
	측정값	규정(정비한계)값	판정(□에 '✔' 표)	정비 및 조치할 사항	
피스톤 링 이음 간극(압축링)			□ 양 호 □ 불 량		

※ 감독위원이 지정하는 부위를 측정합니다.

▶ **엔진 3 : 시험 결과 기록표**
자동차 번호 :

비 번호		감독위원 확인	

항 목	① 측정(또는 점검)			② 고장 및 정비(또는 조치) 사항		득 점
	고장부위	측정값	규정값	고장 내용	정비 및 조치할 사항	
센서(액추에이터) 점검						

▶ **엔진 4 : 시험 결과 기록표**
자동차 번호 :

비 번호		감독위원 확인	

① 측정(또는 점검)					② 판정		득 점
차종	연식	기준값	측정값	측정	산출근거(계산) 기록	판정(□에 '✔' 표)	
				1회 : 2회 : 3회 :		□ 양 호 □ 불 량	

※ 감독위원이 제시한 자동차등록증(또는 차대번호)을 활용하여 차종 및 연식을 적용합니다.
※ 매연 농도를 산술 평균하여 소수점 이하는 버림 값으로 기입합니다.
※ 자동차 검사기준 및 방법에 의하여 기록, 판정합니다.
※ 측정 및 판정은 무부하 조건으로 합니다.

섀 시

▶ **섀시 2 : 시험 결과 기록표**
자동차 번호 :

비 번호		감독위원 확인	

항 목	① 측정(또는 점검)	② 판정 및 정비(또는 조치) 사항		득 점
		판정(□에 '✔' 표)	정비 및 조치할 사항	
오일량	COLD ──── HOT 오일 레벨을 게이지에 그리시오.	□ 양 호 □ 불 량		

▶ **섀시 4 : 시험 결과 기록표**
자동차 번호 :

비 번호		감독위원 확인	

항 목	① 측정(또는 점검)		② 판정 및 정비(또는 조치) 사항		득 점
	이상 부분	내용 및 상태	판정(□에 '✔' 표)	정비 및 조치할 사항	
전자제어 현가장치 자기진단			□ 양 호 □ 불 량		

▶ 섀시 5 : 시험 결과 기록표
자동차 번호 :

항 목	① 측정(또는 점검)				② 판정 및 조치 사항			득 점
	구분	측정값	기준값		산출근거 및 제동력		판정 (□에 '✔' 표)	
			편차	합	편차(%)	합(%)		
제동력 위치 (□에 '✔' 표) □ 앞 □ 뒤	좌						□ 양 호 □ 불 량	
	우							

※ 측정 위치는 감독위원의 지정하는 위치에 □에 '✔' 표시합니다.
※ 자동차검사기준 및 방법에 의하여 기록, 판정합니다.
※ 측정값의 단위는 시험장비 기준으로 작성합니다.
※ 산출근거에는 단위를 기록하지 않아도 됩니다.

전 기

▶ 전기 2 : 시험 결과 기록표
자동차 번호 :

항 목	① 측정(또는 점검)		② 판정 및 정비(또는 조치) 사항		득 점
	측정값	규정(정비한계)값	판정(□에 '✔' 표)	정비 및 조치할 사항	
1차 저항			□ 양 호 □ 불 량		
2차 저항					

▶ 전기 3 : 시험 결과 기록표
자동차 번호 :

항 목	① 측정(또는 점검)		② 판정 및 정비(또는 조치) 사항		득 점
	이상 부위	내용 및 상태	판정(□에 '✔' 표)	정비 및 조치할 사항	
파워 윈도우 회로			□ 양 호 □ 불 량		

▶ 전기 4 : 시험 결과 기록표
자동차 번호 :

① 측정(또는 점검)				② 판정	득 점
구분	측정항목	측정값	기준값	판정(□에 '✔' 표)	
□에 '✔' 표 위치 : □ 좌 □ 우	광도		_____cd 이상	□ 양 호 □ 불 량	

※ 측정 위치는 감독위원이 지정하는 위치에 □에 ✔표시합니다.
※ 자동차 검사 기준 및 방법에 의하여 기록, 판정합니다.

김 광 수	(前) 신한대학교 자동차과 강사
김 현 종	(現) 의정부공업고등학교
김 흥 진	(現) 한양공업고등학교
윤 엽	(現) 경기자동차과학고등학교
한 기 순	(現) 인덕공업고등학교

자동차기능사 실기 답안지 작성법

초 판 발 행 | 2013년 2월 13일
제3판4쇄발행 | 2016년 3월 21일
제4판4쇄발행 | 2023년 1월 05일
제5판1쇄발행 | 2024년 1월 05일

지 은 이 | 김광수, 김현종, 김흥진, 윤엽, 한기순
발 행 인 | 김 길 현
발 행 처 | (주) 골든벨
등 록 | 제 1987—000018호(87. 12. 11)
I S B N | 978-89-97571-64-2
가 격 | 20,000원

이 책을 만든 사람들

교 정 및 교 열	이상호	본 문 디 자 인	조경미, 박은경, 권정숙
영 상 제 공	카닷TV[자동차정비] 장대호	제 작 진 행	최병석
웹 매 니 지 먼 트	안재명, 서수진, 김경희	오 프 마 케 팅	우병춘, 이대권, 이강연
공 급 관 리	오민석, 정복순, 김봉식	회 계 관 리	김경아

㉾04316 서울특별시 용산구 원효로 245(원효로1가) 골든벨빌딩 5-6F
• TEL : 도서 주문 및 발송 02-713-4135 / 회계 경리 02-713-4137
　　　내용 관련 문의 02-713-7452 / 해외 오퍼 및 광고 02-713-7453
• FAX : 02-718-5510　• http : // www.gbbook.co.kr　• E-mail : 7134135@ naver.com

이 책에서 내용의 일부 또는 도해를 다음과 같은 행위자들이 사전 승인없이 인용할 경우에는 저작권법 제93조 「손해배상청구권」에 적용 받습니다.
　① 단순히 공부할 목적으로 부분 또는 전체를 복제하여 사용하는 학생 또는 복사업자
　② 공공기관 및 사설교육기관(학원, 인정직업학교), 단체 등에서 영리를 목적으로 복제배포하는 대표, 또는 당해 교육자
　③ 디스크 복사 및 기타 정보 재생 시스템을 이용하여 사용하는 자

※ 파본은 구입하신 서점에서 교환해 드립니다.